中高一貫
ハイステージ
数学 代数 下

開成中学校・高等学校教諭
藤村 崇

序文

いよいよ下巻である．そろそろ数学にも慣れてきただろうか．

上巻では，様々な数・式の変形法や方程式・不等式の解法を学んだ．数学的背景を念頭に置いた説明をしたつもりだが，その部分が理解できなかったとしても，計算法さえ身につけてしまえば各分野はクリアできて，例えば試験で点数を取るのにも支障はなかっただろう．この下巻を読み始めるのにもそれで事足りるので，（このシリーズの上巻でなく）他の本で勉強してきた諸君にも本書は役立つはずだ．しかし，下巻はそれほど甘くない．例を多くしてわかりやすくなってはいるものの，やはり内容は高度なので，じっくり取り組む必要がある．下巻から新しいストーリーが始まるつもりで，気持ちをリフレッシュして臨んでもらいたい．

新しいスタートなのに，残念ながらもう数学が嫌いになっている人もいるかもしれない．勉強する目的を見失い，"新しいこと"は"知らないこと"だから"難しい"と思い込むと，先に進めば進むほど未知のものに囲まれて苦痛を味わうことになる．初心に戻り，新しいことに触れてわくわくしていた頃を思い出してみよう．

古来，数学者たちは，知的好奇心を満たし，様々な基礎的事実の論理関係を整理するために研究を続けてきた．我々も，他分野へ応用するための道具としてだけではなく，数学そのものを楽しむのでなければならない．

ものを区別したり分類したりするとはどういうことか，因果関係を客観的に記述するにはどうすればいいか，物事を優位に進めるにはどの選択肢を選べばいいか，といった素朴な疑問に対する先人たちの答えが，集合，関数，確率の理論に隠されている．このような根本的問題をじっくり考えて，どこに難所があるかを自分なりに把握してからあらためてこれらの理論を勉強すれば，そのような難所のいくつかがうまく整理されているのがわかるだろう．表面的な理解にとどまらず，理論を作り上げた天才たちの工夫点を味わえたとき，大いに感動するはずだ．

また，座標を使った直線や円の扱いは，難しい幾何の証明を万人が機械的に解けるようにするという魔法のようなテクニックである．一見関係の無さそうな分野どうしが協力して発展していくさまは，数学の醍醐味でもある．

ただ公式を覚えて機械的に問題を解いておしまい，というのではもったいない．本書を通して，自分の頭を使って考える習慣が身につけば幸いである．そしてともかく，些細なことでもいいから，数学で感動してほしい．

藤村　崇

本書の特長と使い方

　本書は中高一貫を念頭に置いた数学参考書である．高校受験を気にせずにじっくりと数学の本質を学びたいならばどうするか，という問いに対する一つの答えである．中学数学として完結させることを目標にせず，高校数学や大学以降での数学にスムーズに接続できるように配慮したつもりだ．そのため，従来の中学生向けの参考書とは書き方・用語が異なるかもしれないが，なるべく数学界に沿った考え方が貫かれている．その意味では革命的・実験的なものではあるが，標準的に扱う内容は一応網羅してある．なお，理解を深めるため，高校や大学で教わる数学も含まれているが，それがどの部分なのかはあえて明示しなかった．

　本書では欧米の数学書にならい，"数式も文章の一部"という方針をとり，文末には（和文か数式かにかかわらず）ピリオドをつけた．また，答案には ⇔ という記号が多用されている．本書はあくまで自習用なので，学校のテストなどでは先生に指示された書き方にあわせた方が無難である．

　数学は積み重ねが大事だとよくいわれる．前のことがらを前提にして次のことがらが進められるからだ．しかし，初めて読んですべてを理解するのは，よほどの天才でない限り不可能である．数学の本を読んでいると，必ずどこかで詰まってわからなくなるものだ．ここで読むのをあきらめてはいけない．何がわからないのかを考えてみよう．前後をよく読めばヒントが得られることがある．理解できない数学用語があるならば，その意味を確認し直そう．しばらく考えてもまだわからないときは，そこに印をつけて，先に進もう．後で気が向いたときに印をつけた場所にもう一度チャレンジすればよい．考え方が凝り固まっているせいで気づかなかったが，翌日考えたらどうということはなかった，ということがある．また，山に登った後で下界を見下ろせば細部が見えてくるのと同様に，数学では先に進んでから振り返った方がわかりやすいことが多い．わからない印が多くなってきたら，もとに戻ってまた読み直そう．この方法で大事なのは，わからないときにただ通りすぎるのではなく，少し考えてみてから先に進むことである．ここで悩んだことは必ず自分のためになるし，読み直しのときに解決する可能性を高める．（ただ通りすぎるだけならば，何回読んでもわからないだろう．）

　数学では復習が大事である．本書を読み終わってから，もう一度最初から読み直してほしい．一回目に読んだときには気づかなかった点，読み飛ばしていた参考事項などが頭に入ってくればさらに理解が深まる．（ただし，初めて読むときに読み直しを前提にするのはやめた方がよい．）

　以下，各章の内容をかいつまんで説明する．第10章では，集合を導入する．本書を通じて集合が使われるが，この章では主に様々な集合を表記する方法を学ぶ．第11章と第12章は，関数の一般論である．記号や考え方に慣れるまでは難しいだろうが，じっくり取り組んでもらいたい．第13章・第14章・第15章は，具体的な関数について深く学ぶ．関数のグラフを図示したり変数の変域を求めたりするのが主な内容だが，図形と数式（言い換えると，幾何と代数）が結びつく様子も味わってもらいたい．第15章の2次関数は中学・高校の数学の中心的話題といえ

る．気分も新たに，続く第16章・第17章は第10章との関係が深い．第16章（と第17章第1節）は"数学"というよりも"算数"に近い．第17章では，現代数学における確率の扱い方を中学生向けに説明しようと努力した．本来は統計について1章設ける予定であったが，ページ数の都合上，内容をカットしてコラムに載せることにした．実数とは何かということについて，上巻のあちこちにその性質が分散していたので，公理という形で付録に整理した．

　以下，出てくる記号を説明する．

各章のはじめには，要点のまとめ がある．本文を読んだ後で重要公式を思い出すために載せているものなので，初めて読むときには無視してよい．

初めて出てくる言葉や定義されている言葉は 太字 になっている．

例題 は問題の形の例であり，その直後の 解 は模範解答である．これらを真似することで，数学の答案の書き方を学んでほしい．ただし，青い字や下線は解説用なので，実際の答案には書かない．また，場合分けにはローマ数字の小文字 (i), (ii), (iii), (iv), … を使い，それ以外の箇条書きにはローマ数字の大文字 (I), (II), (III), (IV), … を使うことにした．

注意 は間違えやすい点を指摘した．初めて読むときにはピンとこないかもしれないが，慣れてきてもう一度読むと，自分の誤りに気づくことがあるだろう．

参考 は数学についての本音や裏話であり，本文の補足もかねている．発展的な話題が多いので，理解できなくても気にしないこと．（授業では口頭で済ませて，数学が得意な生徒だけが吸収しているような内容．）

放課後の談話 は生徒と先生の雑談である．内容は素朴な疑問や進んだ話題などだが，肩の力を抜いて知的な会話をそばからながめてみよう．

　数学を勉強する目的は，問題を解くことにはない．問題演習は本文の理解を助けるためのものにすぎない．全問を解くのが望ましいが，特に解いた方がよい問題は必修問題として●や◐がついている．その他の●や◐の問題は慣れるための追加問題である．また，難易度が普通のものには●や●，やや難しいものには◐や◐がついている．

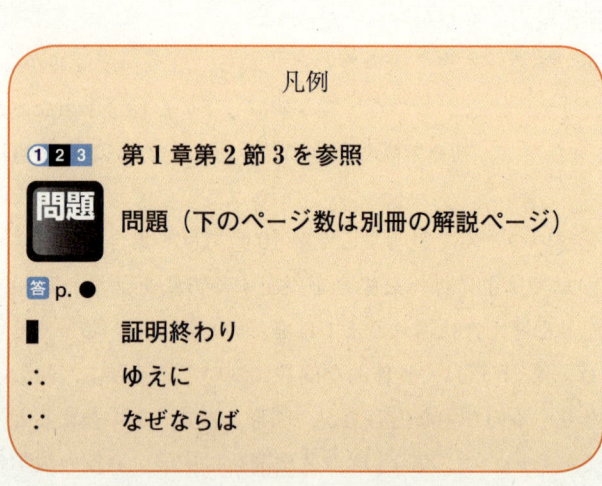

目次

序文   2
本書の特長と使い方   3

第1部　集合・関数

第10章　集合
第1節　集合の記法   9
第2節　集合どうしの関係   16
第3節　集合から新しい集合を作る   25
第4節　集合の要素の個数   35
第5節　数学の基礎としての集合   38

第11章　関数
第1節　変数に着目して関数を考える   42
第2節　集合に着目して関数を考える   45
第3節　全射と単射   53
第4節　合成と逆   59
第5節　多変数関数   64
第6節　値域   66

コラム01   87

第12章　グラフ
第1節　1次元の座標   90
第2節　2次元の座標   96
第3節　グラフ   102
第4節　グラフの移動   112
第5節　関数の変化率   128

コラム02   132

第2部　様々な関数

第13章　比例と反比例
第1節　比例関数　　　　　　　　　　　　　　135
第2節　反比例関数　　　　　　　　　　　　　144

コラム 03　　　　　　　　　　　　　　　　　153

第14章　1次関数
第1節　1次関数　　　　　　　　　　　　　　155
第2節　直線の方程式　　　　　　　　　　　　163

第15章　2次関数
第1節　2乗に比例する関数　　　　　　　　　184
第2節　2次関数　　　　　　　　　　　　　　196
第3節　2次関数と方程式・不等式　　　　　　212

コラム 04　　　　　　　　　　　　　　　　　238

第3部　場合の数と確率

第16章　場合の数
第1節　数え上げの基本　　　　　　　　　　　241
第2節　順列　　　　　　　　　　　　　　　　250
第3節　組合せ　　　　　　　　　　　　　　　262

第17章　確率
第1節　古典的確率　　　　　　　　　　　　　277
第2節　確率とは何か　　　　　　　　　　　　291
第3節　条件付き確率　　　　　　　　　　　　298
第4節　確率変数と確率分布　　　　　　　　　313

付録　　　　　　　　　　　　　　　　　　　　334
索引　　　　　　　　　　　　　　　　　　　　336

第 1 部

集合・関数

第 10 章　集合

第 11 章　関数

第 12 章　グラフ

第10章 集合

▶ 似たようなものどうしをひとまとめにして考えたくなることがあるだろう．いくつかの対象をまとめて新しい一つの対象とみなすことは日常的にも行われているが，このようなことを数学では"集合"という考え方で行う．一方，"集合"は現代数学の土台という性格ももっていて，あらゆる数学を"集合"の言葉で表現してから考える，というのが主流になっている．

要点のまとめ

- $A \subset B \iff$ （すべての x に対して，$x \in A \implies x \in B$）．
- $\mathbb{N} = \{x \mid x \text{ は自然数}\}$．$\mathbb{Z} = \{x \mid x \text{ は整数}\}$．
  $\mathbb{Q} = \{x \mid x \text{ は有理数}\}$．$\mathbb{R} = \{x \mid x \text{ は実数}\}$．
- $A = B \iff (A \subset B \text{ かつ } A \supset B)$．
- $A \cap B = \{x \mid x \in A \text{ かつ } x \in B\}$．
- $A \cup B = \{x \mid x \in A \text{ または } x \in B\}$．
- $A \cap B = \varnothing$ のとき，$A \cup B = A \amalg B$．
- $A \setminus B = \{x \mid x \in A \text{ かつ } x \notin B\} = A \cap \overline{B}$．
- $\overline{A} = \{x \mid x \notin A\}$．
- $\overline{A \cap B} = \overline{A} \cup \overline{B}$． $\overline{A \cup B} = \overline{A} \cap \overline{B}$．　（ド・モルガン（de Morgan）の法則）
- $A \times B = \{(x, y) \mid x \in A,\ y \in B\}$．
  $A \times B \times C = \{(x, y, z) \mid x \in A,\ y \in B,\ z \in C\}$．
  $A^2 = A \times A = \{(x, y) \mid x, y \in A\}$．
  $A^3 = A \times A \times A = \{(x, y, z) \mid x, y, z \in A\}$．
- $\mathfrak{P}(A) = \{X \mid X \text{ は } A \text{ の部分集合}\} = \{X \mid X \subset A\}$．
- $\#(A \cup B) = \#A + \#B - \#(A \cap B)$．
  $\#(A \amalg B) = \#A + \#B$．
  $\#(A \cup B \cup C) = \#A + \#B + \#C - \#(A \cap B) - \#(B \cap C) - \#(C \cap A) + \#(A \cap B \cap C)$．
- $\#(A \setminus B) = \#A - \#(A \cap B)$．　特に，$A \supset B$ ならば，$\#(A \setminus B) = \#A - \#B$．
- 全体集合を U とすると，$\#(\overline{A}) = \#U - \#A$．
- $\#(A \times B) = \#A \times \#B$．
- $\#(\mathfrak{P}(A)) = 2^{\#A}$．

第1節 集合の記法

1 集合とは

"もの"の集まりを **集合**, **set** という．その集合に入っている"もの"を **要素**, **元**, **element** という．

x が集合 A の要素であるとき，$x \in A$ や $A \ni x$ と表記し，x は A に **属する** という．
x が集合 A の要素でないとき，$x \notin A$ や $A \not\ni x$ と表記し，x は A に **属さない** という．
なお，$\in$ は，element の頭文字の "e" を変形したものである．

注意 "属する"，"属さない"の代わりに，"含まれる"，"含まれない"という表現を使うこともあるが，後述する部分集合の用語とまぎらわしいので，本書では使わない．

例
- 日本の都道府県全体の集合を P とすると，
$$（東京都）\in P, （京都府）\in P, （京都市）\notin P.$$
- 0以上10以下の奇数全体の集合を N とすると，
$$3 \in N, 6 \notin N, 3.9 \notin N.$$

注意 集合を定義するとき，"全体"という用語がよく用いられるが，これは，ある性質をもつものがすべて入っていることを表している．例えば，7と9の2つのみを要素としてもつような集合は，"0以上10以下の奇数の集合"ではあるが，"0以上10以下の奇数全体の集合"ではない．

集合を指定することは，属するか属さないかを区別する境界線を指定することに相当する．この境界が曖昧だと困るので，"集合"というときには，属するか属さないかがハッキリしているものだけを扱うことにする．例えば，"身長が 180 cm 以上の人全体"は集合とよべても，"身長が高い人全体"は集合とよべない．（もちろん，常識や話の流れから判断すべきことも多いので，どこまで明示的に限定すべきかは場合による．例えば，"身長が 180 cm 以上の人全体"といっても，測定の時刻や機器など，本来指定すべきことはたくさんある．）

●次の中から集合といえるものを選べ．
(1) 20世紀にノーベル賞を受賞した日本人全体．
(2) 成績の良い中学生全体． (3) $x^2 = 2$ を満たす実数全体．
(4) 大きな整数全体． (5) 0以上1以下の実数全体．
(6) 1万以上2万以下の素数全体．
(7) 平面において，面積が 10 cm² の三角形全体．

●100 以下の素数全体の集合を A とする．次の □ に当てはまるのは $\in$, $\notin$ のうちのどちらか．（ただし，"素数"とは，正の約数が 1 と自分自身の合計 2 つであるような自然数のこと❼❶❻．）

(1) 5 □ A (2) 12 □ A
(3) 93 □ A (4) 37 □ A

集合を考えるときには，ある"もの"が集合に属するかどうかを判定するわけだが，"もの"としてどのようなものが許されるのか，ということはあらかじめ決めておくべきことがらである．考えようとしている"もの"をすべて集めて得られる集合を **全体集合，universe** という．全体集合が（そのときに考えている）全世界であり，その外側については考える必要がない．集合とは，全体集合の要素の各々について"属する"，"属さない"のどちらであるかを判定するものである．

 実際には全体集合は明示されていないことが多く，当面はそれで困ることはほとんどない．しかし本来は，考える世界を限定しておかないと得体の知れないものが混ざる可能性がある．上の例で"0 以上 10 以下の奇数全体の集合"を考えたときは，全体集合は実数全体の集合とでもしておけば問題はないが，全体集合を広げすぎると，例えば"東京都"は 0 以上 10 以下の奇数なのかといった変な質問にも答えなくてはならなくなる．

実は，もう少し深刻な話として，集合の要素として考えられる"もの"は，なんでも許されるわけではないことが知られている．初期の集合論は，どんな集合も認めようとしたため，パラドックス（逆理）が見つかって崩壊してしまった．あまりにも病的なものは集合の要素として認めないことによって現代の集合論はなんとか実用に耐えうるものになったが，その解決策の一つが"すでに集合と認められているものの中で議論しているうちは安全"という消極的なものである．問題なく集合と認められそうなものを全体集合として指定し，その中だけに限定して様々な集合を考えればパラドックスは避けられるわけだ．

ヴェン図，Venn diagram を使って集合を図示することがある．例えば右図は $3 \in N$, $6 \notin N$, $3.9 \notin N$ を図示したものである．全体集合は，ヴェン図では一番外側の長方形として表されている．

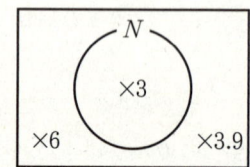

2 ● 外延的記法

集合を表すには，これまでの例のように，文章で説明したり，（例えば A や P などの）名前を使ったりすればよいが，数学の記号を使った表し方としては外延的記法と内包的記法の 2 通りがある．

外延的記法 とは，要素をすべて列挙することで集合を表す方法である．

> **例**
> - 5以下の自然数全体の集合を A とすると,
> $$A = \{1, 2, 3, 4, 5\} = \{1, 3, 4, 5, 2, 5, 3\}.$$
> - 0以上10以下の奇数全体の集合を N とすると,
> $$N = \{1, 3, 5, 7, 9\}.$$

"$\{$" と "$\}$" の間に要素を列挙するが,要素どうしの区切りには "$,$"(カンマ)を使う.集合では(全体集合の要素が)属するか属さないかだけに着目するので,表記するときには列挙する順序や回数は関係がない.例えば上の例の $A = \{1, 3, 4, 5, 2, 5, 3\}$ において,"$3 \in A$" と "$5 \in A$" を2回ずつ主張しているが,3や5が A という"境界線"の内側にあるというだけなので,これらが A の中に複数個属しているわけではない.したがって,A の要素は5個である.

この記法で完全に表すことができるのは,要素の個数が有限個であるような集合(**有限集合**)だけである.要素の個数が無限個であるような集合(**無限集合**)については,当然ながら要素をすべて列挙することはできない.

> **例**
> - 自然数全体の集合は,あえて表記すると,$\{1, 2, 3, \ldots\}$ である.しかし,"$\ldots$" で何が省略されているのかは読み手の想像にまかされていて,3の次が4である保証はどこにもない.
> - 整数全体の集合は,あえて表記すると,$\{\ldots, -2, -1, 0, 1, 2, \ldots\}$ や $\{0, \pm 1, \pm 2, \pm 3, \ldots\}$ だろうか.
> - 実数全体の集合は,仮に $\{2.8, \sqrt{3}, 7\pi, \ldots\}$ などと表記してみても,すべての実数が要素になっているという意図を伝えるのは不可能に近いだろう.

 "$\ldots$" の内容が不明確とはいえ,実際には自然数・整数については上の記法(またはその変形版)がよく使われる.一方,実数については上の記法が使われることはほぼない.その理由は,自然数・整数については絶対値の小さい順に列挙を続ければいずれすべての要素が登場するのに対して,実数についてはそのような列挙法が存在しないからであろう.

3 内包的記法

内包的記法 とは,要素の性質を用いて集合を表す方法である.

> **例** 0 以上 10 以下の奇数全体の集合を N とすると，
> $$\begin{aligned}
> N &= \{x \mid x \text{ は } 0 \text{ 以上 } 10 \text{ 以下の奇数}\} \quad \cdots\cdots ① \\
> &= \{y \mid y \text{ は } 0 \text{ 以上 } 10 \text{ 以下の奇数}\} \quad \cdots\cdots ② \\
> &= \{x \mid x = 2n+1 \text{ (ただし, } n = 0, 1, 2, 3, 4)\} \quad \cdots\cdots ③ \\
> &= \{2n+1 \mid n = 0, 1, 2, 3, 4\} \quad \cdots\cdots ④ \\
> &= \{2m-1 \mid m = 1, 2, 3, 4, 5\} \\
> &= \{2m-1 \mid m \in A\} \quad \text{(ただし, } A \text{ は } 5 \text{ 以下の自然数全体の集合.)} \quad \cdots\cdots ⑤
> \end{aligned}$$

この記法では，"{" と "|" と "}" を使う．"{" と "|" の間（すなわち，左側）には，要素の形を表記する．"|" と "}" の間（すなわち，右側）には，満たすべき条件を表記する．なお，"|" の代わりに ";" や ":" を使うこともある．

$\{x \mid x \text{ は } 0 \text{ 以上 } 10 \text{ 以下の奇数}\}$ は，x たちの集合を表すが，その x は，"x は 0 以上 10 以下の奇数" という条件を満たさなければならない（①）．要素の形と条件がうまく対応していればよいので，当然ながら，使う文字は x ではなくても（例えば y でも）かまわない（②）．"x は 0 以上 10 以下の奇数" という条件を数式で表してもよいし（③），これを要素の形として "|" の左側に移してもよい（④）．また，$\{2m-1 \mid m \in A\}$ は，m が A の要素として 1, 2, 3, 4, 5 のように動くときの，$2m-1$ の計算結果全体からなる集合である（⑤）．

> **注意** 0 以上 10 以下の奇数全体の集合は $\{x \mid x \text{ は } 0 \text{ 以上 } 10 \text{ 以下の奇数}\}$ であって，$\{x \mid x \text{ は } 0 \text{ 以上 } 10 \text{ 以下の奇数全体}\}$ ではない．"|" の右側は，（単独の）x についての条件なので，"全体" というのはおかしい．この条件を満たす x たちを "全部" 集めたものが "…全体の集合" になる．

> **注意** どんな集合 A に対しても，$A = \{x \mid x \in A\}$．

"{" と "|" の間（すなわち，左側）には，要素の形を表記するのが原則だが，その要素をどのような集合の中から探しだそうとしているのか，ということまで一緒に表記することがある．

> **例** 整数全体の集合を $\mathbb{Z}$ とすると，
> $$\{x \in \mathbb{Z} \mid x \text{ は奇数}\} = \{x \mid x \in \mathbb{Z} \text{ かつ } x \text{ は奇数}\}.$$

参考　どの集合の中から探すのか，というのは条件の一種なので，その情報は"|"と"}"の間（すなわち，右側）に表記すれば済むことである．その立場からは，"∈ℤ"のようなことを"|"の左側に表記するのは略記法の一つにすぎない．しかし，逆に，どんな場合でも必ず"|"の左側に全体集合を明記すべきだとする立場もある．

問題226　答 p.2

● 次の集合を外延的記法で表せ．また，その要素の個数を求めよ．

（例）$\{x | x$ は整数, $1 \leq x < 5\} = \{1, 2, 3, 4\}$. 要素は 4 個.

(1) $\{x | x$ は 12 の約数$\}$　　　(2) $\{t | 2t + 1 = 0\}$

(3) $\{5x | x = 1, 2, 3\}$　　　(4) $\{m^2 + 2 | m$ は整数, $-3 < m < 2\}$

(5) $\{n | n$ は 12 の倍数, $0 \leq n \leq 100\}$

問題227　答 p.2

● 次の集合を外延的記法で表せ．

(1) $\{x | x$ は 15 以下の素数$\}$　　　(2) $\{t | t^2 = 1\}$

(3) $\{n^2 | -3.5 < n \leq 5.3, n$ は整数$\}$　　　(4) $\{k | k = 5\}$

(5) $\{4n + 1 | n = 1, 2\}$

(6) $\{3m - 10 | m$ は自然数, $-10 < 2m + 1 < 7\}$

4　空集合

要素を 1 つももたない集合を **空集合**, empty set といい，$\emptyset$ や $\varnothing$ と表記する．（まれに $\{\ \}$ と表記することもある．）

参考　空集合の記号は，もともとはデンマークやノルウェーのアルファベットである Ø（大文字），ø（小文字）（口をすぼめて「エ」と発音し，「ウー」のような音で読む）から作られたものらしい．空集合の記号が使えないときには，ギリシアのアルファベット φ（小文字，「ファイ」「フィー」と読む）で代用することもある．

"もの"を集めたのが集合なのだから，"もの"がなければ集合にならないではないか，という疑問がわく．これに対しては，空集合も集合の仲間に入れた方が理論が美しくなるので許してください，としか言いようがない．（0 を自然数の仲間に入れるべきかどうか，という議論に似ている．）

集合は "もの" を入れる袋のようなものだと考えて，空袋も袋の一種だ，と考えれば納得できるだろうか．

例　-3 以下の自然数全体の集合を A とすると，$A = \emptyset$.

5 表記法がすでに決まっている集合

よく使う集合の中には，その表記法が現在の数学界で広く受け入れられているものがある．以下のものは，今後断りなしに使う．（なお，手書きのものは人によって微妙に書体が異なる．）

> 自然数全体の集合 $\mathbb{N}$ （手書きで $\mathbb{N}$） 　　整数全体の集合 $\mathbb{Z}$ （手書きで $\mathbb{Z}$）
> 有理数全体の集合 $\mathbb{Q}$ （手書きで $\mathbb{Q}$） 　　実数全体の集合 $\mathbb{R}$ （手書きで $\mathbb{R}$）

（ここで，正の整数を自然数といい⑦1，$\dfrac{(整数)}{(整数)}$ という形に表せる数のことを有理数という⑦3 1．）

覚え方もかねて，由来と思われるものを紹介しておこう．自然数は natural number であり，実数は real number なので，その頭文字が採用された．整数は integer だが，ドイツ語の Zahl（数）の頭文字が採用された．有理数は rational number だが，quotient（商）の頭文字が採用された．

参考 もともとは，これらの記号は **N**, **Z**, **Q**, **R** のように，太字で表記することになっていた．しかし，黒板やノートに写すときに字を太くするのは現実的でないので，線を追加することで上の表記法が広まったようだ．

参考 高校で "虚数" というものを勉強する．実数と虚数をあわせて "複素数" (complex number) というが，複素数全体の集合は $\mathbb{C}$ （手書きで $\mathbb{C}$）と表記される．大学で "ハミルトンの四元数" というものを勉強するかもしれない．ハミルトンの四元数全体の集合は $\mathbb{H}$ （手書きで $\mathbb{H}$）と表記される．

例
- $\mathbb{N} = \{x \in \mathbb{Z} \mid x > 0\}$．
- $\mathbb{Q} = \left\{ \dfrac{p}{q} \mid p \in \mathbb{Z},\ q \in \mathbb{N} \right\}$．
- $-5 \in \mathbb{Z},\ -5 \notin \mathbb{N},\ 2.8 \in \mathbb{Q},\ 2.8 \notin \mathbb{Z},\ \sqrt{2} \in \mathbb{R},\ \sqrt{2} \notin \mathbb{Q}$．
- $\{1, 3, 5, 7, 9\} = \{2m - 1 \mid m \in \mathbb{N},\ m < 6\}$．

注意 "x は整数" は "$x \in \mathbb{Z}$" と同じことである．$\mathbb{Z}$ が整数全体の集合であり，整数とは $\mathbb{Z}$ の要素のことなのだから．これを間違えて "$x = \mathbb{Z}$" や "x は $\mathbb{Z}$" としてしまうと，x は "整数を集めた集合" となってしまい，"整数" ではなくなってしまう．

例題 $A = \{3n-2 \mid n \in \mathbb{Z}\}$ とするとき，$13 \in A$ を証明せよ．

解 $13 = 3 \cdot 5 - 2$ である．$5 \in \mathbb{Z}$ だから，$13 \in A$. ∎

　A は $3 \times$（整数）-2 の形に書ける数を集めた集合である．13 が"$n=5$ のときの $3n-2$"になっていることに気づけばよい．当てずっぽうで $13 = 3 \cdot 5 - 2$ が見つかればそれにこしたことはない．見つからなければ，$13 = 3n-2$ となる n は何だろうか，と考える．n を変数とみなして方程式を解き，$13 = 3n-2 \iff n = 5$ とすればよいことに気づく．なお，答案には $13 = 3 \cdot 5 - 2$ という変形を思いついた理由を残す必要はない．また，$13 = 3n-2$ となる n は $n = 5$ 以外にないが，そのこともこの証明とは無関係である．

問題 228
答 p.2

$A = \left\{\dfrac{3}{2}n + 2 \,\middle|\, n \in \mathbb{Z}\right\}$ とする．
(1) $8 \in A$ を証明せよ．
(2) k を整数とするとき，$3k-1 \in A$ を証明せよ．
(3) $7 \notin A$ を証明せよ．

放課後の談話

生徒「"集合"という言葉は，日常用語では"集まること"というイメージが強いですが，数学では"集まった結果できたもの"という意味で使っているようです．」

先生「慣れてくれば違和感は無くなるだろう．この章の内容も，集合という言葉の導入と集合に関する表記法がメインだ．数学的に意味のあることといえば，第 2 節のユークリッドの互除法の部分と第 4 節の要素の個数くらいだ．」

生徒「表記法だけにしてはずいぶん手間をかけていませんか．」

先生「集合は現代数学では記述のための共通言語という役割がある．今後，内容的に難しいところに進んだとき，記号がわからないせいで混乱した，ということの無いようにしたいんだ．もちろん，集合論そのものにも興味深い理論があるが，難しいのでここでは深入りしない．」

生徒「表記法ということで早速ですが，内包的記法で使う文字がいまいちしっくりこないのです．$N = \{x \mid x$ は 0 以上 10 以下の奇数 $\}$ とすると，$N = \{y \mid y$ は 0 以上 10 以下の奇数 $\}$ でもあるわけですが，これは $x = y$ ということなのでしょうか．」

先生「まったく間違いというわけではないし，便宜的にはそういう気持ちもあるのだが，少し誤解を招くのでその考え方はやめた方がいい．実際には $N = \{1, 3, 5, 7, 9\}$ であり，この集合自体は x, y と関係がない．N の要素を 1 つもってきたとき，どのように名付けようと自由なので，その要素を x と表記しても y と表記してもよいのだが，$x = y$ でなく $y = 10 - x$ だったとしても問題がないだろう．」

生徒「x と y の対応がいろいろあるということでしょうか．」

先生「そもそも x と y を無理に対応させようとしない方がいい．変数の有効範囲のようなものがあって，$\{x \mid x$ は 0 以上 10 以下の奇数 $\}$ に登場する"x"は"$\{$"と"$\}$"の間だけで使えると考えよう．」

生徒「"$\{$"と"$\}$"の外側で"x"を考えてはいけないということですか．」

先生「もちろん，"$\{$"と"$\}$"の外側で"x"と名付ける対象があっても構わないが，明示的に結びつけないかぎりそれは $\{x \mid x$ は 0 以上 10 以下の奇数 $\}$ という表記における x とは無関係だ．例えば，$\{x \mid x$ は 0 以上 10 以下の奇数 $\} = \{x-2 \mid x$ は 2 以上 12 以下の奇数 $\}$ は正しいが，左辺の x と右辺の x は独立に存在している．」

生徒「確かに，$x = x - 2$ という式を考えるわけにはいかないですね．」

第2節　集合どうしの関係

1　包含

　例えば，自然数は整数の一種である．整数全体の集合 $\mathbb{Z}$ の要素のうちの半数近く（すなわち，正・0・負のうち正のみ）をとってきて新しい集合とみなしたのが自然数全体の集合 $\mathbb{N}$ になっている．このように，ある集合の一部分をとってきて得られる集合を"部分集合"という．

　正確には，次のように定める．集合 A のどんな要素も集合 B の要素になっているとき，A は B の **部分集合**，A は B に **含まれる**，B は A を **含む** といい，$A \subset B$ や $B \supset A$ と表記する．要するに，$A \subset B$ とは，次のような意味である．

$$A \subset B \iff (どんな x に対しても, x \in A \implies x \in B).$$

　A や B に "$A \subset B$" などの制限が特になければ，A と B には重なった部分やはみ出た部分があることが想定される．しかし，"$A \subset B$" が成り立つならば，"A の要素のうちで，B に属さないものはない" ということで，"B の外側に A がはみ出していない"，すなわち，"A は B の中にすっぽり入っている" ということになる．

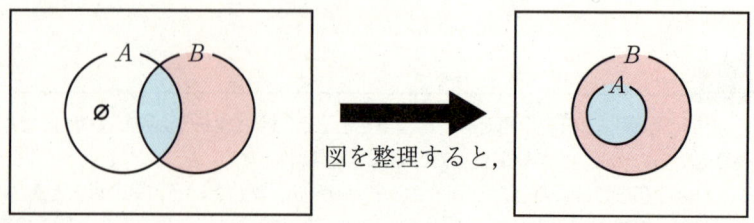
図を整理すると，

> 例
>
> $\mathbb{Z} \subset \mathbb{Q}$.
> x が整数ならば，x は有理数でもあるから，$x \in \mathbb{Z} \implies x \in \mathbb{Q}$.

> 例
>
> どんな集合 A に対しても，$\emptyset \subset A$.
> 　A の要素のうちのいくつかを選んで新しい集合とみなしたものが A の部分集合であるが，このときにどれも選ばなかった場合が空集合である．厳密には，"$x \in \emptyset \implies x \in A$" を検証する必要があるが，"$x \in \emptyset$" がどんな x に対しても成り立たないことに注意するとこれは正しい．（P が成り立たないときには "$P \implies Q$" は（Q に関係なくいつでも）成り立つ，というのが数学での "$\implies$" の取り決めである．③②①）
>
>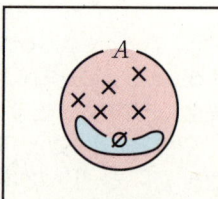

例
どんな集合 A に対しても，$A \subset A$.
A の要素のうちのいくつかを選んで新しい集合とみなしたものが A の部分集合であるが，このときにすべての要素を選んだ場合が A 自身である．厳密には，"$x \in A \implies x \in A$" を検証する必要があるが，これは明らかに正しい．

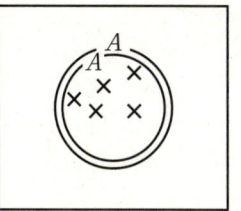

"A が A の部分集合" というと "全体よりも部分の方が小さいはず" という感覚に合わないかもしれない．しかし，これはどうしようもないので，理論を美しくするための取り決めだと理解しておこう．

$A \subset B$ かつ $A \neq B$ のとき，A は B の **真部分集合** といい，$A \subsetneqq B$ や $A \subsetneq B$ と表記する．要するに，B の部分集合のうち，B 自身とは異なるものが B の真部分集合である．

例
$B = \{太郎, 次郎\}$ とする．
B の部分集合は $\emptyset, \{太郎\}, \{次郎\}, \{太郎, 次郎\}$ の 4 つ．
そのうち，B の真部分集合は $\emptyset, \{太郎\}, \{次郎\}$ の 3 つ．

注意 本書では，A が B の部分集合のとき $A \subset B$ と表記し，A が B の真部分集合のとき $A \subsetneqq B$ や $A \subsetneq B$ と表記することにした．これは数学界で主流の表記法だと思われる．別の流儀として，A が B の部分集合のとき $A \subseteq B$ や $A \subseteqq B$ と表記し，A が B の真部分集合のとき $A \subset B$ と表記することがある．後者の表記法の方が実数の大小に似ていて覚えやすいかもしれない．（実数 a, b に対して，a が b 以下のときに $a \leqq b$ や $a \leq b$ と表記し，a が b よりも小さいときに $a < b$ と表記した．）$A \subset B$ という表記に異なる 2 つの解釈があって大変まぎらわしい．

● 集合 $\{1, 3, 7\}$ の部分集合をすべて求めよ．また，真部分集合は何個あるか．

● 集合 $\{す, う, が, く\}$ の部分集合をすべて求めよ．

● 次の □ に当てはまるのは ⊂, ⊃ のうちのどちらか.
(1) $\{x|0<x<1\}$ □ $\{x|-1\leqq x\leqq 2\}$
(2) $\mathbb{R}$ □ $\mathbb{N}$
(3) $\{x|3x+1=0\}$ □ $\varnothing$
(4) $\{x|-\sqrt{2}<x<\sqrt{2}$ かつ $x\in\mathbb{R}\}$ □ $\{x|x^2<2$ かつ $x\in\mathbb{Q}\}$

例題 $A=\{6n|n\in\mathbb{Z}\}$, $B=\{2n|n\in\mathbb{Z}\}$ とするとき, $A\subset B$ を証明せよ.

解
$x\in A$ とすると, ……①
$(x=6k$ かつ $k\in\mathbb{Z})$ となるような k が存在する. ……②
$$x=2\cdot 3k.\quad\text{……③}$$
$t=3k$ とおくと, ……④
$$x=2t\text{ かつ }t\in\mathbb{Z}.\quad\text{……⑤}$$
よって, $x\in B$. ……⑥
以上より, $x\in A\Longrightarrow x\in B$. ……⑦
$$\therefore\ A\subset B.\quad\text{……⑧}$$

　A は, $6n$（ただし, n は整数）という形の数をすべて集めたものであるから, 要するに, 6 の倍数全体の集合である. 同様に, B は偶数全体の集合である. この問題は, "6 の倍数は偶数である" ということを表現したものにすぎないが, 集合の記法を確認するために 1 行ずつ詳しく見ていこう.

　$A\subset B$ を証明するためには, $x\in A\Longrightarrow x\in B$ がどんな x に対しても成り立つことをいわなければならない. そこで, $x\in A$ とするところから始める（①）. A の要素であるということから, x は $6n$（ただし, n は整数）という形であることがわかっている. もちろん, この n の値は x によって異なるわけで, 例えば $x=120$ であれば $x=6\times 20$ だから $n=20$ であるし, $x=0$ であれば $x=6\times 0$ だから $n=0$ である. 今は任意に A の要素を 1 つもってきたのだから, その値は具体的にはわからず, とりあえず k とよぶことにした（②）. 目標は $x\in B$ だが, これは, x が $2n$（ただし, n は整数）という形であることを証明せよ, ということである. $x=6k$ を $x=2\times$（整数）の形に変形するには, $6k=2\times(3k)$ と変形すればよいことはすぐにわかるだろう（③）. そこで, $3k$ をひとかたまりにして t とよび（④）, t が整数であることを確認して（⑤）$x\in B$ が主張できる（⑥）. $t\in\mathbb{Z}$ は本来は証明が必要だが, k と 3 が整数であることと, 整数どうしの積が整数であることを使えば, これは明らかだろう. 以上により, $x\in A$ を仮定すれば $x\in B$ が得られるので（⑦）, $A\subset B$ が証明できた（⑧）.

注意 証明において, どこまで詳しく説明すべきか, どこから先は "明らか" として省略してよいのか, 意見の分かれるところである. ここでは, "整数どうしの和・差・積は

整数"，"有理数どうしの和・差・積・商は有理数"，"実数どうしの和・差・積・商は実数" ということは "明らか" として認めて，答案では特に断らなくてもよいことにした．この例題では，$k \in \mathbb{Z}$（と $3 \in \mathbb{Z}$）と $t = 3k$ を使って $t \in \mathbb{Z}$ を導くときにこの事実を引用すべきだが，省略している．

注意 "$A = \{6n | n \in \mathbb{Z}\}$" に登場する n と "$B = \{2n | n \in \mathbb{Z}\}$" に登場する n は無関係であることに注意．集合の内包的記法で "$|$" の左側にあるのは要素の形を表現したものであり，使われている文字に意味があるわけではない．A の要素は例えば 120 や 0 であって，何か特別の "n" という数に対する "$6n$" が問題になっているわけではない．"$A = \{6n | n \in \mathbb{Z}\}$" という表現の "$n$" という文字が有効なのは "$\{$" と "$\}$" の間だけであるから，その外側にある B とは無関係なわけだ．$A = \{6k | k \in \mathbb{Z}\}$ と表記しても集合 A そのものは変わらない．このことに気をつけさえすれば，文字の重複が許される．実際，"$x \in A$ とすると，$(x = 6n$ かつ $n \in \mathbb{Z})$ という n が存在する．$t = 3n$ とおくと，$x = 2t$ かつ $t \in \mathbb{Z}$ より，$x \in B$." や "$x \in A$ とすると，$(x = 6k$ かつ $k \in \mathbb{Z})$ という k が存在する．$n = 3k$ とおくと，$x = 2n$ かつ $n \in \mathbb{Z}$ より，$x \in B$." のように，内包的記法の "$|$" の左側の文字をあえて使うことの方が多い．もちろん，"$x = 6n = 2n$" などとするのは n どうしの区別がつかないので論外．

● $A = \{6n - 10 | n \in \mathbb{N}\}$, $B = \{3m + 2 | m \in \mathbb{Z}\}$ とするとき，$A \subset B$ を証明せよ．

● $A = \{15n | n \in \mathbb{N}\}$, $B = \{3n + 21 | n \in \mathbb{Z}\}$ とするとき，$A \subset B$ を証明せよ．

● $A = \{3n + 1 | n \in \mathbb{Z}\}$, $B = \{x | x - 4 \text{ は } 15 \text{ の倍数}\}$ とするとき，$A \supset B$ を証明せよ．

2 ● 相等

集合 A と集合 B について，"A と B が等しい"，すなわち，"$A = B$ が成り立つ"，とはどういう意味だろう．これまでにも $\{x | x \text{ は整数}, 1 \leqq x < 5\} = \{1, 2, 3, 4\}$ のように等号を使ってきたのに，何をいまさら問い直すのか，と感じるかもしれない．論理的正確さを求めるならば，等号の意味をきちんと定めてからこの記号を使用すべきであったが，集合にある程度慣れてから説明したかったので，後回しにしてしまっていた．これまでの等号は，1つの集合について，異なる表記法を "$=$" で結んだだけ，という感覚で納得してもらいたい．

何と何を等しいものとみなすか，というのは，新しい概念を発明したときに非常に重要な事項である．それは，対象の性質のうち，どれを考慮してどれを無視するか，という宣言のようなものといえる．

集合については，$\{1, 3, 5\}$ と $\{1, 5, 3\}$ と $\{1, 1, 3, 5, 5, 5\}$ は同じ集合とみなしたいが，これらは $\{2, 3, 4\}$ とは異なる集合とみなしたい．すなわち，"ものの集まり"のもつ性質のうち，"何が集まったか"は問題にするが，"どのような順序で何個ずつ集まったか"は気にしない，というのが"集合"の考え方である．要するに，A と B が（**集合として**）**等しい** とは，A と B が同じものを要素としてもつ，ということである．"集合とは属するか属さないかを判定する境界線だ"とする考え方にもとづき，"$x \in A$" という条件が "$x \in B$" という条件と同じ意味をもつときに $A = B$ と定めていることになる．

> **例題** $\{a+3b,\ 3a+7b\} = \{4, 6\}$ であるという．定数 a, b の値を求めよ．
>
> **解** $a+3b$ と $3a+7b$ は，一方が 4 で他方が 6 である．
>
> $$\begin{cases} a+3b = 4 \\ 3a+7b = 6 \end{cases} \iff \begin{cases} a = -5 \\ b = 3. \end{cases}$$
>
> $$\begin{cases} a+3b = 6 \\ 3a+7b = 4 \end{cases} \iff \begin{cases} a = -15 \\ b = 7. \end{cases}$$
>
> 以上より，$(a, b) = (-5, 3),\ (-15, 7)$．

● $\{a+3,\ 2b-1\} = \{5, 7\}$ となるように定数 a, b の値を定めよ．

● $\{at+b \mid t^2 = 1\} = \{3\}$ となるように定数 a, b の値を定めよ．

$A = B$ ということは，A のすべての要素は B の要素であり，B のすべての要素は A の要素である，ということだった．言い換えると，$A \subset B$ と $A \supset B$ の両方が成り立つ，というのと同じことになる．

$$A = B \iff (A \subset B \text{ かつ } A \supset B).$$

$A \subset B$（A が B の部分集合）ならば，A が B の中にまるごと入っていることになり，$B \subset A$（B が A の部分集合）ならば，B が A の中にまるごと入っていることになる．この両方が成り立つということは，A と B がピッタリと一致していることに他ならない．a, b が実数のときに "$a = b \iff (a \leqq b$ かつ $a \geqq b)$" であったことと非常によく似ている．

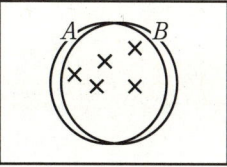

$A = B$ であることを証明したいときは，$A \subset B$ と $B \subset A$ に分けて，それぞれを証明すればよい．ここは慣れないとわかりにくいところなので，じっくり取り組んでほしい．

例題 $\left\{\dfrac{3}{2}n + 2 \,\middle|\, n \in \mathbb{Z}\right\} = \{3n - 1 \mid 2n \in \mathbb{Z}\}$ を証明せよ．

解 $A = \left\{\dfrac{3}{2}n + 2 \,\middle|\, n \in \mathbb{Z}\right\}$, $B = \{3n - 1 \mid 2n \in \mathbb{Z}\}$ とおいて，$A = B$ を証明する．そのためには，$A \subset B$ と $B \subset A$ を証明すればよい．

(I) $A \subset B$ を証明する．

$x \in A$ とすると，$(x = \dfrac{3}{2}k + 2$ かつ $k \in \mathbb{Z})$ となるような k が存在する．

$$x = 3\left(\dfrac{1}{2}k + 1\right) - 1$$

であるから，$t = \dfrac{1}{2}k + 1$ とおくと，

$$x = 3t - 1 \text{ かつ } 2t \in \mathbb{Z}. \quad (\because 2t = k + 2 \text{ かつ } k \in \mathbb{Z}.)$$

よって，$x \in B$.

以上より，$A \subset B$.

(II) $B \subset A$ を証明する．

$x \in B$ とすると，$(x = 3p - 1$ かつ $2p \in \mathbb{Z})$ となるような p が存在する．

$$x = \dfrac{3}{2}(2p - 2) + 2$$

であるから，$q = 2p - 2$ とおくと，

$$x = \dfrac{3}{2}q + 2 \text{ かつ } q \in \mathbb{Z}. \quad (\because 2p \in \mathbb{Z}.)$$

よって，$x \in A$.

以上より，$B \subset A$.

(I), (II) をあわせて，$A = B$.

(I) $A \subset B$ を証明するには，A のどんな要素も B に属することを証明すればよい．つまり，A から任意の要素 x をとったとき，x が B にも属しているということがいいたい．

A の要素という条件から x は $\dfrac{3}{2} \times$(整数)$+ 2$ という形だとわかっている．（今はこの整数を k とおいてみた．）x が B に属することをいうためには，x が $3 \times$(2倍すれば整数になる数)$- 1$ という形に表せればよい．この（2倍すれば整数になる数）を t とするとき，k からどのよう

に計算すれば t が得られるか，が最大のポイントといえる．（欲しい式 $\frac{3}{2}k+2=3t-1$ において，k を定数，t を変数とみなす．t についての方程式と思って変形すれば $t=\frac{1}{2}k+1$ が見つかる．答案には変形を思いついた理由を残す必要はない．）

$2t \in \mathbb{Z}$ の証明に $k \in \mathbb{Z}$ を使っている．$k \in \mathbb{Z}$（と $2 \in \mathbb{Z}$）より，"整数どうしの和は整数"という事実を使って $k+2 \in \mathbb{Z}$ が得られるのだが，この事実は"明らか"として，答案では特に断らなくてもよいことにしていた．⑩ 2 1

(II) $B \subset A$ の証明も同様である．$x = 3p-1$ となる p の存在がわかっているとき，$x = \frac{3}{2}q+2$ となるような q を見つけるのが最大のポイントとなる．（欲しい式 $\frac{3}{2}q+2 = 3p-1$ において，p を定数，q を変数とみなす．q についての方程式と思って変形すれば $q = 2p-2$ が見つかる．）

今回の答案では，(I) の (k,t) と (II) の (p,q) のように，使う文字を変えてみた．実際には，文字の有効範囲がどこまでかに気をつけさえすれば，同じ文字を使うことが許される．もちろん，n を使ってもよいが，"$x = \frac{3}{2}n+2$" と "$x = 3n-1$" を同時に使うと $\frac{3}{2}n+2 = 3n-1$ という意味のない式が得られるので注意．

● $A = \left\{\frac{5}{3}n-4 \mid n \in \mathbb{Z}\right\}$, $B = \{5n+1 \mid 3n \in \mathbb{Z}\}$ とする．$A = B$ を証明せよ．

● $\{5n+15 \mid n \in \mathbb{Z}\} = \{5n \mid n \in \mathbb{Z}\}$ を証明せよ．

$\{25m+11n \mid m,n \in \mathbb{Z}\} = \mathbb{Z}$ を証明せよ．

$A = \{25m+11n \mid m,n \in \mathbb{Z}\}$ とおいて，$A = \mathbb{Z}$ を証明する．
$A \subset \mathbb{Z}$ と $\mathbb{Z} \subset A$ を証明すればよい．
(I) $A \subset \mathbb{Z}$ を証明する．
$x \in A$ とすると，($x = 25m+11n$ かつ $m \in \mathbb{Z}$ かつ $n \in \mathbb{Z}$) となるような m, n が存在する．
x は明らかに整数，すなわち，$x \in \mathbb{Z}$.
以上より，$A \subset \mathbb{Z}$.
(II) $\mathbb{Z} \subset A$ を証明する．
$x \in \mathbb{Z}$ とする．
$$x = 25(4x) + 11(-9x)$$
であるから，$m = 4x$, $n = -9x$ とおくと，
$$x = 25m+11n \text{ かつ } m \in \mathbb{Z} \text{ かつ } n \in \mathbb{Z}.$$

よって, $x \in A$.

　以上より, $\mathbb{Z} \subset A$.

　(I), (II) をあわせて, $A = \mathbb{Z}$.

　25 の倍数と 11 の倍数の和は必ず整数になる, というのが (I). どんな整数でも 25 の倍数と 11 の倍数の和の形に表せる, というのが (II).

　(I) は, 慣れてくれば全体を "明らか" の一言で終わらせてしまってもよいくらいである. $25 \in \mathbb{Z}$ と $m \in \mathbb{Z}$ より, "整数どうしの積は整数" という事実を使って, $25m \in \mathbb{Z}$. $11 \in \mathbb{Z}$ と $n \in \mathbb{Z}$ より, "整数どうしの積は整数" という事実を使って, $11n \in \mathbb{Z}$. $25m \in \mathbb{Z}$ と $11n \in \mathbb{Z}$ より, "整数どうしの和は整数" という事実を使って, $25m + 11n \in \mathbb{Z}$, すなわち, $x \in \mathbb{Z}$. "整数どうしの和・差・積は整数" という事実は当たり前として断らずに使うことにしていたので, "明らか" で済ませてしまってよい.

　(II) がこの問題の本体で, $x \in \mathbb{Z}$ が与えられているときに, 対応する m, n を見つけなければならない. 例えば, $x = 25 \cdot \frac{x}{25} + 11 \cdot 0$ だからといって, $m = \frac{x}{25}$, $n = 0$ などとしてしまうと, $m \in \mathbb{Z}$ が証明できない. $x \in \mathbb{Z}$ ということだけを手がかりに, $m \in \mathbb{Z}$ と $n \in \mathbb{Z}$ がわかるような形で m, n を求める必要がある. この解答の $(m, n) = (4x, -9x)$ 以外にも, $(m, n) = (-7x, 16x)$, $(70x, -159x)$ など, 無数の組み合わせが考えられる. (試行錯誤でもよいので) その中の 1 組でも見つければ解けたことになる. $4 \in \mathbb{Z}$ と $x \in \mathbb{Z}$ より, "整数どうしの積は整数" という事実を使って, $4x \in \mathbb{Z}$. $-9 \in \mathbb{Z}$ と $x \in \mathbb{Z}$ より, "整数どうしの積は整数" という事実を使って, $-9x \in \mathbb{Z}$. この議論は "明らか" とみなして, 答案では "$m \in \mathbb{Z}$ かつ $n \in \mathbb{Z}$" の証明を省略している.

　この解答の最大の難所は, (II) で m と n を求めることにあるが, どのようにして $(m, n) = (4x, -9x)$ を見つけたのだろうか. まず, $x = 1$ という特殊な場合で見つければ十分であることに注意する. それは, $1 = 25 \cdot 4 + 11 \cdot (-9)$ と表せれば, 両辺を x 倍して $x = 25(4x) + 11(-9x)$ となり, 目的が達成できるからである. では, どのようにして 1 をうまく 25 の倍数と 11 の倍数の和として表そうか. 当てずっぽうで見つかればそれが一番速くて楽だが, 実はユークリッドの互除法を使った必勝法がある. 25 と 11 が互いに素 (すなわち, 最大公約数が 1) であることがポイントになる.

　整数 a を整数 b でわったときの商を q, 余りを r とすると, $a = qb + r$, すなわち, $r = a - qb$. "a の整数倍と b の整数倍をたしたもの" を "a と b の一次結合" とよぶことにすると, 余り r はわられる数 a とわる数 b の一次結合として表せる. ユークリッドの互除法とは, ($a \geq b$ のときに) "a と b に注目する代わりに b と r に注目しなさい" というものである⑦1⑩. a と b の最大公約数は b と r の最大公約数に等しい. $0 \leq r < |b|$ だから, b や r の方が a や b よりも絶対値が小さい. よって, このわり算の操作を繰り返せば注目する数の絶対値がどんどん小さくなり, いずれは余りが 0 になる. そのときのわる数が最大公約数である. a と b が互いに素であれば, 最後のわる数が 1 になっているはずである. ところが, 注目

する数はすべて最初の a と b の一次結合として表せるので，結局，1 が a と b の一次結合として表せることになる．

> a, b を 0 でない整数とすると，次が成り立つ．
> (a と b が互いに素) $\iff$ ($am + bn = 1$ となる整数 m, n が存在する)

上の例題に適用してみよう．
Step1. $\boxed{25}$ を $\boxed{11}$ でわると商が 2 で余りが 3，すなわち，$\underline{3} = \boxed{25} - 2 \cdot \boxed{11}$． ……①
Step2. $\boxed{11}$ を 3 でわると商が 3 で余りが 2，すなわち，$\underline{2} = \boxed{11} - 3 \cdot 3$． ……②
Step3. 3 を 2 でわると商が 1 で余りが 1，すなわち，$\underline{1} = 3 - 1 \cdot \underline{2}$． ……③
Step4. $\underline{2}$ を $\underline{1}$ でわると商が 2 で余りが 0，したがって，25 と 11 の最大公約数は 1．
①を②に代入し，$\underline{2} = \boxed{11} - 3(\boxed{25} - 2 \cdot \boxed{11}) = (-3)\boxed{25} + 7 \cdot \boxed{11}$．これと①を③に代入すると，$\underline{1} = (\boxed{25} - 2 \cdot \boxed{11}) - 1((-3)\boxed{25} + 7 \cdot \boxed{11}) = 4 \cdot \boxed{25} - 9 \cdot \boxed{11}$．目標どおり，1 が 25 と 11 の一次結合として表せた．

もしも a と b が互いに素でなかったらどうなるだろうか．同じような計算をすると，a と b の最大公約数が a と b の一次結合として表せるので，次のことがわかる．

> a, b を 0 でない整数とし，その最大公約数を d とすると，
> $$\{am + bn \mid m, n \in \mathbb{Z}\} = \{dk \mid k \in \mathbb{Z}\}.$$

例
$\{150m + 66n \mid m, n \in \mathbb{Z}\} = \{6k \mid k \in \mathbb{Z}\}$．
($\supset$ の向きの証明は，$6k = 150(4k) + 66(-9k)$ より．)

 ● $A = \{10s + 4t \mid s, t \in \mathbb{Z}\}$, $B = \{2n \mid n \in \mathbb{Z}\}$ とするとき，$A = B$ を証明せよ．

 ● $\{15a + 13b \mid a, b \in \mathbb{Z}\} = \mathbb{Z}$ を証明せよ．

第3節　集合から新しい集合を作る

1　共通部分

集合 A と集合 B があるとき，<u>A にも B にも属する要素全体の集合</u>を A と B の **共通部分**，**交わり**，**intersection** といい，$A \cap B$ と表記する．("A キャップ B" と読む．$\cap$ が帽子(cap) に似ている．)
$$A \cap B = \{x \mid x \in A \text{ かつ } x \in B\}.$$

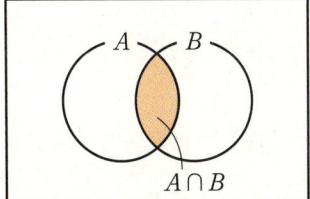

例 $A = \{1, 2, 3, 4\}$, $B = \{1, 3, 5, 7\}$ とすると，$A \cap B = \{1, 3\}$.

2　和集合

集合 A と集合 B があるとき，<u>A と B の少なくとも一方に属する要素全体の集合</u>を A と B の **和集合**，**結び**，**union** といい，$A \cup B$ と表記する．("A カップ B" と読む．$\cup$ がティーカップ (cup) に似ている．)
$$A \cup B = \{x \mid x \in A \text{ または } x \in B\}.$$

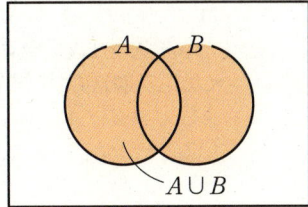

例 $A = \{1, 2, 3, 4\}$, $B = \{1, 3, 5, 7\}$ とすると，$A \cup B = \{1, 2, 3, 4, 5, 7\}$.

参考　$\cap$ と $\cup$ はまぎらわしい．和集合が union で，その頭文字 U（ユー）が $\cup$ に変化した，と覚えよう．（共通部分はその逆として思い出せばよい．）"union" は，E.U.（欧州連合）の "U" であり，いくつかのものが一つに集まったイメージから "和集合" に結びつく．ちなみに，"united"（U.S.A.（アメリカ合衆国）や U.N.（国際連合）の "U"）や "unicorn"（一角獣）のように，"uni" は "1" に関係した語につく．（英語の不定冠詞の "an" も同語源．）これで少しは覚えやすくなっただろうか…

$A \cap B = \varnothing$ のとき，$A \cup B$ のことを $A \amalg B$ や $A \sqcup B$ や $A + B$ と表記することがある．これを A と B の **直和**，**互いに素な和集合**，**非交和**，**disjoint union** などという．

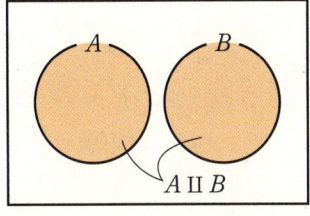

3 共通部分と和集合の双対性

$\cap$ と $\cup$ には次のような性質がある.
- $A \cap B = B \cap A$, $A \cup B = B \cup A$. (交換法則)
- $(A \cap B) \cap C = A \cap (B \cap C)$, $(A \cup B) \cup C = A \cup (B \cup C)$. (結合法則)
- $(A \cup B) \cap C = (A \cap C) \cup (B \cap C)$, $(A \cap B) \cup C = (A \cup C) \cap (B \cup C)$. (分配法則)

注意 結合法則のおかげで，$A \cap B \cap C$ や $A \cup B \cup C$ のように，カッコを省略することが許される．ただし，$(A \cup B) \cap C$ と $A \cup (B \cap C)$ は異なるので，$A \cup B \cap C$ と表記してはならない．

$\cap$ と $\cup$ を入れ替えても同じ法則が成り立っているが，この事実を"双対原理"という．

参考 $\cup$ を"和"，$\cap$ を"積"と解釈して，実数の性質と比べてみよう●付録．実数の交換法則 ($a \times b = b \times a$, $a + b = b + a$) や実数の結合法則 ($(a \times b) \times c = a \times (b \times c)$, $(a + b) + c = a + (b + c)$) と同じ形の等式が成り立っていることになる．分配法則については，一方は実数と同じもの ($(a + b) \times c = a \times c + b \times c$) だが，もう一方は実数の言葉に訳すと $(a \times b) + c = (a + c) \times (b + c)$ というおかしな等式になってしまう．実数の他の性質はどうなるだろうか．単位元については，$A \cap X = X \cap A = A$ となる X として"全体集合"があり，$A \cup X = X \cup A = A$ となる X として"空集合"がある．しかし，逆元については，A が与えられたとき，$A \cap X = X \cap A = $ (全体集合) となる X も，$A \cup X = X \cup A = \emptyset$ となる X も存在しない．実数と似ているが少し異なった世界の和や積を考えていることになる．(集合の演算は"ブール代数"というものの例になっている．)

証明について考えてみよう．例として，$(A \cap B) \cap C = A \cap (B \cap C)$ が成り立つ根拠を考える．この等式を証明するには，$(A \cap B) \cap C \subset A \cap (B \cap C)$ と $(A \cap B) \cap C \supset A \cap (B \cap C)$ を証明する必要がある．$(A \cap B) \cap C \subset A \cap (B \cap C)$ の証明は以下のとおり：

"$x \in (A \cap B) \cap C$" とすると，
"$x \in (A \cap B)$ かつ $x \in C$" すなわち，"($x \in A$ かつ $x \in B$) かつ $x \in C$."
すると，$x \in A$ と $x \in B$ と $x \in C$ がすべて成り立つことになり，
"$x \in A$ かつ ($x \in B$ かつ $x \in C$)" が成り立つ．
これを言い換えると，"$x \in A$ かつ $x \in B \cap C$" すなわち，"$x \in A \cap (B \cap C)$."
以上より，$(A \cap B) \cap C \subset A \cap (B \cap C)$.
$(A \cap B) \cap C \supset A \cap (B \cap C)$ も同様なので，$(A \cap B) \cap C = A \cap (B \cap C)$ が証明された．∎

この証明を分析すると，あまり実質的な中身がないような気がする．論理の結合法則 "(P かつ Q) かつ $R \iff P$ かつ (Q かつ R)" において，P を "$x \in A$"，Q を "$x \in B$"，R を "$x \in C$" と解釈した後，論理の "かつ" を集合の "$\cap$" に翻訳しただけだからだ．

 論理は数学の議論をするときの土台であり，集合論を展開するときでも既知の前提として認めている．集合についての証明を論理学に責任転嫁した形で気持ちが悪いが，ここでは論理に深入りしない．論理の"正しさ"については，形式的操作で簡単な原理から証明する方法や真偽を表にして議論する方法などもあるが，直感的に認めるのが中学生らしくておすすめである．

証明にはならないが，ヴェン図を使って等式の意味を"説明する"ことはできる．

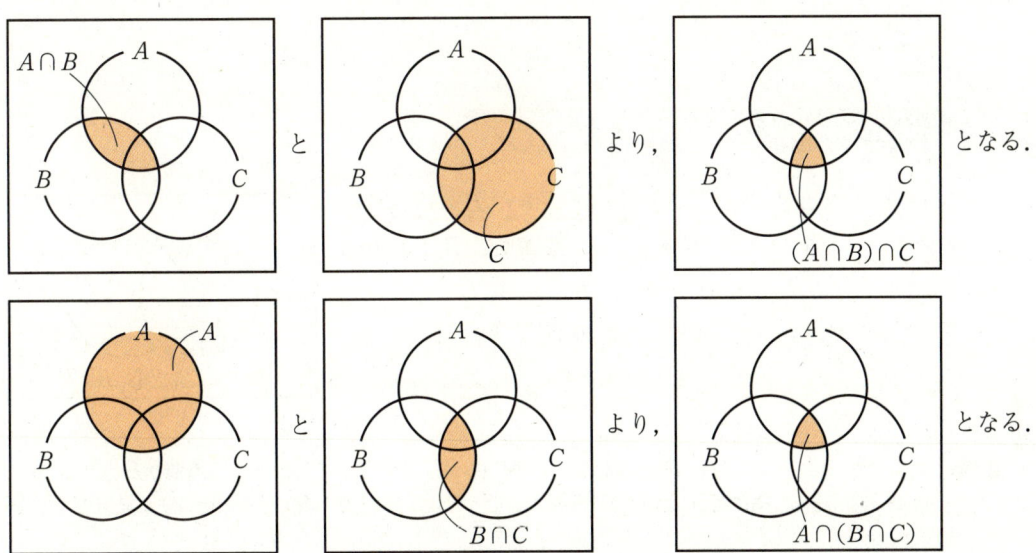

$A \cap B$ と C のどちらでも塗られている部分が $(A \cap B) \cap C$ であり，A と $B \cap C$ のどちらでも塗られている部分が $A \cap (B \cap C)$ である．塗られている部分が同じなので，$(A \cap B) \cap C$ と $A \cap (B \cap C)$ は同じ集合である．

 ヴェン図を使ったこの議論が"証明"になっていない理由は，色を塗るときにどのようなことを"常識"として使っているかが明確でないからである．例えば，$A \cap B = B \cap A$ という等式において，ヴェン図を考えてみると，左辺のヴェン図と右辺のヴェン図は同じだ．しかし，実際に色を塗るときには左辺と右辺のどちらのヴェン図のつもりなのか判然とせず，塗る瞬間には等式 $A \cap B = B \cap A$ の正当性をすでに認めてしまっているように感じる．

● $R = \{$Beethoven, Schubert, Berlioz, Chopin, Schumann, Brahms, Mendelssohn$\}$,

$D = \{$Bach, Beethoven, Schumann, Brahms, Mendelssohn, Hindemith$\}$,

$B = \{$Bach, Beethoven, Berlioz, Brahms, Bartok$\}$ とする．

次の集合を求めよ．（答えは外延的記法で表記せよ．）

(1) $R \cap D$ (2) $(R \cap D) \cup B$ (3) $R \cup B$

(4) $D \cup B$ (5) $(R \cup B) \cap (D \cup B)$ (6) $R \cap (D \cup B)$

(7) $R \cap D \cap B$ (8) $R \cup D \cup B$

問題 242 ●次の $\mathbb{R}$ の部分集合を求めよ．（答えは内包的記法で表記せよ．）
(1) $\{x \mid x < 3\} \cap \{x \mid 1 \leqq x < 6\}$　　(2) $\{x \mid x < 3\} \cup \{x \mid 1 \leqq x < 6\}$
(3) $\{a \mid a < 3\} \cup \{b \mid 1 \leqq b < 6\}$

問題 243 ●集合 A, B, C に対して，$(A \cup B) \cap C = (A \cap C) \cup (B \cap C)$ となることをヴェン図を用いて説明せよ．（$A \cup B$, $A \cap C$, $B \cap C$ を図示する．）

4 ● 差集合

集合 A と集合 B があるとき，<u>A に属するが B には属さない要素全体</u>の集合を A から B をひいた **差集合**，**difference set** といい，$A \setminus B$ や $A - B$ と表記する．
$$A \setminus B = \{x \mid x \in A \text{ かつ } x \notin B\}.$$

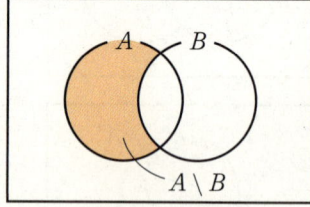

参考　$B \subset A$ のときのみ $A - B$ と表記し，一般には $A \setminus B$ と表記する，という流儀が多い．ただし，$A \setminus B$ は，（将来，集合どうしのわり算を導入したとき）B を A で（左から）わったものとまぎらわしい．

例　$A = \{1, 2, 3, 4\}$, $B = \{1, 3, 5, 7\}$ とすると，$A \setminus B = \{2, 4\}$, $B \setminus A = \{5, 7\}$.

例　どんな集合 A に対しても，次が成り立つ．
$$A \setminus A = \varnothing.$$
$$A \setminus \varnothing = A.$$
$$\varnothing \setminus A = \varnothing.$$

等式 $A \cup B = (A \setminus B) \amalg (A \cap B) \amalg (B \setminus A)$ が成り立つ．

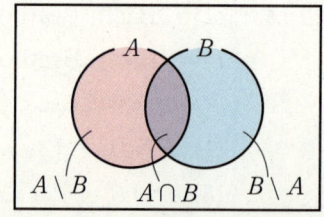

5 補集合

全体集合を U とする．集合 A に対して，$U \setminus A$ を A の **補集合**，**complement** といい，$\overline{A}$ や A^c と表記する．
$$\overline{A} = \{x \mid x \notin A\}.$$
"残り全部" というのが補集合であるから，どこで考えているか，が大事になる．補集合が出てくるときは，全体集合をはっきりとさせる必要がある．

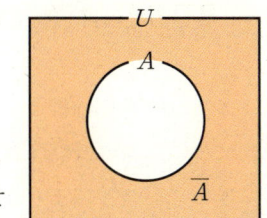

> **例** 全体集合が $\mathbb{Z}$ のとき，偶数全体の集合を A とすると，$\overline{A}$ は奇数全体の集合．

> **例** 全体集合を U とすると，次が成り立つ．
> $$\overline{\emptyset} = U.$$
> $$\overline{U} = \emptyset.$$

> **例** どんな集合 A に対しても，次が成り立つ．（"外側の外側は内側"，という感じ．）
> $$\overline{\overline{A}} = A.$$

次の公式のおかげで，差集合の記号 $\setminus$ を使わずに済ませることができる．

$$A \setminus B = A \cap \overline{B}.$$

補集合に関しては次の公式が大事である．

ド・モルガン（de Morgan）の法則
$$\begin{cases} \overline{A \cap B} = \overline{A} \cup \overline{B}. \\ \overline{A \cup B} = \overline{A} \cap \overline{B}. \end{cases}$$

証明について考えてみよう．$\overline{A \cup B} = \overline{A} \cap \overline{B}$ の証明は次のとおり：
"$x \in \overline{A \cup B}$" とすると，
"$x \in A \cup B$ ではない" すなわち，"($x \in A$ または $x \in B$) ではない."
すると，"($x \in A$ ではない) かつ ($x \in B$ ではない)" が成り立つ．

これを言い換えると，"$x \in \overline{A}$ かつ $x \in \overline{B}$" すなわち，"$x \in \overline{A} \cap \overline{B}$."
以上より，$\overline{A \cup B} \subset \overline{A} \cap \overline{B}$.
$\overline{A \cup B} \supset \overline{A} \cap \overline{B}$ も同様なので，$\overline{A \cup B} = \overline{A} \cap \overline{B}$ も証明された. ∎

この証明を分析すると，論理のド・モルガンの法則 "(P または Q) ではない $\iff$ (P ではない) かつ (Q ではない)" において，P を "$x \in A$"，Q を "$x \in B$" と解釈した後，論理の "かつ"，"または"，"でない" を集合の "$\cap$"，"$\cup$"，"―" に翻訳しただけだということがわかる．論理のド・モルガンの法則は，例えば，"予習または復習をした" の否定が "予習も復習もしていない" になることを表している．論理法則の証明には深入りしないが，その正当性は直感的に理解できるだろう．

証明にはならないが，ヴェン図を使って等式の意味を "説明する" ことはできる．

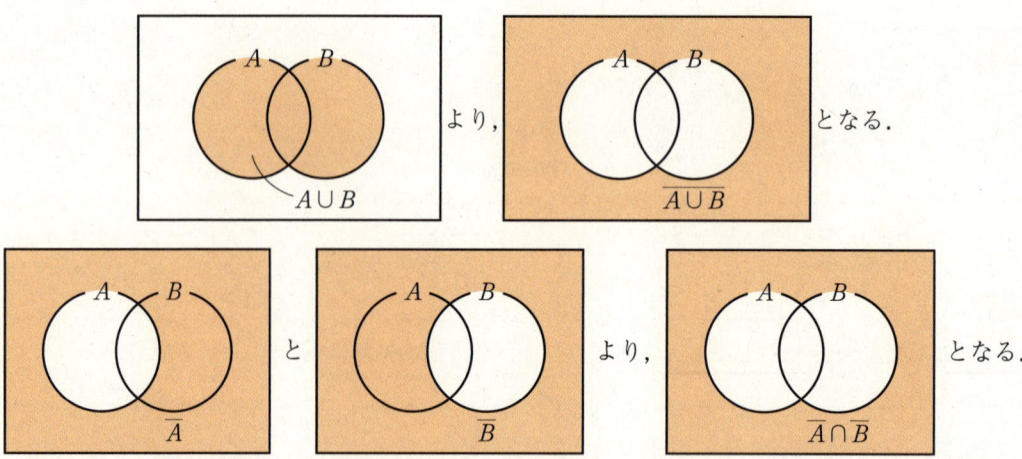

$A \cup B$ で塗られていない部分が $\overline{A \cup B}$ であり，$\overline{A}$ と $\overline{B}$ のどちらでも塗られている部分が $\overline{A} \cap \overline{B}$ である．塗られている部分が同じなので，$\overline{A \cup B}$ と $\overline{A} \cap \overline{B}$ は同じ集合である．

もう一方の $\overline{A \cap B} = \overline{A} \cup \overline{B}$ についても，論理のド・モルガンの法則 "(P かつ Q) ではない $\iff$ (P ではない) または (Q ではない)" を使って証明される．

問題244 ● 集合 A, B に対して，$\overline{A \cap B} = \overline{A} \cup \overline{B}$ となることをヴェン図を用いて説明せよ．
($A \cap B$, $\overline{A}$, $\overline{B}$ を図示する．)
答 p.6

問題245 ● 全体集合を $U = \{n | n\ は 10\ 以下の自然数\}$ とする．
$A = \{n | n \in U, n\ は奇数\}$，$B = \{n | n \in U, n\ は素数\}$ とする．
次の集合を求めよ．（答えは外延的記法で表記せよ．）
答 p.7

(1) A (2) B (3) $A \cup B$
(4) $\overline{A}$ (5) $\overline{B}$ (6) $\overline{A} \cap \overline{B}$

問題 246 ● $A = \{x \mid x < 3\}$, $B = \{x \mid 1 \leqq x < 6\}$ とする．全体集合が $\mathbb{R}$ のとき，次の集合を求めよ．（答えは内包的記法で表記せよ．）
答 p.7
(1) $A \setminus B$ 　　　　　　　　　　　　(2) $\overline{B}$
(3) $A \cap \overline{B}$ 　　　　　　　　　　　(4) $\overline{A} \cup B$

問題 247 ● ド・モルガンの法則 $\overline{A \cup B} = \overline{A} \cap \overline{B}$ と $\overline{A \cap B} = \overline{A} \cup \overline{B}$ を利用して次を証明せよ．
答 p.7
(1) $\overline{A \cup B \cup C} = \overline{A} \cap \overline{B} \cap \overline{C}$.
(2) $\overline{A \cap B \cap C \cap D} = \overline{A} \cup \overline{B} \cup \overline{C} \cup \overline{D}$.

集合 $A_1, A_2, \cdots, A_n$ に対して，この問題と同様にして，

$$\begin{cases} \overline{A_1 \cup A_2 \cup \cdots \cup A_n} = \overline{A_1} \cap \overline{A_2} \cap \cdots \cap \overline{A_n} \\ \overline{A_1 \cap A_2 \cap \cdots \cap A_n} = \overline{A_1} \cup \overline{A_2} \cup \cdots \cup \overline{A_n} \end{cases}$$

が成り立つ．

集合 $A_1, A_2, \cdots$ に対して，

$$A_1 \cup A_2 \cup \cdots = \{x \mid \text{ある } k \text{ が存在して } x \in A_k\}$$
$$A_1 \cap A_2 \cap \cdots = \{x \mid \text{すべての } k \text{ について } x \in A_k\}$$

と定義すると，

$$\begin{cases} \overline{A_1 \cup A_2 \cup \cdots} = \overline{A_1} \cap \overline{A_2} \cap \cdots \\ \overline{A_1 \cap A_2 \cap \cdots} = \overline{A_1} \cup \overline{A_2} \cup \cdots \end{cases}$$

が成り立つ．

これらもド・モルガンの法則という．

6 ● 直積集合

集合 A と集合 B があるとき，<u>A の要素 1 つと B の要素 1 つを組にして考えて</u>，そのような組全体の集合を A と B の **直積集合**，**direct product** といい，$A \times B$ と表記する．

A の要素 x と B の要素 y の組は (x, y) と表記される．

$$A \times B = \{(x, y) \mid x \in A, y \in B\}.$$

注意 $(x, y) = (a, b) \iff (x = a \text{ かつ } y = b) \iff \begin{cases} x = a \\ y = b \end{cases}$ と考える．

$x \neq y$ ならば $(x, y) \neq (y, x)$ である．

第 10 章　集合　第 3 節　集合から新しい集合を作る

> **例**　$A = \{佐藤, 田中\}$, $B = \{太郎, 次郎, 花子\}$ とすると, $A \times B$ の要素は (x, y) という形で, x は"佐藤"と"田中"のいずれかであり, y は"太郎"と"次郎"と"花子"のいずれかである. したがって, $A \times B = \{(佐藤, 太郎), (佐藤, 次郎), (佐藤, 花子), (田中, 太郎), (田中, 次郎), (田中, 花子)\}$.

> **例**　$A = \{t | 2 \leqq t < 3\}$, $B = \{t | t^2 = 1\}$ とすると, $A \times B$ の要素は (x, y) という形で, x は 2 以上 3 未満の実数であり, y は 1 と -1 のいずれかである. $(2\sqrt{2}, 1)$ や $\left(\dfrac{7}{3}, -1\right)$ などが $A \times B$ の要素である.

A と B と $A \times B$ のすべてを ($A \cap B$ や $\overline{A}$ のように) 平面上のヴェン図に表現することはできない. A や B が直線上に表現できれば, $A \times B$ はその交差するところとして図でイメージできる.

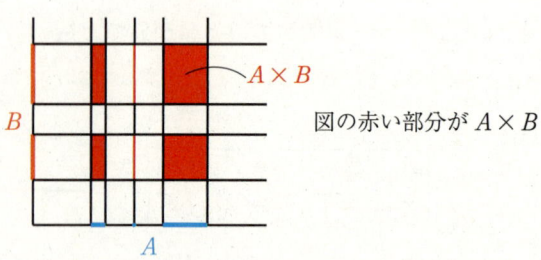

図の赤い部分が $A \times B$

3 つ以上の集合の直積も考えることができる. それぞれの集合から 1 つずつ要素をとってきて, 組にしたものを考えればよい.

$A \times B \times C = \{(x, y, z) | x \in A, y \in B, z \in C\}$.
$A \times B \times C \times D = \{(x, y, z, t) | x \in A, y \in B, z \in C, t \in D\}$.

> **例**　英語 50 点満点, 国語 50 点満点, 数学 100 点満点のテストを考えると, 結果は次の集合の要素で表される:
> $\{t | 0 \leqq t \leqq 50, t \in \mathbb{Z}\} \times \{t | 0 \leqq t \leqq 50, t \in \mathbb{Z}\} \times \{t | 0 \leqq t \leqq 100, t \in \mathbb{Z}\}$
> $= \{(e, j, m) | 0 \leqq e \leqq 50, 0 \leqq j \leqq 50, 0 \leqq m \leqq 100, e \in \mathbb{Z}, j \in \mathbb{Z}, m \in \mathbb{Z}\}$.

参考 $(A\times B)\times C$ の要素 $((x, y), z)$ と $A\times(B\times C)$ の要素 $(x, (y, z))$ を同一視することにより，$(A\times B)\times C$ と $A\times(B\times C)$ は本質的に同じ集合とみなすことができる（結合法則）．この集合は，$A\times B\times C$ とも同じ集合とみなせる．

また，$A\times B$ の要素 (a, b) と $B\times A$ の要素 (b, a) を同一視することにより，$A\times B$ と $B\times A$ は本質的に同じ集合とみなすことができる（交換法則）．もちろん，$A\neq B$ ならば，$A\times B$ と $B\times A$ は集合としては等しくない．（例えば，$(x, y)\in A\times B$ ならば $x\in A$ だが，$(x, y)\in B\times A$ ならば $x\in B$ である．）分配法則については，$(A\cup B)\times C=(A\times C)\cup(B\times C)$ や $(A\cap B)\times C=(A\times C)\cap(B\times C)$ などが成り立つ．

同じ集合どうしの直積は，次のように，累乗の記号で表記してもよい．
$$A^2=A\times A,\ A^3=A\times A\times A,\ A^4=A\times A\times A\times A,\ \ldots$$

例
- $\mathbb{R}^2=\{(x, y)\,|\,x\in\mathbb{R},\ y\in\mathbb{R}\}$ は実数2つを組にしたものからなる集合．
- $\{1, -1\}^3=\{(a, b, c)\,|\,a=\pm1,\ b=\pm1,\ c=\pm1\}$
  $=\{(1, 1, 1),\ (1, 1, -1),\ (1, -1, 1),\ (1, -1, -1),$
  $(-1, 1, 1),\ (-1, 1, -1),\ (-1, -1, 1),\ (-1, -1, -1)\}$.

● $C=\{J, Q, K\},\ S=\{\spadesuit, \heartsuit, \diamondsuit, \clubsuit\}$ とする．次の集合を求めよ．（答えは外延的記法で表記せよ．）
(1) $S\times C$ (2) $C\times S$

● $\{英検, 数検\}\times\{1級, 2級, 3級\}\times\{合格, 不合格\}$ を求めよ．（答えは外延的記法で表記せよ．）

7 冪集合

集合 A があるとき，A の部分集合全体の集合を A の **冪集合**，**power** といい，$\mathfrak{P}(A)$ や $\mathcal{P}(A)$ や 2^A と表記する．（$\mathfrak{P}$ は P のドイツ文字である．）
$$\mathfrak{P}(A)=\{X\,|\,X\text{ は }A\text{ の部分集合}\}=\{X\,|\,X\subset A\}.$$
要するに，$X\in\mathfrak{P}(A)\iff X\subset A.$

例
- $A=\{あ, い, う\}$ とすると，
$\mathfrak{P}(A)=\{\varnothing,\ \{あ\},\ \{い\},\ \{う\},\ \{あ, い\},\ \{あ, う\},\ \{い, う\},\ \{あ, い, う\}\}$.
- $A=\{\heartsuit\}$ とすると，$\mathfrak{P}(A)=\{\varnothing,\ \{\heartsuit\}\}$.

参考 集合とその要素は本来，"レベル"が違っていて，同列に扱えないはずである．（例えば，"$2.5 \in \mathbb{Z}$ かどうか"，"$\mathbb{R} = \mathbb{Z}$ かどうか"は意味のある質問だが，"$2.5 = \mathbb{Z}$ かどうか"はそもそも意味をなさない．）しかし，ある集合の要素がたまたま集合であることもありえるだろう．冪集合はそのような例である．要素が集合であるような集合を"族，family"ということがあるが，族も集合の一種であることに注意．

● $A = \{0, 1\}$ とするとき，$\mathfrak{P}(A)$ を求めよ．

放課後の談話

生徒「集合のド・モルガンの法則と論理のド・モルガンの法則があるんですね．この節の証明でも，集合に関する法則の証明を論理に関する法則に押し付けている感があります．集合と論理はどのように結びついているのでしょうか．」

先生「全体集合を U として固定しよう．変数 x についての条件 $P(x)$ があったとき，$\{x \in U \mid P(x)\}$ を条件 $P(x)$ の"真理集合"という．$P(x)$ を満たすような x を全部集めてできた集合だ．ここだけの記号として，この集合を $S_{P(x)}$ と表記しよう．」

生徒「条件があれば集合ができるということですね．」

先生「集合 S があったとき，"$x \in S$" は x についての条件になる．ここだけの記号として，この条件を $P_S(x)$ と表記しよう．」

生徒「集合があれば条件ができるということですね．」

先生「x についての条件 $P(x)$ に対して，"$P_{S_{P(x)}}(x) \iff P(x)$"が成り立つ．」

生徒「条件から集合を作り，その集合から条件を作ればもとの条件と一致するということですね．確かに "$x \in \{x \mid P(x)\} \iff P(x)$" が成り立ちます．」

先生「集合 S に対して，"$S_{P_S(x)} = S$" が成り立つ．」

生徒「集合から条件を作り，その条件から集合を作ればもとの集合と一致するということですね．確かに "$\{x \mid x \in S\} = S$" が成り立ちます．」

先生「この記号を使えば，$S_{P(x) \text{ かつ } Q(x)} = S_{P(x)} \cap S_{Q(x)}$ であり，$S_{P(x) \text{ または } Q(x)} = S_{P(x)} \cup S_{Q(x)}$ であり，$S_{P(x) \text{ でない}} = \overline{S_{P(x)}}$ である．これで集合の法則と論理の法則が対応することがわかるだろう．」

生徒「そういえば，論理で "$P(x)$ ならば $Q(x)$" は "$P(x)$ でない，または $Q(x)$" と同じでしたが，この条件の真理集合はどうなりますか．」

先生「当然ながら $S_{P(x) \text{ ならば } Q(x)} = \overline{S_{P(x)}} \cup S_{Q(x)}$ だ．」

生徒「なるほど．$S_{P(x)} \cap \overline{S_{Q(x)}}$ の補集合，すなわち，$\overline{S_{P(x)} \setminus S_{Q(x)}}$ と同じ集合ですね．」

先生「もう一歩進んだ話をしよう．$P(x)$ を条件とする．

"ある x が（U の要素として）存在して，$P(x)$ が成り立つ"という命題は，"$S_{P(x)} \neq \varnothing$"と同じことだ．

"すべての（U の要素）x に対して，$P(x)$ が成り立つ"という命題は，"$S_{P(x)} = U$"と同じことだ．」

生徒「意味を考えれば当然です．」

先生「"すべての（U の要素）x に対して，$P(x)$ ならば $Q(x)$ が成り立つ"という命題は，$\overline{S_{P(x)}} \cup S_{Q(x)} = U$ と同じことになる．」

生徒「言い換えると，$S_{P(x)} \setminus S_{Q(x)} = \varnothing$ すなわち，$S_{P(x)} \subset S_{Q(x)}$ ということですね．」

先生「このような背景があるからこそ，"$A \subset B$" の定義が "すべての x に対して，($x \in A$ ならば $x \in B$)" にしてあるんだ．」

第4節 集合の要素の個数

1 要素の個数

集合 A の要素の個数を $\#A$ や $|A|$ と表記する．($n(A)$ や n_A などと表記している本もある．)

> **例**
> □ $\#\{あ，い，う\} = 3$. □ $\#\emptyset = 0$.

> **参考** 要素の個数とは何か，というのは非常に難しい．人間が"数える"という操作で何をしているのか，そもそも自然数とは何か，ということが問われるからだ．例えば，ある集合の要素数が 3 というのはどういう意味だろうか．$\{あ，い，う\}$ や $\{0, 1, 2\}$ や $\{♡, ♠, ◇\}$ に共通の性質だとわかっていても，$\{a, b, c\}$ の要素数が 3 であることをどのように証明すればよいのか．また，例えば，整数全体の集合と偶数全体の集合は本当に要素数は同じとみなしてよいのか．本書では集合を素朴に扱っているので，要素の個数は直感的に数えられるものとみなして先に進む．

要素の個数が有限個であるような集合が **有限集合**，要素の個数が無限個であるような集合が **無限集合** である．

A が無限集合のとき $\#A = \infty$，有限集合のとき $\#A < \infty$ と表記することがある．

2 要素の個数の公式

ここでは，有限集合のみを扱う．(本当は無限集合についても，$\infty + 12 = \infty$ や $\infty \times 3 = \infty$ などと解釈すれば成り立つ公式が多い．)

集合 A, B について，$A \cap B = \emptyset$ のとき（すなわち，$A \cup B = A \amalg B$ のとき），
$$\#(A \amalg B) = \#A + \#B.$$
直和の要素数は要素数の和になる．

$A \cap B$ が空集合とは限らない場合は，A と B の重なりの部分をひく必要がある．
$$\#(A \cup B) = \#A + \#B - \#(A \cap B).$$

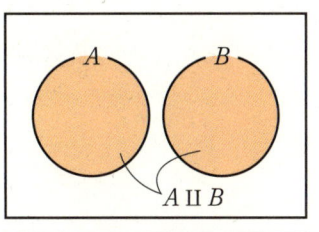

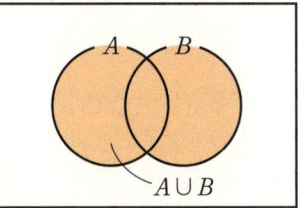

集合 A, B, C の場合も同様に重なりを処理する．ヴェン図で納得しよう．

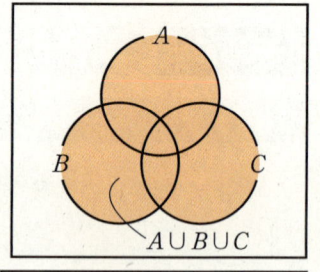

$$\#(A\cup B\cup C) = \#A + \#B + \#C - \#(A\cap B)$$
$$-\#(B\cap C) - \#(C\cap A) + \#(A\cap B\cap C).$$

差集合については，次が成り立つ．
$$\#(A\setminus B) = \#A - \#(A\cap B).$$
特に，$A\supset B$ ならば，$\#(A\setminus B) = \#A - \#B$．

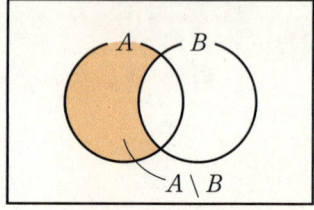

全体集合を U とすると，補集合について，次が成り立つ．
$$\#(\overline{A}) = \#U - \#A.$$

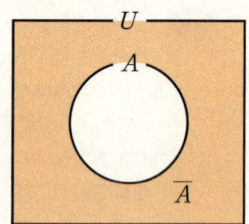

直積集合について，次が成り立つ．
$$\#(A\times B) = \#A \times \#B.$$
<u>直積集合の要素数は要素数の積になる．</u>
この理由は，$(x, y)\in A\times B$ とすると，x の選び方は $(\#A)$ 通りで，y の選び方は $(\#B)$ 通りのため．

例 $A = \{$ 佐藤, 田中 $\}$, $B = \{$ 太郎, 次郎, 花子 $\}$ とすると，$\#(A\times B) = 2\times 3 = 6$．

図の赤い部分が $A\times B$

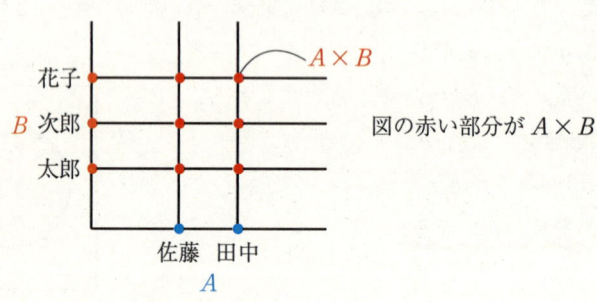

冪集合について，次が成り立つ．
$$\#(\mathfrak{P}(A)) = 2^{\#A}.$$
この理由は，$X\subset A$ を考えると，A の各要素 x について，$x\in X$ か $x\notin X$ のいずれか 2 通りあるため．A の要素（$\#A$ 個）それぞれについて，X に入るか入らないかを決めるごとに A の部分集合が 1 つずつ決まるが，その選択方法は $2^{\#A}$ 通りになる．

例
- $A = \{$あ, い, う$\}$ とすると, $\#(\mathfrak{P}(A)) = 2^3 = 8$.
- $A = \{\heartsuit\}$ とすると, $\#(\mathfrak{P}(A)) = 2^1 = 2$.

問題 251 答 p.7 ● 英語の小文字アルファベット全体の集合 $U = \{$a, b, c, $\cdots$, z$\}$ を全体集合とする. $V = \{$a, e, i, o, u$\}$ とし, $C = \overline{V}$ とする. $L = \{$c, q, x, y$\}$ とする.
(1) $\#U$ を求めよ.
(2) $\#C$ を求めよ.
(3) $\#(C \setminus L)$ を求めよ.
(4) $\#(V \amalg L)$ を求めよ.
(5) $\#(L \times V)$ を求めよ.
(6) $\#\mathfrak{P}(V)$ を求めよ.

問題 252 答 p.7 ● 200 以下の自然数のうち, 3 でも 4 でも 5 でもわり切れないものの個数を求めよ.
(Hint: 3, 4, 5 でわり切れるもの全体の集合をそれぞれ A, B, C としたとき, $\#A$, $\#(A \cap B)$, $\#(A \cap B \cap C)$ などを求める.)

問題 253 答 p.8 ● $\#A = 200$, $\#B = 120$, $\#C = 140$, $\#(A \cup B) = 300$, $\#(A \cap C) = 0$ であるという.
(1) $\#(A \cap B)$ を求めよ.
(2) $\#(A \amalg C)$ を求めよ.
(3) $\#(A \times B)$ を求めよ.

問題 254 答 p.8 ◐ A, B, C, D を集合とする. $\#A$, $\#B$, $\#C$, $\#D$, $\#(A \cap B)$, $\#(A \cap C)$, $\#(A \cap D)$, $\#(B \cap C)$, $\#(B \cap D)$, $\#(C \cap D)$, $\#(A \cap B \cap C)$, $\#(A \cap B \cap D)$, $\#(A \cap C \cap D)$, $\#(B \cap C \cap D)$, $\#(A \cap B \cap C \cap D)$ を使って, $\#(A \cup B \cup C \cup D)$ を表せ.

第5節 数学の基礎としての集合

この節の内容がわからなくても気にしないこと．

1 自然数

数学的対象が"存在する"とはどういうことだろうか．大昔の幾何学(きかがく)は，実際に目に見える（と信じられていた）図形について考察していたが，長さの比は整数しか認められなかったため，正方形の一辺と対角線の比（$1:\sqrt{2}$）が表せなくて困ってしまった．要するに，無理数は当時は"存在しなかった"のである．現在，循環(じゅんかん)小数でない小数も"数"の仲間に入れて我々が疑問に思わないのは，単なる慣れによるものだろう．では，どのような対象が"本当は"存在していて，"慣れる"に値するのだろうか．

現代数学では，最初に公理をいくつか設定して，そのような公理を満たすものについてどのようなことが成り立つのか，を議論する．公理としては，なるべくシンプルなもの，有用なもの，豊富な結果が得られるものを選ぶが，選び方によっては，その数学理論が空虚なものになってしまう．例えば対象 X について，"X は性質（P）を満たす"という公理があるのに，他のいくつかの公理から"X は性質（P）を満たさない"ということが証明できるとすると，そもそもそのような X は存在しえなかった，ということになる．このような状況を"矛盾(むじゅん)"といい，矛盾が生じないことを"無矛盾"というが，実は大雑把(おおざっぱ)にいうと，ある公理の体系が無矛盾であることをその体系の中だけで証明することは不可能である．例えば，幾何学の公理が無矛盾であることを幾何学だけで証明することはできないし，自然数の公理が無矛盾であることを自然数の理論だけで証明することはできない．ある公理の体系が無矛盾であることを保証するには，"モデル"を1つ作ってみせればよい．モデルとは，その体系の公理をすべて満たすようなものであり，"実在するものから性質を抽出(ちゅうしゅつ)して得られた公理体系ならば無矛盾に決まっている"，という論法が使われる．しかし，こうすると，そもそもそのモデルの存在はどうやって保証するのか，という問題に戻(もど)ってしまい，議論が堂々巡(めぐ)りしてしまう．この循環論法を断ち切るには，どこかに出発点を設定し，この出発点だけは盲目的(もうもくてき)にその存在を信じるしかない．現代数学で出発点として多くの場合に採用されているのが"集合"である．

"〜という性質を満たす集合が存在する"，すなわち，"〜という性質を満たす対象を集合として認める"という形の公理をいくつか設定することで"集合"とは何かを規定し，他の数学的対象をすべて集合の言葉で表現することになる．例えば，自然数を集合の一種として実現できるので，これをもとに作られる有理数や実数も集合の一種として実現できる．次章以降のテーマである"関数"も集合としてとらえることができる．平面や空間は"座標"を導入することによって実数の言葉で表されるので，幾何学も集合の枠組(わくぐみ)の中で扱える．要するに，数学の考察対象といえるものは事実上すべて集合としてモデルを作ることができるのである．

例として，自然数を集合として実現してみせよう．自然数とは何かということについて，ペアノ（Peano）の公理というものがある．これは，$\mathbb{N}$ という集合がどのような性質を満たすべ

きか，を明確にしたもので，ℕ の要素を"自然数"とよぶことになる．ペアノの公理は次の (P1)-(P5) である．

> (P1) ℕ には"1"とよばれる要素がある．
> (P2) ℕ の任意の要素 x に対して，"x の次"とよばれる ℕ の要素が1つずつ存在する．("x の次"を x' と表記することにしよう．)
> (P3) ℕ のどんな要素 x に対しても $x' \neq 1$．
> (P4) ℕ の相異なる2要素 x, y に対しては，$x' \neq y'$．
> (P5) ℕ の部分集合 X について，次の (I), (II) が成立すれば，$X = ℕ$ が成り立つ：
>   (I) 1 は X の要素である．
>   (II) k が X の要素ならば，k' も X の要素である．

これらだけを使って，ℕ についての様々な性質が証明される．例えば，"次"を繰り返すことによって"和"が定義できて，"和"を繰り返すことによって"積"が定義できる．m, n に対して，"$m + k = n$ となる k が存在する"ときに"$m < n$"と定義することによって大小関係も定義できる．結合法則・交換法則・分配法則や約数・倍数・素数などの，自然数に関するあらゆる性質がペアノの公理を出発点として証明される．証明に際しては，ℕ の実体がどのようなものか，について知る必要はなく，ともかくペアノの公理を満たしている，ということさえわかっていればよいのだ．

さて，自然数とは何かが明確になったところで，集合の言葉を利用すれば ℕ の実体（すなわち，モデル）が少なくとも1つは作れる，ということを見てみよう．

$0 = \emptyset$ とする．$1 = \{0\}$ とする．$2 = \{0, 1\}$ とする．$3 = \{0, 1, 2\}$ とする．$4 = \{0, 1, 2, 3\}$ とする．$5 = \{0, 1, 2, 3, 4\}$ とする…

この操作を繰り返して得られる集合すべてを要素にもつような最小の集合はペアノの公理を満たし，したがって ℕ とよばれる資格をもつ．

集合論で存在が認められている"空集合"からスタートして，どんどん新しい集合を作っているが，できた集合の実体は想像しづらい．$1 = \{\emptyset\}$ は要素を1つもつ集合だから，$0 = \emptyset$（要素数は 0）とは異なることに注意．$2 = \{\emptyset, \{\emptyset\}\}, 3 = \{\emptyset, \{\emptyset\}, \{\emptyset, \{\emptyset\}\}\}$ などとなっている．$k' = k \cup \{k\}$ として"次"を定めており，$m < n \iff m \subsetneq n$ となっている．

このように，集合の存在さえ認めれば，自然数もその一種として存在を認めることができる．こうして，現代数学のありとあらゆる考察対象が集合の言葉で表現され，その存在を保証されることになる．もちろん，出発点たる集合の存在そのものについては，疑問を投げ捨ててただ信じるしかないのだが．

2 パラドックス

　集合論は，19世紀末に研究が始まった，歴史がまだ浅い分野である．例えば集合算のように，それ以前にさかのぼる考え方もあるが，集合論の本質は無限の扱いにあり，創始者のカントールによるところが大きい．一口に無限集合といっても種類がたくさんあって，例えば奇数全体の集合と偶数全体の集合は同じくらいの大きさだが，これは無理数全体の集合よりも圧倒的に小さい．（この結論は，要素数の比較とはどのようなことか，ということを明確にすることで導かれる．）カントールが議論の出発点とした集合の"定義"は，次のようなものである．

　"集合とは，我々の直観あるいは考えの，確定した区別しうる対象 m たちを1つにまとめたもの M のことである．（m は M の「要素」とよばれる．）"

　ここでは，"直観あるいは考え"の対象が集合の要素であるが，制約条件は"確定した"，"区別しうる"ということで，ハッキリしていさえすればよいわけである．要するに，要素どうしがくっついたり離れたりせず，属するかどうか判定できる，という意味で，素朴な対象を取り扱うことが期待されている．しかし，実際には，要素として変なものを考えることにより，想像もつかないものを集合として許容してしまっていることがわかってきた．1890年代にはブラリ・フォルチやカントール自身らによって，"順序数"全体の集合や"濃度"全体の集合などを考えると矛盾が生じることが指摘された．（大雑把にいうと，1番目，2番目，…の一般化が"順序数"で，1個，2個，…の一般化が"濃度"．）これらの"考えてはならない集合"は，集合論で議論をいくらか進めていった末に登場するものなので，議論をいくらか修正すれば回避できるかと思われたが，1902年にラッセルが発見した矛盾は，"集合"の基本概念しか使っておらず，致命的であった．次のものがラッセルの逆理（パラドックス）である．

　"自分自身を要素にもたない集合全体の集合を R とするとき，R は R 自身を要素にもつか？"

　例えば，"集合全体の集合"を U とすると，U は集合だから，当然ながら U の要素でもある．すなわち，$U \in U$．一方，$\mathbb{N}$ という集合は（自然数を集めたものであって）自然数ではないから，$\mathbb{N} \notin \mathbb{N}$．$U$ の要素 X を考えると，$X \in X$ の場合と $X \notin X$ の場合があるわけだ．そこで，U の要素のうち，$X \notin X$ を満たすような X をすべて集めれば，U の部分集合ができるはずで，それが R である．（$R = \{X | X \in U, X \notin X\}$．）では，$R \in R$ なのだろうか，それとも $R \notin R$ なのだろうか．$R \in R$ とすると，R の要素が満たすべき条件から，$R \notin R$ のはずである．一方，$R \notin R$ とすると，R に属するための条件が満たされてしまうため，$R \in R$．いずれにしても，$R \in R$ と $R \notin R$ の両方が同時に成り立ってしまい，矛盾である．

　ラッセルのパラドックスの起こる原因は，なんでもかんでも集合として認めてしまったために，自己言及するような奇妙なものがまぎれ込んでしまったことによる．この解決策としては，"集合"と認める対象を限定して，得体の知れないものは"集合"とよばないことにすればよい．例えば"集合全体の集合"は考えてはいけない．どのような対象を集合と認めるかと

いうと，例えば空集合は集合である．次に，空集合からスタートして，第3節に挙げたような手法やその部分集合を考えることで，どんどん新しい集合を作る．こうして得られる集合だけを考えると，例えば都道府県全体の集合などはもはや考えられなくなるが，自然数や実数をはじめ，数学を展開する上では不都合のない程度に豊富な内容が残るので，適用範囲が狭まるとはいえ，不満はない．（どうしても"都道府県全体の集合"を考えたいならば，都道府県に番号を割り振ることにより，集合論の中にモデルを作ればよいだけの話である．）

放課後の談話

先生「現代数学は，ZFC（あるいは ZF）とよばれる集合論の公理系の上に構築するのが標準的だ．これは，ツェルメロが 1908 年に提案しフレンケルが修正を加えた公理系がもとになっている．"選択公理"あるいは "axiom of choice" という公理については賛否がわかれていて，採用すれば ZFC，除けば ZF という．」

生徒「公理って何でしたっけ．勝手に採用したり除いたりしていいんですか．」

先生「何かを前提にしないと証明は始められない．そのときの議論の出発点が公理だ．"これさえ認めてくれれば残りのことがらは証明してみせましょう"，というものなので，"これくらいなら認めてもいいだろう"と思わせるものが望ましい．公理を認めないのは自由だが，それに応じて，証明できることがらも減っていくことになる．」

生徒「なるほど．大雑把でいいのでどんな内容か教えてください．」

先生「$x \in y$ の否定を $x \notin y$ と表記して，これらの記号の意味を規定していく．
"外延公理"，集合 A, B に対して，"$A = B \iff$ （任意の x に対して $(x \in A \iff x \in B)$）"．」

生徒「集合の等号の意味を述べたものですね．」

先生「"空集合存在公理"，"任意の x に対して $x \notin \varnothing$" というような集合 $\varnothing$ が存在する．」

生徒「公理の名前のとおり，空集合が存在する，と．」

先生「"対公理"，任意の x, y に対して，ある集合 A が存在して，"$t \in A \iff (t = x$ または $t = y)$"．」

生徒「x と y だけを要素にもつような集合が存在するということですね．」

先生「"分離公理"，x についての任意の条件 $P(x)$ と任意の集合 A に対して，ある集合 B が存在して，"$x \in B \iff (P(x)$ かつ $x \in A)$"．」

生徒「これは $\{x \in A \mid P(x)\}$ が集合であることを保証するものですね．」

先生「"冪集合公理"，集合 A に対し，ある集合 B が存在して，"$x \in B \iff (x$ は集合で $x \subset A)$"．」

生徒「集合があれば，その部分集合を要素にもつような集合が存在するということですね．」

先生「"和集合公理"，集合 F に対し，ある集合 B が存在して，"$t \in B \iff$ （ある集合 X が存在して，$X \in F$ かつ $t \in X$）"．」

生徒「F の要素となっているような集合 X の要素を集めると集合になるということですね．」

先生「"無限公理"，ある集合 I が存在して，"$\varnothing \in I$ かつ任意の x に対し $\{x\} \in I$"．」

生徒「$I = \{\varnothing, \{\varnothing\}, \{\{\varnothing\}\}, \ldots\}$ が集合ということですね．」

先生「この他に選択公理，置換公理，正則性公理，純粋公理などを追加することが多い．純粋公理は，集合以外を対象として認めないもので，これを最初から採用すれば上の公理で"集合"というのをいわなくてすむようになる．なお，分離公理の代わりに，"内包公理"，x についての任意の条件 $P(x)$ に対して，ある集合 B が存在して，"$x \in B \iff P(x)$" というのを採用してしまうと，パラドックスが起きて理論が崩壊する．」

生徒「ZF ではラッセルのパラドックスはどうなってしまうんですか．」

先生「A を集合とすると，分離公理により，$R_A = \{x \in A \mid x \notin x\}$ は集合だ．$R_A \in A$ と仮定すると，$R_A \in R_A$ だか $R_A \notin R_A$ だかわからなくて矛盾するので，$R_A \notin A$ である．よって，"$x \in V \iff$（x は集合）"という集合 V は存在しない．仮に V が集合ならば，R_V は集合なのに $R_V \notin V$ で困るからね．」

生徒「集合をすべて集めて $V = \{x \mid x$ は集合$\}$ としても V は集合にならないということですね．」

先生「その代わり，この V は"クラス"というものになっている．クラスは x についての条件を集合記法にしたものだ．クラスのうち"集合"とみなせるものに限定して議論は進められる．」

第11章 関数

▶ 1つのことがらを決めると他のことがらも自動的に決まってしまう、ということがよくある．数学では、これを"関数"という形で表現する．時間経過によって物事がどのように変化するかを観察したり、原因から結果を予測したり、逆に結果から原因を類推したり、といった具合に、関数の考え方は人間の生活に深く関わっている．

要点のまとめ

- $f : A \to B$ とする．$a \in A, b \in B$ に対して，$f : a \mapsto b \iff b = f(a)$．
- $f : A \to B$ とする．f の定義域は A であり，f の値域は $\{f(a) | a \in A\}$．
- $f : B \to C$ と $g : A \to B$ の合成は $f \circ g : A \to C$, $(f \circ g)(x) = f(g(x))$．
- $f : A \to B$ が全単射のとき，f の逆関数は $f^{-1} : B \to A$ で，
  $$y = f^{-1}(x) \iff x = f(y).$$
- "$\exists x \text{ s.t. } x = (x \text{を含まない式})$" は常に成立する．
- y が与えられているとき，"$(\exists x \text{ s.t. } xy = 1) \iff y \neq 0$"．
- x と y が与えられているとき，
  "$xy = 1 \iff (x = \dfrac{1}{y} \text{ かつ } y \neq 0) \iff (y = \dfrac{1}{x} \text{ かつ } x \neq 0)$"．
- y が与えられているとき，"$(\exists x \in \mathbb{R} \text{ s.t. } x^2 = y) \iff y \geqq 0$"．
- x と y が与えられているとき，
  "$(x^2 = y \text{ かつ } x \geqq 0) \iff (x = \sqrt{y} \text{ かつ } y \geqq 0)$"，
  "$(x^2 = y \text{ かつ } x \leqq 0) \iff (x = -\sqrt{y} \text{ かつ } y \geqq 0)$"．
- $P(x)$ が x を含む文で，Q が x を含まない文のとき，
  "$(\exists x \text{ s.t. } (P(x) \text{ かつ } Q)) \iff ((\exists x \text{ s.t. } P(x)) \text{ かつ } Q)$"，
  "$(\exists x \text{ s.t. } (P(x) \text{ または } Q)) \iff ((\exists x \text{ s.t. } P(x)) \text{ または } Q)$"．
- $R(x,t)$ が x と t を含む文のとき，
  "$(\exists x \text{ s.t. } (\exists t \text{ s.t. } R(x,t))) \iff (\exists t \text{ s.t. } (\exists x \text{ s.t. } R(x,t)))$
  $\iff (\exists x, \exists t \text{ s.t. } R(x,t))$"．

第1節 変数に着目して関数を考える

1 ● 関数関係

2つの変数 x, y について，x の値を1つ決めると y の値も1つに決まってしまうとき，y は x の **関数** である，という．x を **独立変数**，y を **従属変数** という．また，このとき，"x

と y の間に関数関係がある"ともいう．

> **例**
> 1本あたり100円のペンを x 本買い，五千円札を出したときのお釣りを y 円とする．
> □ x の値がわかれば，$y = 5000 - 100x$ により，y の値もわかる．したがって，y は x の関数である．（x が独立変数，y が従属変数．）
> x に対して y を対応させるこの規則を，"関数 $y = 5000 - 100x$" ということがある．
> □ y の値がわかれば，$x = 50 - \dfrac{y}{100}$ により，x の値もわかる．したがって，x は y の関数である．（y が独立変数，x が従属変数．）
> y に対して x を対応させるこの規則を，"関数 $x = 50 - \dfrac{y}{100}$" ということがある．

> **例**
> x が3以上5未満の実数を動き，y が13以上15未満の実数を動き，x と y の間に $y = x + 10$ という関係があるとする．このとき，y は x の関数であり，x は y の関数である．

> **例**
> 正の実数 t に対して，t 以下の素数の個数を P とする．（"素数" とは，正の約数が1と自分自身の合計2つであるような自然数のこと⑦ 1 6．）例えば，$t = 3$ ならば $P = 2$ であり，$t = 5$ ならば $P = 3$ であり，$t = 5.5$ ならば $P = 3$ である．
> このとき，P は t の関数である．（t が独立変数，P が従属変数．）なお，t と四則演算を使った式で P を表すことはできない．
> 一方，P の値を決めても t の値は1つに決まらないため，t は P の関数ではない．

いくつかの例からすぐに気づくように，変数はどんな値でも許されるわけではない．変数のとりうる値の範囲（正確には，とりうる値全体の集合）を **変域** という．

独立変数の変域を **定義域** といい，従属変数の変域を **値域** という．

> **例**
> 1本あたり100円のペンを x 本買い，五千円札を出したときのお釣りを y 円とする．
> □ x の変域は $0 \leqq x \leqq 50$（ただし，x は整数）．
> 正確には，x は集合 $\{x \in \mathbb{Z} \mid 0 \leqq x \leqq 50\}$ の要素である．
> □ y の変域は $0 \leqq y \leqq 5000$（ただし，y は100の倍数）．
> 正確には，y は集合 $\{y \mid \dfrac{y}{100} \in \mathbb{Z} \text{ かつ } 0 \leqq y \leqq 5000\} = \{5000 - 100x \mid x \in \mathbb{Z} \text{ かつ } 0 \leqq x \leqq 50\}$ の要素である．

> **例** x が 3 以上 5 未満の実数を動き，y が 13 以上 15 未満の実数を動き，x と y の間に $y = x + 10$ という関係があるとする．
>
> □ x の変域は $3 \leqq x < 5$．正確には，x は集合 $\{x \in \mathbb{R} | 3 \leqq x < 5\}$ の要素である．
>
> □ y の変域は $13 \leqq y < 15$．正確には，y は集合 $\{y \in \mathbb{R} | 13 \leqq y < 15\}$ の要素である．

> **例** 正の実数 t に対して，t 以下の素数の個数を P とする．
>
> □ t の変域は $t > 0$．正確には，t は集合 $\{t \in \mathbb{R} | t > 0\}$ の要素である．
>
> □ P の変域は $P \geqq 0$（ただし，P は整数）．正確には，P は集合 $\{P \in \mathbb{Z} | P \geqq 0\}$ の要素である．

関数を指定するときは，変域も指定しなければ不正確になる．例えば，"関数 $y = 2x$（ただし，$x > 0$）" と "関数 $y = 2|x|$（ただし，$x > 0$）" は同じ関数だが，"関数 $y = 2x$（ただし，$x > -1$）" と "関数 $y = 2|x|$（ただし，$x > -1$）" は異なる関数である．"関数 $y = 2x$（ただし，$x > 0$）" の定義域は "関数 $y = 2x$（ただし，$x > -1$）" の定義域の部分集合であるが，前者は後者の **制限**，後者は前者の **延長** といい，関数としては区別する．

一方，例えば，"関数 $y = 2x$" は（独立変数 x，従属変数 y で）"2 倍する" という関数だが，"関数 $t = 2s$" も（独立変数 s，従属変数 t で）"2 倍する" という関数であり，変数名が異なるものの，関数としてはまったく同じ性質をもっている．

要するに，（x, y, s, t などの）変数の名称自体は重要ではないが，その変数がどこを動くのか，ということは大事なのである．こうして，"変数どうしの対応付け" という考えを離れて，"集合の要素どうしの対応付け" という考えに移行するのが現代数学では主流となった．次節以降は，この意味での関数を扱う．この移行のおかげで，対応付け（すなわち，"関数"）の本来の性質が浮き彫りになるし，（集合に議論の焦点を移すことにより）数学全体の基礎に集合論をおきたいという思想とも相性が良くなる．

第2節　集合に着目して関数を考える

1 ● 関数とは何か

A, B を集合とする．A の各要素に対して B の要素を 1 つずつ指定するとき，この対応のことを A から B への **関数**，**function**，**写像**，**map** という．A のすべての要素に対して，その行き先である B の要素がそれぞれ 1 つずつ決まっていなければならない．逆に B を中心にして考えると，B の各要素に対しては，対応する A の要素がなくてもいいし，複数あってもかまわない．

> **参考**　"関数" という用語は，もともとは "函数(かんすう)" と表記されていた．英語の "function" に音の近い漢字をあてはめた中国語が作られ，それをそのまま日本語に輸入したのが "函数" らしい．戦後，"函" という漢字が難しすぎるために "関" に置き換えられた．"函" には "ハコ" という意味がある．（例えば "函館(はこだて)"，"投函"．）A の要素を 1 つ入口に入れると B の要素が 1 つ出口から出てくる，というブラックボックスのようなイメージも中国語訳にこめられていたようだ．

例

□ 右は関数の例．
　アの行き先が a，イの行き先が c，ウの行き先が b，
　エの行き先が d，オの行き先が d である．

□ 右は関数ではない．
　イの行き先が指定されていないため．

□ 右は関数ではない．
　イの行き先が a と e のどちらなのか不明なため．

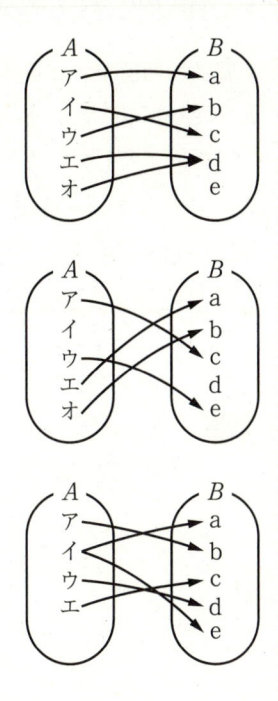

A から B への関数に対して，A を **定義域**，**domain** という．B の要素のうち，対応する A の要素が（1 つ以上）あるもの全体の集合を **値域**，**range** という．（A を **始集合**，B を **終集合** ということもある．）

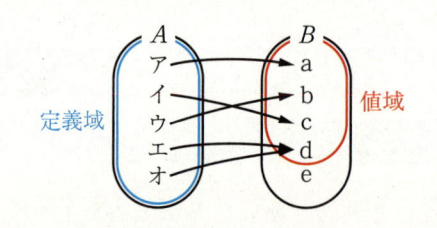

A ア イ ウ エ オ （定義域） → B a b c d e （値域）

> **参考** B が "数の集合" とみなせる場合のみ "関数" とよび，それも含めた一般の場合を "写像" とよぶ，という流儀が主流だ．しかし本書では，集合論やコンピュータプログラミングの慣習に従って，"関数" という用語で統一した．また，$A = B$ のときには "変換" という語を使うこともある．

> **参考** A から B への関数を指定するときには，A の要素と B の要素の組を指定していくわけだが，このとき A のすべての要素は一度ずつ登場しなければならない．A の要素のうち使われないものがあるときは，"部分関数, partial function" ということがある．また，A の要素のうち複数回使われるものがあるときは，その A の要素に対応する B の要素が 1 つに定まらず，"多価関数, multivalued function" ということがある．もちろん，部分関数と多価関数は，どちらも関数ではない．

2 関数の表記法

関数に名前をつけるときには，"function" の頭文字にちなんで，f, g, h や $f_1, f_2, \ldots$ などが使われることが多い．（もちろん好きな名前をつけてもよい．）

関数 f が A から B への関数のとき，$f : A \to B$ と表記する．関数 f によって A の要素 a に対して B の要素 b が対応するとき，$f : a \mapsto b$ と表記する．また，A の要素 a を関数 f で送ったとき，その行き先を $f(a)$ と表記し，（f による）a の **像** という．したがって，<u>$b = f(a)$ と $f : a \mapsto b$ は同じ意味である</u>．

この表記法によると，f の値域は $\{f(a) \mid a \in A\}$ となる．

> **注意** 集合どうしの対応には "$\to$"，要素どうしの対応には "$\mapsto$" を使うことに注意する．この区別は最近になって広まったもののようだ．

> **例** 右の関数を f と名付けると，
> $$f : \{\text{ア}, \text{イ}, \text{ウ}, \text{エ}, \text{オ}\} \to \{a, b, c, d, e\},$$
> $$f : \text{ア} \mapsto a,\ f : \text{イ} \mapsto c,\ f : \text{ウ} \mapsto b,\ f : \text{エ} \mapsto d,\ f : \text{オ} \mapsto d.$$ 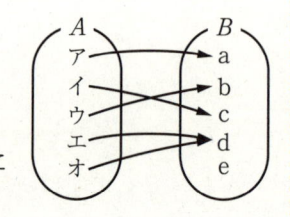
> これだけ指定して初めて f は関数として定まる．次のように指定してもよい．
> $$f : \{\text{ア}, \text{イ}, \text{ウ}, \text{エ}, \text{オ}\} \to \{a, b, c, d, e\},$$
> $$f(\text{ア}) = a,\ f(\text{イ}) = c,\ f(\text{ウ}) = b,\ f(\text{エ}) = d,\ f(\text{オ}) = d.$$

> **例**
>
> 3以上5未満の実数 x に対して，$y = x + 10$ を満たす実数 y を対応させる関数を考える．
>
> この関数を f と名付けると，$f : \{x \mid 3 \leqq x < 5, x \in \mathbb{R}\} \to \mathbb{R}, f : x \mapsto x + 10$.
> $f : x \mapsto x + 10$ の代わりに $f(x) = x + 10$ としても同じ意味になる．
> （こうすると，$f(3) = 13$, $f(3.24) = 13.24$ などを同時に指定したことになる．）
> 値域は $\{x + 10 \mid 3 \leqq x < 5, x \in \mathbb{R}\} = \{y \mid 13 \leqq y < 15, y \in \mathbb{R}\}$ である．

問題255 関数 $f : \{n \in \mathbb{N} \mid n \leqq 15\} \to \{x \mid x \text{は江戸時代に生きていた日本人}\}$,
$f : n \mapsto (\text{江戸幕府第} n \text{代将軍})$ について，次の問いに答えよ．
(1) $f(1)$ を求めよ．
(2) "$f(n) = (徳川吉宗)$" となる n を求めよ．

問題256 関数 $F : \mathbb{R} \to \mathbb{R}$, $F(x) = x^2 - 4x$ について，次の問いに答えよ．
(1) $F(6)$ を求めよ．
(2) k を実数定数とするとき，$F(2k+1)$ を k の式で表せ．
(3) $F(x) = 5$ となる x を求めよ．
(4) $F(F(6))$ を求めよ．
(5) 実数 x に対して，$F(F(x))$ を求めよ．

3 関数の例

> **例**
>
> 30名の生徒からなるクラスCがあり，五十音順で1から30までの出席番号が生徒についているものとする．
>
> $\qquad f : \{x \mid x \text{はクラスCの生徒}\} \to \mathbb{N}, \qquad f : x \mapsto (x \text{の出席番号})$.
>
> 例えば，クラスCで出席番号が最後の生徒が渡辺太郎のとき，$f(渡辺太郎) = 30$.
> 例えば，佐藤次郎がクラスCの生徒のとき，"佐藤次郎の出席番号は何だろう"という質問は，"$f(佐藤次郎)$ は何だろう" と言い換えることができる．

> **例**
>
> 男子校Sがあるとする．
> $\qquad f : \{x \mid x \text{はSの生徒}\} \to \{男, 女\}, \qquad f : x \mapsto (x \text{の性別})$.

生徒は男しかいないのだから，どんな x に対しても $f(x) =$ 男．

このように，定義域内のどんな要素に対しても像が同じになっているような関数を **定数関数** という．

例

$$S : \{\triangle | \triangle \text{ は三角形}\} \to \mathbb{R}, \quad S : \triangle \mapsto (\triangle \text{ の面積}).$$

例えば，平面上に（相異なる）3点 A, B, C があるとき，$\triangle ABC$ の面積を求めることは $S(\triangle ABC)$ の値を求めることになる．

例

$$f : \mathbb{Z} \to \mathbb{Z}, \quad f : n \mapsto (n \text{ を } 2 \text{ でわった余り}).$$

例えば，$f(3) = 1, f(4) = 0, f(0) = 0, f(-5) = 1$．

要するに，n が偶数ならば $f(n) = 0$ で，n が奇数ならば $f(n) = 1$．

(a と b を整数とし，$b \neq 0$ とすると，$a = qb + r$, $0 \leq r < |b|$ となる整数 q, r が1つずつ存在する．a を b でわったときの **商** は q，**余り** は r．)

例

クラス C の生徒が英語・フランス語・ドイツ語の中から1科目を選択して受験し，100点満点で点数がつけられたとする．

$X = \{$ 英語, フランス語, ドイツ語 $\}, Y = \{n \in \mathbb{Z} | 0 \leq n \leq 100\}$ とする．

$T : \{a | a \text{ はクラス C の生徒}\} \to X \times Y, \quad T : a \mapsto (a \text{ の選択した科目}, a \text{ の得点})$．

例えば，クラス C の田中がフランス語を選択して80点をとったとすると，T (田中) = (フランス語, 80)．

テスト結果の分析とは，関数 T の性質を調べることである．

なお，$X \times Y$ は X と Y の直積集合で，X の要素と Y の要素を組にしたものを要素としてもつ集合である❿❸❻．(フランス語, 70) や (英語, 0) などが $X \times Y$ の要素になる．

例

$A = \{\text{鎌倉, 室町, 江戸}\}, B = \{1, 2, 3\}$ とするとき，

$$S : A \times B \to \{x | x \text{ は日本人}\}, \quad S : (a, b) \mapsto (a \text{ 幕府第 } b \text{ 代将軍}).$$

例えば，$S((\text{室町}, 3)) = (\text{足利義満})$．

A の要素 a と B の要素 b を組にして $A \times B$ の要素とみなすとき，まとめるためにカッコをつけて，(a, b) のように表記する．$S((\text{室町}, 3))$ の内側のカッコはこの組表

記のためのカッコであり，外側のカッコは関数表記のためのカッコである．（要するに，$x = (a, b)$ のとき，$S(x) = S((a, b))$ ということ．）

例

$$P : \mathbb{R} \to \mathbb{R}, \quad P : x \mapsto 3x.$$

例えば，$P(5) = 15$, $P\left(-\dfrac{2}{5}\right) = -\dfrac{6}{5}$.

例

$$F : \mathbb{R} \to \mathbb{R}^2, \quad F : t \mapsto (t + 3, t^2).$$

例えば，$F(5) = (8, 25)$.

ちなみに，$\mathbb{R}^2 = \mathbb{R} \times \mathbb{R} = \{(x, y) | x \in \mathbb{R}, y \in \mathbb{R}\}$.

例

$$Add : \mathbb{R}^2 \to \mathbb{R}, \quad Add : (x, y) \mapsto x + y.$$

例えば，$Add((3, 7)) = 10$.

たし算は，実数の組に対して（その和という）実数を対応させるわけだから，関数の一種である．

例

$$Mul : \mathbb{R}^2 \to \mathbb{R}, \quad Mul : (x, y) \mapsto xy.$$

例えば，$Mul((3, 7)) = 21$.

かけ算は，実数の組に対して（その積という）実数を対応させるわけだから，関数の一種である．

例

$$Inv : \mathbb{R} \backslash \{0\} \to \mathbb{R}, \quad Inv : x \mapsto \dfrac{1}{x}.$$

（$\mathbb{R} \backslash \{0\}$ は 0 でない実数全体の集合であり，$\{x \in \mathbb{R} | x \neq 0\}$ に等しい．）

例えば，$Inv(3) = \dfrac{1}{3}$, $Inv\left(\dfrac{2}{5}\right) = \dfrac{5}{2}$.

逆数をとるということは，実数に対して（その逆数という）実数を対応させるわけだから，関数の一種である．

例
$$Pow : \mathbb{R} \times \mathbb{N} \to \mathbb{R}, \quad Pow : (x, n) \mapsto x^n.$$
例えば, $Pow((3,2)) = 9$, $Pow((7,1)) = 7$.

例
$$\varphi : \mathbb{N} \to \{n \in \mathbb{Z} \mid n \geq 0\}, \quad \varphi : n \mapsto (n \text{と互いに素な} n \text{以下の自然数の個数}).$$
(自然数 m, n が **互いに素** とは, m と n の最大公約数が 1 であるということ ⑦ 1 5.)

例えば $n = 6$ を考える. 1 は 6 と互いに素. 2 と 6 の最大公約数は 2. 3 と 6 の最大公約数は 3. 4 と 6 の最大公約数は 2. 5 は 6 と互いに素. 6 と 6 の最大公約数は 6. したがって, 6 と互いに素な 6 以下の自然数は 1 と 5 なので, $\varphi(6) = 2$.

同様に考えて φ の値を並べてみると, $\varphi(1) = 1$ (1 のみ), $\varphi(2) = 1$ (1 のみ), $\varphi(3) = 2$ (1, 2 がある), $\varphi(4) = 2$ (1, 3 がある), $\varphi(5) = 4$ (1, 2, 3, 4 がある), $\varphi(6) = 2$ (1, 5 がある), $\varphi(7) = 6$ (1, 2, 3, 4, 5, 6 がある), $\varphi(8) = 4$ (1, 3, 5, 7 がある), $\varphi(9) = 6$ (1, 2, 4, 5, 7, 8 がある), $\varphi(10) = 4$ (1, 3, 7, 9 がある), $\varphi(11) = 10$ (1, 2, 3, 4, 5, 6, 7, 8, 9, 10 がある), $\varphi(12) = 4$ (1, 5, 7, 11 がある), ...

この関数は "オイラー (Euler) の関数" とよばれる.

実は a と b が互いに素なら $\varphi(ab) = \varphi(a)\varphi(b)$ であり, p が素数なら自然数 d に対して $\varphi(p^d) = p^{d-1}(p-1)$ となることが知られている. ($p^0 = 1$ と解釈する.)

例
π は "円周率" という定数として使うことが多いが, ただのギリシア文字として関数名に使うこともある.
$$\pi : \mathbb{R} \to \mathbb{N} \cup \{0\}, \quad \pi(x) = (x \text{以下の素数の個数}).$$
($\mathbb{N} \cup \{0\}$ は 0 以上の整数全体の集合であり, $\{n \in \mathbb{Z} \mid n \geq 0\}$ に等しい.)

例えば, $\pi(1) = 0$, $\pi(2) = 1$, $\pi(3) = 2$, $\pi(4) = 2$, $\pi(5) = 3$, $\pi(6) = 3$, $\pi(7) = 4$, $\pi(8) = 4$, $\pi(9) = 4$, $\pi(10) = 4$, $\pi(11) = 5$, ...

x が素数であれば, それは小さい方から数えて $\pi(x)$ 番目の素数になる. そうでない x のところでは値は変動せず, 例えば, $\pi(3) = \pi(3.2) = \pi(4) = 2$.

この関数 π の挙動の研究に関して素数定理やリーマン予想などが有名である.

例
$$G : \mathbb{R} \to \mathbb{Z}, \quad G : x \mapsto (x \text{を超えない最大の整数}).$$
例えば, $G(3.4) = 3$, $G(3) = 3$, $G(-3.4) = -4$.

小数部分を切り捨てて整数部分をとってくる関数だが, x が負のときには要注意. 通常, $G(x)$ を $[x]$ と表記し, この記号を **ガウス記号** とよぶ⑦④⑥.

例

$$Abs: \mathbb{R} \to \{x \in \mathbb{R} \mid x \geqq 0\}, \qquad Abs: x \mapsto \begin{cases} x & (x \geqq 0 \text{のとき}) \\ -x & (x < 0 \text{のとき}). \end{cases}$$

例えば, $Abs(3.4) = 3.4$. (なぜならば, $3.4 \geqq 0$ だから.) $Abs(-4.6) = 4.6$. (なぜならば, $-4.6 < 0$ により $Abs(-4.6) = -(-4.6)$ だから.)

このように, 関数の定義のときに場合分けを使うこともよくある.

通常, $Abs(x)$ を $|x|$ と表記し, この記号を **絶対値記号** とよぶ.

例

$$Id: \mathbb{R} \to \mathbb{R}, \qquad Id: x \mapsto x.$$

例えば, $Id(5) = 5$, $Id(-\sqrt{2}) = -\sqrt{2}$.

このように, 入力されたものをそのまま出力する関数を **恒等関数**, **恒等写像** という.

例

$$j: \mathbb{Q} \to \mathbb{R}, \qquad j: x \mapsto x.$$

例えば, $j(5) = 5$, $j\left(-\dfrac{2}{3}\right) = -\dfrac{2}{3}$.

$\mathbb{Q}$ の要素である x を $\mathbb{R}$ の要素とみなす, という関数であり, $\mathbb{Q}$ が $\mathbb{R}$ の部分集合⑩②①であることを利用している. このように, 部分集合の要素を大きい方の集合の要素として解釈しなおす関数を **包含関数**, **包含写像** という.

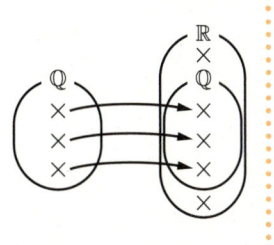

4 ● 2つの立場の比較

関数について, "変数に着目して考える" 立場と "集合に着目して考える" 立場があることを紹介した. 前者は "変数名を固定する" 立場で, 後者は "関数名を使う" 立場ともいえるが, いずれにしろ世間で一般的な呼び方はない.

"変数に着目して考える" 立場は, まず変数があって, それらの間にどのような関係があるか, その変数がどこを動くか, を考える立場であり, 変数名が議論の最初から固定されている. 一方, "集合に着目して考える" 立場は, まず始集合と終集合があって, その要素の間に

どのような関係があるか，を考える立場であり，その要素を表す変数名は問題にしない．両者は，どこから出発するかという視点の違いがあるものの，"関数"という同じ対象を扱うのであるから，単なる表記法の違いにすぎないともいえる．さらに，どちらの立場か曖昧にして，"関数 $y = f(x)$" というように，"独立変数は x で従属変数は y" と固定しながらも関数記号 f を使う，ということも多い．

$f : A \to B$ とすると，本来，"f" は関数名であり，"$f(x)$" は f による x の像（したがって B の要素）である．しかし，x を変数とみなして A のいろいろな値を取ることを許すと，そのそれぞれの値に対して $f(x)$ を指定することは f を指定することにほぼ等しい．（正確には，$f(x)$ の他に A と B を指定しなければ f を定めたことにはならない．）そこで，この "関数 f" のことを "関数 $f(x)$" とよぶことがある．"関数 $f(x)$" という表現は，"独立変数の名前として x を採用するぞ" という宣言にもなっていて，"変数に着目して考える"立場が見え隠れする．こうして，"$f(x)$" という表記には，（f による x の像である）B の要素を表す場合と関数そのものを表す場合があり，どちらの意味なのかは文脈で判断する必要がある．（極端な例として，$y = y(x)$ という表現をみかけることがある．これは "y は x の関数である" ということを表しているが，左辺の y は変数名であり，右辺の y は関数名であると考えられる．）

"変数に着目して考える"立場は，次の章以降の "関数のグラフ" との相性が良い．"座標平面"では，"座標軸"に使う変数名が固定されていることが多いからである．（特に，高校までは x, y を使うことが多い．）

独立変数に対して 2 つ以上の値を考えるとき，"変数に着目して考える"立場は不便である．例えば，関数 $y = 2x$ において，$x = 3$ のとき $y = 6$ であり，$x = 5$ のとき $y = 10$ であるが，"y" だけでは，どちらの x に対する値なのかがはっきりしない．"集合に着目して考える"立場ならば，$f(x) = 2x$ に対して，$f(3) = 6$, $f(5) = 10$ であるから，その差を考えたいときでも "$f(5) - f(3) = 10 - 6 = 4$" のように数式で簡単に表現できる．

2 つ以上の関数を考えるとき，"変数に着目して考える"立場は不便である．例えば，関数 $y = 2x$ と関数 $y = x^2$ が同時に登場するとき，"y" だけでは，どちらの関数による計算結果なのかがはっきりしない．"集合に着目して考える"立場ならば，例えば $f_1(x) = 2x$, $f_2(x) = x^2$ のように異なる関数名を使うことで区別できる．

本書では今後は原則として "集合に着目して考える" 立場で関数を扱うことにする．"変数に着目して考える" 立場に言及するときは，例えば "独立変数を x，従属変数を y とする立場では" のように表現することにする．

第3節 全射と単射

1 ● 全射

A, B を集合とし，f を A から B への関数とする．f の値域は B の部分集合だが，これが B と一致するとき，f を **全射** という．要するに，<u>B のどの要素も f の像として使われているときが全射である</u>．

そもそも f は関数だから，A のすべての要素に対して，対応する B の要素がそれぞれ 1 つずつ存在する．全射であるとは，逆に B を中心にして考えたとき，<u>B のすべての要素に対して，対応する A の要素がそれぞれ 1 つ以上ずつ存在する</u>，ということである．

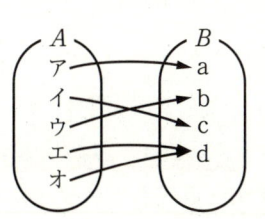

> **例**
>
> □ 右の関数は全射．
>
> □ e に対応する A の要素がないため，右の関数は全射ではない．

> **例**
>
> $A = \mathbb{R}$, $B = \{y \in \mathbb{R} | y \geqq 0\}$ とする．
> $$f : A \to B, \qquad f : x \mapsto x^2.$$
> この関数 f は全射である．
>
> なぜならば，B の任意の要素 b を考えると，$b \in \mathbb{R}$ かつ $b \geqq 0$ なので，$a = \sqrt{b}$ とおくと，$a \in A$. しかも，$f(a) = f(\sqrt{b}) = (\sqrt{b})^2 = b$. したがって，$b$ は a の f による像である．b は B のどの要素でもよかったのだから，B のすべての要素が f の像になっており，f は全射になる．

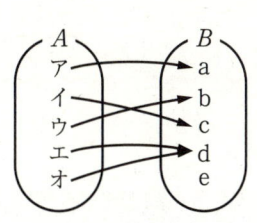

この例の証明では，b が与えられたときに，$f(a) = b$ すなわち，$a^2 = b$ を満たす a を見つけるのがポイントになる．このような a は $\sqrt{b}$ と $-\sqrt{b}$ の 2 つがあるが，そのうちの 1 つを見つければ全射をいうには十分なので，$\sqrt{b}$ だけを採用した．もちろん，どのように見つけたかということや，この他に見つからないなどということを全射の証明で述べる必要はない．

参考 この例では，$\sqrt{}$ を利用して全射性を証明したが，本来は順序が逆である．"f が全射"だからこそ，0 以上の実数 b に対して $a^2 = b$ となる a が存在し，$\sqrt{b}$ と表される数の候補が見つかるのだ．正しくは $\sqrt{}$ を利用せずに f の全射性を証明しなければならないが，これには"実数とは何か"というのが関係してきて，本書のレベルを超える．したがってここでは，$\sqrt{}$ は学習済みとみなし，"何かそういう良い性質をもった数がちゃんと存在するらしい"ということを既知として使うことにした．

例

$A = \{x \in \mathbb{R} \mid x \geq 0\}$，$B = \mathbb{R}$ とする．
$$f : A \to B, \qquad f : x \mapsto x^2.$$
この関数 f は全射ではない．

なぜならば，$-1 \in B$ に対して，$f(a) = -1$ すなわち，$a^2 = -1$ を満たす a は，A の要素としては存在しないから．

この例の証明のように，全射でないことをいうには，"A のどんな要素の像にもなっていない"，という B の要素を1つでもいいから見つければよい．B の要素のうち，0 未満の実数ならどれでもよかったが，ここでは -1 を採用した．

このように，"すべてのものに対して成り立つ"ことを否定するには，"あるものに対しては成り立たない"ことをいえばよいのだが，このときに例示した"あるもの"のことを **反例** という．

2 単射

A, B を集合とし，f を A から B への関数とする．A の異なる要素の像が B の異なる要素になっているとき，f を **単射** という．言い換えると，像が同じになるのはもともと同じときに限る，というのが単射である．

（$a_1 \in A$，$a_2 \in A$ に対して，"$a_1 \neq a_2 \implies f(a_1) \neq f(a_2)$" と "$f(a_1) = f(a_2) \implies a_1 = a_2$" は対偶なので，同じ意味になる❸❷❷．）

そもそも f は関数だから，A のすべての要素に対して，対応する B の要素がそれぞれ1つずつ存在する．単射であるとは，逆に B を中心にして考えたとき，B のすべての要素に対して，対応する A の要素がそれぞれ1つ以下ずつ存在する，ということである．

例

□ 右の関数は単射．

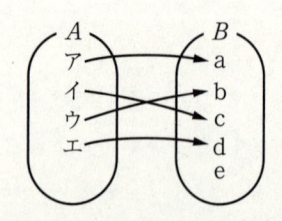

□ イとエの像がともに c なので，右の関数は単射ではない．

例 $A = \{x \in \mathbb{R} | x > 0\}$, $B = \mathbb{R}$ とする．
$$f : A \to B, \quad f : x \mapsto x^2.$$
この関数 f は単射である．

なぜならば，$a_1 \in A$, $a_2 \in A$, $f(a_1) = f(a_2)$ とすると，$a_1^2 = a_2^2$ だから，$a_1^2 - a_2^2 = 0$, すなわち，$(a_1 + a_2)(a_1 - a_2) = 0$. $a_1 + a_2 > 0$ より，$a_1 - a_2 = 0$, すなわち，$a_1 = a_2$. したがって，"$f(a_1) = f(a_2) \Longrightarrow a_1 = a_2$" が成り立っており，$f$ は単射．

B の任意の要素を相手にするわけではなく，$f(a_1)$, $f(a_2)$ の形の B の要素だけを議論すればよいことに注意する．

もちろん，$a_1 = \sqrt{f(a_1)}$, $a_2 = \sqrt{f(a_2)}$ という式を認めてしまって，$f(a_1) = f(a_2)$ から $a_1 = a_2$ を結論づけてもよい．

参考 この例では，$\sqrt{}$ を利用せずに単射性を証明した．この証明は，"平方根のうち正のものは 1 つしかない" ことの根拠となる議論で，そもそも $a_1 = \sqrt{f(a_1)}$ と表示できる背景として使われている．今は $\sqrt{}$ を学習し終えた状態なので（正の実数 a_1 に対する）$a_1 = \sqrt{a_1^2}$ という式を使ってもよいのだが，本来は順序が逆で，"f が単射" だからこそ $\sqrt{}$ で表される数が 1 つに決まるのである．

例 $A = \mathbb{R}$, $B = \{y \in \mathbb{R} | y \geqq 0\}$ とする．
$$f : A \to B, \quad f : x \mapsto x^2.$$
この関数 f は単射ではない．

なぜならば，A の要素として $2 \neq -2$ だが，$f(2) = 4$, $f(-2) = 4$ となり，B の要素として $f(2) = f(-2)$ だから．

この例の証明のように，<u>単射でないことをいうには，"A の 2 つ以上の要素の像になっている"，という B の要素を 1 つでもいいから見つければよい</u>．B の要素のうち，0 以外のものならどれでもよかったが，ここでは 4 を採用した．これも "反例" の一例である．

3 全単射

A, B を集合とし，f を A から B への関数とする．f が全射であり，しかも単射であるとき，f を **全単射** という．

そもそも f は関数だから，A のすべての要素に対して，対応する B の要素がそれぞれ 1 つずつ存在する．全単射であるとは，逆に B を中心にして考えたとき，B のすべての要素に対して，対応する A の要素がそれぞれちょうど 1 つずつ存在する，ということである．

> **例** 右の関数は全単射．

> **例** $A = \{x \in \mathbb{R} \mid x \geqq 0\}$, $B = \{y \in \mathbb{R} \mid y \geqq 0\}$ とする．（$A = B$ に注意．）
> $$f : A \to B, \qquad f : x \mapsto x^2.$$
> この関数 f は全単射である．
>
> これを確認するため，f は全射かつ単射であることを見てみよう．
>
> まず，f は全射である．なぜならば，B の任意の要素 b に対し，$a = \sqrt{b}$ とおくと，（$\sqrt{b} \in \mathbb{R}$ かつ $\sqrt{b} \geqq 0$ より）$a \in A$ であり，$f(a) = f(\sqrt{b}) = (\sqrt{b})^2 = b$ だから．
>
> さらに，f は単射である．なぜならば，A の要素 a_1, a_2 が $f(a_1) = f(a_2)$ を満たすとすると，$a_1 = \sqrt{f(a_1)} = \sqrt{f(a_2)} = a_2$ だから．

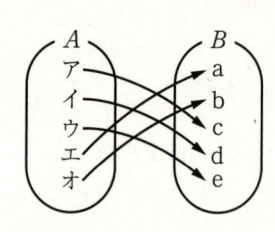

参考 $\sqrt{\ }$ の性質のうち，全射性の証明には $(\sqrt{b})^2 = b$ ("ルートの 2 乗") を使い，単射性の証明には $\sqrt{a^2} = a$ ("2 乗のルート") を使ったことに注意しよう．

この例の証明では，$\sqrt{\ }$ を学習済みとして利用した．本来は順序が逆で，"f が全単射"だからこそ，この 2 つの性質をもつ $\sqrt{\ }$ という記号が意味をもつのである．

注意 ある関数 f について，"f が全射かどうか"と"f が単射かどうか"は直接の関係がないので，独立に調べる必要がある．全射でも単射でもない関数の方が圧倒的に多い．

> **例** $P = \{t \in \mathbb{R} \mid t \geqq 0\}$ とする．
> □ $f_1 : \mathbb{R} \to \mathbb{R}, f_1 : x \mapsto x^2$ は全射でも単射でもない．

- □ $f_2: \mathbb{R} \to P$, $f_2: x \mapsto x^2$ は全射だが単射ではない.
- □ $f_3: P \to \mathbb{R}$, $f_3: x \mapsto x^2$ は単射だが全射ではない.
- □ $f_4: P \to P$, $f_4: x \mapsto x^2$ は全単射である.

$f: A \to B$ が全射になるのは，B を十分に小さくして，(つまり，必要なら終集合をその部分集合ととりかえることで) f に関係する部分のみを残したときといえる．一方，$f: A \to B$ が単射になるのは，A を十分に小さくして，(B の同じ要素を像にもつという意味での) 重複をなくしたときといえる．実際，A と B が有限集合 (つまり要素数が有限の集合) とすると，$f: A \to B$ が全射ならば $\#A \geqq \#B$ となり，$f: A \to B$ が単射ならば $\#A \leqq \#B$ となるので，$f: A \to B$ が全単射ならば $\#A = \#B$ である．

参考 逆に当然ながら，$f: A \to B$ について，A と B が有限集合で $\#A = \#B$ だからといって，f が全単射とは限らない．しかし実はこのとき，"f は全射" と "f は単射" は同値❸❷❷になる．これは "鳩の巣原理" として知られている．鳩を巣箱に入れるとき，鳩と巣箱が同数だとしよう．空の巣箱があれば，必ずいずれかの巣箱には複数の鳩が入っているし，すべての巣箱に鳩が入っていれば，必ずどの巣箱にも鳩が 1 羽ずつのはずである．

参考 2 つの有限集合の要素数は，その集合間に全射や単射が存在するかどうかで比べられる．この判定基準を無限集合にもそのまま適用するという形で拡張することにより，無限集合どうしに大小関係を導入できる．要するに，A から B への単射が存在するときに A は B より小さいか同じ "大きさ" であるとして，A から B への全単射が存在するときに A と B が同じ "大きさ" であるとする．ここでいう "大きさ" は，**基数**，**濃度**(のうど)といわれる．これは有限集合では "要素数" と同じことだが，無限集合では "要素数" (いずれも無限大) よりも細かい分類になり，例えば ($\mathbb{N}$ の基数) = ($\mathbb{Q}$ の基数) < ($\mathbb{R}$ の基数) などとなっている．

問題 257 答 p.10

❶次の関数について，
- ⓐ "全単射である"
- ⓑ "全射だが単射ではない"
- ⓒ "単射だが全射ではない"
- ⓓ "全射でも単射でもない"

のいずれであるかを判定せよ．

(1) 30 名の生徒からなるクラス C があり，五十音順で 1 から 30 までの出席番号が生徒についているとき，
$f: \{x \mid x \text{ はクラス C の生徒}\} \to \mathbb{N}$, $\quad f: x \mapsto (x \text{ の出席番号})$.

(2) 生徒数が 300 名の男子校 S があるとき，
$f: \{x \mid x \text{ は S の生徒}\} \to \{\text{男}, \text{女}\}$, $\quad f: x \mapsto (x \text{ の性別})$.

(3) $S: \{\triangle \mid \triangle \text{ は三角形}\} \to \mathbb{R}$, $\quad S: \triangle \mapsto (\triangle \text{ の面積})$.

(4) $f: \{x \in \mathbb{Z} \mid x \geqq 0\} \to \mathbb{Z}$, $\quad f: n \mapsto (n \text{ を 2 でわった余り})$.

(5) $f: \{x \in \mathbb{Z} \mid x \geqq 0\} \to \{0, 1\}$, $\quad f: n \mapsto (n \text{ を 2 でわった余り})$.

(6) $f: \{3, 8\} \to \mathbb{Z}$, $\quad f: n \mapsto (n \text{ を 2 でわった余り})$.

(7) $f: \{3, 8\} \to \{0, 1\}$, $\quad f: n \mapsto (n \text{ を 2 でわった余り})$.

(8) $P : \mathbb{R} \to \mathbb{R}$,　　$P : x \mapsto 3x$.

(9) $F : \mathbb{R} \to \mathbb{R}^2$,　　$F : t \mapsto (t+3, t^2)$.

(10) $Add : \mathbb{R}^2 \to \mathbb{R}$,　　$Add : (x, y) \mapsto x + y$.

(11) $G : \mathbb{R} \to \mathbb{Z}$,　　$G : x \mapsto (x を超えない最大の整数)$.

(12) $Abs : \mathbb{R} \to \{x \in \mathbb{R} | x \geqq 0\}$,　　$Abs : x \mapsto |x|$.

(13) $Id : \mathbb{R} \to \mathbb{R}$,　　$Id : x \mapsto x$.

(14) $j : \mathbb{Q} \to \mathbb{R}$,　　$j : x \mapsto x$.

放課後の談話

生徒「無限集合どうしの大小関係という話がありました．無限集合の要素数は ∞（無限大）で，これより大きな数があるというのは納得できません．」

先生「"どんな実数よりも大きい"というつもりで無限大を導入して，これが数なのかどうかも曖昧にしてごまかしたからね．無限大が実数でないのは確かだけど．要素数で議論し続けるかぎりは"無限大"で思考停止してしまう．有限集合における"要素数"を別の方法で解釈して，無限集合にも適用できるようにしなければならない．その結果，"要素数"の代わりになるのが"基数"，"濃度"だ．」

生徒「有限集合で要素数を数えるときは，"1, 2, 3, ..."と順番に目で追いながら数えていきます．」

先生「そのときの作業は，頭の中にある"1, 2, 3, ..."という"モノ"を目の前の要素に 1 つずつ結びつけているわけだ．関数の言葉で表現すれば，全単射を作っていることになる．」

生徒「個数の基準となる"モノ"は頭の中になくてもいいような気がしてきました．」

先生「良く考えると，要素数をずばり答えるよりも，2 つの集合を比較してどちらの要素数が多いか（あるいは等しいか）を答える方がずっと簡単だということに気づくだろう．有名な例としては，靴屋は右足用の靴と左足用の靴をセットで管理すれば，左右の靴が何個ずつ在庫にあるかという情報を知らなくても左右が同数であることがわかる．」

生徒「なんとなくわかってきました．集合の要素数は靴の在庫に相当していて，それを気にしなくても 2 つの集合の要素数の大小が比較できるということですね．」

先生「定義に移ろう．集合 A から集合 B への全単射が存在するとき，A と B は"対等"である，"濃度が等しい"，といい，$A =_c B$ と表記する．」

生徒「全単射には逆が存在するので，A と B が対等ならば B と A は対等ですね．」

先生「集合 A から集合 B への単射が存在するとき，A は B よりも"濃度が小さいまたは等しい"という．B は A よりも"濃度が大きいまたは等しい"ともいう．これは，B のある部分集合が A と対等だ，というのと同じことで，$A \leqq_c B$，$B \geqq_c A$ と表記する．」

生徒「当然，$A \leqq_c B$ かつ $A \geqq_c B$ ならば $A =_c B$ なんでしょうね．」

先生「正しいが，これはカントール・ベルンシュタインの定理といって，証明が必要なことだ．」

生徒「有限集合なら $\#A \leqq \#B \iff A \leqq_c B$ ですね．」

先生「さらに議論をすると，集合に対してうまく"濃度"というものを定義できることが証明できる．濃度は有限集合に対しては要素数と一致する．無限集合では最初は少しとまどうかもしれない．例えば，関数 $f : \mathbb{Z} \to \{n \in \mathbb{Z} | n は偶数\}$ を $f(x) = 2x$ として定めるとこれは全単射なので，偶数全体の集合は $\mathbb{Z}$ と対等だ．$\mathbb{N} \times \mathbb{N}$ の要素を，$(1, 1), (2, 1), (1, 2), (3, 1), (2, 2), (1, 3), ...$ のように和の小さい順に並べていくと，最初から何番目に登場するかということによって $\mathbb{N}$ への全単射ができる．結局，$\mathbb{N}$ や $\mathbb{Z}$ や $\mathbb{Q}$ や $\mathbb{Z}^2$ や $\mathbb{Z}^3$ や $\mathbb{Q}^5$ などはすべて対等になる．$\mathbb{Z}$ と対等な集合を"可算（無限）集合"という．その濃度を $\aleph_0$ と表記し，アレフゼロと読む．これらの集合は有限集合の類推で議論できることが多く，扱いやすい．可算集合と有限集合をあわせて"高々可算集合"といい，それより濃度の大きな集合を"非可算集合"という．」

生徒「$\mathbb{R}$ は非可算集合でしょうか．」

先生「$\mathcal{P}(\mathbb{Z})$（$\mathbb{Z}$ の部分集合全体の集合），あるいは $\{0, 1\}$ の要素を可算個並べたものは，$\mathbb{R}$ と対等で，$\mathbb{Z}$ よりも濃度が大きい．$\mathcal{P}(\mathbb{R})$ はさらにそれよりも大きく，$\mathcal{P}$ をつける操作を続ければいくらでも大きな濃度の集合が作れる．」

第4節　合成と逆

1　合成関数

A, B, C を集合として，関数 $g : A \to B$ と関数 $f : B \to C$ を考える．

A の要素 x に対して，これを g で送ると，その像 $g(x)$ は B の要素である．$g(x)$ をさらに f で送ると，その像 $f(g(x))$ は C の要素になる．<u>x に $f(g(x))$ を対応させる関数を f と g の</u> **合成関数**，**composite** といい，$f \circ g$ と表記する．

$$f \circ g : A \to C, \qquad f \circ g : x \mapsto f(g(x)).$$

要するに，$(f \circ g)(x) = f(g(x))$．

$t = g(x)$, $y = f(t)$ とすると，$y = (f \circ g)(x)$ ということである．

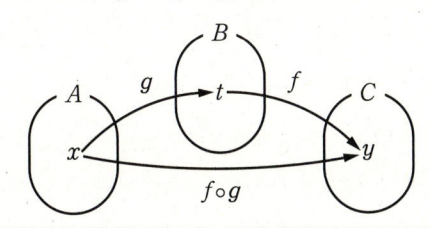

参考　f と g の合成 $f \circ g$ では，g を f よりも先に作用させるわけだが，これは $(f \circ g)(x) = f(g(x))$ という式が表すように，x に近い方から処理していく，と考えるからだ．この式で合成記号の $\circ$ と代入記号のカッコを省略し，まとまりを表すカッコのみにすると，$(fg)x = f(gx)$ となり，形式的に結合法則のような式が成り立つことになる．現在の数学界では，(本書のように) 関数名 f を変数名 x の左側に表記する "左記法" が主流だが，関数名を変数名の右側に表記する "右記法" もある．右記法で例えば f による x の像を "x^f" と表記するときは，$x^{(fg)} = (x^f)^g$ と定義するのが自然となるので，右記法における "f と g の合成" では f を g よりも先に作用させることになる．

例

$g(ア) = a$, $f(a) = ♠$ だから，
$(f \circ g)(ア) = f(g(ア)) = f(a) = ♠$.

同様に，
$(f \circ g)(イ) = f(c) = ♢$,
$(f \circ g)(ウ) = ♡$,
$(f \circ g)(エ) = (f \circ g)(オ) = ♢$.

$g \circ f$ は定義できないことに注意．なぜならば，$(g \circ f)(x) = g(f(x))$ としたくても，f で送るべき x は B の要素のはずで，その行き先 $f(x)$ は C の要素であって A の要素ではないため，$f(x)$ を g で送ることができず，$g(f(x))$ は意味をもたないため．

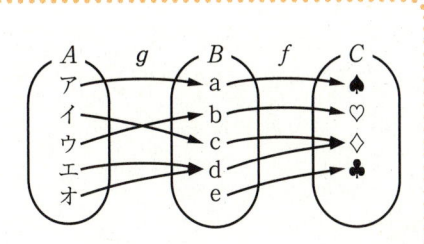

> **例**
>
> $S = \{x \in \mathbb{R} \mid x \neq 0\}$ に対して,
> $$f : S \to S, \quad f : x \mapsto \frac{1}{x} \quad (\text{すなわち}, f(x) = \frac{1}{x}),$$
> $$g : S \to S, \quad g : x \mapsto 2x \quad (\text{すなわち}, g(x) = 2x)$$
> とする.
> $$(f \circ g)(5) = f(g(5)) = f(10) = \frac{1}{10}.$$
> $$(g \circ f)(5) = g(f(5)) = g\left(\frac{1}{5}\right) = \frac{2}{5}.$$
> 一般に, $x \neq 0$ とすると,
> $$(f \circ g)(x) = f(g(x)) = f(2x) = \frac{1}{2x}.$$
> $$(g \circ f)(x) = g(f(x)) = g\left(\frac{1}{x}\right) = \frac{2}{x}.$$
> この場合, $f \circ g$ と $g \circ f$ は両方とも意味をもつが, 異なる関数である.
> また, $h : S \to S, h : x \mapsto 7x$ (すなわち, $h(x) = 7x$) とすると,
> $$(g \circ h)(x) = g(h(x)) = g(7x) = 2 \cdot (7x) = 14x.$$
> $f \circ (g \circ h)$ は f と $g \circ h$ の合成で,
> $$(f \circ (g \circ h))(x) = f((g \circ h)(x)) = f(14x) = \frac{1}{14x}.$$
> $(f \circ g) \circ h$ は $f \circ g$ と h の合成で,
> $$((f \circ g) \circ h)(x) = (f \circ g)(h(x)) = (f \circ g)(7x) = \frac{1}{2 \cdot (7x)} = \frac{1}{14x}.$$
> $f \circ (g \circ h)$ と $(f \circ g) \circ h$ は両方とも $S \to S, x \mapsto \frac{1}{14x}$ で, 同じ関数である.

関数の合成においては, $f \circ g = g \circ f$ は必ずしも成り立たないが, $(f \circ g) \circ h = f \circ (g \circ h)$ はいつでも成り立つ. これは, h, g, f をこの順番に使うとき, 最初の2操作を $g \circ h$ と名付けたとしても, 最後の2操作を $f \circ g$ と名付けたとしても, 操作自体は変わらないからである.

> **例**
>
> 方程式 $(x^2 + x)^2 - 7(x^2 + x) + 10 = 0$ を解く作業を, 合成関数という立場で解釈してみよう. これは, 関数 $f : \mathbb{R} \to \mathbb{R}, f : x \mapsto (x^2 + x)^2 - 7(x^2 + x) + 10$ を考えて, $f(x) = 0$ となる x を求める問題である.
>
> ここで, 関数 $h : \mathbb{R} \to \mathbb{R}, h : x \mapsto x^2 + x$ と関数 $g : \mathbb{R} \to \mathbb{R}, g : X \mapsto X^2 - 7X + 10$ を考えると, $f = g \circ h$ となる. ($X = h(x) = x^2 + x$ とすると, $(g \circ h)(x) = g(h(x)) = g(X) = X^2 - 7X + 10 = (x^2 + x)^2 - 7(x^2 + x) + 10 = f(x)$ となるため.)
> $$g(X) = 0 \iff X^2 - 7X + 10 = 0 \iff X = 2 \text{ または } X = 5$$
> であるから,

$$f(x) = 0 \iff g(h(x)) = 0 \iff h(x) = 2 \text{ または } h(x) = 5$$
$$\iff x^2 + x = 2 \text{ または } x^2 + x = 5 \iff x = -2, 1, \frac{-1 \pm \sqrt{21}}{2}.$$

もとの $f(x)$ は x の4次式で手強いが, f を g と h に分解した結果, 2次の話を2回重ねたものとなり, 2次方程式の理論が使えたのである. このように, 合成関数の考え方はあちらこちらで使われている.

問題 258 ● $f : \{n \in \mathbb{Z} | 0 \leqq n \leqq 100\} \to \mathbb{R}$, $f : n \mapsto \dfrac{n}{10}$ とし,
$g : \mathbb{R} \to \mathbb{Z}$, $g : k \mapsto (k$ の小数第一位を四捨五入したもの$)$ とする.
(1) $f(37)$ を求めよ. (2) $g(4.8)$ を求めよ. (3) $(g \circ f)(74)$ を求めよ.
(4) $(g \circ f)(x) = 5$ となる x の最大値と最小値を求めよ.

問題 259 ● $f : \mathbb{R} \to \mathbb{R}$, $f(x) = x^2$ とし, $g : \mathbb{R} \to \mathbb{R}$, $g(x) = 4x$ とし, $h : \mathbb{R} \to \mathbb{R}$, $h(x) = x + 3$ とする.
(1) $(g \circ f)(5)$ を求めよ. (2) $(f \circ g)(5)$ を求めよ.
(3) $(g \circ h)(x)$ を求めよ. (4) 前問を利用して, $(f \circ (g \circ h))(x)$ を求めよ.
(5) $(f \circ g)(x)$ を求めよ. (6) 前問を利用して, $((f \circ g) \circ h)(x)$ を求めよ.

2 逆関数

A, B を集合として, 関数 $f : A \to B$ を考えると, A のすべての要素に対して, それぞれ B の要素が一つずつ決まる. ここでさらに, <u>f が全単射のときは</u>, 逆に B のすべての要素に対して, それぞれどの A の要素を移したものか, というのが決まる. これを B から A への関数と考えて, f の **逆関数**, **inverse** とよび, f^{-1} と表記する.

$$f^{-1} : B \to A, \quad f^{-1} : x \mapsto (x = f(y) \text{ を満たすような } y).$$

要するに, $f^{-1}(x) = y \iff x = f(y)$.

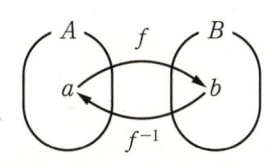

B の要素 b を考えると, f が全射でなければ, $f(a) = b$ となる A の要素 a がそもそも存在しないかもしれない. さらに f が全射であっても単射でなければ, そのような要素 a が複数個存在するかもしれない. f が全単射であれば, a はただ1通りに定まるので, それを $f^{-1}(b)$ と表記するのである.

f^{-1} は f の "-1 乗" (つまり $\dfrac{1}{f}$) というわけではない. あえて読むときには, 英語にあわせて "f インバース" とでも読めばいいだろうか.

例

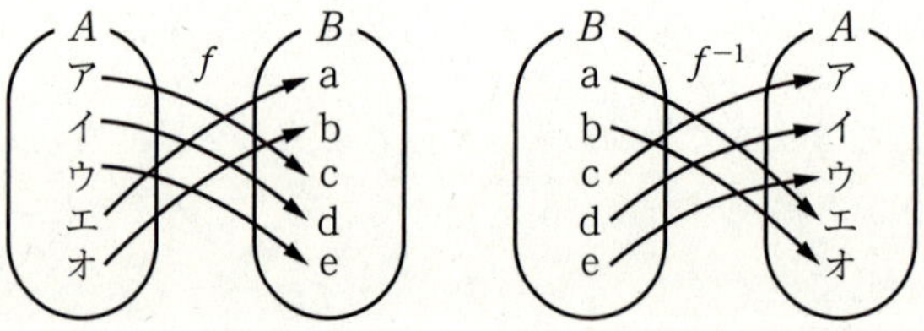
A
ア
イ
ウ
エ
オ
f
B
a
b
c
d
e
B
a
b
c
d
e
f^{-1}
A
ア
イ
ウ
エ
オ

例えば，f(ア) = c だから，f^{-1}(c) = ア.

例

$f:\mathbb{R}\to\mathbb{R}$，$f: x\mapsto 2x+3$（すなわち，$f(x)=2x+3$）を考える．

$$y=f^{-1}(x) \iff x=f(y) \iff x=2y+3 \iff y=\frac{x-3}{2}.$$

したがって，$f^{-1}(x)=\dfrac{x-3}{2}$．f の逆関数は $f^{-1}:\mathbb{R}\to\mathbb{R}$，$f^{-1}: x\mapsto \dfrac{x-3}{2}$ ということになる．

例

$S=\{x\in\mathbb{R} \mid x\geqq 0\}$ とし，$f: S\to S$，$f: x\mapsto x^2$ を考える．

$$y=f^{-1}(x) \iff x=f(y) \iff x=y^2 \iff y=\sqrt{x}.$$

（$x\in S$ と $y\in S$ により，$x\geqq 0$ と $y\geqq 0$ であるから "$x=y^2 \iff y=\sqrt{x}$" が成り立つ．）

したがって，$f^{-1}(x)=\sqrt{x}$．f の逆関数は $f^{-1}: S\to S$，$f^{-1}: x\mapsto\sqrt{x}$ ということになる．

参考 この例からもわかるとおり，逆関数を求めることは方程式を解くことに相当する．全単射というのはその方程式の解がちょうど 1 つの場合である．方程式の解が 1 つとは限らない場合でも同じようなことを考えると，全単射とは限らない関数についても"逆"を考えたくなる．

"$f^{-1}(x)=y \iff x=f(y)$" によって f^{-1} という対応を定めようとすると，f が全射でなければ f^{-1} は部分関数になるし，f が単射でなければ f^{-1} は多価関数になるので，f^{-1} は関数にならない．これを解決するためには，f^{-1} の像を要素でなく集合にすればよい．

（全単射とは限らない）関数 $f: A\to B$ が与えられたとき，$b\in B$ に対して，集合$\{a \mid a\in A$ かつ $f(a)=b\}$ を $f^{-1}(b)$ と表記する．（f が全単射のときの）逆関数の記法では $f^{-1}(b)$ は A の要素だったのに対し，この新しい記法では $f^{-1}(b)$ は A の部分集合，すなわち，$\mathfrak{P}(A)$ の要素である．したがって，$f^{-1}: B\to\mathfrak{P}(A)$ という新しい関数を作ったことになるが，f^{-1} が（$B\to A$ と $B\to\mathfrak{P}(A)$ の）どちらの意味で使われているのかは前後の文脈に頼（たよ）るしかない．例えば，この新しい記法では，$f:\mathbb{R}\to\mathbb{R}$，$f(x)=x^2$ のとき，$f^{-1}(4)=\{2,-2\}$，$f^{-1}(-3)=\varnothing$．

問題260 ●右図は，あみだくじ大会の様子である．
$A = \{$ 太郎, 次郎, 三郎, 四郎, 五郎 $\}$,
$B = \{$ 金賞, 銀賞, 銅賞, ブービー賞, 参加賞 $\}$,
$F : A \to B$, $F : x \mapsto (x$ がとった賞$)$ とする．
(1) $F(次郎)$ を求めよ．
(2) $F^{-1}(金賞)$ を求めよ．
(3) $(F^{-1} \circ F)(太郎)$ を求めよ．
(4) $(F \circ F^{-1})(参加賞)$ を求めよ．

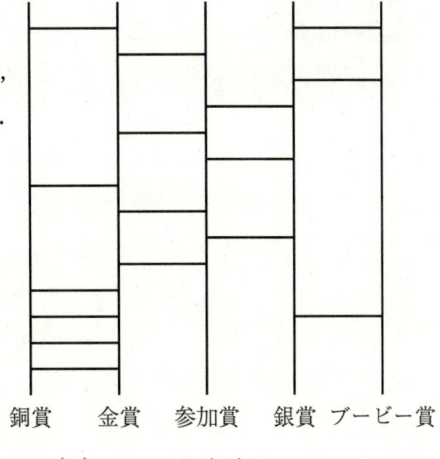

問題261 ● $f : \mathbb{R} \to \mathbb{R}$, $f(x) = 3x$ とする． $g : \mathbb{R} \to \mathbb{R}$, $g(x) = x + 5$ とする．
$h : \mathbb{R} \setminus \{0\} \to \mathbb{R} \setminus \{0\}$, $h(x) = \dfrac{1}{x}$ とする．
(1) $f^{-1}(7)$ を求めよ． (2) $f^{-1}(x)$ を求めよ．
(3) $g^{-1}(x)$ を求めよ． (4) $h^{-1}(x)$ を求めよ．
(5) $(g \circ g^{-1})(x)$ を求めよ． (6) $(f \circ g)(x)$ を求めよ． (7) $(f \circ g)^{-1}(x)$ を求めよ．

参考 $f : C \to D$, $g : B \to C$, $h : A \to B$ とすると，$(f \circ g) \circ h = f \circ (g \circ h)$（結合法則）が成り立つ．

また，$I_C : C \to C$, $x \mapsto x$ や $I_D : D \to D$, $x \mapsto x$ は **恒等写像** とよばれるが，$f \circ I_C = f$ や $I_D \circ f = f$（単位元の存在）が成り立つ．

f が全単射のときは $f^{-1} : D \to C$ が存在するが，このときは $f^{-1} \circ f = I_D$ や $f \circ f^{-1} = I_C$（逆元の存在）が成り立つ．

このように，関数についても数と同じような性質が成り立っていることがわかるが，交換法則（"$f \circ g = g \circ f$"）は成り立たないことに注意．（$B \ne D$ のときは $g \circ f$ はそもそも関数にすらならない．）

また，f が全単射のときは $(f^{-1})^{-1} = f$ が成り立つが，これは加法の $-(-t) = t$ や乗法の $\dfrac{1}{\frac{1}{t}} = t$ に相当する．

さらに，f と g が全単射のときは $(f \circ g)^{-1} = g^{-1} \circ f^{-1}$ が成り立つが，これは加法の $-(s+t) = (-t) + (-s)$ や乗法の $\dfrac{1}{s \cdot t} = \dfrac{1}{t} \cdot \dfrac{1}{s}$ に相当する．

第5節 多変数関数

1 多変数関数

これまでは，入力と出力が両方とも1つであるような関数を扱ってきた．関数 $f: A \to Z$ は，A から要素を1つ選んで入力すると，対応する Z の要素が1つ出力される，というものである．A の要素を変数 x で表し，Z の要素を変数 y で表すことにして，$y = f(x)$ の関係があるとき，x を独立変数，y を従属変数とよぶのであった．

しかし，複数のデータから1つの結論を導きたいときのように，入力が2つ以上の独立変数で表されるときにはどうすればよいだろうか．

> **例**
> 1個 a 円のリンゴを b 個と100gあたり c 円の牛肉を d g買うときの代金を z 円とすると，$z = ab + \dfrac{cd}{100}$．独立変数 a, b, c, d の値を決めると従属変数 z の値が決まる．
>
> 関数として考察するためには，各変数の動く範囲，すなわち，変域を指定しなければならない．
>
> ここでは，a, b, c は自然数で，d, z は正の実数としよう．（代金が整数でないと支払いに困りそうだが，その処理は売り手にまかせることにして，ここでは無視する．）
>
> a, b, c, d, z の変域をそれぞれ A, B, C, D, Z とすると，$A = B = C = \mathbb{N}$ であり，$D = Z = \{t | t \in \mathbb{R}, t > 0\}$ である．この関数は，A, B, C, D からそれぞれ1つずつ要素を選んで指定すると Z の要素が得られる，というものである．

独立変数が n 個の関数を **n 変数関数** という．この例は4変数関数であり，前節までは1変数関数しか扱っていなかった．これまでの知識を活かしつつ4変数関数を扱うにはどうすればよいだろうか．安直な解決法は，a, b, c, d の4つがあると考える代わりに，(a, b, c, d) という組が1つあると考えることである．A, B, C, D から要素を1つずつ選んで組にすると，$A \times B \times C \times D$ の要素が1つできあがる．（A, B, C, D の直積は $A \times B \times C \times D = \{(a, b, c, d) | a \in A, b \in B, c \in C, d \in D\}$ であった⑩③⑥．）したがって，$A \times B \times C \times D$ という1つの集合から要素を1つ選んだとき，対応する Z の要素が1つ定まる，ということになり，目標どおり4変数関数を1変数関数としてとらえ直すことができる．

> **例**
> リンゴと牛肉を買う先ほどの例では，この関数の名前を f とすると，
>
> $f : A \times B \times C \times D \to Z$,
>
> $f : (a, b, c, d) \mapsto ab + \dfrac{cd}{100}$ （すなわち，$f((a, b, c, d)) = ab + \dfrac{cd}{100}$）．
>
> (a, b, c, d) の像は，本来 $f((a, b, c, d))$ と表記されるべきものだが，4変数関数ということを意識するときには，$f(a, b, c, d)$ と表記される．したがって，

$$f(a, b, c, d) = ab + \frac{cd}{100}.$$

例えば，$f(100, 4, 150, 300) = 100 \cdot 4 + \frac{150 \cdot 300}{100} = 850.$

例

$$P : \mathbb{R}^2 \to \mathbb{R}, \qquad P : (x, y) \mapsto x^2 + xy + y^2$$

とする．独立変数を (x, y)（$\mathbb{R}^2$ の要素）だとみなすと 1 変数関数だが，独立変数を x と y（それぞれ $\mathbb{R}$ の要素）だとみなすと 2 変数関数である．後者の見方を採用するとき，$P((x, y))$ の代わりに $P(x, y)$ と表記する．($\mathbb{R}^2 = \mathbb{R} \times \mathbb{R} = \{(x, y) | x \in \mathbb{R}, y \in \mathbb{R}\}$ であった．)

$P(x, y) = x^2 + xy + y^2$ であり，
$$P(x, 1) = x^2 + x + 1, \ P(2, -1) = 2^2 + 2 \cdot (-1) + (-1)^2 = 3.$$

問題 262 $F : \mathbb{R}^3 \to \mathbb{R}, \ F(x, y, z) = x^2 + yz$ とする．
(1) $F(1, 2, 5)$ を求めよ．
(2) k を実数定数とするとき，$F(k, k, 3k)$ を求めよ．
(3) F は全射か．また，F は単射か．

問題 263 f, g, h を $\mathbb{R}^2$ から $\mathbb{R}$ への関数とし，$f(x, y) = x - 2y + 1, \ g(x, y) = 3x + 2y,$ $h(x, y) = x - y + 5$ とする．

連立方程式 $\begin{cases} f(x, y) = 7 \\ g(x, y) = h(x, y) \end{cases}$ を解け．

問題 264 $f : \mathbb{Z} \times \{t \in \mathbb{R} | 0 \leqq t < 1\} \to \mathbb{R}, \ f : (a, b) \mapsto a + b$ とする．
(1) $f(4, 0.73)$ を求めよ．
(2) f は全単射となる．$f^{-1}(3.42)$ を求めよ．
(3) $x \in \mathbb{R}$ に対し，$f^{-1}(x)$ を求めよ．

第6節　値域

1　概要

関数 $f : A \to B$ を定義するとき，集合 B は大きめにとっておいて大した問題がないので，実際にそのうちのどれほどが f と関係があるのか，すなわち，f の値域が何なのかが気になる．f の値域は $\{y \mid y = f(x), x \in A\}$ だから，集合としては定まっているといえる．A が有限集合ならば値域を外延的記法⑩①②で表示することでわかった気になれるが，A が無限集合ならばそうはいかない．この節の目標は，値域がどのような集合なのかをなるべくわかりやすく把握(はあく)することである．

> **例**　実数変数 x が $-3 < x \leqq 5$ を満たしながら動くとき，$y = 2x + 1$ のとりうる値の範囲を求めることを考える．これは，関数 $f : \{x \in \mathbb{R} \mid 3 < x \leqq 5\} \to \mathbb{R}$, $f : x \mapsto 2x + 1$ の値域を求める問題といえる．

もちろん，値域は $\{y \in \mathbb{R} \mid y = 2x + 1, 3 < x \leqq 5, x \in \mathbb{R}\}$ という集合なのだが，これだけではあまりわかった気がしないので，もう少しわかりやすい形で表示したい．$x = 3$ のとき $2x + 1 = 7$ で，$x = 5$ のとき $2x + 1 = 11$ だから，値域は $\{y \in \mathbb{R} \mid 7 < y \leqq 11\}$ という集合に違いないはずなのだが，値域のこの2つの表示は本当に同じ集合を表しているのか，という疑問がわく．x が限りなく3に近いが少し大きいときに y も限りなく7に近いが少し大きいだろう，と考えたり，$3 < x \leqq 5 \iff 7 < 2x + 1 \leqq 11$ が同値変形だから x についての制約条件が y についての制約条件に過不足なく翻訳(ほんやく)されたはず，と考えたりして直感的に納得できても，本当に数学として厳密に正しいかと聞かれると不安になる．必要なのは，$\{y \in \mathbb{R} \mid y = 2x + 1, 3 < x \leqq 5, x \in \mathbb{R}\}$ と $\{y \in \mathbb{R} \mid 7 < y \leqq 11\}$ が集合として等しいことを確認することであり，正確には次のような議論が必要である．

> **例**　$V = \{y \in \mathbb{R} \mid y = 2x + 1, 3 < x \leqq 5, x \in \mathbb{R}\}$, $W = \{y \in \mathbb{R} \mid 7 < y \leqq 11\}$ として，$V = W$ を証明する．
>
> (I) $y \in V$ とすると，($y = 2x + 1$ かつ $3 < x \leqq 5$) となるような実数 x が存在する．
> 　$3 < x \leqq 5 \iff 6 < 2x \leqq 10 \iff 7 < 2x + 1 \leqq 11$ だから，$7 < y \leqq 11$ となる．したがって，$y \in W$．
> $$\therefore V \subset W.$$
>
> (II) $y \in W$ とすると，$7 < y \leqq 11$ である．
> 　ここで，$x = \frac{1}{2}(y - 1)$ とおくと，$y = 2x + 1$ であり，
> $7 < y \leqq 11 \iff 6 < y - 1 \leqq 10 \iff 3 < \frac{1}{2}(y - 1) \leqq 5$ だから，$3 < x \leqq 5$ となる．

$y = 2x + 1$ かつ $3 < x \leq 5$ となる実数 x が存在するので, $y \in V$.
$$\therefore W \subset V.$$
(I), (II) をあわせて, $V = W$.

V が値域の定義どおりの集合で, W がその実態（と予想した集合）である. $V = W$ を証明することで, V がどのような集合なのかがわかることになる.

値域 V はもともとは $\mathbb{R}$ の部分集合ということしかわかっていなかったのだが, $V \subset W$ によって, f の像となるような実数が W の中にしか現れないことがわかる. さらに $W \subset V$ によって, W が大きすぎないこと, つまり, W のすべての要素が f の像になりうることがわかるのだ. その両者をあわせると, f の値域が W であることがわかる.

これで問題は解決したことになるのだが, $V \subset W$ と $W \subset V$ という 2 つの部分に分かれているのが少し面倒に感じる.

"$y \in V \implies y \in W$" と "$y \in W \implies y \in V$" をまとめて, "$y \in V \iff y \in W$" とできれば, 文句なしだ. そこで, この方針であらためて $V = W$ の証明をつくってみよう.

"$y \in W$" は "$7 < y \leq 11$" と同じことだが, これ以上どのように変形すればよいのか迷う. 一方, "$y \in V$" は "$(y = 2x + 1$ かつ $3 < x \leq 5)$ となるような実数 x が存在する" と同じことで, これを簡単な表現に言い換えられないかと考えることで道が開けそうだ. そこで, "$y \in V$" を同値な表現で言い換えて "$y \in W$" に変形することを考える. そもそも, $V = W$ を証明するという（前の例のような）方針を使うには, あらかじめ W が特定できていなければどうしようもないのだが, もともとは値域 V をわかりやすく表示したかったわけで, W がどのような集合かは最初は不明のはずである. 要するに, 1 行目から W という実態が登場する答案は, 数学的には正しいが, いきなり答えを出されて検証するだけなので, 自然な思考の流れに反している. それに対して, $y \in V$ から出発して同値変形していく（次の例のような）方法をとれば, この問題も同時に解決できてありがたい.

例 $V = \{y \in \mathbb{R} \mid y = 2x + 1, 3 < x \leq 5, x \in \mathbb{R}\}$ とする.

$y \in V \iff (y = 2x + 1$ かつ $3 < x \leq 5)$ となるような実数 x が存在する ……①

$\iff (x = \dfrac{1}{2}(y - 1)$ かつ $3 < x \leq 5)$ となるような実数 x が存在する

$\iff (x = \dfrac{1}{2}(y - 1)$ かつ $3 < \dfrac{1}{2}(y - 1) \leq 5)$ となるような実数 x が存在する

$\iff (x = \dfrac{1}{2}(y - 1)$ かつ $7 < y \leq 11)$ となるような実数 x が存在する ……②

$\iff (x = \dfrac{1}{2}(y - 1)$ となるような実数 x が存在する$)$ かつ $7 < y \leq 11$ ……③

$\iff 7 < y \leq 11.$ ……④

以上より, $\{y \in \mathbb{R} \mid y = 2x + 1, 3 < x \leq 5, x \in \mathbb{R}\} = \{y \in \mathbb{R} \mid 7 < y \leq 11\}$.

この同値変形は，最初から最後まで，（1つの y を固定したうえで）y についての条件として言い換えていることに注意する．"このような x が存在するのは y がどういう条件を満たすときだろう"と考えているのだから，x は"存在してほしい対象"を指し示すための臨時の変数にすぎず，本来は名無しのものであり，他の文字で代用してもさしつかえない．しかし，y については，"$y \in V$"で始めたら最後まで y のままで押し通さなければならない主人公の変数である．

①は，"$y \in V$"とはどういうことかを V の定義に従って言い換えただけであり，①から②への変形はただの式変形である．"$7 < y \leqq 11$"は x と無関係なので③に変形できる．y が一度固定されると，"$x = \frac{1}{2}(y-1)$ となるような実数 x が存在する"は当たり前に成り立つ．（与えられた y を使って $x = \frac{1}{2}(y-1)$ と x を定義すれば，x は確かに存在することになるため．）当たり前に成り立つことが"かつ"で結ばれていれば言わなくても同じことなので，"x が存在する"という部分がいらなくなって，y についての不等式のみが残る（④）．"$x = \frac{1}{2}(y-1)$"と"$3 < x \leqq 5$"の2つの条件を満たす x を探す（①）のは一苦労だが，不等式の中の x を消去して y の不等式に直したため，x が登場する式が"$x = \frac{1}{2}(y-1)$"のみになり（③），x の存在が"明らか"なものになったのである．そして，直した y の不等式（④）が最後の答えとして残されたわけだ．

このような値域の求め方は理解しづらいかもしれず，論理に精通していないと使いこなせないが，かなり強力なので，この節の残りで少しずつ慣れていこう．

2 存在記号

まず，頻繁に登場する"～となるような x が存在する"という表現を簡素にする．

x を含む文を $P(x)$ と表して，"$P(x)$ を満たす x が存在する"，すなわち，"ある x が存在して，$P(x)$ を満たす"ということを

$$\text{"}\exists x \text{ such that } P(x)\text{"}, \text{ あるいは略して } \text{"}\exists x \text{ s.t. } P(x)\text{"}$$

と表記する．$\exists$ は"exist"（存在する）の頭文字Eを逆さにしたもので，"such that $P(x)$"は"$P(x)$ のような"といった意味である．大学ではよく使われる記法だが，中学や高校ではあまり見かけない．誤解される恐れのあるときは略さず，"存在する"という日本語のままにしておいた方が安全かもしれない．

参考 論理学で形式的に扱うときには，"$\exists x$ s.t. $P(x)$"のことを"$\exists x P(x)$"または"$\exists x : P(x)$"などと表記する．また，これと対になる表現として，"すべての x に対して，$P(x)$ が成り立つ"ということを"$\forall x P(x)$"または"$\forall x : P(x)$"などと表記する．$\forall$ は"all"，"any"の頭文字Aを逆さにしたもの．

x を探す範囲が集合 X の中だけに限定されているとき，"$P(x)$ を満たす x が X の中に存在する"，すなわち，"ある x が X の中に存在して，$P(x)$ を満たす"ということを

$$\text{"}\exists x \in X \text{ such that } P(x)\text{"}, \text{ あるいは略して } \text{"}\exists x \in X \text{ s.t. } P(x)\text{"}$$

と表記する．これは"$\exists x$ s.t. $(x \in X$ かつ $P(x))$"と同じことになる．全体集合を明示し

て議論を正確にするためには X は指定した方がよいのだが，文脈から明らかなときには省略することが多い．

> **例**
>
> $$\text{``3以上の実数が存在する''} \iff \text{``}x \geq 3 \text{ を満たす実数 } x \text{ が存在する''}$$
> $$\iff \text{``}\exists x \in \mathbb{R} \text{ s.t. } x \geq 3\text{''}.$$
>
> 実数の話しかしていなければ，これを "$\exists x$ s.t. $x \geq 3$" と略記してよい．
> （中学や高校レベルで不等式が登場するときは，実数の話とみなすのが普通である．）

x がいくつかの文に同時に登場するときは注意が必要だ．

> **例**
>
> $P(x)$ を "x はスポーツが好きだ" として，$Q(x)$ を "x は料理が好きだ" とする．"$\exists x$ s.t. $P(x)$" は "スポーツ好きの人がいる" ということで，"$\exists x$ s.t. $Q(x)$" は "料理好きの人がいる" ということになる．"$\exists x$ s.t. ($P(x)$ かつ $Q(x)$)" は "スポーツと料理の両方が好きな人がいる" という意味になるので，"($\exists x$ s.t. $P(x)$) かつ ($\exists x$ s.t. $Q(x)$)"（"スポーツ好きの人がいるし，料理好きの人もいる"）とは異なる．

一般に，
　　"$\exists x$ s.t. ($P(x)$ かつ $Q(x)$)) $\implies$ (($\exists x$ s.t. $P(x)$) かつ ($\exists x$ s.t. $Q(x)$))"
は常に成り立つが，その逆の
　　"(($\exists x$ s.t. $P(x)$) かつ ($\exists x$ s.t. $Q(x)$)) $\implies$ $\exists x$ s.t. ($P(x)$ かつ $Q(x)$))"
は成り立つとは限らない．

∃を除去するパターンをこれからいくつか見ていこう．まず，最も基本的なのが次のパターンである．

> "$\exists x$ s.t. $x =$ (x を含まない式)" は常に成立する．

Q が常に成立する文とすると "(P かつ Q) $\iff$ P" である．実際に使うときは，"$\exists x$ s.t. $x =$ (x を含まない式)" が登場するたびに，この文をまるごと議論から消去できるわけだ．

> **例**
>
> □ "$\exists x$ s.t. $x = 4$" は常に成り立つ．
> （$x = 4$ を満たす x は，要するに x を 4 そのものにすればよいのだから，当然ながら存在する．）

□ y が与えられているとき,"$\exists x$ s.t. $x = y^2 + 3y$" は常に成り立つ.
(y が存在するならば,それを使って計算した $y^2 + 3y$ も存在するので,これを x の値とすることにより,$x = y^2 + 3y$ を満たす x も当然ながら存在する.)

> 実数 y が与えられているとき,($\exists x$ s.t. $xy = 1$) $\iff$ ($y \neq 0$).

【証明】
(Ⅰ) $\impliedby$ を証明する.
 $y \neq 0$ とする.$x = \dfrac{1}{y}$ とおくことにより,$xy = 1$ を満たす x が存在することになる.
(Ⅱ) $\implies$ を証明する.
 $xy = 1$ となる x が存在するとする.仮に $y = 0$ と仮定すると $xy = 0$ のはずでおかしい.したがって,$y \neq 0$ でなければならない.
(Ⅰ),(Ⅱ) をあわせて,$\iff$ が成り立つ.■

注意 $\dfrac{1}{0}$ という実数は存在しないので,$\dfrac{1}{y}$ を考えるときには,$y \neq 0$ でなければならない.自分が答案で $\dfrac{1}{y}$ を使うときには,使い始める前に $y \neq 0$ をチェックしなければならないし,問題文で $\dfrac{1}{y}$ が使われているときには,隠された条件として $y \neq 0$ が出題者の意図に含まれている,ということだ.この証明の $\impliedby$ でも,$y \neq 0$ という仮定のおかげで,$x = \dfrac{1}{y}$ とおくことが許される.

 (x, y が与えられている,つまり存在するとき,)$y \neq 0$ のもとでは "$xy = 1 \iff x = \dfrac{1}{y}$" である.要するに,"($xy = 1$ かつ $y \neq 0$) $\iff$ ($x = \dfrac{1}{y}$ かつ $y \neq 0$)" が成り立つのだが,$xy = 1$ が成り立てば $y \neq 0$ も自動的に成り立つので,結局,"$xy = 1 \iff (x = \dfrac{1}{y}$ かつ $y \neq 0$)" が成り立つ.当然ながら,"$xy = 1 \iff (y = \dfrac{1}{x}$ かつ $x \neq 0$)" も正しい.

参考 ここでの"証明"は,中学生の知識にもとづいた理解として望ましいし,知っている様々なことがらからこの結果を思い出して納得するには適している.しかし,これほど基本的なことがらでは,何を前提として議論しているかという立場をハッキリしないと論理的にはおかしい.$\dfrac{1}{y}$ とは何か,0 とは何か,といった四則演算の法則 ●付録 にまで踏み込む必要があるわけだ.ここでの $\impliedby$ は,本来は"乗法の逆元の存在"という形で"実数とは何か"という中に組み込まれており,"$y \neq 0$ のおかげで,$xy = 1$ を満たす x が 1 つ存在するのだから,その x のことを(y から自動的に決まるという意味をこめて)$\dfrac{1}{y}$ と表記しましょう",というのが正しい筋道.したがって,$\dfrac{1}{y}$ を利用して x の存在を主張するのは本当は本末転倒なのだ.

> **例** $(\exists x \text{ s.t. } xy = 2) \iff (\exists x \text{ s.t. } x \cdot \frac{y}{2} = 1) \iff \frac{y}{2} \neq 0 \iff y \neq 0.$

> 実数 y が与えられているとき，"$\exists x \in \mathbb{R}$ s.t. $x^2 = y$" $\iff$ "$y \geqq 0$".

【証明】

（Ⅰ）$\impliedby$ を証明する．

$y \geqq 0$ とする．$x = \sqrt{y}$ とおくことにより，$x^2 = y$ を満たす x が存在することになる．

（Ⅱ）$\implies$ を証明する．

$x^2 = y$ となる x が存在するとする．（x の符号(ふごう)によって場合分けして証明することにより，）実数 x の 2 乗は常に 0 以上であることから，$x^2 \geqq 0$，したがって，$y \geqq 0$．

（Ⅰ），（Ⅱ）をあわせて，$\iff$ が成り立つ． ∎

実数の話だと文脈から判断できるときには "$\in \mathbb{R}$" を省略してもよいが，高校では 2 乗すると負の実数になる数を考えることもあるから注意．

注意 負の数の平方根は実数では存在しないので，$\sqrt{y}$ を考えるときには，$y \geqq 0$ でなければならない．自分が答案で $\sqrt{y}$ を使うときには，使い始める前に $y \geqq 0$ をチェックしなければならないし，問題文で $\sqrt{y}$ が使われているときには，隠された条件として $y \geqq 0$ が出題者の意図に含まれている，ということだ．この証明の $\impliedby$ でも，$y \geqq 0$ という仮定のおかげで，$x = \sqrt{y}$ とおくことが許される．

（実数 x, y が与えられている，つまり存在するとき，）$y \geqq 0$ のもとでは "$(x^2 = y$ かつ $x \geqq 0) \iff x = \sqrt{y}$" である．要するに，"$(x^2 = y$ かつ $x \geqq 0$ かつ $y \geqq 0) \iff (x = \sqrt{y}$ かつ $y \geqq 0)$" が成り立つのだが，$x^2 = y$ が成り立てば $y \geqq 0$ も自動的に成り立つので，結局，"$(x^2 = y$ かつ $x \geqq 0) \iff (x = \sqrt{y}$ かつ $y \geqq 0)$" が成り立つ．同様に，"$(x^2 = y$ かつ $x \leqq 0) \iff (x = -\sqrt{y}$ かつ $y \geqq 0)$" も正しい．

参考 ここでの "証明" は，納得しやすさや思い出しやすさのためのもので，標準的な理論構成から考えると問題がある．$\impliedby$ は，本来は実数の連続性 ●付録 という性質を使って証明すべきもので，"$y \geqq 0$ のおかげで，$x^2 = y$ を満たす x が 1 つ存在するのだから，その x のことを（y から自動的に決まるという意味をこめて）$\sqrt{y}$ と表記しましょう"，というのが正しい筋道．したがって，$\sqrt{y}$ を利用して x の存在を主張するのは本当は本末転倒なのだ．

> **例** 実数に話を限定する．y が与えられているとき，
> $$\exists x \text{ s.t. } x^2 + y^2 = 1 \iff \exists x \text{ s.t. } x^2 = 1 - y^2$$
> $$\iff 1 - y^2 \geqq 0 \iff y^2 \leqq 1 \iff -1 \leqq y \leqq 1.$$

> **例** 実数に話を限定する．a, b, c が与えられていて，$a \neq 0$ のとき，
> $$\exists x \text{ s.t. } ax^2 + bx + c = 0 \iff \exists x \text{ s.t. } \left(x + \frac{b}{2a}\right)^2 = \frac{b^2 - 4ac}{4a^2}$$
> $$\iff \frac{b^2 - 4ac}{4a^2} \geqq 0 \iff b^2 - 4ac \geqq 0.$$
>
> $D = b^2 - 4ac$ とおくと，実数 x が存在する条件は $D \geqq 0$ ということになる❾❷❹．この結果は次のように使えばよい．
> $$\exists x \text{ s.t. } ax^2 + bx + c = 0 \iff ax^2 + bx + c = 0 \text{ の判別式が 0 以上}$$
> $$\iff b^2 - 4ac \geqq 0.$$

この例では，"x が存在するかどうか" は "$x + \frac{b}{2a}$ が存在するかどうか" と同じことだ，ということを使った．厳密には次のようにすべきところを省略したことになる．

$$\exists x \text{ s.t. } \left(x + \frac{b}{2a}\right)^2 = \frac{b^2 - 4ac}{4a^2}$$

$$\iff \exists x \text{ s.t. } \begin{cases} \exists t \text{ s.t. } t = x + \frac{b}{2a} \\ \left(x + \frac{b}{2a}\right)^2 = \frac{b^2 - 4ac}{4a^2} \end{cases} \quad (\exists t \text{ s.t. } t = x + \frac{b}{2a} \text{ はいつでも成立})$$

$$\iff \exists x \text{ s.t. } \left(\exists t \text{ s.t. } \begin{cases} t = x + \frac{b}{2a} \\ \left(x + \frac{b}{2a}\right)^2 = \frac{b^2 - 4ac}{4a^2} \end{cases} \right)$$

$$\left(\left(x + \frac{b}{2a}\right)^2 = \frac{b^2 - 4ac}{4a^2} \text{ は } t \text{ と無関係}\right)$$

$$\iff \exists x \text{ s.t. } \left(\exists t \text{ s.t. } \begin{cases} t = x + \frac{b}{2a} \\ t^2 = \frac{b^2 - 4ac}{4a^2} \end{cases} \right) \quad (1 \text{ 行目を 2 行目に代入})$$

$$\iff \exists t \text{ s.t. } \left(\exists x \text{ s.t. } \begin{cases} t = x + \frac{b}{2a} \\ t^2 = \frac{b^2 - 4ac}{4a^2} \end{cases} \right)$$

(t と x が存在するかどうかは，どちらを先に見つけたかとは無関係)

$$\iff \exists t \text{ s.t.} \begin{cases} \exists x \text{ s.t. } t = x + \dfrac{b}{2a} \\ t^2 = \dfrac{b^2 - 4ac}{4a^2} \end{cases} \quad (t^2 = \dfrac{b^2-4ac}{4a^2} \text{ は } x \text{ と無関係})$$

$$\iff \exists t \text{ s.t.} \begin{cases} \exists x \text{ s.t. } x = t - \dfrac{b}{2a} \\ t^2 = \dfrac{b^2 - 4ac}{4a^2} \end{cases} \quad (t = (x \text{ の式}) \text{ を } x = (t \text{ の式}) \text{ に変形})$$

$$\iff \exists t \text{ s.t. } t^2 = \dfrac{b^2-4ac}{4a^2} \quad (\exists x \text{ s.t. } x = t - \dfrac{b}{2a} \text{ はいつでも成立})$$

$$\iff \dfrac{b^2-4ac}{4a^2} \geqq 0.$$

ここでは次の同値変形のうちのいくつかも使っている．

> $P(x)$ が x を含む文で，Q が x を含まない文のとき，
> "$(\exists x \text{ s.t. } (P(x) \text{ かつ } Q)) \iff ((\exists x \text{ s.t. } P(x)) \text{ かつ } Q)$"．
> "$(\exists x \text{ s.t. } (P(x) \text{ または } Q)) \iff ((\exists x \text{ s.t. } P(x)) \text{ または } Q)$"．
>
> $R(x,t)$ が x と t を含む文のとき，
> "$(\exists x \text{ s.t. } (\exists t \text{ s.t. } R(x,t))) \iff (\exists t \text{ s.t. } (\exists x \text{ s.t. } R(x,t)))$"．
> (これを $\exists x, \exists t \text{ s.t. } R(x,t)$ と略記することがある．)

3 値域の決定，1変数関数

ここでは，1変数関数における値域の求め方を扱う．

例

関数 $f : \{x \in \mathbb{R} | 3 < x \leqq 5\} \to \mathbb{R}$, $f : x \mapsto 2x+1$ の値域を V とする．実数 y に対して，

$y \in V$

$$\iff \exists x \in \mathbb{R} \text{ s.t.} \begin{cases} y = 2x+1 \\ 3 < x \leqq 5 \end{cases} \quad (\because \text{ 値域の定義}) \quad \cdots\cdots ①$$

$$\iff \exists x \in \mathbb{R} \text{ s.t.} \begin{cases} x = \dfrac{1}{2}(y-1) \\ 3 < x \leqq 5 \end{cases} \quad \cdots\cdots ②$$

$$\iff \exists x \in \mathbb{R} \text{ s.t.} \begin{cases} x = \dfrac{1}{2}(y-1) \\ 3 < \dfrac{1}{2}(y-1) \leqq 5 \end{cases} \quad (\because \text{ 代入}) \quad \cdots\cdots ③$$

$$\iff \exists x \in \mathbb{R} \text{ s.t. } \begin{cases} x = \frac{1}{2}(y-1) \\ 7 < y \leqq 11 \end{cases} \left(\because \begin{cases} 3 < \frac{1}{2}(y-1) \\ \frac{1}{2}(y-1) \leqq 5 \end{cases} \iff \begin{cases} 7 < y \\ y \leqq 11 \end{cases}\right) \quad \cdots\cdots ④$$

$$\iff \begin{cases} \exists x \in \mathbb{R} \text{ s.t. } x = \frac{1}{2}(y-1) \\ 7 < y \leqq 11 \end{cases} \quad (\because 7 < y \leqq 11 \text{ は } x \text{ と無関係}) \quad \cdots\cdots ⑤$$

$$\iff 7 < y \leqq 11. \quad (\because \exists x \in \mathbb{R} \text{ s.t. } x = \frac{1}{2}(y-1) \text{ はいつでも成立}) \quad \cdots\cdots ⑥$$

以上より,$V = \{y \in \mathbb{R} \mid 7 < y \leqq 11\}$.

(実数に話を限定するという合意があれば,ここでの "$\in \mathbb{R}$" をすべて省略してよい.)

f は,3 よりも大きく 5 以下の実数を与えたとき,その 2 倍に 1 を加えた実数を返す関数である.条件を満たす x が存在するのは y がどんなときか,というところからスタートするので,まずは x を探す努力をする.すなわち,x についての方程式とみなして式変形をするわけで,その結果が $x = \frac{1}{2}(y-1)$ である(②).次に考えるのは,x についての制約条件をなるべく減らすことで,代入によって x を消去していくことになる(③).④から⑤への変形は "$(\exists x \text{ s.t. } (P(x) \text{ かつ } Q)) \iff ((\exists x \text{ s.t. } P(x)) \text{ かつ } Q)$" を使っている**11 6 2**.$x$ の満たすべき条件が $x = \frac{1}{2}(y-1)$ の 1 つだけになったところで,x の存在が "明らか" となり,問題が解決したことになる(⑥).

もちろん,ここで本質的なのは "$y = 2x+1 \iff x = \frac{1}{2}(y-1)$" (①から②)と "$3 < \frac{1}{2}(y-1) \leqq 5 \iff 7 < y \leqq 11$" (③から④)という同値変形であり,残りは論理的明快さを求めた結果の飾りにすぎないともいえる.

$x = (y \text{ の式})$ と変形すれば,$\exists x$ の除去ができるばかりか,代入により x を消去することもできて一石二鳥だ.しかし,そうせずに $y = (x \text{ の式})$ のままで代入することも可能であり,次のようになる.

例 関数 $f : \{x \mid 3 < x \leqq 5\} \to \mathbb{R},\ f : x \mapsto 2x+1$ の値域を V とする.(実数に話を限定する.)

$y \in V$

$$\iff \exists x \text{ s.t. } \begin{cases} y = 2x+1 \\ 3 < x \leqq 5 \end{cases} \quad (\because \text{値域の定義})$$

$$\iff \exists x \text{ s.t. } \begin{cases} y = 2x+1 \\ 7 < 2x+1 \leqq 11 \end{cases}$$

$$\iff \exists x \text{ s.t.} \begin{cases} y = 2x+1 \\ 7 < y \leqq 11 \end{cases} \quad (\because \text{ 代入})$$

$$\iff \begin{cases} \exists x \text{ s.t. } y = 2x+1 \\ 7 < y \leqq 11 \end{cases} \quad (\because 7 < y \leqq 11 \text{ は } x \text{ と無関係})$$

$$\iff 7 < y \leqq 11. \quad (\because y = 2x+1 \text{ は } x \text{ についての方程式として解をもつ})$$

以上より，$V = \{y | 7 < y \leqq 11\}$．

こうすると，本質的なのは "$3 < x \leqq 5 \iff 7 < 2x+1 \leqq 11$" という同値変形であることがさらに強調される．

この関数の定義域は $\{x | 3 < x \leqq 5\}$，値域は $\{y | 7 < y \leqq 11\}$ であるが，このように，定義域の変数は x，値域の変数は y をなんとなく使いたくなる．集合を表に出さずに関数を議論するとき，独立変数を x，従属変数を y にすることが多いのがその理由だが，本来は集合としてはどんな文字でも使えるのだから，$\{y | 7 < y \leqq 11\} = \{t | 7 < t \leqq 11\} = \{x | 7 < x \leqq 11\}$ のいずれを値域とよんでもさしつかえない．

例 関数 $f : \{x \in \mathbb{R} | 2 \leqq x < 3\} \to \mathbb{R}, \ f : x \mapsto \dfrac{1}{x}$ の値域を V とする．実数 y に対して，

$y \in V$

$$\iff \exists x \in \mathbb{R} \text{ s.t.} \begin{cases} y = \dfrac{1}{x} \\ 2 \leqq x < 3 \end{cases} \quad (\because \text{ 値域の定義})$$

$$\iff \exists x \in \mathbb{R} \text{ s.t.} \begin{cases} y = \dfrac{1}{x} \\ x \neq 0 \\ 2 \leqq x < 3 \end{cases}$$

$(\because 2 \leqq x < 3 \text{ が成り立てば } x \neq 0 \text{ も自動的に成り立つ})$

$$\iff \exists x \in \mathbb{R} \text{ s.t.} \begin{cases} xy = 1 \\ 2 \leqq x < 3 \end{cases} \quad (\because xy = 1 \iff (x \neq 0 \text{ かつ } y = \dfrac{1}{x}))$$

$$\iff \exists x \in \mathbb{R} \text{ s.t.} \begin{cases} x = \dfrac{1}{y} \\ y \neq 0 \\ 2 \leqq x < 3 \end{cases} \quad (\because xy = 1 \iff (y \neq 0 \text{ かつ } x = \dfrac{1}{y}))$$

$$\iff \exists x \in \mathbb{R} \text{ s.t.} \begin{cases} x = \dfrac{1}{y} \\ y \neq 0 \\ 2 \leqq \dfrac{1}{y} < 3 \end{cases} \quad (\because \text{代入})$$

$$\iff \begin{cases} \exists x \in \mathbb{R} \text{ s.t. } x = \dfrac{1}{y} \\ y \neq 0 \\ 2 \leqq \dfrac{1}{y} < 3 \end{cases} \quad (\because y \neq 0 \text{ と } 2 \leqq \dfrac{1}{y} < 3 \text{ は } x \text{ と無関係})$$

$$\iff \begin{cases} y \neq 0 \\ 2 \leqq \dfrac{1}{y} < 3 \end{cases} \quad (\because y \neq 0 \text{ の下では } \exists x \in \mathbb{R} \text{ s.t. } x = \dfrac{1}{y} \text{ はいつでも成立})$$

$$\iff \begin{cases} y \neq 0 \\ \dfrac{1}{y} > 0 \\ 2 \leqq \dfrac{1}{y} < 3 \end{cases} \quad (\because 2 \leqq \dfrac{1}{y} < 3 \text{ が成り立てば } \dfrac{1}{y} > 0 \text{ も自動的に成り立つ})$$

$$\iff \begin{cases} y \neq 0 \\ y > 0 \\ 2 \leqq \dfrac{1}{y} < 3 \end{cases} \quad (\because y \neq 0 \text{ の下では } \dfrac{1}{y} > 0 \iff y > 0)$$

$$\iff \begin{cases} y > 0 \\ 2y \leqq 1 < 3y \end{cases} \quad (\because y > 0 \text{ が成り立てば } y \neq 0 \text{ も自動的に成り立つ})$$

$$\iff \begin{cases} y > 0 \\ y \leqq \dfrac{1}{2} \\ y > \dfrac{1}{3} \end{cases}$$

$$\iff \dfrac{1}{3} < y \leqq \dfrac{1}{2}.$$

以上より, $V = \left\{ y \in \mathbb{R} \,\middle|\, \dfrac{1}{3} < y \leqq \dfrac{1}{2} \right\}$.
(実数に話を限定するという合意があれば, ここでの "$\in \mathbb{R}$" をすべて省略してよい.)

y がどのような条件を満たすべきかを考えるので, x を消去する方針で進める. $x = \dfrac{1}{y}$ として $2 \leqq x < 3$ に代入することで x の出現箇所を "$\exists x \text{ s.t. } x = \dfrac{1}{y}$" のみにすれば, これがいつでも成り立つことから x を条件から消せる.

代入のために $x = \dfrac{1}{y}$ を使わず, $y = \dfrac{1}{x}$ のまま代入すると次のようになる.

例 関数 $f : \{x \mid 2 \leqq x < 3\} \to \mathbb{R}, \ f : x \mapsto \dfrac{1}{x}$ の値域を V とする. (実数に話を限定する.)

$y \in V$

$\iff \exists x$ s.t. $\begin{cases} y = \dfrac{1}{x} \\ 2 \leqq x < 3 \end{cases}$ (∵ 値域の定義)

$\iff \exists x$ s.t. $\begin{cases} y = \dfrac{1}{x} \\ x \neq 0 \\ 2 \leqq x < 3 \end{cases}$ (∵ $2 \leqq x < 3$ が成り立てば $x \neq 0$ も自動的に成り立つ)

$\iff \exists x$ s.t. $\begin{cases} y = \dfrac{1}{x} \\ x \neq 0 \\ \dfrac{1}{3} < \dfrac{1}{x} \leqq \dfrac{1}{2} \end{cases}$ (∵ x についての不等式としての同値変形,詳細は省略)

$\iff \exists x$ s.t. $\begin{cases} y = \dfrac{1}{x} \\ x \neq 0 \\ \dfrac{1}{3} < y \leqq \dfrac{1}{2} \end{cases}$ (∵ 代入)

$\iff \exists x$ s.t. $\begin{cases} xy = 1 \\ \dfrac{1}{3} < y \leqq \dfrac{1}{2} \end{cases}$ (∵ $xy = 1 \iff (x \neq 0$ かつ $y = \dfrac{1}{x}))$

$\iff \begin{cases} \exists x \text{ s.t. } xy = 1 \\ \dfrac{1}{3} < y \leqq \dfrac{1}{2} \end{cases}$ (∵ $\dfrac{1}{3} < y \leqq \dfrac{1}{2}$ は x と無関係)

$\iff \begin{cases} y \neq 0 \\ \dfrac{1}{3} < y \leqq \dfrac{1}{2} \end{cases}$ (∵ $\exists x$ s.t. $xy = 1 \iff y \neq 0$)

$\iff \dfrac{1}{3} < y \leqq \dfrac{1}{2}$. (∵ $\dfrac{1}{3} < y \leqq \dfrac{1}{2}$ が成り立てば $y \neq 0$ も自動的に成り立つ)

以上より,$V = \left\{y \;\middle|\; \dfrac{1}{3} < y \leqq \dfrac{1}{2}\right\}$.

　ここで本質的なのは "$2 \leqq x < 3 \iff \dfrac{1}{3} < \dfrac{1}{x} \leqq \dfrac{1}{2}$" という同値変形であるが,"$\exists x$ s.t. $y = \dfrac{1}{x}$" に由来する "$y \neq 0$" に注目してほしい.上巻第4章第4節で "とりうる値" を論じたときは,同値変形を強調して,存在については触れなかったため,誤解を招いたかもしれない.すなわち,"$2 \leqq x < 3$ のとき,$\dfrac{1}{x}$ のとりうる値を求めてみよう" という例で,$y = \dfrac{1}{x}$ とおくと,"$2 \leqq x < 3 \iff \dfrac{1}{3} < \dfrac{1}{x} \leqq \dfrac{1}{2}$" という事実から,とりうる値を "$\dfrac{1}{3} < y \leqq \dfrac{1}{2}$" だとすぐに結論づけていた❹❹❹.実際には,この y が $\dfrac{1}{x}$ の形に表されているということから "$y \neq 0$" という条件が隠れており,これとあわせて初めてとりうる値が "$\dfrac{1}{3} < y \leqq \dfrac{1}{2}$" だとわかるのである.

参考 $\frac{1}{x} = 0$ になることはありえない．P, Q を文とすると，Q がおこりえない場合は "$P \iff (P$ または $Q)$" であるから，"$\frac{1}{3} < \frac{1}{x} \leqq \frac{1}{2} \iff (\frac{1}{3} < \frac{1}{x} \leqq \frac{1}{2}$ または $\frac{1}{x} = 0)$" が成り立つ．したがって，"$2 \leqq x < 3 \iff (\frac{1}{3} < \frac{1}{x} \leqq \frac{1}{2}$ または $\frac{1}{x} = 0)$" という事実を得る．しかし，$y = \frac{1}{x}$ としたときの y のとりうる値は "$\frac{1}{3} < y \leqq \frac{1}{2}$" であって "$\frac{1}{3} < y \leqq \frac{1}{2}$ または $y = 0$" ではない．この "$y = 0$" を除外する威力をもっているのが，$\exists x$ s.t. $y = \frac{1}{x}$ から得た $y \neq 0$ なのだ．

例 関数 $f : \{x \mid x \leqq 2, x \neq 0\} \to \mathbb{R}$, $f : x \mapsto \frac{1}{x}$ の値域を V とする．（実数に話を限定する．）

$y \in V$

$\iff \exists x$ s.t. $\begin{cases} y = \frac{1}{x} \\ x \neq 0 \\ x \leqq 2 \end{cases}$ （∵ 値域の定義）

$\iff \exists x$ s.t. $\begin{cases} xy = 1 \\ x \leqq 2 \end{cases}$ （∵ $xy = 1 \iff (x \neq 0$ かつ $y = \frac{1}{x}))$

$\iff \exists x$ s.t. $\begin{cases} x = \frac{1}{y} \\ y \neq 0 \\ x \leqq 2 \end{cases}$ （∵ $xy = 1 \iff (y \neq 0$ かつ $x = \frac{1}{y}))$

$\iff \exists x$ s.t. $\begin{cases} x = \frac{1}{y} \\ y \neq 0 \\ \frac{1}{y} \leqq 2 \end{cases}$ （∵ 代入）

$\iff \begin{cases} \exists x \text{ s.t. } x = \frac{1}{y} \\ y \neq 0 \\ \frac{1}{y} \leqq 2 \end{cases}$ （∵ $y \neq 0$ と $\frac{1}{y} \leqq 2$ は x と無関係）

$\iff \begin{cases} y \neq 0 \\ \frac{1}{y} \leqq 2 \end{cases}$ （∵ $y \neq 0$ の下では $\exists x$ s.t. $x = \frac{1}{y}$ はいつでも成立）

$\iff \begin{cases} y \neq 0 \\ \frac{1}{y} < 0 \text{ または } 0 < \frac{1}{y} \leqq 2 \end{cases}$

$\iff \begin{cases} y \neq 0 \\ y < 0 \text{ または } \begin{cases} y > 0 \\ \frac{1}{y} \leqq 2 \end{cases} \end{cases}$ （∵ $y \neq 0$ の下では $\begin{cases} \frac{1}{y} < 0 \iff y < 0 \\ \frac{1}{y} > 0 \iff y > 0 \end{cases}$）

$\iff y < 0$ または $\begin{cases} y > 0 \\ 1 \leqq 2y \end{cases}$

$\iff y < 0$ または $\dfrac{1}{2} \leqq y.$

以上より, $V = \left\{ y \mid y < 0 \text{ または } \dfrac{1}{2} \leqq y \right\}.$

例 関数 $f : \{x \in \mathbb{R} \mid 3 < x \leqq 5\} \to \mathbb{R},\ f : x \mapsto x^2$ の値域を V とする. 実数 y に対して,

$y \in V$

$\iff \exists x \in \mathbb{R}$ s.t. $\begin{cases} y = x^2 \\ 3 < x \leqq 5 \end{cases}$ （∵ 値域の定義）

$\iff \exists x \in \mathbb{R}$ s.t. $\begin{cases} y = x^2 \\ x \geqq 0 \\ 3 < x \leqq 5 \end{cases}$

（∵ $3 < x \leqq 5$ が成り立てば $x \geqq 0$ も自動的に成り立つ）

$\iff \exists x \in \mathbb{R}$ s.t. $\begin{cases} x = \sqrt{y} \\ y \geqq 0 \\ 3 < x \leqq 5 \end{cases}$

（∵ $(x^2 = y$ かつ $x \geqq 0) \iff (x = \sqrt{y}$ かつ $y \geqq 0)$）

$\iff \exists x \in \mathbb{R}$ s.t. $\begin{cases} x = \sqrt{y} \\ y \geqq 0 \\ 3 < \sqrt{y} \leqq 5 \end{cases}$ （∵ 代入）

$\iff \begin{cases} \exists x \in \mathbb{R} \text{ s.t. } x = \sqrt{y} \\ y \geqq 0 \\ 3 < \sqrt{y} \leqq 5 \end{cases}$ （∵ $y \geqq 0$ と $3 < \sqrt{y} \leqq 5$ は x と無関係）

$\iff \begin{cases} y \geqq 0 \\ 3 < \sqrt{y} \leqq 5 \end{cases}$ （∵ $y \geqq 0$ の下では $\exists x \in \mathbb{R}$ s.t. $x = \sqrt{y}$ はいつでも成立）

$$\iff \begin{cases} y \geqq 0 \\ 3^2 < y \leqq 5^2 \end{cases} \quad (\because \ 0 \text{ 以上なので 2 乗しても同値})$$

$$\iff 9 < y \leqq 25.$$

以上より, $V = \{y \in \mathbb{R} | 9 < y \leqq 25\}.$

y がどのような条件を満たすべきかを考えるので, x を消去する方針で進める. $x = \sqrt{y}$ として代入することにより, y のみの条件に言い換えることができる.

問題 265 ● 関数 $f : \{x \in \mathbb{R} | -2 \leqq x < 4\} \to \mathbb{R}, \ f : x \mapsto -3x + 1$ の値域を求めよ.
答 p.12

問題 266 ◐ 関数 $f : \{x \in \mathbb{R} | x \leqq -2\} \to \mathbb{R}, \ f : x \mapsto \dfrac{1}{x}$ の値域を求めよ.
答 p.12

問題 267 ◐ 関数 $f : \{x \in \mathbb{R} | x \neq -1, x \in \mathbb{R}\} \to \mathbb{R}, \ f : x \mapsto \dfrac{x-1}{x+1}$ の値域を求めよ.
答 p.13

例

関数 $f : \mathbb{R} \to \mathbb{R}^2, \ f : t \mapsto \left(\dfrac{1-t^2}{1+t^2}, \dfrac{2t}{1+t^2}\right)$ の値域を V とする.
($t \in \mathbb{R}$ のときは $1 + t^2 \neq 0$ であることに注意.)
$\mathbb{R}^2$ の要素 (x, y) に対して,

$(x, y) \in V$

$$\iff \exists t \in \mathbb{R} \text{ s.t. } \begin{cases} x = \dfrac{1-t^2}{1+t^2} \\ y = \dfrac{2t}{1+t^2} \end{cases} \quad (\because \ 値域の定義)$$

$$\iff \exists t \in \mathbb{R} \text{ s.t. } \begin{cases} (1+t^2)x = 1-t^2 \\ (1+t^2)y = 2t \end{cases} \quad (\because \ 1+t^2 \neq 0)$$

$$\iff \exists t \in \mathbb{R} \text{ s.t. } \begin{cases} (x+1)t^2 = 1-x \\ (1+t^2)y = 2t \end{cases}$$

$$\iff \exists t \in \mathbb{R} \text{ s.t.} \begin{cases} \left(\begin{cases} x+1 = 0 \\ 1-x = 0 \end{cases}\right) \text{または} \left(\begin{cases} x+1 \neq 0 \\ (x+1)t^2 = 1-x \end{cases}\right) \\ (1+t^2)y = 2t \end{cases}$$

($\because$ $x+1$ が 0 かどうかで場合分け)

$$\iff \exists t \in \mathbb{R} \text{ s.t.} \begin{cases} x+1 \neq 0 \\ t^2 = \dfrac{1-x}{x+1} \qquad (\because x+1=0 \text{ かつ } 1-x=0 \text{ はありえない}) \\ (1+t^2)y = 2t \end{cases}$$

$$\iff \exists t \in \mathbb{R} \text{ s.t.} \begin{cases} x+1 \neq 0 \\ t^2 = \dfrac{1-x}{x+1} \qquad (\because \text{代入}) \\ \left(1 + \dfrac{1-x}{x+1}\right)y = 2t \end{cases}$$

$$\iff \exists t \in \mathbb{R} \text{ s.t.} \begin{cases} x+1 \neq 0 \\ t^2 = \dfrac{1-x}{x+1} \\ 2t = \left(\dfrac{x+1}{x+1} + \dfrac{1-x}{x+1}\right)y \end{cases}$$

$$\iff \exists t \in \mathbb{R} \text{ s.t.} \begin{cases} x+1 \neq 0 \\ t^2 = \dfrac{1-x}{x+1} \\ t = \dfrac{y}{x+1} \end{cases}$$

$$\iff \exists t \in \mathbb{R} \text{ s.t.} \begin{cases} x+1 \neq 0 \\ \left(\dfrac{y}{x+1}\right)^2 = \dfrac{1-x}{x+1} \qquad (\because \text{代入}) \\ t = \dfrac{y}{x+1} \end{cases}$$

$$\iff \begin{cases} x+1 \neq 0 \\ \left(\dfrac{y}{x+1}\right)^2 = \dfrac{1-x}{x+1} \qquad (\because x+1 \neq 0 \text{ と } \left(\dfrac{y}{x+1}\right)^2 = \dfrac{1-x}{x+1} \text{ は } t \text{ と無関係}) \\ \exists t \in \mathbb{R} \text{ s.t. } t = \dfrac{y}{x+1} \end{cases}$$

$$\iff \begin{cases} x+1 \neq 0 \\ \dfrac{y^2}{(x+1)^2} = \dfrac{1-x}{x+1} \end{cases}$$

($\because$ $x+1 \neq 0$ の下では $\exists t \in \mathbb{R}$ s.t. $t = \dfrac{y}{x+1}$ はいつでも成立)

$$\iff \begin{cases} x+1 \neq 0 \\ \dfrac{y^2}{(x+1)^2} = \dfrac{(1-x)(x+1)}{(x+1)^2} \end{cases}$$

$$\iff \begin{cases} x+1 \neq 0 \\ y^2 = 1-x^2 \end{cases}$$

$$\iff \begin{cases} (x, y) \neq (-1, 0) \\ x^2 + y^2 = 1. \end{cases}$$

$(\because\ x^2 + y^2 = 1$ の下では $x = -1$ と $(x, y) = (-1, 0)$ は同値$)$

以上より，$V = \{(x, y) \in \mathbb{R}^2 | x^2 + y^2 = 1$ かつ $(x, y) \neq (-1, 0)\}$.

x, y がどのような条件を満たすべきかが知りたいので，関係のない t を消去しよう，という発想になる．しかし，直接 $t = (x, y$ の式$)$ と変形するのは大変で，まずは $t^2 = (x$ の式$)$ として t^2 を消去することにした．このとき，分母が 0 になると困るので，t^2 の係数である $x + 1$ が 0 かどうかで場合分けが必要になる．$x + 1$ が 0 と仮定すると $0 \cdot t^2 = 1 - x$ となり，$1 - x$ も 0 にならなければならない．x は -1 と 1 の両方の値を同時にとることになってしまうので，これはおかしい．したがって，$x + 1 \neq 0$ がわかり，この条件は (x, y) が $(-1, 0)$ になりえないという形で最後まで残る．

参考 値域は，要するに $\left\{\left(\dfrac{1-t^2}{1+t^2}, \dfrac{2t}{1+t^2}\right)\middle| t \in \mathbb{R}\right\} = \{(x, y) \in \mathbb{R}^2 | x^2 + y^2 = 1$ かつ $(x, y) \neq (-1, 0)\}$ であり，この両者が集合として等しいことを説明しているのがこの例の変形である．どちらの表現が "より簡単で美しい" 表示か，というのが問題だが，一般的には後者の方がわかりやすいとされている．例えば，$(x, y) = \left(\dfrac{3}{5}, \dfrac{4}{5}\right)$ が V の要素であることを確認するには，$\left(\dfrac{3}{5}\right)^2 + \left(\dfrac{4}{5}\right)^2 = 1$ に注意するだけで済む．しかし一方，前者も数学的には意味深く，その表現を使えば，t に様々な値を代入するだけで V の要素がたくさん得られる．

問題 268 ●関数 $f : \mathbb{R} \to \mathbb{R}^2$, $f : t \mapsto (t + 3, t^2)$ の値域を求めよ．
答 p.13

4 ● 値域の決定，2 変数関数

$P(x, y)$ が x と y を含む文のとき，"$P(x, y)$ を満たす x と y が存在する"，すなわち，"ある x とある y が存在して，$P(x, y)$ を満たす" ということを "$\exists x, \exists y$ such that $P(x, y)$"，あるいは略して "$\exists x, \exists y$ s.t. $P(x, y)$" と表記する．

x と y のペアが存在する，と解釈して，"$\exists (x, y)$ s.t. $P(x, y)$" としてもよい．

x と y のうちの一方を先に探して固定する，と考えて，"$\exists x$ s.t. $(\exists y$ s.t. $P(x, y))$" や "$\exists y$ s.t. $(\exists x$ s.t. $p(x, y))$" とも同じ意味になる．

要するに，1 変数のための理論を応用して 2 変数の問題を扱うには，変数をペアにして 1 つの対象とみなす方法と，（一方を一時的に定数とみなすことで）1 変数の問題を 2 つ続けて考えるという方法があるわけだ．

x, y の変域をそれぞれ X, Y として，それを明示したいときは，"$\exists x \in X, \exists y \in Y$ such that $P(x, y)$", あるいは略して "$\exists x \in X, \exists y \in Y$ s.t. $P(x, y)$" と表記する. これは "$\exists (x, y) \in X \times Y$ s.t. $P(x, y)$" や "$\exists x \in X$ s.t. ($\exists y \in Y$ s.t. $P(x, y)$)" や "$\exists y \in Y$ s.t. ($\exists x \in X$ s.t. $P(x, y)$)" と同じ意味になる.

> **例**
>
> $X = \{$ 東京, パリ, ラスベガス $\}$, $Y = \{$ イギリス, 日本, アメリカ合衆国 $\}$ とする. "x は y の首都である" という文を $P(x, y)$ と表すことにする.
>
> □ $P(東京, 日本)$ が正しいので, "$\exists x \in X, \exists y \in Y$ s.t. $P(x, y)$" は成り立つ. このことは, ($(x, y) = (東京, 日本)$ を考えることにより) "$\exists (x, y) \in X \times Y$ s.t. $P(x, y)$" が成り立つ, と表現してもよい.
>
> □ ($y = (日本)$ を考えることにより) "$\exists y \in Y$ s.t. $P(東京, y)$" が成り立つから, "$\exists x \in X$ s.t. ($\exists y \in Y$ s.t. $P(x, y)$)" が成り立つ.
>
> □ ($x = (東京)$ を考えることにより) "$\exists x \in X$ s.t. $P(x, 日本)$" が成り立つから, "$\exists y \in Y$ s.t. ($\exists x \in X$ s.t. $P(x, y)$)" が成り立つ.

> **例**
>
> 関数 $f : \{x \in \mathbb{R} | 1 < x < 2\} \times \{y \in \mathbb{R} | 5 < y < 8\} \to \mathbb{R}$, $f : (x, y) \mapsto x + y$ の値域を V とする. 実数 z に対して,
>
> $z \in V$
>
> $\iff \exists x \in \mathbb{R}, \exists y \in \mathbb{R}$ s.t. $\begin{cases} z = x + y \\ 1 < x < 2 \\ 5 < y < 8 \end{cases}$ ($\because$ 値域の定義)
>
> $\iff \exists x \in \mathbb{R}, \exists y \in \mathbb{R}$ s.t. $\begin{cases} y = z - x \\ 1 < x < 2 \\ 5 < z - x < 8 \end{cases}$ ($\because$ 代入)
>
> $\iff \exists x \in \mathbb{R}$ s.t. $\begin{cases} \exists y \in \mathbb{R} \text{ s.t. } y = z - x \\ 1 < x < 2 \\ 5 < z - x < 8 \end{cases}$
>
> ($\because$ $1 < x < 2$ と $5 < z - x < 8$ は y と無関係)
>
> $\iff \exists x \in \mathbb{R}$ s.t. $\begin{cases} 1 < x < 2 \\ 5 < z - x < 8 \end{cases}$ ($\because$ $\exists y \in \mathbb{R}$ s.t. $y = z - x$ はいつでも成立)

$$\iff \exists x \in \mathbb{R} \text{ s.t. } \begin{cases} 1 < x < 2 \\ z-8 < x < z-5 \end{cases} \quad (\because \begin{cases} 5 < z-x \\ z-x < 8 \end{cases} \iff \begin{cases} x < z-5 \\ z-8 < x \end{cases})$$

$$\iff \begin{cases} 1 < 2 \\ 1 < z-5 \\ z-8 < 2 \\ z-8 < z-5 \end{cases} \quad (\because x \text{ についての連立不等式が解をもつ条件})$$

$$\iff 6 < z < 10.$$

以上より，$V = \{z \in \mathbb{R} \mid 6 < z < 10\}$．

z がどのような条件を満たすべきかを考えるので，x や y を消去する方針で進める．x と z がわかれば y が計算できるので，与えられた z に対して x を探す話になるのだが，これは連立不等式（$1 < x < 2$ かつ $z-8 < x < z-5$）が解をもつ条件として z だけの式に変形できる．

この例の結果は不等式の性質として当然のように納得できるだろう．しかし，$1 < x < 2$ と $5 < y < 8$ を満たす x, y の和が $6 < x+y < 10$ を満たすことは不等式の基本性質から簡単に証明できるのに対して，$6 < z < 10$ を満たすどんな z も $x+y$ の形に表せるかと問われると少し考える必要があるだろう．例えば $z = 8.3$ に対してこの例の議論をたどると，まず $1 < x < 2$ かつ $8.3 - 8 < x < 8.3 - 5$ を満たす x を探し（例えば $x = 1.4$），その x を使って $y = z - x$（今は $y = 8.3 - 1.4 = 6.9$）とすることで y を見つけよ，ということになる．確かに $(x, y) = (1.4, 6.9)$ は $x + y = 8.3$，$1 < x < 2$，$5 < y < 8$ を満たしている．

問題 269 ○関数 $f : \{x \in \mathbb{R} \mid -10 \leqq x \leqq 15\} \times \{y \in \mathbb{R} \mid 3 < y \leqq 7\} \to \mathbb{R}$, $f : (x, y) \mapsto 2x - 3y$ の値域を求めよ．

答 p.14

例

関数 $f : \{(x, y) \in \mathbb{R}^2 \mid x^2 + y^2 = 1\} \to \mathbb{R}$, $f : (x, y) \mapsto 2x + y$ の値域を V とする．実数 z に対して，

$z \in V$

$$\iff \exists x \in \mathbb{R}, \exists y \in \mathbb{R} \text{ s.t. } \begin{cases} z = 2x + y \\ x^2 + y^2 = 1 \end{cases} \quad (\because \text{値域の定義})$$

$$\iff \exists x \in \mathbb{R}, \exists y \in \mathbb{R} \text{ s.t. } \begin{cases} y = z - 2x \\ x^2 + (z - 2x)^2 = 1 \end{cases} \quad (\because \text{代入})$$

$\iff \exists x \in \mathbb{R}$ s.t. $\begin{cases} \exists y \in \mathbb{R} \text{ s.t. } y = z - 2x \\ x^2 + (z-2x)^2 = 1 \end{cases}$ ($\because$ $x^2 + (z-2x)^2 = 1$ は y と無関係)

$\iff \exists x \in \mathbb{R}$ s.t. $x^2 + (z-2x)^2 = 1$ ($\because$ $\exists y \in \mathbb{R}$ s.t. $y = z - 2x$ はいつでも成立)

$\iff \exists x \in \mathbb{R}$ s.t. $5x^2 - 4zx + (z^2 - 1) = 0$

$\iff x$ についての方程式 $5x^2 - 4zx + (z^2 - 1) = 0$ の判別式が 0 以上

$\iff (-4z)^2 - 4 \cdot 5 \cdot (z^2 - 1) \geqq 0$

$\iff z^2 \leqq 5$

$\iff -\sqrt{5} \leqq z \leqq \sqrt{5}.$

以上より, $V = \{z \in \mathbb{R} \mid -\sqrt{5} \leqq z \leqq \sqrt{5}\}.$

z がどのような条件を満たすべきかを考えるので, x や y を消去する方針で進める. x と z がわかれば y が計算できるので, 与えられた z に対して x を探す話になるのだが, そのためには 2 次方程式を解くことになる. x が実数として見つかるのは, この 2 次方程式が実数解をもつときなので, 判別式を計算して解決する⑪ 6 2.

問題270 ●関数 $f : \{(x,y) \in \mathbb{R}^2 \mid 2x + y = 1\} \to \mathbb{R}$, $(x,y) \mapsto x^2 + y^2$ の値域を求めよ.

答 p.14

例

関数 $f : \mathbb{R}^2 \to \mathbb{R}^2$, $f : (s, t) \mapsto (s + t, st)$ の値域を V とする. $\mathbb{R}^2$ の要素 (x, y) に対して,

$(x, y) \in V$

$\iff \exists s \in \mathbb{R}, \exists t \in \mathbb{R}$ s.t. $\begin{cases} x = s + t \\ y = st \end{cases}$ ($\because$ 値域の定義)

$\iff \exists s \in \mathbb{R}, \exists t \in \mathbb{R}$ s.t. $\begin{cases} t = x - s \\ y = s(x - s) \end{cases}$ ($\because$ 代入)

$\iff \exists s \in \mathbb{R}$ s.t. $\begin{cases} \exists t \in \mathbb{R} \text{ s.t. } t = x - s \\ y = s(x - s) \end{cases}$ ($\because$ $y = s(x-s)$ は t と無関係)

$\iff \exists s \in \mathbb{R}$ s.t. $y = s(x - s)$ ($\because$ $\exists t \in \mathbb{R}$ s.t. $t = x - s$ はいつでも成立)

$\iff \exists s \in \mathbb{R}$ s.t. $s^2 - xs + y = 0$

$\iff s$ についての方程式 $s^2 - xs + y = 0$ の判別式が 0 以上

$\iff (-x)^2 - 4 \cdot 1 \cdot y \geqq 0$

$\iff x^2 - 4y \geqq 0.$

以上より，$V = \{(x, y) \in \mathbb{R}^2 | x^2 - 4y \geqq 0\}$.

x や y がどのような条件を満たすべきかを考えるので，s や t を消去する方針で進める．s と x がわかれば t が計算できるので，与えられた x や y に対して s を探す話になるのだが，そのためには 2 次方程式を解くことになる．s が実数として見つかるのは，この 2 次方程式が実数解をもつときなので，判別式を計算して解決する．

放課後の談話

生徒「値域の話は数式が多すぎて何をしているのかわかりません．」

先生「第 6 節 1 や第 6 節 3 の例で説明している関数 $f : \{x \in \mathbb{R} | 3 < x \leqq 5\} \to \mathbb{R}$, $f : x \mapsto 2x + 1$ について，変形を詳しくたどってみよう．1 つの例について完全に理解できたら，他の例はこれと比較することでわかってくる．」

生徒「"存在する"とか∃記号とかが面倒なんです．」

先生「値域を求めるというのは，集合 $\{y \in \mathbb{R} | y = 2x + 1, 3 < x \leqq 5, x \in \mathbb{R}\}$ を簡単な形で表現しよう，ということにすぎない．この集合の要素 y は，"$2x + 1$ (ただし，x は 3 より大きく 5 以下の実数) と表せる"ということで特徴づけられている．x を探そうとするのは自然だと思うね．」

生徒「"$y = 2x + 1 \iff x = \frac{1}{2}(y - 1)$"によって，$y$ が与えられれば x の候補は 1 つしかありません．」

先生「そのとおり．あとは，その唯一の候補である x が $3 < x \leqq 5$ を満たすかどうかをチェックしたくなるので，$3 < \frac{1}{2}(y - 1) \leqq 5$ という式に到達する．この式を整理すれば終了だ．」

生徒「第 6 節 3 の冒頭の 2 つの例はどういう関係なんでしょうか．」

先生「f の始集合を $A = \{x \in \mathbb{R} | 3 < x \leqq 5\}$ とし，終集合を $B = \mathbb{R}$ としよう．A と B の要素間を結びつけているのが f だ．このとき，A に近い側に戻してから議論しているのが 1 つ目の例で，B に近い側に (f で) 送ってから議論しているのが 2 つ目の例といえる．本当は区別するほどの違いはないし，複雑な問題だと両者から歩み寄って A と B の中間あたりで本質的な議論をすることもある．」

生徒「同値変形するときの方針はどう考えればいいのでしょうか．」

先生「∃記号が邪魔なので，これさえ取り除いてしまえばあとはただの不等式の変形だけになる．」

生徒「∃記号を除去するテクニックは第 6 節 2 にいくつかありましたね．」

先生「"存在する"という元々の意味に戻って処理してもよいが，"∃x s.t. $x = (x$ を含まない式)"という文以外に x が見当たらないようにして，この文ごと削除してしまうのが簡単だ．当然ながら，"∃x s.t. (x が解をもつような方程式や不等式)"という文にしてもよい．」

生徒「その後の例で $\frac{1}{x}$ がありますが，0 かどうかの扱いも難しいです．」

先生「確かに．ここでひととおり厳密な議論を理解しておくのは大事なことだ．しかし，実際に逆数の値域を求めるときには第 13 章の反比例関数の結果を引用する形で十分なので，無理にここでの変形を暗記する必要はない．」

生徒「それを聞いて少しほっとしました．」

統計：データの代表値と散らばり

例えば，ある数学のテストで 10 人の点数が（大きい順に）次のようであったとする．
　　　100 点, 90 点, 90 点, 90 点, 85 点, 85 点, 80 点, 80 点, 70 点, 30 点．
このテストの結果を要約して他人に伝えるには，どのようにすればよいだろうか．

データのおよその値（**代表値**，**中心的傾向**）を表すには，次のようなものがある．
- **平均**，**mean**：データをすべて加えてデータ数でわったもの．
  この例では $\frac{1}{10}(100 + 90 + 90 + \cdots + 70 + 30) = 80$ 点．
- **モード**，**最頻値**，**mode**：データ数が最も多い値．
  この例では 90 点．（3 人がこの点数．）
- **メディアン**，**中央値**，**中位数**，**median**：小さい順に並べたとき，中央にある値．
  この例では 85 点．（5 番目と 6 番目の点数の平均．）
- **四分位点**，**quartile**：小さい順に並べてから 4 等分したとき，境界にある値．
  下から順に第 1 四分位点，第 2 四分位点（メディアンと同じ），第 3 四分位点という．
  この例では第 1 四分位点は 80 点，第 3 四分位点は 90 点．
  （"この値より下に 2.5 個，上に 7.5 個"とみなせるのは下から 3 番目の点数．）

3 つの四分位点と最大値・最小値を記入した **箱ひげ図** を使うこともある．（右図．）
データの散らばりの度合（**散布度**）を表すには，次のようなものがある．
- **範囲**，**range**：最大値と最小値の差．
  この例では $100 - 30 = 70$ 点．
- **四分位偏差**：第 3 四分位点と第 1 四分位点の差の半分．
  この例では $(90 - 80) \div 2 = 5$ 点．
- **平均偏差**，**mean deviation**：平均との差の絶対値を加えてデータ数でわったもの．
  この例では $\frac{1}{10}(|100 - 80| + |90 - 80| + \cdots + |30 - 80|) = 12$ 点．
- **分散**，**variance**：平均との差の 2 乗を加えてデータ数でわったもの．
  これは，2 乗を加えてデータ数でわったものから平均の 2 乗をひいたものでもある．
  この例では $\frac{1}{10}((100 - 80)^2 + (90 - 80)^2 + \cdots + (30 - 80)^2) = 335 (点)^2$.
  $\frac{1}{10}(100^2 + 90^2 + \cdots + 30^2) - 80^2 = 335 (点)^2$ としても計算できる．
- **標準偏差**，**standard deviation**：分散にルートをつけたもの．
  この例では $\sqrt{335} = $ 約 18.303 点．

もとのデータを表す変数を x として，x の平均を $\bar{x}$，標準偏差を S_x とする．
$z = \frac{x - \bar{x}}{S_x}$ とすると，z の平均は 0，標準偏差は 1 になる．（**Z 得点**．）
$t = 10z + 50$ とすると，t の平均は 50，標準偏差は 10 になる．（**T 得点**，**偏差値**．）
この例では，30 点の生徒の偏差値は $10 \times \frac{30 - 80}{\sqrt{335}} + 50 = $ 約 22.682.

第12章 グラフ

▶ ここでのテーマは，"関数を目で見る" ということである．定義域や値域が直線の一部とみなせるとき，関数は平面の一部として表される．数や式といった代数的対象と点や直線といった幾何(き)的対象が結びつくことで世界がぐっと広がる．

要点のまとめ

- $A(a)$, $B(b)$ に対して，$AB = |b-a|$ $(= |a-b|)$.
- $A(a)$, $B(b)$ とする．線分 AB の中点を $M(m)$ とすると，$m = \dfrac{a+b}{2}$.
- $A(a)$, $B(b)$ とし，m, n を正の実数とする．
  線分 AB を $m:n$ に内分する点を $P(p)$ とすると，$p = \dfrac{na+mb}{m+n}$.
- $A(a)$, $B(b)$ とし，m, n を相異なる正の実数とする．
  線分 AB を $m:n$ に外分する点を $P(p)$ とすると，$p = \dfrac{-na+mb}{m-n}$.
- $A(a)$, $M(m)$ とする．点 M に関して点 A と対称(たいしょう)な点を $P(p)$ とすると，$p = 2m-a$.
- $A(a_x, a_y)$, $B(b_x, b_y)$ とする．
  線分 AB の中点の座標は $\left(\dfrac{a_x+b_x}{2}, \dfrac{a_y+b_y}{2}\right)$.
- $A(a_x, a_y)$, $B(b_x, b_y)$ とする．m, n を正の実数とするとき，
  線分 AB を $m:n$ に内分する点の座標は $\left(\dfrac{na_x+mb_x}{m+n}, \dfrac{na_y+mb_y}{m+n}\right)$.
- $A(a_x, a_y)$, $B(b_x, b_y)$ とする．m, n を相異なる正の実数とするとき，
  線分 AB を $m:n$ に外分する点の座標は $\left(\dfrac{-na_x+mb_x}{m-n}, \dfrac{-na_y+mb_y}{m-n}\right)$.
- $A(a_x, a_y)$, $M(m_x, m_y)$ とする．
  点 M に関して点 A と対称な点の座標は $(2m_x-a_x, 2m_y-a_y)$.
- $A(a_x, a_y)$, $B(b_x, b_y)$, $C(c_x, c_y)$ に対して，
  三角形 ABC の重心は $\left(\dfrac{a_x+b_x+c_x}{3}, \dfrac{a_y+b_y+c_y}{3}\right)$.
- $A(a_x, a_y)$, $B(b_x, b_y)$ に対して，$AB = \sqrt{(b_x-a_x)^2 + (b_y-a_y)^2}$.
- $f : A \to B$ とする．f のグラフは，$\{(x, f(x)) | x \in A\}$ という $A \times B$ の部分集合．
- 点 (X,Y) が関数 f のグラフ上 $\iff Y = f(X)$.
- 点 (X,Y) が方程式 $F(x,y) = 0$ のグラフ上 $\iff F(X,Y) = 0$.
- 関数 f に対して，x が x_1 から x_2 まで変化するときの変化の割合は
  $$\dfrac{\Delta y}{\Delta x} = \dfrac{f(x_2) - f(x_1)}{x_2 - x_1}.$$

変換の名称	点(X, Y)の行き先	図	方程式$F(x, y)=0$のグラフの行き先	関数$y=f(x)$のグラフの行き先
x軸方向にp, y軸方向にqだけ平行移動	点$(X+p, Y+q)$		方程式$F(x-p, y-q)=0$のグラフ	関数$y=f(x-p)+q$のグラフ
x軸に関して対称移動	点$(X, -Y)$		方程式$F(x, -y)=0$のグラフ	関数$y=-f(x)$のグラフ
y軸に関して対称移動	点$(-X, Y)$		方程式$F(-x, y)=0$のグラフ	関数$y=f(-x)$のグラフ
原点に関して対称移動	点$(-X, -Y)$		方程式$F(-x, -y)=0$のグラフ	関数$y=-f(-x)$のグラフ
点(a, b)に関して対称移動	点$(2a-X, 2b-Y)$		方程式$F(2a-x, 2b-y)=0$のグラフ	関数$y=2b-f(2a-x)$のグラフ
直線$y=c$に関して対称移動	点$(X, 2c-Y)$		方程式$F(x, 2c-y)=0$のグラフ	関数$y=2c-f(x)$のグラフ
直線$x=c$に関して対称移動	点$(2c-X, Y)$		方程式$F(2c-x, y)=0$のグラフ	関数$y=f(2c-x)$のグラフ
直線$y=x$に関して対称移動	点(Y, X)		方程式$F(y, x)=0$のグラフ	方程式$x=f(y)$のグラフ（fが全単射なら関数$y=f^{-1}(x)$のグラフ）
x軸方向にa倍, y軸方向にb倍に拡大 ($a \neq 0, b \neq 0$)	点(aX, bY)		方程式$F\left(\dfrac{x}{a}, \dfrac{y}{b}\right)=0$のグラフ	関数$y=bf\left(\dfrac{x}{a}\right)$のグラフ
原点のまわりに90度回転	点$(-Y, X)$		方程式$F(y, -x)=0$のグラフ	方程式$-x=f(y)$のグラフ
原点のまわりに-90度回転	点$(Y, -X)$		方程式$F(-y, x)=0$のグラフ	方程式$x=f(-y)$のグラフ

第1節　1次元の座標

1 数直線

　直線上に原点 O，基準の長さ，正の向きを決めることにより，この直線は数直線になる．直線上の点 P に対して，原点からの距離 OP が基準の長さの何倍になっているかを測り，原点から見て P が正の向きの方にあれば符号 $+$，反対向き（すなわち，負の向き）の方にあれば符号 $-$ をつけることで，実数が1つ定まる．この実数を点 P の **座標** という．P の座標が x であることを "$P(x)$" と表記する．

　数直線上の点と実数とが一対一に対応するので，数直線は $\mathbb{R}$ を可視化したもの，と考えられる．

> **例**　原点 O の座標は 0 だから，$O(0)$．
> 右の図で，$A(2)$, $B\left(-\dfrac{3}{2}\right)$.

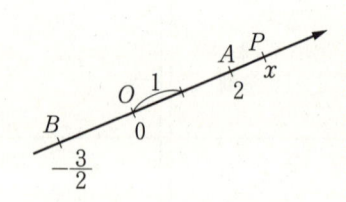

注意　"$A(2)$" のことを "$A=2$" と表記してはならない．（"A" は点の名前であり，座標（という実数）である "2" とは等しくなりえない．）

　$A(a)$ とすると，点 A と原点 O との距離は，$OA=|a|$ となることがわかる．

　また，$A(a), B(b)$ に対して，$AB=|b-a|\ (=|a-b|)$ である．これは，a や b が正の数でないときでも成り立つことに注意．

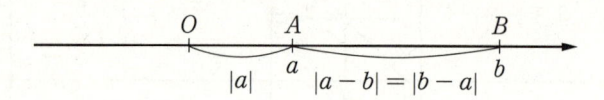

問題 271　右図の数直線において，$A(-8), B(16)$ であり，$AP:BP=AQ:BQ=5:3$ である．P, Q の座標を求めよ．

2 ● 中点

> $A(a), B(b)$ とする．線分 AB の中点を $M(m)$ とすると，$m = \dfrac{a+b}{2}$．

M は，線分 AB 上で A, B から等距離の点，すなわち，$AM = BM$ を満たす点である．ただし，A と B が一致するときは，$M = A(= B)$ とする．

$a < b$ の場合を証明する．
【幾何的証明】
$AB = b - a$ より，$AM = \dfrac{b-a}{2}$．
したがって，$m = a + \dfrac{b-a}{2} = \dfrac{a+b}{2}$．∎

【代数的証明】
$\begin{cases} M \text{ が線分 } AB \text{ 上} \\ AM = BM \end{cases} \iff \begin{cases} a \leqq m \leqq b \\ |m-a| = |m-b| \end{cases}$

$\iff \begin{cases} a \leqq m \leqq b \\ m - a = b - m \end{cases}$

$\iff \begin{cases} a \leqq m \leqq b \\ m = \dfrac{a+b}{2} \end{cases}$

$\iff m = \dfrac{a+b}{2}$．（$\because a \leqq \dfrac{a+b}{2} \leqq b$ が成り立つため）∎

幾何的証明の方が直感的で，式の意味がわかりやすい反面，想定していない図に対応できていない可能性（例えば $a < 0$ でも本当に大丈夫か，など）がある．代数的証明は論理に隙がないが，なんだか知らないうちに答えが出てしまって，あまりわかった気がしない．

なお，最後の $a \leqq \dfrac{a+b}{2} \leqq b$ は，$\dfrac{a+b}{2} = a + \dfrac{b-a}{2} = b - \dfrac{b-a}{2}$ と $b - a > 0$ （したがって $b - a \geqq 0$）から得られる．

$b < a$ の場合は，上の証明の A と B の立場を入れ替えて（a と b も入れ替えて）$m = \dfrac{b+a}{2}$ となるが，これは $m = \dfrac{a+b}{2}$ と同じである．

$a = b$ の場合は，$M = A(= B)$ より $m = a(= b)$ であるが，$\dfrac{a+b}{2} = \dfrac{a+a}{2} = a$ であるので，この場合も $m = \dfrac{a+b}{2}$ が成り立つ．

> 例 $A(4), B(10)$ とすると，AB の中点 M は $M\left(\dfrac{4+10}{2}\right)$ すなわち，$M(7)$．

3 ● 内分点

> $A(a), B(b)$ とし,m, n を正の実数とする.線分 AB を $m : n$ に内分する点を $P(p)$ とすると,$p = \dfrac{na + mb}{m + n}$.

P は,線分 AB 上で $AP : BP = m : n$ を満たす点である.
ただし,A と B が一致するときは,$P = A(= B)$ とする.

$a < b$ の場合を証明する.
【幾何的証明】
$AB = b - a$ より,$AP = \dfrac{m}{m+n}(b - a)$.
したがって,$p = a + \dfrac{m}{m+n}(b-a) = \dfrac{(m+n)a + m(b-a)}{m+n} = \dfrac{na+mb}{m+n}$. ∎

【代数的証明】
$\begin{cases} P \text{ が線分 } AB \text{ 上} \\ AP : BP = m : n \end{cases}$ $\iff \begin{cases} a \leqq p \leqq b \\ |p-a| : |p-b| = m : n \end{cases}$

$\iff \begin{cases} a \leqq p \leqq b \\ n|p-a| = m|p-b| \end{cases}$

$\iff \begin{cases} a \leqq p \leqq b \\ n(p-a) = m(b-p) \end{cases}$

$\iff \begin{cases} a \leqq p \leqq b \\ p = \dfrac{na+mb}{m+n} \end{cases}$

$\iff p = \dfrac{na+mb}{m+n}$. $\left(\because a \leqq \dfrac{na+mb}{m+n} \leqq b \text{ が成り立つため}\right)$ ∎

なお,$a \leqq \dfrac{na+mb}{m+n} \leqq b$ は,$\dfrac{na+mb}{m+n} = a + \dfrac{m}{m+n}(b-a) = b - \dfrac{n}{m+n}(b-a)$ と $b - a > 0$(したがって $b - a \geqq 0$)から得られる.

$b < a$ の場合は,上の証明の A と B の立場を入れ替えて(a と b,m と n も入れ替えて)$p = \dfrac{mb+na}{n+m}$ となるが,これは $p = \dfrac{na+mb}{m+n}$ と同じである.$a = b$ の場合は,$M = A(= B)$ より $p = a$ であるが,$\dfrac{na+mb}{m+n} = \dfrac{na+ma}{m+n} = a$ であるので,この場合も $p = \dfrac{na+mb}{m+n}$ が成り立つ.

AB を $1:1$ に内分する点は中点である．$m=n$ の場合の内分点の公式は確かに中点の公式に一致する．

> **例** $A(4), B(10)$ とすると，AB を $3:1$ に内分する点 P は $P\left(\dfrac{1\cdot 4 + 3\cdot 10}{3+1}\right)$ すなわち，$P\left(\dfrac{17}{2}\right)$．

4 外分点

> $A(a), B(b)$ とし，m, n を相異なる正の実数とする．線分 AB を $m:n$ に外分する点を $P(p)$ とすると，$p = \dfrac{-na + mb}{m-n}$．

P は，線分 AB の延長上（すなわち，直線 AB から線分 AB を除いた部分）で $AP:BP = m:n$ を満たす点である．ただし，A と B が一致するときは，$P = A(=B)$ とする．

$m < n$ のときは P は A の側の延長上にあり，$m > n$ のときは P は B の側の延長上にある．

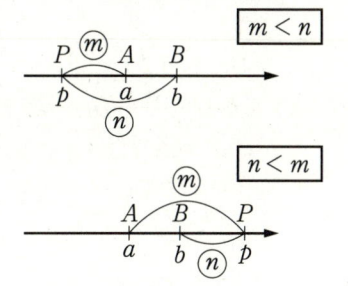

$a < b$ の場合を証明する．

【幾何的証明】

(i) $m < n$ のとき，

$AB = b - a$ より，$AP = \dfrac{m}{n-m}(b-a)$．

したがって，$p = a - \dfrac{m}{n-m}(b-a) = \dfrac{(m-n)a + m(b-a)}{m-n} = \dfrac{-na + mb}{m-n}$．

(ii) $m > n$ のとき，

$AB = b - a$ より，$AP = \dfrac{m}{m-n}(b-a)$．

したがって，$p = a + \dfrac{m}{m-n}(b-a) = \dfrac{(m-n)a + m(b-a)}{m-n} = \dfrac{-na + mb}{m-n}$．

(i)，(ii) のいずれの場合も，$p = \dfrac{-na + mb}{m-n}$．∎

【代数的証明】

$\begin{cases} P \text{ が線分 } AB \text{ の延長上} \\ AP:BP = m:n \end{cases}$

$\iff \begin{cases} p < a \text{ または } b < p \\ |p-a|:|p-b| = m:n \end{cases}$

$\iff \begin{cases} p < a \text{ または } b < p \\ n|p-a| = m|p-b| \end{cases}$

$\iff \begin{cases} p < a \text{ または } b < p \\ n(p-a) = m(p-b) \end{cases}$ （∵ $p-a$ と $p-b$ の符号は同じ）

$\iff \begin{cases} p < a \text{ または } b < p \\ p = \dfrac{-na+mb}{m-n} \end{cases}$

$\iff p = \dfrac{-na+mb}{m-n}$．（∵ $\dfrac{-na+mb}{m-n} < a$ または $b < \dfrac{-na+mb}{m-n}$ が成り立つため）∎

なお，$(\dfrac{-na+mb}{m-n} < a$ または $b < \dfrac{-na+mb}{m-n})$ は，$\dfrac{-na+mb}{m-n} = a - \dfrac{m}{n-m}(b-a) = b + \dfrac{n}{m-n}(b-a)$ と $b-a > 0$ から得られる．

$b < a$ の場合は，上の証明の A と B の立場を入れ替えて（a と b，m と n も入れ替えて）$p = \dfrac{-mb+na}{n-m}$ となるが，これは $p = \dfrac{-na+mb}{m-n}$ と同じである．

内分の公式の n の代わりに $-n$ とすると，外分の公式になっている．すなわち，<u>$m:n$ に外分する点の公式は，$m:(-n) = (-m):n$ に内分する点の公式</u>と思って覚えればよい．

> **例**
> $A(4)$, $B(10)$ とする．
> AB を $3:1$ に外分する点 P は $P\left(\dfrac{-1\cdot 4 + 3\cdot 10}{3-1}\right)$ すなわち，$P(13)$．
> AB を $1:3$ に外分する点 Q は $Q\left(\dfrac{-3\cdot 4 + 1\cdot 10}{1-3}\right)$ すなわち，$Q(1)$．

5 点対称

> $A(a)$, $M(m)$ とする．点 M に関して点 A と対称な点を $P(p)$ とすると，
> $p = 2m - a$．

P は，M に関して A と反対側にある点のうち，$AM = PM$ を満たす点である．ただし，A と M が一致するときは，$P = A$ $(= M)$ とする．

（"M に関して"が対称の基準を表す修飾語で，"A と対称な点を P"が骨格となる主張である．A, M, P の位置関係を間違えないように．）

【幾何的証明】
A から M に移動するには，座標に $m - a$ を加えればよい．M から P に移動するにも同じだから，移動した結果は $p = m + (m - a) = 2m - a$．■

【中点の公式による代数的証明】
M は線分 AP の中点だから，$m = \dfrac{a + p}{2} \iff p = 2m - a$．■

【外分点の公式による代数的証明】
P は線分 AM を $2 : 1$ に外分する点だから，$p = \dfrac{-1 \cdot a + 2 \cdot m}{2 - 1} = 2m - a$．■

幾何的証明では，a と m の大小で場合分けして，m に $AM = |m - a|$ をたしたりひいたりして p を求めるのが本来の姿ではある．しかし，$m > a$ のときに $m - a$ をたして，$m < a$ のときに $a - m$ をひく，というのは，結局いつでも $m - a$ をたすことと同じになる．移動後の座標から移動前の座標をひくことにより，移動の向きの情報も符号としてうまく取り込めていることに注意しよう．この考え方は今後もよく使われる．

> **例**
> $A(4), B(10)$ とすると，B に関して A と対称な点 P は $P(2 \cdot 10 - 4)$ すなわち，$P(16)$．

問題 272
答 p.15

● 数直線上の 2 点 $A(5), B(-4)$ を考える．以下の問いに答えよ．
(1) 距離 AB を求めよ．
(2) 線分 AB の中点 M の座標を求めよ．
(3) 線分 AB を $3 : 2$ に内分する点 C の座標を求めよ．
(4) 線分 AB を $3 : 2$ に外分する点 D の座標を求めよ．
(5) 線分 AB を $1 : 4$ に外分する点 E の座標を求めよ．
(6) 原点 O に関して点 B と対称な点 F の座標を求めよ．
(7) 点 B に関して原点 O と対称な点 G の座標を求めよ．
(8) 点 A に関して点 B と対称な点 H の座標を求めよ．

第2節　2次元の座標

1 ● 座標平面

　平面上に原点 O，数直線 2 本および（一方が "1 本目"，他方が "2 本目" の数直線という意味で）その順序を決めることにより，この平面は座標平面になる．このとき，2 本の数直線の原点は平面の原点 O に一致させて，数直線どうしは直線としては異なるように決めなければならない．1 本目の数直線を **x 軸**，2 本目の数直線を **y 軸** とよび，これらを **座標軸** という．平面上の点 P に対して，P を通り y 軸に平行な直線と x 軸との交点の（x 軸を数直線と見たときの）座標を X とし，P を通り x 軸に平行な直線と y 軸との交点の（y 軸を数直線と見たときの）座標を Y とするとき，(X, Y) という実数の組を点 P の **座標** といい，X を P の **x 座標**，Y を P の **y 座標** という．P の座標が (X, Y) であることを "$P(X, Y)$" と表記する．また，このとき，点 P のことを "点 (X, Y)" ともいう．

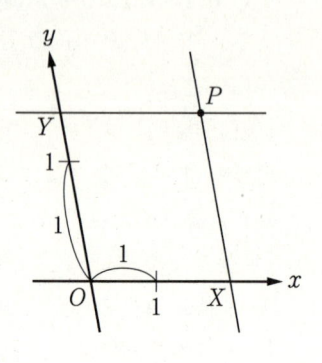

　座標平面上の点と実数の組が一対一に対応するので，座標平面は $\mathbb{R}^2$ を可視化したもの，と考えられる．（$\mathbb{R}^2 = \mathbb{R} \times \mathbb{R} = \{(X, Y) | X \in \mathbb{R}, Y \in \mathbb{R}\}$ であったことを思い出そう⑩ 3 6．）

例
- 原点 O の座標は $(0, 0)$ だから，$O(0, 0)$．点 O の x 座標と y 座標はともに 0 である．
- 右の図で，$A\left(2, -\dfrac{3}{2}\right)$．点 A の x 座標は 2，y 座標は $-\dfrac{3}{2}$ である．

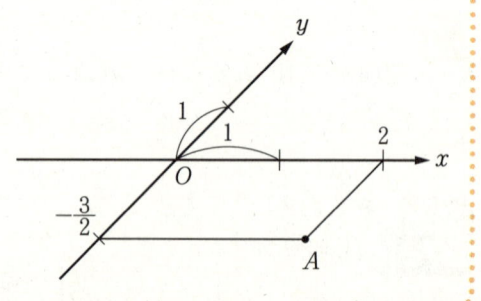

注意　"$A\left(2, -\dfrac{3}{2}\right)$" のことを "$A = \left(2, -\dfrac{3}{2}\right)$" と表記してはならない．（"$A$" は点の名前であり，座標（という実数の組）である "$\left(2, -\dfrac{3}{2}\right)$" とは等しくなりえない．）
　また，"$\left(2, -\dfrac{3}{2}\right) = (2, -1.5)$" は（$\mathbb{R}^2$ の要素どうしが等しいという意味で）正しいし，"$A\left(2, -\dfrac{3}{2}\right) \iff A(2, -1.5)$" は（"$A$ の座標は～だ" という数学的主張どうしが同値だという意味で）正しい．それに対し，"$\left(2, -\dfrac{3}{2}\right) \iff (2, -1.5)$" や "$A\left(2, -\dfrac{3}{2}\right) = A(2, -1.5)$" と表記してはならない．

参考　"x 軸"，"y 軸"，"x 座標"，"y 座標" という表現は，その座標を表す変数として x や y を使うことが多いことに由来する習慣であり，変数名を強調するときはこの座標平面を "xy 座標平面"，"xy 平面" とよぶこともある．しかし，当然ながら他の変数を使うこともあるわけで，例えば時刻 t と速度 v の関係を扱うときには t 軸と v 軸をもつ座標平面が適している．

2 中点，内分点，外分点，点対称

座標平面上の点 $A(a_x, a_y)$, $B(b_x, b_y)$ および直線 AB 上の点 $P(p_x, p_y)$ に対して，x 軸上の点 $A_x(a_x, 0)$, $B_x(b_x, 0)$, $P_x(p_x, 0)$ および y 軸上の点 $A_y(0, a_y)$, $B_y(0, b_y)$, $P_y(0, p_y)$ を考える．

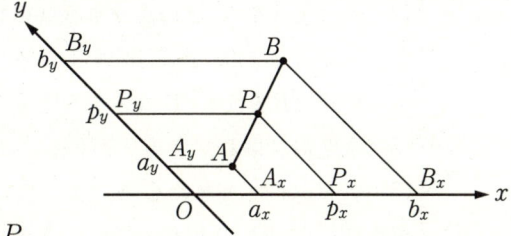

平行線の性質から，$AP:BP = A_xP_x : B_xP_x$ である．また，P が線分 AB 上にあれば P_x も線分 A_xB_x 上にあり，P が線分 AB の延長上にあれば P_x も線分 A_xB_x の延長上にある．したがって，P が線分 AB を $m:n$ に内分すれば P_x も線分 A_xB_x を $m:n$ に内分し，P が線分 AB を $m:n$ に外分すれば P_x も線分 A_xB_x を $m:n$ に外分する．$1:1$ に内分する点である中点や，$2:1$ に外分する点である点対称な点についても，A, B, P の位置関係がそのまま A_x, B_x, P_x の位置関係になる．また，x 軸の代わりに y 軸で考えても同様の結果が成り立っている．これらを公式としてまとめると次のとおり．

$A(a_x, a_y)$, $B(b_x, b_y)$ とする．
線分 AB の中点の座標は $\left(\dfrac{a_x + b_x}{2}, \dfrac{a_y + b_y}{2}\right)$．

$A(a_x, a_y)$, $B(b_x, b_y)$ とする．m, n を正の実数とするとき，
線分 AB を $m:n$ に内分する点の座標は $\left(\dfrac{na_x + mb_x}{m + n}, \dfrac{na_y + mb_y}{m + n}\right)$．

$A(a_x, a_y)$, $B(b_x, b_y)$ とする．m, n を相異なる正の実数とするとき，
線分 AB を $m:n$ に外分する点の座標は $\left(\dfrac{-na_x + mb_x}{m - n}, \dfrac{-na_y + mb_y}{m - n}\right)$．

$A(a_x, a_y)$, $M(m_x, m_y)$ とする．
点 M に関して点 A と対称な点の座標は $(2m_x - a_x, 2m_y - a_y)$．

問題 273 ●座標平面上の2点 $A(5, 6)$, $B(-4, 1)$ を考える．以下の問いに答えよ．
答 p.15
(1) 線分 AB の中点 M の座標を求めよ．
(2) 線分 AB を $3:2$ に内分する点 C の座標を求めよ．
(3) 線分 AB を $3:2$ に外分する点 D の座標を求めよ．
(4) 線分 AB を $1:4$ に外分する点 E の座標を求めよ．
(5) 原点 O に関して点 B と対称な点 F の座標を求めよ．
(6) 点 B に関して原点 O と対称な点 G の座標を求めよ．
(7) 点 A に関して点 B と対称な点 H の座標を求めよ．

問題 274 ●座標平面上で，$A(4, 2)$, $B(1, -1)$, $C(3, -2)$, $D(X, Y)$ とする．四角形 $ABCD$ が平行四辺形となるように X, Y を定めたい． 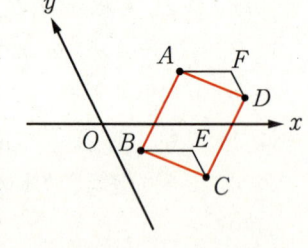
答 p.15
(1) $E(3, -1)$ と $F(X, 2)$ を考えると，$\triangle BCE$ と $\triangle ADF$ が合同である．すなわち，B から E を経由して C に移動するのと同じ方法で A から F を経由して D に移動できる．これを利用して (X, Y) を求めよ．
(2) 平行四辺形の対角線はその中点で交わる．すなわち，線分 AC の中点と線分 BD の中点は一致する．これを利用して (X, Y) を求めよ．

問題 275 ●$A(a_x, a_y)$, $B(b_x, b_y)$, $C(c_x, c_y)$ とする．四角形 $ABCD$ が平行四辺形のとき，点 D の座標を求めよ．
答 p.15

注意 3点 A, B, C が与えられたとき，"四角形 $ABCD$ が平行四辺形"と"四角形 $ABDC$ が平行四辺形"と"四角形 $ADBC$ が平行四辺形"は，点 D の位置が互いに異なることに注意．

3 ● 重心

$A(a_x, a_y)$, $B(b_x, b_y)$, $C(c_x, c_y)$ に対して，BC, CA, AB の中点をそれぞれ D, E, F とする．ここで，線分 AD を $2:1$ に内分する点を G とすると， 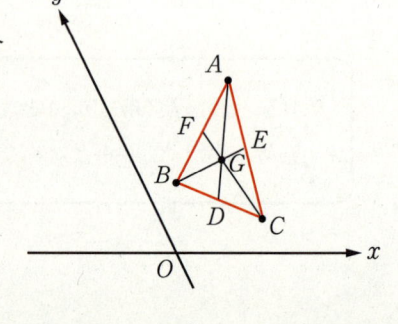
$D\left(\dfrac{b_x + c_x}{2}, \dfrac{b_y + c_y}{2}\right)$ より，
$G\left(\dfrac{1 \cdot a_x + 2 \cdot \dfrac{b_x + c_x}{2}}{2+1}, \dfrac{1 \cdot a_y + 2 \cdot \dfrac{b_y + c_y}{2}}{2+1}\right)$
すなわち，$G\left(\dfrac{a_x + b_x + c_x}{3}, \dfrac{a_y + b_y + c_y}{3}\right)$．
同様に，線分 BE を $2:1$ に内分する点の座標や線分 CF を $2:1$ に内分する点の座標を計算

すると，ともに点 G の座標に一致する．したがって，線分 AD, BE, CF（これらは $\triangle ABC$ の"中線"とよばれる）は 1 点 G で交わる．この点 G を $\triangle ABC$ の **重心** という．

公式としてまとめると，

> $A(a_x, a_y), B(b_x, b_y), C(c_x, c_y)$ に対して，
> $\triangle ABC$ の重心は $\left(\dfrac{a_x + b_x + c_x}{3}, \dfrac{a_y + b_y + c_y}{3}\right)$.

2 点の座標の平均が中点で，3 点の座標の平均が重心，と覚えておこう．

例

$A(4, 2), B(1, -1), C(3, -2)$ とすると，
$\triangle ABC$ の重心 G の座標は $\left(\dfrac{4+1+3}{3}, \dfrac{2+(-1)+(-2)}{3}\right)$ すなわち，$\left(\dfrac{8}{3}, -\dfrac{1}{3}\right)$.

問題 276 座標平面上で，$A(7, 1), B(3, 6), C(-1, 5)$ とする．$\triangle ABC$ の重心 G の座標を求めよ．
答 p.15

4 ● 2 次元の直交座標

ここまでは，長さの比や点と直線の位置関係が話題の中心だった．本格的に長さや面積を扱うためには，座標系として"標準的"なものを採用すると便利である．そこで，今後は特に断らない限り，次のような座標系を考える．（これを **（正規）直交座標系**，略して単に **座標系** という．）

まず，x 軸と y 軸を直交させ，紙面上で，x 軸の正の向きから反時計回りに 90 度回転した向きを y 軸の正の向きとする．また，（これまでは座標軸ごとに基準の長さを独立に定めていたのに対しこれからは）平面の基準の長さを 1 つ定め，x 軸の基準の長さと y 軸の基準の長さをこれにそろえる．

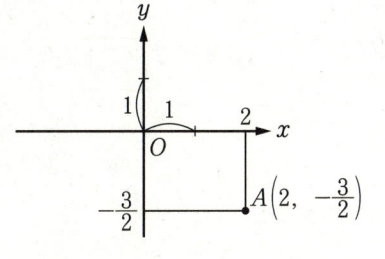

参考 座標軸を直交させるのは距離の公式を簡単にするためで，そうでないと x 軸と y 軸のなす角が公式に入ってきてしまう．（これまでのような，直交するとは限らない場合を"斜交座標系"とよぶことがある．）

直交する座標軸のどちらを x 軸にするかという点では，ここで採用した"右手系"とよばれるものがよく使われる．なお，x 軸の正の向きから時計回りに 90 度回転した向きを y 軸の正の向きとするのは"左手系"とよばれるが，右手系と左手系は紙面の表から見るか裏から見るか程度の違いで，単に数学界での習慣の問題である．

基準の長さについて，例えば時刻 t と速度 v の関係を考えるときは，t 軸の基準の長さとして "1秒"，v 軸の基準の長さとして "1 m/秒" を採用するのが自然だが，こうすると t 軸や v 軸に平行でない線分の長さには何を単位としてよいのかわからない．基準の長さを統一することにより，変数が本来もっていた単位は切り離される．その結果，(cm や cm² のような単位をつけない) <u>実数そのものを長さや面積とみなす</u>という近代数学の発想とも相性が良くなる．

座標平面は座標軸によって4つに分割される．
$\{(x, y) | x > 0, y > 0\}$ を第一象限，
$\{(x, y) | x < 0, y > 0\}$ を第二象限，
$\{(x, y) | x < 0, y < 0\}$ を第三象限，
$\{(x, y) | x > 0, y < 0\}$ を第四象限という．

x 軸の正の部分からスタートして反時計回りに一周する，と覚えればよい．x 軸や y 軸（およびその交点である原点）はどの象限にも含まれない．

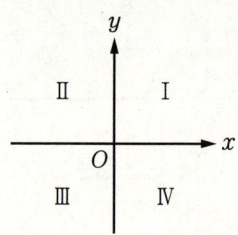

5 ● 距離

平面上に $\angle C$ が直角となるような直角三角形 ABC があるとき，$AB^2 = AC^2 + BC^2$ である．

これを **三平方の定理，ピタゴラスの定理** という．

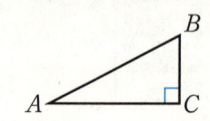

問題 277 ● $A(1, -1), B(5, 2)$ とする．
(答 p.16)
(1) $C(5, -1)$ とするとき，AC, BC の長さをそれぞれ求めよ．
(2) 三平方の定理を利用して，AB の長さを求めよ．

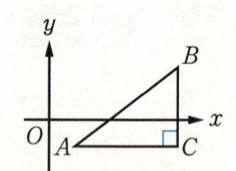

$A(a_x, a_y), B(b_x, b_y)$ に対して，
$C(b_x, a_y)$ とおくと，$AC = |b_x - a_x|, \ BC = |b_y - a_y|$ であり，
$$AB = \sqrt{AC^2 + BC^2} = \sqrt{|b_x - a_x|^2 + |b_y - a_y|^2}$$
$$= \sqrt{(b_x - a_x)^2 + (b_y - a_y)^2}.$$

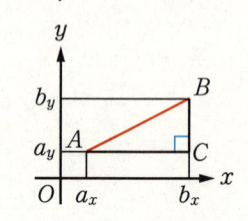

$a_x = b_x$ や $a_y = b_y$ のときには $\triangle ABC$ は線分につぶれてしまうが，やはりこの公式は成り立つ．

> $A(a_x, a_y), B(b_x, b_y)$ に対して，$AB = \sqrt{(b_x - a_x)^2 + (b_y - a_y)^2}$.

例 $A(4, 2), B(1, -1)$ とすると，$AB = \sqrt{(1-4)^2 + ((-1)-2)^2} = 3\sqrt{2}$.

問題 278 ● $A(5, 6)$, $B(-4, 1)$ のとき，線分 AB の長さを求めよ．

参考 ここでは三平方の定理を利用して距離の公式を導いたが，集合を基礎として数学を構築するという立場からは，平面図形の結果を引用するのは論理的に怪しい．しかも，三平方の定理は（座標軸が2本という意味で2次元の）平面でしか成り立たないので，（図に表せないほどの）高次元の場合への発展が難しい．そこで，現代数学では，集合論で存在がすでに保証された $\mathbb{R}^2$ という集合を考え，その要素 (a_x, a_y) と (b_x, b_y) の間の距離を $\sqrt{(b_x - a_x)^2 + (b_y - a_y)^2}$ と"定義"する．すると，この集合（$\mathbb{R}^2$）が"平面の公理"を満たすことが証明されて，"平面"という数学的対象の存在が集合論で保証されることになる．

6 面積

長方形の面積が（縦）×（横）で，三角形の面積が $\frac{1}{2}$×（底辺）×（高さ）であることを利用して，様々な三角形の面積を求めることができる．

問題 279 ● 座標平面上の3点 $A(-6, 1)$, $B(2, 3)$, $C(5, -3)$ を考える．$\triangle ABC$ の面積を求めたい．B, C を通り x 軸に平行な直線をそれぞれ l_1, l_2 とする．A, C を通り y 軸に平行な直線をそれぞれ m_1, m_2 とする．l_1 と m_1，l_1 と m_2，l_2 と m_1 の交点をそれぞれ P, Q, R とする．

(1) 長方形 $PQCR$ の面積を求めよ．
(2) $\triangle PAB$ の面積を求めよ．
(3) $\triangle QBC$ の面積を求めよ．
(4) $\triangle RCA$ の面積を求めよ．
(5) $\triangle ABC$ の面積を求めよ．

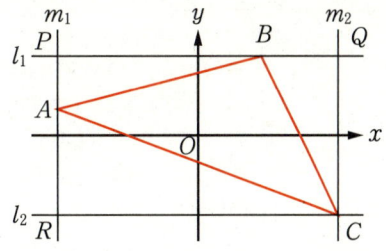

このように，長方形から三角形を取り除くのが中学生の解法としては標準的といえる．B を通り y 軸に平行な直線と線分 AC との交点を D とするとき，$\frac{1}{2} \times BD \times PQ$ として $\triangle ABC$ の面積を求めるのは有力な解法．また，点 (a, b) と点 (c, d) と原点とで囲まれる三角形の面積が $\frac{1}{2}|ad - bc|$ であるという裏技を使うと早いが，今は地道に求める方法をマスターしよう．

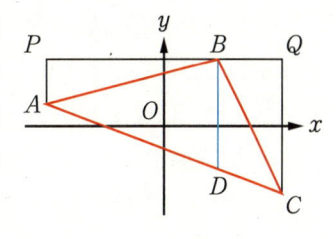

問題 280 ● $A(4, 2)$, $B(1, -1)$, $C(3, -2)$ とする．$\triangle ABC$ の面積を求めよ．

第3節　グラフ

1 ● 関数のグラフの定義

関数 $f : A \to B$ において，$\{(t, f(t)) \mid t \in A\} = \{(x, y) \mid y = f(x), x \in A\}$ という $A \times B$ の部分集合を f の **グラフ**，**graph** という．
(この集合を G_f とすると，$y = f(x) \iff (x, y) \in G_f$．)

独立変数に x，従属変数に y を使うという立場からは，この集合を "$y = f(x)$ のグラフ" という．

A と B がともに $\mathbb{R}$ の部分集合のとき，f のグラフは $\mathbb{R}^2 (= \mathbb{R} \times \mathbb{R})$ の部分集合になるので，座標平面上に図示できる．このとき，グラフという集合とそれを図示したものとを同一視することがある．例えば，グラフに属する要素のことを "グラフ上の点" ともいう．

参考　よく考えてみると，関数（という要素間の対応）を指定することは，そのグラフ（という集合）を指定するのと同じことである．厳密に "関数とは何か" を考えるとき，"集合の要素の対応" とはどういうことなのか，どのような条件が満たされれば "集合の要素が指定された" とみなしていいのか，といったことをはっきりさせる必要がある．集合論を基礎として数学を構築する立場からは，これらの問題を回避して，$A \times B$ の部分集合 G のうち，"A のどの要素 x に対しても（それぞれ）B の要素 y がただ 1 つ存在して $(x, y) \in G$ となる" という性質を満たすものを "関数のグラフ" とよび，このような集合 G を使って "関数" を定義する．こうして，"関数" という数学的対象も集合として実現できるわけだ．

なお，関数とそのグラフは同じだけの情報量をもっているが，グラフを図示した途端，(正確な図をかくのは不可能なため) かなりの情報が失われて，その関数がどんな感じか，という雰囲気だけが残る．およその形にすぎないことを強調するため，"グラフを図示" という代わりに "グラフの概形を図示" ということもある．ともかく，(現代的視点では) 図からは数学的に厳密な結果は導けないことを肝に銘じておこう．

定義域や値域 [1] [2] [1] が見かけ上 $\mathbb{R}$ の部分集合でない場合でも，解釈しなおすことによりグラフが図示できることがある．例えば値域が {男, 女} なら，男を 1，女を 0 と置き換えることによって，値域が $\{0, 1\}$ となり，座標平面上に図示することで男女の傾向が直感的にとらえられる．(厳密には，{男, 女} $\to \{0, 1\}$，男 $\mapsto 1$，女 $\mapsto 0$ という関数との合成のグラフを図示していることになる．)

2 関数のグラフの例

例

$f : \{-1, 0, 2, 3.5\} \to \mathbb{Z}$, $f : -1 \mapsto 3, 0 \mapsto 2, 2 \mapsto -1, 3.5 \mapsto 1$ とする.

f のグラフは $\{(-1, 3), (0, 2), (2, -1), (3.5, 1)\}$.

f のグラフを図示すると,右図.

(4個の赤点がグラフであり,細線は座標をわかりやすくするための補助線である.)

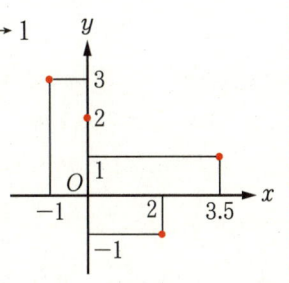

例

$\varphi : \mathbb{N} \to \mathbb{Z}$, $\varphi : n \mapsto (n$ と互いに素な n 以下の自然数の個数$)$ とする.

φ のグラフは $\{(n, \varphi(n)) \mid n \in \mathbb{N}\}$ で, $(1, 1), (2, 1), (3, 2), (4, 2), (5, 4), (6, 2), (7, 6), \ldots$ を要素とする集合である.

φ のグラフを図示すると,右図.

(赤点がグラフだが,原点から離れたところは図示していない.)

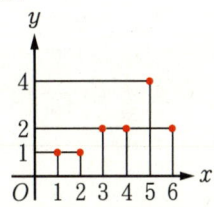

例

$f : \mathbb{R} \to \mathbb{R}$, $f : x \mapsto 2x$ (すなわち, $f(x) = 2x$) とする.

f のグラフは $\{(x, 2x) \mid x \in \mathbb{R}\} = \{(x, y) \in \mathbb{R}^2 \mid y = 2x\}$ で, $(1.1, 2.2), (1.6, 3.2), (1.97, 3.94)$ などを要素とする集合である.独立変数に x,従属変数に y を使うという立場からは,この "関数 f" を "関数 $y = 2x$" ということがあり,そのグラフは "関数 $y = 2x$ のグラフ" ということになる.(本当は,定義域を明示しないと次の例との区別がつかない.)

f のグラフを図示すると,右図.

(無限に伸びる直線はかけないので,原点の近くしか図示していない.)

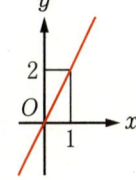

例

$f : \{x \in \mathbb{R} \mid 1 < x \leqq 2\} \to \mathbb{R}$, $f : x \mapsto 2x$ とする.

f のグラフは $\{(x, 2x) \mid x \in \mathbb{R}, 1 < x \leqq 2\}$ で, $(1.1, 2.2), (1.6, 3.2), (1.97, 3.94)$ などを要素とする集合である.

f のグラフを図示すると,右図. $A(1, 2), B(2, 4)$ とするとき,線分 AB から点 A を除いたものである.

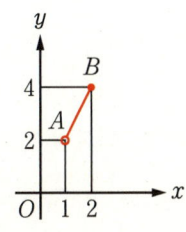

(点 A を除いていることが白丸によって表現されている.一方,点 B の丸を大きくしたのはグラフに属することを強調するためである.)

例 $\pi: \mathbb{R} \to \mathbb{Z}$, $\pi: x \mapsto (x\text{ 以下の素数の個数})$ とする.

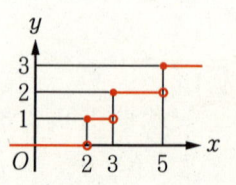

π のグラフは $\{(x, \pi(x)) | x \in \mathbb{R}\}$ で, $(1, 0), (2, 1), (2.9, 1),$ $(3, 2)$ などを要素とする集合である.

π のグラフを図示すると, 右図.
(白丸はその点を除くことを表している.)

階段状に見えるが, y 軸に平行な線分がグラフにはないことに注意.

例 $f: \mathbb{R} \to \mathbb{R}$, $f: x \mapsto 2$ とする. (すべての x に対して $f(x) = 2$, 定数関数.)

f のグラフは $\{(x, 2) | x \in \mathbb{R}\}$.

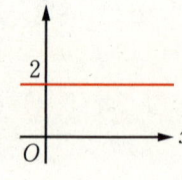

独立変数に x, 従属変数に y を使うという立場からは, この関数は "関数 $y = 2$" で, そのグラフは "関数 $y = 2$ のグラフ".

グラフを図示すると, 右図. y 座標が 2 の点からなる直線になる.

例 $f: \mathbb{R} \to \mathbb{R}$, $f: x \mapsto x$ とする. (すなわち, $f(x) = x$, 恒等関数)

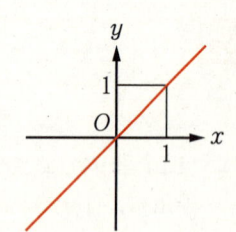

f のグラフは $\{(x, x) | x \in \mathbb{R}\}$ で, 図示すると, 右図.

x 軸からも y 軸からも 45 度をなす直線になる.

例 $f: \mathbb{R} \to \mathbb{R}$, $f: x \mapsto |x|$ すなわち, $f(x) = \begin{cases} x & (x \geqq 0) \\ -x & (x \leqq 0) \end{cases}$ とする.

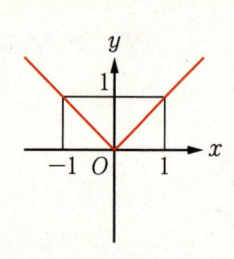

f のグラフは
$\{(x, |x|) | x \in \mathbb{R}\}$
$= \{(x, x) | x \in \mathbb{R}, x \geqq 0\} \cup \{(x, -x) | x \in \mathbb{R}, x \leqq 0\}$

で, 図示すると, 右図.

例

$f: \mathbb{R} \to \mathbb{R}, \ f: x \mapsto \begin{cases} 1 & (x \in \mathbb{Q}) \\ 2 & (x \notin \mathbb{Q}) \end{cases}$ とする．

有理数で 1，無理数で 2 という値をとる関数である．
f のグラフは $\{(x, f(x)) | x \in \mathbb{R}\}$ で，図示すると，右図のようになる．

直線 2 本のように見えるのは目の錯覚（？）で，y 座標が 2 の点からなる直線のうち，x 座標が有理数であるもの（飛び飛びに無数にある）を取り除いて，y 座標が 1 の点からなる直線上に移したものである．無理数は有理数より圧倒的に多いので，y 座標が 2 の点からなる直線の方が"濃く"見えるはずだが，そのような微妙な差は図にはあまり表現できない．

問題 281 関数 $f: \mathbb{R} \to \mathbb{R}, \ x \mapsto |x|$ のグラフを考える．
(1) 点 $(3, 4), (-2, 2), (3, -3), (0, 0)$ のうち，f のグラフ上にある点はどれか．
(2) 点 $(t, 5)$ が f のグラフ上にあるとき，t を求めよ．

問題 282 次の関数のグラフを図示せよ．（ここでは数学的に厳密な議論はしなくてよい．様々な値を代入することでグラフ上の点をなるべくたくさん特定し，結果を推測しておよその形を描け．）
(1) $f: \{-2, 1, 3\} \to \mathbb{Z}, \quad f: -2 \mapsto 2, 1 \mapsto 1, 3 \mapsto 2$
(2) $f: \mathbb{N} \to \mathbb{Z}, \quad f: x \mapsto (x \text{ を } 3 \text{ でわった余り})$
(3) $f: \mathbb{R} \to \mathbb{R}, \quad f(x) = 3x$
(4) $f: \mathbb{Z} \to \mathbb{R}, \quad f: x \mapsto x - 1$
(5) $f: \mathbb{R} \to \mathbb{R}, \quad f: x \mapsto x - 1$
(6) $f: \mathbb{R} \to \mathbb{R}, \quad f(x) = 1$
(7) $f: \mathbb{R} \to \mathbb{R}, \quad f(x) = |x| - 1$
(8) $f: \mathbb{R} \to \mathbb{R}, \quad f(x) = |x - 1|$
(9) $f: \{x \in \mathbb{R} | -2 \leqq x \leqq 2\} \to \mathbb{R}, \quad f: x \mapsto \frac{1}{2}x^2$
(10) $f: \mathbb{R} \to \mathbb{R}, \quad f(x) = [x]$
（ただし，$[x]$ は x を超えない最大の整数を表す（ガウス記号））
(11) $f: \mathbb{R} \to \mathbb{R}, \quad f: x \mapsto x - [x]$（$x \geqq 0$ では，これは x の小数部分を表す．）

3 方程式のグラフの定義

y 座標が 2 の点からなる直線は，集合 $\{(x,y)|y=2\}$，すなわち "関数 $y=2$ のグラフ" を図示したものである．一方，x 座標が 2 の点からなる直線は集合 $\{(x,y)|x=2\}$ を図示したものだが，この集合は関数のグラフにはなっていない．（x の値を指定しても y の値が 1 つに決まらないため．）関数のグラフを座標平面上に図示するとき，x 軸が独立変数，y 軸が従属変数に対応するので，どうしても x, y の間に違いが生じる．これを解決して x, y を対等に扱うためには，関数のグラフを考えるだけでは不十分なのである．

"$y=2$" と "$x=2$" はどちらも，等式で変数 x や y を含んだもの，すなわち x, y についての方程式である．そこで，方程式に対してそのグラフを考えることにして，集合 $\{(x,y)|y=2\}$ を "方程式 $y=2$ のグラフ" といい，集合 $\{(x,y)|x=2\}$ を "方程式 $x=2$ のグラフ" ということにする．この例を一般化して次のようにする．

x, y についての方程式は，その等式の左辺を $F_1(x,y)$，右辺を $F_2(x,y)$ とおくことにより，"$F_1(x,y) = F_2(x,y)$" の形に表せる．ここで，F_1, F_2 は 2 変数関数だが，便宜的にどちらも $\mathbb{R}^2 \to \mathbb{R}$ としよう．（実際には，必要に応じて定義域を狭める必要があるかもしれない．）

例えば，$F_1(x,y) = x$，$F_2(x,y) = 2$ とおくと，方程式 $F_1(x,y) = F_2(x,y)$ は方程式 $x = 2$ のことである．また，$F_1(x,y) = x - y$，$F_2(x) = -x - 1$ とおくと，方程式 $F_1(x,y) = F_2(x,y)$ は方程式 $x - y = -x - 1$ のことである．

集合 $\{(x,y)|F_1(x,y) = F_2(x,y)\}$ を "方程式 $F_1(x,y) = F_2(x,y)$ の **グラフ**" という．

ここで，$F(x,y) = F_1(x,y) - F_2(x,y)$ とおくと，F は 2 変数関数になるが，"$F_1(x,y) = F_2(x,y) \iff F(x,y) = 0$" となる．

したがって，$\{(x,y)|F_1(x,y) = F_2(x,y)\} = \{(x,y)|F(x,y) = 0\}$ となり，"方程式 $F_1(x,y) = F_2(x,y)$ のグラフ" は "方程式 $F(x,y) = 0$ のグラフ" に一致する．

例えば，$F(x,y) = x - 2$ とおくと，$F(x,y) = 0 \iff x = 2$ である．また，$F(x,y) = 2x - y + 1$ とおくと，$F(x,y) = 0 \iff x - y = -x - 1$ である．今後方程式を一般に "$F(x,y) = 0$" の形で扱うことが多いが，どんな方程式でも移項によりこの形に変形できるのだから，問題ないだろう．

4 方程式のグラフの例

例

方程式 $y=2x$ のグラフは $\{(x,y)\in\mathbb{R}^2|y=2x\}=\{(x,2x)|x\in\mathbb{R}\}$ という集合で，関数 $y=2x$（すなわち，$x\mapsto 2x$ という関数）のグラフと一致する．

これは方程式 $2x-y=0$ のグラフでもあるし，方程式 $3x+y+4=x+2y+4$ のグラフでもある．

このグラフを図示すると，右図のように直線になる．

"$y=2x$ のグラフ" のことを "直線 $y=2x$" ともいう．

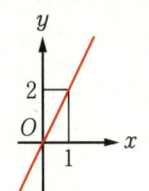

例

方程式 $2y-3=0$ のグラフは
$$\{(x,y)\in\mathbb{R}^2|2y-3=0\}=\left\{(x,y)\,\middle|\,x\in\mathbb{R},y=\frac{3}{2}\right\}=\left\{\left(x,\frac{3}{2}\right)\,\middle|\,x\in\mathbb{R}\right\}$$
という集合で，関数 $y=\frac{3}{2}$（すなわち，$x\mapsto\frac{3}{2}$ という定数関数）のグラフと一致する．

このグラフを図示すると，右図．y 座標が $\frac{3}{2}$ の点からなる直線になる．

"$2y-3=0$ のグラフ" を "直線 $2y-3=0$" ともいう．

例

方程式 $x^2-3x+2=0$ のグラフは
$$\{(x,y)\in\mathbb{R}^2|x^2-3x+2=0\}=\{(x,y)|x=1 \text{ または } x=2,y\in\mathbb{R}\}$$
$$=\{(1,y)|y\in\mathbb{R}\}\cup\{(2,y)|y\in\mathbb{R}\}$$
という集合で，これは関数のグラフにはなっていない．

このグラフを図示すると，右図．

x 座標が 1 の点からなる直線と x 座標が 2 の点からなる直線をあわせたものになる．

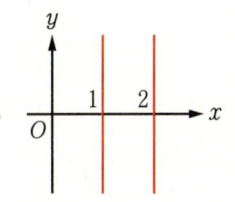

例

方程式 $x+y=1$（"和が一定"）のグラフは $\{(x,y)\in\mathbb{R}^2|x+y=1\}$ という集合で，関数 $y=-x+1$（すなわち，$x\mapsto -x+1$ という関数）のグラフと一致する．

このグラフを図示すると，右図．

x が増加すると，同じだけ y が減少し，グラフは直線になる．

"$x+y=1$ のグラフ" を "直線 $x+y=1$" ともいう．

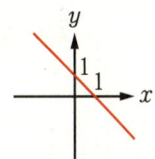

例　方程式 $x-y=1$（"差が一定"）のグラフは $\{(x,y)\in\mathbb{R}^2\,|\,x-y=1\}$ という集合で，これは関数 $y=x-1$（すなわち，$x\mapsto x-1$ という関数）のグラフと一致する．

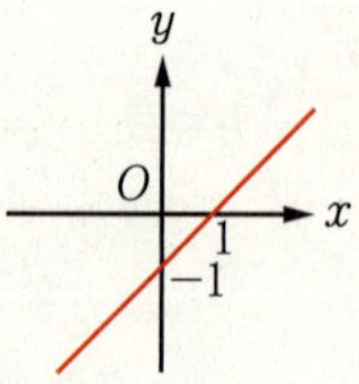

このグラフを図示すると，右図．

x が増加すると，同じだけ y が増加し，グラフは直線になる．

"$x-y=1$ のグラフ"を"直線 $x-y=1$"ともいう．

例　方程式 $xy=1$（"積が一定"）のグラフは $\{(x,y)\in\mathbb{R}^2\,|\,xy=1\}$ という集合で，これは関数 $y=\dfrac{1}{x}$（すなわち，$x\mapsto\dfrac{1}{x}$ という関数）のグラフと一致する．

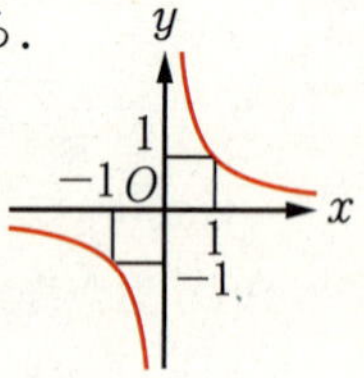

このグラフを図示すると，右図．

グラフは"双曲線"とよばれる曲線になる．

"$xy=1$ のグラフ"を"双曲線 $xy=1$"ともいう．

例　$x\neq 0$ に対する方程式 $\dfrac{y}{x}=2$（"商が一定"）のグラフは $\{(x,y)\in\mathbb{R}^2\,|\,\dfrac{y}{x}=2,\,x\neq 0\}$ という集合で，これは関数 $y=2x$（ただし，定義域は $\{x\in\mathbb{R}\,|\,x\neq 0\}$）のグラフと一致する．

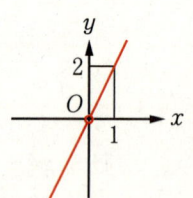

このグラフを図示すると，右図．

直線 $y=2x$ から原点を除いたものになる．

（原点を除いていることが白丸によって表現されている．）

例　方程式 $|x|+|y|=1$ のグラフは $\{(x,y)\in\mathbb{R}^2\,|\,|x|+|y|=1\}$ という集合で，これは関数のグラフにはなっていない．

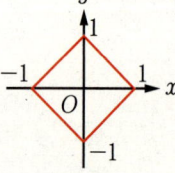

このグラフを図示すると，右図．

この方程式は，$x\geqq 0$ かつ $y\geqq 0$ では $x+y=1$ となり，$x\leqq 0$ かつ $y\geqq 0$ では $-x+y=1$ となり，$x\leqq 0$ かつ $y\leqq 0$ では $-x-y=1$ となり，$x\geqq 0$ かつ $y\leqq 0$ では $x-y=1$ となっている．

例 方程式 $x^2+y^2=1$ のグラフは $\{(x,y)\in\mathbb{R}^2\mid x^2+y^2=1\}$ という集合で，これは関数のグラフにはなっていない．

$$\text{``}x^2+y^2=1\text{''} \iff \text{``}\sqrt{x^2+y^2}=1\text{''}$$
$$\iff \text{``点}(x,y)\text{と原点の距離が }1\text{''}$$
$$\iff \text{``点}(x,y)\text{は原点を中心とする半径 }1\text{ の円の上の点''}.$$

このグラフを図示すると，右図．

"方程式 $x^2+y^2=1$ のグラフ"を"円 $x^2+y^2=1$"ともいう．

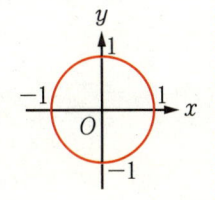

例 方程式 $x^2+y^2=0$ のグラフは
$$\{(x,y)\in\mathbb{R}^2\mid x^2+y^2=0\}=\{(x,y)\mid x=0 \text{ かつ } y=0\}=\{(0,0)\}$$
という集合．

x と y が実数だから $x^2\geqq 0$ かつ $y^2\geqq 0$ であり，したがって $x^2+y^2\geqq 0$ はいつでも成り立つ．$x^2+y^2=0$ となるのは $x^2=0$ かつ $y^2=0$ のとき，すなわち，$x=0$ かつ $y=0$ のときのみである．

このグラフを図示すると，右図のように，原点のみ．

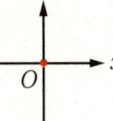

例 方程式 $x^2+y^2=-1$ のグラフは $\{(x,y)\in\mathbb{R}^2\mid x^2+y^2=-1\}=\emptyset$（空集合）．

x と y が実数だから $x^2+y^2\geqq 0$ のはずで，$x^2+y^2=-1$ となる x,y は存在しない．

このグラフをあえて図示すると，右図のように，どこにも表れない．

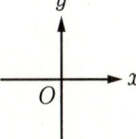

参考 x,y についての方程式に対してそのグラフを考えたわけだが，方程式の代わりに不等式を考えたらどうなるだろうか．例えば集合 $\{(x,y)\mid x+y>1\}$ を図示すると直線 $x+y=1$ よりも上側全体になるし，集合 $\{(x,y)\mid x^2+y^2\leqq 1\}$ を図示すると円 $x^2+y^2=1$ の内部および周上の点全体になる．これらはそれぞれ，"不等式 $x+y>1$ の表す領域"，"不等式 $x^2+y^2\leqq 1$ の表す領域"という．

問題283 ●方程式 $|x|+|y|=1$ のグラフを考える．（$F(x,y)=|x|+|y|-1$ とおくとき，方程式 $F(x,y)=0$ のグラフを考える，ということ．）
(1) 点 $\left(\dfrac{1}{2},-\dfrac{1}{2}\right)$, $(-1,1)$, $(-0.4, 0.6)$ のうち，このグラフ上にある点はどれか．
(2) 点 $(t, 0.7)$ がこのグラフ上にあるとき，t を求めよ．

問題 284 次の方程式のグラフを図示せよ．

(1) $x - y = 0$ 　　　(2) $2x - 5 = 0$ 　　　(3) $y^2 - 2y - 3 = 0$

(4) $xy = 0$ 　　　(5) $|x| = |y|$ 　　　(6) $x^2 + y^2 = 2$

(7) $(x-1)^2 + (y-2)^2 = 0$ 　　　(8) $x^4 + 3y^2 = -2$

(9) $3x - 4y + 10 = x + 2(x - 2y + 5)$

5 関数のグラフと方程式のグラフの関係

集合 $\{(x, y) | y = 2x\}$ は関数 $y = 2x$ のグラフであり，方程式 $y = 2x$ のグラフでもある．"関数 $y = 2x$" は，実数を与えられたときにその2倍の値を返す関数を表すのに対し，"方程式 $y = 2x$" は，2つの変数 x, y の間に "y は x の2倍に等しい" という関係があることを主張している．もともと $y = 2x$ という等式に込められている意味は違うのだが，グラフという集合になるとその違いがなくなってしまうわけだ．

関数 $f : x \mapsto f(x)$ のグラフは $\{(x, y) | y = f(x)\}$ であり，方程式 $F(x, y) = 0$ のグラフは $\{(x, y) | F(x, y) = 0\}$ である．この2つの集合が一致するのは，"$y = f(x) \iff F(x, y) = 0$" が成り立つときである．

まず，関数 f が与えられたときに，$F(x, y) = f(x) - y$ とおくと，$y = f(x) \iff F(x, y) = 0$ であるから，関数 f のグラフは方程式 $F(x, y) = 0$ のグラフになる．したがって，関数のグラフはいつでも方程式のグラフとみなせる．

逆に，方程式 $F(x, y) = 0$ が与えられたときに，これを $y = f(x)$ の形に変形できるように関数 f が見つかれば，方程式 $F(x, y) = 0$ のグラフは関数 f のグラフになるが，必ずしもいつでもこのように変形できるわけではない．したがって，方程式のグラフは関数のグラフになるとは限らない．もちろん，$f(x)$ が x を使った数式の形で明示的に表せている必要はなく，日本語の説明が含まれていてもよい．要するに，x を与えたときにその行き先である値が定まればいいわけで，$F(x, y) = 0$ を満たす y を（x が指定されるごとに）1つに特定できるか，ということである．

例 　$2x - y + 1 = 0$ は $y = 2x + 1$ と変形できるから，方程式 $2x - y + 1 = 0$ のグラフは関数 $y = 2x + 1$ のグラフである．

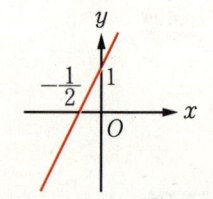

> **例**
>
> 方程式 $x^2+y^2=1$ のグラフは関数のグラフにはなっていない．
>
> グラフを図示すると原点を中心とする半径 1 の円になるが，x を $-1<x<1$ の範囲で 1 つ指定すると，対応する y の候補が 2 つあることがわかる．
>
> 実際，"$x^2+y^2=1 \iff y^2=1-x^2$" であり，x の値を 1 つ指定したときに $y=\sqrt{1-x^2}$ と $y=-\sqrt{1-x^2}$ のどちらを採用すればよいのかわからない．（$x^2+y^2=1$ を $y=\pm\sqrt{1-x^2}$ と変形したところで，これは "$y=\sqrt{1-x^2}$ または $y=-\sqrt{1-x^2}$" の省略にすぎないから，y が 1 つに決まらないという事情に変わりはない．）

参考 "関数のグラフ" という用語に比べて，"方程式のグラフ" という用語はそれほど見かけない．他の表現としては，"方程式の表す図形"，"方程式の零点集合" などがある．また，関数とは限らないが x と y の一方を決めると他方が "だいたい決まりそう" という気持ちを込めて，方程式を "陰関数" とよぶことがあり，"陰関数のグラフ" という表現がある．（このときは普通の関数は "陽関数" という）．$F(x,y)$ が多項式の場合，$F(x,y)=0$ は "代数方程式" というが，そのグラフは "代数的集合" という．

関数とそのグラフは一方から他方を復元できるので同じだけの情報をもっているが，方程式のグラフはもとの方程式の解にしか注目していないので，情報が減ってしまっている．例えば，方程式 $y-3=0$ のグラフと方程式 $(y-3)^2=0$ のグラフを図示するとどちらも直線 $y=3$ である．しかし，前者は 1 次方程式なのに対して，後者は 2 次方程式であり，$(y-\alpha)(y-\beta)=0$ でたまたま $\alpha=\beta=3$ となったものと考えられる．気持ちとしては $(y-3)^2=0$ のグラフは直線 $y=3$ が 2 本分なのだが，集合の要素に対しては重複度を考えないことにしているので，"2 本" ということがうまく表現できない．そこで数学では，（グラフにする前の段階である）方程式そのものを研究対象として情報を引き出すことが多いような気がする．

第4節　グラフの移動

1　移動の例

$f(x) = 2x$, $g(x) = 2x + 1$ という関数 f, g について，そのグラフの関係を考えよう．f のグラフである直線 $y = 2x$ を l と名づけ，g のグラフである直線 $y = 2x + 1$ を L と名づけよう．

x 座標が t の点を考えると，$g(t) = 2t + 1 = f(t) + 1$ だから，点 $(t, f(t))$ を y 軸の正の向きに 1 だけ移動すると点 $(t, g(t))$ になることがわかる．直線 l 上の点を y 軸の正の向きに 1 だけ移動したものが直線 L 上の点になるし，逆に，直線 L 上の点はすべてこのような移動の結果として得られる．したがって，"直線 l を y 軸の正の向きに 1 だけ動かすと直線 L になる"，ということができる．

やや技巧的だが，l と L の関係を次のように考えることもできる．x 座標が t の点を考えると，$g(t) = 2t + 1 = 2\left(t + \frac{1}{2}\right) = f\left(t + \frac{1}{2}\right)$ だから，点 $\left(t + \frac{1}{2}, f\left(t + \frac{1}{2}\right)\right)$ を x 軸の負の向きに $\frac{1}{2}$ だけ移動すると点 $(t, g(t))$ になることがわかる．"負の向きに $\frac{1}{2}$ だけ移動" ということを "正の向きに $-\frac{1}{2}$ だけ移動" と表現すると，直線 l 上の点を x 軸の正の向きに $-\frac{1}{2}$ だけ移動したものが直線 L 上の点になるし，逆に，直線 L 上の点はすべてこのような移動の結果として得られる．したがって，"直線 l を x 軸の正の向きに $-\frac{1}{2}$ だけ動かすと直線 L になる"，ということができる．

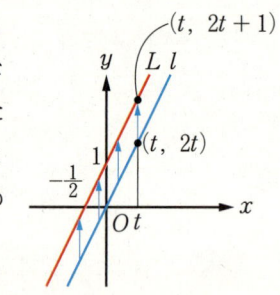

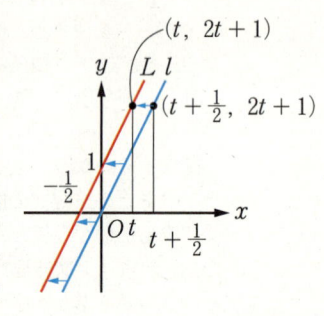

結局，$y = f(x)$ のグラフを y 軸の正の向きに 1 だけ動かすと $y = f(x) + 1$ のグラフになるし，$y = f(x)$ のグラフを x 軸の正の向きに $-\frac{1}{2}$ だけ動かすと $y = f\left(x + \frac{1}{2}\right)$ のグラフになる．この結果は，移動の量が変わっても，また，$f(x) = 2x$ でなくても成り立つし，直線 l や直線 L を（関数のグラフではなく）方程式のグラフとみなすこともできる．厳密な証明とあわせて，この結果を一般化していくことにしよう．

2　点の移動

グラフを移動する前に，その構成要素である点を移動することを考えたい．平面を $\mathbb{R}^2$ と同一視すると，平面上の点に対してその行き先の点を指定するということは，$\mathbb{R}^2$ の要素に対してその行き先となる $\mathbb{R}^2$ の要素を指定することと同じである．したがって，<u>$\mathbb{R}^2$ から $\mathbb{R}^2$ への関数</u>，すなわち，$\mathbb{R}^2$ 上の **変換** を考えることになる．

まずは平行移動（並進）とよばれる変換を考える．p, q を実数とするとき，$T : \mathbb{R}^2 \to \mathbb{R}^2$，

$T(X, Y) = (X+p, Y+q)$ という関数で平面上の点を動かすと，その点の x 座標は p だけ増加し，y 座標は q だけ増加する．(もちろん，$p<0$ や $q<0$ ならそれぞれ $|p|$ や $|q|$ だけ減少する．) T を作用させることを **x 軸方向に p，y 軸方向に q だけ平行移動する**，という．$(0,0), (p,q), (X,Y), T(X,Y)$ が（一直線上にないときは）平行四辺形の頂点の位置にある．

$$T(X, Y) = (x, y) \iff (X+p, Y+q) = (x, y) \iff (X, Y) = (x-p, y-q).$$

したがって，T は全単射で，$T^{-1}(x, y) = (x-p, y-q)$. "$x$ 軸方向に p，y 軸方向に q の平行移動" の逆関数は "x 軸方向に $-p$，y 軸方向に $-q$ の平行移動" である．

注意 ここでの $T(X, Y)$ は，2 変数関数 T による (X, Y) の像であり，本来は $T((X, Y))$ と表記されるべきものである 11 5 1．"点 T の座標が (X, Y) である" という意味ではない．

次に，対称移動を考える．(直線に関する対称移動は "線対称"，点に関する対称移動は "点対称" という．)

$T: \mathbb{R}^2 \to \mathbb{R}^2$, $T(X, Y) = (X, -Y)$ という関数で平面上の点を動かすと，その点の x 座標は変化せず，y 座標の符号が変わる．T を作用させることを **x 軸に関して対称移動する**，という．(X, Y) と $T(X, Y)$ が（x 軸上にないときは）x 軸に関して反対側にあり，x 軸までの距離が等しい．

$$T(X, Y) = (x, y) \iff (X, -Y) = (x, y) \iff (X, Y) = (x, -y).$$

したがって，T は全単射で，$T^{-1}(x, y) = (x, -y) = T(x, y)$．"$x$ 軸に関する対称移動" の逆関数は "x 軸に関する対称移動" で，$T^{-1} = T$ である．

他の対称移動も含めて，代表的な変換を次ページに表にしたので，日常用語での意味と比べながら，自分で思い出せるようにしてもらいたい．これらの変換 T はすべて $\mathbb{R}^2$ から $\mathbb{R}^2$ への全単射なので，その逆 T^{-1} も載せておく．

"x 軸方向に a 倍，y 軸方向に a 倍に拡大する変換" は "原点を中心とする a 倍の相似変換" ともいう．また，ここで "90 度回転" とは反時計回りに 90 度の回転を，"−90 度回転" とは時計回りに 90 度の回転を表す．

参考 原点の回りに 180 度回転するのは，原点に関して対称移動するのと同じことである．回転する角度が ±90 度と 180 度以外の場合は現段階でわかる必要はないが，参考のために結果だけ述べておく．点 $(1, 0)$ を回転して点 (s, t) に移動したとする．（点 (s, t) と原点の距離は 1 になるので，$\sqrt{s^2 + t^2} = 1$.) すると，この回転移動を表す変換 T は $T(X, Y) = (sX - tY, tX + sY)$ となる．

変換Tの名称	点(X, Y)の行き先	図	T^{-1}
x軸方向にp, y軸方向にq だけ平行移動	点$(X+p, Y+q)$		x軸方向に$-p$, y軸方向に$-q$ だけ平行移動
x軸に関して対称移動	点$(X, -Y)$		Tと同じ
y軸に関して対称移動	点$(-X, Y)$		Tと同じ
原点に関して対称移動	点$(-X, -Y)$		Tと同じ
点(a, b)に関して対称移動	点$(2a-X, 2b-Y)$		Tと同じ
直線$y=c$に関して対称移動	点$(X, 2c-Y)$		Tと同じ
直線$x=c$に関して対称移動	点$(2c-X, Y)$		Tと同じ
直線$y=x$に関して対称移動	点(Y, X)		Tと同じ
x軸方向にa倍, y軸方向にb倍 に拡大$(a \neq 0, b \neq 0)$	点(aX, bY)		x軸方向に$\dfrac{1}{a}$倍, y軸方向に$\dfrac{1}{b}$倍 に拡大
原点のまわりに90度回転	点$(-Y, X)$		原点のまわりに-90度回転
原点のまわりに-90度回転	点$(Y, -X)$		原点のまわりに90度回転

問題 285 答 p.19

● 点 $P(2, 4)$ を次の変換で動かしたとき，その行き先の点の座標を求めよ．

(1) x 軸方向に 3，y 軸方向に 2 だけ平行移動．
(2) x 軸に関して対称移動．
(3) y 軸に関して対称移動．
(4) 原点に関して対称移動．
(5) 点 $(3, -1)$ に関して対称移動．
(6) 直線 $y = -1$ に関して対称移動．
(7) 直線 $x = 3$ に関して対称移動．
(8) 直線 $y = x$ に関して対称移動．
(9) x 軸方向に 3 倍，y 軸方向に 2 倍に拡大．
(10) 原点のまわりに反時計回りに 90 度回転．
(11) 原点のまわりに時計回りに 90 度回転．

問題 286 答 p.19

● 点 $(2, 2)$ を次の変換で移動すると，どのような座標の点になるか．

(1) x 軸方向に 3，y 軸方向に 1 だけ平行移動．
(2) x 軸方向に 3，y 軸方向に 1 だけ平行移動した後で，y 軸に関して対称移動．
(3) y 軸に関して対称移動した後で，x 軸方向に 3，y 軸方向に 1 だけ平行移動．

問題 286 からわかるように，x 軸方向に 3，y 軸方向に 1 だけ平行移動する変換を T_1，y 軸に関して対称移動する変換を T_2 とするとき，$T_1 \circ T_2 \neq T_2 \circ T_1$ である．変換の合成では交換法則が成り立たないので，どのような順序で作用させるか，ということをおろそかにしてはならない．

3 ● 方程式のグラフの移動

いよいよグラフを移動する．関数のグラフは方程式のグラフの特殊な場合だから_{12 3 5}，方程式のグラフを先に片付けてしまおう．平面上の変換は $\mathbb{R}^2$ から $\mathbb{R}^2$ への関数であるが，これによってグラフという $\mathbb{R}^2$ の部分集合がどこに移されるか，ということを求めたいのだから，2 変数関数の値域を決定する問題である_{11 6 4}．

> **例**
>
> 方程式 $2x - y + 1 = 0$ のグラフを x 軸方向に 3，y 軸方向に 1 だけ平行移動する変換を考える．
>
> 方程式 $2x - y + 1 = 0$ のグラフを G とすると $G = \{(x, y) \in \mathbb{R}^2 \mid 2x - y + 1 = 0\}$ であり，この変換を T とすると $T(X, Y) = (X + 3, Y + 1)$ である．
>
> T によって G が集合 G' に移されるとする．

$(X, Y) \in G'$

$\iff \exists (X_1, Y_1) \text{s.t.} \begin{cases} (X, Y) = T(X_1, Y_1) \\ (X_1, Y_1) \in G \end{cases}$ （∵ 値域の定義）

$\iff \exists (X_1, Y_1) \text{s.t.} \begin{cases} X = X_1 + 3 \\ Y = Y_1 + 1 \\ 2X_1 - Y_1 + 1 = 0 \end{cases}$ （∵ G と T の定義）

$\iff \exists (X_1, Y_1) \text{s.t.} \begin{cases} X_1 = X - 3 \\ Y_1 = Y - 1 \\ 2X_1 - Y_1 + 1 = 0 \end{cases}$

$\iff \exists (X_1, Y_1) \text{s.t.} \begin{cases} X_1 = X - 3 \\ Y_1 = Y - 1 \\ 2(X-3) - (Y-1) + 1 = 0 \end{cases}$ （∵ 代入）

$\iff \begin{cases} \exists (X_1, Y_1) \text{s.t.} \begin{cases} X_1 = X - 3 \\ Y_1 = Y - 1 \end{cases} \\ 2X - Y - 4 = 0 \end{cases}$ （∵ $2X - Y - 4 = 0$ は X_1 や Y_1 と無関係）

$\iff 2X - Y - 4 = 0$ （∵ X と Y が与えられれば X_1 と Y_1 はいつでも存在する）

$\iff (X, Y) \in \{(x, y) \in \mathbb{R}^2 | 2x - y - 4 = 0\}.$

$\therefore G' = \{(x, y) \in \mathbb{R}^2 | 2x - y - 4 = 0\}.$

したがって，方程式 $2x - y + 1 = 0$ のグラフを平行移動すると方程式 $2x - y - 4 = 0$ のグラフになる．

厳密にはこのとおりなのだが，実際に行っている計算は，$T^{-1}(x, y) = (x - 3, y - 1)$ に注目し，$2x - y + 1 = 0$ の x, y にそれぞれ $x - 3, y - 1$ を代入して，$2(x-3) - (y-1) + 1 = 0$ すなわち $2x - y - 4 = 0$ を得ているだけである．

T でなく T^{-1} にしてから代入するのがポイントで，上では "$X =$"，"$Y =$" という式を "$X_1 =$"，"$Y_1 =$" という式に変形しているところ（3つ目の "$\iff$"）にそれが表れている．$2x - y + 1 = 0$ という方程式が関係しているのは移動前の点 (X_1, Y_1) であり，この方程式を移動後の点 (X, Y) の言葉で表現するために代入が必要なのだ．G' の点を特徴づけるのは "G の点を移動した行き先になっている" ということだけなので，（T^{-1} を利用して）移動前の点をつきとめ，G の点であるという条件（つまり，方程式 $2x - y + 1 = 0$ を満たすということ）を活用すると，必然的にこのような計算をすることになる．

存在記号（∃）を前面に出さず，次のようにしてもよい．

方程式 $2x-y+1=0$ のグラフ上の点 (X_1, Y_1) を考えると，これは $2X_1-Y_1+1=0$，すなわち，$2(X_1+3)-(Y_1+1)-4=0$ を満たす．点 (X_1, Y_1) を移動すると点 (X_1+3, Y_1+1) になるので，$(X_1+3, Y_1+1)=(X, Y)$ とおくと，これは $2X-Y-4=0$ を満たすことになる．したがって，$G' \subset \{(x,y) | 2x-y-4=0\}$ がわかる．

しかし，ここまでだけでは，G' は方程式 $2x-y-4=0$ のグラフのうち，全体ではなく一部にしかなっていないかもしれない．

そこで逆に，方程式 $2x-y-4=0$ のグラフ上の点 (X, Y) を考えると，これは $2X-Y-4=0$，すなわち，$2(X-3)-(Y-1)+1=0$ を満たす．点 (X, Y) は点 $(X-3, Y-1)$ を移動したものだが，$(X-3, Y-1)=(X_1, Y_1)$ とおくと，これは $2X_1-Y_1+1=0$ を満たすことになる．したがって，$G' \supset \{(x,y) | 2x-y-4=0\}$ がわかる．

以上をあわせて，$G' = \{(x,y) | 2x-y-4=0\}$ となり，移動後の集合 G' が特定できた．

もちろん，"平行移動によって直線が直線に移る" ということを知識として認めてしまえば，直線 $2x-y+1=0$ 上の2点をとってきてその行き先を計算することにより，移動後の直線がもっと簡単に特定できてしまう．ここでのポイントは，そのような予備知識なしで，どんな方程式，どんな変換に対しても通用するような議論を構築することにある．（直線を方程式のグラフととらえることにより，"平行移動によって直線が直線に移る" ということの証明が得られることにもなる．）

この例を一般化して，方程式 $F(x,y)=0$ のグラフを変換 T で移すとどうなるか調べよう．（ただし，変換 $T: \mathbb{R}^2 \to \mathbb{R}^2$ は全単射で，その逆 T^{-1} が存在する場合だけを考えることにする．）方程式 $F(x,y)=0$ のグラフを G とすると $G=\{(x,y) | F(x,y)=0\}$ であるが，T によって G が集合 G' に移されるとする．

$(X, Y) \in G'$

$\iff \exists (X_1, Y_1) \text{s.t.} \begin{cases} (X, Y) = T(X_1, Y_1) \\ (X_1, Y_1) \in G \end{cases}$ （∵ 値域の定義）

$\iff \exists (X_1, Y_1) \text{s.t.} \begin{cases} T^{-1}(X, Y) = (X_1, Y_1) \\ F(X_1, Y_1) = 0 \end{cases}$ （∵ G と T^{-1} の定義）

$\iff \exists (X_1, Y_1) \text{s.t.} \begin{cases} (X_1, Y_1) = T^{-1}(X, Y) \\ F(T^{-1}(X, Y)) = 0 \end{cases}$ （∵ 代入）

$\iff \begin{cases} \exists (X_1, Y_1) \text{s.t.} (X_1, Y_1) = T^{-1}(X, Y) \\ F(T^{-1}(X, Y)) = 0 \end{cases}$

（∵ $F(T^{-1}(X, Y))=0$ は X_1 や Y_1 と無関係）

$\iff F(T^{-1}(X, Y)) = 0$ （∵ X と Y が与えられれば X_1 と Y_1 はいつでも存在）

$\iff (X, Y) \in \{(x, y) | F(T^{-1}(x, y)) = 0\}$.

∴ $G' = \{(x, y) | F(T^{-1}(x, y)) = 0\}$.

したがって，方程式 $F(x, y) = 0$ のグラフを T で移すと方程式 $F(T^{-1}(x, y)) = 0$ のグラフになる．

問題 287 答 p.19

● 点 (X, Y) を原点のまわりに（反時計回りに）45 度だけ回転移動すると，点 $\left(\frac{1}{\sqrt{2}}(X - Y), \frac{1}{\sqrt{2}}(X + Y)\right)$ になる．このことを利用して，次の問いに答えよ．

(1) 方程式 $F(x, y) = 0$ のグラフを原点のまわりに（反時計回りに）45 度だけ回転移動すると，方程式 $F\left(\frac{x+y}{\sqrt{2}}, \frac{-x+y}{\sqrt{2}}\right) = 0$ のグラフになる．なぜか．

(2) 方程式 $x^2 - y^2 = 1$ のグラフを原点のまわりに（反時計回りに）45 度だけ回転移動すると，どのような方程式のグラフになるか．
（移動後のグラフが図示できれば，移動前の（$x^2 - y^2 = 1$ の）グラフも図示できる．）

具体的な T については，次ページの表のようになる．

変換 T の名称	点 (X, Y) の行き先	図	$F(T^{-1}(x, y)) = 0$
x 軸方向に p, y 軸方向に q だけ平行移動	点 $(X+p, Y+q)$		$F(x-p, y-q) = 0$
x 軸に関して対称移動	点 $(X, -Y)$		$F(x, -y) = 0$
y 軸に関して対称移動	点 $(-X, Y)$		$F(-x, y) = 0$
原点に関して対称移動	点 $(-X, -Y)$		$F(-x, -y) = 0$
点 (a, b) に関して対称移動	点 $(2a-X, 2b-Y)$		$F(2a-x, 2b-y) = 0$
直線 $y = c$ に関して対称移動	点 $(X, 2c-Y)$		$F(x, 2c-y) = 0$
直線 $x = c$ に関して対称移動	点 $(2c-X, Y)$		$F(2c-x, y) = 0$
直線 $y = x$ に関して対称移動	点 (Y, X)		$F(y, x) = 0$
x 軸方向に a 倍, y 軸方向に b 倍 に拡大 ($a \neq 0, b \neq 0$)	点 (aX, bY)		$F\left(\dfrac{x}{a}, \dfrac{y}{b}\right) = 0$
原点のまわりに 90 度回転	点 $(-Y, X)$		$F(y, -x) = 0$
原点のまわりに -90 度回転	点 $(Y, -X)$		$F(-y, x) = 0$

> **例**　方程式 $x^2+y^2=1$ のグラフを x 軸方向に 3，y 軸方向に -2 だけ平行移動するとどうなるだろうか．
>
> 　　$x^2+y^2=1 \iff x^2+y^2-1=0$ だから，$F(x,y)=x^2+y^2-1$，$T(X,Y)=(X+3,Y-2)$ に相当する．上の議論の結果により，移動後は $F(x-3, y-(-2))=0$ のグラフ．
> $F(x-3,y-(-2))=(x-3)^2+(y-(-2))^2-1$ だから，移動後は方程式 $(x-3)^2+(y+2)^2=1$ のグラフになる．
> 　　公式を適用するには移項して右辺を 0 にしなければならないが，$F(x-3,y+2)=0$ とした後でまた右辺に 1 を移項することができるので，結局，(移項を省略して) $x^2+y^2=1$ の x, y にそれぞれ $x-3, y+2$ を代入するだけで $(x-3)^2+(y+2)^2=1$ という方程式が得られる．

　この例からわかるとおり，方程式のグラフの移動にあたっては，方程式に代入するという数式の操作だけで済んでしまうので，それを図示したときにどうなっているか，ということはまったく考えないでよい．念のため，得られた結果を図形的に解釈してみよう．$x^2+y^2=1 \iff \sqrt{(x-0)^2+(y-0)^2}=1$ だから，グラフは原点からの距離が 1 の点全体の集合，すなわち，原点を中心とする半径 1 の円である．平行移動した後は，$(x-3)^2+(y+2)^2=1 \iff \sqrt{(x-3)^2+(y-(-2))^2}=1$ だから，グラフは点 $(3,-2)$ からの距離が 1 の点全体の集合，すなわち，点 $(3,-2)$ を中心とする半径 1 の円である．この手法によって，"円を平行移動すると円が得られる" ということが証明できるわけだ．

> **例**　方程式 $x^2+y^2=1$ のグラフを x 軸方向に 3 倍，y 軸方向に 2 倍に拡大するとどうなるだろうか．
>
> 　　$T(X,Y)=(3X,2Y)$ に相当するから，$x^2+y^2=1$ の x, y にそれぞれ $\dfrac{x}{3}, \dfrac{y}{2}$ を代入すればよい．移動後は $\left(\dfrac{x}{3}\right)^2+\left(\dfrac{y}{2}\right)^2=1$ すなわち，$\dfrac{x^2}{9}+\dfrac{y^2}{4}=1$ のグラフになる．図示すると，これは "楕円" とよばれる図形になる．

> **例** 方程式 $x^2+y^2=1$ のグラフを y 軸に関して対称移動すると，x,y にそれぞれ $-x,y$ を代入して，$(-x)^2+y^2=1 \iff x^2+y^2=1$．移動後は $x^2+y^2=1$ のグラフとなり，もとのグラフと一致する．
>
> したがって，方程式 $x^2+y^2=1$ のグラフを図示すると y 軸に関して対称な図形になることがわかる．

> **例** 方程式 $|x|+|y|=1$ のグラフを直線 $y=x$ に関して対称移動すると，移動後は $|-x|+|-y|=1 \iff |x|+|y|=1$ だから，もとのグラフと一致する．
>
> したがって，方程式 $|x|+|y|=1$ のグラフを図示すると直線 $y=x$ に関して対称な図形になることがわかる．

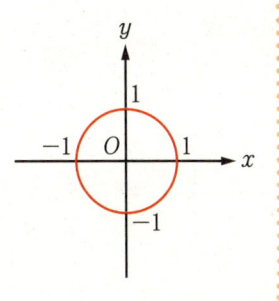

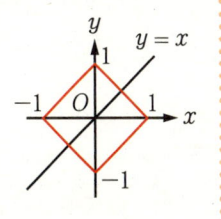

問題 288 ●方程式 $3x-y=1$ のグラフを G とする．G を次のように移動したとき，どのような方程式のグラフになるか．

(1) G を x 軸方向に 2，y 軸方向に -1 だけ平行移動．
(2) G を原点に関して対称移動．
(3) G を y 軸に関して対称移動．
(4) G を x 軸方向に 2 倍，y 軸方向に 3 倍に拡大．
(5) G を点 $(2,-1)$ に関して対称移動．
(6) G を直線 $y=2$ に関して対称移動．
(7) G を直線 $y=x$ に関して対称移動．

問題 289 ●方程式 $|x|+|y|=1$ のグラフを次のように移動すると，どのような方程式のグラフになるか．

(1) x 軸方向に 3，y 軸方向に 1 だけ平行移動．
(2) x 軸方向に 3，y 軸方向に 1 だけ平行移動した後で，y 軸に関して対称移動．
(3) y 軸に関して対称移動した後で，x 軸方向に 3，y 軸方向に 1 だけ平行移動．

問題 290 ●a,b を 0 でない実数定数とする．方程式 $x+y=1$ のグラフを x 軸方向に a 倍，y 軸方向に b 倍に拡大すると方程式 $\dfrac{x}{3}+\dfrac{y}{5}=1$ のグラフになる．実数定数 a,b を求めよ．（ただし，$a \neq 0$，$b \neq 0$．）

問題 291 答 p.20

● 次の問いに答えよ．

(1) 方程式 $x^2 - y = 0$ のグラフを y 軸方向に b 倍に拡大してから y 軸方向に q だけ平行移動すると方程式 $x^2 - 2y + 3 = 0$ のグラフになる．実数定数 b, q を求めよ．（ただし，$b \neq 0$.）

(2) 方程式 $x^2 - y = 0$ のグラフを y 軸方向に q だけ平行移動してから y 軸方向に b 倍に拡大すると方程式 $x^2 - 2y + 3 = 0$ のグラフになる．実数定数 b, q を求めよ．（ただし，$b \neq 0$.）

4 関数のグラフの移動

関数のグラフは方程式のグラフの特殊な場合だから，その移動はこれまでの公式をあてはめるだけである．

例

関数 $f : \mathbb{R} \to \mathbb{R}$, $f : x \mapsto 2x + 1$ のグラフを x 軸方向に 3, y 軸方向に 1 だけ平行移動する変換を考える．

この関数は $f(x) = 2x + 1$ を満たしているが，そのグラフは $\{(x, y) | y = f(x)\} = \{(x, y) | y = 2x + 1\}$ であり，方程式 $y = 2x + 1$ のグラフと一致する．

これを平行移動すると，x, y にそれぞれ $x - 3, y - 1$ を代入して，方程式 $y - 1 = 2(x - 3) + 1$ すなわち，$y = 2x - 4$ のグラフになる．これは $x \mapsto 2x - 4$ という関数のグラフと考えることができる．

したがって，x を独立変数，y を従属変数とする立場では，"関数 $y = 2x + 1$ のグラフを x 軸方向に 3, y 軸方向に 1 だけ平行移動すると関数 $y = 2x - 4$ のグラフになる" ということになる．

この例を一般化して，関数 f のグラフを変換 T で移すとどうなるか調べたい．（ただし，変換 $T : \mathbb{R}^2 \to \mathbb{R}^2$ は全単射で，その逆 T^{-1} が存在する場合だけを考えることにする．）<u>移した結果が関数のグラフとは限らないことに注意する</u>．関数 f のグラフは $\{(x, y) | y = f(x)\}$ だから，方程式 $y = f(x)$ のグラフである．$F(x, y) = f(x) - y$ とおくと，これは方程式 $F(x, y) = 0$ のグラフでもある．T によって移すと方程式 $F(T^{-1}(x, y)) = 0$ のグラフになるが，これが関数のグラフとは限らないのだ．方程式のグラフが関数のグラフとみなせるのは，x 座標を与えたときに，対応する y 座標がただ 1 つに決まるときだけである．要するに，"$F(T^{-1}(x, y)) = 0$" が "$y = (x$ のみで決まるもの$)$" と変形できるときに限り，移した後も関数のグラフになるわけだ．

x 軸方向に p, y 軸方向に q だけ平行移動する変換を考える．方程式 $y = f(x)$ のグラフの行き先は，$(x, y$ にそれぞれ $x - p, y - q$ を代入して，$)$ 方程式 $y - q = f(x - p)$ のグラフになる．これは $y = f(x - p) + q$ と変形できて，この右辺は x のみで定まる．したがっ

て，関数 $x \mapsto f(x)$ のグラフを平行移動すると関数 $x \mapsto f(x-p)+q$ のグラフになる．x を独立変数，y を従属変数とする立場で表現すれば，"関数 $y=f(x)$ のグラフを平行移動すると関数 $y=f(x-p)+q$ のグラフになる"．p にはマイナスがつくのに q はプラスのまま，ととらえてしまうと符号の間違いを犯しやすいので，"$y-q=f(x-p)$ の q を移項しただけだ" ということを強調しておきたい．

x 軸方向に a 倍，y 軸方向に b 倍に拡大する変換を考える．（ただし，$a \neq 0, b \neq 0$．）方程式 $y=f(x)$ のグラフの行き先は方程式 $\dfrac{y}{b}=f\left(\dfrac{x}{a}\right)$ のグラフになる．これは $y=bf\left(\dfrac{x}{a}\right)$ と変形できるから，"関数 $y=f(x)$ のグラフを拡大すると関数 $y=bf\left(\dfrac{x}{a}\right)$ のグラフになる"．平行移動の和や差が拡大の積や商に対応する点に注意．

x 軸に関して対称移動する変換を考える．方程式 $y=f(x)$ のグラフの行き先は方程式 $-y=f(x)$ すなわち，$y=-f(x)$ のグラフになる．したがって，関数 $x \mapsto f(x)$ のグラフを対称移動すると関数 $x \mapsto -f(x)$ のグラフになる．x を独立変数，y を従属変数とする立場で表現すれば，"関数 $y=f(x)$ のグラフを x 軸に関して対称移動すると関数 $y=-f(x)$ のグラフになる"．

直線 $y=x$ に関して対称移動する変換を考える．方程式 $y=f(x)$ のグラフの行き先は方程式 $x=f(y)$ のグラフになるが，これは関数のグラフといえるだろうか．x を1つ与えたとき，$x=f(y)$ を満たす y が存在するのは，f が全単射のときで，そのとき，$y=f^{-1}(x)$ となる．したがって，"関数 $y=f(x)$ のグラフを直線 $y=x$ に関して対称移動すると関数 $y=f^{-1}(x)$ のグラフになる"．この事実は，逆関数のグラフを図示したいときによく使われる．

いろいろな変換について，表にすると次のページのとおり．

この表をそのまま暗記するのは得策ではない．方程式のグラフとみなして行き先を求めてから関数のグラフと解釈しなおした方が間違いが少ない．

また，関数 f の定義域は $\mathbb{R}$ である必要はなく，その部分集合でさえあればこの議論がそのまま使える．（移した後の定義域は f の定義域と異なるかもしれないので注意．）

変換の名称	点(X, Y)の行き先	図	関数$y=f(x)$のグラフの行き先
x軸方向にp, y軸方向にqだけ平行移動	点$(X+p, Y+q)$		関数$y=f(x-p)+q$のグラフ
x軸に関して対称移動	点$(X, -Y)$		関数$y=-f(x)$のグラフ
y軸に関して対称移動	点$(-X, Y)$		関数$y=f(-x)$のグラフ
原点に関して対称移動	点$(-X, -Y)$		関数$y=-f(-x)$のグラフ
点(a, b)に関して対称移動	点$(2a-X, 2b-Y)$		関数$y=2b-f(2a-x)$のグラフ
直線$y=c$に関して対称移動	点$(X, 2c-Y)$		関数$y=2c-f(x)$のグラフ
直線$x=c$に関して対称移動	点$(2c-X, Y)$		関数$y=f(2c-x)$のグラフ
直線$y=x$に関して対称移動	点(Y, X)		方程式$x=f(y)$のグラフ（fが全単射なら関数$y=f^{-1}(x)$のグラフ）
x軸方向にa倍, y軸方向にb倍に拡大$(a \neq 0, b \neq 0)$	点(aX, bY)		関数$y=bf\left(\dfrac{x}{a}\right)$のグラフ
原点のまわりに90度回転	点$(-Y, X)$		方程式$-x=f(y)$のグラフ
原点のまわりに-90度回転	点$(Y, -X)$		方程式$x=f(-y)$のグラフ

> **例**
>
> $f : \mathbb{R} \to \mathbb{R}$, $f : x \mapsto 2x$ のグラフを y 軸方向に 1 だけ平行移動すると, $x \mapsto f(x) + 1$ すなわち, $x \mapsto 2x + 1$ という関数のグラフになる.
>
> 方程式のグラフと解釈すると, 移動前は方程式 $y = 2x$ のグラフで, 平行移動すると方程式 $y - 1 = 2x$ のグラフ, すなわち, 関数 $y = 2x + 1$ のグラフになるわけだ.

> **例**
>
> $f : \mathbb{R} \to \mathbb{R}$, $f : x \mapsto 2x$ のグラフを x 軸方向に $-\frac{1}{2}$ だけ平行移動すると, $x \mapsto f\left(x - \left(-\frac{1}{2}\right)\right)$ すなわち, $x \mapsto 2\left(x + \frac{1}{2}\right)$ という関数のグラフになる.
>
> 方程式のグラフと解釈すると, 移動前は方程式 $y = 2x$ のグラフで, 平行移動すると方程式 $y = 2\left(x - \left(-\frac{1}{2}\right)\right)$ のグラフ, すなわち, 関数 $y = 2x + 1$ のグラフになるわけだ.

> **例**
>
> $f : \mathbb{R} \to \mathbb{R}$, $f(x) = x^4 - 2x^2 + 1$ のグラフを y 軸に関して対称移動すると, $x \mapsto f(-x)$ のグラフになる.
>
> $$f(-x) = (-x)^4 - 2(-x)^2 + 1 = x^4 - 2x^2 + 1 = f(x).$$
>
> よって, 対称移動の後も f のグラフになる.
>
> したがって, f のグラフを図示すると y 軸に関して対称な図形になることがわかる. 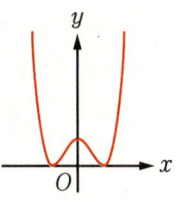
>
> このように, $f(-x) = f(x)$ がすべての x に対して成り立つとき, f を **偶関数**(ぐうかんすう) という.

> **例**
>
> $f : \mathbb{R} \to \mathbb{R}$, $f(x) = x^3 - 3x$ のグラフを原点に関して対称移動すると, $x \mapsto -f(-x)$ のグラフになる.
>
> $$-f(-x) = -((-x)^3 - 3(-x)) = x^3 - 3x = f(x).$$
>
> よって, 対称移動の後も f のグラフになる.
>
> したがって, f のグラフを図示すると原点に関して対称な図形になることがわかる. 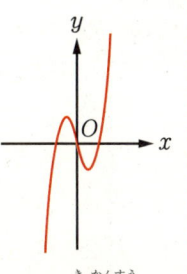
>
> このように, $f(-x) = -f(x)$ がすべての x に対して成り立つとき, f を **奇関数**(きかんすう) という.

例 $f: \{x|x \geqq 0\} \to \mathbb{R}, f(x) = \frac{1}{2}x^2$ のグラフを直線 $y = x$ に関して対称移動する．移動前は方程式 $y = f(x)$ のグラフなので，移動後は方程式 $x = f(y)$ のグラフになる．これは関数のグラフとみなせるだろうか．

x を与えたとき，$x = \frac{1}{2}y^2$ を満たす y が1つ定まるかどうかが問題なのだが，この y は f の定義域 $\{x|x \geqq 0\}$ から探すのだから，$y \geqq 0$ でなければならないことに注意する．

残念ながら，f は単射だが全射ではないので，逆関数 f^{-1} は存在しない．（$x < 0$ のとき，$f(t) = x$ となる t は存在しないので $f^{-1}(x)$ が定義できない．）一方，f の値域は $\{y|y \geqq 0\}$ なので，$\tilde{f}: \{x|x \geqq 0\} \to \{y|y \geqq 0\}, \tilde{f}(x) = \frac{1}{2}x^2$ は全単射になり，f のグラフと $\tilde{f}$ のグラフは一致する．そして，$\tilde{f}$ のグラフを直線 $y = x$ に関して対称移動すると $\tilde{f}^{-1}$ のグラフになる．（f の値域が $\tilde{f}^{-1}$ の定義域になり，f の定義域が $\tilde{f}^{-1}$ の値域になる．）

$x \geqq 0, y \geqq 0$ の下では，

$$y = \tilde{f}^{-1}(x) \iff x = \tilde{f}(y) \iff x = \frac{1}{2}y^2 \iff y^2 = 2x \iff y = \sqrt{2x}.$$

したがって，$\tilde{f}^{-1}(x) = \sqrt{2x}$．

以上をまとめると，f のグラフを直線 $y = x$ に関して対称移動すると，$\tilde{f}^{-1}$ のグラフになる．

（ただし，$\tilde{f}^{-1}: \{x|x \geqq 0\} \to \{y|y \geqq 0\}, \tilde{f}^{-1}(x) = \sqrt{2x}$．）

独立変数に x，従属変数に y を使う立場で関数を表現すると，"関数 $y = \frac{1}{2}x^2$（$x \geqq 0$）のグラフを直線 $y = x$ に関して対称移動すると，関数 $y = \sqrt{2x}$（$x \geqq 0$）のグラフになる"．

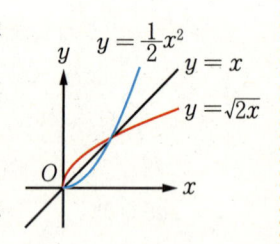

問題 292 ●関数 $y = x^2 + 2x + 3$ のグラフを G とする．G を次のように移動したとき，どのような関数のグラフになるか．

答 p.20

(1) G を x 軸方向に 2，y 軸方向に -1 だけ平行移動．
(2) G を原点に関して対称移動．
(3) G を y 軸に関して対称移動．
(4) G を x 軸に関して対称移動．
(5) G を点 $(2, -1)$ に関して対称移動．
(6) G を直線 $y = 2$ に関して対称移動．
(7) G を x 軸方向に 2 倍，y 軸方向に 3 倍に拡大．

問題 293 答 p.20
● 関数 $y=3x$ のグラフを次のように移動すると，どのような関数のグラフになるか．
(1) x 軸方向に 3，y 軸方向に 1 だけ平行移動．
(2) x 軸方向に 3，y 軸方向に 1 だけ平行移動した後で，y 軸に関して対称移動．
(3) y 軸に関して対称移動した後で，x 軸方向に 3，y 軸方向に 1 だけ平行移動．

問題 294 答 p.20
● 次の問いに答えよ．
(1) 関数 $y=3x$ のグラフを y 軸方向に q だけ平行移動すると関数 $y=3x+6$ のグラフになる．実数定数 q を求めよ．
(2) 関数 $y=3x$ のグラフを x 軸方向に p だけ平行移動すると関数 $y=3x+6$ のグラフになる．実数定数 p を求めよ．

問題 295 答 p.20
● 次の問いに答えよ．
(1) 関数 $y=\dfrac{2}{x}$ （定義域は $\{x|x \neq 0\}$）のグラフを x 軸方向に 3，y 軸方向に 1 だけ平行移動するとどのような関数のグラフになるか．
(2) 関数 $y=\dfrac{2}{x+1}+3$ （定義域は $\{x|x \neq -1\}$）のグラフは関数 $y=\dfrac{2}{x}$ （定義域は $\{x|x \neq 0\}$）のグラフをどのように平行移動したものか．

問題 296 答 p.21
● 次の問いに答えよ．
(1) 関数 $y=\sqrt{2x}$ （定義域は $\{x|x \geq 0\}$）のグラフを x 軸方向に 3，y 軸方向に 1 だけ平行移動するとどのような関数のグラフになるか．
(2) 関数 $y=\sqrt{2x+6}+1$ （定義域は $\{x|x \geq -3\}$）のグラフは関数 $y=\sqrt{2x}$ （定義域は $\{x|x \geq 0\}$）のグラフをどのように平行移動したものか．

放課後の談話

生徒「いろんな移動が代入だけでできてしまうなんて魔法のようですね．」
先生「第 11 章で関数の値域を求める手法を学んだが，実はその中に図形の移動の話も含まれていたんだ．」
生徒「移動といってもしょせんは $\mathbb{R}^2$ から $\mathbb{R}^2$ への関数にすぎないからですね．」
先生「図形がただの数式として表現できている点がすごいんだ．幾何では，直線上の点の順序や，直線に関して点がどちら側にあるか，といった議論は難しいが，これらは数式にしてみればただの不等式だ．第 14 章で学ぶが，2 直線の交点は連立方程式の解なので，交点の有無やその相対的位置などがあっという間に処理できてしまう．」
生徒「ユークリッド幾何で苦労して勉強する必要がないということですか．昔は"幾何に王道なし"といって，王様でも苦労しないと習得できないと言われていたのに．」
先生「数式を変形すれば幾何の結果は確かに得られるが，ユークリッド幾何を学ぶことによって身につく図形的な感性は別だ．やはり地道に図形と格闘する必要はあるだろう．」

第5節　関数の変化率

1 平均の変化の割合

　この節の内容は"グラフ"と直接の関係はないが，第13章～第15章のいずれにも登場する点，$\mathbb{R}$から$\mathbb{R}$への関数についての話である点を考慮して，ここで扱うことにする．

　関数$f : \mathbb{R} \to \mathbb{R}$，$f(x) = x^2$のグラフを図示すると右図のようになる．

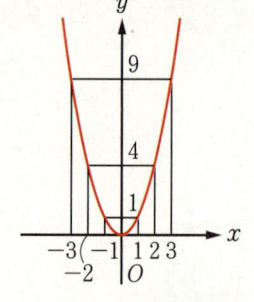

　xの値を増加させるとき，$x < 0$では$f(x)$の値は減少し，$x > 0$では$f(x)$の値は増加していくことがわかる．しかも，その変化は$|x|$が大きいほど激しい．

　この直感的イメージを数値化できないだろうか．

　xが1から2まで増加するとき，yは1から4まで変化しているので，3だけ増加したことになる．一方，xが2から3まで増加するとき，yは4から9まで変化しているので，5だけ増加したことになる．xが同じだけ増加しているのにyの増加する量が異なる，ということが変化の激しさの違いを表しているわけだ．もちろん，xの増加する量を同じものにそろえてからでないと比較できない．

　これを一般化しよう．

　関数fが与えられたとき，xがx_1からx_2まで変化するとき，$x_2 - x_1$を**xの増加量，増分**という．このときの$f(x)$は$f(x_1)$から$f(x_2)$まで変化するが，$f(x_2) - f(x_1)$を**$f(x)$の増加量，増分**という．独立変数にx，従属変数にyを使うという立場では$y = f(x)$となるが，$y_1 = f(x_1)$，$y_2 = f(x_2)$とするとき，$y_2 - y_1$を**yの増加量，増分**という．

　（増加量が負のときは，増加せずに減少していることを表す．）

　x, yの増加量をそれぞれ$\Delta x, \Delta y$と表記することがある．

　（Δはdifferenceの頭文字Dに対応するギリシア文字．）

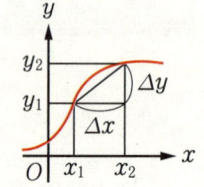

　$x_1 \neq x_2$のとき，$\dfrac{\Delta y}{\Delta x} = \dfrac{y_2 - y_1}{x_2 - x_1} = \dfrac{f(x_2) - f(x_1)}{x_2 - x_1}$を（$x$が$x_1$から$x_2$まで変化するときの）**（平均の）変化の割合，平均変化率**という．この値はxが1だけ増加するごとにyが（平均的に）どれだけ増加するか，ということを表している．x_1とx_2の間で一定のスピードで増加しているとは限らないが，（途中の細かい変化は無視して）その最初と最後の値だけから計算して，大雑把な傾向をつかもうとしているわけだ．x_1やx_2を変えれば，同じ関数fの違う部分に注目することになるから，当然ながら変化の割合も普通は異なる値になる．$x_1 < x_2$として，xの値を（x_1からx_2まで）大きくしていくとき，関数の値$f(x)$が増加するなら変化の割合は正に，減少するなら変化の割合は負になる．また，変化の割合の絶対値が大きいほど（その付近で）$f(x)$の変化も激しいことになる．

例

$f : \mathbb{R} \to \mathbb{R}$, $f(x) = x^2$ を考える．

□ x が 1 から 2 まで変化するとき，x の増加量 Δx は $2-1=1$.
$f(x)$ の増加量 Δy は $f(2)-f(1)=2^2-1^2=3$.
したがって，変化の割合は $\dfrac{\Delta y}{\Delta x} = \dfrac{3}{1} = 3$.

□ x が 2 から 3 まで変化するとき，x の増加量 Δx は $3-2=1$.
$f(x)$ の増加量 Δy は $f(3)-f(2)=3^2-2^2=5$.
したがって，変化の割合は $\dfrac{\Delta y}{\Delta x} = \dfrac{5}{1} = 5$.

□ $x_1 \neq x_2$ として，x が x_1 から x_2 まで変化するとき，x の増加量 Δx は $x_2 - x_1$.
$f(x)$ の増加量 Δy は $f(x_2) - f(x_1) = x_2^2 - x_1^2$.
したがって，変化の割合は $\dfrac{\Delta y}{\Delta x} = \dfrac{x_2^2 - x_1^2}{x_2 - x_1} = \dfrac{(x_2+x_1)(x_2-x_1)}{x_2-x_1} = x_1 + x_2$.

問題 297
● $f : \mathbb{R} \to \mathbb{R}$, $f(x) = x^2$ を考える．
(1) x が 1 から 3 まで変化するとき，x の増加量 Δx を求めよ．
(2) x が 1 から 3 まで変化するとき，$f(x)$ の増加量 Δy を求めよ．
(3) x が 1 から 3 まで変化するとき，変化の割合 $\dfrac{\Delta y}{\Delta x}$ を求めよ．
(4) x が 2 から 4 まで変化するときの変化の割合を求めよ．
(5) x が 3 から 1 まで変化するときの変化の割合を求めよ．

問題 298
● 車でまっすぐな道を S 地点から G 地点まで走った．出発してから x 分後の位置がスタート地点から y km のとき，x と y の関係は右図のようになった．
ただし，出発してから 3 分後と 5 分後の間は用事のために P 地点で停車していた．
SP 間は 2 km，PG 間は 3 km ある．
(1) $x=5$ から $x=10$ までの変化の割合を求めよ．
(2) $x=0$ から $x=10$ までの変化の割合を求めよ．

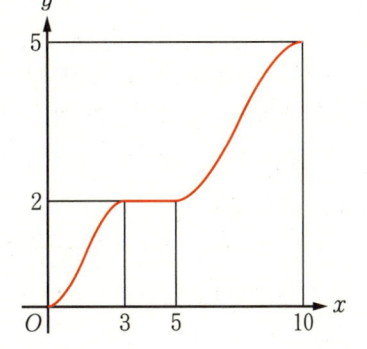

問題 299
● 関数 $y=2x+1$ について，次の問いに答えよ．
(1) x が 1 から 3 まで変化するときの変化の割合を求めよ．
(2) $x_1 \neq x_2$ とするとき，x が x_1 から x_2 まで変化するときの変化の割合を求めよ．

問題 300
● 関数 $f : \mathbb{R} \to \mathbb{R}$, $f(x) = x^3$ について，x が x_1 から x_2 まで変化するときの変化の割合を求めよ．ただし，$x_1 \neq x_2$ とする．

問題 301 ● 関数 $f:\{x|x>0\} \to \mathbb{R}$, $f(x)=\dfrac{1}{x}$ について，x が x_1 から x_2 まで変化するときの変化の割合を求めよ．ただし，$x_1>0$, $x_2>0$, $x_1 \neq x_2$ とする．

答 p.21

2 ● 1点における変化の割合

物体が数直線上を一方向に動くとき，x を時刻，y を位置とすると，x の増加量 Δx は経過時間で，y の増加量 Δy はその間に動いた距離になる．平均の変化の割合 $\dfrac{\Delta y}{\Delta x}$ は移動距離を時間でわるので "平均の速さ" を表すことになり，変化の激しさという意味で日常的な感覚にも合っている．

ところで，物体が一定の速さで動いていれば問題ないのだが，現実には速さは刻一刻と変化しているだろう．では，"平均の速さ" ではなくただの "速さ" とは何だろうか．車には速度計がついており，例えば "たった今，時速が 50 km に到達した" という表現が日常的に使われるので，"ある瞬間の速さ" というものが考えられるはずだ．

例えば "8 時における速さ" という表現は何を表すのだろうか．移動距離を時間でわろうと思っても，8 時ちょうどを考えるだけでは時間が経過しておらず，したがってその間の移動距離も 0 となり，$\dfrac{(移動距離)}{(時間)}=\dfrac{0}{0}$ というわけのわからないことになってしまう．分母が 0 になるのを避けるためには，8 時だけでなく，8 時の少し前や少し後での位置も把握しておく必要があるわけだ．例えば 7 時 59 分から 8 時 1 分までなら 2 分経過しており，その間に移動した距離を 2 分でわることによって，その 2 分間での平均の速さがわかる．さらに 7 時 59 分 40 秒から 8 時 0 分 20 秒までなら 40 秒経過しており，その間に移動した距離を 40 秒で割ることによって，その 40 秒間での平均の速さがわかる．これを続けて時間を短くしていき，8 時のほんの少し前から 8 時のほんの少し後までの平均の速さを考えれば，究極的には "8 時における速さ" とよぶにふさわしいものが得られる．

要するに，時間を 0 にしてからわるのは具合が悪いので，先にわって平均の速さにしてから時間を 0 に近づける．"近づけた結果の究極の姿" というのは直感的で怪しいが，数学で "極限"，"limit" という概念で厳密に意味づけできるので問題ない．

速さでない場合にも適用できるように，この話を一般化しよう．

関数 f が与えられたとき，x が x_1 から x_2 まで変化するときの変化の割合を $\dfrac{\Delta y}{\Delta x}$ とする．x_1 と x_2 をともに限りなく a に近づけたときに $\dfrac{\Delta y}{\Delta x}$ がある値に限りなく近づくならば，その値を $x=a$ における **変化率** といい，$f'(a)$ や $\dfrac{dy}{dx}$ と表記する．

参考 f から $f'(a)$ を求める操作を **微分** といい，$f'(a)$ を **微分係数** ともいう．"変化率" と "変化の割合" は訳し方の違いにすぎず，同じ意味とみなしてよいはずだが，なぜか日本では "変化の割合" は "平均の変化の割合" の意味で使うことが多い．また，$\dfrac{f(x_2)-f(x_1)}{x_2-x_1}$ を **差商**, difference quotient, **ニュートン商**, Newton quotient とよぶこともある．

> **例**
>
> $f(x) = x^2$ で表される関数 f を考える。x が x_1 から x_2 まで変化するときの（平均の）変化の割合は $\dfrac{\Delta y}{\Delta x} = \dfrac{x_2^2 - x_1^2}{x_2 - x_1} = x_1 + x_2$ である。ここで x_1 と x_2 をともに同じ数 a に近づけると、$\dfrac{\Delta y}{\Delta x}$ は $a + a = 2a$ に近づく。したがって、"$x = a$ における変化率は $2a$ である" ということができる。
>
> 例えば $a = 2$ であれば、$x = 2$ における変化率は 4 であり、$x = 2$ の近くでは、x が 1 増えるごとに大体 $f(x)$ が 4 くらい増えることになる。

問題 302 ●次の関数において、$x = a$ における変化率をそれぞれ求めよ。

(1) $f : \mathbb{R} \to \mathbb{R}, \ f(x) = 2x + 1$.

(2) $f : \mathbb{R} \to \mathbb{R}, \ f(x) = x^3$.

(3) $f : \{x \mid x > 0\} \to \mathbb{R}, \ f(x) = \dfrac{1}{x}$. （ただし、$a > 0$ とする。）

放課後の談話

生徒「"近づける" というのは数学にしてはずいぶん曖昧ですね。」

先生「イメージしやすいように日常用語で表現しているだけで、数学的に厳密に意味づけできる。簡単に言うと、"どんな限界を提示されてももっと近いところで議論できる" という感じだ。限界をどんどん小さいものに取り替えられるという形で "だんだん" 近づくということを表現している。」

生徒「なんだかよくわかりませんね。近づけるというのは、代入とは違うんですか。」

先生「多項式は "連続関数" というものなので、近づけることと代入することは同じだ。しかし、分数の分母に 0 は代入できない。したがって、$\dfrac{\Delta y}{\Delta x}$ において、Δx に 0 を代入できず、"0 に近づける" ことしかできない。」

生徒「でも結局、実際の計算は代入しているだけに見えます。」

先生「$\dfrac{\Delta y}{\Delta x}$ のままでは代入できない。約分した結果、分母が 0 の付近でなくなったら堂々と代入できる。」

column 02
統計：度数分布表

データが多いときは，いくつかの **階級** に分類し，属するデータ数（**度数**）を表にする．
例えば，50 人の生徒の点数が次のようであったとする．

階級	階級値	度数	相対度数	累積度数	累積相対度数
0 点以上 20 点未満	10	2	0.04	2	0.04
20 点以上 40 点未満	30	4	0.08	6	0.12
40 点以上 60 点未満	50	10	0.20	16	0.40
60 点以上 80 点未満	70	22	0.44	38	0.76
80 点以上 100 点未満	90	12	0.24	50	1.00
合計		50	1.00		

このような表を **度数分布表** という．階級の両端の値の平均が **階級値** で，階級の代表値として計算に使われる．**累積度数** はその階級までの度数の和である．**相対度数** や **累積相対度数** は，全体が 1 になるようにデータの総数でわり算をした結果である．度数分布表を視覚化するとわかりやすい．左下図は **ヒストグラム**，**柱状グラフ** である．（これを折れ線グラフにした **度数分布多角形** というものもある．）右下図は **累積相対度数グラフ** であり，ヒストグラムにおいて縦軸に平行な直線を考えたときにその左側の面積がどれくらいの割合を占めるか，を表している．

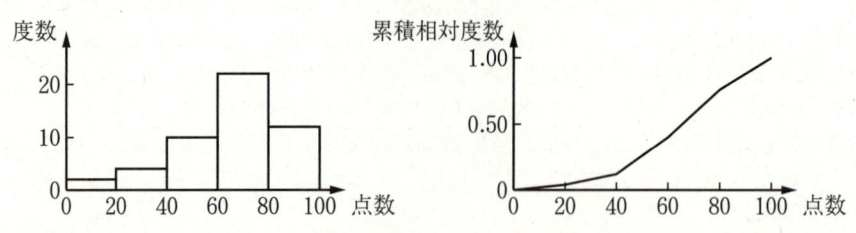

累積相対度数グラフにおいて，累積相対度数が 0.25, 0.50, 0.75 のときの点数がそれぞれ第 1 四分位点，メディアン，第 3 四分位点である．この例のメディアンは，60 点と 80 点の間を $(0.50 - 0.40) : (0.76 - 0.50) = 5 : 13$ に分けて，$60 + 20 \times \dfrac{5}{5+13} = 65.55\cdots$ 点である．

モードは，度数分布表で最も度数が多い階級の階級値をとって，70 点である．

平均，分散，標準偏差は，その階級のデータがすべて階級値をとったとして計算する．変数 x, u, 定数 a, b（ただし，$a \ne 0$）が $x = au + b$ を満たすとき，x の平均 $\bar{x}$ と分散 S_x^2, u の平均 $\bar{u}$ と分散 S_u^2 は $\bar{x} = a\bar{u} + b$, $S_x^2 = a^2 S_u^2$ を満たす．$a = 20$（階級の"幅"），$b = 70$ として計算しよう．

階級値 x	u	度数 f	uf	$u^2 f$
10	-3	2	-6	18
30	-2	4	-8	16
50	-1	10	-10	10
70	0	22	0	0
90	1	12	12	12
合計		50	-12	56

$$\begin{cases} \bar{u} = \dfrac{(uf \text{ の合計})}{(f \text{ の合計})} = \dfrac{-12}{50} = -0.24 \\ S_u^2 = (u^2 \text{ の平均}) - (u \text{ の平均})^2 = \dfrac{56}{50} - \bar{u}^2 = 1.0624. \end{cases}$$

よって，$\bar{x} = 20\bar{u} + 70 = 65.2$, $S_x^2 = 20^2 S_u^2 = 424.96$. x の標準偏差は $S_x = \sqrt{S_x^2} = 20.61\cdots$.

第 2 部

様々な関数

第 13 章　比例と反比例

第 14 章　1次関数

第 15 章　2次関数

第13章 比例と反比例

▶ 関数の例として比例と反比例を扱う．簡単な関数なので，日常でもよく見かける．特に，比例は（その仲間の定数関数や1次関数と並んで）人間が生まれながらにして "感じられる" ほぼ唯一の関数ではないか，と思う．

要点のまとめ

- 比例定数 a の（正）比例関数とは，$x \mapsto ax$ という関数のことである．
- f を比例関数とすると，任意の c, x, x_1, x_2 に対して，
  $$f(cx) = cf(x), \ f(x_1 + x_2) = f(x_1) + f(x_2).$$
  また，$x_2 \neq 0$ ならば $\dfrac{f(x_1)}{f(x_2)} = \dfrac{x_1}{x_2}$．
- 比例関数は $\mathbb{R}$ から $\mathbb{R}$ への関数として全単射である．
  比例定数 a の比例関数の逆関数は比例定数 $\dfrac{1}{a}$ の比例関数である．
- 比例関数 $y = ax$ のグラフは，原点を通る傾き a の直線．
  $a > 0$ ならば右上がり，$a < 0$ ならば右下がり．
- 比例関数 $y = ax$ の変化の割合は a．
- a を 0 でない実数定数として，変数 x, y が $y = ax$ を満たすとする．
  (i) $a > 0$ のとき，x の変域が $p \leqq x \leqq q$ ならば，y の変域は $ap \leqq y \leqq aq$．
  (ii) $a < 0$ のとき，x の変域が $p \leqq x \leqq q$ ならば，y の変域は $aq \leqq y \leqq ap$．
- 比例定数 a の反比例関数とは，$x \mapsto \dfrac{a}{x}$ という関数のことである．
- f を反比例関数とすると，任意の c, x, x_1, x_2 に対して，
  $c \neq 0$ ならば $f(cx) = \dfrac{1}{c} f(x)$．
  また，$x_1 \neq 0$ かつ $x_2 \neq 0$ ならば $\dfrac{f(x_1)}{f(x_2)} = \dfrac{x_2}{x_1}$．
- 反比例関数は $\mathbb{R} \setminus \{0\}$ から $\mathbb{R} \setminus \{0\}$ への関数として全単射である．
  比例定数 a の反比例関数の逆関数は比例定数 a の反比例関数である．
- 反比例関数 $y = \dfrac{a}{x}$ のグラフは，x 軸と y 軸を漸近線とする直角双曲線．
  $a > 0$ ならばグラフは右下がりで第 1 象限と第 3 象限にあり，$a < 0$ ならばグラフは右上がりで第 2 象限と第 4 象限にある．
- a を 0 でない実数定数として，変数 x, y が $y = \dfrac{a}{x}$ を満たすとする．
  $p < q < 0 < r < s$ とする．
  (i) $a > 0$ のとき，
    x の変域が $p \leqq x < 0$ ならば，y の変域は $y \leqq \dfrac{a}{p}$．
    x の変域が $x \leqq q$ ならば，y の変域は $\dfrac{a}{q} \leqq y < 0$．
    x の変域が $0 < x \leqq s$ ならば，y の変域は $\dfrac{s}{q} \leqq y$．

x の変域が $r \leqq x$ ならば，y の変域は $0 < y \leqq \dfrac{a}{r}$．

(ii) $a < 0$ のとき

x の変域が $p \leqq x < 0$ ならば，y の変域は $\dfrac{a}{p} \leqq y$．

x の変域が $x \leqq q$ ならば，y の変域は $0 < y \leqq \dfrac{a}{q}$．

x の変域が $0 < x \leqq s$ ならば，y の変域は $y \leqq \dfrac{a}{s}$．

x の変域が $r \leqq x$ ならば，y の変域は $\dfrac{a}{r} \leqq y < 0$．

第1節 比例関数

1 比例の定義

> **例**
> 分速 80 m で x 分間進んだときの移動距離を y m とすると，$y = 80x$．例えば $x = 4$ のとき $y = 320$ となるので，4分間進んだときは 320 m 移動したことになる．また，$y = 400$ となるのは $x = 5$ のときなので，400 m 移動するには5分間かかることになる．
>
> ここでは，x, y は正の実数を動くと考えるのが自然であろう．正の実数全体の集合を S とするとき，S の要素 x に対して S の要素 y を対応させていることになる．この関数を f と名づけると，
> $$f : S \to S, \qquad f : x \mapsto 80x \;(\text{すなわち，}f(x) = 80x)$$
> である．x の行き先が y ならば $y = f(x)$，すなわち，$y = 80x$ になるわけだ．上の数値例は，$f(4) = 320$ や $f^{-1}(400) = 5$ という事実に対応している．

$x \mapsto ax$ という関数を **(正) 比例関数**，**(directly) proportional function** という．（ただし，a は0でない実数定数．）定義域の変数を x，値域の変数を y とするとき，x と y の間には $y = ax$ という関係が成り立つが，このとき，y は x に **(正) 比例する** という．$y \propto x$ と表記することもある．また，定数 a を **比例定数** という．

関数 $x \mapsto ax$ において $a = 0$ のときは，関数 $x \mapsto 0$ であり，どのような入力に対しても 0 という値を返す関数となる．このような関数を比例関数とみなすこともあるが，本書では比例関数に含めないことにする．

問題 303 ●関数 f は比例定数が 6 の比例関数である．
(1) $f(x)$ を求めよ．　　(2) $f(7)$ を求めよ．
(3) $f(t) = 7$ となる t を求めよ．

答 p.22

問題 304 （答 p.22）

● 2変数 x, y について，y は x に比例するという．$x = 4$ のとき $y = -5$ であった．
(1) y を x の式で表せ．
(2) $x = 5$ のときの y の値を求めよ．
(3) x の値がいくつのときに $y = 10$ となるか．

2 比例関数の簡単な性質

比例関数の性質

f を比例関数とすると，次のことがらが成り立つ．
(1) 任意の c, x に対して，$f(cx) = cf(x)$．
(2) 任意の x_1, x_2 に対して，$f(x_1 + x_2) = f(x_1) + f(x_2)$．
(3) 任意の x_1, x_2 に対して，$x_2 \neq 0$ ならば $\dfrac{f(x_1)}{f(x_2)} = \dfrac{x_1}{x_2}$．

【証明】
比例定数を a とすると，$f(x) = ax$ である．
(1) $f(cx) = a(cx) = (ac)x = (ca)x = c(ax) = cf(x)$．
(2) $f(x_1 + x_2) = a(x_1 + x_2) = ax_1 + ax_2 = f(x_1) + f(x_2)$．
(3) $\dfrac{f(x_1)}{f(x_2)} = \dfrac{ax_1}{ax_2} = \dfrac{x_1}{x_2}$．■

(1) と (2) は **線形性**，**linearity**（古くは **線型性**）とよばれる性質であり，比例関数が和や定数倍と相性が良いことを表している．この2つを組み合わせると，$f(x_1 - x_2) = f(x_1) + f(-x_2) = f(x_1) + (-1)f(x_2) = f(x_1) - f(x_2)$ だから，比例関数は差とも相性が良い．

(3) は，比例関数で比が保たれることを表しており，わり算表記を比の表記に変えると $f(x_1) : f(x_2) = x_1 : x_2$ となる．したがって，x の値が2倍，3倍，... になれば $f(x)$ の値は2倍，3倍，... になる．

例

$f(x) = 80x$ とすると，$f(2) = 160$，$f(4) = 320$，$f(6) = 480$．
$f(3 \cdot 2) = 3f(2)$，$f(2 + 4) = f(2) + f(4)$，$\dfrac{f(6)}{f(2)} = \dfrac{6}{2}$ が確かに成り立っている．

注意 $f(x) = ax$ のとき，一般には $f(x_1 x_2) \neq f(x_1)f(x_2)$ である．（なぜならば，$f(x_1 x_2) = ax_1 x_2$，$f(x_1)f(x_2) = a^2 x_1 x_2$ だから．）
もちろん，一般には $f\left(\dfrac{x_1}{x_2}\right) \neq \dfrac{f(x_1)}{f(x_2)}$ でもある．

> 比例関数は $\mathbb{R}$ から $\mathbb{R}$ への関数として全単射である．
> 比例定数 a の比例関数の逆関数は，比例定数 $\dfrac{1}{a}$ の比例関数である．

【証明】
$f : \mathbb{R} \to \mathbb{R}$, $f(x) = ax$ とする．$(a \neq 0.)$
まず，f が単射であることを証明する．
$f(x_1) = f(x_2)$ とすると，$ax_1 = ax_2$ より，$x_1 = x_2$. したがって，f は単射．
次に，f が全射であることを証明する．
$y \in \mathbb{R}$ を与えられたとき，$f(x) = y$ となる x を求めたい．
$ax = y$ となってほしいのだから，$x = \dfrac{1}{a} y$ とすればよい．
$f\left(\dfrac{1}{a} y\right) = y$ より，f は全射．
f は全射かつ単射なので，全単射である．
全単射ゆえに f の逆関数 f^{-1} が存在して，

$$y = f^{-1}(x) \iff x = f(y) \iff x = ay \iff y = \dfrac{1}{a} x.$$

よって，$f^{-1}(x) = \dfrac{1}{a} x$. 確かに $f^{-1}(x)$ は比例定数 $\dfrac{1}{a}$ の比例関数になっている．∎

要するに，a 倍してから $\dfrac{1}{a}$ 倍すればもとに戻るし，先に $\dfrac{1}{a}$ 倍してから a 倍するとやはりもとに戻るわけだ．また，<u>y が x に比例するならば，x が y に比例する</u>，ということでもある．

問題 305 ● f が比例定数 a の比例関数，g が比例定数 b の比例関数ならば，f と g の合成 $f \circ g$ は比例定数 ab の比例関数であることを証明せよ．
答 p.22

3 ● 比例関数のグラフ

例
$f : \mathbb{R} \to \mathbb{R}$, $f : x \mapsto 2x$ とすると，f は比例定数が 2 の比例関数である．
f のグラフは集合 $\{(x, 2x) \mid x \in \mathbb{R}\} = \{(x, y) \in \mathbb{R}^2 \mid y = 2x\}$ である．
独立変数に x，従属変数に y を使うという立場からは，この"関数 f"を"関数 $y = 2x$"ということがあり，そのグラフは"関数 $y = 2x$ のグラフ"ということになる．
また，これは"方程式 $y = 2x$ のグラフ"でもある．
f のグラフを図示すると，右図．

> $f : \mathbb{R} \to \mathbb{R}$, $x \mapsto ax$ のグラフは，原点を通る直線である．

　本来は，"直線" とは何か，がハッキリしないとこの主張は意味をなさないのだが，ここで直線の公理を述べてチェックするのは大変である．そこで，ここでは，座標平面における直線，長さ，角，線分などの言葉の意味を深く追求せず，三角形の相似（あるいは平行線と比の関係）に基づいてこの主張を考察しよう．以下の証明では，原点を通る"直線"は x 軸とのなす角によって決定される，という事実を使う．（厳密には，"座標平面内の集合のうち，1次方程式のグラフとして表せるものを直線という" と定義すると，幾何の公理の煩わしさを避けつつ3次元や4次元以上にも拡張できる理論になる．）

【$a > 0$ のときの証明】
$f : \mathbb{R} \to \mathbb{R}$, $x \mapsto ax$ のグラフを G とすると，$G = \{(x, y) \mid y = ax\}$ である．集合 G を xy 平面上に図示したものが直線だ，ということを証明したい．

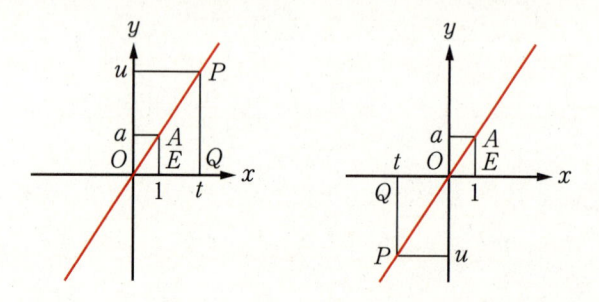

点 $A(1, a)$ と原点 $O(0, 0)$ とを通る直線を L とするとき，$G = L$ を証明する．
$E(1, 0)$ とすると，$OE = 1$, $AE = a$ である．
点 $P(t, u)$ に対して点 $Q(t, 0)$ を考えると，直線 PQ と直線 AE は平行である（どちらも y 軸に平行なため）．

(i) 点 P が第1象限にある，すなわち，$t > 0$ かつ $u > 0$ のとき，$OQ = t$, $PQ = u$.

　(I) $P \in G$ とする．
　　　G の定義より，$u = at$ が成り立つ．$OQ : PQ = t : u = 1 : a = OE : AE$ だから，三角形 OAE と三角形 OPQ は相似であり，角 AOE と角 POQ は等しい．したがって，直線 OA と直線 OP は一致し，$P \in L$ となる．

　(II) $P \in L$ とする．
　　　三角形 OAE と三角形 OPQ は相似なので，$OQ : PQ = OE : AE$ である．$t : u = 1 : a$ となるので，$u = at$ が成り立つ．したがって，$P \in G$.

　(I) と (II) をあわせて，第1象限においては "$P \in G \iff P \in L$" なので，$G = L$.

(ii) 点 P が第3象限にある，すなわち，$t < 0$ かつ $u < 0$ のとき，$OQ = -t$, $PQ = -u$.
　点 P が第1象限にある場合と同様に，$G = L$.

(iii) 第2象限と第4象限には G の点も L の点も存在しない．
(iv) x 軸や y 軸上の点については，G と L はどちらも原点 O のみである．
(i)，(ii)，(iii)，(iv) のいずれの場合も，$G = L$. ∎

$a < 0$ のときも同様に証明できる．

次に，a が変化するとグラフがどのように変わるかを考察する．グラフは原点と点 $(1, a)$ を通る直線だから，点 $(1, a)$ がどこにあるかを考えればよいわけだ．

例 様々な a に対する $y = ax$ のグラフは右図．

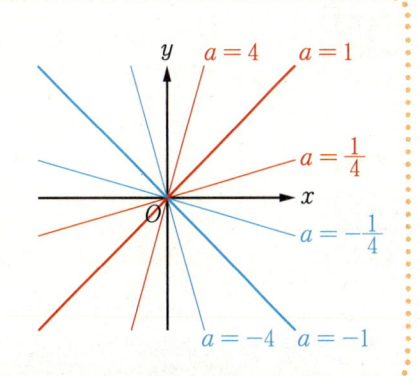

$a > 0$ ならばグラフは右上がりであり，$a < 0$ ならばグラフは右下がりである．
また，a が 0 に近いほどグラフは x 軸に近く"寝た"状態で，$|a|$ が大きいほどグラフは y 軸に近く"立った"状態である．
$a = 1$ のときと $a = -1$ のとき，グラフが x 軸や y 軸となす角度が45度になっている．
このように，a は直線がどのような角度で傾いているかを表している．

y 軸に平行でない直線 L に対して，"傾き"とよばれる数を定めよう．（ここでの直線 L は必ずしも原点を通らなくてもよい．）

右図で，PR と $P'R'$ は x 軸に平行であり，QR と $Q'R'$ は y 軸に平行である．このとき，（三角形 PQR と三角形 $P'Q'R'$ は相似だから）$QR : PR = Q'R' : P'R'$ である．このように，直線 L 上の相異なる2点 $P(x_1, y_1), Q(x_2, y_2)$ に対して，$\dfrac{y_2 - y_1}{x_2 - x_1}$ の値は一定であり，P, Q のとり方によらない．（すなわち，右図で P, Q の座標の代わりに P', Q' の座標を使って計算しても同じ値になる．）この値を直線 L の **傾き**，**勾配**，**slope**，**gradient** という．

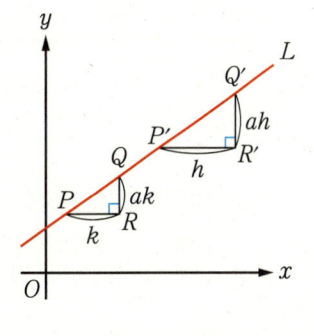

傾きは，y 座標の変化が x 座標の変化の何倍になっているか，を表す量なので，<u>x 軸方向に1だけ増加したとき，y 軸方向にどれだけ増加するか</u>，という値である．傾きが正ならば直線 L は右上がりで，傾きが負ならば直線 L は右下がりである．傾きが 0 ならば直線 L は x 軸と平行になる．なお，直線 L が y 軸に平行なときは，傾きは定義されない．（$\dfrac{y_2 - y_1}{x_2 - x_1}$ の分母

が 0 になるため．強いていえば傾きは ∞（無限大）や −∞（負の無限大）だろうか.）

比例定数が a の比例関数のグラフは原点と点 $(1, a)$ を通る直線だから，その傾きは a である．まとめると，"比例関数の比例定数は，そのグラフである直線の傾きである."

実際に比例関数のグラフを図示する問題では，傾きがわかるよう，原点以外で通る点 1 つの座標を明示するとよい．

問題 306 ●次の関数のグラフを図示せよ．
(1) $f : \mathbb{R} \to \mathbb{R}, \ x \mapsto 3x$
(2) $f : \mathbb{R} \to \mathbb{R}, \ f(x) = \dfrac{1}{2}x$
(3) $y = -3x \ (x \in \mathbb{R})$

答 p.22

問題 307 ● y は x に比例し，グラフが点 $(3, 5)$ を通る．y を x の式で表せ．

答 p.22

4 ● 比例関数の変化の割合

直線の傾きの説明を読んで，前章の変化の割合を思い出したかもしれない 12 5 1．そこで，比例関数に対して，変化の割合を計算してみよう．

比例定数を a として，$f(x) = ax$ とする．$x_1 \neq x_2$ のとき，x が x_1 から x_2 まで変化するときの f の（平均の）変化の割合は，

$$\frac{f(x_2) - f(x_1)}{x_2 - x_1} = \frac{ax_2 - ax_1}{x_2 - x_1} = \frac{a(x_2 - x_1)}{x_2 - x_1} = a.$$

計算結果に x_1 や x_2 が登場しないのは驚くべきことで，どこからどこまでを考えても（平均の）変化の割合は常に一定であり，この関数は一定の割合で変化している，といえる．そこで，比例関数については，"変化の割合" を論ずるときに，どの区間で考えているのかを指定する必要がなく，"この比例関数の変化の割合は a だ" というような使い方をする．

比例関数の "比例定数" と直線の "傾き" と関数の "変化の割合" の三者が同じ値だということは興味深い．（別の場所で見つかったものを持ち寄ったら実は同じものだった，というのは数学の醍醐味である．）逆に，この値の 3 つの解釈は分化して，"比例定数" は多項式の係数へ，"傾き" は図形における方向の概念へ，"変化の割合" は関数の値の増減の目安へ，と発展していく．

> **例**
>
> 関数 $f: x \mapsto 3x$ を考える．
> - この比例関数の比例定数は 3 なので，x の値の 3 倍が $f(x)$ の値である．
> - この関数のグラフである直線の傾きは 3 なので，グラフは原点から点 $(1, 3)$ に向かう方向（に平行）である．
> - この関数の変化の割合は 3 なので，x の値が h だけ増加すると $f(x)$ の値は $3h$ だけ増加する．

5 変域

比例関数 $x \mapsto ax$ について，これは $\mathbb{R}$ から $\mathbb{R}$ への関数としては全単射なので，定義域が $\mathbb{R}$ ならば値域も $\mathbb{R}$ である．定義域が $\mathbb{R}$ のうちの一部分ならば，値域はどのようになるだろうか．すなわち，$y = ax$ を満たす変数 x, y について，x の変域と y の変域の関係を調べたい．

> **例**
>
> 関数 $f: \{x \mid 3 < x \leqq 5\} \to \mathbb{R}$, $f: x \mapsto 2x$ の値域を V とする．
>
> $y \in V$
>
> $\iff \exists x \text{ s.t. } \begin{cases} y = 2x \\ 3 < x \leqq 5 \end{cases}$ （∵ 値域の定義）
>
> $\iff \exists x \text{ s.t. } \begin{cases} y = 2x \\ 6 < 2x \leqq 10 \end{cases}$
>
> $\iff \exists x \text{ s.t. } \begin{cases} y = 2x \\ 6 < y \leqq 10 \end{cases}$ （∵ 代入）
>
> $\iff \begin{cases} \exists x \text{ s.t. } y = 2x \\ 6 < y \leqq 10 \end{cases}$ （∵ $6 < y \leqq 10$ は x と無関係）
>
> $\iff 6 < y \leqq 10$. （∵ $y = 2x$ は x についての方程式として解をもつ）
>
> 以上より，$V = \{y \mid 6 < y \leqq 10\}$.

値域を真面目に求めるとこのようになるが，実際には $3 < x \leqq 5 \iff 6 < 2x \leqq 10$ という変形が本質的である．同様に，定義域が $\{x \mid 3 < x < 5\}$ ならば値域は $\{y \mid 6 < y < 10\}$ であるし，定義域が $\{x \mid 3 \leqq x \leqq 5\}$ ならば値域は $\{y \mid 6 \leqq y \leqq 10\}$ である．

$x \mapsto -2x$ という関数についても同じように考えて，$3 < x \leqq 5 \iff -10 \leqq -2x < -6$ なので，定義域が $\{x \mid 3 < x \leqq 5\}$ ならば値域は $\{y \mid -10 \leqq y < -6\}$ である．

$6 < 2x \leqq 10 \iff -10 \leqq -2x < -6$ だから，比例定数が負のときには不等号の向きが変わることに注意．

まとめると，次のようになる．値域を求める問題では，（いちいち上の例のような議論を繰り返さずに）この結果を利用して解答するのが現実的である．

---

a を 0 でない実数定数として，変数 x, y が $y = ax$ を満たすとする．
(i) $a > 0$ のとき
　　x の変域が $p < x < q$ ならば，y の変域は $ap < y < aq$.
　　x の変域が $p \leqq x < q$ ならば，y の変域は $ap \leqq y < aq$.
　　x の変域が $p < x \leqq q$ ならば，y の変域は $ap < y \leqq aq$.
　　x の変域が $p \leqq x \leqq q$ ならば，y の変域は $ap \leqq y \leqq aq$.
(ii) $a < 0$ のとき
　　x の変域が $p < x < q$ ならば，y の変域は $aq < y < ap$.
　　x の変域が $p \leqq x < q$ ならば，y の変域は $aq < y \leqq ap$.
　　x の変域が $p < x \leqq q$ ならば，y の変域は $aq \leqq y < ap$.
　　x の変域が $p \leqq x \leqq q$ ならば，y の変域は $aq \leqq y \leqq ap$.

グラフで視覚化すると，これらの不等式が納得しやすい．（なお，グラフを描くと理解の助けにはなるが，論理的には証明の足しにはならない．）

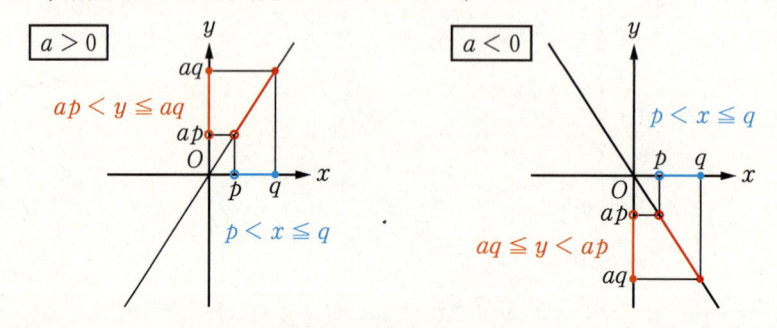

変域は集合なので，厳密には例えば "x の変域が $p < x < q$" の代わりに "x の変域が $\{x \in \mathbb{R} \mid p < x < q\}$" と表記すべきである．しかし，（ここでは $\mathbb{R}$ の部分集合しか考えないから）不等式の部分だけでどのような集合かが特定できてしまうので，"x の変域が $p < x < q$" と略記することが多い．なお，（集合としては）$\{x \in \mathbb{R} \mid p < x < q\}$ $= \{t \in \mathbb{R} \mid p < t < q\}$ であるから，"x の変域が $\{t \in \mathbb{R} \mid p < t < q\}$" と表記することもできる．したがって，不等式にどのような文字を使うか（例えば x なのか t なのかなど）に迷うが，"x の変域" ならば "$p < t < q$" でなく "$p < x < q$" を使うのが自然であろう．また，定義域の要素は x，値域の要素は y を使うという原則も必要に応じて採用することにする．

例題 $A = \{t \mid -4 \leqq t < 6\}$ とする．関数 f が $f(x) = -2x$ を満たすとする．f の定義域と値域が $\mathbb{R}$ の部分集合のとき，次の問いに答えよ．
(1) f の定義域が A のとき，値域を求めよ．
(2) f の値域が A のとき，定義域を求めよ．

解
(1) $-4 \leqq x < 6 \iff -12 < -2x \leqq 8$ より，値域は $\{y \mid -12 < y \leqq 8\}$．
(2) $-4 \leqq -2x < 6 \iff -3 < x \leqq 2$ より，定義域は $\{x \mid -3 < x \leqq 2\}$．

厳密には，前の例で存在記号（∃）を使って論証したように，値域や定義域といった集合を特定するのにはかなり面倒な議論が必要なところである．しかし，上でまとめたとおり，比例関数については定義域と値域の関係がハッキリしており，考えている区間の端点さえ気をつければいいことがすでにわかっている．したがって，この例題の解の程度の議論で済ませても実際には許されるだろう．

問題 308 ● y が x に比例し，その比例定数が -5 であるとする．
(1) x の変域が $x > 4$ のとき，y の変域を求めよ．
(2) y の変域が $-2 < y \leqq 3$ のとき，x の変域を求めよ．

放課後の談話

生徒「比例関数 f の性質として，(1) "$f(cx) = cf(x)$" と (2) "$f(x_1 + x_2) = f(x_1) + f(x_2)$" をあわせて線形性といいました．$f(2x) = 2f(x)$ と $f(x + x) = f(x) + f(x)$ は同じことだと思うのですが，(1) と (2) は重複しているんでしょうか．」

先生「鋭い指摘だね．実数 x，自然数 n に対して，x を n 回たしたのが nx だから，確かに $f(2x) = 2f(x)$ は (1) からも (2) からも得られる．したがって，(2) さえあれば，(1) の $c = 2$ は不要だ．では，(2) だけで (1) のうちのどこまでが言えるんだろう．」

生徒「(2) で $x_1 = 2x$, $x_2 = x$ とすれば，$f(2x + x) = f(2x) + f(x)$. $f(2x) = 2f(x)$ とあわせれば，$f(3x) = 3f(x)$ で，(1) の $c = 3$ も得られます．」

先生「これを繰り返せば，(2) さえあれば，すべての自然数 c に対して (1) が成り立つ．」

生徒「(2) で $x_1 = x_2 = 0$ とすれば，$f(0 + 0) = f(0) + f(0)$. したがって，$f(0) = 0$ で，(1) の $c = 0$ も得られます．」

先生「(2) で $x_1 = x$, $x_2 = -x$ とすれば，$f(x + (-x)) = f(x) + f(-x)$. $f(0) = 0$ とあわせれば，$f(-x) = -f(x)$ で，(1) の $c = -1$ も得られる．」

生徒「(2) さえあれば，すべての整数 c に対して (1) が成り立つんですね．」

先生「(1) がすべての整数 c に対して成り立つならば，自然数 n に対して，$f\left(n \cdot \dfrac{x}{n}\right) = nf\left(\dfrac{x}{n}\right)$, すなわち，$\dfrac{1}{n} f(x) = f\left(\dfrac{x}{n}\right)$ だ．」

生徒「まとめると，(2) さえあれば，(1) がすべての有理数 c で成り立つんですね．」

先生「ここが行き止まりだ．有理数と実数の間には"連続性"という大きな壁があって，(2) だけではどうしようもない．(2) をどのように変形しても，$f(1)$ と $f(\sqrt{2})$ の間の関係式は得られない．」

生徒「残念．それなら逆に，(1) さえあれば (2) は不要だということでいいですか．」

先生「実数に限ればその通り．ただ，x が実数ではない場合にも"線形性"という性質は大事で，結局 (1) と (2) の両方を考える必要があるんだ．例えば x が（有限個の）実数の組ならば比例定数は"行列"というものになる．詳しくは大学の線形代数で学ぶだろう．」

第2節 反比例関数

1 反比例の定義

> **例**
>
> 400 m を分速 x m で進んだときにかかる時間を y 分とすると，$y = \dfrac{400}{x}$．例えば $x = 80$ のとき $y = 5$ となるので，分速 80 m で進んだときは 5 分かかることになる．また，$y = 4$ となるのは $x = 100$ のときなので，4 分間で移動するには分速 100 m で進むことになる．
>
> ここでは，x, y は正の実数を動くと考えるのが自然であろう．正の実数全体の集合を S とするとき，S の要素 x に対して S の要素 y を対応させていることになる．この関数を f と名づけると，
>
> $$f : S \to S, \qquad f : x \mapsto \dfrac{400}{x} \quad (\text{すなわち，} f(x) = \dfrac{400}{x})$$
>
> である．x の行き先が y ならば $y = f(x)$，すなわち，$y = \dfrac{400}{x}$ になるわけだ．上の数値例は，$f(80) = 5$ や $f^{-1}(4) = 100$ という事実に対応している．

$x \mapsto \dfrac{a}{x}$ という関数を **反比例関数**, **inversely proportional function** という．(ただし，a は 0 でない実数定数.) 定義域の変数を x，値域の変数を y とするとき，x と y の間には $y = \dfrac{a}{x}$ という関係が成り立つが，このとき，y は x に **反比例する** という．また，定数 a を **比例定数** という．("反比例定数" ではないことに注意.)

y が x に反比例するとは，y が $\dfrac{1}{x}$ に比例するということなので，$y \propto \dfrac{1}{x}$ や $y \propto x^{-1}$ と表記することがある．

0 でわることは許されないので，$\dfrac{a}{x}$ を考えるときの x は 0 になってはならない．したがって，この関数の定義域は $\mathbb{R} \setminus \{0\} = \{x \mid x \in \mathbb{R}, x \neq 0\}$ の部分集合でなければならない．

問題 309 ● 関数 f は比例定数が 6 の反比例関数である．
(1) $f(x)$ を求めよ． (2) $f(7)$ を求めよ．
(3) $f(t) = 7$ となる t を求めよ．

問題 310 ● 2 変数 x, y について，y は x に反比例するという．$x = 4$ のとき $y = -5$ であった．
(1) y を x の式で表せ．
(2) $x = 5$ のときの y の値を求めよ．
(3) x の値がいくつのときに $y = 10$ となるか．

2 ● 反比例関数の簡単な性質

> **反比例関数の性質**
>
> f を反比例関数とすると，次のことがらが成り立つ．
> (1) 任意の c, x に対して，$c \neq 0$ ならば $f(cx) = \dfrac{1}{c} f(x)$．
> (2) 任意の x_1, x_2 に対して，$x_1 \neq 0$ かつ $x_2 \neq 0$ ならば $\dfrac{f(x_1)}{f(x_2)} = \dfrac{x_2}{x_1}$．

【証明】
比例定数を a とすると，$f(x) = \dfrac{a}{x}$ である．
(1) $f(cx) = \dfrac{a}{cx} = \dfrac{1}{c} \cdot \dfrac{a}{x} = \dfrac{1}{c} f(x)$．
(2) $\dfrac{f(x_1)}{f(x_2)} = \dfrac{a}{x_1} \div \dfrac{a}{x_2} = \dfrac{x_2}{x_1}$． ∎

(1) により，x の値が 2 倍，3 倍，… になれば $f(x)$ の値は $\dfrac{1}{2}$ 倍，$\dfrac{1}{3}$ 倍，… になる．
(2) は，反比例関数で比が逆になることを表しており，わり算表記を比の表記に変えると $f(x_1) : f(x_2) = x_2 : x_1$ となる．

例
$f(x) = \dfrac{400}{x}$ とすると，$f(5) = 80$，$f(10) = 40$．
$f(2 \cdot 5) = \dfrac{1}{2} f(5)$，$\dfrac{f(10)}{f(5)} = \dfrac{5}{10}$ が確かに成り立っている．

注意 $f(x) = \dfrac{a}{x}$ のとき，一般には $f(x_1 + x_2) \neq f(x_1) + f(x_2)$ である．（なぜならば，$f(x_1 + x_2) = \dfrac{a}{x_1 + x_2}$，$f(x_1) + f(x_2) = \dfrac{a}{x_1} + \dfrac{a}{x_2}$ だから．）具体的な数で $\dfrac{1}{2} + \dfrac{1}{3} \neq \dfrac{1}{2+3}$ はわかっているはずなのに，x_1 や x_2 などの変数に変えただけでなぜか間違える人が多い．

> 反比例関数は $\mathbb{R} \setminus \{0\}$ から $\mathbb{R} \setminus \{0\}$ への関数として全単射である．
> 比例定数 a の反比例関数の逆関数は，比例定数 a の反比例関数である．

【証明】
$A = \mathbb{R} \setminus \{0\} \ (= \{t \mid t \in \mathbb{R}, t \neq 0\})$ として，$f : A \to A$，$f(x) = \dfrac{a}{x}$ とする．$(a \neq 0.)$
まず，f が単射であることを証明する．
$f(x_1) = f(x_2)$ とすると，$\dfrac{a}{x_1} = \dfrac{a}{x_2}$ より，$x_1 = x_2$．したがって，f は単射．
次に，f が全射であることを証明する．
$y \in A$ を与えられたとき，$f(x) = y$ となる x を求めたい．
$\dfrac{a}{x} = y$ となってほしいのだから，$x = \dfrac{a}{y}$ とすればよい．$a = xy$ で $a \neq 0$ かつ $y \neq 0$

だから，$x \neq 0$ となって $x \in A$ である．
$f\left(\dfrac{a}{y}\right) = y$ より，f は全射．

f は全射かつ単射なので，全単射である．

全単射ゆえに f の逆関数 f^{-1} が存在して，

$$y = f^{-1}(x) \iff x = f(y) \iff x = \dfrac{a}{y} \iff xy = a \iff y = \dfrac{a}{x}.$$

よって，$f^{-1}(x) = \dfrac{a}{x}$．確かに $f^{-1}(x)$ は比例定数 a の反比例関数になっている．∎

要するに，反比例関数 f の逆関数は自分自身，すなわち，$f^{-1} = f$ ということだ．また，y が x に反比例するならば，x が y に反比例する，ということでもある．

問題 311 ● f が比例定数 a の反比例関数，g が比例定数 b の反比例関数ならば，f と g の合成 $f \circ g$ は比例定数 $\dfrac{a}{b}$ の比例関数であることを証明せよ．
答 p.22

3 ● 反比例関数のグラフ

> **例** $f : \mathbb{R} \setminus \{0\} \to \mathbb{R} \setminus \{0\}$, $f : x \mapsto \dfrac{2}{x}$ とすると，f は比例定数が 2 の反比例関数である．
> f のグラフは集合 $\left\{\left(x, \dfrac{2}{x}\right) \middle| x \in \mathbb{R}, x \neq 0\right\} = \{(x, y) \in \mathbb{R}^2 | xy = 2\}$ である．
> 独立変数に x，従属変数に y を使うという立場からは，この "関数 f" を "関数 $y = \dfrac{2}{x}$" ということがあり，そのグラフは "関数 $y = \dfrac{2}{x}$ のグラフ" ということになる．
> また，これは "方程式 $xy = 2$ のグラフ" でもある．
> f のグラフを図示すると，右図．

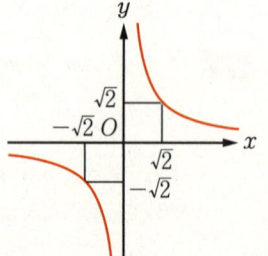

反比例関数のグラフでまず気づくのは，これが 2 つの部分に分かれていることである．定義域が $\mathbb{R} \setminus \{0\}$ なので，$x = 0$ となる点，すなわち y 軸上の点がなく，$x > 0$ の部分と $x < 0$ の部分がつながりようがない．x が 0 に近づくと，$\dfrac{a}{x}$ は限りなく大きくなったり限りなく小さくなったりするので，グラフは y 軸にどんどん近づいていく．（しかし決して y 軸に触れることはない．）一方，x が限りなく大きくなったり限りなく小さくなったりすると，$\dfrac{a}{x}$ は 0 に近づくので，グラフは x 軸にどんどん近づいていく．（しかし決して x 軸に触れることはない．）原点から遠くに離れた所ではグラフが x 軸と y 軸に近づくわけで，x 軸と y 軸はこのグラフの **漸近線** という．

> $a > 0$ とし，$A_1(\sqrt{2a}, \sqrt{2a})$，$A_2(-\sqrt{2a}, -\sqrt{2a})$ とする．
> 方程式 $xy = a$ のグラフ（すなわち，関数 $x \mapsto \dfrac{a}{x}$ の
> グラフ）は，A_1 までの距離と A_2 までの距離の差が $2\sqrt{2a}$
> であるような点全体の集合である．

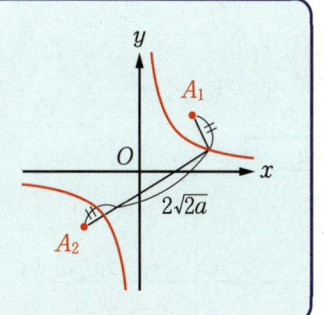

【証明】
$P(x, y)$ とすると，
$$PA_1 = \sqrt{(x-\sqrt{2a})^2 + (y-\sqrt{2a})^2} = \sqrt{(x^2+y^2+4a) - 2\sqrt{2a}(x+y)},$$
$$PA_2 = \sqrt{(x+\sqrt{2a})^2 + (y+\sqrt{2a})^2} = \sqrt{(x^2+y^2+4a) + 2\sqrt{2a}(x+y)}.$$

$|PA_1 - PA_2| = 2\sqrt{2a}$

$\iff \left|\sqrt{(x^2+y^2+4a) - 2\sqrt{2a}(x+y)} - \sqrt{(x^2+y^2+4a) + 2\sqrt{2a}(x+y)}\right| = 2\sqrt{2a}$

$\iff \left(\sqrt{(x^2+y^2+4a) - 2\sqrt{2a}(x+y)} - \sqrt{(x^2+y^2+4a) + 2\sqrt{2a}(x+y)}\right)^2 = 8a$

$\iff 2(x^2+y^2+4a) - 2\sqrt{(x^2+y^2+4a)^2 - (2\sqrt{2a}(x+y))^2} = 8a$

$\iff x^2+y^2 = \sqrt{(x^2+y^2+4a)^2 - 8a(x+y)^2}$

$\iff (x^2+y^2)^2 = (x^2+y^2+4a)^2 - 8a(x+y)^2 \ (\because \ x^2+y^2 \geqq 0)$

$\iff (x^2+y^2)^2 = (x^2+y^2)^2 + 8a(x^2+y^2) + 16a^2 - 8a(x^2+y^2+2xy)$

$\iff xy = a.$ ∎

$a < 0$ のときも同様の結果が成り立つ．
平面上に2つの点が与えられたとき，その2点までの距離の差が一定であるような点全体の集合は **双曲線** とよばれる曲線になる．反比例関数のグラフは双曲線になるが，漸近線が直交するので，特に **直角双曲線** とよばれる．

方程式 $xy = a$ のグラフを原点 O に関して対称移動すると，方程式 $(-x)(-y) = a$，すなわち $xy = a$ のグラフになるので，このグラフは原点 O に関して点対称である．

方程式 $xy = a$ のグラフを直線 $y = x$ に関して対称移動すると，方程式 $yx = a$，すなわち $xy = a$ のグラフになるので，このグラフは直線 $y = x$ に関して線対称である．（これは，関数 $x \mapsto \dfrac{a}{x}$ の逆関数が自分自身と一致することも表している．）

次に，a が変化するとグラフがどのように変わるかを考察する．

> **例** 様々な a に対する $xy = a$ のグラフは下図．
>
> $a > 0$ のグラフ（$a = 4$, $a = 1$, $a = \frac{1}{4}$）
>
> $a = 0$ のグラフ
>
> $a < 0$ のグラフ（$a = -\frac{1}{4}$, $a = -1$, $a = -4$）

$a > 0$ ならばグラフは右下がりで第 1 象限と第 3 象限にあり，$a < 0$ ならばグラフは右上がりで第 2 象限と第 4 象限にある．また，a が 0 に近いほどグラフは x 軸や y 軸に近い．

$a = 0$ のときは反比例関数のグラフにはならないが，"$xy = 0 \iff (x = 0$ または $y = 0)$" であり，グラフはこれまで漸近線として隠れていた 2 直線（x 軸と y 軸）になる．

実際に反比例関数のグラフを図示する問題では，比例定数がわかるよう，通る点 1 つの座標を明示するとよい．

問題 312 ● 次の関数のグラフを図示せよ．
(1) $f : \mathbb{R} \setminus \{0\} \to \mathbb{R} \setminus \{0\},\ f : x \mapsto \frac{1}{2x}$ (2) $y = -\frac{2}{x} (x \in \mathbb{R}, x \neq 0)$

答 p.23

問題 313 ● y は x に反比例し，グラフが点 $(3, 5)$ を通る．y を x の式で表せ．

答 p.23

4 ● 反比例関数の変化の割合

反比例関数に対して，変化の割合を計算してみよう12 5 1．

比例定数を a として，$f(x) = \frac{a}{x}$ とする．$x_1 \neq x_2$ のとき，x が x_1 から x_2 まで変化するときの f の（平均の）変化の割合は，

$$\frac{f(x_2) - f(x_1)}{x_2 - x_1} = \frac{\frac{a}{x_2} - \frac{a}{x_1}}{x_2 - x_1} = \frac{a\left(\frac{x_1}{x_1 x_2} - \frac{x_2}{x_1 x_2}\right)}{x_2 - x_1} = \frac{a(x_1 - x_2)}{x_1 x_2 (x_2 - x_1)} = -\frac{a}{x_1 x_2}.$$

どこからどこまでを考えるかによって（平均の）変化の割合は異なることに注意．

また，x_1 と x_2 をどちらもある値 x_0 に近づけると，$-\dfrac{a}{x_1 x_2}$ は $-\dfrac{a}{x_0^2}$ に近づく．したがって，$x = x_0$ における変化率は $-\dfrac{a}{x_0^2}$ である．

> **例**
>
> 関数 $f : x \mapsto \dfrac{2}{x}$ を考える．
>
> x が 1 から 3 まで変化するときの変化の割合は，$-\dfrac{2}{1 \cdot 3} = -\dfrac{2}{3}$．
>
> x が 4 から 6 まで変化するときの変化の割合は，$-\dfrac{2}{4 \cdot 6} = -\dfrac{1}{12}$．
>
> 考えている x の変化量はどちらも 2 だが，変化の割合は後者の方が 0 に近い．これは，x 座標（の絶対値）が大きいところの方がグラフが上下にあまり変化しない，ということを表している．視覚的にも，遠くに行けば漸近線に近すぎてあまり変化の余地がないことが見てとれる．なお，$x = 2$ における変化率は $-\dfrac{2}{2^2} = -\dfrac{1}{2}$，$x = 5$ における変化率は $-\dfrac{2}{5^2} = -\dfrac{2}{25}$ である．

5 変域

反比例関数 $x \mapsto \dfrac{a}{x}$ について，これは $\mathbb{R} \setminus \{0\}$ から $\mathbb{R} \setminus \{0\}$ への関数としては全単射なので，定義域が $\mathbb{R} \setminus \{0\}$ ならば値域も $\mathbb{R} \setminus \{0\}$ である．定義域が $\mathbb{R} \setminus \{0\}$ のうちの一部分ならば，値域はどのようになるだろうか．すなわち，$y = \dfrac{a}{x}$ を満たす変数 x, y について，x の変域と y の変域の関係を調べたい．

値域を正確に求めるためには第 11 章の手法を使う必要があるが，グラフで視覚化することにより，結果を納得しやすくなる．（なお，グラフを描くと理解の助けにはなるが，論理的には証明の足しにはならない．）

> **例**
>
> 関数 $f : \{x \mid 2 \leqq x < 3\} \to \mathbb{R}$, $f : x \mapsto \dfrac{1}{x}$ の値域は $\left\{ y \;\middle|\; \dfrac{1}{3} < y \leqq \dfrac{1}{2} \right\}$ であった 11 6 3．グラフ上で $2 \leqq x < 3$ に対応する部分は $\dfrac{1}{3} < y \leqq \dfrac{1}{2}$ であることが見てとれる．

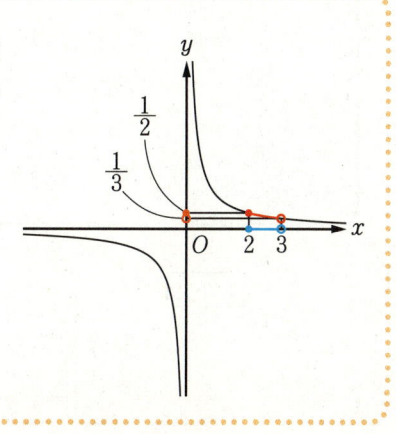

例 関数 $f:\{x|x \leqq 2, x \neq 0\} \to \mathbb{R}$, $f:x \mapsto \dfrac{1}{x}$ の値域は $V = \left\{y \,\middle|\, y < 0 \text{ または } \dfrac{1}{2} \leqq y\right\}$ であった⑪❻③. グラフ上で $x < 0$ に対応する部分は $y < 0$ であり, $0 < x \leqq 2$ に対応する部分は $y \geqq \dfrac{1}{2}$ であることが見てとれる.

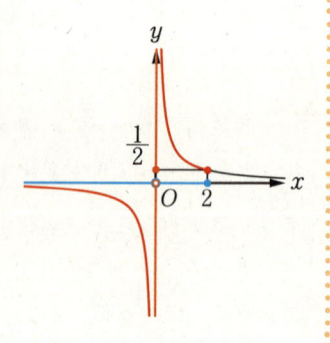

まとめると，次のようになる．値域を求める問題では，（いちいち第11章のような議論を繰り返さずに）この結果を利用して解答するのが現実的である．

---

a を 0 でない実数定数として，変数 x, y が $y = \dfrac{a}{x}$ を満たすとする.

(i) $a > 0$ のとき

　$p < q < 0$ で x の変域が $p \leqq x \leqq q$ ならば, y の変域は $\dfrac{a}{q} \leqq y \leqq \dfrac{a}{p}$.

　$p < 0$ で x の変域が $p \leqq x < 0$ ならば, y の変域は $y \leqq \dfrac{a}{p}$.

　$q < 0$ で x の変域が $x \leqq q$ ならば, y の変域は $\dfrac{a}{q} \leqq y < 0$.

　$0 < r < s$ で x の変域が $r \leqq x \leqq s$ ならば, y の変域は $\dfrac{a}{s} \leqq y \leqq \dfrac{a}{r}$.

　$0 < s$ で x の変域が $0 < x \leqq s$ ならば, y の変域は $\dfrac{a}{s} \leqq y$.

　$0 < r$ で x の変域が $r \leqq x$ ならば, y の変域は $0 < y \leqq \dfrac{a}{r}$.

(ii) $a < 0$ のとき

　$p < q < 0$ で x の変域が $p \leqq x \leqq q$ ならば, y の変域は $\dfrac{a}{p} \leqq y \leqq \dfrac{a}{q}$.

　$p < 0$ で x の変域が $p \leqq x < 0$ ならば, y の変域は $\dfrac{a}{p} \leqq y$.

　$q < 0$ で x の変域が $x \leqq q$ ならば, y の変域は $0 < y \leqq \dfrac{a}{q}$.

　$0 < r < s$ で x の変域が $r \leqq x \leqq s$ ならば, y の変域は $\dfrac{a}{r} \leqq y \leqq \dfrac{a}{s}$.

　$0 < s$ で x の変域が $0 < x \leqq s$ ならば, y の変域は $y \leqq \dfrac{a}{s}$.

　$0 < r$ で x の変域が $r \leqq x$ ならば, y の変域は $\dfrac{a}{r} \leqq y < 0$.

（x の変域で等号がないときは，y の変域で対応するところの等号をなくす.）

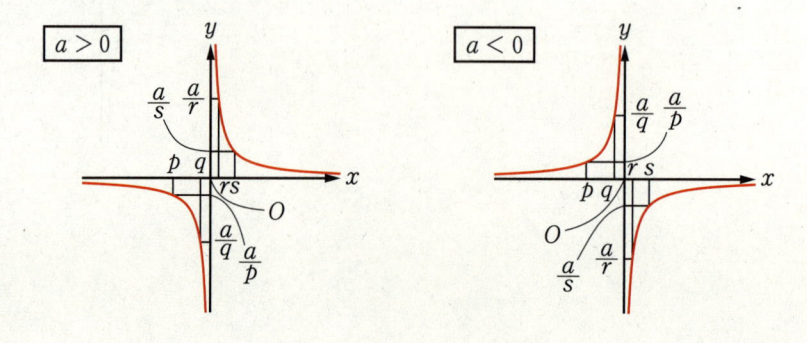

例題 $A = \{t \mid 0 < t \leqq 6\}$ とする．関数 f が $f(x) = -\dfrac{2}{x}$ を満たすとする．f の定義域と値域が $\mathbb{R}$ の部分集合のとき，次の問いに答えよ．
(1) f の定義域が A のとき，値域を求めよ．
(2) f の値域が A のとき，定義域を求めよ．

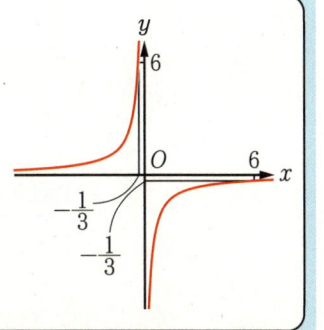

解 (1) $x = 6$ のとき $-\dfrac{2}{x} = -\dfrac{1}{3}$ より，値域は $\left\{y \mid y \leqq -\dfrac{1}{3}\right\}$．
(2) $-\dfrac{2}{x} = 6 \iff x = -\dfrac{1}{3}$ より，定義域は $\left\{x \mid x \leqq -\dfrac{1}{3}\right\}$．

厳密には，値域や定義域といった集合を特定するのにはかなり面倒な議論が必要なところである．しかし，上でまとめたとおり，反比例関数については定義域と値域の関係がハッキリしており，考えている区間の端点と漸近線さえ気をつければいいことがすでにわかっている．したがって，グラフを補助的に添えてごまかすことにより，この例題の解の程度の議論で済ませても実際には許されるだろう．

問題 314 ● 関数 $f : \{x \in \mathbb{R} \mid x \leqq -2\} \to \mathbb{R},\ x \mapsto \dfrac{1}{x}$ の値域を（図示されたグラフを用いて）求めよ．
答 p.23

問題 315 ● y が x に反比例し，その比例定数が -5 であるとする．
(1) x の変域が $x > 4$ のとき，y の変域を求めよ．
(2) y の変域が $(-2 < y \leqq 3$ かつ $y \neq 0)$ のとき，x の変域を求めよ．
答 p.23

6 分数関数

比例関数のグラフを平行移動するとどうなるのか，というのが次章のテーマであるが，ここでは，反比例関数のグラフを平行移動するとどうなるのか，ということを考える．

（もとの反比例関数の比例定数を k として，）関数 $y = \dfrac{k}{x}$ のグラフを x 軸方向に p，y 軸方向に q だけ平行移動すると，関数 $y = \dfrac{k}{x-p} + q$ のグラフになる⑫④④．同じことだが，方程式 $xy = k$ のグラフを x 軸方向に p，y 軸方向に q だけ平行移動すると，方程式 $(x-p)(y-q) = k$ のグラフになる⑫④③．

もとの反比例関数のグラフでは x 軸と y 軸が漸近線だったので，平行移動後は直線 $x = p$ と直線 $y = q$ が漸近線になる．

> **例**
> 関数 $f: x \mapsto \dfrac{1}{x-2} + 1$ のグラフは関数 $x \mapsto \dfrac{1}{x}$ のグラフを x 軸方向に 2, y 軸方向に 1 だけ平行移動したものだから, 右図のとおり.
>
> 直線 $x = 2$ と直線 $y = 1$ が漸近線.
> $$f(x) = \frac{1}{x-2} + 1 = \frac{1}{x-2} + \frac{x-2}{x-2} = \frac{x-1}{x-2}.$$
> よって, この関数は $f(x) = \dfrac{x-1}{x-2}$ とも表せる.

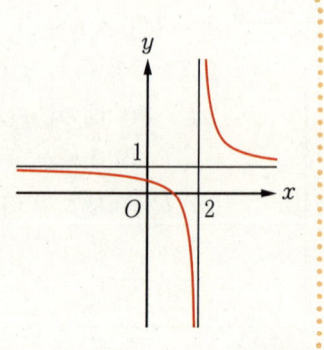

a, b, c, d を実数定数とし, $c \neq 0$, $ad - bc \neq 0$ とする.
$f: \left\{x \mid x \neq -\dfrac{d}{c}\right\} \to \mathbb{R}$, $f: x \mapsto \dfrac{ax+b}{cx+d}$ とすると,

$$f(x) = \frac{ax+b}{cx+d} = \frac{a\left(x+\dfrac{d}{c}\right) - \dfrac{ad}{c} + b}{c\left(x+\dfrac{d}{c}\right)} = \frac{-\dfrac{ad-bc}{c^2}}{x+\dfrac{d}{c}} + \frac{a}{c}.$$

f のグラフは, 反比例関数 $y = \dfrac{-\dfrac{ad-bc}{c^2}}{x}$ のグラフを x 軸方向に $-\dfrac{d}{c}$, y 軸方向に $\dfrac{a}{c}$ だけ平行移動したもの.

なお, $ad - bc = 0$ のときは $a : b = c : d$ なので, $ax + b$ と $cx + d$ で約分できてしまい, グラフが双曲線にならない.

> **例**
> $f(x) = \dfrac{3x+4}{2x+1}$ とすると, $f(x) = \dfrac{3\left(x+\dfrac{1}{2}\right) + \dfrac{5}{2}}{2\left(x+\dfrac{1}{2}\right)} = \dfrac{\dfrac{5}{4}}{x+\dfrac{1}{2}} + \dfrac{3}{2}$.
>
> f のグラフは, 反比例関数 $y = \dfrac{\dfrac{5}{4}}{x}$ のグラフを x 軸方向に $-\dfrac{1}{2}$, y 軸方向に $\dfrac{3}{2}$ だけ平行移動したもの.

問題 316 ●関数 $f : \{x \in \mathbb{R} \mid x \neq -1\} \to \mathbb{R}$, $f : x \mapsto \dfrac{x-1}{x+1}$ のグラフは, どのような反比例関数のグラフをどれだけ平行移動したものか. また, それを利用して f のグラフを図示し, f の値域を求めよ.
答 p.23

統計：標本調査

コラム 1 とコラム 2 の内容は，集められたデータをどのように整理するかというもので，"記述統計学"といわれる．このコラムの内容は，集められたデータからその背後にある集団の様子を推測するもので，"推測統計学"といわれる．

調査対象の集団（これを **母集団** という）のすべてからデータを得るとき，この調査を **全数調査** という．それに対し，母集団の一部（これを **標本** という）を抜き取り，それらだけからデータを得るとき，この調査を **標本調査** という．（抜き取る操作を **抽出** といい，抽出された標本の個数を **標本の大きさ** という．）例えば，学校のテストや健康診断では全員の結果を出すので，これは全数調査である．一方，選挙前の世論調査や商品の試食は標本調査である．測定をともなう実験も，起こりうる結果のうちのどれが実現するかわからず，測定誤差も生じるので，標本調査とみなせる．

標本調査では，興味の対象は標本そのものではなく，その抽出元つまり母集団である．（例えば，標本のうち 3 割がある性質をもっていれば，母集団のうち 3 割がその性質をもっているだろうと思われる．これは **母比率の推定** とよばれる．）標本と母集団の関係を詳しく研究するため，確率の理論が使われる．母集団から標本を 1 つ取り出してその値を記録すると，これは（どの標本を選んだかという偶然性に対応して）確率変数と考えられる．この確率変数の確率分布は **母集団分布** といわれ，これこそが知りたいものである．一方，標本をいくつか取り出した結果は **標本分布** といわれ，こちらが実際に手元にあるデータである．

母集団の値 θ を推定するために標本から得られた値 $\hat{\theta}$ を使うとき，$\hat{\theta}$ は "不偏性"（$\hat{\theta}$ の期待値は θ に等しい），"一致性"（標本の大きさを増やすと $\hat{\theta}$ は θ に近づく）を満たすことが望ましい．

母集団の平均（**母平均**）の推定には，**標本平均** を使う．ただし，標本 $X_1, X_2, \ldots, X_n$ に対して，標本平均 $\overline{X}$ は $\overline{X} = \frac{1}{n}(X_1 + X_2 + \cdots + X_n)$ である．

母集団の分散（**母分散**）の推定には，**標本（不偏）分散** を使う．ただし，標本 $X_1, X_2, \ldots, X_n$ に対して，標本（不偏）分散 s^2 は $s^2 = \frac{1}{n-1}((X_1 - \overline{X})^2 + (X_2 - \overline{X})^2 + \cdots + (X_n - \overline{X})^2)$ である．（母集団の標準偏差の推定には，$s = \sqrt{s^2}$ を使う．）s^2 の定義式において，n でなく $n-1$ でわっているのは，不偏性を満たすための補正である．（$\overline{X}$ を計算するために $X_1, \ldots, X_n$ を使っているので，"自由度"が 1 つ減っていると解釈する．）

上のように，例えば "母平均は 65 であろう" という形の推定を "点推定" という．これに対し，例えば "母平均が 44 以上 76 以下である確率は 82 パーセントだ" という形の推定を "区間推定" という．推定した値がどれほど正確か，その誤差がどれほど見込まれているのかをはっきりさせるという点では区間推定の方が精密だが，この推定には母集団の分布についての考察が必要になる．（母集団分布は "正規分布" という確率分布だと仮定することが多い．）

推定とならんで主要な話題として "検定" がある．これは，あらかじめ予想された値に比べて，実際に観測された値がどれだけ起こりやすいか，例外的なのか，ということに注目して，予想された値の真偽を判定する手法である．

第14章 1次関数

▶ 比例関数のグラフを平行移動すると1次関数のグラフになる．日常で我々は無意識のうちに基準点を変えているので，比例のつもりで考えて結論を出しているときでも厳密には1次関数を利用していた，ということが多い．また，平面上の直線のほとんどは1次関数のグラフなので，ここでついでに基本図形の一つである直線についても学んでおこう．

要点のまとめ

- ☐ 1次関数とは，$x \mapsto ax+b$ $(a \neq 0)$ という関数のことである．
- ☐ 1次関数は $\mathbb{R}$ から $\mathbb{R}$ への関数として全単射である．
  1次関数の逆関数は1次関数である．
- ☐ 1次関数 $y = ax+b$ のグラフは，傾きが a，y切片が b，x切片が $-\dfrac{b}{a}$ の直線である．この直線は，$a > 0$ ならば右上がり，$a < 0$ ならば右下がり．
- ☐ 1次関数 $y = ax+b$ の変化の割合は a．
- ☐ a を0でない実数定数として，変数 x, y が $y = ax+b$ を満たすとする．
  (i) $a > 0$ のとき，
     x の変域が $p < x < q$ ならば，y の変域は $ap+b < y < aq+b$．
  (ii) $a < 0$ のとき，
     x の変域が $p < x < q$ ならば，y の変域は $aq+b < y < ap+b$．
- ☐ (i) 直線 l が y 軸に平行でないならば，l は方程式 $y = mx+n$ のグラフ．m は l の傾きで，n は l の y 切片．
  (ii) 直線 l が y 軸に平行ならば，l は方程式 $x = c$ のグラフ．c は l の x 切片．
- ☐ 直線の方程式は $ax+by+c = 0$ の形．（ただし，$(a, b) \neq (0, 0)$．）
- ☐ x切片が a，y切片が b の直線の方程式は $\dfrac{x}{a} + \dfrac{y}{b} = 1$．
  （ただし，$a \neq 0$ かつ $b \neq 0$．）
- ☐ 傾きが m で点 (x_1, y_1) を通る直線の方程式は $y = m(x - x_1) + y_1$．
- ☐ (i) $x_1 \neq x_2$ のとき，2点 $(x_1, y_1), (x_2, y_2)$ を通る直線の方程式は
  $y = \dfrac{y_2 - y_1}{x_2 - x_1}(x - x_1) + y_1$ ．
  (ii) $x_1 = x_2$ のとき，2点 $(x_1, y_1), (x_2, y_2)$ を通る直線の方程式は $x = x_1$．
- ☐ 2点 $(x_1, y_1), (x_2, y_2)$ を通る直線の方程式は
  $(y_2 - y_1)(x - x_1) - (x_2 - x_1)(y - y_1) = 0$．
- ☐ 直線 $y = m_1 x + n_1$ と直線 $y = m_2 x + n_2$ が一致 $\iff$ ($m_1 = m_2$ かつ $n_1 = n_2$)．
  直線 $x = c_1$ と直線 $x = c_2$ が一致 $\iff$ $c_1 = c_2$．
- ☐ 直線 $a_1 x + b_1 y + c_1 = 0$ と直線 $a_2 x + b_2 y + c_2 = 0$ が一致
  $\iff \exists k$ s.t. ($k \neq 0$ かつ $a_1 = ka_2$ かつ $b_1 = kb_2$ かつ $c_1 = kc_2$)．

- ☐ 直線 $y = m_1 x + n_1$ と直線 $y = m_2 x + n_2$ が平行 $\iff m_1 = m_2$.
  直線 $x = c_1$ と直線 $x = c_2$ は平行.
  直線 $y = m_1 x + n_1$ と直線 $x = c_1$ は平行でない.
- ☐ 直線 $a_1 x + b_1 y + c_1 = 0$ と直線 $a_2 x + b_2 y + c_2 = 0$ が平行
  $\iff a_1 b_2 - b_1 a_2 = 0. \iff \exists k$ s.t. $(k \neq 0$ かつ $a_1 = k a_2$ かつ $b_1 = k b_2)$.
- ☐ 直線 $y = m_1 x + n_1$ と直線 $y = m_2 x + n_2$ が垂直 $\iff m_1 m_2 = -1$.
  直線 $y = c_1$ と直線 $x = c_2$ は垂直.
- ☐ 直線 $a_1 x + b_1 y + c_1 = 0$ と直線 $a_2 x + b_2 y + c_2 = 0$ が垂直
  $\iff a_1 a_2 + b_1 b_2 = 0$.
- ☐ 点 (X, Y) と直線 $ax + by + c = 0$ の距離(きょり)は, $\dfrac{|aX + bY + c|}{\sqrt{a^2 + b^2}}$.

第1節　1次関数

1　1次関数の定義

> **例**
> 家から $100\,\mathrm{m}$ の地点をスタートして,さらに家から離(はな)れる方向に分速 $80\,\mathrm{m}$ で x 分間進んだときの家からの道のりを $y\,\mathrm{m}$ とすると, $y = 80x + 100$. 例えば $x = 4$ のとき $y = 420$ となるので,4分間進んだときは家から $420\,\mathrm{m}$ 離れたところにいることになる.また, $y = 500$ となるのは $x = 5$ のときなので,家から $500\,\mathrm{m}$ 離れた地点に移動するには5分間かかることになる.
>
> ここでは, x, y は正の実数を動くと考えるのが自然であろう.正の実数全体の集合を S とするとき, S の要素 x に対して S の要素 y を対応させていることになる.この関数を f と名づけると,
> $$f : S \to S, \quad f : x \mapsto 80x + 100 \text{ (すなわち, } f(x) = 80x + 100 \text{)}$$
> である. x の行き先が y ならば $y = f(x)$,すなわち, $y = 80x + 100$ になるわけだ.上の数値例は, $f(4) = 420$ や $f^{-1}(500) = 5$ という事実に対応している.

$x \mapsto ax + b$ という関数を **1次関数**, **linear function** という.(ただし, a と b は実数定数で, $a \neq 0$.)定義域の変数を x,値域の変数を y とするとき, x と y の間には $y = ax + b$ という関係が成り立つが,このとき,"y は x の1次関数である"という.定数 a は"1次の項(こう)の係数",定数 b は"定数項"である.

関数 $x \mapsto ax + b$ において $a = 0$ のときは,関数 $x \mapsto b$ であり,どのような入力に対しても b という値を返す関数となる.このような関数は **定数関数** というが,(1次の項が"ない"ため)1次関数とはよばないのが普通である.

問題 317 ● 関数 f は 1 次の項の係数が 6，定数項が 1 の 1 次関数である．
(1) $f(x)$ を求めよ．　　　　　　　　(2) $f(7)$ を求めよ．
(3) $f(t) = 7$ となる t を求めよ．

問題 318 ● 2 変数 x, y について，y は x の 1 次関数である．$x = 4$ のとき $y = -5$ であり，$x = 1$ のとき $y = 7$ であった．
(1) y を x の式で表せ．　　　　　　(2) $x = 5$ のときの y の値を求めよ．
(3) x の値がいくつのときに $y = 10$ となるか．

2　1 次関数の簡単な性質

> 1 次関数は $\mathbb{R}$ から $\mathbb{R}$ への関数として全単射である．
> 1 次関数の逆関数は 1 次関数である．

【証明】
$f : \mathbb{R} \to \mathbb{R}$, $f(x) = ax + b$ とする．$(a \ne 0.)$
まず，f が単射であることを証明する．
$f(x_1) = f(x_2)$ とすると，$ax_1 + b = ax_2 + b$ より，$x_1 = x_2$．したがって，f は単射．
次に，f が全射であることを証明する．
$y \in \mathbb{R}$ を与えられたとき，$f(x) = y$ となる x を求めたい．
$ax + b = y$ となってほしいのだから，$x = \dfrac{y-b}{a}$ とすればよい．
$f\left(\dfrac{y-b}{a}\right) = y$ より，f は全射．
f は全射かつ単射なので，全単射である．
全単射ゆえに f の逆関数 f^{-1} が存在して，

$$y = f^{-1}(x) \iff x = f(y) \iff x = ay + b \iff y = \dfrac{x-b}{a}.$$

よって，$f^{-1}(x) = \dfrac{x-b}{a} = \dfrac{1}{a}x + \left(-\dfrac{b}{a}\right)$．確かに $f^{-1}(x)$ は 1 次関数になっている．■

要するに，<u>y が x の 1 次関数ならば，x は y の 1 次関数である</u>．

なお，$f(x) = ax + b$ のとき $f^{-1}(x) = \dfrac{x-b}{a}$ だが，当然ながらこれは公式として暗記すべきものではなく，その場で（暗算で）方程式を解いて求めるべきものである．

問題 319 ● 1 次関数どうしの合成は 1 次関数になることを証明せよ．
すなわち，$f(x) = ax + b$, $g(x) = cx + d$ $(a, c \ne 0)$ とするとき，$f \circ g$ も 1 次関数であることを証明せよ．

3 1次関数のグラフ

1次関数 $x \mapsto ax+b$ $(a \neq 0)$ のグラフは $\{(x,y)|y=ax+b\}$ であり，これは方程式 $y=ax+b$ のグラフでもある．

$y=f(x)$ のグラフを x 軸方向に p，y 軸方向に q だけ平行移動すると $y=f(x-p)+q$ のグラフになるので12 4 4，$y=ax+b$ のグラフは，$y=ax$ のグラフを y 軸方向に b だけ平行移動したものである．また，$ax+b = a\left(x-\left(-\dfrac{b}{a}\right)\right)$ だから，$y=ax+b$ のグラフは，$y=ax$ のグラフを x 軸方向に $-\dfrac{b}{a}$ だけ平行移動したものである．

$y=ax$ のグラフは比例関数のグラフだから直線であり，それを平行移動しても直線となる．したがって，$y=ax+b$ のグラフは直線である．

平行移動しても軸からの傾き具合は変わらないから，$y=ax+b$ のグラフの傾きは $y=ax$ のグラフの傾きと等しく，a である．

y 軸は $x=0$ となる点 (x,y) 全体の集合である．$y=ax+b$ のグラフと y 軸との共有点は，$x=0$ を代入すると $y=b$ となることから，点 $(0,b)$ である．このことを "y 切片は b である" という．

x 軸は $y=0$ となる点 (x,y) 全体の集合である．$y=ax+b$ のグラフと x 軸との共有点は，$y=0$ を代入すると $x=-\dfrac{b}{a}$ となることから，点 $\left(-\dfrac{b}{a},0\right)$ である．このことを "x 切片は $-\dfrac{b}{a}$ である" という．

> $a \neq 0$ のとき，$y=ax+b$ のグラフは，傾きが a，y 切片が b，x 切片が $-\dfrac{b}{a}$ の直線である．

例
$f:\mathbb{R} \to \mathbb{R}$, $f:x \mapsto 2x+1$ とすると，f のグラフは，$y=2x$ のグラフを y 軸方向に 1 だけ平行移動したものである．また，$y=2x+1 \iff y=2\left(x+\dfrac{1}{2}\right)$ より，f のグラフは，$y=2x$ のグラフを x 軸方向に $-\dfrac{1}{2}$ だけ平行移動したものである．$y=2x$ のグラフを $y=2x+1$ のグラフに平行移動する方法はいくらでも考えられて，例えば，$y=2x+1 \iff y=2(x+1)-1$ より，f のグラフは，$y=2x$ のグラフを x 軸方向に -1，y 軸方向に -1 だけ平行移動したものである．

f のグラフは傾き 2 の直線で，x 切片は $-\dfrac{1}{2}$，y 切片は 1.

f のグラフを図示すると，右図．

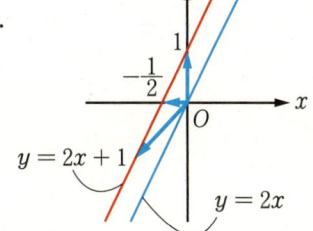

$y = ax + b$ において，a はグラフの傾きを表すので，$a > 0$ ならばグラフは右上がりであり，$a < 0$ ならばグラフは右下がりである．一方，b は y 切片を表すので，グラフが原点からどれくらい離れているかを制御している量である．

問題 320 ●次の関数のグラフを図示せよ．
答 p.24
(1) $f : \mathbb{R} \to \mathbb{R}, \quad f : x \mapsto 3x - 1$
(2) $f : \mathbb{R} \to \mathbb{R}, \quad f(x) = \dfrac{1}{2}x + 2$
(3) $y = -3x + 1 \ (x \in \mathbb{R})$

4 ● 1次関数の変化の割合

$f(x) = ax + b$ とする．（a, b は実数定数．）$x_1 \neq x_2$ のとき，x が x_1 から x_2 まで変化するときの f の（平均の）変化の割合は 12 5 1 ，

$$\frac{f(x_2) - f(x_1)}{x_2 - x_1} = \frac{(ax_2 + b) - (ax_1 + b)}{x_2 - x_1} = \frac{a(x_2 - x_1)}{x_2 - x_1} = a.$$

計算結果に x_1 や x_2 が登場しないので，どこからどこまでを考えても（平均の）変化の割合は常に一定であり，この関数は一定の割合で変化している，といえる．そこで，1次関数については，"変化の割合" を論ずるときに，どの区間で考えているのかを指定する必要がなく，"この1次関数の変化の割合は a だ" というような使い方をする．

以上より，1次関数の "1次の係数" がグラフの直線の "傾き" であり，この関数の "変化の割合" でもある．

> **例**
> 関数 $f : x \mapsto 3x + 1$ の変化の割合は 3．したがって，例えば，x の値が 5 だけ増えれば，$f(x)$ の値は $5 \cdot 3 = 15$ だけ増える．

1次関数と定数関数は，どこからどこまでを考えても（平均の）変化の割合が一定であるが，この逆も成り立つ．

> 関数 $f : \mathbb{R} \to \mathbb{R}$ と実数定数 a について，f の（平均の）変化の割合が常に a であるならば，ある実数定数 b が存在して，$f(x) = ax + b$ となる．

【証明】

$f(0) = b$ とおくと, b は実数定数である. 任意の実数 t に対して, $f(t) = at + b$ であることを示す.

(i) $t = 0$ のとき,
$$f(t) = f(0) = b = a \cdot 0 + b = at + b.$$

(ii) t が 0 でない実数のとき,

x が 0 から t まで変化するときの $f(x)$ の (平均の) 変化の割合は,
$$\frac{f(t) - f(0)}{t - 0} = \frac{f(t) - b}{t}.$$

よって,
$$\frac{f(t) - b}{t} = a \quad \text{すなわち}, \quad f(t) = at + b.$$

(i), (ii) のいずれの場合でも, $f(t) = at + b$ となることが示せた.
したがって, 任意の実数 x に対して, $f(x) = ax + b$. ■

証明を分析すればわかるとおり, f の定義域が $\mathbb{R}$ でなく, 例えば $\{x \in \mathbb{R} | 1 < x < 5\}$ や $\{x \in \mathbb{R} | x < -2\}$ などのときでも同じことが成り立つ.

もちろん, $a = 0$ のとき f は定数関数であり, $a \neq 0$ のとき f は 1 次関数である. ($a \neq 0$ かつ $b = 0$ のとき f は比例関数である.) こうして, "変化の割合が一定" ということが 1 次関数や定数関数の大きな特徴であることがわかる.

5 変域

1 次関数 $x \mapsto ax + b$ について, これは $\mathbb{R}$ から $\mathbb{R}$ への関数としては全単射なので, 定義域が $\mathbb{R}$ ならば値域も $\mathbb{R}$ である. 定義域が $\mathbb{R}$ のうちの一部分ならば, 値域はどのようになるだろうか. すなわち, $y = ax + b$ を満たす変数 x, y について, x の変域と y の変域の関係を調べたい.

例

関数 $f : \{x \in \mathbb{R} | 3 < x \leqq 5\} \to \mathbb{R}$, $f : x \mapsto 2x + 1$ の値域を V とする. 実数 y に対して,

$y \in V$

$\iff \exists x \in \mathbb{R}$ s.t. $\begin{cases} y = 2x + 1 \\ 3 < x \leqq 5 \end{cases}$ (∵ 値域の定義)

$$\iff \exists x \in \mathbb{R} \text{ s.t. } \begin{cases} y = 2x + 1 \\ 7 < 2x + 1 \leqq 11 \end{cases}$$

$$\iff \exists x \in \mathbb{R} \text{ s.t. } \begin{cases} y = 2x + 1 \\ 7 < y \leqq 11 \end{cases} \quad (\because \text{代入})$$

$$\iff \begin{cases} \exists x \in \mathbb{R} \text{ s.t. } y = 2x + 1 \\ 7 < y \leqq 11 \end{cases} \quad (\because 7 < y \leqq 11 \text{ は } x \text{ と無関係})$$

$$\iff 7 < y \leqq 11. \ (\because y = 2x + 1 \text{ は } x \text{ についての方程式として解をもつ})$$

以上より, $V = \{y \in \mathbb{R} \mid 7 < y \leqq 11\}$.

値域を真面目に求めるとこのようになるが, 実際には $3 < x \leqq 5 \iff 7 < 2x + 1 \leqq 11$ という変形が本質的である. 同様に, 定義域が $\{x \mid 3 < x < 5\}$ ならば値域は $\{y \mid 7 < y < 11\}$ であるし, 定義域が $\{x \mid 3 \leqq x \leqq 5\}$ ならば値域は $\{y \mid 7 \leqq y \leqq 11\}$ である.

$x \mapsto -2x + 1$ という関数についても同様に考えて, $3 < x \leqq 5 \iff -9 \leqq -2x + 1 < -5$ なので, 定義域が $\{x \mid 3 < x \leqq 5\}$ ならば値域は $\{y \mid -9 \leqq y < -5\}$ である. <u>1次の係数 (すなわち変化の割合) が負のときには不等号の向きが変わる</u>ことに注意.

まとめると, 次のようになる. 値域を求める問題では, (いちいち上の例のような議論を繰り返さずに) この結果を利用して解答するのが現実的である.

---

a を 0 でない実数定数として, 変数 x, y が $y = ax + b$ を満たすとする.
(i) $a > 0$ のとき
　　x の変域が $p < x < q$ ならば, y の変域は $ap + b < y < aq + b$.
　　x の変域が $p \leqq x < q$ ならば, y の変域は $ap + b \leqq y < aq + b$.
　　x の変域が $p < x \leqq q$ ならば, y の変域は $ap + b < y \leqq aq + b$.
　　x の変域が $p \leqq x \leqq q$ ならば, y の変域は $ap + b \leqq y \leqq aq + b$.
(ii) $a < 0$ のとき
　　x の変域が $p < x < q$ ならば, y の変域は $aq + b < y < ap + b$.
　　x の変域が $p \leqq x < q$ ならば, y の変域は $aq + b < y \leqq ap + b$.
　　x の変域が $p < x \leqq q$ ならば, y の変域は $aq + b \leqq y < ap + b$.
　　x の変域が $p \leqq x \leqq q$ ならば, y の変域は $aq + b \leqq y \leqq ap + b$.

グラフで視覚化すると，これらの不等式が納得しやすい．（なお，グラフを描くと理解の助けにはなるが，論理的には証明の足しにはならない．）

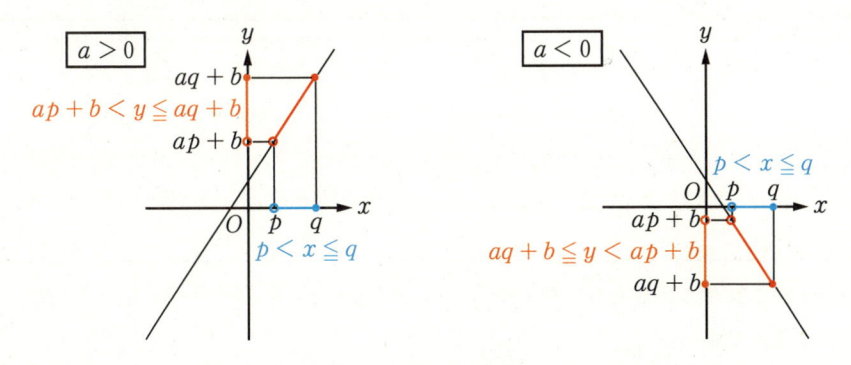

$a > 0$
$ap + b < y \leqq aq + b$
$p < x \leqq q$

$a < 0$
$p < x \leqq q$
$aq + b \leqq y < ap + b$

変域は集合なので，厳密には例えば "x の変域が $p < x < q$" の代わりに "x の変域が $\{x \in \mathbb{R} | p < x < q\}$" と表記すべきである．しかし，独立変数に x，従属変数に y を使う立場では，"x の変域が $p < x < q$" と略記することが多い．y の変域についても同様である．

例題 $A = \{t | -4 \leqq t < 6\}$ とする．関数 f が $f(x) = -2x + 4$ を満たすとする．f の定義域と値域が $\mathbb{R}$ の部分集合のとき，次の問いに答えよ．
(1) f の定義域が A のとき，値域を求めよ．
(2) f の値域が A のとき，定義域を求めよ．

解
(1) $-4 \leqq x < 6 \iff -8 < -2x + 4 \leqq 12$ より，値域は $\{y | -8 < y \leqq 12\}$．
(2) $-4 \leqq -2x + 4 < 6 \iff -1 < x \leqq 4$ より，定義域は $\{x | -1 < x \leqq 4\}$．

厳密には，前の例で存在記号（∃）を使って論証したように，値域や定義域といった集合を特定するのにはかなり面倒な議論が必要なところである．しかし，上でまとめたとおり，1次関数については定義域と値域の関係がハッキリしており，考えている区間の端点さえ気をつければいいことがすでにわかっている．したがって，この例題の解の程度の議論で済ませても実際には許されるだろう．

問題 321 ●変数 x, y が $y = -5x + 3$ を満たすとする．
(1) x の変域が $x > 4$ のとき，y の変域を求めよ．
(2) y の変域が $-2 < y \leqq 3$ のとき，x の変域を求めよ．

6 1次関数の決定

1次関数 $x \mapsto ax + b$ を指定したいとき，決定すべき定数は a, b の2つである．大雑把にいって，a, b の満たすべき方程式が2つそろえば，それらを連立させることでこの1次関数が決まることになる．

例題 1次関数 f の変化の割合が2で，$f(3)=7$ だという．$f(x)$ を求めよ．

解 変化の割合が2なので，$f(x)=2x+b$ となる実数定数 b が存在する．
$$f(3)=7 \iff 2\cdot 3+b=7 \iff b=1.$$
したがって，$f(x)=2x+1$．

例題 y が x の1次関数であり，そのグラフが2点 $(3,7)$ と $(-2,-3)$ を通るという．y を x の式で表せ．

解 y が x の1次関数なので，$y=ax+b$ となる実数定数 a, b が存在する．（ただし，$a \neq 0$．）
$$\text{グラフが}(3,7)\text{を通る} \iff 7=3a+b. \quad \cdots\cdots ①$$
$$\text{グラフが}(-2,-3)\text{を通る} \iff -3=-2a+b. \quad \cdots\cdots ②$$
$$\begin{cases} ① \\ ② \end{cases} \iff \begin{cases} a=2 \\ b=1. \end{cases}$$
これは $a \neq 0$ を満たす．したがって，$y=2x+1$．

$f(x)=ax+b$ において，a は"変化の割合"であり，"グラフの傾き"でもある．b は "$x=0$ における値，すなわち $f(0)$" であり，"グラフの y 切片"でもある．これらの値がわかっているのならば，それを積極的に利用することにより（決定すべき定数が少ない状態からスタートできるので），1次関数を決定するのは容易だ．

また，"$f(p)=q$" と "グラフが点 (p,q) を通る" は，どちらも $q=ap+b$ を表す．

これらの情報を組み合わせて，("独立な") 条件を2つ見つければ1次関数が決定できる．

問題 322 y が x の1次関数であるという．変化の割合が -3 で，グラフが点 $(2,-4)$ を通るとき，y を x の式で表せ．

問題 323 1次関数 f が，$f(-1)=1$，$f(2)=3$ を満たすとき，$f(x)$ を求めよ．

問題 324 1次関数 $y=ax+b$ の定義域が $\{x \mid -3 \leqq x \leqq 2\}$ のとき，値域が $\{y \mid -4 \leqq y \leqq 6\}$ であった．実数定数 a, b を求めよ．

第2節　直線の方程式

1 ● 直線の標準形

1次関数のグラフは直線である．そこで，ここで直線についてまとめて学んでおくことにする．すでに登場した用語である"傾き"，"x切片"，"y切片"を復習しておく13 1 3 14 1 3．

直線 L が y 軸に平行でないとき，L 上の相異なる2点 $P(x_1, y_1)$, $Q(x_2, y_2)$ に対して，$\dfrac{y_2 - y_1}{x_2 - x_1}$ という値は P, Q のとり方によらず一定で，この値を L の **傾き** という．

直線 L が x 軸に平行でないとき，L と x 軸との交点の x 座標を L の **x切片** という．

直線 L が y 軸に平行でないとき，L と y 軸との交点の y 座標を L の **y切片** という．

（直線 L が x 軸そのもののときに "x切片" は存在するのか，直線 L が y 軸そのもののときに "y切片" は存在するのか，というのは好みの問題だが，本書では，存在しないことにしておく.）

方程式 $F_1(x, y) = F_2(x, y)$ のグラフが直線 L のとき，"直線 L の方程式が $F_1(x, y) = F_2(x, y)$" であるといい，"$L : F_1(x, y) = F_2(x, y)$" と表記する．また，"方程式 $F_1(x, y) = F_2(x, y)$ のグラフ" の代わりに "直線 $F_1(x, y) = F_2(x, y)$" ともいう．

まず，x 軸にも y 軸にも平行でない直線 l を考える．l は y 軸に平行でないので傾きをもつが，その値を m とする．l は x 軸に平行でないので，$m \neq 0$ となる．また，l は y 軸に平行でないので y 切片をもつが，その値を n とする．すると，l は1次関数 $x \mapsto mx + n$ のグラフであり，方程式 $y = mx + n$ のグラフである．"直線 l" は "直線 $y = mx + n$" であり，"$l : y = mx + n$" である．

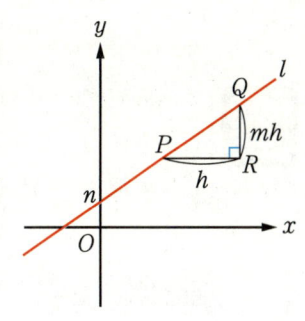

次に，x 軸に平行な直線 l を考える．l は y 座標が一定の点を集めたものになるので，l の y 切片を n とすると，l は方程式 $y = n$ のグラフになる．"直線 l" は "直線 $y = n$" であり，"$l : y = n$" である．l は定数関数 $x \mapsto n$ のグラフでもある．また，"$y = n$" は，"$m = 0$ のときの $y = mx + n$" だと考えることもできる．l 上の相異なる2点 $(x_1, n), (x_2, n)$ に対して $\dfrac{n - n}{x_2 - x_1} = 0$ だから，直線 l の傾きは 0 である．

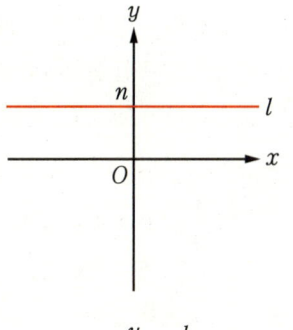

最後に，y 軸に平行な直線 l を考える．l は x 座標が一定の点を集めたものになるので，l の x 切片を c とすると，l は方程式 $x = c$ のグラフになる．"直線 l" は "直線 $x = c$" であり，"$l : x = c$" である．l はいかなる関数のグラフにもならない．（x の値を指定しても y の値が定まらないため 12 3 5．）

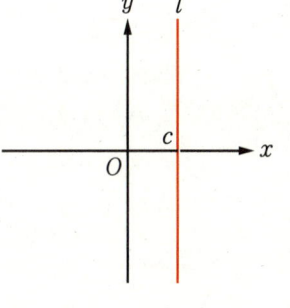

> (i) 直線 l が y 軸に平行でないならば，l は方程式 $y = mx + n$ のグラフ．m は l の傾きで，n は l の y 切片．
>
> (ii) 直線 l が y 軸に平行ならば，l は方程式 $x = c$ のグラフ．c は l の x 切片．

"$y = mx + n$" と "$x = c$" を直線の方程式の "標準形" ということがある．

例
- 直線 $y = -\frac{2}{3}x + 2$ の傾きは $-\frac{2}{3}$ で，y 切片は 2．
  $y = 0 \iff 0 = -\frac{2}{3}x + 2 \iff x = 3$
  より，x 切片は 3．
- 直線 $y = -2$ の傾きは 0 で，y 切片は -2．x 切片はなし．
- 直線 $x = 2$ は y 軸に平行なので傾きはない．x 切片は 2 で，y 切片はなし．

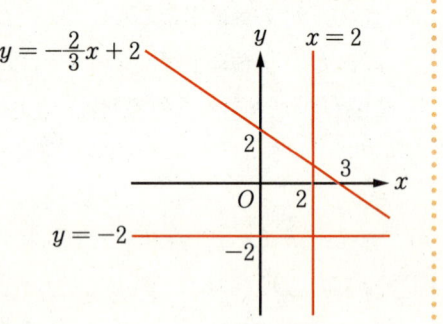

問題 325 ●次の直線について，その x 切片，y 切片，傾きをそれぞれ求め，グラフを図示せよ．
答 p.25
(1) 直線 $y = -x + 4$　　(2) 直線 $y = \frac{1}{3}x - 2$
(3) 直線 $y = 2$　　(4) 直線 $x = -3$

2　直線の一般形

直線の方程式の標準形では，傾きや y 切片が一目でわかるという利点があるものの，直線が y 軸に平行かどうかによって式の形が異なり，場合分けがわずらわしい．x と y が平等に扱われていない点も不満である．

例
- $y = -\frac{2}{3}x + 2 \iff 2x + 3y - 6 = 0$
  より，直線 $2x + 3y - 6 = 0$ と直線 $y = -\frac{2}{3}x + 2$ は同じものである．
- $y = -2 \iff y + 2 = 0$ より，直線 $y + 2 = 0$ と直線 $y = -2$ は同じものである．
- $x = 2 \iff x - 2 = 0$ より，直線 $x - 2 = 0$ と直線 $x = 2$ は同じものである．

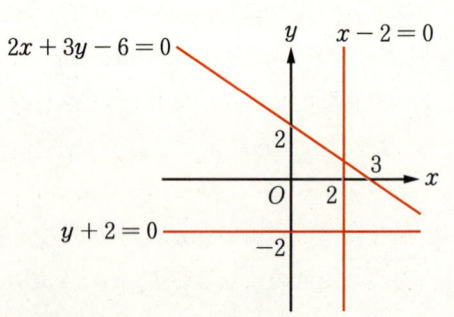

直線の方程式はいずれも $ax+by+c=0$ の形に表せることがわかる．(この例では，"$2x+3y-6=0$" は $(a,b,c)=(2,3,-6)$ であり，"$y+2=0$" は $(a,b,c)=(0,1,2)$ であり，"$x-2=0$" は $(a,b,c)=(1,0,-2)$ である．) "$ax+by+c=0$" を直線の方程式の "一般形" ということがある．

方程式 $ax+by+c=0$ において，$(a,b)=(0,0)$ のときは，方程式 $c=0$ になる．この方程式のグラフは，c が 0 でないならば空集合（$\emptyset$）で，c が 0 ならば平面全体（$\mathbb{R}^2$）になる．したがって，直線を考えるときには $(a,b)\neq(0,0)$ でなければならない．$(a,b)\neq(0,0)$ のときの $ax+by+c=0$ は，"x,y についての 1 次方程式" である．

"$y=mx+n \iff mx-y+n=0$" と "$x=c \iff x-c=0$" より，標準形で与えられた直線の方程式は一般形に変形できる．

$(a,b)\neq(0,0)$ として，$ax+by+c=0$ を標準形に変形してみよう．$b\neq 0$ のとき，"$ax+by+c=0 \iff y=-\dfrac{a}{b}x-\dfrac{c}{b}$" だから，この方程式のグラフは傾き $-\dfrac{a}{b}$，y 切片 $-\dfrac{c}{b}$ の直線である．$b=0$ のとき，$a\neq 0$ より，"$ax+by+c=0 \iff x=-\dfrac{c}{a}$" だから，この方程式のグラフは x 切片 $-\dfrac{c}{a}$ の y 軸に平行な直線である．いずれにしろ，一般形で与えられた直線の方程式は標準形に変形できる．

> 直線は x,y の 1 次方程式のグラフ．
> 逆に，$(a,b)\neq(0,0)$ のとき，方程式 $ax+by+c=0$ のグラフは直線．

直線 $ax+by+c=0$ ($(a,b)\neq(0,0)$) において，$b\neq 0$ ならば傾きは $-\dfrac{a}{b}$ であり，$b=0$ ならば傾きはなしである．したがって，(a,b) が直線の方向，軸からの傾き具合を制御していると考えられる．また，$a\neq 0$ ならば x 切片は $-\dfrac{c}{a}$ であり，$b\neq 0$ ならば y 切片は $-\dfrac{c}{b}$ だから，(a と b が決まった後は）c が軸との交点，すなわち，原点からの離れ具合を制御していると考えられる．

$2x+3y-6=0 \iff \dfrac{2}{3}x+y-2=0 \iff \dfrac{1}{3}x+\dfrac{1}{2}y-1=0$ だから，この 3 つの方程式はいずれも同じ直線を表している．このように，$k\neq 0$ のとき，直線 $ax+by+c=0$ と直線 $(ka)x+(kb)y+(kc)=0$ は同じであり，(a,b,c) はその比だけが意味をもっている．直線どうしを比較しやすくするため，b の値を -1 に "標準化" しようと努力した結果が直線の方程式の "標準形" といえる．（なお，c の値を -1 に "標準化" しようと努力すると，後で述べる "切片形" になる．）

一般形の方程式で与えられた直線を図示するには，一度標準形に変換して傾きと y 切片（あるいは x 切片）を求めてもよいし，直接（$y=0$ や $x=0$ を代入することにより）x 切片と

y 切片を求めて軸との 2 つの支点を結んでもよい.

問題326 ●次の直線について, その x 切片, y 切片, 傾きをそれぞれ求め, グラフを図示せよ.
答 p.25
(1) 直線 $x+y=2$ (2) 直線 $x-3y-3=0$
(3) 直線 $y-1=0$ (4) 直線 $2x+3=0$

方程式 $x+y=1$ のグラフは x 切片が 1, y 切片が 1 の直線である. これを x 軸方向に a 倍, y 軸方向に b 倍に拡大すると, 方程式 $\frac{x}{a}+\frac{y}{b}=1$ のグラフで12 4 3, x 切片が a, y 切片が b の直線になる. (ただし, a, b は 0 でない実数定数.) この形の方程式は, 直線が x 軸にも y 軸にも平行でないときにしか使えないが, x 切片や y 切片に注目しているときには便利である. "$\frac{x}{a}+\frac{y}{b}=1$" を直線の方程式の "切片形" ということがある.

"$\frac{x}{a}+\frac{y}{b}=1 \iff y=-\frac{b}{a}x+b$" だから, この直線の傾きは $-\frac{b}{a}$ である.

> x 切片が a, y 切片が b の直線の方程式は $\frac{x}{a}+\frac{y}{b}=1$.
> (ただし, $a \neq 0$ かつ $b \neq 0$.)

直線が x 軸に平行なときには, x 切片が存在しない. y 切片である b の値を一定に保ちながら傾きを 0 に近づけていくと, x 切片である a の値が 0 からどんどん離れていくことが実感できる. これは, a が大きくなりすぎて ∞ になった, あるいは, 小さくなりすぎて $-\infty$ になった, と考えることができる. このとき, $\frac{x}{a}=0$ と解釈すると, 方程式 $\frac{x}{a}+\frac{y}{b}=1$ は $\frac{y}{b}=1$, すなわち, $y=b$ となり, ちゃんとこの直線の方程式になっている. 直線が y 軸に平行なときでも同様に, $\frac{y}{b}=0$ と解釈すると, 方程式 $\frac{x}{a}+\frac{y}{b}=1$ は $x=a$ となる.

直線が原点を通るときは, $a=b=0$ となり, いかに頑張ろうとも切片形では表せない.

> **例**
> x 切片が 3, y 切片が 2 の直線は方程式 $\frac{x}{3}+\frac{y}{2}=1$, すなわち, 方程式 $2x+3y=6$ のグラフ.

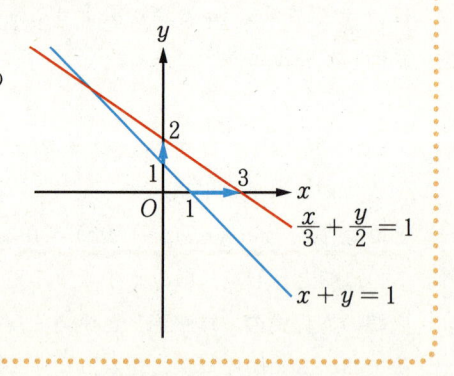

問題327 ●次の直線について, その x 切片, y 切片, 傾きをそれぞれ求め, グラフを図示せよ.
答 p.25
(1) 直線 $\frac{x}{4}+\frac{y}{4}=1$ (2) 直線 $\frac{x}{3}-y=1$

3 ● 直線の決定

　直線を決定するには，"独立"な 2 つの情報が必要になる．標準形の $y = mx + n$ においては m, n という 2 つの定数があるし，標準形の $x = c$ においては c という定数の他に"この形を選んだ，すなわち y 軸に平行"という事実がある．一般形の $ax + by + c = 0$ においては a, b, c の比，すなわち，例えば $a \neq 0$ ならば $\dfrac{b}{a}$ と $\dfrac{c}{a}$ という 2 つの数を決めなければならない．（切片形で表せない直線もあるが，）切片形の $\dfrac{x}{a} + \dfrac{y}{b} = 1$ においても a, b の 2 つの定数がある．

　使える情報としては，"傾き"や"通る点"が代表的である．（"通る点"が"x 切片"，"y 切片"の形で与えられることもある．）このような情報を 2 つ見つけて等式の形にし，連立すれば直線が決定できる．

　<u>直線はその方向と通る点 1 つで定まる</u>，というのが次の例題である．

> **例題** 傾きが 2 で点 $(4, 9)$ を通る直線 l を求めよ．
>
> **解** 傾きが 2 なので，$l : y = 2x + n$ となるような実数定数 n が存在する．
> 　　　　l が $(4, 9)$ を通る $\iff 9 = 2 \cdot 4 + n \iff n = 1$.
> 　したがって，l の方程式は $y = 2x + 1$.

　ここでは，"直線 l を求めよ"というのは，"直線 l の方程式を求めよ"という意味に解釈する．（本当は，直線 l が特定できる形で表現できればいいので，"$l = \{(t, 2t+1) | t \in \mathbb{R}\}$"や"$l$ は傾きが 2，y 切片が 1 の直線"と答えても正解のはず．）

　この問題では，"傾きが 2"と"点 $(4, 9)$ を通る"の 2 つの条件が与えられている．傾きがわかっているのだから，一般形でなく標準形を使うのが自然だろう．l の方程式を $y = mx + n$ とおいたとき，$m = 2$ がすぐにわかるので，あえて m という文字を解答に導入しないで済んだ．もう一つの条件を使って n を決定することで l が求まる．

> **問題 328** ● 傾きが -3 で点 $(1, 2)$ を通る直線を求めよ．
>
> 答 p.25

　この方法で，一般的に次のことがわかる．

> 傾きが m で点 (x_1, y_1) を通る直線の方程式は $y = m(x - x_1) + y_1$.

例題の方法を習得するのも大事だが，直線に関するこの公式も暗記しておくことをすすめる．この方程式は $y - y_1 = m(x - x_1)$ の形で覚えていてもよい．傾きが m で原点 $(0, 0)$ を通る直線の方程式は当然ながら $y = mx$ だが，これを x 軸方向に x_1，y 軸方向に y_1 だけ平行移動すると，（x の代わりに $x - x_1$ とし，y の代わりに $y - y_1$ とすることで）$y - y_1 = m(x - x_1)$ という方程式が得られる 12 4 3．

例　傾きが 2 で点 $(4, 9)$ を通る直線の方程式は，
$$y = 2(x - 4) + 9 \iff y = 2x + 1.$$

直線は通る点 2 つで定まる，というのが次の例題である．

例題　2 点 $P(3, 7)$，$Q(5, 11)$ を通る直線 l を求めよ．

解　[その 1]

P と Q の x 座標が異なるので，l は y 軸に平行ではない．
よって，$l : y = mx + n$ となるような実数定数 m, n が存在する．
$$l \text{ が } P \text{ を通る} \iff 7 = m \cdot 3 + n. \quad \cdots\cdots ①$$
$$l \text{ が } Q \text{ を通る} \iff 11 = m \cdot 5 + n. \quad \cdots\cdots ②$$
$$\begin{cases} ① \\ ② \end{cases} \iff \begin{cases} m = 2 \\ n = 1. \end{cases}$$
したがって，l の方程式は $y = 2x + 1$．

解　[その 2]

l の傾きは $\dfrac{11 - 7}{5 - 3} = 2$ だから，$l : y = 2x + n$ となるような実数定数 n が存在する．
$$l \text{ が } P \text{ を通る} \iff 7 = 2 \cdot 3 + n \iff n = 1.$$
したがって，l の方程式は $y = 2x + 1$．

解　[その 3]

$l : ax + by + c = 0$ となるような実数定数 a, b, c が存在する．
（ただし，$(a, b) \neq (0, 0)$．）
$$l \text{ が } P \text{ を通る} \iff a \cdot 3 + b \cdot 7 + c = 0. \quad \cdots\cdots ①$$
$$l \text{ が } Q \text{ を通る} \iff a \cdot 5 + b \cdot 11 + c = 0. \quad \cdots\cdots ②$$
$$\begin{cases} ① \\ ② \end{cases} \iff \begin{cases} c = -3a - 7b \\ 5a + 11b + (-3a - 7b) = 0 \end{cases}$$

$$\iff \begin{cases} c = -3a - 7b \\ a = -2b \end{cases} \iff \begin{cases} a = -2b \\ c = -b. \end{cases}$$

したがって，l の方程式は $-2bx + by - b = 0 \iff 2x - y + 1 = 0$．

この問題では，"点 $(3,7)$ を通る"と"点 $(5,11)$ を通る"の 2 つの条件が与えられている．

解その 1 は標準形を使っており，l の方程式を $y = mx + n$ とおいたとき，m, n の連立方程式を解くことで l が求まる．

解その 2 も標準形を使っているが，情報を"通る点 2 つ"から"傾きと通る点 1 つ"に変形して解いている．もちろん，"l が P を通る"を使っても"l が Q を通る"を使っても同じ結果が得られる．

解その 3 は一般形を使っており，l の方程式を $ax + by + c = 0$ とおいたとき，a, b, c の連立方程式を解くことになる．変数が 3 つあるのに方程式が 2 つしかないので，a, b, c の値は求まらず，その相対的関係（具体的には，$a : b : c = 2 : (-1) : 1$）のみが求まる．a, b, c のうちのいずれかが 0 ならば，すべてが 0 になり，$(a, b) \neq (0, 0)$ に反するため，a, b, c のいずれも 0 でないことがわかる．答案の最後の変形で両辺を b でわっても同値なのはこのためであり，厳密にはこのような議論を答案に含めるべきかもしれない．

例題

2 点 $P(3, 7), Q(3, 11)$ を通る直線 l を求めよ．

解 〔その 1〕

P と Q の x 座標が等しいので，l は y 軸に平行である．
よって，$l : x = c$ となる実数定数 c が存在する．

$$l \text{ が } P \text{ を通る} \iff 3 = c.$$

したがって，l の方程式は $x = 3$．

解 〔その 2〕

$l : ax + by + c = 0$ となるような実数定数 a, b, c が存在する．
（ただし，$(a, b) \neq (0, 0)$．）

$$l \text{ が } P \text{ を通る} \iff a \cdot 3 + b \cdot 7 + c = 0. \quad \cdots\cdots ①$$
$$l \text{ が } Q \text{ を通る} \iff a \cdot 3 + b \cdot 11 + c = 0. \quad \cdots\cdots ②$$

$$\begin{cases} ① \\ ② \end{cases} \iff \begin{cases} 3a + c = 0 \\ b = 0 \end{cases} \iff \begin{cases} c = -3a \\ b = 0. \end{cases}$$

したがって，l の方程式は $ax - 3a = 0 \iff x - 3 = 0$．

この問題では，"点 $(3, 7)$ を通る"と"点 $(3, 11)$ を通る"の 2 つの条件が与えられている．
解その 1 は標準形を使っており，情報を"通る点 2 つ"から"傾き（軸に平行）と通る点 1

"に変形して解いている．もちろん，"l が P を通る"を使っても"l が Q を通る"を使っても同じ結果が得られる．

　解その 2 は一般形を使っており，l の方程式を $ax+by+c=0$ とおいたとき，a,b,c の連立方程式を解くことになる．変数が 3 つあるのに方程式が 2 つしかないので，a,b,c の値は求まらず，その相対的関係（つまり，a,b,c の比）のみが求まる．$b=0$ と $(a,b) \neq (0,0)$ より，$a \neq 0$ がわかる．答案の最後の変形で両辺を a でわっても同値なのはこのためであり，厳密にはこのような議論を答案に含めるべきかもしれない．

問題 329 ● 2 点 $P(-2, 5)$，$Q(4, -4)$ を通る直線 l の方程式を求めたい．
答 p.26
(1) $l: y = mx + n$ として，P と Q の座標を代入することにより l の方程式を求めよ．
(2) P, Q の座標を使って先に l の傾きを求めてから l の方程式を求めよ．
(3) $l: ax + by + c = 0$ として，P と Q の座標を代入することにより l の方程式を求めよ．

問題 330 ● 2 点 $P(-2, 5)$，$Q(-2, -4)$ を通る直線 l の方程式を求めよ．
答 p.26

　2 点 $P(x_1, y_1)$，$Q(x_2, y_2)$ を考える．

　$x_1 \neq x_2$ のとき，直線 PQ の傾きは $\dfrac{y_2 - y_1}{x_2 - x_1} \left(= \dfrac{y_1 - y_2}{x_1 - x_2} \right)$ である．したがって，直線 PQ の方程式は $y = \dfrac{y_2 - y_1}{x_2 - x_1}(x - x_1) + y_1$．（$y = \dfrac{y_2 - y_1}{x_2 - x_1}(x - x_2) + y_2$ と同じ方程式．）

　$x_1 = x_2$ のとき，直線 PQ は y 軸に平行で，直線 PQ の方程式は $x = x_1$．（$x = x_2$ と同じ方程式．）

以上をまとめると，次のことがわかる．

> **2 点を通る直線の方程式（標準形）**
> (i) $x_1 \neq x_2$ のとき，2 点 (x_1, y_1)，(x_2, y_2) を通る直線の方程式は
> $y = \dfrac{y_2 - y_1}{x_2 - x_1}(x - x_1) + y_1$．
> (ii) $x_1 = x_2$ のとき，2 点 (x_1, y_1)，(x_2, y_2) を通る直線の方程式は $x = x_1$．

　傾きとは何か，がわかっていれば 2 点の座標からすぐに傾き m が求められるので，"直線 $y = mx$ を平行移動したもの"と考えれば 12 4 3，(i) の公式はすぐに復元できる．

例

□ 2点 $P(3, 7)$, $Q(5, 11)$ を通る直線の方程式は,
$$y = \frac{11-7}{5-3}(x-3)+7 \iff y = 2x+1.$$

□ 2点 $P(3, 7)$, $Q(3, 11)$ を通る直線の方程式は, $x = 3$.

標準形の公式では，どうしても場合分けが必要で，x と y が不平等になる．そこで，この公式を一般形の公式に変形しよう．

$x_1 \neq x_2$ のとき，2点 (x_1, y_1), (x_2, y_2) を通る直線の方程式は
$$y = \frac{y_2 - y_1}{x_2 - x_1}(x - x_1) + y_1$$
$$\iff y - y_1 = \frac{y_2 - y_1}{x_2 - x_1}(x - x_1)$$
$$\iff (x_2 - x_1)(y - y_1) = (y_2 - y_1)(x - x_1)$$
$$\iff (y_2 - y_1)(x - x_1) - (x_2 - x_1)(y - y_1) = 0. \quad \cdots\cdots(\spadesuit)$$

$x_1 = x_2$ のとき，2点 (x_1, y_1), (x_2, y_2) を通る直線の方程式は
$$x = x_1 \iff x - x_1 = 0.$$

これは，($\spadesuit$) で $x_1 = x_2$ としたときと一致する．（$x_1 = x_2$ だから $y_1 \neq y_2$ であることに注意．）

したがって，x_1 と x_2 が等しいかどうかにかかわらず，いつでも ($\spadesuit$) でよいことがわかる．分母をはらうことで分数をなくせば，分母が 0 かどうかの場合分けが必要なくなる，ということだ．($\spadesuit$) をそのまま暗記してもよいが，標準形の公式から瞬時にこの形まで変形するのも大した手間ではない．

2点を通る直線の方程式（一般形）

2点 (x_1, y_1), (x_2, y_2) を通る直線の方程式は
$(y_2 - y_1)(x - x_1) - (x_2 - x_1)(y - y_1) = 0.$

例

□ 2点 $P(3, 7)$, $Q(5, 11)$ を通る直線の方程式は,
$$(11-7)(x-3) - (5-3)(y-7) = 0 \iff 4x - 2y + 2 = 0$$
$$\iff 2x - y + 1 = 0.$$

□ 2点 $P(3, 7)$, $Q(3, 11)$ を通る直線の方程式は,
$$(11-7)(x-3) - (3-3)(y-7) = 0 \iff x = 3.$$

$a \neq 0$ かつ $b \neq 0$ のとき,x 切片が a で y 切片が b の直線の方程式が $\dfrac{x}{a} + \dfrac{y}{b} = 1$ であることを使うことがある.

例
x 切片が 3,y 切片が 2 の直線の方程式は $\dfrac{x}{3} + \dfrac{y}{2} = 1$.
これは,2 点 $(3, 0)$ と $(0, 2)$ を通る直線と考えて次のように求めることもできる.
傾きが $-\dfrac{2}{3}$ で y 切片が 2 だから方程式は $y = -\dfrac{2}{3}x + 2$ である.
また,$ax + by + c = 0$ に $(x, y) = (3, 0), (0, 2)$ を代入する方法でも,$3a + c = 0$ かつ $2b + c = 0$ より $a : b : c = 2 : 3 : (-6)$ がすぐにわかり,直線の方程式は $2x + 3y - 6 = 0$ になる.

問題 331 ● 3 点 $P(3, 4), Q(5, 2a - 5), R(a - 2, 7)$ が一直線上にあるという.実数定数 a を求めよ.
答 p.26

4 ● 2 直線の平行条件

これからしばらく,2 直線の間の位置関係に焦点をあてたい.まず,2 直線が一致するための条件を考えてみる.

直線 $y = m_1 x + n_1$ と直線 $y = m_2 x + n_2$ が一致するのは,これらが x, y についての方程式として同じときだから,$m_1 = m_2$ かつ $n_1 = n_2$ のときである.

直線 $x = c_1$ と直線 $x = c_2$ が一致するのは,$c_1 = c_2$ のときである.

当然ながら,直線 $y = mx + n$ と直線 $x = c$ が一致することはない.(y 軸に平行かどうか,という点が異なる.)

--- 2 直線の一致条件(標準形)---
直線 $y = m_1 x + n_1$ と直線 $y = m_2 x + n_2$ が一致 $\iff$ ($m_1 = m_2$ かつ $n_1 = n_2$).
直線 $x = c_1$ と直線 $x = c_2$ が一致 $\iff$ $c_1 = c_2$.

直線 $a_1 x + b_1 y + c_1 = 0$ と直線 $a_2 x + b_2 y + c_2 = 0$ が一致するのは,これらが x, y についての方程式として同じときだから,$a_1 = ka_2, b_1 = kb_2, c_1 = kc_2$ となるような 0 でない実数定数 k が存在するときである.a, b, c に 0 が含まれていないならば,要するに $a_1 : b_1 : c_1 = a_2 : b_2 : c_2$ のときである.(0 が含まれているときは,例えば $1 : 0 : 2 = 3 : 0 : 6$ や $0 : 1 : 0 = 0 : 2 : 0$ 等と約束すればよい.)一般形は標準形よりも一目で判定しにくいが,y 軸に平行かどうかの場合分けがいらない.

2直線の一致条件（一般形）

直線 $a_1x + b_1y + c_1 = 0$ と直線 $a_2x + b_2y + c_2 = 0$ が一致
$\iff \exists k$ s.t. ($k \neq 0$ かつ $a_1 = ka_2$ かつ $b_1 = kb_2$ かつ $c_1 = kc_2$).

次に，2直線が平行であるための条件を考えてみる．ここでは，一致する場合も "平行" に含めることにする．直線 l_1 と l_2 が平行であることを "$l_1 \parallel l_2$" と表記する．

直線 l_1, l_2, l_3 に対して，
- $l_1 \parallel l_1$．（反射律）
- $l_1 \parallel l_2 \implies l_2 \parallel l_1$．（対称律）
- ($l_1 \parallel l_2$ かつ $l_2 \parallel l_3$) $\implies l_1 \parallel l_3$．（推移律）

直線 $y = mx + n$ と直線 $y = mx$ は平行である．これは $n = 0$ のときは明らかだが，$n \neq 0$ のときは，直線 $y = mx + n$ 上の2点 $P(0, n)$，$Q(1, m+n)$ および直線 $y = mx$ 上の2点 $O(0, 0)$，$R(1, m)$ に対して，四角形 $OPQR$ が平行四辺形になることからわかる．

推移律より，直線 $y = m_1x + n_1$ と直線 $y = m_2x + n_2$ が平行となる条件は $m_1 = m_2$ である．

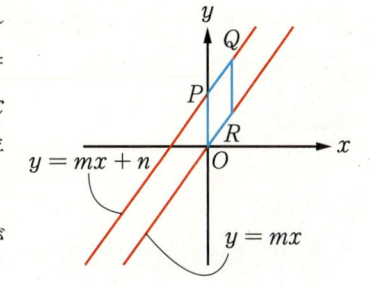

2直線の平行条件（標準形）

直線 $y = m_1x + n_1$ と直線 $y = m_2x + n_2$ が平行 $\iff m_1 = m_2$.
直線 $x = c_1$ と直線 $x = c_2$ は平行．
直線 $y = m_1x + n_1$ と直線 $x = c_1$ は平行でない．

要するに，標準形では，直線が平行かどうかは "傾きが一致するかどうか" で決まる．

次に，一般形を考えよう．$l_1 : a_1x + b_1y + c_1 = 0$ とし，$l_2 : a_2x + b_2y + c_2 = 0$ とする．（ただし，$(a_1, b_1) \neq (0, 0)$ かつ $(a_2, b_2) \neq (0, 0)$.）

(i) $b_1 \neq 0$ のとき，l_1 の傾きは $-\dfrac{a_1}{b_1}$．さらに $b_2 = 0$ ならば，l_2 は y 軸に平行で，l_1 には平行でない．$b_2 \neq 0$ ならば，l_2 の傾きは $-\dfrac{a_2}{b_2}$ だから，l_1 と l_2 が平行となる条件は $-\dfrac{a_1}{b_1} = -\dfrac{a_2}{b_2}$，すなわち，$a_1b_2 - b_1a_2 = 0$．

(ii) $b_1 = 0$ のとき，l_1 は y 軸に平行．l_1 と l_2 が平行となる条件は $b_2 = 0$．（$b_1 = 0$ の下では，$a_1 \neq 0$ に注意すると，）$b_2 = 0 \iff a_1b_2 - b_1a_2 = 0$．

(i), (ii) のいずれの場合も，$l_1 \parallel l_2 \iff a_1b_2 - b_1a_2 = 0$．

2直線の平行条件（一般形）

直線 $a_1x+b_1y+c_1=0$ と直線 $a_2x+b_2y+c_2=0$ が平行 $\iff a_1b_2-b_1a_2=0$.

平行かどうかの判定に c_1, c_2 が関係ないことに注意．また，

$$a_1b_2-b_1a_2=0 \iff \exists k \text{ s.t. } (k \neq 0 \text{ かつ } a_1=ka_2 \text{ かつ } b_1=kb_2)$$
$$\iff a_1:b_1=a_2:b_2.$$

（ただし，$k \neq 0$ に対して $1:0=k:0$ かつ $0:1=0:k$ とする．$0:0$ は考えない．）

問題 332 次の直線の中から，一致するものを選べ．また，平行なものを選べ．
(1) $y=3x+5$ 　　(2) $2x+6y+7=0$ 　　(3) $6x-2y+10=0$
(4) $x=-3y+6$ 　　(5) $9x-3y=15$ 　　(6) $3x+y+3=0$
(7) $y+3x=2$ 　　(8) $\dfrac{x}{3}+y=2$

問題 333 直線 $2x+5y+1=0$ に平行な直線のうち，点 $(3,1)$ を通るものを求めよ．

5　2直線の垂直条件

直線 l_1 と l_2 が交わるとき，その交点にできる角が直角ならば，l_1 と l_2 は **垂直である**，**直交する** といい，$l_1 \perp l_2$ と表記する．

2直線が垂直かどうかを判定するときは，それぞれの直線を平行移動しても結果が変わらないから，原点を通る直線についてのみ考えればよい．

まず，（原点を通る直線のうち，）x 軸に垂直な直線は y 軸のみであり，y 軸に垂直な直線は x 軸のみである．

次に，（原点を通るが）座標軸に平行でない直線について考える．直線 $l_1 : y = m_1 x$ $(m_1 > 0)$ について，$A(1, m_1)$, $E(1, 0)$, $B(-m_1, 1)$, $F(0, 1)$ とすると，三角形 OAE と三角形 OBF は合同なので，直線 OA と直線 OB は垂直になる．直線 OA の傾きは m_1 である．これと垂直な直線 OB の傾きは $\dfrac{1}{-m_1}$ である．したがって，直線 l_1 に垂直な直線 l_2 の傾きを m_2 とすると，$m_2 = -\dfrac{1}{m_1}$，すなわち $m_1 m_2 = -1$ となる．（原点を通る直線のうち，）直線 l_1 に垂直な直線は1本しかないから，逆に，直線 l_2 の傾き m_2 が $m_1 m_2 = -1$ を満たすならば，直線 l_2 は直線 l_1 に垂直である．

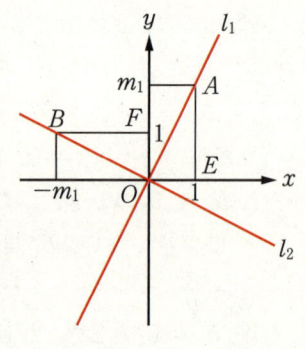

直線 $l_1 : y = m_1 x$ において，$m_1 < 0$ の場合も同様である．直線が原点を通らないときも

含めて，次のようにまとめられる．

> **2 直線の垂直条件（標準形）**
>
> 直線 $y = m_1 x + n_1$ と直線 $y = m_2 x + n_2$ が垂直 $\iff m_1 m_2 = -1$．
> 直線 $y = c_1$ と直線 $x = c_2$ は垂直．

垂直に関するこの判定基準は，直線の方程式の一般形ではどう表現されるだろうか．

直線 $l_1 : a_1 x + b_1 y + c_1 = 0$ と直線 $l_2 : a_2 x + b_2 y + c_2 = 0$ を考える．（ただし，$(a_1, b_1) \neq (0, 0)$ かつ $(a_2, b_2) \neq (0, 0)$．）

(i) $b_1 \neq 0$ のとき，l_1 は傾きをもち，その値は $-\dfrac{a_1}{b_1}$．

(ia) $-\dfrac{a_1}{b_1} \neq 0$ すなわち，$a_1 \neq 0$ のとき，l_1 は x 軸や y 軸に平行でない．このとき，

$l_1 \perp l_2 \iff l_2$ は傾きをもち，l_1 の傾きと l_2 の傾きとの積は -1

$\iff b_2 \neq 0$ かつ $\left(-\dfrac{a_1}{b_1}\right) \cdot \left(-\dfrac{a_2}{b_2}\right) = -1$

$\iff b_2 \neq 0$ かつ $a_1 a_2 = -b_1 b_2$

$\iff a_1 a_2 + b_1 b_2 = 0$．

($\because b_2 = 0$ ならば $a_2 \neq 0$ のはずなので，$a_1 a_2 + b_1 b_2 \neq 0$ である)

(ib) $a_1 = 0$ のとき，l_1 は x 軸に平行．このとき，

$l_1 \perp l_2 \iff l_2$ は y 軸に平行 $\iff b_2 = 0$

$\iff a_1 a_2 + b_1 b_2 = 0$．($\because a_1 = 0$ かつ $b_1 \neq 0$)

(ii) $b_1 = 0$ のとき，l_1 は y 軸に平行．このとき，

$l_1 \perp l_2 \iff l_2$ は x 軸に平行 $\iff a_2 = 0$

$\iff a_1 a_2 + b_1 b_2 = 0$．($\because b_1 = 0$ より $a_1 \neq 0$)

以上，(i), (ii) のいずれの場合も，$l_1 \perp l_2 \iff a_1 a_2 + b_1 b_2 = 0$ である．

> **2 直線の垂直条件（一般形）**
>
> 直線 $a_1 x + b_1 y + c_1 = 0$ と直線 $a_2 x + b_2 y + c_2 = 0$ が垂直
> $\iff a_1 a_2 + b_1 b_2 = 0$．

垂直かどうかの判定に c_1, c_2 が関係ないことに注意．また，

$$a_1 a_2 + b_1 b_2 = 0 \iff a_1 : b_1 = (-b_2) : a_2.$$

（ただし，$t \neq 0$ に対して $1 : 0 = t : 0$ かつ $0 : 1 = 0 : t$ とする．$0 : 0$ は考えない．）

> **例** 直線 $l: 3x+7y+2=0$ に垂直な直線の方程式は $7x-3y+k=0$（あるいは $-7x+3y+k'=0$）の形.
>
> l に垂直な直線の方程式を $ax+by+c=0$ として，垂直条件の $3a+7b=0$ を変形して $b=-\frac{3}{7}a$ を求めてもよいのだが，"係数の 3 と 7 を入れ替えて片方にマイナスをつける"と考えた方が実用的.

問題 334 ● 次の直線の中から，垂直なものの組を選べ.
(1) $y=\frac{7}{5}x+5$ (2) $5x+3y+10=0$ (3) $x+30=0$
(4) $6x-10y+7=0$ (5) $\frac{7}{5}y=x+5$ (6) $14x+6y+2=0$
(7) $2x+y+2=2(x+3y+2)$

問題 335 ● 直線 $y=\frac{2}{5}x+4$ に垂直な直線のうち，y 切片が 3 であるものを求めよ.

問題 336 ● 直線 $2x+7y+1=0$ に垂直な直線のうち，点 $(3,1)$ を通るものを求めよ.

6 ● グラフの共有点

方程式 $F_1(x,y)=0$ のグラフと方程式 $F_2(x,y)=0$ のどちらにも属する点をこれらのグラフの **共有点** という．共有点は

$$\{(x,y)|F_1(x,y)=0\} \cap \{(x,y)|F_2(x,y)=0\}$$
$$=\{(x,y)|F_1(x,y)=0 \text{ かつ } F_2(x,y)=0\}$$

という集合の要素のことで，連立方程式 $\begin{cases} F_1(x,y)=0 \\ F_2(x,y)=0 \end{cases}$ の解のことである．

関数 $y=f_1(x)$ のグラフと関数 $y=f_2(x)$ のグラフのどちらにも属する点をこれらのグラフの **共有点** という．これは連立方程式 $\begin{cases} y=f_1(x) \\ y=f_2(x) \end{cases} \iff \begin{cases} y=f_1(x) \\ f_1(x)=f_2(x) \end{cases}$ の解のことである．実際には，方程式 $f_1(x)=f_2(x)$ を解いて共有点の x 座標を求め，その f_1（または f_2）による像として y 座標を求めることになる．

共有点は，グラフの位置関係によって，"交点"や"接点"とよばれることがある．両者の違いを厳密に説明するのは難しいので，ここではあまり気にしないでもらいたい．

例

□ 方程式 $x^2+y^2=1$ のグラフ C と方程式 $y=2x-1$ のグラフ l_1 の共有点は，次の方程式の解である：

$$\begin{cases} x^2+y^2=1 \\ y=2x-1 \end{cases} \iff \begin{cases} x^2+(2x-1)^2=1 \\ y=2x-1 \end{cases}$$

$$\iff \begin{cases} x=0, \dfrac{4}{5} \\ y=2x-1 \end{cases}$$

$$\iff (x,y)=(0,-1), \left(\dfrac{4}{5}, \dfrac{3}{5}\right).$$

円 C と直線 l_1 の共有点（"交点"）が点 $(0,-1)$ と点 $\left(\dfrac{4}{5}, \dfrac{3}{5}\right)$ であることがわかる．

□ 方程式 $x^2+y^2=1$ のグラフ C と方程式 $x=-1$ のグラフ l_2 の共有点は，次の方程式の解である：

$$\begin{cases} x^2+y^2=1 \\ x=-1 \end{cases} \iff \begin{cases} (-1)^2+y^2=1 \\ x=-1 \end{cases} \iff (x,y)=(-1,0).$$

円 C と直線 l_2 の共有点（"接点"）が点 $(-1,0)$ であることがわかる．

例

a を正の実数定数とする．

□ 関数 $y=\dfrac{a}{x}$ のグラフ C と関数 $y=x$ のグラフ l_1 の共有点は，次の方程式の解である：

$$\begin{cases} y=\dfrac{a}{x} \\ y=x \end{cases} \iff \begin{cases} x=\dfrac{a}{x} \\ y=x \end{cases} \iff \begin{cases} x^2=a \\ y=x \end{cases}$$

$$\iff (x,y)=(\sqrt{a},\sqrt{a}), (-\sqrt{a},-\sqrt{a}).$$

双曲線 C と直線 l_1 が共有点（"交点"）を2つもつことがわかる．

□ 関数 $y=\dfrac{a}{x}$ のグラフ C と関数 $y=-x$ のグラフ l_2 の共有点は，次の方程式の解である：

$$\begin{cases} y=\dfrac{a}{x} \\ y=-x \end{cases} \iff \begin{cases} -x=\dfrac{a}{x} \\ y=-x \end{cases} \iff \begin{cases} x^2=-a \\ y=-x. \end{cases}$$

$x^2 \geqq 0$，$-a<0$ だから，この方程式に実数解はない．

双曲線 C と直線 l_2 が共有点をもたないことがわかる．

例

□ 直線 $l_1 : y = 2x - 1$ と直線 $l_2 : y = -\frac{1}{2}x + 3$ の共有点は，次の方程式の解である：

$$\begin{cases} y = 2x - 1 \\ y = -\frac{1}{2}x + 3 \end{cases} \iff \begin{cases} 2x - 1 = -\frac{1}{2}x + 3 \\ y = 2x - 1 \end{cases}$$

$$\iff (x, y) = \left(\frac{8}{5}, \frac{11}{5}\right).$$

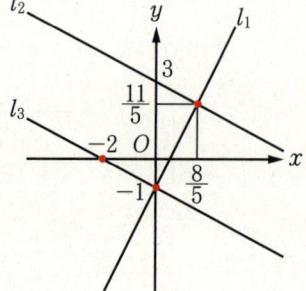

直線 l_1 と直線 l_2 の共有点（"交点"）が点 $\left(\frac{8}{5}, \frac{11}{5}\right)$ であることがわかる．

□ x 軸は直線 $y = 0$ のことなので，x 軸と直線 $l_3 : y = -\frac{1}{2}x - 1$ の共有点は，次の方程式の解である：

$$\begin{cases} y = 0 \\ y = -\frac{1}{2}x - 1 \end{cases} \iff \begin{cases} -\frac{1}{2}x - 1 = 0 \\ y = -\frac{1}{2}x - 1 \end{cases}$$

$$\iff (x, y) = (-2, 0).$$

直線 l_3 の x 切片が -2 であることがわかる．

□ 同様に，y 軸は直線 $x = 0$ のことなので，$y = -\frac{1}{2}x - 1$ と連立させることにより，直線 l_3 の y 切片が -1 であることがわかる．

□ 直線 $l_2 : y = -\frac{1}{2}x + 3$ と直線 $l_3 : y = -\frac{1}{2}x - 1$ の共有点は，次の方程式の解である：

$$\begin{cases} y = -\frac{1}{2}x + 3 \\ y = -\frac{1}{2}x - 1 \end{cases} \iff \begin{cases} -\frac{1}{2}x + 3 = -\frac{1}{2}x - 1 \\ y = -\frac{1}{2}x - 1. \end{cases}$$

この方程式は解なしである．

直線 l_2 と直線 l_3 が共有点をもたないことがわかる．これは，l_2 と l_3 が平行だが一致しないことから，納得がいく．

□ 直線 l_1 と直線 l_1 の共有点は直線 l_1 上の任意の点のことだから，平行でさらに一致すれば，共有点は無数にある．（この場合の共有点は"交点"とも"接点"ともよばない．）

問題 337

●次のそれぞれの場合について，2 直線 l_1, l_2 の共有点を求めよ．

(1) $l_1 : y = 5x + 2, l_2 : y = 7x - 5$
(2) $l_1 : y = 9x - 2, l_2 : x = 7$
(3) $l_1 : y = 11x + 7, l_2 : y = 3$
(4) $l_1 : 2x + 7y - 3 = 0, l_2 : 3x + 10y - 1 = 0$
(5) $l_1 : 4x + 2y + 7 = 0, l_2 : y = -2x + 7$
(6) $l_1 : 3x - 7y - 1 = 0, l_2 : x$ 軸
(7) $l_1 : x = 3y + 2, l_2 : 2x - 6y = 4$

問題 338 ◐3直線 $L_1 : 3x - y + 1 = 0$, $L_2 : kx + y - 6 = 0$, $L_3 : x - 2y + 3k + 1 = 0$ が1点で交わるという．実数定数 k を求めよ．

答 p.28

7 図形への応用

例

点 $P(20, 5)$ と直線 $l : y = 2x - 5$ を考える．P から l に下ろした垂線の足を H とする．直線 l の傾きは 2 なので，直線 PH の傾きは $-\dfrac{1}{2}$ である．直線 PH が P を通ることとあわせて，その方程式は，

$$y = -\frac{1}{2}(x - 20) + 5 \iff y = -\frac{1}{2}x + 15.$$

H は直線 l と直線 PH の共有点だから，次の方程式の解：

$$\begin{cases} y = 2x - 5 \\ y = -\dfrac{1}{2}x + 15 \end{cases} \iff \begin{cases} x = 8 \\ y = 11. \end{cases}$$

よって，$H(8, 11)$．

点 P と直線 l の距離は，$PH = \sqrt{(20-8)^2 + (5-11)^2} = 6\sqrt{5}$．

直線 l に関して P と対称な点 Q は，点 H に関して P と対称な点だから，$Q(2 \cdot 8 - 20, 2 \cdot 11 - 5)$ すなわち，$Q(-4, 17)$．

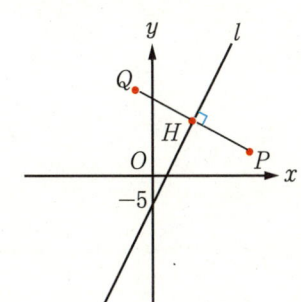

同様にして，一般に次のことが成り立つ．興味のある者は証明してみるとよい．

> 点 (X, Y) と直線 $ax + by + c = 0$ の距離は，$\dfrac{|aX + bY + c|}{\sqrt{a^2 + b^2}}$．

例

点 $(20, 5)$ と直線 $2x - y - 5 = 0$ の距離は，$\dfrac{|2 \cdot 20 - 5 - 5|}{\sqrt{2^2 + (-1)^2}} = \dfrac{30}{\sqrt{5}} = 6\sqrt{5}$．

例

直線 $l_1: y = x$ と直線 $l_2: y = 2$ を考える．
"(点 P と直線 l_1 の距離) = (点 P と直線 l_2 の距離)"
を満たす点 P 全体の集合 S を求めよう．
$P(X, Y)$ とする．

$P(X, Y)$ と直線 $l_1: x - y = 0$ の距離は，
$$\frac{|X - Y|}{\sqrt{1^2 + (-1)^2}} = \frac{1}{\sqrt{2}}|X - Y|.$$
$P(X, Y)$ と直線 $l_2: y - 2 = 0$ の距離は，
$$\frac{|Y - 2|}{\sqrt{0^2 + 1^2}} = |Y - 2|.$$

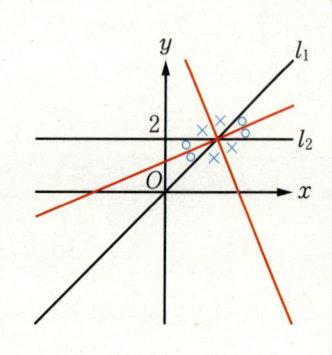

$$\begin{aligned}
P \in S &\iff \frac{1}{\sqrt{2}}|X - Y| = |Y - 2| \\
&\iff \frac{1}{2}(X - Y)^2 = (Y - 2)^2 \quad (\because |X - Y| \geqq 0, |Y - 2| \geqq 0) \\
&\iff (X - Y)^2 - 2(Y - 2)^2 = 0 \\
&\iff ((X - Y) + \sqrt{2}(Y - 2))((X - Y) - \sqrt{2}(Y - 2)) = 0 \\
&\iff X + (-1 + \sqrt{2})Y - 2\sqrt{2} = 0 \text{ または } X + (-1 - \sqrt{2})Y + 2\sqrt{2} = 0.
\end{aligned}$$

したがって，
$S = \{(x, y) | x + (-1 + \sqrt{2})y - 2\sqrt{2} = 0\} \cup \{(x, y) | x + (-1 - \sqrt{2})y + 2\sqrt{2} = 0\}.$

l_1 と l_2 の交点 $(2, 2)$ には角が 4 つ（対頂角が 2 組）できるが，これらの角の二等分線の方程式が求まったことになる．

中学で扱う平面幾何（"ユークリッド幾何学"）のほとんどは直線と円で構成されており，角度・長さ・面積などの量を比べたり共有点の有無を調べたりすることが目的である．我々は座標を導入することにより，図形を数式によって処理するというアプローチを手に入れた．もちろん，円についてはまだあまり詳しく学習していないし，角度を正面から扱うには"三角比・三角関数"を学習する必要がある．しかし，角度を（例えば傾きという形で）辺の比としてとらえることにより，直線に関する定理の大部分はもはや代数的に取り扱えるようになっているのだ．これは実は，直交座標を導入したときに，三平方の定理（ピタゴラスの定理）が成り立つよう議論が組み立てられていたことがその背景にある．

例題 三角形 ABC において，辺 AB, BC, CA の垂直二等分線は1点で交わることを証明せよ．

解 直線 BC を x 軸，線分 BC の中点を原点にするような直交座標を入れると，$B(p, 0)$, $C(-p, 0)$ となるような p が存在する．$A(q, r)$ とする．三角形 ABC が存在するから，$p \neq 0$, $r \neq 0$ である．

線分 BC の垂直二等分線 l_{BC} は y 軸，すなわち，直線 $x = 0$ である．

直線 AB の方程式は $(r-0)(x-p) - (q-p)(y-0) = 0$ なので，これに垂直な直線は直線 $(q-p)x + ry = 0$ に平行である．

線分 AB の中点は $\left(\dfrac{p+q}{2}, \dfrac{r}{2}\right)$ だから，線分 AB の垂直二等分線 l_{AB} の方程式は
$(q-p)\left(x - \dfrac{p+q}{2}\right) + r\left(y - \dfrac{r}{2}\right) = 0.$

同様に，(B と C を入れ替えて，p の代わりに $-p$ とすると) 線分 CA の垂直二等分線 l_{CA} の方程式は $(q+p)\left(x - \dfrac{-p+q}{2}\right) + r\left(y - \dfrac{r}{2}\right) = 0.$

l_{AB} の方程式と l_{BC} の方程式を連立させると，
$$(x, y) = \left(0, \dfrac{(q-p)(p+q)}{2r} + \dfrac{r}{2}\right).$$

l_{CA} の方程式と l_{BC} の方程式を連立させると，
$$(x, y) = \left(0, \dfrac{(q+p)(-p+q)}{2r} + \dfrac{r}{2}\right).$$

したがって，l_{AB}, l_{BC}, l_{CA} はいずれも点 $\left(0, \dfrac{-p^2 + q^2 + r^2}{2r}\right)$ を通るので，この点で交わる．

直線の標準形を使おうとすると，q が p や $-p$ に等しいかどうかで場合分けをしなければならない．直線の一般形を使うことで，分母が 0 かどうか，に悩まずに済む．

この例題で求めた点は A, B, C までの距離が等しい点で，三角形 ABC の "外心" とよばれる．

問題 339 三角形 ABC において，A から BC に下ろした垂線を l_A とし，B から CA に下ろした垂線を l_B とし，C から AB に下ろした垂線を l_C とする．l_A, l_B, l_C は1点で交わることを証明せよ．

答 p.28

第15章 2次関数

▶ 例えば，アクセルを一定にして加速するときに進む距離は時間の2次関数になる．感覚的にはこの変化の様子は想像しにくいのだが，様々なことがらの背後に2次関数は隠れている．また，1次関数に次いで扱いやすい関数であるため，中学・高校の数学の花形として重要な地位を占めている．

要点のまとめ

- 2次関数とは，$x \mapsto ax^2 + bx + c \ (a \neq 0)$ という関数のことである．
- (i) $a > 0$ のとき，
    関数 $\{x \in \mathbb{R} | x \geq 0\} \to \{y \in \mathbb{R} | y \geq 0\}, x \mapsto ax^2$ は全単射．
    関数 $\{x \in \mathbb{R} | x \leq 0\} \to \{y \in \mathbb{R} | y \geq 0\}, x \mapsto ax^2$ は全単射．
    関数 $\mathbb{R} \to \mathbb{R}, x \mapsto ax^2$ の値域は $\{y \in \mathbb{R} | y \geq 0\}$．
  (ii) $a < 0$ のとき，
    関数 $\{x \in \mathbb{R} | x \geq 0\} \to \{y \in \mathbb{R} | y \leq 0\}, x \mapsto ax^2$ は全単射．
    関数 $\{x \in \mathbb{R} | x \leq 0\} \to \{y \in \mathbb{R} | y \leq 0\}, x \mapsto ax^2$ は全単射．
    関数 $\mathbb{R} \to \mathbb{R}, x \mapsto ax^2$ の値域は $\{y | y \in \mathbb{R}, y \leq 0\}$．
- (i) $a > 0$ のとき，
    $|x_1| < |x_2| \iff ax_1^2 < ax_2^2, \quad |x_1| \leq |x_2| \iff ax_1^2 \leq ax_2^2$．
  (ii) $a < 0$ のとき，
    $|x_1| < |x_2| \iff ax_1^2 > ax_2^2, \quad |x_1| \leq |x_2| \iff ax_1^2 \geq ax_2^2$．
- $f(x) = ax^2$ とする．
  (i) $a > 0$ のとき，
    f は $x \leq 0$ で単調減少，$\quad f$ は $x \geq 0$ で単調増加．
  (ii) $a < 0$ のとき，
    f は $x \leq 0$ で単調増加，$\quad f$ は $x \geq 0$ で単調減少．
- $y = ax^2 \ (a \neq 0)$ のグラフは，y 軸を軸とし，原点 $(0, 0)$ を頂点とする放物線である．$a > 0$ ならば下に凸で，$a < 0$ ならば上に凸である．
- $y = a(x - p)^2 + q \ (a \neq 0)$ のグラフは，$y = ax^2$ のグラフを x 軸方向に p，y 軸方向に q だけ平行移動したものである．これは，直線 $x = p$ を軸とし，点 (p, q) を頂点とする放物線である．$a > 0$ ならば下に凸で，$a < 0$ ならば上に凸である．
- (i) $a > 0$ のとき，
    関数 $\mathbb{R} \to \mathbb{R}, x \mapsto a(x - p)^2 + q$ の値域は $\{y \in \mathbb{R} | y \geq q\}$．
  (ii) $a < 0$ のとき，
    関数 $\mathbb{R} \to \mathbb{R}, x \mapsto a(x - p)^2 + q$ の値域は $\{y \in \mathbb{R} | y \leq q\}$．

☐ $ax^2+bx+c = a(x-p)^2+q = a(x-\alpha)(x-\beta)$.
$D = b^2 - 4ac$ とすると, $p = -\dfrac{b}{2a}$, $q = -\dfrac{D}{4a}$.
$\alpha, \beta = \dfrac{-b \pm \sqrt{D}}{2a}$. $\alpha + \beta = -\dfrac{b}{a}$, $\alpha\beta = \dfrac{c}{a}$.

☐ a を 0 でない実数定数として, 変数 x, y が $y = a(x-p)^2 + q$ を満たすとする.

(i) $a > 0$ のとき,

$s < t \leqq p$ で x の変域が $s < x < t$ ならば,
y の変域は $a(t-p)^2 + q < y < a(s-p)^2 + q$.

$p \leqq u < v$ で x の変域が $u < x < v$ ならば,
y の変域は $a(u-p)^2 + q < y < a(v-p)^2 + q$.

$s \leqq p \leqq v$ で x の変域が $s < x < v$ ならば,
y の変域は $q \leqq y < \max(a(s-p)^2 + q, a(v-p)^2 + q)$.

(ii) $a < 0$ のとき,

$s < t \leqq p$ で x の変域が $s < x < t$ ならば,
y の変域は $a(s-p)^2 + q < y < a(t-p)^2 + q$.

$p \leqq u < v$ で x の変域が $u < x < v$ ならば,
y の変域は $a(v-p)^2 + q < y < a(u-p)^2 + q$.

$s \leqq p \leqq v$ で x の変域が $s < x < v$ ならば,
y の変域は $\min(a(s-p)^2 + q, a(v-p)^2 + q) < y \leqq q$.

☐ 関数 $y = ax^2 + bx + c$ において, $a > 0$ とする. 2 次方程式 $ax^2 + bx + c = 0$ の判別式を D とすると, $D = b^2 - 4ac$ である.

(i) $D > 0$ のとき,
$\alpha = \dfrac{-b - \sqrt{D}}{2a}, \beta = \dfrac{-b + \sqrt{D}}{2a}$ とすると,
$\alpha < \beta$ かつ $ax^2 + bx + c = a(x-\alpha)(x-\beta)$.
$ax^2 + bx + c > 0 \iff x < \alpha, \beta < x$.
$ax^2 + bx + c = 0 \iff x = \alpha, \beta$.
$ax^2 + bx + c < 0 \iff \alpha < x < \beta$.
$ax^2 + bx + c \geqq 0 \iff x \leqq \alpha, \beta \leqq x$.
$ax^2 + bx + c \leqq 0 \iff \alpha \leqq x \leqq \beta$.

(ii) $D = 0$ のとき,
$\alpha = -\dfrac{b}{2a}$ とすると, $ax^2 + bx + c = a(x-\alpha)^2$.
$ax^2 + bx + c > 0 \iff x < \alpha, \alpha < x \iff x \neq \alpha$.
$ax^2 + bx + c = 0 \iff x = \alpha$.
$ax^2 + bx + c < 0$ は解なし.
$ax^2 + bx + c \geqq 0$ をすべての実数 x が満たす.
$ax^2 + bx + c \leqq 0 \iff x = \alpha$.

(iii) $D < 0$ のとき,
$ax^2 + bx + c > 0$ をすべての実数 x が満たす.
$ax^2 + bx + c = 0$ を満たす実数 x は存在しない, すなわち, 解なし.

$ax^2+bx+c<0$ を満たす実数 x は存在しない，すなわち，解なし．

$ax^2+bx+c\geqq 0$ をすべての実数 x が満たす．

$ax^2+bx+c\leqq 0$ を満たす実数 x は存在しない，すなわち，解なし．

▫ $A\geqq 0$ の下で，次が成り立つ．

$$\sqrt{A}=B \iff \begin{cases} A=B^2 \\ B\geqq 0. \end{cases}$$

$$\sqrt{A}<B \iff \begin{cases} A<B^2 \\ B>0. \end{cases} \qquad \sqrt{A}\leqq B \iff \begin{cases} A\leqq B^2 \\ B\geqq 0. \end{cases}$$

$\sqrt{A}>B \iff A>B^2$ または $B<0$． $\qquad \sqrt{A}\geqq B \iff A\geqq B^2$ または $B\leqq 0$．

▫ $(a>0$ かつ $b>0) \iff (ab>0$ かつ $a+b>0)$．

$(a<0$ かつ $b<0) \iff (ab>0$ かつ $a+b<0)$．

$((a>0$ かつ $b<0)$ または $(a<0$ かつ $b>0)) \iff ab<0$．

$(a>0$ または $b>0) \iff (ab<0$ または $a+b>0)$．

$(a<0$ または $b<0) \iff (ab<0$ または $a+b<0)$．

第1節 2乗に比例する関数

1 ● 2次関数の定義

例

長さ 80 cm の針金を折り曲げて長方形を作る．縦の辺の長さを x cm, 面積を y cm² とすると，横の辺の長さは $(40-x)$ cm だから，$y=x(40-x)$ すなわち，$y=-x^2+40x$．例えば $x=4$ のとき $y=144$ となるので，縦の辺の長さが 4 cm ならば面積は 144 cm² になる．また，$y=300$ となるのは $x=10$ または $x=30$ のときなので，面積を 300 cm² にするには長方形の 2 辺の長さを 10 cm と 30 cm にしなければならない．

ここでは，x は 0 より大きく 40 より小さい実数を動くと考えるのが自然であろう．y は正の実数を動くが，どれほど大きな値までとりうるかはすぐにはわからない．0 より大きく 40 より小さい実数全体の集合を A とし，正の実数全体の集合を B とすると，A の要素 x に対して B の要素 y を対応させていることになる．この関数を f と名づけると，

$$f:A\to B, f:x\mapsto -x^2+40x \text{ (すなわち，} f(x)=-x^2+40x\text{)}$$

である．x の行き先が y ならば $y=f(x)$, すなわち，$y=-x^2+40x$ になるわけだ．上の数値例は，$f(4)=144$ や $f(x)=300 \iff x=10,30$ という事実に対応している．($f(x)=300$ となる x が 2 つあるので，f は単射ではなく，f^{-1} は存在しない．)

$x \mapsto ax^2 + bx + c$ という関数を **2次関数**，**quadratic function** という．（ただし，a と b と c は実数定数で，$a \neq 0$．）定義域の変数を x，値域の変数を y とするとき，x と y の間には $y = ax^2 + bx + c$ という関係が成り立つが，このとき，"y は x の2次関数である" という．定数 a は "2次の項の係数"，定数 b は "1次の項の係数"，定数 c は "定数項" である．

関数 $x \mapsto ax^2 + bx + c$ において $a = 0$ のときは，関数 $x \mapsto bx + c$ であり，1次関数または定数関数となるが，（2次の項が "ない" ため）2次関数とはよばないのが普通である．

しばらくは，2次関数の中でも最も簡単なものとして，$b = c = 0$ の場合に限定して考える．この関数は $x \mapsto ax^2$ だから，$y = ax^2$ とすると，y は x^2 に比例することになる．（$y \propto x^2$，比例定数は a．）

問題 340 ●関数 f は2次の項の係数が2，1次の項の係数が4，定数項が1の2次関数である．
(1) $f(x)$ を求めよ．　　(2) $f(7)$ を求めよ．
(3) $f(t) = 7$ となる t を求めよ．

問題 341 ●y は，$(x-1)^2$ に比例する量に定数を加えたものである．$x = 3$ のとき $y = -10$ であり，$x = 1$ のとき $y = 2$ であった．y を x の式で表せ．

2　2乗に比例する関数の性質

$f : A \to B$，$f : x \mapsto x^2$ という関数について，第11章で次のことがらを扱った．

$A = \mathbb{R}$，$B = \mathbb{R}$ とすると f は全射でも単射でもない．
$A = \mathbb{R}$，$B = \{y \in \mathbb{R} | y \geq 0\}$ とすると f は全射だが単射ではない．
$A = \{x \in \mathbb{R} | x \geq 0\}$，$B = \mathbb{R}$ とすると f は単射だが全射ではない．
$A = \{x \in \mathbb{R} | x \geq 0\}$，$B = \{y \in \mathbb{R} | y \geq 0\}$ とすると f は全単射である．

"$(-x)^2 = x^2$" や "$x^2 = 0 \iff x = 0$" を考慮に入れつつ，関数 $x \mapsto x^2$ を比例関数 $t \mapsto at$ と合成すると，次のページのことがわかる．

> (i) $a > 0$ のとき,
>   関数 $\{x \in \mathbb{R} | x \geqq 0\} \to \{y \in \mathbb{R} | y \geqq 0\}, x \mapsto ax^2$ は全単射.
>   関数 $\{x \in \mathbb{R} | x \leqq 0\} \to \{y \in \mathbb{R} | y \geqq 0\}, x \mapsto ax^2$ は全単射.
>   関数 $\mathbb{R} \to \mathbb{R}, x \mapsto ax^2$ の値域は $\{y \in \mathbb{R} | y \geqq 0\}$.
> (ii) $a < 0$ のとき,
>   関数 $\{x \in \mathbb{R} | x \geqq 0\} \to \{y \in \mathbb{R} | y \leqq 0\}, x \mapsto ax^2$ は全単射.
>   関数 $\{x \in \mathbb{R} | x \leqq 0\} \to \{y \in \mathbb{R} | y \leqq 0\}, x \mapsto ax^2$ は全単射.
>   関数 $\mathbb{R} \to \mathbb{R}, x \mapsto ax^2$ の値域は $\{y \in \mathbb{R} | y \leqq 0\}$.

2乗する前後の大小関係について,次のことが基本的である.

> $a \geqq 0, b \geqq 0$ とする.このとき,
> $a < b \iff a^2 < b^2, \quad a \leqq b \iff a^2 \leqq b^2$.

【証明】
(i) $a = b = 0$ のとき,
  $a < b$ も $a^2 < b^2$ も成り立たないので,"$a < b \iff a^2 < b^2$" は正しい.
  (P が成り立たないときには "$P \Longrightarrow Q$" は (Q に関係なくいつでも) 成り立つ.)
(ii) a, b の少なくとも一方が 0 でないとき,
  $a + b > 0$ であるから,($a+b$ による乗除で不等号の向きが変わらず,)
  $a^2 < b^2 \iff b^2 - a^2 > 0 \iff (a+b)(b-a) > 0 \iff b-a > 0 \iff a < b$.
(i), (ii) のいずれの場合も "$a < b \iff a^2 < b^2$" が成り立つ.
$a \geqq 0$ かつ $b \geqq 0$ の下では "$a = b \iff a^2 = b^2$" であることとあわせて,
"$a \leqq b \iff a^2 \leqq b^2$" も成り立つ. ∎

x_1, x_2 を任意の実数とすると,$|x_1| \geqq 0, |x_2| \geqq 0, |x_1|^2 = x_1^2, |x_2|^2 = x_2^2$ だから,
$|x_1| < |x_2| \iff x_1^2 < x_2^2, \quad |x_1| \leqq |x_2| \iff x_1^2 \leqq x_2^2$.

比例関数 $t \mapsto at$ と合成すると,次のことがわかる.

> (i) $a > 0$ のとき,
> $|x_1| < |x_2| \iff ax_1^2 < ax_2^2, \quad |x_1| \leqq |x_2| \iff ax_1^2 \leqq ax_2^2$.
> (ii) $a < 0$ のとき,
> $|x_1| < |x_2| \iff ax_1^2 > ax_2^2, \quad |x_1| \leqq |x_2| \iff ax_1^2 \geqq ax_2^2$.

関数 $f: A \to B$ について，A の部分集合 S を考える．

S の任意の要素 x_1, x_2 に対して "$x_1 < x_2 \implies f(x_1) \leq f(x_2)$" が成り立つとき，$f$ は S で **単調増加である**，という．

S の任意の要素 x_1, x_2 に対して "$x_1 < x_2 \implies f(x_1) \geq f(x_2)$" が成り立つとき，$f$ は S で **単調減少である**，という．

参考 ここでの"単調増加"を"広義の単調増加"ということがある．一方，S の任意の要素 x_1, x_2 に対して "$x_1 < x_2 \implies f(x_1) < f(x_2)$" が成り立つとき，$f$ は S で"狭義の単調増加である"という．（単調減少についても同様．）

$a > 0$ で関数 $f(x) = ax^2$ を考えると，$0 \leq x_1 < x_2$ ならば $f(x_1) < f(x_2)$ となるのだから，f は $\{x \mid x \geq 0\}$ で単調増加である．（これを単に "f は $x \geq 0$ で単調増加である"，という．）

また，$x_1 < x_2 \leq 0$ ならば（$|x_1| > |x_2|$ より，）$f(x_1) > f(x_2)$ となるのだから，f は $\{x \mid x \leq 0\}$ で単調減少である．（これを単に "f は $x \leq 0$ で単調減少である"，という．）

$f(x) = ax^2$ とする．
(i) $a > 0$ のとき，
　　f は $x \leq 0$ で単調減少，f は $x \geq 0$ で単調増加．
(ii) $a < 0$ のとき，
　　f は $x \leq 0$ で単調増加，f は $x \geq 0$ で単調減少．

$f(x) = ax^2$ とすると，$f(0) = 0$ である．そして，x が 0 から離れれば離れるほど，$f(x)$ も 0 から離れる．

$f(-x) = a(-x)^2 = ax^2 = f(x)$ ということからも，$f(x)$ の値が $|x|$ のみによって決まることがわかる．

3 ● 2乗に比例する関数のグラフ

2次関数 $f: x \mapsto ax^2$ ($a \neq 0$) のグラフは $\{(x, y) \mid y = f(x)\} = \{(x, y) \mid y = ax^2\}$ であり，これは方程式 $y = ax^2$ のグラフでもある．

$y = f(x)$ のグラフを y 軸に関して対称移動すると $y = f(-x)$ のグラフになるが，$f(-x) = a(-x)^2 = ax^2 = f(x)$ だから，これは $y = f(x)$ のグラフになる．したがって，$y = f(x)$ のグラフが y 軸に関して対称であることがわかる．

この対称性と，単調増加・単調減少についての情報や値域についての事実を総合すると，グラフの概形がだいたい V 字形であることがわかる．本当は原点付近では V 字形というよりも

U字形に近いのだが，ここではその証明はしないので，グラフ上の点をたくさんとってみることで納得してほしい．

実際に手を動かしてグラフの形を実感するのは大切なことである．方眼紙に $y = x^2$ のグラフを描いてみることをすすめる．$(0.0, 0.00), (0.1, 0.01), (0.2, 0.04), (0.3, 0.09), \ldots$ という点を $-3 \leq x \leq 3$ くらいで方眼紙に打つのには1時間とかからない．教科書や本書に載っている図を眺めただけでわかった気になってはならない．

> $a > 0$ とし，$F\left(0, \dfrac{1}{4a}\right), l : y = -\dfrac{1}{4a}$ とする．
> 方程式 $y = ax^2$ のグラフ（すなわち，関数 $x \mapsto ax^2$ のグラフ）は，点 F までの距離と直線 l までの距離が等しいような点全体の集合である．

【証明】
$P(x, y)$ とすると，

$PF = \sqrt{(x-0)^2 + \left(y - \dfrac{1}{4a}\right)^2} = \sqrt{x^2 + \left(y - \dfrac{1}{4a}\right)^2}$,

$(P \text{と} l \text{の距離}) = \left|y - \left(-\dfrac{1}{4a}\right)\right| = \left|y + \dfrac{1}{4a}\right|$．

$\quad PF = (P \text{と} l \text{の距離})$
$\quad \iff \sqrt{x^2 + \left(y - \dfrac{1}{4a}\right)^2} = \left|y + \dfrac{1}{4a}\right|$
$\quad \iff x^2 + \left(y - \dfrac{1}{4a}\right)^2 = \left(y + \dfrac{1}{4a}\right)^2$
$\quad \iff x^2 + y^2 - \dfrac{y}{2a} + \dfrac{1}{16a^2} = y^2 + \dfrac{y}{2a} + \dfrac{1}{16a^2}$
$\quad \iff y = ax^2$．∎

$a < 0$ のときも同様の結果が成り立つ．

平面上に点と直線が与えられたとき，その点までの距離とその直線までの距離が等しいような点全体の集合は"放物線"とよばれる曲線になる．ここで証明したことによると，$y = ax^2$ のグラフは放物線になる．放物線の寸法を決定しているのは最初に与えられた点と直線の間の距離だけなので，放物線はすべて同じ形（"相似"）である．（空気抵抗の無視できる状況で物体を放り投げるとその軌跡が放物線になる，というのがこの曲線の名前の由来だろう．）

$y = ax^2$ のグラフは y 軸に関して対称となるが，y 軸をこの放物線の **(対称) 軸** という．また，放物線と軸との交点 $(0, 0)$ を **頂点** という．

次に，a が変化するとグラフがどのように変わるかを考察する．

> **例**
>
> 様々な a に対する $y = ax^2$ のグラフは右図．

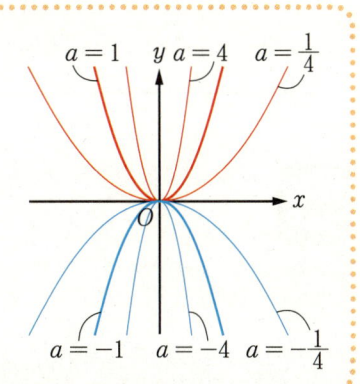

$a > 0$ のときは，グラフは $y \geqq 0$ の部分にあり，$x \leqq 0$ で単調減少，$x \geqq 0$ で単調増加である．下向きにふくらんでいるので，グラフ上の任意の2点を結ぶ線分はグラフより上側にあるが，このことを **下に凸** という．

$a < 0$ のときは，グラフは $y \leqq 0$ の部分にあり，$x \leqq 0$ で単調増加，$x \geqq 0$ で単調減少である．上向きにふくらんでいるので，グラフ上の任意の2点を結ぶ線分はグラフより下側にあるが，このことを **上に凸** という．

（英語では"下に凸"は convex（凸），"上に凸"は concave（凹）というらしい．日本語では"上に凹"や"下に凹"とはいわないようである．）

$y = ax^2$ のグラフは $y = x^2$ のグラフを y 軸方向に a 倍に拡大したものなので，$|a|$ が大きいほど原点付近で"とがって"おり，原点から離れるにしたがって急激に x 軸から遠ざかる．$|a|$ が小さいと原点付近でいつまでも x 軸の近くにいるが，やがては x 軸から遠ざかっていく．

放物線はすべて形が同じ（相似）なので，a が異なるとはいっても，縮尺が異なるだけである．$y = x^2$ のグラフの原点付近を拡大したときの様子を知りたければ $y = \frac{1}{4}x^2$ のグラフを見ればよいし，$y = x^2$ のグラフの原点から離れたところの様子を知りたければ $y = 4x^2$ のグラフを見ればよい．

実際，$y = ax^2 \iff ay = (ax)^2 \iff \dfrac{y}{\frac{1}{a}} = \left(\dfrac{x}{\frac{1}{a}}\right)^2$ だから，$y = x^2$ のグラフを x 軸方向にも y 軸方向にも $\frac{1}{a}$ 倍したものが $y = ax^2$ のグラフである．（$y = x^2$ のグラフを原点を中心として4倍に拡大すると $y = \frac{1}{4}x^2$ のグラフになり，$\frac{1}{4}$ 倍に縮小すると $y = 4x^2$ のグラフになる．）

> $y = ax^2$ $(a \neq 0)$ のグラフは，y軸を軸とし，原点$(0, 0)$を頂点とする放物線である．$a > 0$ ならば下に凸で，$a < 0$ ならば上に凸である．

問題 342 ●次の関数のグラフを図示せよ．
(1) $f : \mathbb{R} \to \mathbb{R}, f : x \mapsto 3x^2$ 　　　(2) $f : \mathbb{R} \to \mathbb{R}, f(x) = \frac{1}{2}x^2$
(3) $y = -3x^2$ $(x \in \mathbb{R})$
答 p.29

4 ● 2乗に比例する関数の変化の割合

$f(x) = ax^2$ とする．（a は実数定数．）$x_1 \neq x_2$ のとき，x が x_1 から x_2 まで変化するときの f の（平均の）変化の割合は 12 5 1，

$$\frac{f(x_2) - f(x_1)}{x_2 - x_1} = \frac{(ax_2^2) - (ax_1^2)}{x_2 - x_1} = \frac{a(x_2 - x_1)(x_1 + x_2)}{x_2 - x_1} = a(x_1 + x_2).$$

どこからどこまでを考えているかによって（平均の）変化の割合が異なる，というのは1次関数との大きな違いだ．この結果を暗記すると変化の割合についての問題を解くときに便利なのは確かだが，数学的にそれほど意味のある結果ではない．むしろ，その場でこの計算を頭の中で実行できる方が将来的には望ましい．

例
　関数 $f : x \mapsto 3x^2$ について，x が 10 から 15 まで変化するときの変化の割合は $3(10 + 15) = 75$．したがって，$10 \leqq x \leqq 15$ においては，x が 1 だけ増加すると平均的に y が 75 だけ増加することになる．今，$f(x)$ がどのような値か知らなかったことにして，"$f(10) = 3 \cdot 10^2 = 300$" と "$f(15) = 3 \cdot 15^2 = 675$" という情報だけから $f(13)$ を推定したいとする．$x = 13$ は $x = 10$ よりも x の値が 3 だけ増加していることから，$f(13)$ は $f(10)$ よりもおよそ $3 \cdot 75 = 225$ だけ増加すると考えられるので，$f(13)$ は $f(10) + 3 \cdot 75 = 525$ と推定される．（$f(15) - 2 \cdot 75 = 525$ としてもよい．）本当は $f(13) = 3 \cdot 13^2 = 507$ なので，およその値を計算するという意味ではまずまず近い値が得られたといえるだろう．外側の情報だけから中身を推定する，というのは日常生活でも頻繁に行われることだが，変化の割合の考え方は，これを関数で実現したものだ．"両端を直線で結んで近似したらその傾きはどうなるか" というのが（平均の）変化の割合であり，ここでの関数 f のグラフが下に凸であるために $f(13) = 507$ が推定値の 525 よりも小さくなっている．

問題 343 ●変数 x, y について，y は x^2 に比例し，x が 3 から 5 まで変化するときの変化の割合が 6 だという．y を x の式で表せ．
答 p.29

5 ● 変域

第 11 章で次の例を扱った⑪⑥③.

> **例**
>
> 関数 $f : \{x \in \mathbb{R} | 3 < x \leqq 5\} \to \mathbb{R}, f : x \mapsto x^2$ の値域を V とすると,
> $V = \{y \in \mathbb{R} | 9 < y \leqq 25\}$.

要約すると, ($x \geqq 0$ の下で) $3 < x \leqq 5 \iff 9 < x^2 \leqq 25$ という変形が本質的である. 0 以上の実数だけに限定すれば $x \mapsto x^2$ が全単射かつ単調増加なので, 定義域の両端における $f(x)$ の値を考えるだけで値域がわかってしまうのだ. 同様に, 定義域が $\{x | 3 < x < 5\}$ ならば値域は $\{y | 9 < y < 25\}$ であるし, 定義域が $\{x | 3 \leqq x \leqq 5\}$ ならば値域は $\{y | 9 \leqq y \leqq 25\}$ である.

定義域が 0 以下の実数しか含まないときも同様に, 次のようになる.

> **例**
>
> 関数 $f : \{x \in \mathbb{R} | -5 \leqq x < -3\} \to \mathbb{R}, f : x \mapsto x^2$ の値域を V とする.
> $y \in \mathbb{R}$ に対して,
>
> $y \in V$
>
> $\iff \exists x \in \mathbb{R} \text{ s.t. } \begin{cases} y = x^2 \\ -5 \leqq x < -3 \end{cases}$ （∵ 値域の定義）
>
> $\iff \exists x \in \mathbb{R} \text{ s.t. } \begin{cases} y = x^2 \\ x \leqq 0 \\ -5 \leqq x < -3 \end{cases}$
>
> （∵ $-5 \leqq x < -3$ が成り立てば $x \leqq 0$ も自動的に成り立つ）
>
> $\iff \exists x \in \mathbb{R} \text{ s.t. } \begin{cases} -x = \sqrt{y} \\ y \geqq 0 \\ -5 \leqq x < -3 \end{cases}$
>
> （∵ $((-x)^2 = y$ かつ $-x \geqq 0) \iff (-x = \sqrt{y}$ かつ $y \geqq 0)$）
>
> $\iff \exists x \in \mathbb{R} \text{ s.t. } \begin{cases} x = -\sqrt{y} \\ y \geqq 0 \\ -5 \leqq -\sqrt{y} < -3 \end{cases}$ （∵ 代入）

$$\begin{aligned}
&\iff \begin{cases} \exists x \in \mathbb{R} \text{ s.t. } x = -\sqrt{y} \\ y \geqq 0 \\ 3 < \sqrt{y} \leqq 5 \end{cases} \quad (\because\ y \geqq 0 \text{ と } 3 < \sqrt{y} \leqq 5 \text{ は } x \text{ と無関係})\\
&\iff \begin{cases} y \geqq 0 \\ 3 < \sqrt{y} \leqq 5 \end{cases} \quad (\because\ y \geqq 0 \text{ の下では，} \exists x \in \mathbb{R} \text{ s.t. } x = -\sqrt{y} \text{ はいつでも成立})\\
&\iff \begin{cases} y \geqq 0 \\ 3^2 < y \leqq 5^2 \end{cases} \quad (\because\ 0\text{ 以上なので } 2 \text{ 乗しても同値})\\
&\iff 9 < y \leqq 25.
\end{aligned}$$

以上より，$V = \{y \in \mathbb{R} \mid 9 < y \leqq 25\}$.

定義域 $\{x \mid 3 < x \leqq 5\}$ の場合の値域が定義域 $\{x \mid -5 \leqq x < -3\}$ の場合の値域と同じになるのは，$(-x)^2 = x^2$ だから当然ともいえる．要するに，x^2 のとりうる値を考えるには，$|x|$ のとりうる値さえわかればよい，ということだ．

これらの例と同様にして，次のことがわかる．

> 変数 x, y が $y = x^2$ を満たすとき，
> $0 \leqq u < v$ で x の変域が $u < x < v$ ならば，y の変域は $u^2 < y < v^2$.
> $s < t \leqq 0$ で x の変域が $s < x < t$ ならば，y の変域は $t^2 < y < s^2$.
> (x の変域で等号があるときは，y の変域で対応するところの等号をつける．)

例えば "x の変域が $p < x < q$" は "x の変域が $\{x \in \mathbb{R} \mid p < x < q\}$" の略記であり，"$y$ の変域は $u^2 < y < v^2$" は "y の変域は $\{y \in \mathbb{R} \mid u^2 < y < v^2\}$" の略記である．

定義域が正の数と負の数の両方を含むときは，0 以上の部分と 0 以下の部分に分けて考えて，それらをあわせればよい．

例
関数 $f : \{x \in \mathbb{R} \mid -3 \leqq x < 5\} \to \mathbb{R},\ x \mapsto x^2$ の値域を V とする．
$\{x \mid -3 \leqq x < 5\} = \{x \mid -3 \leqq x < 0\} \cup \{x \mid 0 \leqq x < 5\}$ のように分解して考える．
　$\{x \mid -3 \leqq x < 0\}$ の f による行き先は $\{y \mid 0 < y \leqq 9\}$.
　$\{x \mid 0 \leqq x < 5\}$ の f による行き先は $\{y \mid 0 \leqq y < 25\}$.
よって，$V = \{y \mid 0 < y \leqq 9\} \cup \{y \mid 0 \leqq y < 25\} = \{y \mid 0 \leqq y < 25\}$.
定義域を分割するのではなく，関数を分解することでも同じ結果になる．

$$h: \{x \in \mathbb{R} \mid -3 \leqq x < 5\} \to \{z \in \mathbb{R} \mid z \geqq 0\}, h: x \mapsto |x|$$
$$g: \{z \in \mathbb{R} \mid z \geqq 0\} \to \mathbb{R}, g: z \mapsto z^2$$

とすると，$f = g \circ h$（すなわち，$f(x) = g(h(x))$）である．

h の値域は $\{z \mid 0 \leqq z < 5\}$ であり，これに続けて g を考えると，$g \circ h$ の値域は $\{y \mid 0 \leqq y < 25\}$ になる．

f の定義域の "-3" に由来する "$(-3)^2$" が V には登場しないわけだが，これは h のせいで（$|-3| < |5|$ ということにより）消えていることがわかる．g は単射で単調増加という性質の良い関数なので，両端の 0 と 5 を 2 乗したものがそのまま値域に表れている．

この例と同様にして，次のことがわかる．

> 変数 x, y が $y = x^2$ を満たすとき，
> $s \leqq 0 \leqq v$ で x の変域が $s < x < v$ ならば，y の変域は $0 \leqq y < \max(s^2, v^2)$．
> $s \leqq 0 \leqq v$ で x の変域が $s \leqq x \leqq v$ ならば，y の変域は $0 \leqq y \leqq \max(s^2, v^2)$．
> ここで，$\max(s^2, v^2) = (\max(|s|, |v|))^2$．

ただし，$\max(A, B) = \begin{cases} A & (A \geqq B \text{ のとき}) \\ B & (A < B \text{ のとき}) \end{cases}$ は，A と B のうちの大きい方を表す．後出だが，$\min(A, B) = \begin{cases} B & (A \geqq B \text{ のとき}) \\ A & (A < B \text{ のとき}) \end{cases}$ は，A と B のうちの小さい方を表す．（ちなみに，$\max(A, B) = \dfrac{A+B}{2} + \dfrac{|A-B|}{2}$, $\min(A, B) = \dfrac{A+B}{2} - \dfrac{|A-B|}{2}$.）

要するに，関数 $x \mapsto x^2$ は，0 以下の部分で単調減少，0 以上の部分で単調増加なので，定義域が 0 の両側にあるか片側にあるかがポイントであり，定義域が 0 を含むなら値域の最小値は 0 になる．

これまでの結果を比例関数 $t \mapsto at$ と合成して，次のページのようになる．値域を求める問題では，（いちいちここまでの例のような議論を繰り返さずに）この結果を利用して解答するのが現実的である．

a を 0 でない実数定数として，変数 x, y が $y = ax^2$ を満たすとする．

(i) $a > 0$ のとき

$s < t \leqq 0$ で x の変域が $s < x < t$ ならば，y の変域は $at^2 < y < as^2$．

$t \leqq 0$ で x の変域が $x < t$ ならば，y の変域は $y > at^2$．

$0 \leqq u < v$ で x の変域が $u < x < v$ ならば，y の変域は $au^2 < y < av^2$．

$0 \leqq u$ で x の変域が $u < x$ ならば，y の変域は $y > au^2$．

$s \leqq 0 \leqq v$ で x の変域が $s < x < v$ ならば，

y の変域は $0 \leqq y < \max(as^2, av^2)$．

$s < 0$ で x の変域が $x > s$ ならば，y の変域は $y \geqq 0$．

$0 < v$ で x の変域が $x < v$ ならば，y の変域は $y \geqq 0$．

(ii) $a < 0$ のとき

$s < t \leqq 0$ で x の変域が $s < x < t$ ならば，y の変域は $as^2 < y < at^2$．

$t \leqq 0$ で x の変域が $x < t$ ならば，y の変域は $y < at^2$．

$0 \leqq u < v$ で x の変域が $u < x < v$ ならば，y の変域は $av^2 < y < au^2$．

$0 \leqq u$ で x の変域が $u < x$ ならば，y の変域は $y < au^2$．

$s \leqq 0 \leqq v$ で x の変域が $s < x < v$ ならば，

y の変域は $\min(as^2, av^2) < y \leqq 0$．

$s < 0$ で x の変域が $x > s$ ならば，y の変域は $y \leqq 0$．

$0 < v$ で x の変域が $x < v$ ならば，y の変域は $y \leqq 0$．

(x の変域で等号があるときは，y の変域で対応するところの等号をつける．)

グラフで視覚化すると，これらの不等式が納得しやすい．（なお，グラフを描くと理解の助けにはなるが，論理的には証明の足しにはならない．）

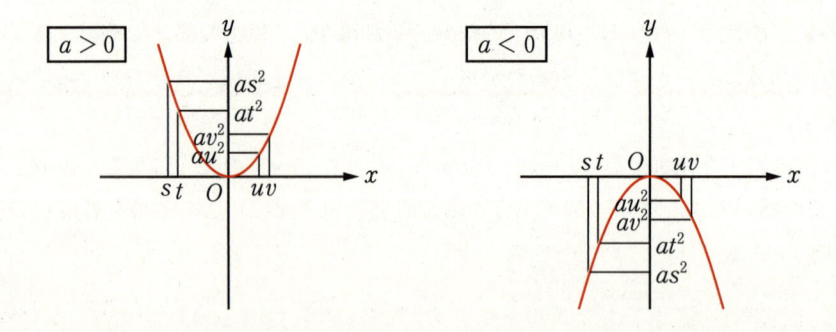

例題 関数 f が $f(x) = -\frac{1}{2}x^2$ を満たすとする．f の定義域と値域が $\mathbb{R}$ の部分集合のとき，次の問いに答えよ．

(1) f の定義域が $\{x \mid -3 < x \leqq -2\}$ のとき，値域を求めよ．

(2) f の定義域が $\{x \mid -2 < x \leqq 3\}$ のとき，値域を求めよ．

解 f のグラフは上に凸で，頂点は点 $(0, 0)$ である．

(1) $-2 < 0$ より，値域は
$$\left\{y \,\middle|\, -\frac{1}{2} \cdot (-3)^2 < y \leqq -\frac{1}{2} \cdot (-2)^2\right\}$$
$$= \left\{y \,\middle|\, -\frac{9}{2} < y \leqq -2\right\}.$$

(2) $-2 \leqq 0 \leqq 3$ かつ $|-2| < |3|$ より，値域は
$$\left\{y \,\middle|\, -\frac{1}{2} \cdot 3^2 \leqq y \leqq 0\right\} = \left\{y \,\middle|\, -\frac{9}{2} \leqq y \leqq 0\right\}.$$

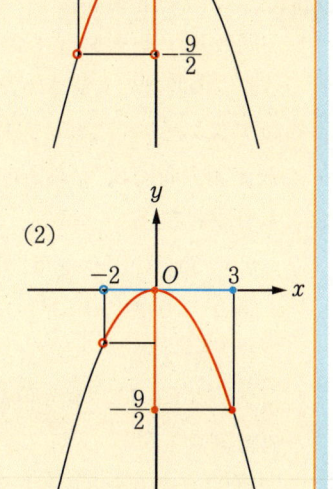

この解答の (1) で，"$-\frac{1}{2} \cdot (-2)^2$" の代わりに "$f(-2)$" とした方がわかりやすいし，省スペースである．しかし，"$-\frac{1}{2} \cdot (-3)^2$" の代わりに "$f(-3)$" とするのは許されない．$-3$ が f の定義域の外にあるので，"$f(-3)$" が存在しないからだ．

厳密には，前の例で存在記号 (∃) を使って論証したように，値域や定義域といった集合を特定するのにはかなり面倒な議論が必要なところである．しかし，上でまとめたとおり，$y = ax^2$ の形の関数については定義域と値域の関係がはっきりしており，<u>考えている区間の端点</u>と<u>頂点（つまり原点）</u>さえ気をつければいいことがすでにわかっている．したがって，この例題の解の本文程度の議論で済ませても実際には許されると思われる．その一方，a の符号を気にしたり定義域が 0 をまたぐかどうかに注意したりする必要があり，定義域と値域との関係が "直観的には" わかりにくいのも事実だ．そこで，（図を根拠とした議論は厳密性を欠くものの，）説明の補足として読み取ってもらえることを期待しつつ，図を答案に描いておくことをおすすめする．

問題344 ● 変数 x, y が $y = \frac{1}{2}x^2$ を満たすとする．
(1) x の変域が $x \geqq 4$ のとき，y の変域を求めよ．
(2) x の変域が $-3 < x \leqq 2$ のとき，y の変域を求めよ．

第2節　2次関数

1　2次関数のグラフ，標準形

> **例**　関数 $f : \mathbb{R} \to \mathbb{R}, f : x \mapsto 2(x-3)^2+1$ を考える．この関数のグラフは方程式 $y = 2(x-3)^2+1$ のグラフだが，これは方程式 $y = 2x^2$ のグラフを x 軸方向に 3，y 軸方向に 1 だけ平行移動したものである．
>
> 　$y = 2x^2$ のグラフは，頂点が点 $(0,0)$ で軸が直線 $x = 0$ の，下に凸の放物線である．
>
> 　したがって，$y = 2(x-3)^2+1$ のグラフは，頂点が点 $(3,1)$ で軸が直線 $x = 3$ の，下に凸の放物線である． 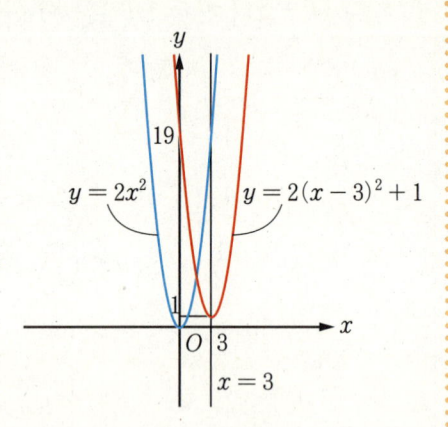
>
> 　$f(0) = 2(0-3)^2+1 = 19$ より，f のグラフと y 軸との共有点は点 $(0,19)$．
>
> 　$f(x) = 0$ となる実数 x は存在しないので，f のグラフと x 軸との共有点はなし．

　a, p, q が実数定数で，$a \neq 0$ とする．<u>$y = a(x-p)^2+q$ のグラフは，$y = ax^2$ のグラフを x 軸方向に p，y 軸方向に q だけ平行移動したものである</u>⑫❹❹．

　よって，関数 $f : \mathbb{R} \to \mathbb{R}, x \mapsto a(x-p)^2+q$ のグラフは，頂点の座標が (p, q) で，軸の方程式が $x = p$ の放物線である．

　一見，$y = a(x-p)^2+q$ という式において，p の前の符号がマイナスなのに q の前の符号がプラスであり，x と y が不平等だと感じるかもしれない．（実際，この符号を間違えることが多いので注意すること．）しかし，これは元々 $y - q = a(x-p)^2$ という式の q を移項しただけであり，こちらの形なら p と q の前の符号はどちらもマイナスだから納得がいく．

　X が与えられたとき，$Y = a(X-p)^2+q$ の値を計算するには，まず $X - p$ を求めるわけだが，これは軸である直線 $x = p$ を基準にしたときに，X がそれからどれくらい離れているか，を考えていることになる．$t = X - p$ とおくと，$X = t + p$ かつ $Y = at^2 + q$ となっていて，t から at^2 を計算するときに関数 $y = ax^2$ が利用できる．点 (t, at^2) が $y = ax^2$ のグラフ上にあるが，この点を平行移動した点

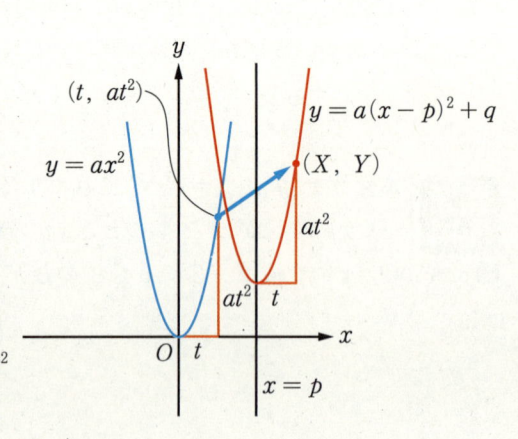

$(t+p, at^2+q)$ が $y = a(x-p)^2 + q$ のグラフ上にあるわけだ．

$p = 0$ のとき，"$y = ax^2 + q$ のグラフは，$y = ax^2$ のグラフを y 軸方向に q だけ平行移動したものである．"

$q = 0$ のとき，"$y = a(x-p)^2$ のグラフは，$y = ax^2$ のグラフを x 軸方向に p だけ平行移動したものである．"

$y = a(x-p)^2 + q$ のグラフは $y = ax^2$ のグラフを平行移動したものであるから，a の値を変化させると，（$y = ax^2$ のグラフと同じように）グラフの"開き具合"が変化する．すなわち，$a > 0$ ならば下に凸で，$a < 0$ ならば上に凸である．また，$|a|$ が大きいほど原点付近で"とがって"おり，原点から離れるにしたがって急激に x 軸から遠ざかる．$|a|$ が小さいと原点付近でいつまでも x 軸の近くにいるが，やがては x 軸から遠ざかっていく．

p は頂点の x 座標であり，軸（直線 $x = p$）の x 切片であるから，横方向（x 軸方向）の位置を制御している．

q は頂点の y 座標であるから，縦方向（y 軸方向）の位置を制御している．

グラフと y 軸との共有点の y 座標をグラフの **y 切片** という．これは，$x = 0$ における y の値である．

グラフと x 軸との共有点の x 座標をグラフの **x 切片** という．これは，$y = 0$ となるような x の値である．

> **例**
> 関数 $f : \mathbb{R} \to \mathbb{R}, f : x \mapsto 2(x-3)^2 + 1$ を考える．
> f のグラフと y 軸との共有点は点 $(0, 19)$ なので，f のグラフの y 切片は 19．
> f のグラフと x 軸との共有点はないので，f のグラフの x 切片はなし．

グラフを図示する問題では，頂点の座標のほかに，x 切片や y 切片を記入することが望ましい．しかし，x 切片がすぐに求まらないときは略しても許されると思われる．

問題 345 ●次のそれぞれの2次関数について，頂点の座標および軸の方程式を求めよ．また，グラフを図示せよ．
答 p.29
(1) $y = (x-3)^2 + 1$　　　(2) $y = -2(x+1)^2 + 2$
(3) $y = 3(x-1)^2$　　　　(4) $y = -2x^2 + 1$

2 ● 2次関数のグラフ，一般形

例 関数 $f: \mathbb{R} \to \mathbb{R}$, $f: x \mapsto 2x^2 - 12x + 19$ を考える．$f(x) = 2x^2 - 12x + 19 = 2(x-3)^2 + 1$ なので，これは前の例で扱った関数である．そのグラフは，$y = 2x^2$ のグラフを x 軸方向に 3，y 軸方向に 1 だけ平行移動したものである．

したがって，$y = 2x^2 - 12x + 19$ のグラフは，頂点が点 $(3, 1)$ で軸が直線 $x = 3$ の，下に凸の放物線である．

$f(0) = 19$ より，f のグラフと y 軸との共有点は点 $(0, 19)$．

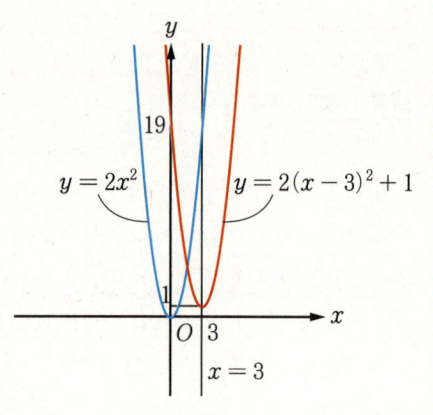

$f(x) = 0$ となる実数 x は存在しないので，f のグラフと x 軸との共有点はなし．

いうまでもなく，$2x^2 - 12x + 19 = 2(x-3)^2 + 1$ という変形ができるか，というのがポイントである．右辺を左辺に変形するには展開すればよいだけだが，左辺を右辺に変形するには平方完成しなければならない．

$2x^2 - 12x + 19$
$= 2(x^2 - 6x) + 19$ （定数項以外の項を2次の係数2でくくる）
$= 2((x-3)^2 - 9) + 19$ （6を半分にする．$(x-3)^2$ の展開に $x^2 - 6x$ が含まれる）
$= 2(x-3)^2 + 1$ （x に無関係な項を合流させる）．

一般に，$f(x) = ax^2 + bx + c$ $(a \neq 0)$ でも，平方完成することで $f(x) = a(x-p)^2 + q$ の形に変形できる．

$$ax^2 + bx + c = a\left(x^2 + \frac{b}{a}x\right) + c = a\left(\left(x + \frac{b}{2a}\right)^2 - \left(\frac{b}{2a}\right)^2\right) + c$$
$$= a\left(x + \frac{b}{2a}\right)^2 - \frac{b^2}{4a} + c = a\left(x + \frac{b}{2a}\right)^2 - \frac{b^2 - 4ac}{4a}.$$

$D = b^2 - 4ac$ とおくと，

$$ax^2 + bx + c = a\left(x + \frac{b}{2a}\right)^2 - \frac{D}{4a}.$$

したがって，$p = -\dfrac{b}{2a}$, $q = -\dfrac{D}{4a}$ とおくと，$f(x) = a(x-p)^2 + q$ となる．

この結果を公式として暗記するのは（長い目で見れば）実用的ではない．かといって，この計算を暗算で済ませるのには慣れが必要だ．実際には，p は "bx を a でくくって半分にする" という作業で得られたものなので，それほど苦労しない．残る q は，$a(x-p)^2$ と

ax^2+bx+c を比較（ひかく）することで計算して求めればよい．

$y=ax^2+bx+c$ のグラフは $y=ax^2$ のグラフを平行移動したものであるから，a の値を変化させると，（$y=ax^2$ のグラフと同じように）グラフの"開き具合"が変化する．

頂点の x 座標が $-\dfrac{b}{2a}$ なので，a を固定して b を変化させると，グラフは横方向（x 軸方向）に動く．

頂点の y 座標が $c-\dfrac{b^2}{4a}$ なので，a と b を固定して c を変化させると，グラフは縦方向（y 軸方向）に動く．

また，グラフの y 切片が $a\cdot 0^2+b\cdot 0+c=c$ であることからも，c が縦方向（y 軸方向）の位置を制御していることがわかる．

問題 346 ●次のそれぞれの2次関数について，頂点の座標および軸の方程式を求めよ．また，グラフを図示せよ．
答 p.30

(1) $y=x^2+6x+10$ (2) $y=-2x^2+4x$
(3) $y=-3x^2+6x-3$ (4) $y=2x^2-1$

問題 347 ●次の図は関数 $x \mapsto ax^2+bx+c$ のグラフを図示したものである．（ただし，a, b, c は実数定数．）$D=b^2-4ac$ とするとき，a, b, c, D の符号（すなわち，正か負か0）をそれぞれ答えよ．
答 p.30

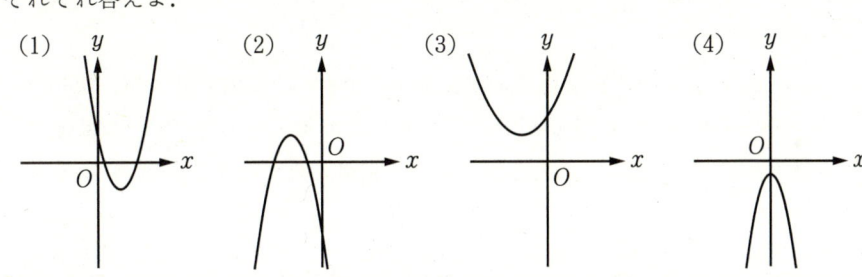

(1), (2), (3), (4) のグラフ

3 ● 因数分解形

関数 $f:x \mapsto ax^2+bx+c$ を考える．（ただし，$a \neq 0$．）
$D=b^2-4ac$ とおくと，

$$f(x)=a\left(x+\dfrac{b}{2a}\right)^2-\dfrac{D}{4a}$$

であるから，f のグラフの頂点は $\left(-\dfrac{b}{2a}, -\dfrac{D}{4a}\right)$．

頂点の y 座標 $-\dfrac{D}{4a}$ に注目するために，a と D の符号で場合分けする．

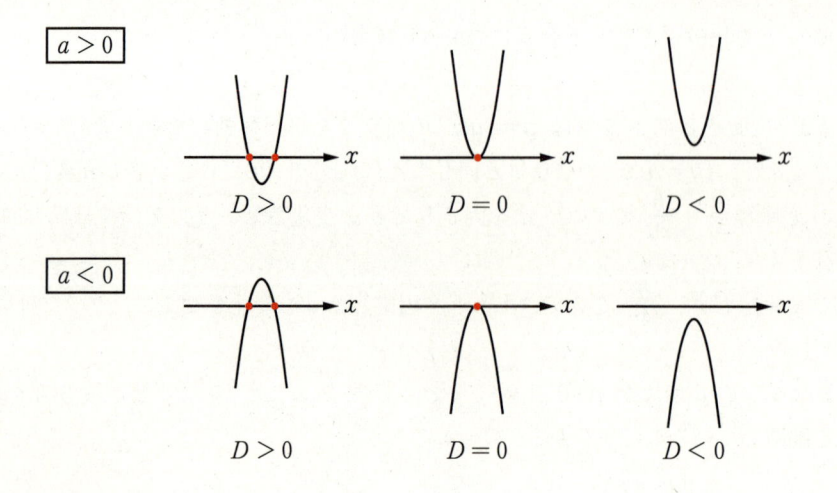

(i) $D > 0$ のとき

$a > 0$ ならば $-\dfrac{D}{4a} < 0$ であり，グラフが下に凸で頂点が x 軸より下．$a < 0$ ならば $-\dfrac{D}{4a} > 0$ であり，グラフが上に凸で頂点が x 軸より上．いずれの場合でも，グラフと x 軸の共有点は2つである．このとき，グラフは x 軸と"交わる"といい，その共有点を **交点** という．

(ii) $D = 0$ のとき

$-\dfrac{D}{4a} = 0$ であり，頂点が x 軸上にある．グラフと x 軸の共有点は1つである．このとき，グラフは x 軸に"接する"といい，その共有点を **接点** という．

(iii) $D < 0$ のとき

$a > 0$ ならば $-\dfrac{D}{4a} > 0$ であり，グラフが下に凸で頂点が x 軸より上．$a < 0$ ならば $-\dfrac{D}{4a} < 0$ であり，グラフが上に凸で頂点が x 軸より下．いずれの場合でも，グラフと x 軸の共有点はない．このとき，グラフは x 軸から"離れている"という．

グラフの x 切片の個数は，$D > 0$ ならば2個，$D = 0$ ならば1個，$D < 0$ ならば0個ということになる．グラフの x 切片とは，$f(x) = 0$ となる x のことだから，2次方程式 $ax^2 + bx + c = 0$ の（実数）解にほかならない．D はこの2次方程式の **判別式** といわれる．（$b = 2b'$ のとき，判別式の $\dfrac{1}{4}$ は $\dfrac{D}{4} = b'^2 - ac$ である．D の符号と $\dfrac{D}{4}$ の符号は同じなので，D の代わりに $\dfrac{D}{4}$ もよく使われる．）

$D \geqq 0$ のとき，$\sqrt{D}$ が（実数として）存在するから，

$$ax^2 + bx + c = a\left(x + \dfrac{b}{2a}\right)^2 - \dfrac{D}{4a} = a\left(\left(x + \dfrac{b}{2a}\right)^2 - \left(\dfrac{\sqrt{D}}{2a}\right)^2\right)$$
$$= a\left(x + \dfrac{b}{2a} + \dfrac{\sqrt{D}}{2a}\right)\left(x + \dfrac{b}{2a} - \dfrac{\sqrt{D}}{2a}\right).$$

$-\dfrac{b}{2a} \pm \dfrac{\sqrt{D}}{2a}$ のうちの一方を α，他方を β とすると，

$$ax^2 + bx + c = a(x - \alpha)(x - \beta).$$

したがって，

$$ax^2+bx+c=0 \iff a(x-\alpha)(x-\beta)=0 \iff (x=\alpha \text{ または } x=\beta)$$

であり，f のグラフの x 切片は α と β である．α と β の平均が $-\dfrac{b}{2a}$ であるが，これは，f のグラフの軸の x 切片になっている．α と β の差が $\left|\dfrac{\sqrt{D}}{a}\right|$ だから，$D=a(\alpha-\beta)^2$ である．（要するに，<u>判別式は本質的には"解の差の2乗"</u>．）2次方程式の解の公式 $x=\dfrac{-b\pm\sqrt{D}}{2a}$ は，"解の平均"と"解の差"から解を求めているわけだ．これまで，解の公式は文字の羅列としてただ暗記していただけかもしれないが，2次関数のグラフを通して，意味やら必然性のようなものを感じ取ってもらえただろうか．（f のグラフは $y=ax^2$ のグラフを平行移動したものだから，頂点の y 座標の絶対値は $\left|a\left(\dfrac{\sqrt{D}}{2a}\right)^2\right|=\left|\dfrac{D}{4a}\right|$ ．）

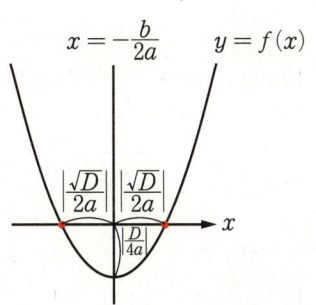

ここまでで，2次関数の3通りの表示法が登場した．

<u>$f(x)=ax^2+bx+c$</u> という形は"一般形"とよばれる．"2次関数"は2次式で表されるはずだから，2次の項と1次の項と定数項の和だ，と素直に発想すれば，この形にたどりつく．

<u>$f(x)=a(x-p)^2+q$</u> という形は"標準形"とよばれる．頂点が (p,q) であり，グラフを図示したり値域を求めたりするときに重宝する．

<u>$f(x)=a(x-\alpha)(x-\beta)$</u> という形は"因数分解形"，"切片形"などとよばれる．f のグラフの x 切片，すなわち，方程式 $f(x)=0$ の解が α,β である．

これらの3つの表示法の間を自由に行き来できるよう，慣れてほしい．一般形への変形は"展開"であり，標準形への変形は"平方完成"であり，因数分解形への変形は"因数分解"である．なお，<u>（実数の範囲で）因数分解形にできるのは，$D\geqq 0$ のときに限られる</u>ことに注意しよう．有理数の範囲で因数分解できないときには当てずっぽうで因数分解するのは困難だろうから，解の公式で α と β を先に求めてから因数分解形に変形する．

> **例**
> $f(x)=2x(x+2)-1$ とする．
> 一般形は，$f(x)=2x^2+4x-1$．
> 標準形は，$f(x)=2(x+1)^2-3$．
> $f(x)=0 \iff x=\dfrac{-2\pm\sqrt{6}}{2}$ より，
> 因数分解形は，$f(x)=2\left(x-\dfrac{-2+\sqrt{6}}{2}\right)\left(x-\dfrac{-2-\sqrt{6}}{2}\right)$
> $\qquad\qquad\qquad =2\left(x+1-\sqrt{\dfrac{3}{2}}\right)\left(x+1+\sqrt{\dfrac{3}{2}}\right)$． 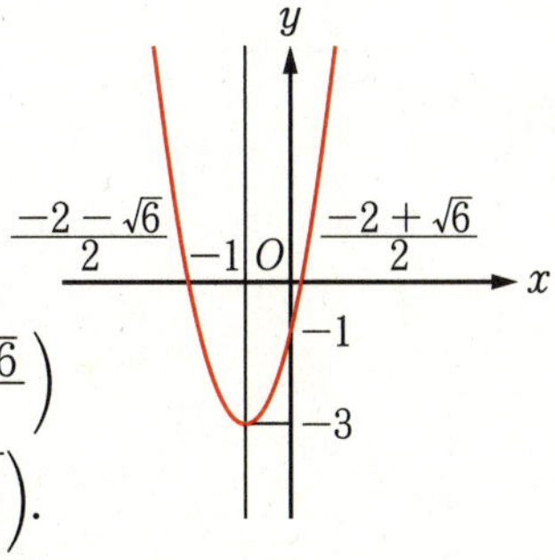
> グラフは右図のとおりで，
> 頂点の座標は $(-1,-3)$，軸の方程式は $x=-1$，
> x 切片は $\dfrac{-2\pm\sqrt{6}}{2}\left(=-1\pm\sqrt{\dfrac{3}{2}}\right)$，$y$ 切片は -1．

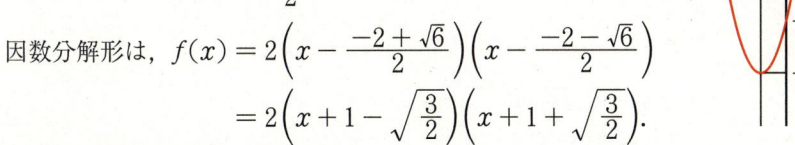

問題 348 ● $f(x) = 2x(x-7)+20$ とする.
(1) $f(x)$ を一般形にせよ.
(2) $f(x)$ を標準形にせよ.
(3) $f(x)$ を因数分解形（切片形）にせよ.
(4) f のグラフの頂点の座標，軸の方程式，x 切片，y 切片をそれぞれ求めよ.

問題 349 ● 関数 $f(x) = 3(x-2)^2 - 5$ のグラフと x 軸との共有点を求めよ.

問題 350 ● 関数 $f(x) = x^2 + kx + k + 3$ のグラフが x 軸に接するという．実数定数 k を求めよ.

4 ● 2次関数の決定

2次関数を決定するには，"独立" な3つの情報が必要になる．一般形の ax^2+bx+c においては a, b, c という3つの定数があるし，標準形の $a(x-p)^2+q$ においては a, p, q という3つの定数があるし，因数分解形の $a(x-\alpha)(x-\beta)$ においては a, α, β という3つの定数がある.

使える情報としては，"グラフの頂点の座標" や "グラフが通る点" が代表的である．（"グラフの通る点" が "グラフの x 切片"，"グラフの y 切片"，"関数の値" の形で与えられることもある．）"グラフの頂点の座標" は，"グラフの軸の x 切片" と "関数の最小値（$a > 0$ のとき），最大値（$a < 0$ のとき）" の2つに分解できるので，情報2つ分として数える．

例題 2次関数 f は，グラフの頂点が点 $(1, -8)$ であり，$f(2) = -6$ である．$f(x)$ を求めよ.

解 〔その1〕
頂点が $(1, -8)$ だから，$f(x) = a(x-1)^2 - 8$ となるような実数定数 a が存在する．（ただし，$a \neq 0$.）
$$f(2) = -6 \iff a(2-1)^2 - 8 = -6 \iff a = 2.$$
これは $a \neq 0$ を満たすので，適する．
$$\therefore f(x) = 2(x-1)^2 - 8 = 2x^2 - 4x - 6.$$

解 〔その2〕
$f(x) = ax^2 + bx + c$ とおく．（ただし，$a \neq 0$.）

$$f(x) = a\left(x + \frac{b}{2a}\right)^2 + c - \frac{b^2}{4a} \text{ より，グラフの頂点は } \left(-\frac{b}{2a},\ c - \frac{b^2}{4a}\right).$$

頂点が $(1, -8) \iff \begin{cases} -\dfrac{b}{2a} = 1 \\ c - \dfrac{b^2}{4a} = -8 \end{cases} \iff \begin{cases} b = -2a \\ c - \dfrac{(-2a)^2}{4a} = -8 \end{cases}$

$\iff \begin{cases} b = -2a & \cdots\cdots① \\ c = a - 8. & \cdots\cdots② \end{cases}$

$f(2) = -6 \iff a \cdot 2^2 + b \cdot 2 + c = -6 \iff 4a + 2b + c = -6.\ \cdots\cdots③$

$\begin{cases} ① \\ ② \\ ③ \end{cases} \iff \begin{cases} ① \\ ② \\ 4a + 2(-2a) + (a-8) = -6 \end{cases} \iff \begin{cases} a = 2 \\ b = -4 \\ c = -6. \end{cases}$

これは $a \neq 0$ を満たすので，適する．

$$\therefore\ f(x) = 2x^2 - 4x - 6.$$

　この問題では，"頂点が点 $(1, -8)$" で2つ，"$f(2) = -6$" で1つということで，合計で3つの条件が与えられている．頂点がわかっているのだから，標準形を使うのが自然だろう．それが解その1である．$f(x) = a(x-p)^2 + q$ とおいたとき，$p = 1$ と $q = -8$ がすぐにわかるので，あえて p, q という文字を解答に導入しないで済んだ．もう一つの条件を使って a を決定することで f が求まる．最後に $f(x)$ を答えるときは，一般形か因数分解形にすることが多いようである．（個人的には，標準形で答えてもよいと思う．）

　解その2は，一般形で始めても解けることを確認するために載せておいた．"頂点"の情報を使うには平方完成して標準形にする必要があり，そうして得られた①，②によると，$f(x) = ax^2 - 2ax + (a-8)$ だという．これは，$f(x) = a(x-1)^2 - 8$ と同じことだ．

例題　2次関数 f のグラフは，2点 $A(2, -6)$，$B(1, -8)$ を通り，y 切片が -6 である．$f(x)$ を求めよ．

解

［その1］

$f(x) = ax^2 + bx + c$ となるような実数定数 a, b, c が存在する．
（ただし，$a \neq 0$.）

グラフが $(2, -6)$ を通る $\iff -6 = a \cdot 2^2 + b \cdot 2 + c$
$\iff 4a + 2b + c = -6.\ \cdots\cdots①$

グラフが $(1, -8)$ を通る $\iff -8 = a \cdot 1^2 + b \cdot 1 + c$
$\iff a + b + c = -8.\ \cdots\cdots②$

$$y \text{ 切片が } -6 \iff c = -6. \quad \cdots\cdots ③$$

$$\begin{cases} ① \\ ② \\ ③ \end{cases} \iff \begin{cases} 4a + 2b - 6 = -6 \\ a + b - 6 = -8 \\ c = -6 \end{cases} \iff \begin{cases} a = 2 \\ b = -4 \\ c = -6. \end{cases}$$

これは $a \ne 0$ を満たすので，適する．
$$\therefore f(x) = 2x^2 - 4x - 6.$$

解 [その2]

$f(x) = a(x-p)^2 + q$ となるような実数定数 a, b, c が存在する．（ただし，$a \ne 0$.）

$$\text{グラフが } (2, -6) \text{ を通る} \iff -6 = a(2-p)^2 + q. \quad \cdots\cdots ①$$
$$\text{グラフが } (1, -8) \text{ を通る} \iff -8 = a(1-p)^2 + q. \quad \cdots\cdots ②$$
$$y \text{ 切片が } -6 \iff -6 = a(0-p)^2 + q. \quad \cdots\cdots ③$$

$$\begin{cases} ① \\ ② \\ ③ \end{cases} \iff \begin{cases} ① - ③ \\ ② - ③ \\ ③ \end{cases} \iff \begin{cases} a((p-2)^2 - p^2) = 0 \\ a((p-1)^2 - p^2) = -2 \\ -6 = ap^2 + q \end{cases}$$

$$\iff \begin{cases} a(-4p + 4) = 0 \\ a(-2p + 1) = -2 \\ q = -ap^2 - 6 \end{cases} \iff \begin{cases} p = 1 \\ a = 2 \\ q = -8. \end{cases}$$

これは $a \ne 0$ を満たすので，適する．
$$\therefore f(x) = 2(x-1)^2 - 8 = 2x^2 - 4x - 6.$$

　この問題では，"点 $(2, -6)$ を通る" と "点 $(1, -8)$ を通る" と "点 $(0, -6)$ を通る" の 3 つの条件が与えられている．解その1は一般形を使っており，a, b, c の連立方程式を解けば f が求まる．結果がわかるまでは，点 $(1, -8)$ が頂点だということはわからないことに注意．

　解その2は標準形を使ってみたが，連立方程式を解くのに工夫が必要だ．辺々ひくことによって q を消去した式が 2 つ得られて，これを解けば a, p が求まるしかけだ．この問題では，辺々ひいた結果が偶然にも 0 になったのでやや楽だが，通常は "$a \times (p \text{ の } 1 \text{ 次式}) = (0 \text{ でない定数})$" という式が 2 本得られて，それらを辺々わることで p を求めることになる．

例題

2次関数 f のグラフは，点 $(2, -6)$ を通り，x 切片が -1 と 3 である．$f(x)$ を求めよ．

解 ［その1］

x 切片が -1 と 3 だから，$f(x) = a(x+1)(x-3)$ となるような実数定数 a が存在する．（ただし，$a \neq 0$.）

グラフが $(2, -6)$ を通る $\iff -6 = a(2+1)(2-3) \iff a = 2$.

これは $a \neq 0$ を満たすので，適する．

$$\therefore f(x) = 2(x+1)(x-3).$$

解 ［その2］

x 切片が -1 と 3 だから，その平均の 1 に注目して，f のグラフの軸は直線 $x = 1$ である．したがって，$f(x) = a(x-1)^2 + q$ となるような実数定数 a, q が存在する．（ただし，$a \neq 0$.）

グラフが $(2, -6)$ を通る $\iff -6 = a(2-1)^2 + q \iff a + q = -6.$ ……①
グラフが $(3, 0)$ を通る $\iff 0 = a(3-1)^2 + q \iff 4a + q = 0.$ ……②

$$\begin{cases} ① \\ ② \end{cases} \iff \begin{cases} a = 2 \\ q = -8. \end{cases}$$

これは $a \neq 0$ を満たすので，適する．

$$\therefore f(x) = 2(x-1)^2 - 8 = 2x^2 - 4x - 6.$$

この問題では，"点 $(2, -6)$ を通る"と"点 $(-1, 0)$ を通る"と"点 $(3, 0)$ を通る"の 3 つの条件が与えられている．x 切片がわかっているのだから，因数分解形を使うのが自然だろう．それが解その 1 である．$f(x) = a(x-\alpha)(x-\beta)$ とおいたとき，α, β の一方が -1 で他方が 3 だとすぐにわかるので，あえて α, β という文字を解答に導入しないで済んだ．もう一つの条件を使って a を決定することで f が求まる．最後に $f(x)$ を答えるときは，展開して一般形にしてもよい．

通る点が 3 つわかっている，と考えれば，一般形で始めてもよく，この 1 つ前の例題と同じようになる．

解その 2 は標準形による解答だが，"グラフと x 軸との交点はグラフの軸に関して対称"という事実を用いて，グラフの軸の方程式が $x = 1$ であることを先に求めておくとよい．

問題 351 ● y は x の 2 次関数である．そのグラフの頂点は $(1, 2)$ であり，グラフは点 $(3, 8)$ を通る．y を x の式で表せ．

答 p.31

問題 352 ● 2次関数 f が, $f(1)=1$, $f(2)=2$, $f(3)=4$ を満たすという. $f(x)$ を求めよ.
答 p.31

問題 353 ● 2次関数 f のグラフの x 切片が 3 と 7 である. $f(4)=6$ のとき, $f(x)$ を求めよ.
答 p.32

5 ● 2次関数の変化の割合

$f(x) = ax^2 + bx + c$ とする.（a, b, c は実数定数.）$x_1 \neq x_2$ のとき, x が x_1 から x_2 まで変化するときの f の（平均の）変化の割合は 12 5 1,

$$\frac{f(x_2) - f(x_1)}{x_2 - x_1} = \frac{(ax_2^2 + bx_2 + c) - (ax_1^2 + bx_1 + c)}{x_2 - x_1}$$
$$= \frac{a(x_2 - x_1)(x_1 + x_2) + b(x_2 - x_1)}{x_2 - x_1} = a(x_1 + x_2) + b.$$

もちろん, この結果を暗記する必要はなく, その場で計算できればよい.

x が x_1 から x_2 まで変化するとき, x が 1 だけ増加するごとに, 平均して $f(x)$ は $a(x_1+x_2)+b$ だけ増加するわけだ.

関数 f のグラフ, すなわち, 方程式 $y = f(x)$ のグラフを考えると, グラフ上の2点 $(x_1, f(x_1))$ と $(x_2, f(x_2))$ を結ぶ直線の傾きが $a(x_1+x_2)+b$ ということになる. この直線の方程式は

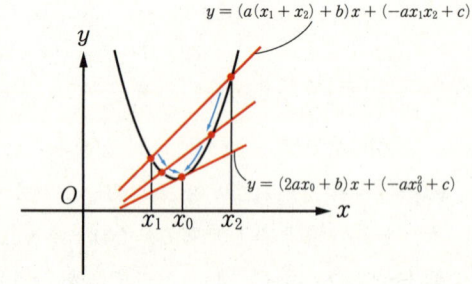

$$y - f(x_1) = (a(x_1+x_2) + b)(x - x_1)$$

すなわち, $y = (a(x_1+x_2)+b)x + (-ax_1x_2 + c)$.

f のグラフそのものはクネクネと曲がっているかもしれないが, これを（$x = x_1$ から $x = x_2$ の間で）近似するときに採用するのがこの直線である. もちろん, x_1 と x_2 が近い方がこの直線は f のグラフをよりよく近似するはずである. x_1 と x_2 がある値 x_0 に近づくと, $x_1 + x_2$ は $2x_0$ に近づき, $x_1 x_2$ は x_0^2 に近づくから, この直線は直線 $y = (2ax_0+b)x + (-ax_0^2 + c)$ に近づく. 直線 $y = (2ax_0+b)x + (-ax_0^2+c)$ は点 $(x_0, f(x_0))$ を通る傾き $2ax_0+b$ の直線だが, これは $x = x_0$ の近くで f のグラフを近似するものであり, 後で勉強する "接線" になっている.

> **例** 関数 $f: x \mapsto 3x^2 + 7x + 1$ について，x が 10 から 15 まで変化するときの変化の割合は $3(10+15) + 7 = 82$．したがって，$10 \leqq x \leqq 15$ においては，x が 1 だけ増加すると平均的に y が 82 だけ増加することになる．
>
> $x_1 \neq x_2$ のとき，2 点 $(x_1, 3x_1^2 + 7x_1 + 1), (x_2, 3x_2^2 + 7x_2 + 1)$ を通る直線の方程式は
> $$y = (3(x_1 + x_2) + 7)x + (-3x_1 x_2 + 1)$$
> である．x_1 と x_2 を 12 に近づけると，この方程式は
> $$y = (3(12 + 12) + 7)x + (-3 \cdot 12 \cdot 12 + 1), \text{ すなわち，} y = 79x - 431$$
> に近づく．したがって，$x = 12$ の近くでは，$y = f(x)$ のグラフは直線 $y = 79x - 431$ に似ている．

6 ● 変域

関数 $x \mapsto a(x-p)^2 + q$ のグラフは関数 $x \mapsto ax^2$ のグラフを平行移動したものだから，変域についても（p や q だけずらすだけで）同じ議論が使える．

定義域が $\mathbb{R}$ ならば，次のようになる．

> (i) $a > 0$ のとき，
>   関数 $\mathbb{R} \to \mathbb{R}, x \mapsto a(x-p)^2 + q$ の値域は $\{y \in \mathbb{R} | y \geqq q\}$．
> (ii) $a < 0$ のとき，
>   関数 $\mathbb{R} \to \mathbb{R}, x \mapsto a(x-p)^2 + q$ の値域は $\{y \in \mathbb{R} | y \leqq q\}$．

この結果について，$a > 0$ のとき，$a(x-p)^2 \geqq 0$ だから，$a(x-p)^2 + q \geqq q$ であることはすぐにわかる．逆に，x がいろいろな実数を動くと，$a(x-p)^2 + q$ は q 以上のどんな実数にもなりうることに平方根や存在記号を使った議論が使われている．（$a < 0$ のときも同様．）

定義域が $\mathbb{R}$ の一部分ならば，次のようになる．

> a を 0 でない実数定数として，変数 x, y が $y = a(x-p)^2 + q$ を満たすとする．
> (i) $a > 0$ のとき，
> $s < t \leqq p$ で x の変域が $s < x < t$ ならば，
> y の変域は $a(t-p)^2 + q < y < a(s-p)^2 + q$．
> $t \leqq p$ で x の変域が $x < t$ ならば，

　　　　　　y の変域は $y > a(t-p)^2 + q$.
　　　$p \leqq u < v$ で x の変域が $u < x < v$ ならば,
　　　　　　y の変域は $a(u-p)^2 + q < y < a(v-p)^2 + q$.
　　　$p \leqq u$ で x の変域が $u < x$ ならば,
　　　　　　y の変域は $y > a(u-p)^2 + q$.
　　　$s \leqq p \leqq v$ で x の変域が $s < x < v$ ならば,
　　　　　　y の変域は $q \leqq y < \max(a(s-p)^2 + q, a(v-p)^2 + q)$.
　　　$s < p$ で x の変域が $x > s$ ならば,
　　　　　　y の変域は $y \geqq q$.
　　　$p < v$ で x の変域が $x < v$ ならば,
　　　　　　y の変域は $y \geqq q$.
(ii) $a < 0$ のとき,
　　　$s < t \leqq p$ で x の変域が $s < x < t$ ならば,
　　　　　　y の変域は $a(s-p)^2 + q < y < a(t-p)^2 + q$.
　　　$t \leqq p$ で x の変域が $x < t$ ならば,
　　　　　　y の変域は $y < a(t-p)^2 + q$.
　　　$p \leqq u < v$ で x の変域が $u < x < v$ ならば,
　　　　　　y の変域は $a(v-p)^2 + q < y < a(u-p)^2 + q$.
　　　$p \leqq u$ で x の変域が $u < x$ ならば,
　　　　　　y の変域は $y < a(u-p)^2 + q$.
　　　$s \leqq p \leqq v$ で x の変域が $s < x < v$ ならば,
　　　　　　y の変域は $\min(a(s-p)^2 + q, a(v-p)^2 + q) < y \leqq q$.
　　　$s < p$ で x の変域が $x > s$ ならば,
　　　　　　y の変域は $y \leqq q$.
　　　$p < v$ で x の変域が $x < v$ ならば,
　　　　　　y の変域は $y \leqq q$.
　　　（x の変域で等号があるときは，y の変域で対応するところの等号をつける．）

　グラフで視覚化すると，これらの不等式が納得しやすい．（なお，グラフを描くと理解の助けにはなるが，論理的には証明の足しにはならない．）

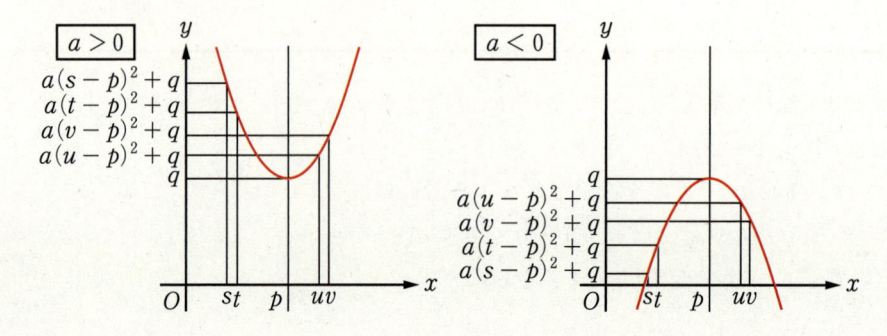

例題 関数 f が $f(x) = -\frac{1}{2}(x-4)^2 + 1$ を満たすとする．f の定義域と値域が $\mathbb{R}$ の部分集合のとき，次の問いに答えよ．
(1) f の定義域が $\{x \mid 1 < x \leqq 2\}$ のとき，値域を求めよ．
(2) f の定義域が $\{x \mid 2 < x \leqq 7\}$ のとき，値域を求めよ．

解

f のグラフは上に凸で，頂点は点 $(4, 1)$ である．
(1) $2 < 4$ より，値域は
$$\left\{y \,\middle|\, -\frac{1}{2} \cdot (1-4)^2 + 1 < y \leqq -\frac{1}{2} \cdot (2-4)^2 + 1\right\} = \left\{y \,\middle|\, -\frac{7}{2} < y \leqq -1\right\}.$$
(2) $2 < 4 \leqq 7$ かつ $|4-2| < |7-4|$ より，値域は
$$\left\{y \,\middle|\, -\frac{1}{2} \cdot (7-4)^2 + 1 \leqq y \leqq 1\right\} = \left\{y \,\middle|\, -\frac{7}{2} \leqq y \leqq 1\right\}.$$

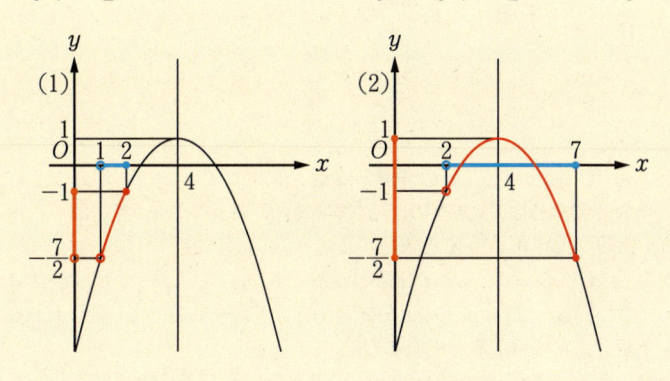

2次関数については定義域と値域の関係がはっきりしており，考えている区間の端点と頂点さえ気をつければいいことがすでにわかっている．しかし，このことを答案で論証するのは手間がかかりすぎてあまり現実的でない．そこで，(図を根拠とした議論は厳密性を欠くものの，) 説明の補足として読み取ってもらえることを期待しつつ，図を答案に描いておくことをおすすめする．

問題 354 ● 変数 x, y が $y = \frac{1}{2}(x-5)^2 - 6$ を満たすとする．
(1) x の変域が $x \geqq 9$ のとき，y の変域を求めよ．
(2) x の変域が $2 < x \leqq 7$ のとき，y の変域を求めよ．

答 p.32

2次関数が一般形や因数分解形で与えられているときは，平方完成して標準形に変形することにより，値域についてのこれまでの考え方が使える．

関数について，その最大や最小について考えることが多い．ここで，"最大"，"最小"という言葉を整理しておく．

$\mathbb{R}$ の部分集合 X について，"$M \in X$ であり，X の任意の要素 x に対して $M \geq x$" が成り立つとき，M を X の **最大（値）** といい，$M = \max X$ と表記する．

$\mathbb{R}$ の部分集合 X について，"$m \in X$ であり，X の任意の要素 x に対して $m \leq x$" が成り立つとき，m を X の **最小（値）** といい，$m = \min X$ と表記する．

X の最大値と最小値は，X が有限集合ならば必ず存在するが，X が無限集合ならば存在するとは限らない．

> **例**
> $X = \{x | 2 \leq x \leq 3\}$ のとき，$\max X = 3, \min X = 2$．
>
> $Y = \{x | x < 3\}$ のとき，Y には最大値も最小値も存在しない．いくらでも小さい数があるから最小値がないのは当然だ．最大値については，候補ともいうべき 3 が Y に属さないため，Y の要素どうしを比べると，その中で最も大きいといえるものがない．

> **参考**
> $\mathbb{R}$ の部分集合 X について，"X の任意の要素 x に対して $s \geq x$" が成り立つとき，s を X の **上界** という．s が上界ならば，s 以上のどんな実数も X の上界になっている．$\{s | s$ は X の上界$\}$ の最小値を X の **上限** といい，$\sup X$ と表記する．
>
> $\mathbb{R}$ の部分集合 X について，"X の任意の要素 x に対して $i \leq x$" が成り立つとき，i を X の **下界** という．i が下界ならば，i 以下のどんな実数も X の下界になっている．$\{i | i$ は X の下界$\}$ の最大値を X の **下限** といい，$\inf X$ と表記する．
>
> X に最大値が存在すれば $\max X = \sup X$ であり，X に最小値が存在すれば $\min X = \inf X$ である．
>
> 例えば，$Y = \{x | x < 3\}$ のとき，Y には最大値も最小値も存在しない．いくらでも小さい数があるから，Y には下界が存在しない．（したがって，$\inf Y$ は存在しない．）一方，Y のどんな要素も 100 以下だから，100 は Y の上界（の一つ）である．Y の上界には 100 のほかにも 40 や 5 などもあるが，Y の上界たちの中で最小のものは 3 である．（3 は Y の上界であるし，3 よりも小さい数は Y の上界になりえない，すなわち，Y の上界はすべて 3 以上である．）したがって，$\sup Y = 3$．3 は Y の "最大値" ではなく Y の "上限" なのである．

関数 $f : A \to B$ について，B が $\mathbb{R}$ の部分集合のとき，f の値域の最大値を f の **最大値** といい，$\max f$ と表記する．言い換えると，$M = \max f$ とは，ある A の要素 a に対して $M = f(a)$ であり，A のどんな要素 x に対しても $f(a) \geq f(x)$ が成り立つことをいう．このとき，f は a で **最大** である，という．

また，f の値域の最小値を f の **最小値** といい，$\min f$ と表記する．言い換えると，$m = \min f$ とは，ある A の要素 a に対して $m = f(a)$ であり，A のどんな要素 x に対しても $f(a) \leq f(x)$ が成り立つことをいう．このとき，f は a で **最小** である，という．

例 関数 $f:\{x|2<x\leq 7\}\to\mathbb{R}$, $f:x\mapsto -\dfrac{1}{2}x^2+4x-7$ の値域を考える．

$f(x)=-\dfrac{1}{2}(x-4)^2+1$ だから，f のグラフの頂点は $(4,1)$ である．

$2<4\leq 7$ かつ $|4-2|<|7-4|$ より，値域は

$$\left\{y\,\middle|\,-\dfrac{1}{2}\cdot(7-4)^2+1\leq y\leq 1\right\}=\left\{y\,\middle|\,-\dfrac{7}{2}\leq y\leq 1\right\}.$$

したがって，f の最大値は 1 で，最小値は $-\dfrac{7}{2}$ である．

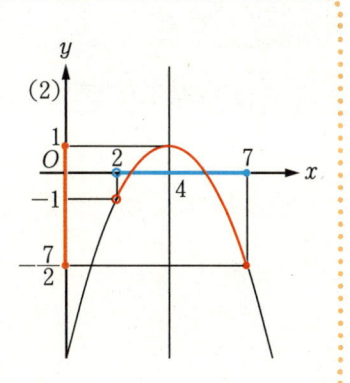

関数の最大値や最小値を求める問題では，その最大値や最小値がいつ実現されるかを答える必要はない．例えば，上の例で最大値は 1 だが，これが "f の最大値を求めよ" という問題ならば，$f(x)=1$ となる x が 4 に限る，ということを述べる必要はない．しかし，<u>最大値を実現するような x が（少なくとも１つは）存在すること</u>は答案に含める必要があり，"最大値は $f(4)=1$" と答えればその目的は達せられる．

例 長さ $80\,\mathrm{cm}$ の針金を折り曲げて長方形を作る．縦の辺の長さを $x\,\mathrm{cm}$，面積を $y\,\mathrm{cm}^2$ とすると，$y=x(40-x)=-x^2+40x=-(x-20)^2+400$.

x が $0<x<40$ を動くとき，$x=20$ で y は最大値 400 をとる．これは，この長方形が正方形になるときに面積が最大になる，ということだ．

問題 355 ●関数 f の定義域と値域は $\mathbb{R}$ の部分集合であり，$f(x)=-2x^2+12x-14$ とする．
(1) 定義域が $\mathbb{R}$ のとき，値域を求めよ．
(2) 定義域が $\{x|x\geq 4\}$ のとき，値域を求めよ．
(3) 定義域が $\{x|1<x\leq 4\}$ のとき，値域を求めよ．

問題 356 ●次の関数の値域を求めよ．また，最大値・最小値を求めよ．
(1) $f(x)=x^2+8x-3$（ただし，定義域は $\mathbb{R}$）
(2) $y=-10x^2+7x$（ただし，定義域は $\mathbb{R}$）
(3) $f(x)=2x^2+3$（ただし，定義域は $\{x|-2\leq x<1\}$）
(4) $y=-3x^2+1$（ただし，$x>-1$）
(5) $f(x)=2x^2-5x+2$（ただし，$-1\leq x\leq 3$）
(6) $y=-x^2+8x-8$（ただし，$1<x\leq 2$）

問題 357 ●関数 $f:\mathbb{R}\to\mathbb{R}$, $f(x)=x^2+4kx+3k$ の最小値が -1 である．実数定数 k を求めよ．

第3節 2次関数と方程式・不等式

1 2次関数のグラフと直線の関係

2次関数のグラフと直線との共有点を求めてみよう．

例

関数 $f : \mathbb{R} \to \mathbb{R}, f(x) = x^2 - 4x + 5$ を考える．

□ f のグラフと直線 $l_1 : y = 2x$ との共有点は次の方程式の解である：

$$\begin{cases} y = f(x) \\ y = 2x \end{cases} \iff \begin{cases} x^2 - 4x + 5 = 2x \\ y = 2x \end{cases} \iff \begin{cases} (x-1)(x-5) = 0 \\ y = 2x \end{cases}$$

$$\iff (x, y) = (1, 2), (5, 10).$$

よって，共有点（"交点"）は点 $(1, 2)$ と点 $(5, 10)$．

□ f のグラフと直線 $l_2 : y = 2x - 4$ との共有点は次の方程式の解である：

$$\begin{cases} y = f(x) \\ y = 2x - 4 \end{cases} \iff \begin{cases} x^2 - 4x + 5 = 2x - 4 \\ y = 2x - 4 \end{cases} \iff \begin{cases} (x-3)^2 = 0 \\ y = 2x - 4 \end{cases}$$

$$\iff (x, y) = (3, 2).$$

よって，共有点（"接点"）は点 $(3, 2)$．

□ f のグラフと直線 $l_3 : y = 2x - 8$ との共有点は次の方程式の解である：

$$\begin{cases} y = f(x) \\ y = 2x - 8 \end{cases} \iff \begin{cases} x^2 - 4x + 5 = 2x - 8 \\ y = 2x - 8 \end{cases} \iff \begin{cases} (x-3)^2 + 4 = 0 \\ y = 2x - 8. \end{cases}$$

この方程式は実数解をもたない．よって，共有点は存在しない．

□ f のグラフと直線 $l_4 : x = 4$ との共有点は次の方程式の解である：

$$\begin{cases} y = f(x) \\ x = 4 \end{cases} \iff (x, y) = (4, 5).$$

よって，共有点（"交点"）は点 $(4, 5)$．

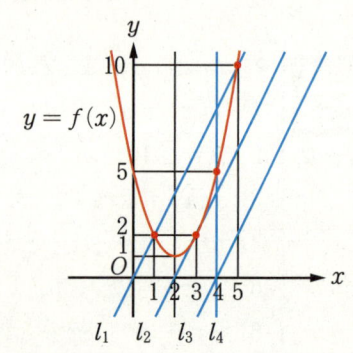

関数 $f : \mathbb{R} \to \mathbb{R}, f(x) = ax^2 + bx + c$ のグラフと直線 L との共有点について考える．（ただし，a, b, c は実数定数で，$a \neq 0$．）

まず，L が y 軸に平行のとき，$L : x = k$ とすると，f のグラフと L との共有点は次の方程式の解：

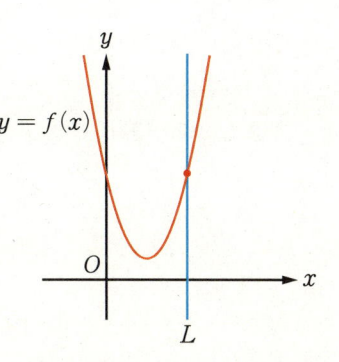

$$\begin{cases} y = f(x) \\ x = k \end{cases} \iff (x, y) = (k, f(k)).$$

共有点は 1 つで，点 $(k, f(k))$．このとき，f のグラフは直線 L と"交わる"といい，その共有点を **交点** という．

次に，L が y 軸に平行ではないとき，$L : y = mx + n$ とすると，f のグラフと L との共有点は次の方程式の解：

$$\begin{cases} y = f(x) \\ y = mx + n \end{cases} \iff \begin{cases} ax^2 + bx + c = mx + n \\ y = mx + n \end{cases}$$

$$\iff \begin{cases} ax^2 + (b-m)x + (c-n) = 0 & \cdots\cdots ① \\ y = mx + n. & \cdots\cdots ② \end{cases}$$

x についての方程式①を解くことで x を求めて，それを②に代入することで y を求めることになる．①と②を満たす組 (x, y) の個数は，①を満たす x の個数に等しい．当然ながら共有点の座標は実数で探したいので，①の実数解の個数が共有点の個数である．x についての 2 次方程式①の判別式を D とする．($D = (b-m)^2 - 4a(c-n)$ である．)

(i) $D > 0$ のとき

①の実数解は 2 つなので，共有点は 2 つである．このとき，f のグラフは直線 L と"交わる"といい，その共有点を **交点** という．

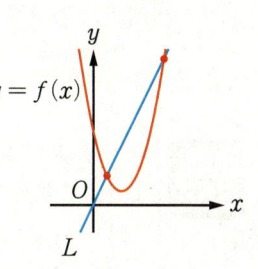

(ii) $D = 0$ のとき

①の実数解は 1 つなので，共有点は 1 つである．このとき，f のグラフは直線 L に"接する"といい，その共有点を **接点** という．また，L を **接線** という．

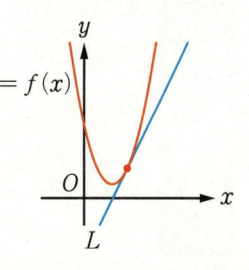

(iii) $D<0$ のとき

①の実数解はないので，共有点はない．このとき，f のグラフは直線 L から "離れている" という．

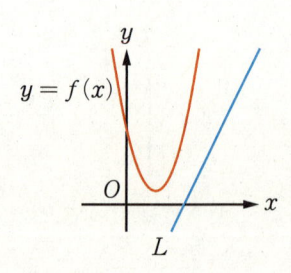

なお，$m=n=0$ のときには，直線 L は x 軸であり（①は $ax^2+bx+c=0$, $D=b^2-4ac$），f のグラフと x 軸との関係は以前に学習したものと一致する⑮❷❸．

> **例**
> 関数 $f:\mathbb{R}\to\mathbb{R}, f(x)=x^2-4x+5$ を考える．
> □ 直線 $l_1:y=2x$ について，
> $$x^2-4x+5=2x \iff x^2-6x+5=0.$$
> 判別式は $(-6)^2-4\cdot 1\cdot 5=16$ で正だから，f のグラフは直線 l_1 と交わる．
> □ 直線 $l_2:y=2x-4$ について，
> $$x^2-4x+5=2x-4 \iff x^2-6x+9=0.$$
> 判別式は $(-6)^2-4\cdot 1\cdot 9=0$ だから，f のグラフは直線 l_2 に接する．
> □ 直線 $l_3:y=2x-8$ について，
> $$x^2-4x+5=2x-8 \iff x^2-6x+13=0.$$
> 判別式は $(-6)^2-4\cdot 1\cdot 13=-16$ で負だから，f のグラフは直線 l_3 から離れている．

問題 358 ●関数 $y=x^2-2x+3$ のグラフと関数 $y=2x-1$ のグラフとの共有点を求めよ．また，これらのグラフを図示せよ．

問題 359 ●関数 $f_1(x)=x^2-x+2$ のグラフと関数 $f_2(x)=-x^2+2x+1$ のグラフとの共有点を求めよ．

問題 360 ●k を実数定数とする．関数 $f(x)=x^2+x+k$ のグラフと方程式 $2x+y-2=0$ のグラフとの共有点の個数を求めよ．(Hint：k の値によって場合分けする．)

2 接線

例題 関数 $f:\mathbb{R}\to\mathbb{R}, f:x\mapsto x^2-4x+5$ のグラフの接線のうち，点 $P(1,-2)$ を通るものを求めよ．また，接点を求めよ．

解 f のグラフの接線は y 軸に平行ではないので，その傾きを m とおく．
点 P を通る傾き m の直線の方程式は，$y=m(x-1)-2$.
この直線と f のグラフとの共有点は次の方程式の解：

$$\begin{cases}y=x^2-4x+5\\ y=m(x-1)-2\end{cases} \iff \begin{cases}x^2-4x+5=m(x-1)-2\\ y=m(x-1)-2\end{cases}$$

$$\iff \begin{cases}x^2+(-m-4)x+(m+7)=0 \quad\cdots\cdots\text{①}\\ y=m(x-1)-2. \quad\cdots\cdots\text{②}\end{cases}$$

共有点の個数は①の実数解の個数である．①の判別式を D とすると，
$$D=(-m-4)^2-4\cdot 1\cdot(m+7)=m^2+4m-12=(m+6)(m-2).$$
接する条件は，
$$D=0 \iff m=2,-6.$$

(i) $m=2$ のとき，
　接線は $y=2(x-1)-2$ すなわち，$y=2x-4$.
　このとき，
　　　① $\iff (x-3)^2=0 \iff x=3$.
　よって，①かつ② $\iff (x,y)=(3,2)$.

(ii) $m=-6$ のとき，
　接線は $y=-6(x-1)-2$ すなわち，$y=-6x+4$.
　このとき，
　　　① $\iff (x+1)^2=0 \iff x=-1$.
　よって，①かつ② $\iff (x,y)=(-1,10)$.

(i), (ii) をあわせて，
接線が $y=2x-4$ で接点が $(3,2)$,
または，接線が $y=-6x+4$ で接点が $(-1,10)$.

この例題で，①が重解をもつということは，①が $(x-p)^2=0$ という形に変形できることを意味する．ここでの p が接点の x 座標であり，①が $x^2+(-m-4)x+\cdots$ となっていることから，$p=\dfrac{m+4}{2}$ がすぐにわかる．m さえ求まってしまえば，接点を求めるのはやさしいわけだ．

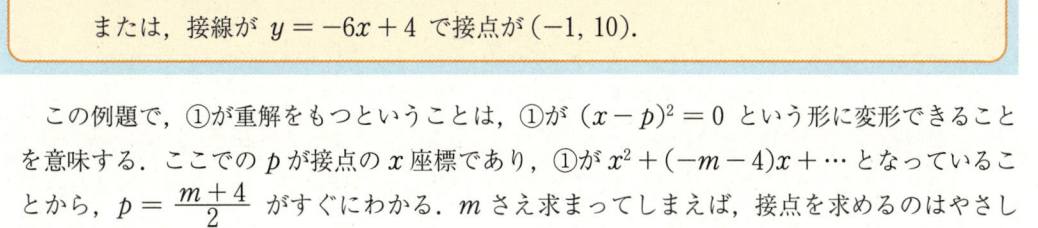

$f(x) = ax^2 + bx + c$ とする．(ただし，$a \neq 0$.) f のグラフの接線のうち，グラフ上の点 $(x_0, f(x_0))$ を接点とするものの傾きを m とすると，この接線の方程式は
$$y = m(x - x_0) + f(x_0)$$
となる．
$ax^2 + bx + c = m(x - x_0) + f(x_0)$ すなわち $ax^2 + (-m+b)x + (mx_0 - f(x_0) + c) = 0$ が（x についての方程式とみなしたときに）実数解を1つだけもつから，その判別式が0，すなわち，
$$(-m+b)^2 - 4a(mx_0 - f(x_0) + c) = 0$$
$$\iff m^2 - (4ax_0 + 2b)m + (4a^2x_0^2 + 4abx_0 + b^2) = 0$$
$$\iff (m - (2ax_0 + b))^2 = 0 \iff m = 2ax_0 + b.$$

したがって，接点が点 $(x_0, f(x_0))$ のときの接線の傾きは $2ax_0 + b$ であり，これは $x = x_0$ における変化の割合（すなわち，$x = x_1$ から $x = x_2$ までの平均の変化の割合において x_1 と x_2 を x_0 に近づけたもの）に等しい 15 2 5．

問題 361 答 p.34

● 関数 $f(x) = x^2 + 4x + 6$ を考える．

(1) f のグラフの接線のうち，傾きが10であるものの方程式を求めよ．また，接点を求めよ．

(2) f のグラフの接線のうち，点 $P(1, 7)$ を通るものの方程式を求めよ．また，接点を求めよ．

問題 362 答 p.35

● $y = x^2 - x$ のグラフと $y = 2x^2 - 9x + 14$ のグラフの両方に接する直線 l の方程式を求めよ．

3 ● 2次不等式

不等式を考察するにあたって基礎(きそ)となるのは，"正の数どうしの積や負の数どうしの積は正"，"正の数と負の数との積は負" という（負の数を最初に習ったときから知っているような）事実である．

> **例**
> $x + 3$ は $x < -3$ では負，$x = -3$ では0，$x > -3$ では正である．
> $x - 1$ は $x < 1$ では負，$x = 1$ では0，$x > 1$ では正である．
> $3x - 4$ は $x < \frac{4}{3}$ では負，$x = \frac{4}{3}$ では0，$x > \frac{4}{3}$ では正である．
> これらをまとめると，次の表の上半分が得られる．その積についても符号を考えてみると，次の表の下半分が得られる．

x	$\cdots$	-3	$\cdots$	1	$\cdots$	$\dfrac{4}{3}$	$\cdots$
$x+3$	$-$	0	$+$	$+$	$+$	$+$	$+$
$x-1$	$-$	$-$	$-$	0	$+$	$+$	$+$
$3x-4$	$-$	$-$	$-$	$-$	$-$	0	$+$
$(x+3)(3x-4)$	$+$	0	$-$	$-$	$-$	0	$+$
$(x+3)(x-1)(3x-4)$	$-$	0	$+$	0	$-$	0	$+$
$(x+3)^2(3x-4)$	$-$	0	$-$	$-$	$-$	0	$+$

例えば，$(x+3)(3x-4)$ は $x+3$ と $3x-4$ との積だから，$x+3$ と $3x-4$ が両方 $+$ や両方 $-$ であるような x に対しては $(x+3)(3x-4)$ は $+$ になる．$x+3$ と $3x-4$ の一方が $+$ で他方が $-$ であるような x に対しては $(x+3)(3x-4)$ は $-$ になるし，$x=-3$ や $x=\dfrac{4}{3}$ に対しては $(x+3)(3x-4)$ は 0 になる．

$(x+3)(x-1)(3x-4)$ の行は，$(x+3)(3x-4)$ の行と $x-1$ の行との積として得られる．

$(x+3)^2(3x-4)$ の行は，$(x+3)(3x-4)$ の行と $x+3$ の行との積として得られる．この表さえ完成してしまえば，次のような不等式が解けるようになっている．

$(x+3)(3x-4)$ の行で $-$ が記入されているのは $-3 < x < \dfrac{4}{3}$ のところだから，

$$(x+3)(3x-4) < 0 \iff -3 < x < \dfrac{4}{3}.$$

$(x+3)(x-1)(3x-4)$ の行で $+$ または 0 が記入されているのは $-3 \leqq x \leqq 1$ と $\dfrac{4}{3} \leqq x$ のところだから，

$$(x+3)(x-1)(3x-4) \geqq 0 \iff -3 \leqq x \leqq 1,\ \dfrac{4}{3} \leqq x.$$

(このような不等式の解における ","（カンマ）は "または" の意味として解釈する．)

$(x+3)^2(3x-4)$ の行で $+$ または 0 が記入されているのは $x=-3$ と $\dfrac{4}{3} \leqq x$ のところだから，

$$(x+3)^2(3x-4) \geqq 0 \iff x=-3,\ \dfrac{4}{3} \leqq x.$$

また，(表にもう 1 行追加するのは省略するが，) 積の代わりに商も同様に考えて，

$$\dfrac{(x+3)(x-1)}{3x-4} \geqq 0 \iff -3 \leqq x \leqq 1,\ \dfrac{4}{3} < x$$

もわかる．($x=\dfrac{4}{3}$ は分母が 0 になるのを避けるために除外する．)

ここからは，2次式の符号がどうなるかに限って話を進める．

(2次式) > 0，(2次式) $\geqq 0$，(2次式) < 0，(2次式) $\leqq 0$ の形に変形できる不等式を **2次不等式** という．

例

x	$\cdots$	-2	$\cdots$	$\dfrac{20}{3}$	$\cdots$
$x+2$	$-$	0	$+$	$+$	$+$
$3x-20$	$-$	$-$	$-$	0	$+$
$(x+2)(3x-20)$	$+$	0	$-$	0	$+$

$x+2$ の行と $3x-20$ の行が同符号なら $(x+2)(3x-20)$ の行に $+$ を記入し,異符号なら $(x+2)(3x-20)$ の行に $-$ を記入する.($x+2$ と $3x-20$ の一方が 0 ならば,当然ながらその積も 0 になる.)

$(x+2)(3x-20)$ の行の符号を読み取ることにより,次の結果を得る.

$$(x+2)(3x-20) > 0 \iff x < -2, \ \frac{20}{3} < x.$$
$$(x+2)(3x-20) = 0 \iff x = -2, \ \frac{20}{3}.$$
$$(x+2)(3x-20) < 0 \iff -2 < x < \frac{20}{3}.$$
$$(x+2)(3x-20) \geqq 0 \iff x \leqq -2, \ \frac{20}{3} \leqq x.$$
$$(x+2)(3x-20) \leqq 0 \iff -2 \leqq x \leqq \frac{20}{3}.$$

この結果は,2 次関数 $y = (x+2)(3x-20)$(すなわち,$y = 3x^2 - 14x - 40$)を考察することによっても得られる.

$y = (x+2)(3x-20) \iff y = 3x^2 - 14x - 40$
$\iff y = 3\left(x - \dfrac{7}{3}\right)^2 - \dfrac{169}{3}$ であるから,x の変域が $x < -2$ ならば y の変域は $y > 0$ であり,x の変域が $-2 < x < \dfrac{20}{3}$ ならば y の変域は $-\dfrac{169}{3} \leqq y < 0$ であり,x の変域が $\dfrac{20}{3} < x$ ならば y の変域は $y > 0$ である.$y = 0 \iff x = -2, \dfrac{20}{3}$ とあわせると,$y > 0 \iff x < -2, \dfrac{20}{3} < x$ や $y \leqq 0 \iff -2 \leqq x \leqq \dfrac{20}{3}$ などがわかる.要するに,2 次関数の定義域と値域の関係についての知識を利用することにより,上の表の $(x+2)(3x-20)$ の行が($x+2$ の行や $3x-20$ の行を経由せずとも)記入できてしまうわけだ.

これらの不等式を解くにあたっては,頂点の座標そのものにはあまり興味がなく,むしろ x 切片が知りたいので,2 次関数の標準形($y = 3\left(x - \dfrac{7}{3}\right)^2 - \dfrac{169}{3}$)よりも因数分解形($y = 3(x+2)\left(x - \dfrac{20}{3}\right)$)の方が適した形である.頂点の y 座標については,その大きさよりも符号が大切で,頂点が x 軸よりも下にあるために x 切片が 2 つになっている.これは,方程式 $3x^2 - 14x - 40 = 0$ の判別式 D が $D = (-14)^2 - 4 \cdot 3 \cdot (-40) = 676$ で $D > 0$ を満たす,ということと関係づけることができる.(頂点の y 座標は $-\dfrac{D}{4 \cdot 3} = -\dfrac{676}{12} = -\dfrac{169}{3}$.)

参考 関数 $y=(x+2)(3x-10)$ のグラフを図示すれば，どのような x に対して $y>0$ となるか，あるいは $y \leqq 0$ となるか，等は一目瞭然である．ここではそれを避けて，因数の符号に注目したり関数の変域を利用したりして結論を導いた．その理由は，グラフから視覚的に正しそうに感じることは根拠が曖昧になりがちだからだ．グラフは集合 $\{(x,y) \mid y=(x+2)(3x-10)\}$ であり，もとの関数と同じだけの情報をもっているが，これを図示するときに様々な簡略化が行われており，先入観が入り込む余地がある．例えば，$x=\frac{20}{3}$ のときに $y=0$ なのはよいとして，$x>\frac{20}{3}$ のときに $y>0$ なのはなぜだろうか．直観的には，グラフの頂点より右側では増加しているのだから当然に感じるだろうが，その証明では何をしていいのかすらわからないだろう．（"増加" は，任意の2点の間の平均の変化の割合がいつでも 0 以上，という意味だろうか，任意の1点における変化の割合（すなわち，接線の傾き）がいつでも 0 以上，という意味だろうか．）もちろん，中学生レベルでは図形的なイメージをもつのは大切であり，図示されたグラフを利用して答案を作ることも許されると思われる．（証明可能という意味で）正しい事実を思い出すために図を用いることは大いに結構だ．

関数 $y=ax^2+bx+c$ において，$a>0$ とする．2次方程式 $ax^2+bx+c=0$ の判別式を D とすると，$D=b^2-4ac$ だが，これが $D>0$ を満たすとする．すると，$ax^2+bx+c=0$ は実数解を2つもつので，それらを α, β とする．$\alpha<\beta$ とすると，$\alpha=\frac{-b-\sqrt{D}}{2a}, \beta=\frac{-b+\sqrt{D}}{2a}$ であり，$y=a(x-\alpha)(x-\beta)$．

$x<\alpha$ ならば，$x-\alpha<0$ かつ $x-\beta<0$ より，$y>0$．

$\alpha<x<\beta$ ならば，$x-\alpha>0$ かつ $x-\beta<0$ より，$y<0$．

$\beta<x$ ならば，$x-\alpha>0$ かつ $x-\beta>0$ より，$y>0$．

以上より，

$ax^2+bx+c>0 \iff x<\alpha, \beta<x$.

$ax^2+bx+c=0 \iff x=\alpha, \beta$.

$ax^2+bx+c<0 \iff \alpha<x<\beta$.

$ax^2+bx+c \geqq 0 \iff x \leqq \alpha, \beta \leqq x$.

$ax^2+bx+c \leqq 0 \iff \alpha \leqq x \leqq \beta$.

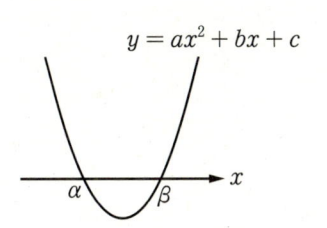

問題 363 答 p.35
● 次の不等式や方程式を解け．
(1) $3(x+5)(x-2)>0$ (2) $3(x+5)(x-2)=0$ (3) $3(x+5)(x-2)<0$
(4) $3(x+5)(x-2) \geqq 0$ (5) $3(x+5)(x-2) \leqq 0$ (6) $x^2+4x-5 \leqq 0$

例

x	$\cdots$	-2	$\cdots$
$x+2$	$-$	0	$+$
$(x+2)^2$	$+$	0	$+$

$x+2$ の行が $+$ でも $-$ でも，$(x+2)^2$ の行は $+$ を記入することになる．($x+2$ が 0 ならば，当然ながら $(x+2)^2$ も 0 になる．)

$(x+2)^2$ の行の符号を読み取ることにより，次の結果を得る．

$(x+2)^2 > 0 \iff x < -2,\ -2 < x \iff x \neq -2.$

$(x+2)^2 = 0 \iff x = -2.$

$(x+2)^2 < 0$ を満たす実数 x は存在しない，すなわち，解なし．

$(x+2)^2 \geqq 0$ をすべての実数 x が満たす．

$(x+2)^2 \leqq 0 \iff x = -2.$

この結果は，2次関数 $y = (x+2)^2$（すなわち，$y = x^2 + 4x + 4$）を考察することによっても得られる．

グラフの頂点は点 $(-2, 0)$ であるから，x の変域が $x < -2$ の場合でも $x > -2$ の場合でも y の変域は $y > 0$ である．$y = 0 \iff x = -2$ とあわせると，$y > 0 \iff x < -2,\ -2 < x$ などがわかる．

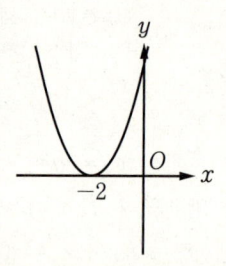

このパターンでは，頂点が x 軸上にあるために x 切片が 1 つになっている．これは，方程式 $x^2 + 4x + 4 = 0$ の判別式 D が $D = 4^2 - 4 \cdot 1 \cdot 4 = 0$ により，$D = 0$ を満たす，ということと関係づけることができる．（頂点の y 座標は $-\dfrac{D}{4 \cdot 1} = -\dfrac{0}{4} = 0$．）

関数 $y = ax^2 + bx + c$ において，$a > 0$ とする．2次方程式 $ax^2 + bx + c = 0$ の判別式を D とすると，$D = b^2 - 4ac$ だが，これが $D = 0$ を満たすとする．すると，$ax^2 + bx + c = 0$ は実数解（重解）を 1 つもつので，それを α とする．$\alpha = -\dfrac{b}{2a}$ であり，$y = a(x - \alpha)^2$．

$x < \alpha$ ならば，$x - \alpha < 0$ より，$y > 0$．

$\alpha < x$ ならば，$x - \alpha > 0$ より，$y > 0$．

以上より，

$ax^2 + bx + c > 0 \iff x < \alpha, \alpha < x \iff x \neq \alpha.$

$ax^2 + bx + c = 0 \iff x = \alpha.$

$ax^2 + bx + c < 0$ は解なし．

$ax^2 + bx + c \geqq 0$ をすべての実数 x が満たす．

$ax^2 + bx + c \leqq 0 \iff x = \alpha.$

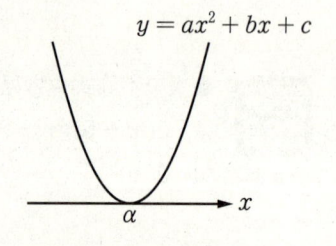

問題 364　答 p.36

●次の不等式や方程式を解け．

(1) $5(x+3)^2 > 0$ 　　(2) $5(x+3)^2 = 0$ 　　(3) $5(x+3)^2 < 0$

(4) $5(x+3)^2 \geqq 0$ 　　(5) $5(x+3)^2 \leqq 0$ 　　(6) $x^2 - 10x + 25 \leqq 0$

例

x	$\cdots$	-2	$\cdots$
$x+2$	$-$	0	$+$
$(x+2)^2$	$+$	0	$+$
$3(x+2)^2+5$	$+$	$+$	$+$

$(x+2)^2$ の行が + または 0 なので，$3(x+2)^2+5$ の行は + のみになる．したがって，次の結果を得る．

$3(x+2)^2+5>0$ をすべての実数 x が満たす．

$3(x+2)^2+5=0$ を満たす実数 x は存在しない，すなわち，解なし．

$3(x+2)^2+5<0$ を満たす実数 x は存在しない，すなわち，解なし．

$3(x+2)^2+5\geqq 0$ をすべての実数 x が満たす．

$3(x+2)^2+5\leqq 0$ を満たす実数 x は存在しない，すなわち，解なし．

この結果は，2次関数 $y=3(x+2)^2+5$ （すなわち，$y=3x^2+12x+17$）を考察することによっても得られる．

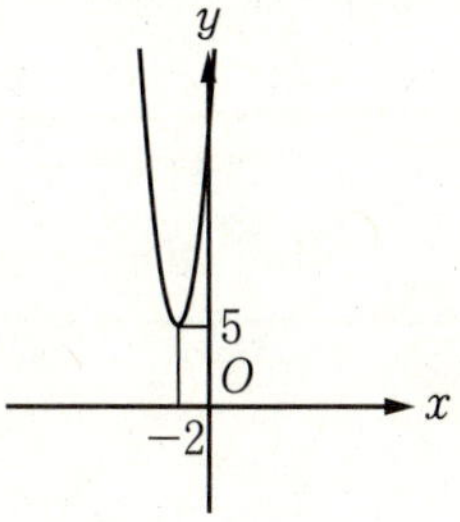

グラフの頂点は点 $(-2, 5)$ であるから，x の変域がいかなる場合でも $y>0$ である．

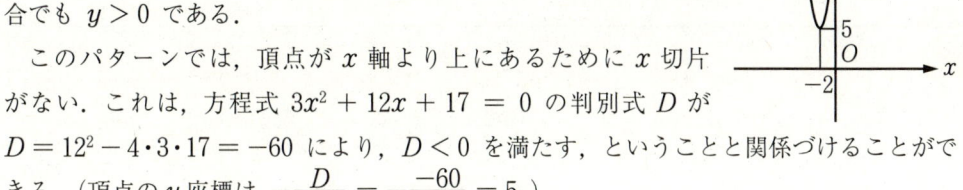

このパターンでは，頂点が x 軸より上にあるために x 切片がない．これは，方程式 $3x^2+12x+17=0$ の判別式 D が $D=12^2-4\cdot 3\cdot 17=-60$ により，$D<0$ を満たす，ということと関係づけることができる．（頂点の y 座標は $-\dfrac{D}{4\cdot 3}=-\dfrac{-60}{12}=5$．）

関数 $y=ax^2+bx+c$ において，$a>0$ とする．2次方程式 $ax^2+bx+c=0$ の判別式を D とすると，$D=b^2-4ac$ だが，これが $D<0$ を満たすとする．すると，$ax^2+bx+c=0$ は実数解をもたない．$y=a\left(x+\dfrac{b}{2a}\right)^2-\dfrac{D}{4a}$ であり，$-\dfrac{D}{4a}>0$ だから，どんな x に対しても $y>0$．

以上より，

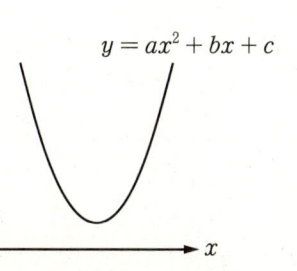

$ax^2+bx+c>0$ をすべての実数 x が満たす．

$ax^2+bx+c=0$ を満たす実数 x は存在しない，すなわち，解なし．

$ax^2+bx+c<0$ を満たす実数 x は存在しない，すなわち，解なし．

$ax^2+bx+c\geqq 0$ をすべての実数 x が満たす．

$ax^2+bx+c\leqq 0$ を満たす実数 x は存在しない，すなわち，解なし．

問題 365 ●次の不等式や方程式を解け．
(1) $6(x+4)^2+1>0$ (2) $6(x+4)^2+1=0$ (3) $6(x+4)^2+1<0$
(4) $6(x+4)^2+1\geqq 0$ (5) $6(x+4)^2+1\leqq 0$ (6) $x^2+4x+100\leqq 0$

答 p.36

　ここまで，ax^2+bx+c において，$a>0$ としていた．$a<0$ の場合は，移項する（あるいは両辺を -1 倍する）ことによって，いつでも x^2 の係数を正にできるので問題ない．少し頭を使えば $a<0$ の場合でも不等式の解が求められるが，$a>0$ の場合で慣れておき，いつでもこれに帰着するのが安全だ．このとき，方程式 $ax^2+bx+c=0$ の判別式 $D=b^2-4ac$ の符号によって解の形が異なるが，最初に D を計算するのはあまり得策ではない．まずは（解の公式か試行錯誤による因数分解で）2次方程式の解を求める努力をしてみて，その実数解の個数によって D の符号を特定すればよい．$D\geqq 0$ のときの "$ax^2+bx+c>0 \iff x<\alpha,\beta<x$" と "$ax^2+bx+c<0 \iff \alpha<x<\beta$" を暗記しておいて，他のケースは頭の中でグラフを思い浮かべて答えるのが現実的である．

例題 次の不等式を解け．
(1) $-x^2-3x+1<0$
(2) $4x^2+4x+1<0$
(3) $x^2+x+1\geqq 0$

解
(1) （与式）$\iff x^2+3x-1>0$．
$x^2+3x-1=0 \iff x=\dfrac{-3\pm\sqrt{13}}{2}$ より，

$$（与式）\iff \left(x-\dfrac{-3-\sqrt{13}}{2}\right)\left(x-\dfrac{-3+\sqrt{13}}{2}\right)>0$$
$$\iff x<\dfrac{-3-\sqrt{13}}{2},\dfrac{-3+\sqrt{13}}{2}<x.$$

(2) （与式）$\iff (2x+1)^2<0$．よって，解なし．
(3) （与式）$\iff \left(x+\dfrac{1}{2}\right)^2+\dfrac{1}{4}\geqq 0$．よって，任意の実数 x が解．
(3)〔別解〕$x^2+x+1=0$ の判別式 D は
$$D=1^2-4\cdot 1\cdot 1=-3<0.$$
よって，任意の実数 x が解．

　(1) の左辺を因数分解形にするため，x 切片を求めるべく，2次方程式を解いた．解答の2行目は省略してもかまわない．
　(3) の解を2通り紹介したが，2次方程式の判別式が2次関数のグラフの頂点の y 座標と同じ情報をもっているので，この2つの解答は本質的に同じものである．平方完成した方が直接的だが，頂点の y 座標の計算がやや面倒だ．その計算の分子だけを抜き出したのが判別式 D で，$D=b^2-4ac$ という公式を使うので機械的に処理できるのだが，2次不等式を解くのに2次方程式をもちだすのは回り道ともいえる．

問題 366 答 p.36

●次の不等式を解け.

(1) $x^2 - 4x > 0$ 　　(2) $x^2 - 3x - 10 < 0$ 　　(3) $x^2 + 4x - 10 \geqq 0$

(4) $-5x^2 - 3x + 1 > 0$ 　　(5) $x^2 - 6x + 9 > 0$ 　　(6) $9x^2 + 12x + 4 \leqq 0$

(7) $x^2 - x + 1 > 0$ 　　(8) $2x^2 - 4x + 3 \leqq 0$ 　　(9) $x^2 > 9$

例題

$ax^2 - bx + 1 \geqq 0$ が任意の実数 x について成り立つという. 実数 a, b の満たすべき条件を求めよ.

解

(i) $a < 0$ のとき,

$|x|$ が十分に大きければ $ax^2 - bx + 1 < 0$ となるので, 不適.

(例えば, $b \neq 0$ のとき, $x = \dfrac{kb}{a}$ とすると $ax^2 - bx + 1 = \dfrac{(k^2-k)b^2}{a} + 1$

だから, $(k^2-k)b^2 > -a$ となるように k をとれば, $ax^2 - bx + 1 < 0$ になる.)

(ii) $a = 0$ のとき,

任意の実数 x について $-bx + 1 \geqq 0$ となる条件は, $b = 0$.

(iii) $a > 0$ のとき,

2次方程式 $ax^2 - bx + 1 = 0$ の判別式を D とすると, 2次不等式 $ax^2 - bx + 1 \geqq 0$ の解が "任意の実数" となる条件は, $D \leqq 0 \iff b^2 - 4a \leqq 0$.

(i), (ii), (iii) をあわせて, 求める条件は,

$(a = 0 \text{ かつ } b = 0)$ または $(a > 0 \text{ かつ } b^2 - 4a \leqq 0)$.

$a < 0$ のとき, $y = ax^2 - bx + 1$ のグラフは上に凸の放物線だから, x を非常に大きくしたり非常に小さくすると, y は非常に小さくなる. グラフを図示すると明らかに感じるので, 答案の3, 4行目は省略してよい.

$a > 0$ のとき, 関数 $y = ax^2 - bx + 1$ は $y = a\left(x - \dfrac{b}{2a}\right)^2 - \dfrac{b^2 - 4a}{4a}$ だから, これが常に 0 以上になる条件は, 最小値 $-\dfrac{b^2-4a}{4a}$ が 0 以上, すなわち, $b^2 - 4a \leqq 0$ ということ. (グラフの頂点の y 座標と判別式はほぼ同じ情報量をもつから,) 当然ながらこれは $D \leqq 0$ と同じである.

問題 367 答 p.36

●任意の実数 x に対して $x^2 + 2kx + 6k + 7 > 0$ が成り立つという. 実数 k のとりうる値の範囲を求めよ.

4 ● ルート記号を含んだ方程式・不等式

2次関数と直接の関係はないが, この後の "解の配置" の問題で利用するため, ルート記号を含んだ方程式や不等式の扱い方を学んでおく.

($\begin{cases} A \\ B \end{cases}$ は "A かつ B" と同じ意味であることに注意.)

$a \geqq 0$ に対して,
$$x = \sqrt{a} \iff \begin{cases} x \geqq 0 \\ x^2 = a \end{cases}$$
であった. $x \geqq 0$ を忘れやすいので注意.

今は実数の世界で考えているので, $\sqrt{a}$ と書くことができるのは $a \geqq 0$ のときだけである. 問題文中に $\sqrt{a}$ があるときは, $a \geqq 0$ という条件がすでに込められていると解釈する. ("隠された条件".) 一方, 自分で $\sqrt{a}$ を導入したいときには, その前に, $a \geqq 0$ かどうかをチェックする必要がある.

不等式の変形で基本的な事実は,
$$a \geqq 0 \text{ かつ } b \geqq 0 \text{ ならば}, \ a > b \iff a^2 > b^2$$
というものだ.

例題 次の方程式, 不等式を解け.
(1) $x - 3 = \sqrt{x-2}$ (2) $x - 3 > \sqrt{x-2}$ (3) $x - 3 < \sqrt{x-2}$

解 (1) $\sqrt{x-2}$ を考えているので, $x - 2 \geqq 0 \iff x \geqq 2$.

$$x - 3 = \sqrt{x-2} \iff \begin{cases} x - 3 \geqq 0 \\ (x-3)^2 = x - 2 \end{cases} \iff \begin{cases} x \geqq 3 \\ x^2 - 7x + 11 = 0 \end{cases}$$

$$\iff \begin{cases} x \geqq 3 \\ x = \dfrac{7 \pm \sqrt{5}}{2} \end{cases} \iff x = \dfrac{7 + \sqrt{5}}{2}.$$

これは $x \geqq 2$ を満たすので, 適する.

$$\therefore \text{(与式)} \iff x = \dfrac{7 + \sqrt{5}}{2}.$$

(2) $\sqrt{x-2}$ を考えているので, $x - 2 \geqq 0 \iff x \geqq 2$.

$$x - 3 > \sqrt{x-2} \iff \begin{cases} x - 3 > 0 \\ (x-3)^2 > x - 2 \end{cases} \iff \begin{cases} x > 3 \\ x^2 - 7x + 11 > 0 \end{cases}$$

$$\iff \begin{cases} x > 3 \\ x < \dfrac{7 - \sqrt{5}}{2} \text{ または } \dfrac{7 + \sqrt{5}}{2} < x \end{cases} \iff \dfrac{7 + \sqrt{5}}{2} < x.$$

$x \geqq 2$ とあわせて，

$$（与式） \iff \frac{7+\sqrt{5}}{2} < x.$$

(3) $\sqrt{x-2}$ を考えているので，$x-2 \geqq 0 \iff x \geqq 2$.

(i) $x-3 < 0$ すなわち $x < 3$ のとき，
$\sqrt{x-2} \geqq 0$ より，与不等式は常に成立する．

(ii) $x-3 \geqq 0$ すなわち $x \geqq 3$ のとき，

$$x-3 < \sqrt{x-2} \iff (x-3)^2 < x-2 \iff x^2-7x+11 < 0$$

$$\iff \frac{7-\sqrt{5}}{2} < x < \frac{7+\sqrt{5}}{2}.$$

$x \geqq 3$ とあわせて，$3 \leqq x < \frac{7+\sqrt{5}}{2}$.

(i)，(ii) をあわせて，$x < \frac{7+\sqrt{5}}{2}$.

さらに，$x \geqq 2$ であったから，

$$（与式） \iff 2 \leqq x < \frac{7+\sqrt{5}}{2}.$$

(2) において，$\sqrt{x-2} \geqq 0$ だから，"$x-3 > \sqrt{x-2}$" であれば自動的に "$x-3 > 0$" も成り立つことに注意．

(3) において，"$x-3 < \sqrt{x-2}$" の右辺は 0 以上だが，左辺の符号は不明である．両辺が 0 以上でないと 2 乗しても意味がないので，$x-3$ が 0 以上かどうかで場合分けをすることになる．すると，"$x-3 < 0$ または $(x-3 \geqq 0$ かつ $(x-3)^2 < x-2)$" となるのだが，よく考えてみると，$(x-3)^2 < x-2$ であれば $x-3$ の符号はどうでもよい．したがって，"$x-3 < 0$ または $(x-3)^2 < x-2$" となる．このことを考慮して，(3) の解答は次のように簡素化できる．

解 (3) 〔別解〕$\sqrt{x-2}$ を考えているので，$x-2 \geqq 0 \iff x \geqq 2$.

$$x-3 < \sqrt{x-2} \iff x-3 < 0 \text{ または } (x-3)^2 < x-2$$

$$\iff x < 3 \text{ または } x^2-7x+11 < 0$$

$$\iff x < 3 \text{ または } \frac{7-\sqrt{5}}{2} < x < \frac{7+\sqrt{5}}{2} \iff x < \frac{7+\sqrt{5}}{2}.$$

$x \geqq 2$ とあわせて，

$$（与式） \iff 2 \leqq x < \frac{7+\sqrt{5}}{2}.$$

結局，ルート記号を含んだ方程式や不等式は，次のページのようになる．

> $A \geqq 0$ の下で，次が成り立つ．
>
> $$\sqrt{A} = B \iff \begin{cases} A = B^2 \\ B \geqq 0. \end{cases}$$
>
> $$\sqrt{A} < B \iff \begin{cases} A < B^2 \\ B > 0. \end{cases} \qquad \sqrt{A} \leqq B \iff \begin{cases} A \leqq B^2 \\ B \geqq 0. \end{cases}$$
>
> $$\sqrt{A} > B \iff A > B^2 \text{ または } B < 0. \qquad \sqrt{A} \geqq B \iff A \geqq B^2 \text{ または } B \leqq 0.$$

$-\sqrt{A}$ がある場合は，移項して $\sqrt{A}$ をつくる．
例えば，$-\sqrt{A} = B \iff \sqrt{A} = -B \iff (A = B^2$ かつ $B \leqq 0)$ であり，
$-\sqrt{A} < B \iff \sqrt{A} > -B \iff (A > B^2$ または $B > 0)$ である．

B にルート記号が（いくつか）含まれていてもかまわないので，方程式や不等式にルート記号が複数あるときにも，この変形によってルート記号を1つずつはずしていけばよい．例えば，$\sqrt{A} = \sqrt{C} \iff (A = C$ かつ $\sqrt{C} \geqq 0) \iff A = C$ であり，
$\sqrt{A} > \sqrt{C} \iff (A > C$ または $\sqrt{C} < 0) \iff A > C$ である．

問題 368 ● 次の方程式や不等式を解け．
(1) $x - 1 = \sqrt{x+2}$ 　　(2) $x - 1 > \sqrt{x+2}$ 　　(3) $x - 1 < \sqrt{x+2}$

答 p.36

5 ● 解の配置

2次方程式の解がどのような範囲に存在するのか，ということに注目し，"解が〜の範囲にあるのは2次方程式がどのような条件を満たすときか" を考える問題を "解の配置" 問題，あるいは "解の分離" 問題という．これらの問題には，大抵3通りの解法がある．それぞれ長所と短所があるので，3つともマスターして，どれが使いやすいかをその場で判断するのがよい．

例題 (解の分離 $k < \alpha < \beta$ 型：2解がある定数に関して同じ側にあるタイプ)
$x^2 - 2(4a+1)x + 25 = 0$ の相異なる2つの実数解がともに1より大きいという．
実数定数 a のとりうる値の範囲を求めよ．

解 〔グラフを使った解法〕
$f(x) = x^2 - 2(4a+1)x + 25$ とすると，

$$f(x) = (x-(4a+1))^2 + (-16a^2 - 8a + 24).$$

このグラフは下に凸の放物線だから，求める条件は，

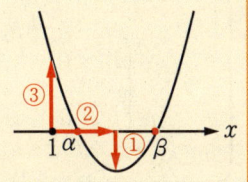

$$\begin{cases} (\text{グラフの頂点の } y \text{ 座標}) < 0 & \cdots\cdots ① \\ (\text{グラフの頂点の } x \text{ 座標}) > 1 & \cdots\cdots ② \\ f(1) > 0. & \cdots\cdots ③ \end{cases}$$

① $\iff -16a^2 - 8a + 24 < 0 \iff a < -\dfrac{3}{2}, 1 < a.$

② $\iff 4a + 1 > 1 \iff a > 0.$

③ $\iff 1 - 2(4a+1) + 25 > 0 \iff a < 3.$

以上より，求める条件は，

①かつ②かつ③ $\iff 1 < a < 3.$

この"グラフを使った解法"の①は"判別式 $D > 0$"，②は"グラフの軸の x 切片が 1 より大きい"と表現しても同じである．（グラフの軸は直線 $x = 4a+1$ なので，その x 切片は $4a+1$．）

$x = 1$ よりも右側に x 切片が 2 つあるような図を描くと①②③を満たしており，①②③のどれが欠けても不適切な図が描けてしまう．（α, β はこの方程式の実数解．）

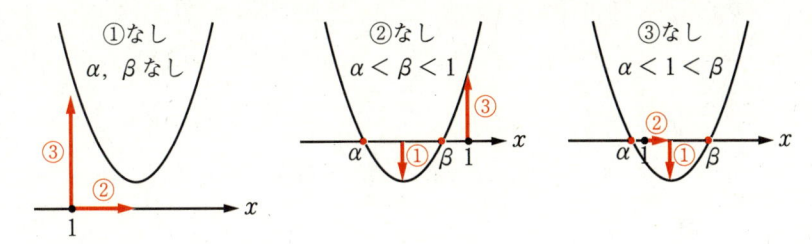

逆に，①②③の 3 つの条件を満たすようにすると題意を満たす図しか描けないような気がするが，もっと条件が必要かもしれない，という不安がつきまとう．個々の条件の意味がわかりやすい反面，"グラフを使った解法"の問題点はまさにここにある．すなわち，どの条件が必要か，どの条件が不要か，などが図という直観的なものに頼っていて，列挙した条件だけで十分だということが論証しにくいのだ．結論自体は正しいので，答案ではその論証をぼかしてごまかすことが多い．ただし，それを補完する意味で，（数学的にあまり意味がないとはいえ，）グラフのおよその形は描いておいた方が安全かもしれない．ともかく，"頂点の位置"と"境界における符号"に注意する，と覚えておこう．

なお，"グラフを使った解法"では，x^2 の係数の符号によってグラフが上に凸か下に凸かが変わるので，x^2 の係数に文字が入っているときは場合分けが必要になる．（もっとも，x^2 の係数が a ならば，両辺を a 倍した方程式を考えることで x^2 の係数を（a^2 という）正の数にする，というテクニックもある．）

この例題の第2の解法で使うのは次のことがらである．

$$\begin{cases} a > 0 \\ b > 0 \end{cases} \iff \begin{cases} a+b > 0 \\ ab > 0. \end{cases} \qquad \begin{cases} a < 0 \\ b < 0 \end{cases} \iff \begin{cases} a+b < 0 \\ ab > 0. \end{cases}$$

解 〔解と係数の関係を使った解法〕

判別式を D とすると，相異なる2つの実数解をもつ条件は，
$$D/4 > 0 \iff (4a+1)^2 - 25 > 0 \iff a < -\frac{3}{2},\ 1 < a. \quad \cdots\cdots ①$$

2解を α, β とすると，解と係数の関係より，
$$\begin{cases} \alpha + \beta = 2(4a+1) \\ \alpha\beta = 25. \end{cases}$$

解が2つとも1より大きい条件は，

$$\begin{cases} \alpha > 1 \\ \beta > 1 \end{cases} \iff \begin{cases} \alpha - 1 > 0 \\ \beta - 1 > 0 \end{cases} \iff \begin{cases} (\alpha-1)+(\beta-1) > 0 \\ (\alpha-1)(\beta-1) > 0 \end{cases}$$

$$\iff \begin{cases} (\alpha+\beta) - 2 > 0 \\ \alpha\beta - (\alpha+\beta) + 1 > 0 \end{cases} \iff \begin{cases} 2(4a+1) - 2 > 0 \\ 25 - 2(4a+1) + 1 > 0 \end{cases}$$

$$\iff \begin{cases} a > 0 \quad \cdots\cdots ② \\ a < 3. \quad \cdots\cdots ③ \end{cases}$$

以上より，求める条件は，
$$①かつ②かつ③ \iff 1 < a < 3.$$

この"解と係数の関係を使った解法"は同値変形もはっきりしていてわかりやすい．ただし，問題が複雑になると条件を対称式になおすときに迷ってしまうかもしれない．2解を α, β とするとき，$\alpha < \beta$ などの大小の条件を課さないのがポイントで，α と β が区別できないゆえに条件が対称式で言い表せるのだ．

注意 "$\alpha > 1$ かつ $\beta > 1$" を見ると，すぐに "$\alpha+\beta > 1+1$ かつ $\alpha\beta > 1\cdot 1$" と変形したくなるかもしれないが，同値変形という観点からはこれは好ましくない．実際，"$\alpha > 1$ かつ $\beta > 1 \implies \alpha+\beta > 2$ かつ $\alpha\beta > 1$" は正しいが，その逆は正しくない．例えば，$\alpha = 20, \beta = 0.1$ のとき，$\alpha+\beta > 2$ かつ $\alpha\beta > 1$ だが，$\beta < 1$ である．

この例題の第3の解法で使うのは"ルート記号を含む方程式・不等式"で学んだ内容である15 3 4.

> **解** 〔解の公式を使った解法〕
>
> 判別式を D とすると，相異なる2つの実数解をもつ条件は，
>
> $$D/4 > 0 \iff (4a+1)^2 - 25 > 0 \iff a < -\frac{3}{2}, 1 < a. \quad \cdots\cdots ①$$
>
> このとき，2解は $x = 4a+1 \pm \sqrt{(4a+1)^2 - 25}$ だから，解が2つとも1より大きい条件は，
>
> $$\begin{cases} 4a+1 - \sqrt{(4a+1)^2 - 25} > 1 \\ 4a+1 + \sqrt{(4a+1)^2 - 25} > 1 \end{cases} \iff \begin{cases} 4a > \sqrt{(4a+1)^2 - 25} \\ 4a > -\sqrt{(4a+1)^2 - 25} \end{cases}$$
>
> $$\iff 4a > \sqrt{(4a+1)^2 - 25} \quad (\because \sqrt{(4a+1)^2 - 25} \geqq -\sqrt{(4a+1)^2 - 25})$$
>
> $$\iff \begin{cases} 4a > 0 \\ (4a)^2 > (4a+1)^2 - 25 \end{cases} \iff \begin{cases} a > 0 & \cdots\cdots ② \\ a < 3. & \cdots\cdots ③ \end{cases}$$
>
> 以上より，求める条件は，
>
> $$①かつ②かつ③ \iff 1 < a < 3.$$

この"解の公式を使った解法"は，解の大小関係をそのまま強引に式にしてしまうというもので，これほど直接的な解法もない．ルートの入った式変形など，計算に自信があれば最有力である．くれぐれも $4a + 1 \pm \sqrt{(4a+1)^2 - 25} > 1$ などという意味不明の不等式は書かないように．"$A > B$ かつ $A > -B$" は "$A > \max(B, -B)$" ということだから，"$A > |B|$" と同じことになる．

以上の3つの解法で，対比のために①②③とつけた．同じ不等式がそれぞれの解法でどのようにして得られているか，鑑賞してほしい．もちろん，実際に答案を作るときには，行番号を使わないで同値変形を進めて構わない．

問題369 ●2次方程式 $x^2 - 2ax + 3a + 4 = 0$ が2より大きい異なる2つの実数解をもつという．実数定数 a の値の範囲を"グラフを使った解法"により求めよ．
答 p.37

問題370 ●2次方程式 $x^2 - 2ax + 3a + 4 = 0$ が2より大きい異なる2つの実数解をもつという．実数定数 a の値の範囲を"解と係数の関係を使った解法"により求めよ．
答 p.37

問題 371 ● 2次方程式 $x^2 - 2ax + 3a + 4 = 0$ が 2 より大きい異なる 2 つの実数解をもつという．実数定数 a の値の範囲を "解の公式を使った解法" により求めよ．
答 p.38

例題 (解の分離 $\alpha < k < \beta$ 型：2 解がある定数に関して反対側にあるタイプ)
$x^2 - 2(4a+1)x + 25 = 0$ の実数解のうち，一方は 1 より小さく，他方は 1 より大きいという．実数定数 a のとりうる値の範囲を求めよ．

解 〔グラフを使った解法〕
$f(x) = x^2 - 2(4a+1)x + 25$ とする．
このグラフは下に凸の放物線だから，求める条件は，
$f(1) < 0 \iff 1 - 2(4a+1) + 25 < 0 \iff a > 3$.

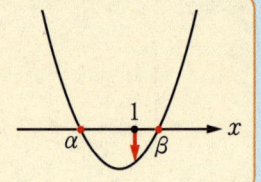

$f(1) < 0$ という条件から，グラフの頂点の y 座標は自動的に負となり，方程式 $f(x) = 0$ は相異なる 2 解をもつことになる．

この例題の第 2 の解法で使うのは次のことがらである．

$$\left(\begin{cases} a > 0 \\ b < 0 \end{cases} \text{または} \begin{cases} a < 0 \\ b > 0 \end{cases} \right) \iff a \text{と} b \text{が異符号} \iff ab < 0.$$

解 〔解と係数の関係を使った解法〕
判別式を D とすると，相異なる 2 つの実数解をもつ条件は，
$$D/4 > 0 \iff (4a+1)^2 - 25 > 0 \iff a < -\frac{3}{2}, 1 < a. \quad \cdots\cdots ①$$

2 解を α, β とすると，解と係数の関係より，
$$\begin{cases} \alpha + \beta = 2(4a+1) \\ \alpha\beta = 25. \end{cases}$$

①の下で，求める条件は，
$$(\alpha-1)(\beta-1) < 0 \iff \alpha\beta - (\alpha+\beta) + 1 < 0 \iff 25 - 2(4a+1) + 1 < 0$$
$$\iff a > 3.$$

①とあわせて，求める条件は $a > 3$.

実は $D>0$ という条件が不要なことは "グラフを使った解法" からわかっているのだが，解 α と β を表に出す答案では最初にチェックせざるを得ないだろう．

この例題の第3の解法は次のとおり．

解 〔解の公式を使った解法〕
判別式を D とすると，相異なる2つの実数解をもつ条件は，
$$D/4 > 0 \iff (4a+1)^2 - 25 > 0 \iff a < -\frac{3}{2},\ 1 < a. \quad \cdots\cdots ①$$
このとき，2解は $x = 4a + 1 \pm \sqrt{(4a+1)^2 - 25}$．
①の下で，求める条件は，
$$\begin{cases} 4a+1 - \sqrt{(4a+1)^2 - 25} < 1 \\ 4a+1 + \sqrt{(4a+1)^2 - 25} > 1 \end{cases} \iff \begin{cases} \sqrt{(4a+1)^2 - 25} > 4a \\ \sqrt{(4a+1)^2 - 25} > -4a \end{cases}$$
$$\iff \sqrt{(4a+1)^2 - 25} > |4a| \iff (4a+1)^2 - 25 > (4a)^2 \iff a > 3.$$
①とあわせて，求める条件は $a > 3$．

もちろん，ルートを含んだ連立不等式を素直に解けば次のようになる．

$$\begin{cases} \sqrt{(4a+1)^2 - 25} > 4a \\ \sqrt{(4a+1)^2 - 25} > -4a \end{cases}$$
$$\iff \begin{cases} (4a+1)^2 - 25 > (4a)^2 \text{ または } 4a < 0 \\ (4a+1)^2 - 25 > (-4a)^2 \text{ または } -4a < 0 \end{cases}$$
$$\iff (4a+1)^2 - 25 > (4a)^2 \text{ または } \begin{cases} a < 0 \\ a > 0 \end{cases}$$
$$\iff (4a+1)^2 - 25 > (4a)^2 \quad (\because \text{"}a < 0 \text{ かつ } a > 0 \text{" は成り立たない})$$
$$\iff a > 3.$$

問題372 ● 2次方程式 $x^2 - 2ax + 3a + 4 = 0$ が2より大きい実数解と2より小さい実数解を1つずつもつという．実数定数 a の値の範囲を "グラフを使った解法" により求めよ．
答 p.38

問題 373 ●2次方程式 $x^2-2ax+3a+4=0$ が2より大きい実数解と2より小さい実数解を1つずつもつという．実数定数 a の値の範囲を"解と係数の関係を使った解法"により求めよ．

答 p.38

問題 374 ●2次方程式 $x^2-2ax+3a+4=0$ が2より大きい実数解と2より小さい実数解を1つずつもつという．実数定数 a の値の範囲を"解の公式を使った解法"により求めよ．

答 p.38

例題 (解の分離 $k<\alpha<l$ 型：解がある2つの定数の間にあるタイプ)
$x^2-2(4a+1)x+25=0$ の相異なる2つの実数解のうち，一方は1と3の間にあり，他方は10と12の間にあるという．実数定数 a のとりうる値の範囲を求めよ．

解 〔グラフを使った解法〕
$f(x)=x^2-2(4a+1)x+25$ とする．このグラフは下に凸の放物線だから，求める条件は，

$$\begin{cases} f(1)>0 \\ f(3)<0 \\ f(10)<0 \\ f(12)>0 \end{cases} \Longleftrightarrow \begin{cases} 1-2(4a+1)+25>0 \\ 9-6(4a+1)+25<0 \\ 100-20(4a+1)+25<0 \\ 144-24(4a+1)+25>0 \end{cases}$$

$$\Longleftrightarrow \begin{cases} a<3 \\ a>\frac{7}{6} \\ a>\frac{21}{16} \\ a<\frac{145}{96} \end{cases}$$

$$\Longleftrightarrow \frac{21}{16}<a<\frac{145}{96}.$$

実は，"連続関数についての中間値の定理"という定理があり，それによると，"$f(k)$ と $f(l)$ の符号が異なれば，$f(\alpha)=0$ となる α が k と l の間に存在する."図を信じれば，$y=f(x)$ のグラフは k と l の間で必ず x 軸を横切るはずだ，という気になるのだが，それに数学的な根拠が与えられているわけだ．

したがって，f が2次関数のとき，
$k<x<l$ に重解でない解が1つあり，k も l も解でない
$\Longleftrightarrow (f(k)<0$ かつ $f(l)>0)$ または $(f(k)>0$ かつ $f(l)<0)$
$\Longleftrightarrow f(k)f(l)<0.$

($x = \alpha$ が重解のときはグラフは x 軸に接しているので，$x = \alpha$ の前後で $f(x)$ の符号は変わらない．例えば $f(x) = -2(x-3)^2$ のとき，$x < 3$ でも $x > 3$ でも $f(x) < 0$ となる．）

参考 $f : \{x | a \leqq x \leqq b\} \to \mathbb{R}$ が "連続関数" とする．このとき，"f の値域は $\{y | \min(f(a), f(b)) \leqq y \leqq \max(f(a), f(b))\}$ を含む"，すなわち，"$f(a)$ と $f(b)$ の間の任意の実数 t に対して，$f(c) = t$ かつ $a \leqq c \leqq b$ となる c が存在する" というのが中間値の定理．この例題に限らず，グラフによる解法で頂点や境界での y 座標の符号を調べていたのは，暗黙のうちに中間値の定理を使っていたのだ．なお，"連続関数" とは，グラフを描くときに鉛筆を紙から離さないで済むような関数なのだが，数学的な定義は難しいのでここではこれ以上立ち入らない．

この例題は，中間値の定理を（直接は）使わずに，これまでの考え方を組み合わせたとも解釈できる．2解を α, β（ただし，$\alpha < \beta$）としたとき，$1 < \alpha < 3 < 10 < \beta < 12$ となる条件を求めるには，"$1 < \alpha < \beta$" かつ "$\alpha < \beta < 12$" かつ "$\alpha < 3 < \beta$" かつ "$\alpha < 10 < \beta$" のように，4つに分解すればよい．グラフによる解法では頂点の位置と境界での符号に注目するのだが，"$\alpha < 3 < \beta$" による条件 "$f(3) < 0$" のおかげで頂点の y 座標に関する条件が不要になり，"$f(1) > f(3)$" と "$f(10) < f(12)$" のおかげで頂点の x 座標に関する条件が不要になる．その結果，境界である 1, 3, 10, 12 における f の符号を調べるだけで答えが求まるというわけだ．

この例題の第2の解法は次のとおり．

解 〔解と係数の関係を使った解法〕
判別式を D とすると，相異なる2つの実数解をもつ条件は，
$$D/4 > 0 \iff (4a+1)^2 - 25 > 0 \iff a < -\frac{3}{2}, \; 1 < a. \quad \cdots\cdots ①$$

2解を α, β とすると，解と係数の関係より，
$$\begin{cases} \alpha + \beta = 2(4a+1) \\ \alpha\beta = 25. \end{cases}$$

①の下で，求める条件は，
$$\begin{cases} \alpha > 1 \\ \beta > 1 \\ \alpha < 12 \\ \beta < 12 \\ (\alpha-3)(\beta-3) < 0 \\ (\alpha-10)(\beta-10) < 0 \end{cases} \iff \begin{cases} (\alpha-1) + (\beta-1) > 0 \\ (\alpha-1)(\beta-1) > 0 \\ (\alpha-12) + (\beta-12) < 0 \\ (\alpha-12)(\beta-12) > 0 \\ (\alpha-3)(\beta-3) < 0 \\ (\alpha-10)(\beta-10) < 0 \end{cases}$$

$$\iff \begin{cases} (\alpha+\beta)-2>0 \\ \alpha\beta-(\alpha+\beta)+1>0 \\ (\alpha+\beta)-24<0 \\ \alpha\beta-12(\alpha+\beta)+144>0 \\ \alpha\beta-3(\alpha+\beta)+9<0 \\ \alpha\beta-10(\alpha+\beta)+100<0 \end{cases}$$

$$\iff \begin{cases} 2(4a+1)-2>0 \\ 25-2(4a+1)+1>0 \\ 2(4a+1)-24<0 \\ 25-24(4a+1)+144>0 \\ 25-6(4a+1)+9<0 \\ 25-20(4a+1)+100<0 \end{cases}$$

$$\iff \begin{cases} a>0 \\ a<3 \\ a<\dfrac{11}{4} \\ a<\dfrac{145}{96} \\ a>\dfrac{7}{6} \\ a>\dfrac{21}{16} \end{cases} \iff \dfrac{21}{16}<a<\dfrac{145}{96}.$$

①とあわせて，求める条件は $\dfrac{21}{16}<a<\dfrac{145}{96}$.

この例題の第3の解法は次のとおり．

解 〔解の公式を使った解法〕

判別式を D とすると，相異なる2つの実数解をもつ条件は，

$$D/4>0 \iff (4a+1)^2-25>0 \iff a<-\dfrac{3}{2},\ 1<a. \quad \cdots\cdots ①$$

このとき，2解は $x=4a+1\pm\sqrt{(4a+1)^2-25}$.

①の下で，求める条件は，

$$\begin{cases} 1<4a+1-\sqrt{(4a+1)^2-25}<3 \\ 10<4a+1+\sqrt{(4a+1)^2-25}<12 \end{cases} \iff \begin{cases} \sqrt{(4a+1)^2-25}<4a \\ \sqrt{(4a+1)^2-25}>4a-2 \\ \sqrt{(4a+1)^2-25}>-4a+9 \\ \sqrt{(4a+1)^2-25}<-4a+11 \end{cases}$$

$$\iff \begin{cases} (4a+1)^2 - 25 < (4a)^2 \\ 4a > 0 \\ (4a+1)^2 - 25 > (4a-2)^2 \text{ または } 4a-2 < 0 \\ (4a+1)^2 - 25 > (-4a+9)^2 \text{ または } -4a+9 < 0 \\ (4a+1)^2 - 25 < (-4a+11)^2 \\ -4a+11 > 0 \end{cases}$$

$$\iff \begin{cases} a < 3 \\ a > 0 \\ a > \dfrac{7}{6} \text{ または } a < \dfrac{1}{2} \\ a > \dfrac{21}{16} \text{ または } a > \dfrac{9}{4} \\ a < \dfrac{145}{96} \\ a < \dfrac{11}{4} \end{cases} \iff \dfrac{21}{16} < a < \dfrac{145}{96}.$$

①とあわせて，求める条件は $\dfrac{21}{16} < a < \dfrac{145}{96}$.

問題375 ●2次方程式 $x^2 + ax + a - 3 = 0$ が -2 と 0 の間に 1 個，1 と 3 の間に 1 個の実数解をもつという．実数定数 a の値の範囲を"グラフを使った解法"により求めよ．
答 p.38

問題376 ●2次方程式 $x^2 + ax + a - 3 = 0$ が -2 と 0 の間に 1 個，1 と 3 の間に 1 個の実数解をもつという．実数定数 a の値の範囲を"解と係数の関係を使った解法"により求めよ．
答 p.39

問題377 ●2次方程式 $x^2 + ax + a - 3 = 0$ が -2 と 0 の間に 1 個，1 と 3 の間に 1 個の実数解をもつという．実数定数 a の値の範囲を"解の公式を使った解法"により求めよ．
答 p.39

これまでの基本パターンを組み合わせることもある．
$k < \alpha < \beta < l$ 型（2解がある2つの定数の間にあるタイプ）は，$k < \alpha < \beta$ 型と $\alpha < \beta < l$ 型の両方を考えて共通部分を求めるだけである．
　例えばグラフを使った解法では，グラフが下に凸の場合，
　　　　$D > 0$ かつ $k <$（グラフの頂点の x 座標）$< l$ かつ $f(k) > 0$ かつ $f(l) > 0$
となる．

問題 378 ● 2次方程式 $x^2 - 4ax + 2a + 6 = 0$ が 1 と 4 の間に相異なる 2 つの実数解をもつという. 実数定数 a の値の範囲を求めよ.
答 p.40

$\alpha < k < l < \beta$ 型 (2解がある2つの定数の外側にあるタイプ) は, $\alpha < k < \beta$ 型と $\alpha < l < \beta$ 型の両方を考えて共通部分を求めるだけである.

例えばグラフを使った解法では, グラフが下に凸の場合,
$$f(k) < 0 \text{ かつ } f(l) < 0$$
となる.

問題 379 ● 2次方程式 $2x^2 + ax + a - 7 = 0$ の 1 つの解が -2 より小さく, 他の解が 1 より大きいという. 実数定数 a の値の範囲を求めよ.
答 p.41

最後に, 対称な不等式の同値変形についてもう一言触れておこう.
(これらは, $>$ と $<$ をそれぞれ $\geqq$ と $\leqq$ に変えても成り立つ.)

> $(a > 0 \text{ かつ } b > 0) \iff (ab > 0 \text{ かつ } a + b > 0)$
> $(a < 0 \text{ かつ } b < 0) \iff (ab > 0 \text{ かつ } a + b < 0)$

であった. "または" の変形では, 次のことが成り立つ.

> $(a > 0 \text{ または } b > 0) \iff (ab < 0 \text{ または } a + b > 0)$
> $(a < 0 \text{ または } b < 0) \iff (ab < 0 \text{ または } a + b < 0)$

[$(a > 0 \text{ または } b > 0) \implies (ab < 0 \text{ または } a + b > 0)$ の証明.]
(i) $a > 0$ かつ $b < 0$ のとき, $ab < 0$ となる.
(ii) $a > 0$ かつ $b \geqq 0$ のとき, $a + b > 0$ となる.
(iii) $a = 0$ かつ $b > 0$ のとき, $a + b > 0$ となる.
(iv) $a < 0$ かつ $b > 0$ のとき, $ab < 0$ となる.
(i)-(iv) いずれの場合も $(ab < 0 \text{ または } a + b > 0)$. ∎

[$(a > 0$ または $b > 0)$ $\iff$ $(ab < 0$ または $a + b > 0)$ の証明.]

(i) $ab < 0$ のとき,

$(a > 0$ かつ $b < 0)$ または $(a < 0$ かつ $b > 0)$.

したがって, $a > 0$ または $b > 0$ となる.

(ii) $a + b > 0$ のとき,

$(a \leqq 0$ かつ $b \leqq 0)$ となることはありえない.

したがって, $a > 0$ または $b > 0$ となる.

(i), (ii) いずれの場合も $(a > 0$ または $b > 0)$. ∎

[$(a < 0$ または $b < 0)$ $\iff$ $(ab < 0$ または $a + b < 0)$ の証明.]

$$(a < 0 \text{ または } b < 0) \iff (-a > 0 \text{ または } -b > 0)$$
$$\iff ((-a)(-b) < 0 \text{ または } (-a) + (-b) > 0)$$
$$\iff (ab < 0 \text{ または } a + b < 0). \blacksquare$$

例えば,"一方の解が他方の解の 3 倍以上"といわれたら,解を α, β として,"$\alpha \geqq 3\beta$ または $\beta \geqq 3\alpha$"だから,"$\alpha - 3\beta \geqq 0$ または $\beta - 3\alpha \geqq 0$"すなわち,"$(\alpha - 3\beta)(\beta - 3\alpha) \leqq 0$ または $(\alpha - 3\beta) + (\beta - 3\alpha) \geqq 0$"として,この条件を $\alpha + \beta$ と $\alpha\beta$ で表せばよい.解と係数の関係を使った解法では,$\alpha \leqq \beta$ と $\beta \leqq \alpha$ のどちらになるかを指定しないのがポイントであることを強調しておく.$\alpha \leqq \beta$ という条件は α, β について対称でないため,$\alpha + \beta$ と $\alpha\beta$ だけでは表現できない.

放課後の談話

生徒「1 次関数,2 次関数の次は 3 次関数ですね.」

先生「3 次関数についてあまり詳しくここで話すつもりはないんだが.」

生徒「$f(x) = ax^3 + bx^2 + cx + d$ とします.2 次関数では平方完成したので,ここでは立方完成したいです.」

先生「$a(x-p)^3 = a(x^3 - 3px^2 + 3p^2x - p^3)$ という式と比較してみよう.」

生徒「$b = -3ap$,すなわち,$p = -\dfrac{b}{3a}$ にすればいいですね.$f(x) = a(x-p)^3 + (c - 3ap^2)x + (d + ap^3)$.ここから先はどうしましょう.」

先生「せっかく $(x-p)^3$ を作ったんだから,$(c - 3ap^2)x$ も $x - p$ を基準に書き直そう.$k = c - 3ap^2$ とすると,$kx = k(x-p) + kp$ だ.」

生徒「$f(x) = a(x-p)^3 + k(x-p) + (kp + d + ap^3)$ となります.」

先生「$q = kp + d + ap^3$ とすると,$f(x) = a(x-p)^3 + k(x-p) + q$ だ.したがって,f のグラフは関数 $y = ax^3 + kx$ のグラフを x 軸方向に p,y 軸方向に q だけ平行移動したものになる.$y = ax^3 + kx$ のグラフがどうなるかは a, k の値によって異なるから,いろいろ描いてみるといい.」

生徒「次は 4 次関数ですね.」

先生「自分でやってね.」

column 04

統計：2次元のデータ

　コラム1からコラム3までは，対象について1つの値だけを測定する状況に限定していた．実際には，身長と体重や，いくつかの教科の成績など，ひとまとめにして考えたいデータもあるだろう．

　例えば，50人の生徒について，1学期の点数と2学期の点数を組にして考えたとしよう．生徒番号 i の生徒の点数が1学期は x_i 点，2学期は y_i 点だとすると，$(x_1, y_1), (x_2, y_2), \ldots, (x_n, y_n)$ という $n(=50)$ 組のデータが得られたことになる．これを下図のような **散布図** に図示できる．（1つのドットが1人の生徒に対応する．）

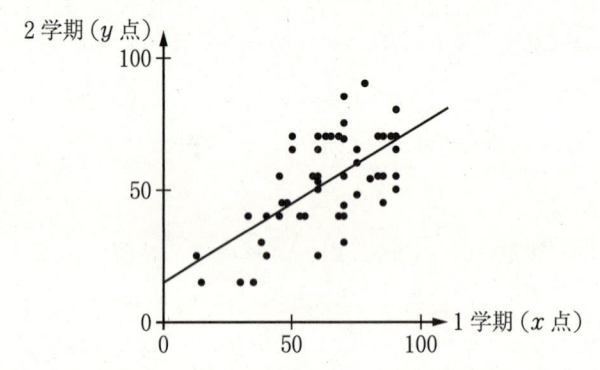

　この図でドットは左下から右上にかけて分布していることがなんとなくわかる．この様子を **正の相関関係がある** という．（ドットが左上から右下にかけて分布しているときは **負の相関関係がある** という．）正にしろ負にしろ，ドットの分布が"直線に近い"ときは **強い相関関係がある** という．

　相関関係の強さを数値で表したものとして，ピアソンの相関係数を紹介しよう．$x_1, \ldots, x_n$ の分布として平均 $\overline{x} = \frac{1}{n}(x_1 + \cdots + x_n)$，分散 $S_x^2 = \frac{1}{n}((x_1 - \overline{x})^2 + \cdots + (x_n - \overline{x})^2)$，標準偏差 $S_x = \sqrt{S_x^2}$ があり，$y_1, \ldots, y_n$ の分布として平均 $\overline{y} = \frac{1}{n}(y_1 + \cdots + y_n)$，分散 $S_y^2 = \frac{1}{n}((y_1 - \overline{y})^2 + \cdots + (y_n - \overline{y})^2)$，標準偏差 $S_y = \sqrt{S_y^2}$ がある．このとき，$S_{xy} = \frac{1}{n}((x_1 - \overline{x})(y_1 - \overline{y}) + \cdots + (x_n - \overline{x})(y_n - \overline{y}))$ を **共分散** といい，$r_{xy} = \frac{S_{xy}}{S_x S_y}$ を **（積率）相関係数** という．r_{xy} は -1 以上 1 以下であり，$|r_{xy}|$ が大きいほど相関は強い．（$r_{xy} = \pm 1$ となるのはドットが直線上に並ぶときである．）上の例ではおよそ $r_{xy} = 0.64$ となっている．

　"相関"では x, y を平等に扱うが，変数 x の関数として変数 y を説明するには"回帰"という考え方を使う．ここでは，y を x の一次関数で近似するにはどうするかを考えよう．定数 a, b を使って $y = ax + b$ と表せたとすると，$x = x_i$ に対しては $y = ax_i + b$ となっていてほしいが，実際には $y = y_i$ である．$y_i - (ax_i + b)$ がこの1次関数では説明できない"誤差"であり，この値を2乗して（$i = 1$ から $i = n$ までの）和をとったとき，その結果が最小となるように a, b を決定する．計算すると，$a = \frac{S_{xy}}{S_x^2} = r_{xy}\frac{S_y}{S_x}$，$b = \overline{y} - a\overline{x}$ となる．このときの直線 $y = ax + b$ を **回帰直線** という．$(y_i - (ax_i + b))^2$ の和は $(y_i - \overline{y})^2$ の和の $(1 - r_{xy}^2)$ 倍であり，r_{xy}^2 が1に近いほど y_i は $ax_i + b$ に近いので，r_{xy}^2 は **決定係数** といわれる．（散布図に記入してある直線が回帰直線．）

第3部

場合の数と確率

第16章　場合の数

第17章　確率

第16章 場合の数

▶ 何通りあるか，ということを考える問題は，しらみつぶしに調べるときにどれほどの時間や手間がかかるか，ということに関係するため，事態の複雑さの目安として日常的に考えることがあるだろう．次章で確率を計算するための予備知識としても必要なので，ここで様々な数え方の手法を学んでおく．

要点のまとめ

- k 個のことがら $A_1, A_2, \ldots, A_k$ について，どの 2 つも同時には起こらないとする．A_1 の結果が m_1 通り，A_2 の結果が m_2 通り，…，A_k の結果が m_k 通りあれば，$A_1, A_2, \ldots, A_k$ のいずれかが起こる場合の数は $m_1 + m_2 + \cdots + m_k$ 通りある．

- k 個のことがら $A_1, A_2, \ldots, A_k$ について，A_1 の結果が m_1 通りあり，そのそれぞれに対して A_2 の結果が m_2 通りあり，…，そのそれぞれに対して A_k の結果が m_k 通りあれば，$A_1, A_2, \ldots, A_k$ が続けて起こる場合の数は $m_1 m_2 \cdots m_k$ 通りある．

- 自然数 n に対して，$n! = n(n-1)(n-2)\cdots 3 \cdot 2 \cdot 1$．また，$0! = 1$．

- 相異なる n 個のものを一列に並べるとき，並べ方の総数は $n!$ 通り．

- n, r を自然数とし，$n \geq r$ とする．n 個から r 個を選ぶ順列（n 種類のものから各種類 1 個以下で合計 r 個を選び，一列に並べる並べ方）の総数は
$$_nP_r = \overbrace{n(n-1)(n-2)\cdots(n-r+1)}^{r\text{個}} = \frac{n!}{(n-r)!}.$$

- n を自然数とする．n 個のものの円順列（相異なる n 個のものを円上に並べて，回転して一致するものを同じ並べ方とみなしたときの並べ方）の総数は
$$\frac{_nP_n}{n} = (n-1)!.$$

- n を自然数とする．n 個のものの数珠順列（相異なる n 個のものを円上に並べて，回転したり裏返したりして一致するものを同じ並べ方とみなしたときの並べ方）の総数は
$$\frac{_nP_n}{2n} = \frac{(n-1)!}{2}.$$

- n, r を自然数とする．n 個から r 個を選ぶ重複順列（n 種類のものから（繰り返し選ぶことも許して）合計 r 個を選び，一列に並べる並べ方）の総数は
$$_n\Pi_r = n^r.$$

- $r_1, r_2, \ldots, r_k$ を自然数とし，$r_1 + r_2 + \cdots + r_k = n$ とする．k 種類のものについて，1 種類目を r_1 個，2 種類目を r_2 個，…，k 種類目を r_k 個もってきて一列に並べる

並べ方（"同じものを含む順列"）の総数は
$$\binom{n}{r_1, r_2, \ldots, r_k} = \frac{n!}{r_1! r_2! \cdots r_k!}.$$

- n, r を自然数とし，$n \geqq r$ とする．n 個から r 個を選ぶ組合せ（n 種類のものから各種類 1 個以下で合計 r 個を同時に選ぶ選び方）の総数は
$$_nC_r = \binom{n}{r} = \frac{\overbrace{n(n-1)(n-2)\cdots(n-r+1)}^{r\text{個}}}{r(r-1)(r-2)\cdots 1} = \frac{n!}{(n-r)!r!}.$$

- $_nC_r = {}_nC_{n-r}.\quad {}_nC_n = {}_nC_0 = 1.\quad {}_nC_{n-1} = {}_nC_1 = n.$
- n を自然数とすると，
$$(a+b)^n = ({}_nC_j a^i b^j \text{ の和}).$$
ただし，右辺の和は $i + j = n$ となる 0 以上の整数 i, j の組すべてにわたる．

- n, k を自然数とすると，
$$(x_1 + x_2 + \cdots + x_k)^n = \left(\binom{n}{r_1, r_2, \ldots, r_k} x_1^{r_1} x_2^{r_2} \cdots x_k^{r_k} \text{ の和}\right).$$
ただし，右辺の和は $r_1 + r_2 + \cdots + r_k = n$ となる 0 以上の整数 $r_1, r_2, \ldots, r_k$ の組すべてにわたる．

- n, r を自然数とする．n 個から r 個を選ぶ重複組合せ（n 種類のものから（各種類何個でも許して）合計 r 個を同時に選ぶ選び方）の総数は
$$_nH_r = {}_{n+r-1}C_{n-1} = {}_{n+r-1}C_r = \frac{(n+r-1)!}{(n-1)!r!}.$$

第 1 節　数え上げの基本

1 ● 樹形図

場合分けするときにいくつの分岐を考える必要があるのか，その数を考える，というのが "場合の数" である．実際の場合分けでは，もれなくすべてのケースを扱ってさえいればよく，重複があってもかまわない．（例えば，$|x| = \begin{cases} x & (x \geqq 0) \\ -x & (x \leqq 0) \end{cases}$ において，$x = 0$ は両方の分岐に含まれていても害がない．）しかし，"場合の数" というときには，もれなく無駄なく数えなくてはならない．

そのためには数え上げるときの順序に（自分なりの）規則を決めておけばよく，推奨されるのが **辞書式順序，lexicographic order** である．これは，まず 1 文字目を比べて順番どおりに並べ，1 文字目が同じものどうしでは 2 文字目を比べて順番に並べ，1 文字目と 2 文字目が同じものどうしでは 3 文字目を比べて順番に並べ，... としていくものである．国語辞典や

英和辞典などの辞書では，この順序で語が並べられている．

> **例** 4枚のカード 0 1 2 2 から3枚選んで一列に並べ，3桁の整数を作るとき，何通りできるだろうか．すべて列挙すると次のとおり．
>
> 102
> 120
> 122
> 201   略記すると，
> 202
> 210
> 212
> 220
> 221
>
> 素朴に辞書式順序で並べたのが左側である．この場合の辞書式順序とは，単に整数を小さい順に並べたものと一致する．最初の何文字かは同じパターンで始まるので，何度も表記するのを省略して，変化のある文字から先だけを記せばよいことに気づく．それが右側である．いずれにしろ，数えると，全部で9通りであることがわかる．

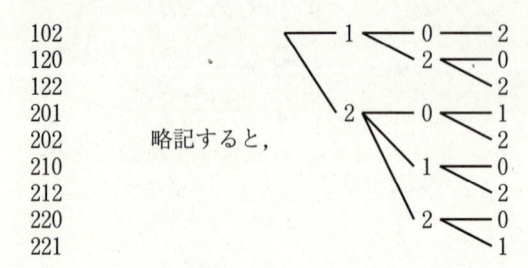

この例の右側にあるような図を **樹形図，tree diagram** という．どんどん分かれていく様子が木の枝に似ているからだろう．

問題 380 ● 5枚のカード 0 1 2 2 3 から3枚選んで一列に並べ，3桁の整数を作るとき，何通りできるか．
答 p.43

問題 381 ● A B C D の4枚のカードを一列に並べる．1枚目は A ではなく，2枚目は B ではなく，3枚目は C ではなく，4枚目は D ではないような並べ方は何通りあるか．
答 p.43

2 和の法則

> **例** 4枚のカード 0 1 2 2 から3枚選んで一列に並べ，3桁の整数を作るときの樹形図は，1 から始まる部分と 2 から始まる部分とに分割できる．
>
> 1 から始まるものは3通り，2 から始まるものは6通りで，あわせて $3+6=9$ 通

りとなる.

U を $\boxed{0}\boxed{1}\boxed{2}\boxed{2}$ から何枚か選んで一列に並べてできる整数全体の集合とする. U の要素のうち, $\boxed{1}$ から始まり3桁であるもの全体の集合を A とし, $\boxed{2}$ から始まり3桁であるもの全体の集合を B とする. 求めたいのはこれらの和集合である $A \cup B$ の要素の個数だが, 共通部分 $A \cap B$ は空集合だから, $A \cup B = A \amalg B$ (直和) となっている. したがって, 要素の個数は $\#(A \amalg B) = \#A + \#B$ であり, これが $9 = 3 + 6$ の正体である.

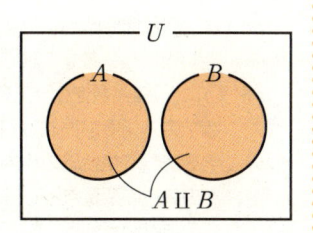

分割してそれぞれの場合の数を考えて, あとでその合計をとる, というこの操作を正当化するのが **和の法則** である.

和の法則

2つのことがら A_1, A_2 が同時には起こらないとする. A_1 の結果が m_1 通り, A_2 の結果が m_2 通りあれば, A_1 または A_2 が起こる場合の数は $m_1 + m_2$ 通りある.

これを繰り返し使うことで, 有限個に拡張すると次のとおり.

和の法則

k 個のことがら $A_1, A_2, \ldots, A_k$ について, どの2つも同時には起こらないとする. A_1 の結果が m_1 通り, A_2 の結果が m_2 通り, …, A_k の結果が m_k 通りあれば, $A_1, A_2, \ldots, A_k$ のいずれかが起こる場合の数は $m_1 + m_2 + \cdots + m_k$ 通りある.

例えば $A_1, \ldots, A_4$ の4つの場合を証明する.

A_1 または A_2 が起こる場合の数は, 2つのときの和の法則より $m_1 + m_2$ 通り.

(A_1 または A_2) または A_3 が起こる場合の数は, 2つのときの和の法則より $(m_1 + m_2) + m_3$ 通り.

((A_1 または A_2) または A_3) または A_4 が起こる場合の数は, 2つのときの和の法則より $((m_1 + m_2) + m_3) + m_4$ 通り.

したがって, (加法の結合法則より,) A_1 または A_2 または A_3 または A_4 が起こる場合の数は $m_1 + m_2 + m_3 + m_4$ 通り.

参考 和の法則が成り立つのはなぜだろうか，言い換えると，これはどのように証明されるものなのだろうか．樹形図を分割したり，枝の末端の個数を数えたりするという操作は，あまりにも当然で，一定以上の知能をもつ者なら誰でも疑問なく実行できるので，集合などの数学的背景は無関係に思える．このように，"自然数を使って数える"という能力を（論理的な演繹をする能力や文章の読解力などと同様に）数学の外側で前提として認めてしまう，という立場がある．一方，別の立場として，自然数を含めて数学をすべて集合論の枠内で構築する，というものもある．こちらの立場では，場合の数はすべてなんらかの集合の要素数として表現され，集合の要素数の性質である $\#(A \amalg B) = \#A + \#B$ という等式を場合の数という観点で解釈し直したものが"和の法則"である．

例題 大・中・小のサイコロを1つずつ投げるとき，目の和が6の倍数となるのは何通りあるか．

解 大・中・小のサイコロの目をそれぞれ x, y, z とする．
(i) $x + y + z = 6$ のとき
　$x = 1$ ならば $y + z = 5$ であり，$y = 1, 2, 3, 4$ で4通り．
　$x = 2$ ならば $y + z = 4$ であり，$y = 1, 2, 3$ で3通り．
　$x = 3$ ならば $y + z = 3$ であり，$y = 1, 2$ で2通り．
　$x = 4$ ならば $y + z = 2$ であり，$y = 1$ で1通り．
　あわせて，$4 + 3 + 2 + 1 = 10$ 通り．
(ii) $x + y + z = 12$ のとき
　$x = 1$ ならば $y + z = 11$ であり，$y = 5, 6$ で2通り．
　$x = 2$ ならば $y + z = 10$ であり，$y = 4, 5, 6$ で3通り．
　$x = 3$ ならば $y + z = 9$ であり，$y = 3, 4, 5, 6$ で4通り．
　$x = 4$ ならば $y + z = 8$ であり，$y = 2, 3, 4, 5, 6$ で5通り．
　$x = 5$ ならば $y + z = 7$ であり，$y = 1, 2, 3, 4, 5, 6$ で6通り．
　$x = 6$ ならば $y + z = 6$ であり，$y = 1, 2, 3, 4, 5$ で5通り．
　あわせて，$2 + 3 + 4 + 5 + 6 + 5 = 25$ 通り．
(iii) $x + y + z = 18$ のとき
　$(x, y, z) = (6, 6, 6)$ で1通り．
(i), (ii), (iii) をあわせて，$10 + 25 + 1 = 36$ 通り．

この例題で，$4+3+2+1$ や $10+25+1$ を計算しているところなどは厳密には和の法則を使っているのだが，わざわざそれと明示せずにこの法則を使ってしまうことが多い．また，この答案とほぼ同じ手間で樹形図を利用した解答も可能で，その場合にはどこに和の法則を使っているのかさえ曖昧になる．

この例題で使ったのと同じ手法により，
　"自然数 N に対し，$x + y + z = N$ となる自然数 x, y, z の組は何通りあるか"
という問いに答えることができる．

$x = k$ ならば $y + z = N - k$ であり，$y = 1, 2, \ldots, N-k-1$ で $N-k-1$ 通り．

k の値として考えられるのは $k = 1, 2, \ldots, N-2$ だから，求める場合の数は $N-k-1$ たちの和であり（和の法則），
$$(N-2) + (N-3) + \cdots + 2 + 1 = \frac{1}{2}(N-1)(N-2)$$
となる．

2つのことがらが同時に起こる可能性があるときは，重複を加味して和の法則を修正する必要がある．

集合 A, B について，$A \cap B = \emptyset$ ならば $\#(A \cup B) = \#A + \#B$ であった（このとき，$A \cup B$ のことを $A \amalg B$ と表記した）10 4 2．$A \cap B \neq \emptyset$ のときでも通用する公式は $\#(A \cup B) = \#A + \#B - \#(A \cap B)$ であり，これが場合の数の問題でも利用できる．

> **例**
>
> 大・中・小のサイコロを1つずつ投げるとき，その目をそれぞれ x, y, z とする．目の和が9の倍数となる場合の数を前の例題と同じようにして求める．
>
> (i) $x + y + z = 9$ のとき，$x = 1, 2, 3, 4, 5, 6$ に対して y はそれぞれ $5, 6, 5, 4, 3, 2$ 通りだから，あわせて25通り．
>
> (ii) $x + y + z = 18$ のとき，$(x, y, z) = (6, 6, 6)$ で1通り．
>
> (i), (ii) をあわせて，目の和が9の倍数となるのは $25 + 1 = 26$ 通り．
>
> $$U = \{(x, y, z) \mid x, y, z は 1 以上 6 以下の自然数\},$$
> $$A = \{(x, y, z) \in U \mid x + y + z は 6 の倍数\},$$
> $$B = \{(x, y, z) \in U \mid x + y + z は 9 の倍数\}$$
>
> とすると，
>
> $$A \cup B = \{(x, y, z) \in U \mid x + y + z は 6 の倍数または 9 の倍数\},$$
> $$A \cap B = \{(x, y, z) \in U \mid x + y + z = 18\}.$$
>
> $\#A = 36, \#B = 26, \#(A \cap B) = 1$ だから，
> $$\#(A \cup B) = \#A + \#B - \#(A \cap B) = 36 + 26 - 1 = 61.$$
>
> したがって，目の和が6の倍数または9の倍数となる場合の数は61通りである．

問題 382 （答 p.43）

● 大・小のサイコロを1つずつ投げる．

(1) 目の和が2の倍数となるのは何通りあるか．

(2) 目の和が3の倍数となるのは何通りあるか．

(3) 目の和が6の倍数となるのは何通りあるか．

(4) 目の和が2の倍数または3の倍数となるのは何通りあるか．

問題383 ● 1未満の正の既約分数（これ以上約分できない $\frac{(整数)}{(整数)}$ の形の分数）のうち，分母と分子の和が12以下のものはいくつあるか．

答 p.43

問題384 ● 10円硬貨，5円硬貨，1円硬貨だけを使って100円を支払うとき，硬貨の出し方は何通りあるか．ただし，使わない硬貨があってもよいことにする．

答 p.43

3 ● 積の法則

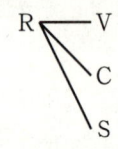

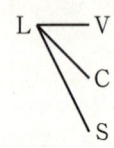

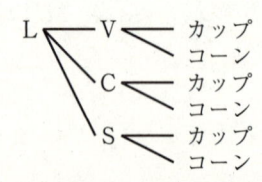

> **例**
>
> ある店のアイスクリームは，サイズがR（レギュラー）とL（ラージ）の2種類であり，味がV（バニラ）とC（チョコ）とS（イチゴ）の3種類であった．何通りの商品があるかを考えるために樹形図を描くと，次のようになる．
>
> わざわざ樹形図がなくても，$2 \times 3 = 6$ 通りであることはわかるかもしれない．
>
> さらに，そのそれぞれについてカップとコーンのどちらにするかも選べるとすると，樹形図は次のようになる． 
>
> したがって，商品は $2 \times 3 \times 2 = 12$ 通り．樹形図はあらゆる可能性を列挙しているのだから，枝の先端の個数を数えれば12通りであることは確認できるが，樹形図では規則的な形が繰り返されているので，かけ算を利用すれば数える手間が軽減できる．
>
> $A = \{R,L\}$, $B = \{V,C,S\}$, $C = \{カップ, コーン\}$ とすると，アイスクリームを1つ選ぶのは直積集合 $A \times B \times C$ の要素を1つ選ぶことに対応している．$\#(A \times B \times C) = \#A \times \#B \times \#C$ であり，これが $12 = 2 \times 3 \times 2$ の正体である．

> **例**
>
> 4枚のカード $\boxed{0}\boxed{1}\boxed{2}\boxed{3}$ から3枚選んで一列に並べ，3桁の整数を作るとき，何通りでできるだろうか．樹形図は次のとおり．

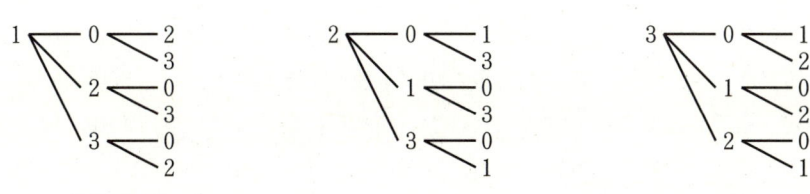

```
1─0─2      2─0─1      3─0─1
  ├─3        ├─3        ├─2
 2─0─3      1─0─3      1─0─2
  ├─3        ├─3        ├─2
 3─0─2      3─0─2      2─0─1
  └─2        └─1        └─1
```

百の位は①②③の 3 通り．そのそれぞれに対して，十の位は 3 通りあり，そのそれぞれに対して，一の位は 2 通りある．したがって，整数は $3 \times 3 \times 2 = 18$ 通り．

この例では，百の位は集合 $A = \{1, 2, 3\}$ の要素である．しかし，百の位が 1 ならば十の位は集合 $\{0, 2, 3\}$ の要素であり，百の位が 2 ならば十の位は集合 $\{0, 1, 3\}$ の要素である，といった具合に，それまでに何を選んだかによって次の選択肢が異なるため，結果をスッキリと直積集合の要素として表すことはできない．かけ算で求めることができる理由は，(百の位が何であれ) 十の位の可能性は 3 通りのままで，(百の位と十の位が何であれ) 一の位の可能性は 2 通りのままだからだ．この章の最初の例で見たとおり，4 枚のカードが ⓪①②② という設定では，百の位が 1 ならば十の位は 2 通りで，百の位が 2 ならば十の位は 3 通りなので，かけ算一発で結果を求めることができない．

樹形図における繰り返しをかけ算として表現する，というこの操作を正当化するのが **積の法則** である．この法則は，**数え上げの基本原理** ともいわれる．

> **積の法則**
>
> 2 つのことがら A_1, A_2 について，A_1 の結果が m_1 通りあり，そのそれぞれに対して A_2 の結果が m_2 通りあれば，A_1, A_2 が続けて起こる場合の数は $m_1 m_2$ 通りある．

これを繰り返し使うことで，有限個に拡張すると次のとおり．

> **積の法則**
>
> k 個のことがら $A_1, A_2, \ldots, A_k$ について，A_1 の結果が m_1 通りあり，そのそれぞれに対して A_2 の結果が m_2 通りあり，…，そのそれぞれに対して A_k の結果が m_k 通りあれば，$A_1, A_2, \ldots, A_k$ が続けて起こる場合の数は $m_1 m_2 \cdots m_k$ 通りある．

ここで "続けて起こる" という表現は，頭の中で順番に考える，という程度の意味であり，実際の時間の経過とは関係がない．(例えば，アイスクリームの味とサイズのどちらを先に決定しても商品の種類は変わらない．)

注意 和の法則と積の法則は，問題をいくつかの小さなステップに分割してから最後に統合するテクニックといえる．どちらの法則を使うかを悩むときは，樹形図で何をしているのか，を考えればよい．和の法則は1つの選択の場合分けの話であり，積の法則はいくつかの選択を続けて行う話である．

参考 積の法則が成り立つのはなぜだろうか．"樹形図で数えるときの手間を軽減するだけであり，成り立つのはあたりまえではないか"と思うかもしれない．確かに，繰り返しがあればかけ算を使えばよい，というのは小学校以来慣れ親しんだ考え方であり，広い意味で"自然数を使って数える"という能力に含めてしまうこともできる．実際，中学生としては，特に意識することなく自然にこの法則を使いこなすのが現実的だ．数学的に厳密に扱うには，和の法則を何度も適用して"かけ算とはたし算を繰り返したものである"という事実を利用するか，うまく全単射を作って $\#(A \times B) = \#A \times \#B$ に帰着するか，いずれにしろ，自然数のかけ算とは何か，ということに戻って議論する必要がある．

例題
(1) $(a+b)(x+y+z)(p+q)$ を展開したときの項数を求めよ．
(2) $2^3 \cdot 3 \cdot 5^4$ の正の約数の個数およびその総和を求めよ．
(3) 100円硬貨2枚，50円硬貨4枚，10円硬貨3枚でちょうど払える金額は何通りか．（0円を含む．）

解
(1) a, b から1つを選ぶのは2通り．そのそれぞれに対し x, y, z から1つを選ぶのは3通り．そのそれぞれに対し p, q から1つを選ぶのは2通り．これらをかけあわせるたびに項が1つずつできる．項は（積の法則より）$2 \times 3 \times 2 = 12$ 個．
(2) 素因数2について，$1, 2, 2^2, 2^3$ から1つを選ぶのは4通り．そのそれぞれに対し，素因数3について，$1, 3$ から1つを選ぶのは2通り．そのそれぞれに対し，素因数5について，$1, 5, 5^2, 5^3, 5^4$ から1つを選ぶのは5通り．これらをかけあわせるたびに約数が1つずつできる．約数は（積の法則より）$4 \times 2 \times 5 = 40$ 個．
約数の総和は
$$(1+2+2^2+2^3)(1+3)(1+5+5^2+5^3+5^4) = 15 \times 4 \times 781 = 46860.$$
(3) 100円硬貨を1枚使うのは50円硬貨を2枚使うのと同じことなので，あらかじめすべての100円硬貨を50円硬貨に両替しておく．50円硬貨8枚，10円硬貨3枚で払える金額を求めればよい．
50円硬貨の使用枚数は9通り，そのそれぞれに対し，10円硬貨の使用枚数は4通り．求める場合の数は（積の法則より）$9 \times 4 = 36$ 通り．

約数の個数と総和の問題は第7章で学んだが，実は積の法則を使っていたのである⑦ 1 8.

問題 385 ●2桁の自然数のうち，十の位と一の位の和が偶数となるものは何通りあるか．

問題 386 ●図のような3つの領域に色を塗る．隣り合う領域は異なる色にするとき，次の問いに答えよ．

答 p.44

(1) 相異なる3色で塗り分けるとき，塗り方は何通りあるか．

(2) 相異なる3色のうち何色かを使うとき，塗り方は何通りあるか．

(3) 相異なる6色のうち何色かを使うとき，塗り方は何通りあるか．

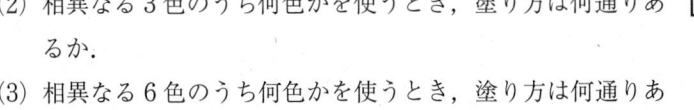

放課後の談話

生徒「和の法則や積の法則は，集合の直和や直積が背景にあります．補集合や差集合を考えれば，集合の要素の個数でひき算も出てきます．では，集合どうしのわり算はどうなんでしょう．」

先生「一般的に集合を集合でわるというのはあまり聞かないな．集合に何か別の構造が付加されているとき，例えばこの集合が"ベクトル空間"や"群"になっているとか関数を使って別の集合と結びついているとかいうときには集合でわり算をすることはあるが．」

生徒「和集合，積集合（共通部分），差集合があるのに商集合が無いのは不公平です．」

先生「商集合というのはあるが，これは集合でわっているわけではなく"同値関係"でわるのだ．さっき例示した構造付きの集合のわり算もこの特殊な場合といえる．」

生徒「同値関係とは何ですか．」

先生「集合 A 上に $\sim$ という"関係"があるとする．すなわち，A の任意の要素 x, y に対して，$x \sim y$ が成り立つか成り立たないかが決まっているとする．」

生徒「$\{(x, y) \in A \times A | x \sim y\}$ は $A \times A$ の部分集合になりますね．」

先生「$\sim$ が次の3つの性質を満たすとき，"同値関係"という．

(I) A の任意の要素 x に対して，$x \sim x$ が成り立つ．（反射律）

(II) A の任意の要素 x, y に対して，$(x \sim y$ ならば $y \sim x)$ が成り立つ．（対称律）

(III) A の任意の要素 x, y, z に対して，$((x \sim y$ かつ $y \sim z)$ ならば $x \sim z)$ が成り立つ．（推移律）」

生徒「等号のときに似たようなのを見た気がします．」

先生「確かに，$\mathbb{R}$ 上の $=$ は同値関係の例になっている．また，平面上の直線全体の集合を A として，直線 l, m に対して "$l \sim m \iff (l$ と m は平行または一致$)$" と定義すれば，これも A 上の同値関係の例になっている．」

生徒「なるほど．」

先生「$x \in A$ に対して，$R_x = \{a \in A | x \sim a\}$ を x の"同値類"という．」

生徒「x の仲間を集めたのが R_x ですね．」

先生「"$x \sim y \iff R_x = R_y$" であり，"$x \sim y$ でない $\iff R_x \cap R_y = \emptyset$" だから，$A$ は R_x たちによって分割される．」

生徒「x と $\sim$ で結ばれた A の要素，すなわち，R_x の要素をすべて x と同じ色で塗れば，A が様々な色で塗り分けられるという感じですね．」

先生「$A/\sim = \{R_x | x \in A\}$ を A の $\sim$ による"商集合"という．集合では重複を考えないから，実際にはいくつもの x が同じ $A/\sim$ の要素を表している．」

生徒「色の集合が $A/\sim$ ですね．各色は $A/\sim$ では一度ずつしかカウントされません．」

先生「例えば，$A = \mathbb{Z}$ とし，"$x \sim y \iff \dfrac{x-y}{3} \in \mathbb{Z}$" と定義すると，"$x \sim y \iff (x$ と y は 3 でわったときの余りが等しい$)$"．$R_0 = R_3 = R_{60}$，$R_1 = R_{91}$ などとなっている．」

生徒「$A/\sim = \{R_0, R_1, R_2\}$ ですね．」

先生「A が有限集合で，すべての x に対して R_x の要素数が等しく k ならば，$\#(A/\sim) = \dfrac{\#A}{k}$ が成り立つ．例えば，$P \times Q$ の要素 (p_1, q_1) と (p_2, q_2) に対し，"$(p_1, q_1) \sim (p_2, q_2) \iff q_1 = q_2$" とすれば，$\#(P \times Q/\sim) = \dfrac{\#(P \times Q)}{\#P} = \#Q$ である．」

第2節 順列

1 ● 階乗

> **例**
> 4枚のカード $\boxed{1}\boxed{2}\boxed{3}\boxed{4}$ を一列に並べ，4桁の整数を作るとき，何通りできるだろうか．作れる整数の樹形図は次のとおり．
>
> ```
> 1 — 2 — 3 — 4         3 — 1 — 2 — 4
>     — 4 — 3               — 4 — 2
>     3 — 2 — 4             2 — 1 — 4
>     — 4 — 2               — 4 — 1
>     4 — 2 — 3             4 — 1 — 2
>     — 3 — 2               — 2 — 1
> 2 — 1 — 3 — 4         4 — 1 — 2 — 3
>     — 4 — 3               — 3 — 2
>     3 — 1 — 4             2 — 1 — 3
>     — 4 — 1               — 3 — 1
>     4 — 1 — 3             3 — 1 — 2
>     — 3 — 1               — 2 — 1
> ```
>
> 千の位は $\boxed{1}\boxed{2}\boxed{3}\boxed{4}$ の4通り．そのそれぞれに対して，百の位は3通りあり，そのそれぞれに対して，十の位は2通りあり，そのそれぞれに対して，一の位は1通りある．したがって，4桁の整数は $4\times 3\times 2\times 1=24$ 通り．

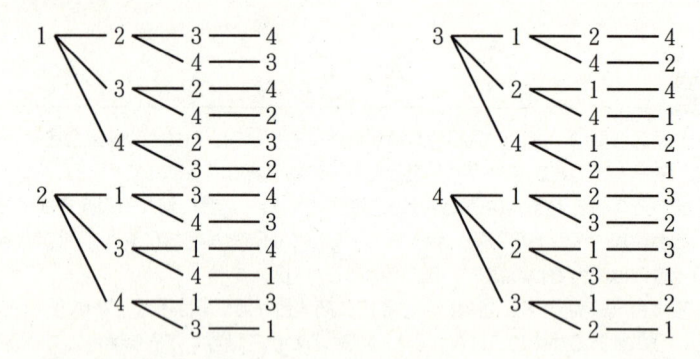

モノを配置する問題では，<u>場所に注目して"ここにはどのモノが入るか"を考える方法</u>と，<u>モノに注目して"このモノはどこに入るか"を考える方法</u>とがある．この例では前者の考え方を採用して，各桁にどのような数字の可能性があるかを数えた．後者の考え方を採用すると，次のようになる．

"$\boxed{1}$の位置は千，百，十，一の位のいずれかで4通り．そのそれぞれに対して，$\boxed{2}$の位置は残りの位のいずれかで3通りあり，そのそれぞれに対して，$\boxed{3}$の位置は残りの位のいずれかで2通りあり，そのそれぞれに対して，$\boxed{4}$の位置は1通りある．"

どちらの方法でも同じ式で求められて，結果は $4\times 3\times 2\times 1=24$ 通り．

これと同じ考え方で，次のことがわかる．

> 相異なる n 個のものを一列に並べるとき，並べ方の総数は $n(n-1)(n-2)\cdots 3\cdot 2\cdot 1$ 通り．

自然数 n に対して，$n(n-1)(n-2)\cdots 3\cdot 2\cdot 1$ のことを n の **階乗**，**factorial** といい，$n!$ と表記する．

> **例**
> $1! = 1.$　　$2! = 2 \cdot 1 = 2.$　　$3! = 3 \cdot 2 \cdot 1 = 6.$

例えば，a, b, c を一列に並べる並べ方は abc, acb, bac, bca, cab, cba であり，確かに $3! = 6$ 通りである．

n が 2 以上の自然数ならば，$n! = n \cdot (n-1)!$ が成り立つ．（1 から $n-1$ までをかけた後で n をかけると，1 から n までをかけたのと同じになるため．）

この等式が $n=1$ でも成り立つようにするには，$1! = 1 \cdot 0!$ でなければならない．そこで，"$0! = 1$" と約束しておけば，n が 1 以上のどんな自然数であっても $n! = n \cdot (n-1)!$ が成り立つことになる．"0 個のものを一列に並べるのは 1 通り" というのは，納得できるような気がしないでもないが，ともかく，この約束のおかげでたくさんの公式が簡単に表現できるようになる．

"一列に並べる" と表現して公式を述べたが，文字通り一直線に配置するときだけでなく，これと同等の並べ方に対しても同じ結果になる．要するに，配置場所に "1 番目，2 番目，..." とラベルがつけられればよいだけだから，この表現は "区別のつく有限個のスペースに対応づける" という状況を表しているにすぎない．

結局，"相異なる n 個のものからなるグループが 2 つあったとき，それらの間の対応づけが $n!$ 通りある" というわけで，どちらのグループがモノの集まりでどちらのグループが場所の集まりか，ということは実際にはあまり関係がない．

問題 387　●次の問いに答えよ．
答 p.44
(1) $\boxed{1}\boxed{2}\boxed{3}\boxed{4}\boxed{5}$ の 5 枚のカードを一列に並べてできる 5 桁の整数はいくつあるか．
(2) A, B, C, D, E, F の 6 人がゲームをして，1 位から 6 位までを決めた．同じ順位の者はいなかったとすると，何通りの結果が考えられるか．
(3) 7 色の鉛筆が 1 本ずつある．これを 7 人の子供に 1 人 1 本ずつ配るとき，何通りの配り方があるか．

2 ● 順列

> **例**　1から7までの数字が1つずつ記入されたカードが1枚ずつある．この中から4枚をもってきて並べ，4桁の整数をつくるとき，何通りできるかを考えてみよう．
>
> 千の位は7枚のどれかで7通り．
> そのそれぞれに対して，百の位はまだ使っていない6枚のどれかで6通り．
> そのそれぞれに対して，十の位はまだ使っていない5枚のどれかで5通り．
> そのそれぞれに対して，一の位はまだ使っていない4枚のどれかで4通り．
> 積の法則より全部で $7 \times 6 \times 5 \times 4 = 840$ 通り．
>
> この解法は，場所に注目して"この桁にはどの数字が入るか"を考えたものだ．逆に，数字に注目して"この数字はどこに入るか"を考えると次のようになる．
>
> 数字が7つあるのに対して，あらかじめ用意されている場所は4桁分しかないので，仮想的な場所（"ゴミ箱"）を3つ追加する．7桁の整数をつくってから，（下3桁を無視して）上4桁のみを答えとして採用する，と考えてもよい．
>
> 7枚のカードを一列に並べる場合の数は $7!$ 通り．最初の4枚が同じ並べ方は同じ4桁の整数に対応するが，残る3枚の並べ方は $3!$ 通りあるので，これらを重複して数えていることになる．（例えば，4576123, 4576132, 4576213, 4576231, 4576312, 4576321 という並べ方はいずれも4桁の整数 4576 に対応する．）重複を取り除くと，4桁の整数は
> $$\frac{7!}{3!} = \frac{7 \cdot 6 \cdot 5 \cdot 4 \cdot 3 \cdot 2 \cdot 1}{3 \cdot 2 \cdot 1} = 840 \text{ 通り．}$$

重複を取り除く議論でわり算を使ったが，これは厳密には積の法則によっている．ここの例では，求める4桁の整数を x 通りとすると，7枚を一列に並べるとき，最初の4枚の並べ方は x 通りであり，そのそれぞれに対して残る3枚の並べ方は $3!$ 通りなので，積の法則より $7! = x \times 3!$．これを解いて，$x = \dfrac{7!}{3!}$ である．

この例と同様にして，次のことがわかる．

> n, r を自然数とし，$n \geq r$ とする．n 種類のものから各種類1個以下で合計 r 個を選び，一列に並べる並べ方の総数は
> $$\overbrace{n(n-1)(n-2)\cdots(n-r+1)}^{r \text{ 個}} = \frac{n!}{(n-r)!}.$$

この並べ方を "n 個から r 個を選ぶ **順列, permutation**" といい，その場合の数を $_nP_r$ と表記する．

場所に注目すると $_nP_r = n(n-1)\cdots(n-r+1)$ がわかり，モノに注目すると $_nP_r = \dfrac{n!}{(n-r)!}$ がわかるが，後者で $(n-r)!$ を約分すると前者が得られる．
<u>$n \geq r$ でないと $_nP_r$ は意味をなさないことに注意</u>．

$n = r$ ならば，$_nP_n = n!$ であり，相異なる n 個のものを一列に並べる並べ方の総数になっている．$0! = 1$ と約束したおかげで $\dfrac{n!}{0!} = n!$ が成り立っている．

$r = 0$ のとき，$\dfrac{n!}{(n-r)!} = \dfrac{n!}{n!} = 1$ だから，<u>$_nP_0 = 1$ と約束しておくと便利である</u>．（強引に日本語で解釈すれば，"0 個のものを一列に並べるのは 1 通り" ということになる．）

ここでは "一列に並べる" と表現して公式を述べたが，文字通り一直線に配置するときだけでなく，"区別のつく有限個のスペースに対応づける" という状況ならば同じ結果になる．例えば，7 人のメンバーから議長，副議長，書記，会計を一人ずつ選ぶとき，割り当て方は $_7P_4 = 840$ 通りあるが，これは "議長，副議長，書記，会計" の順に一列に並んだ様子を想像してこの公式を当てはめた，と考えられる．

参考 $_nP_r$ という表記法は日本では広く使われているので断りなしに用いてよい．世界では $P(n,r)$, ^nP_r, P_r^n などと表記することもあるが，あまり定まった表記法はなく，使うたびに記号の定義も述べるのが一般的のようだ．それに対して，$n!$ という階乗の記号は世界共通で通用する．

どのような方法で数えているのか，式の意味を日本語で説明して相手に伝えるのは難しい．$_nP_r$ という記号を使うことで手間はやや軽減される．例えば，"答えは $7 \times 6 \times 5 \times 4 = 840$" というよりも "答えは $_7P_4 = 840$" という方が，何に注目しているのかがわかりやすい．

問題 388 ●$\boxed{1}\boxed{2}\boxed{3}\boxed{4}\boxed{5}\boxed{6}$ の 6 枚のカードから 4 枚を選び，一列に並べて 4 桁の整数を作る．

(1) 整数は全部でいくつできるか．
(2) 偶数はいくつできるか．
(3) 4 の倍数はいくつできるか．
(4) 5 の倍数はいくつできるか．
(5) できた整数のうち，小さい順にしたときに 200 番目になるのはどの整数か．

例題 ABCDEFの6文字を（左から右へ）一列に並べるとき，次の問いに答えよ．
(1) 並べ方は全部で何通りあるか．
(2) AとBが隣り合わないような並べ方は何通りあるか．
(3) AがBよりも左にあり，しかもBがCよりも左にあるような並べ方は何通りあるか．

解
(1) $_6P_6 = 6! = 6 \cdot 5 \cdot 4 \cdot 3 \cdot 2 \cdot 1 = 720$ 通り．
(2) AとBが隣り合う場合の数を求め，全体からひけばよい．
AとBが隣り合うとき，これらをひとまとめにして，(AB), C, D, E, Fの5個を並べると考える．
並べ方は $_5P_5 = 5! = 5 \cdot 4 \cdot 3 \cdot 2 \cdot 1 = 120$ 通り．
ひとまとめにした中でAとBの間の並べ方はABとBAの2 ($=_2P_2$) 通りあるから，AとBが隣り合う場合の数は $120 \times 2 = 240$ 通り．
よって，AとBが隣り合わない場合の数は $720 - 240 = 480$ 通り．
(2) 〔別解その1〕まずC, D, E, Fの4個を並べると，並べ方は $_4P_4 = 4! = 4 \cdot 3 \cdot 2 \cdot 1 = 24$ 通り．隙間は（両端を含めて）5個あるが，その中から2個を選んでA, Bを入れると，その場合の数は $_5P_2 = 5 \cdot 4 = 20$ 通り．
よって，AとBが隣り合わない場合の数は $24 \times 20 = 480$ 通り．
(2) 〔別解その2〕A, Bをxで表し，C, D, E, Fをoで表すと，並べ方は次のとおり．
xoxooo, xooxoo, xoooxo, xooooox, oxoxoo, oxooxo, oxooox, ooxoxo, ooxoox, oooxox.
これら10通りのそれぞれに対して，xどうしの並べ方が $_2P_2 = 2! = 2 \cdot 1 = 2$ 通りあり，oどうしの並べ方が $_4P_4 = 4! = 4 \cdot 3 \cdot 2 \cdot 1 = 24$ 通りある．
よって，AとBが隣り合わない場合の数は $10 \times 2 \times 24 = 480$ 通り．
(3) A, B, Cの3文字の間の並べ方は $_3P_3 = 3! = 6$ 通り．よって，全部の並べ方の中で，A, B, C以外の文字が同じなのにA, B, Cの間の並べ方のみが異なる，というものが6個ずつあることになる．A, B, Cが"ABC"という順になっているものをその6個の代表として採用すると考えると，その場合の数は $720 \div 6 = 120$ 通り．

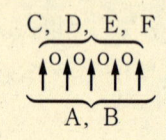

(2)の1つ目の解は，いくつかのモノをひとまとめにして考えるときによく使う手法．(2)の別解その1は，モノ（ここではAとB）に注目してどこに入るかを考える手法．(2)の別解その2でxoを配置する10通りは，"oを4つ並べて（両端を含めた）隙間にxを入れる"と考えると，あとで学習する方法で $_5C_2 = 10$ としても求められる．

問題 389 ●1から9までの数字が1つずつ記入されたカードが1枚ずつある．これらの9枚のカードを一列に並べるとき，次の問いに答えよ．

(1) 並べ方は全部で何通りあるか．
(2) 奇数のカードどうしが隣り合わないような並べ方は何通りあるか．
(3) 3の倍数のカードが3枚続くような並べ方は何通りあるか．
(4) 3の倍数のカードどうしが（どの2枚も）隣り合わないような並べ方は何通りあるか．

例題 n, r を自然数とし，$n \geq 2$ と $n \geq r \geq 1$ が成り立つとする．
$_nP_r = {_{n-1}P_r} + r \cdot {_{n-1}P_{r-1}}$ を証明せよ．

解
$$\begin{aligned}
{_{n-1}P_r} + r \cdot {_{n-1}P_{r-1}} &= \frac{(n-1)!}{((n-1)-r)!} + r \cdot \frac{(n-1)!}{((n-1)-(r-1))!} \\
&= \frac{(n-1)!}{(n-r-1)!} + r \cdot \frac{(n-1)!}{(n-r)!} \\
&= \frac{(n-r) \cdot (n-1)! + r \cdot (n-1)!}{(n-r)!} \\
&= \frac{n \cdot (n-1)!}{(n-r)!} \\
&= \frac{n!}{(n-r)!} = {_nP_r}. \blacksquare
\end{aligned}$$

直観的にこの結果を解釈すると，次のとおり．

n 個のものから r 個を選んで並べるとき，n 個のうちの1つに印をつけて注目する．

(i) 印つきを選ばないとき，残る $n-1$ 個から r 個を選んで並べるから，$_{n-1}P_r$ 通り．
(ii) 印つきを選ぶとき，それをどこに配置するかで r 通りあり，さらに残る $n-1$ 個から $r-1$ 個を選んで並べるから，$r \cdot {_{n-1}P_{r-1}}$ 通り．

合計で，並べ方は ${_{n-1}P_r} + r \cdot {_{n-1}P_{r-1}}$ 通りであり，これが $_nP_r$ 通りでもある．

問題 390 ●n を自然数とするとき，$_nP_n = {_nP_{n-1}}$ を証明せよ．

直観的にこの結果を解釈すると，次のとおり．

n 個のものを一列に並べるとき，最後に並べた1個を無視すれば "n 個のものから $n-1$ 個を選んで並べる" というのと同じ状況になる．（$n-1$ 個を並べてしまえば，残りが1個なので，それを末尾に並べても並べなくても変わらない．）

3 円順列，数珠順列

例えば，"5人の子供"どうしは区別できるが，"5個の白玉"どうしは区別できない，というように，場合の数の問題では暗黙の約束事がある．次の例題では，"人が輪になる"ときには，（地上にいる状態を想定して）回転して一致する並べ方どうしは同じとみなし，"ビーズが輪になる"ときには，（空中に持ち上げている状態を想定して）回転したり裏返したりして一致する並べ方どうしは同じとみなす．

例題
(1) 5人の子供が手をつないで輪になるとき，並べ方は何通りあるか．
(2) 5色のビーズに糸を通して輪にするとき，並べ方は何通りあるか．

解
(1) 回転を考慮しないで5人を円上の5つの場所に配置する方法は $_5P_5$ 通り．
回転して同じ並べ方になるものが5つずつあるから，求める場合の数は
$$\frac{_5P_5}{5} = \frac{5!}{5} = 4\cdot3\cdot2\cdot1 = 24 \text{ 通り．}$$
(1)〔別解〕1人を固定し，その子供から相対的に見ると，自分の場所以外の4つの場所に残った子供4人を配置することになる．したがって，求める場合の数は
$$_4P_4 = 4! = 4\cdot3\cdot2\cdot1 = 24 \text{ 通り．}$$
(2) 前問と同様に考えた後，裏返しても同じになるものが2つずつできる．
よって，求める場合の数は $\frac{24}{2} = 12$ 通り．

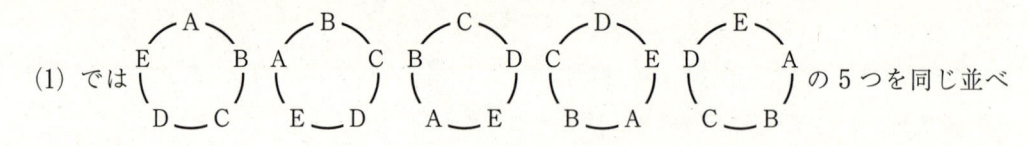

(1)では（図）の5つを同じ並べ方とみなす．

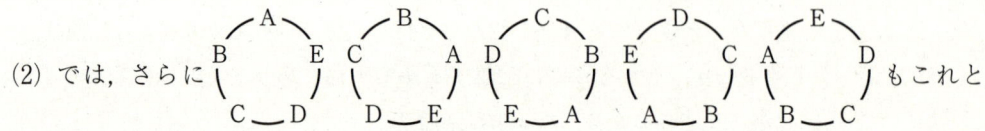

(2)では，さらに（図）もこれと同じ並べ方とみなす．

この例と同様にして，次のことがわかる．

> n を自然数とする．相異なる n 個のものを円上に並べて，回転して一致するものを同じ並べ方とみなしたときの並べ方の総数は $\frac{_nP_n}{n} = (n-1)!$．

この並べ方を "n 個の **円順列**" という．

> n を自然数とする．相異なる n 個のものを円上に並べて，回転したり裏返したりして一致するものを同じ並べ方とみなしたときの並べ方の総数は
> $$\frac{{}_nP_n}{2n} = \frac{(n-1)!}{2}.$$

この並べ方を "n 個の **数珠順列**" という．

円順列や数珠順列についてのこれらの公式は，ただ暗記するだけではなく，その考え方を理解しておかなければならない．どのパターンどうしを同じとみなすのかが数え方によって異なるので，その違いに注目し，何回ずつ重複して数えているか，という回数でわり算をすることになる．

問題 391 ● 男子 4 人と女子 2 人が手をつないで輪になるとき，次の問いに答えよ．
(1) 並び方は全部で何通りあるか．
(2) 女子 2 人が向かい合うような並び方は何通りあるか．
(3) 女子 2 人が隣り合わないような並び方は何通りあるか．

問題 392 ● 1 から 6 までの番号をつけた 6 個の玉で数珠をつくるとき，次の問いに答えよ．
(1) 数珠は全部で何種類あるか．
(2) 1 の玉と 2 の玉が隣り合うような数珠は何種類あるか．

問題 393 ● 正三角形の机がある．1 つの辺に 3 人ずつ，合計で 9 人が座るとき，座り方は全部で何通りあるか．ただし，回転して重なるものは同じ座り方とみなす．

4 ● 重複順列

例題
(1) 数字 1, 2, 3 のみを使ってできる 4 桁の整数はいくつあるか．
(2) 集合 {a, b, c, d} の部分集合の個数を求めよ．

解
(1) 千の位は 1, 2, 3 の 3 通り，百の位も 1, 2, 3 の 3 通り，十の位も一の位もそれぞれ 3 通りずつ．求める個数は（積の法則より）$3^4 = 81$ 個．
(2) 部分集合について，a が属するかどうかで 2 通り，b が属するかどうかで 2 通り，c も d もそれぞれ 2 通りずつ．求める個数は（積の法則より）$2^4 = 16$ 通り．

この例と同様にして，次のことがわかる．

> n, r を自然数とする．n 種類のものから（繰り返し選ぶことも許して）合計 r 個を選び，一列に並べる並べ方の総数は n^r．

この並べ方を "n 個から r 個を選ぶ **重複順列**" といい，その場合の数を ${}_n\Pi_r$ と表記する．<u>n と r の大小関係には特に制限がない</u>ことに注意．

参考 ${}_n\Pi_r$ という表記法はほとんど使われないので，答案で断りなしに使うのは避けた方が無難だ．n^r と表記した方が直接的で文字数も少なくて済む．なお，Π はギリシア文字で，パイの大文字である．（パイの小文字は π．）

参考 ここでの説明は，場所に注目して "ここには n 種類のうちのどれが入るか" を考えたものだ．逆に，モノに注目して "この種類はどこに入るか" を考えると次のようになる．

n 種類のうちの 1 種類目が k_1 個，2 種類目が k_2 個，…，n 種類目が k_n 個であるような並べ方は，次で学ぶ "同じものを含む順列" の公式によると，$\binom{r}{k_1, k_2, \ldots, k_n} = \dfrac{r!}{k_1! k_2! \cdots k_n!}$ 通りである．したがって，求める場合の数は（$k_1 + k_2 + \cdots + k_n = r$ となるような）すべての組 $(k_1, k_2, \ldots, k_n)$ について $\binom{r}{k_1, k_2, \ldots, k_n}$ を加えたものである．"多項定理" によると，$(x_1 + x_2 + \cdots + x_n)^r$ を展開すると $\binom{r}{k_1, k_2, \ldots, k_n} x_1^{k_1} x_2^{k_2} \cdots x_n^{k_n}$ たちの和になるが，これに $x_1 = 1, x_2 = 1, \ldots, x_n = 1$ を代入すると，求める場合の数が n^r に等しいことがわかる．

問題 394 ●偶数の数字だけでできる 5 桁の整数はいくつあるか．

答 p.45

問題 395 ●大・中・小のサイコロを 1 つずつ投げる．

(1) 目の出方は全部で何通りか．

(2) 目の最大値が 3 以下である（すなわち，3 以下の目しかない）ような出方は何通りか．

(3) 目の最大値が 4 以上である（すなわち，4 以上の目がある）ような出方は何通りか．

(4) 目の最大値が 4 であるような出方は何通りか．

答 p.46

問題 396 ●a, b, c, d の 4 文字を一列に並べる．ただし，同じ文字を何回使ってもよいことにする．

(1) 並べ方は全部で何通りあるか．

(2) a が連続しないような並べ方は何通りあるか．

答 p.46

258

例題 (1) 6人をA, B, Cの3部屋に分けるとき，空き部屋も許すと分け方は何通りあるか．
(2) 6人をA, B, Cの3部屋に分けるとき，空き部屋なしだと分け方は何通りあるか．
(3) 6人を3つのグループに分けるとき，分け方は何通りあるか．

解 (1) 1人目はA, B, Cのどれに入るかで3通り，2人目も3通り，3人目も4人目も5人目も6人目も3通りずつ．分け方は（積の法則より）$3^6 = 729$ 通り．
(2) 前問から空き部屋をなくす．
(i) 空き部屋が2つのとき
  空き部屋がA・Bならば，6人をCに入れるので，1通り．
  空き部屋がB・CでもC・Aでも同様にそれぞれ1通りずつ．
(ii) 空き部屋が1つのとき
  空き部屋がAならば，6人をB・Cに入れるが，BやCに全員が入る場合は除外する必要があるから，$2^6 - 2 = 62$ 通り．
  空き部屋がBでもCでも同様にそれぞれ62通りずつ．
以上より，求める場合の数は $3^6 - 3 \cdot 1 - 3 \cdot 62 = 540$ 通り．
(3) 前問から部屋の区別をやめるとグループ分けになる．
1つのグループ分けに対して，グループをA, B, Cに対応づける方法は3!通りずつある．
したがって，求める場合の数は $540 \div 3! = 90$ 通り．

問題 397 ● 5人をA, B, Cの3部屋に分けるとき，空き部屋なしだと分け方は何通りあるか．
答 p.46

5 同じものを含む順列

> **例**　赤玉2個と白玉3個がある．一列に並べるとき，並べ方は何通りあるだろうか．
>
> 　このようなとき，赤玉どうしや白玉どうしは区別できないものとして答えなければならないのだが，ひとまず，これらが区別できるとして考えてみよう．赤玉1，赤玉2，白玉1，白玉2，白玉3という5つのものを一列に並べるには ${}_5P_5 = 5!$ 通りある．
>
> 　これから同色の玉どうしの区別をなくしたい．
>
> 　2つの赤玉の位置関係について，赤玉1が先で赤玉2が後の並べ方と，赤玉2が先で赤玉1が後の並べ方とがある．これらは赤玉どうしの区別がなくなると同じ並べ方とみなされるので，2でわらなければならない．
>
> 　3つの白玉の位置関係について，白玉1，白玉2，白玉3のうちのどれが先でどれが中でどれが後なのか，という割り振り方は ${}_3P_3 = 3!$ 通りある．これらは白玉どうしの区別がなくなると同じ並べ方とみなされるので，3! でわらなければならない．
>
> 　結局，並べ方の総数は $\dfrac{5!}{2 \cdot 3!} = 10$ 通り．

> **例**　赤玉2個と白玉3個と青玉3個がある．一列に並べるとき，並べ方は何通りあるだろうか．
>
> 　このようなとき，赤玉どうしや白玉どうしや青玉どうしは区別できないものとして答えなければならないのだが，ひとまず，これらが区別できるとして考えてみよう．8個の玉を一列に並べるには ${}_8P_8 = 8!$ 通りある．
>
> 　これから同色の玉どうしの区別をなくしたい．
>
> 　2つの赤玉どうしの位置関係を考えて，その区別をなくすには 2! でわる．
>
> 　3つの白玉どうしの位置関係を考えて，その区別をなくすには 3! でわる．
>
> 　3つの青玉どうしの位置関係を考えて，その区別をなくすには 3! でわる．
>
> 　結局，並べ方の総数は $\dfrac{8!}{2! \cdot 3! \cdot 3!} = 560$ 通り．

この例と同様にして，次のことがわかる．

> $r_1, r_2, \ldots, r_k$ を自然数とし，$r_1 + r_2 + \cdots + r_k = n$ とする．k 種類のものについて，1種類目を r_1 個，2種類目を r_2 個，$\ldots$，k 種類目を r_k 個もってきて一列に並べる並べ方の総数は $\dfrac{n!}{r_1! r_2! \cdots r_k!}$.

この並べ方を **同じものを含む順列** といい，その場合の数を $\binom{n}{r_1, r_2, \ldots, r_k}$ と表記することがある．
$\binom{n}{r_1, r_2, \ldots, r_k}$ は"多項定理"で使われるので，**多項係数** ということもある．

注意 普通の"順列"では各種類を1個以下ずつ使い，"重複順列"では各種類を何個ずつ使ってもよい．それに対して，ここでの"同じものを含む順列"では各種類を何個ずつ使うのかを先に指定しておく必要がある．なお，n 種類をちょうど 1 個ずつ使うときは $\dfrac{n!}{1!1!\cdots 1!} = n!$ となり，相異なる n 個のものを並べる公式と同じ結果になる．

参考 多項係数の $\binom{n}{r_1, r_2, \ldots, r_k}$ という表記法は，世界的にもそれなりに認められているようだが，答案で断りなしに使うのは避けた方が無難．"同じものを含む順列"という公式があるものとして $\dfrac{n!}{r_1! r_2! \cdots r_k!}$ を直接答案で使うのが普通．

例題 8 枚のカード $\boxed{0}\boxed{0}\boxed{1}\boxed{1}\boxed{2}\boxed{2}\boxed{2}\boxed{3}$ を一列に並べ，8 桁の整数を作るとき，何通りできるか．

解 左端が 0 だと 8 桁の整数にならないことに注意する．
左端に 0 を許して 8 枚を並べると，同じものを含む順列により，並べ方の総数は
$$\frac{8!}{2!2!3!1!} = \frac{8\cdot 7\cdot 6\cdot 5\cdot 4\cdot 3\cdot 2\cdot 1}{2\cdot 1\cdot 2\cdot 1\cdot 3\cdot 2\cdot 1\cdot 1} = 1680.$$
左端を 0 に固定して残る 7 枚を並べると，同じものを含む順列により，並べ方の総数は
$$\frac{7!}{1!2!3!1!} = \frac{7\cdot 6\cdot 5\cdot 4\cdot 3\cdot 2\cdot 1}{1\cdot 2\cdot 1\cdot 3\cdot 2\cdot 1\cdot 1} = 420.$$
したがって，求める場合の数は $1680 - 420 = 1260$ 通り．

問題 398 ● aaabbcccd の 9 文字を一列に並べる．
(1) 並べ方は全部で何通りか．
(2) 両端が b であるような並べ方は何通りか．
(3) 3 個ある a のうち 2 個だけが隣り合っているような並べ方は何通りか．

問題 399 ● 赤玉 1 個，白玉 2 個，青玉 2 個，黒玉 4 個を円上に並べる．回転して一致するものを同じ並べ方とみなしたとき，次の問いに答えよ．
(1) 全部で並べ方は何通りあるか．
(2) 並べ方の中で線対称なものは何通りあるか．
(3) 裏返して一致するものも同じ並べ方とみなしたとき，並べ方は何通りあるか．

第3節　組合せ

1　組合せ

> **例**
>
> 赤玉2個と白玉3個がある．一列に並べるとき，並べ方は何通りあるだろうか．
>
> この問題は以前に"同じものを含む順列"で扱ったものだが，今回は玉に注目して，"この色の玉はどこに入るか"を考えてみる．
>
> まずは，赤玉に注目しよう．赤玉をどこに配置するかを指定すれば白玉の位置は自動的に決まる．5個の場所のうち2個を続けて選んで順に赤玉を入れる方法は $_5P_2$ 通りある．2個のうちどちらの場所を先に選ぶかというのは2通りあるが，それらは同じ結果とみなしたい．結局，5個の場所のうち2個を同時に選んで赤玉を入れる方法は $\dfrac{_5P_2}{2} = \dfrac{5 \cdot 4}{2} = 10$ 通りである．
>
> 次に，白玉に注目しよう．白玉をどこに配置するかを指定すれば赤玉の位置は自動的に決まる．5個の場所のうち3個を続けて選んで順に白玉を入れる方法は $_5P_3$ 通りある．3個のうちどの場所をどの順に選ぶかというのは3!通りあるが，それらは同じ結果とみなしたい．結局，5個の場所のうち3個を同時に選んで白玉を入れる方法は $\dfrac{_5P_3}{3!} = \dfrac{5 \cdot 4 \cdot 3}{3 \cdot 2 \cdot 1} = 10$ 通りである．
>
> まとめると，$\dfrac{5!}{2!3!} = \dfrac{_5P_2}{2!} = \dfrac{_5P_3}{3!}$ であり，いずれの計算方法でも答えは10通りになる．（同じものを含む順列の説明では玉どうしの区別をなくすために2!や3!でわっていたが，ここでの説明では場所どうしの区別をなくすために2!や3!でわっている．玉と場所を1対1で結ぶのだから，両者はそれほど違わない．）

この例と同様にして，次のことがわかる．

> n, r を自然数とし，$n \geqq r$ とする．n 種類のものから各種類1個以下で合計 r 個を同時に選ぶ選び方の総数は
> $$\dfrac{\overbrace{n(n-1)(n-2)\cdots(n-r+1)}^{r\text{個}}}{r(r-1)(r-2)\cdots 1} = \dfrac{n!}{(n-r)!r!}.$$

この並べ方を "n 個から r 個を選ぶ **組合せ**，**combination**" といい，その場合の数を $_nC_r$ や $\dbinom{n}{r}$ と表記する．$\dbinom{n}{r}$ は "二項定理" で使われるので，**二項係数** という．<u>$n \geqq r$ でないと $_nC_r$ は意味をなさないことに注意</u>．

$n = r$ ならば，$_nC_n = 1$ であり，相異なる n 個のものから n 個すべてを選び出すのは1通

りであることを表している．$0! = 1$ と約束したおかげで $\dfrac{n!}{0!n!} = 1$ が成り立っている．

$r = 0$ のとき，$\dfrac{n!}{(n-r)!r!} = \dfrac{n!}{n!0!} = 1$ だから，${}_nC_0 = 1$ と約束しておくと便利である．（強引に日本語で解釈すれば，"0 個のものを選び出すのは 1 通り" ということになる.）

例の説明からわかるとおり，${}_nC_r = \dfrac{{}_nP_r}{r!}$ である．（${}_nP_r = \dfrac{n!}{(n-r)!}$ に注意．）

また，${}_nC_r = {}_nC_{n-r}$ が成り立つ．式の上では $\dfrac{n!}{(n-r)!r!} = \dfrac{n!}{(n-(n-r))!(n-r)!}$ だから明らかだが，意味を考えてみると，n 個から r 個を選ぶのは残りの $n-r$ 個を選ぶのと同じことだからである．

特に，
$${}_nC_n = {}_nC_0 = 1,\ {}_nC_{n-1} = {}_nC_1 = n,\ {}_nC_{n-2} = {}_nC_2 = \dfrac{n(n-1)}{2}.$$

参考 数学界で圧倒的に多く使われている表記法は $\binom{n}{r}$ である．${}_nC_r$ という表記法は日本では広く使われているので断りなしに用いてよい．世界では $C(n,r), {}^nC_r, C^n_r, C^r_n, A^r_n$ などと表記することもあるが（A は arrangement の頭文字），これらは使うたびに記号の定義も述べるのが一般的のようだ．

問題400 ● 20 人のうちから 4 人の委員を選ぶとき，その選び方は何通りあるか．また，A さんと B さんがこの 20 人に含まれているとき，A さんと B さんが同時に委員になる選び方は何通りあるか．

問題401 ● aaabbbbbb の 9 文字を一列に並べる．
(1) 並べ方は全部で何通りか．
(2) a どうしが隣り合わないような並べ方は何通りか．（Hint: b を先に並べてから隙間に a を入れる．）

例　赤玉 2 個と白玉 3 個と青玉 3 個がある．一列に並べるとき，並べ方は何通りあるだろうか．

この問題は以前に "同じものを含む順列" で扱ったものだが，今回は組合せを使って考えてみる．

まずは，赤玉に注目すると，8 個の場所のうち 2 個を同時に選んで赤玉を入れる方法は ${}_8C_2$ 通り．そのそれぞれに対して，残る 6 個の場所のうち 3 個を同時に選んで白玉を入れる方法は ${}_6C_3$ 通り．残った 3 個の場所のうち 3 個を選んで青玉を入れる方法は ${}_3C_3 (= 1)$ 通り．結局，玉の並べ方は

$$_8C_2 \cdot {}_6C_3 \cdot {}_3C_3 = \frac{8\cdot 7}{2\cdot 1} \cdot \frac{6\cdot 5\cdot 4}{3\cdot 2\cdot 1} \cdot \frac{3\cdot 2\cdot 1}{3\cdot 2\cdot 1} = 560 \text{ 通り}.$$

当然ながら，どの色の玉から入れても同じ結果になる．

"同じものを含む順列"では $\dfrac{8!}{2!\cdot 3!\cdot 3!} = 560$ 通りとしていたので，多項係数の表記法を使うと $\binom{8}{2,\,3,\,3} = {}_8C_2 \cdot {}_6C_3 \cdot {}_3C_3$，すなわち，$\binom{8}{2,\,3,\,3} = \binom{8}{2}\binom{6}{3}\binom{3}{3}$ ということである．

この例と同様にして，次のことがわかる．

$r_1, r_2, \ldots, r_k$ を自然数とし，$r_1 + r_2 + \cdots + r_k = n$ とすると，

$$\binom{n}{r_1, r_2, \ldots, r_k} = \binom{n}{r_1}\binom{n-r_1}{r_2}\binom{n-r_1-r_2}{r_3} \cdots \binom{r_{k-1}+r_k}{r_{k-1}}\binom{r_k}{r_k}.$$

なお，$\binom{n-r}{n-r} = 1$ だから，$\binom{n}{r} = \binom{n}{r,\,n-r}$ が成り立つ．

例題

n, r を自然数とし，$n \geq 2$ と $n \geq r \geq 1$ が成り立つとする．
${}_nC_r = {}_{n-1}C_r + {}_{n-1}C_{r-1}$ を証明せよ．

解

$$\begin{aligned}
{}_{n-1}C_r + {}_{n-1}C_{r-1} &= \frac{(n-1)!}{r!((n-1)-r)!} + \frac{(n-1)!}{(r-1)!((n-1)-(r-1))!} \\
&= \frac{(n-1)!}{r!(n-r-1)!} + \frac{(n-1)!}{(r-1)!(n-r)!} \\
&= \frac{(n-r)\cdot(n-1)! + r\cdot(n-1)!}{r!(n-r)!} \\
&= \frac{n\cdot(n-1)!}{r!(n-r)!} \\
&= \frac{n!}{r!(n-r)!} = {}_nC_r. \blacksquare
\end{aligned}$$

〔別解〕公式 ${}_nP_r = {}_{n-1}P_r + r\cdot{}_{n-1}P_{r-1}$ の両辺を $r!$ でわる．∎

直観的にこの結果を解釈すると，次のとおり．

n 個のものから r 個を同時に選ぶとき，n 個のうちの1つに印をつけて注目する．

(i) 印をつけたものを選ばないとき，残る $n-1$ 個から r 個を選ぶから，${}_{n-1}C_r$ 通り．

(ii) 印をつけたものを選ぶとき，残る $n-1$ 個から $r-1$ 個を選ぶから，${}_{n-1}C_{r-1}$ 通り．

合計で，選び方は ${}_{n-1}C_r + {}_{n-1}C_{r-1}$ 通りであり，これが ${}_nC_r$ 通りでもある．

問題 402 ●n, r を自然数とし，$n \geq 2$ と $n \geq r \geq 1$ が成り立つとする．
$r \cdot {}_nC_r = n \cdot {}_{n-1}C_{r-1}$ を証明せよ．

答 p.47

直観的にこの結果を解釈すると，次のとおり．

n 個のものから r 個を選び,さらに選んだ r 個の中から代表を 1 個選ぶとき,その方法は $r \cdot {}_nC_r$ 通り.一方,先に n 個の中から代表を 1 個選び,残る $n-1$ 個から代表以外の $r-1$ 個を選ぶとき,その方法は $n \cdot {}_{n-1}C_{r-1}$ 通り.選ぶ順序が異なるだけで,起こりうる結果は同じである.

2 二項定理

$(a+b)^2 = a^2 + 2ab + b^2$ であり,$(a+b)^3 = a^3 + 3a^2b + 3ab^2 + b^3$ であった.これらを一般化するのが二項定理や多項定理である.

> **例**
>
> $(a+b)^4$ を展開するとどうなるだろうか.
>
> $(a+b)^4 = (a+b)(a+b)(a+b)(a+b)$
> $\qquad = a \cdot a \cdot a \cdot a + a \cdot a \cdot a \cdot b + a \cdot a \cdot b \cdot a + a \cdot a \cdot b \cdot b + \cdots + b \cdot b \cdot b \cdot b$
>
> である.4つの $a+b$ において a と b のうちの一方を選んでかけると $2^4 = 16$ 個の項ができて,その同類項をまとめることになる.a と b は合計で 4 つ選んでからかけるのだから,$(a+b)^4$ の展開式は,$i+j=4$ となるような i, j について $a^i b^j$ を加えたものである.したがって,得られた 16 個の項のうち,整理して $a^4, a^3 b, a^2 b^2, ab^3, b^4$ になるものがそれぞれ何個ずつあるかを数えればよい.
>
> $a^4 = a \cdot a \cdot a \cdot a$ や $b^4 = b \cdot b \cdot b \cdot b$ は明らかに 1 個ずつである.
>
> $a^3 b$ は $a \cdot a \cdot a \cdot b = a \cdot a \cdot b \cdot a = a \cdot b \cdot a \cdot a = b \cdot a \cdot a \cdot a$ として 4 個あるが,これは 4 つの $a+b$ のうちのどの 1 つから b を選んだか,を考えていることになる.
>
> ab^3 も同様に 4 個ある.
>
> $a^2 b^2$ は $a \cdot a \cdot b \cdot b$ や $a \cdot b \cdot a \cdot b$ などの形で得られるが,これは 4 つの $a+b$ のうちのどの 2 つから b を選んだか(あるいは,どの 2 つから a を選んだか),を考えていることになり,その個数は ${}_4C_2 = 6$ 個である.
>
> 以上より,$(a+b)^4 = a^4 + 4a^3 b + 6a^2 b^2 + 4ab^3 + b^4$ がわかる.i 個の a と j 個の b を一列に並べるときに何通りあるか,というのが $a^i b^j$ の係数になっており,係数の和は $1+4+6+4+1 = 2^4$ である.

$(a+b)^n$ を展開すると,$i+j=n$ となるような i, j について $a^i b^j$ を加えたものになる.$a^i b^j$ の係数は,i 個の a と j 個の b を一列に並べたときに何通りあるか,を考えることにより,${}_nC_i$ $(= {}_nC_j)$ になる.(なお,$a^0 = 1, b^0 = 1$ である.)

二項定理

n を自然数とすると，
$$(a+b)^n = (_nC_j a^i b^j \text{ の和}).$$
ただし，右辺の和は $i+j=n$ となる 0 以上の整数 i, j の組すべてにわたる．
すなわち，
$$(a+b)^n = {}_nC_0 a^n + {}_nC_1 a^{n-1}b + {}_nC_2 a^{n-2}b^2 + \cdots + {}_nC_{n-1}ab^{n-1} + {}_nC_n b^n.$$

例 $(a+b)^5$ を展開する．$i+j=5$ となるのは $(i,j) = (5,0), (4,1), (3,2), (2,3), (1,4), (0,5)$ だから，

$$\begin{aligned}
(a+b)^5 &= {}_5C_0 a^5 b^0 + {}_5C_1 a^4 b^1 + {}_5C_2 a^3 b^2 + {}_5C_3 a^2 b^3 + {}_5C_4 a^1 b^4 + {}_5C_5 a^0 b^5 \\
&= 1 \cdot a^5 + \frac{5}{1}a^4 b + \frac{5 \cdot 4}{2 \cdot 1}a^3 b^2 + \frac{5 \cdot 4 \cdot 3}{3 \cdot 2 \cdot 1}a^2 b^3 + \frac{5 \cdot 4 \cdot 3 \cdot 2}{4 \cdot 3 \cdot 2 \cdot 1}ab^4 + \frac{5 \cdot 4 \cdot 3 \cdot 2 \cdot 1}{5 \cdot 4 \cdot 3 \cdot 2 \cdot 1}b^5 \\
&= a^5 + 5a^4 b + 10a^3 b^2 + 10a^2 b^3 + 5ab^4 + b^5.
\end{aligned}$$

例 $(a+b)^n$ の展開において $a=b=1$ とすると，
$$2^n = {}_nC_0 + {}_nC_1 + {}_nC_2 + \cdots + {}_nC_{n-1} + {}_nC_n.$$

要素数が n の集合 S に対して，S の部分集合の個数を考えることにより，直観的にこの結果を解釈してみよう．n 個の要素がそれぞれ属するかどうかを指定することで部分集合が決まるから，部分集合の個数は 2^n であり，それが左辺である❿❹❷．一方，S の部分集合を要素数により分類したとき，要素数が r 個の部分集合は（どの r 個の要素を選ぶかにより）${}_nC_r$ 個である．したがって，$r = 0, 1, 2, \ldots, n$ について ${}_nC_r$ をたすことによっても S の部分集合の個数が求められて，それが右辺である．

$(a+b)^n$ を展開したときの係数については，第 6 章でパスカルの三角形を紹介した❻❸❷．これは，<u>上の段の隣接する 2 数をたして下の段をつくる</u>，という操作を繰り返したものだ．展開したときの係数の正体は二項係数なのだから，実はパスカルの三角形とは二項係数を並べたものであり，たし算によってそれを計算したものだということがわかる．

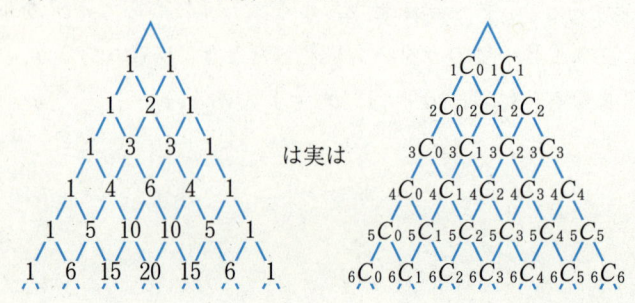

```
        1   1                                    ₁C₀  ₁C₁
      1   2   1                               ₂C₀  ₂C₁  ₂C₂
    1   3   3   1            は実は         ₃C₀  ₃C₁  ₃C₂  ₃C₃
  1   4   6   4   1                       ₄C₀  ₄C₁  ₄C₂  ₄C₃  ₄C₄
1   5  10  10   5   1                   ₅C₀  ₅C₁  ₅C₂  ₅C₃  ₅C₄  ₅C₅
1  6  15  20  15   6   1              ₆C₀  ₆C₁  ₆C₂  ₆C₃  ₆C₄  ₆C₅  ₆C₆
```

この方法で二項係数が順次求められることは，等式 $_nC_r = {_{n-1}C_r} + {_{n-1}C_{r-1}}$ によって保証されている．また，この三角形が左右対称であることは等式 $_nC_r = {_nC_{n-r}}$ を表している．

問題 403 ● $(a+b)^7$ を展開せよ．
答 p.47

3項以上の和の n 乗でも，同じような考え方が使える．

$(a+b+c)^n$ を展開すると，$i+j+k=n$ となるような i, j, k について $a^i b^j c^k$ を加えたものになる．$a^i b^j c^k$ の係数は，i 個の a と j 個の b と k 個の c を一列に並べたときに何通りあるか，を考えることにより，$\binom{n}{i,\ j,\ k} = \dfrac{n!}{i!j!k!}$ になる．

> **多項定理**
>
> n, k を自然数とすると，
> $$(x_1 + x_2 + \cdots + x_k)^n = \left(\binom{n}{r_1, r_2, \ldots, r_k} x_1^{r_1} x_2^{r_2} \cdots x_k^{r_k} \text{ の和}\right).$$
> ただし，右辺の和は $r_1 + r_2 + \cdots + r_k = n$ となる 0 以上の整数 $r_1, r_2, \ldots, r_k$ の組すべてにわたる．

例

$(a+b+c)^3$ を展開する．$i+j+k=3$ となるのは

$(i, j, k) = (3, 0, 0), (2, 1, 0), (2, 0, 1), (1, 2, 0), (1, 1, 1), (1, 0, 2),$

$(0, 3, 0), (0, 2, 1), (0, 1, 2), (0, 0, 3)$

だから，

$(a+b+c)^3$

$= \dfrac{3!}{3!0!0!} a^3 b^0 c^0 + \dfrac{3!}{2!1!0!} a^2 b^1 c^0 + \dfrac{3!}{2!0!1!} a^2 b^0 c^1$

$\quad + \dfrac{3!}{1!2!0!} a^1 b^2 c^0 + \dfrac{3!}{1!1!1!} a^1 b^1 c^1 + \dfrac{3!}{1!0!2!} a^1 b^0 c^2$

$\quad + \dfrac{3!}{0!3!0!} a^0 b^3 c^0 + \dfrac{3!}{0!2!1!} a^0 b^2 c^1 + \dfrac{3!}{0!1!2!} a^0 b^1 c^2 + \dfrac{3!}{0!0!3!} a^0 b^0 c^3$

$= a^3 + 3a^2 b + 3a^2 c + 3ab^2 + 6abc + 3ac^2 + b^3 + 3b^2 c + 3bc^2 + c^3$.

問題 404 ● $(a+b+c)^4$ を展開せよ．
答 p.47

3 経路の問題

例 図のような道路上を点Sから点Gまで進むとき，何通りあるかを考えよう．ただし，距離が最短になるようにする，つまり，右向きか下向きにしか進まないこととする．

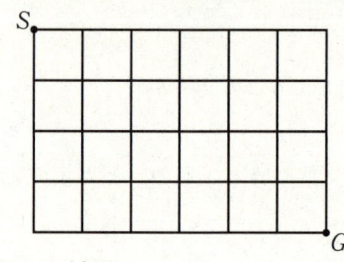

各交差点に対して，"その点に到達するまでに何通りあるか"を記入すると，次の図のようになる．

例えば，点a,b,cに到達するには，点Sから直進するしかないから1通りずつである．点dに到達するには，点aを経由するものと点cを経由するものが1通りずつあるので，合計で2通りである．点eに到達するには，点bを経由するもの1通りと点dを経由するもの2通りで，合計で3通りである．どの交差点についても，その上または左の交差点のいずれか一方を経由しているはずなので，両交差点に記入してある数の和が記入されることになる（和の法則）．最終的にGに記入されるのが210になるので，求める場合の数は210通りになる．

この方法は図が少し複雑になっても対応できる反面，たし算を繰り返す必要があって大変だ．そこで，別の方法も考えてみる．

最短距離の経路は，いずれも右向きに6回，下向きに4回進むことによって得られる．そして，これらをどの順に進むかによって経路が1つずつ定まる．例えば，次の図の経路は"下下右右下右右下右"という経路である．

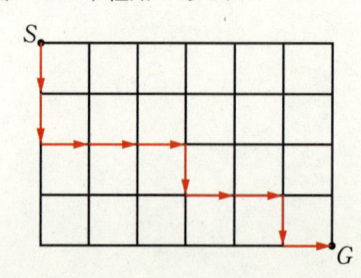

したがって，経路の個数を求めるには，6個の"右"と4個の"下"を一列に並べるには何通りあるかを求めればよく，同じものを含む順列により，$\dfrac{10!}{6!4!}=210$ 通りである．10個の場所から6個を選んで"右"を配置すると考えると $_{10}C_6 = 210$ 通りであり，10個の場所から4個を選んで"下"を配置すると考えると $_{10}C_4 = 210$ 通りである．

この例の第1の方法で各交差点に記入した数は，第2の方法によるとすべて二項係数である．右向きに何回進んだかに注目して二項係数の形で表記すると，次のようになる．

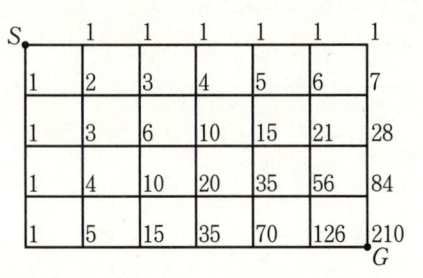

S	1	1	1	1	1	1
1	2	3	4	5	6	7
1	3	6	10	15	21	28
1	4	10	20	35	56	84
1	5	15	35	70	126	210 G

は実は

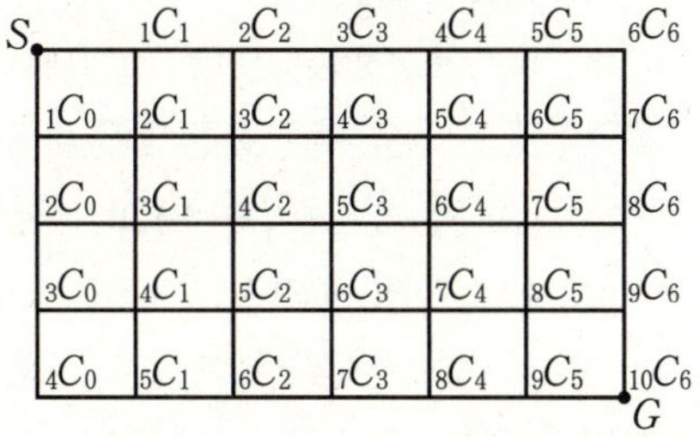

S	$_1C_1$	$_2C_2$	$_3C_3$	$_4C_4$	$_5C_5$	$_6C_6$
$_1C_0$	$_2C_1$	$_3C_2$	$_4C_3$	$_5C_4$	$_6C_5$	$_7C_6$
$_2C_0$	$_3C_1$	$_4C_2$	$_5C_3$	$_6C_4$	$_7C_5$	$_8C_6$
$_3C_0$	$_4C_1$	$_5C_2$	$_6C_3$	$_7C_4$	$_8C_5$	$_9C_6$
$_4C_0$	$_5C_1$	$_6C_2$	$_7C_3$	$_8C_4$	$_9C_5$	$_{10}C_6$ G

よく考えてみると，これはパスカルの三角形に他ならない．点 S が上になるように図を少し傾けて眺めるとよい．

問題 405 ●図のように，東西方向の 4 本の道と南北方向の 100 本の道がある．点 A から点 B へ道に沿って最短距離で進むとき，何通りの方法があるか．

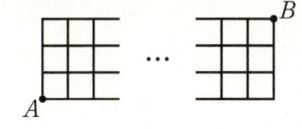

問題 406 ●図のような碁盤の目状の道路がある．地点 S から地点 G まで，道路上を最短経路で行くことを考える．
(1) 全部で何通りの行き方があるか．
(2) 地点 A と地点 B の両方を通る行き方は何通りあるか．
(3) 地点 A と地点 B を結ぶ道路が使えないとき，何通りの行き方があるか．

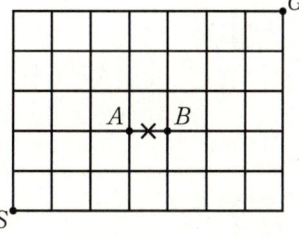

4 組合せの様々な問題

例題 1以上10以下の自然数から異なる3つの数を選ぶとき，次の問いに答えよ．
(1) 選び方は全部で何通りあるか．
(2) 選んだ3数の最大値が5以下であるような選び方は何通りあるか．
(3) 選んだ3数の最大値が6以上であるような選び方は何通りあるか．
(4) 選んだ3数の最大値が6であるような選び方は何通りあるか．
(5) 5以下が2個，6以上が1個であるような選び方は何通りあるか．

解
(1) $_{10}C_3 = \dfrac{10 \cdot 9 \cdot 8}{3 \cdot 2 \cdot 1} = 120$ 通り．

(2) $1, 2, 3, 4, 5$ の中から3個を選ぶから，$_5C_3 = \dfrac{5 \cdot 4 \cdot 3}{3 \cdot 2 \cdot 1} = 10$ 通り．

(3) すべての選び方のうち，最大値が5以下であるような選び方を除くから，$120 - 10 = 110$ 通り．

(4) 最大値が6以下であるような選び方のうち，最大値が5以下であるような選び方を除くから，$_6C_3 - {_5C_3} = \dfrac{6 \cdot 5 \cdot 4}{3 \cdot 2 \cdot 1} - \dfrac{5 \cdot 4 \cdot 3}{3 \cdot 2 \cdot 1} = 20 - 10 = 10$ 通り．

(4) 〔別解〕6を選んだ上で，$1, 2, 3, 4, 5$ の中から2個を選ぶから，$_5C_2 = 10$ 通り．

(5) $1, 2, 3, 4, 5$ の中から2個を選び，$6, 7, 8, 9, 10$ の中から1個を選ぶから，$_5C_2 \times {_5C_1} = 10 \times 5 = 50$ 通り．

問題 407 ● 1から25までの自然数から3個の異なる数を選ぶ組合せについて次の問いに答えよ．
(1) 組合せは全部で何通りあるか．
(2) 積が奇数であるような組合せは何通りあるか．
(3) 和が奇数であるような組合せは何通りあるか．

問題 408 ● 図のように6本の平行線と，それらに直交する5本の平行線が並んでいる．これらの合計11本の直線のうちの4本で囲まれる長方形は全部で何個あるか．

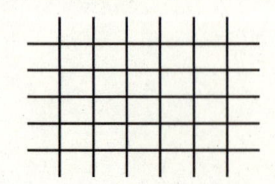

例題

16人の生徒が旅行に行った．次の問いに答えよ．

(1) A部屋に4人，B部屋に3人，C部屋に3人，D部屋に2人，E部屋に2人，F部屋に2人が泊まることにした．何通りの分かれ方があるか．

(2) 4人，3人，3人，2人，2人，2人という6つの班に分かれて自由行動をすることにした．何通りの分かれ方があるか．

(3) 6種類の夕食のコースのどれがいいか，希望を調査したところ，人数が4人，3人，3人，2人，2人，2人という結果になったという．何通りの分かれ方があるか．ただし，どのコースが何人なのかは指定されていないものとする．

解

(1) A部屋に入る生徒の選び方は $_{16}C_4$ 通り．

そのそれぞれに対して，B部屋に入る生徒の選び方は $_{12}C_3$ 通り．

そのそれぞれに対して，C部屋に入る生徒の選び方は $_9C_3$ 通り．

そのそれぞれに対して，D部屋に入る生徒の選び方は $_6C_2$ 通り．

そのそれぞれに対して，E部屋に入る生徒の選び方は $_4C_2$ 通り．

残る2人がF部屋に入る．（つまり $_2C_2$ 通り．）

したがって，求める場合の数は

$$_{16}C_4 \times {}_{12}C_3 \times {}_9C_3 \times {}_6C_2 \times {}_4C_2 \times {}_2C_2$$
$$= \frac{16 \cdot 15 \cdot 14 \cdot 13}{4 \cdot 3 \cdot 2 \cdot 1} \times \frac{12 \cdot 11 \cdot 10}{3 \cdot 2 \cdot 1} \times \frac{9 \cdot 8 \cdot 7}{3 \cdot 2 \cdot 1} \times \frac{6 \cdot 5}{2 \cdot 1} \times \frac{4 \cdot 3}{2 \cdot 1} \times \frac{2 \cdot 1}{2 \cdot 1}$$
$$= 3027024000.$$

よって，3027024000 通り．

(2) 前問のように部屋に分けてから，部屋どうしの区別をなくせばよい．

B部屋とC部屋については，2つの3人班への部屋の割り当て方が2通りなので，その区別をなくすには2でわればよい．

D部屋とE部屋とF部屋については，3つの2人班への部屋の割り当て方が $_3P_3 = 3!$ 通りなので，その区別をなくすには $3!$ でわればよい．

したがって，求める場合の数は $\dfrac{3027024000}{2 \times 3!} = 252252000$ 通り．

(3) 前問のように班に分けてから，班ごとにどのコースにするかを決めればよい．

班とコースの対応は $_6P_6 = 6!$ 通りあるから，求める場合の数は $252252000 \times 6! = 181621440000$ 通り．

(1) のこの解答では，部屋に注目して，"この部屋には誰が入るか"を考えた．逆に，生徒に注目して"この生徒はどの部屋に入るか"を考えると，次のようになる．生徒を一列に並べて，一人一人に部屋のキーを配ることを想像するとよい．16人に対してA, A, A, A, B, B, B, C, C, C, D, D, E, E, F, Fを配るから，この16個を一列に並べる"同じものを含む順列"の公式により，求める場合の数は $\dfrac{16!}{4!3!3!2!2!2!} = 3027024000$ 通り．

(2) において注意するのは，人数の同じ班どうしは区別できないが人数の異なる班どうしは区別できるということで，例えば4人の班はA部屋以外に泊まることはできない．2人の班としてX, Y, Zの3つがあるとき，これらはD部屋，E部屋，F部屋に泊まるしかないが，どのようにX, Y, ZをD, E, Fに割り当てるか，というのが3! 通りあるわけだ．

(3) において (1) の結果を直接利用するには，次のように考える．部屋に分けてから，部屋ごとにどのコースにするかを決めると，部屋とコースの対応は $_6P_6 = 6!$ 通りある．しかし，例えば，"p, q, r の3人がB部屋で a コースになり，s, t, u の3人がC部屋で b コースになった"というケースと"p, q, r の3人がC部屋で a コースになり，s, t, u の3人がB部屋で b コースになった"というケースは同じ結果とみなされるべきであるから，2でわる必要がある．同様に，2人部屋どうしの区別をなくすためには3! でわる必要がある．したがって，求める場合の数は $3027024000 \times \dfrac{6!}{2 \times 3!} = 181621440000$ 通り．

問題 409 ●相異なる12個のものがある．
答 p.48
(1) 4個ずつ3人に分ける分け方は何通りか．
(2) 4個ずつ3組に分ける分け方は何通りか．
(人どうしは区別できるが組どうしは区別できない，とみなす．)

問題 410 ●相異なる11個のものを4つの箱に分けるとき，箱にはそれぞれ5個，3個，2個，1個ずつ入れるとする．
答 p.48
(1) 箱どうしが区別できないとき，何通りの分け方があるか．
(2) 箱どうしが区別できるとき，何通りの分け方があるか．

5 重複組合せ

> **例**　青玉，白玉，赤玉がたくさん入った袋の中から同時に9個を取り出したとき，何通りの取り出し方があるだろうか．
>
> 　取り出した玉を青玉，白玉，赤玉の順に一列に並べ，色の境界線を記入して簡略化する．例えば，青玉5個，白玉1個，赤玉3個ならば●●●●●○●●●なので○○○○○|○|○○○とする．青玉2個，赤玉7個ならば●●●●●●●●●なので○○||○○○○○○○とする．赤玉9個ならば●●●●●●●●●なので||○○○○○○○○○とする．
>
> 　すると，9個の玉○と2個の境界線|を一列に並べる並べ方が玉の取り出し方にちょうど対応しているので，その総数は $_{11}C_9 = {}_{11}C_2 = \dfrac{11!}{9!2!} = 55$ 通り．

この例と同様にして，次のページのことがわかる．

> n, r を自然数とする．n 種類のものから（各種類何個でも許して）合計 r 個を同時に選ぶ選び方の総数は $_{n+r-1}C_{n-1} = {}_{n+r-1}C_r = \dfrac{(n+r-1)!}{(n-1)!r!}$．

この並べ方を "n 個から r 個を選ぶ **重複組合せ**" といい，その場合の数を $_nH_r$ と表記する．$_nH_r$ においては $n<r$ であってもかまわない．（$_nP_r$ や $_nC_r$ とは異なる点なので注意．）

$r=0$ のとき，$_{n-1}C_{n-1} = {}_{n-1}C_0 = \dfrac{(n-1)!}{(n-1)!0!} = 1$ だから，$_nH_0 = 1$ と約束しておくと便利である．（強引に日本語で解釈すれば，"0 個のものを選び出すのは 1 通り" ということになる．）

参考 $_nH_r$ という表記法は日本ではある程度使われているが，答案で断りなしに使ってよいかどうかは微妙だ．世界的には決まった表記法はないらしい．二項係数を使って簡単に表せるからだろう．

例題 青玉，白玉，赤玉がたくさん入った袋の中から同時に 12 個を取り出す．
(1) 取り出し方は何通りあるか．
(2) どの色の玉も 1 個以上取り出すような取り出し方は何通りあるか．

解 (1) 3 個から 12 個を選ぶ重複組合せで，求める取り出し方の総数は
$$_3H_{12} = {}_{14}C_{12} = {}_{14}C_2 = \dfrac{14 \cdot 13}{2 \cdot 1} = 91 \text{ 通り．}$$
(2) 先にどの色も 1 個ずつ取り出しておいてから残る 9 個を取り出すと考える．3 個から 9 個を選ぶ重複組合せで，求める取り出し方の総数は
$$_3H_9 = {}_{11}C_9 = {}_{11}C_2 = \dfrac{11 \cdot 10}{2 \cdot 1} = 55 \text{ 通り．}$$
(2)〔別解〕
青玉，白玉，赤玉の順に一列に並べるために玉の置き場所を 12 個用意する．隙間は（両端を含まずに）11 個あるが，その中から 2 個を選んで青白の境界線と白赤の境界線を入れるので，求める取り出し方の総数は $_{11}C_2 = \dfrac{11 \cdot 10}{2 \cdot 1} = 55$ 通り．

(2) の別解において，どの色の玉も取り出す点が "同じ隙間を選んではいけない" という点に反映されており，普通の（重複でない）組合せを使える根拠になっている．この考え方によって $_nH_r = {}_{n+r-1}C_{r-1}$ という公式を説明することもできる．もちろん，"どの色の玉も 2 個以上取り出す" という問題ならば，別解の方法は直接使えず，先に 2 個ずつ取り出しておいてから $_3H_6$ として求めることになる．

問題 411 ● a, b, c, d, e, f の 6 種類の文字から重複を許して 4 個を同時に選ぶとき，何通りの選び方があるか．
答 p.48

問題 412 ● 整数 x, y, z, w が条件 $x \geqq 0, y \geqq 3, z \geqq 4, w \geqq 2$ を満たすとき，$x + y + z + w = 20$ を満たす解 (x, y, z, w) の個数を求めよ．
答 p.48

6 順列 vs 組合せ

n 個から r 個を取り出すとき，その取り出し方によって次の表のようにまとめられる．

	同じものを取り出さない	同じものを取り出してもよい
順序を考える	順列 $_nP_r = \dfrac{n!}{(n-r)!}$	重複順列 $_n\Pi_r = n^r$
順序を考えない	組合せ $_nC_r = \dfrac{n!}{(n-r)!r!}$	重複組合せ $_nH_r = {}_{n+r-1}C_r$

例えば a, b, c から 2 個を選ぶとき $(n=3, r=2)$ は次のようになる．

	同じものを取り出さない	同じものを取り出してもよい
順序を考える	ab, ac, ba, bc, ca, cb	aa, ab, ac, ba, bb, bc, ca, cb, cc
順序を考えない	ab, ac, bc	aa, ab, ac, bb, bc, cc

問題 413 ● 5 本のジュースがあり，これを 8 人の生徒に配る．（生徒どうしは区別できる．）
答 p.48
(1) 1 人あたりもらえるのは 1 本以下として，ジュースどうしを区別するとき，配り方は何通りか．
(2) 1 人あたり何本もらってもよいことにして，ジュースどうしを区別するとき，配り方は何通りか．
(3) 1 人あたりもらえるのは 1 本以下として，ジュースどうしを区別しないとき，配り方は何通りか．
(4) 1 人あたり何本もらってもよいことにして，ジュースどうしを区別しないとき，配り方は何通りか．

問題 414 ● $A = \{a, b, c\}$, $B = \{1, 2, 3, 4, 5\}$ とする.

(1) A から B への関数はいくつあるか.

(2) A から B への単射はいくつあるか.

(3) B から A への関数はいくつあるか.

(4) B から A への全射はいくつあるか.

(5) A から A への全単射はいくつあるか.

(6) A から B への関数 f のうち, $f(a) < f(b) < f(c)$ を満たすものはいくつあるか.

(7) A から B への関数 f のうち, $f(a) \leqq f(b) \leqq f(c)$ を満たすものはいくつあるか.

組合せと重複組合せは選び出すだけだが, 順列と重複順列は選び出してから並べる, という2つの操作をつなげたものと考えられる. 一方, 円順列や同じものを含む順列は, すべてを選び出して並べるものだ. 選び出し方が複雑な問題では, 選ぶ部分と並べる部分に分割しなければならないものがある.

例題 赤玉 3 個, 白玉 2 個, 青玉 1 個, 黒玉 1 個, 緑玉 1 個がある.

(1) 4 個を取り出すとき, 取り出し方は何通りあるか.

(2) 4 個を取り出して一列に並べるとき, 並べ方は何通りあるか.

解 (1) ABCD のタイプは ${}_5C_4 = 5$ 通り.

AABC のタイプは, A が赤か白で, ${}_2C_1 \times {}_4C_2 = 12$ 通り.

AABB のタイプは, 赤赤白白のみで, 1 通り.

AAAB のタイプは, A が赤で, ${}_4C_1 = 4$ 通り.

以上をあわせて, 求める場合の数は $5 + 12 + 1 + 4 = 22$ 通り.

(2) ABCD のタイプは ${}_5C_4 \times 4! = 120$ 通り.

AABC のタイプは, A が赤か白で, ${}_2C_1 \times {}_4C_2 \times \dfrac{4!}{2!1!1!} = 144$ 通り.

AABB のタイプは, 赤赤白白のみで, $1 \times \dfrac{4!}{2!2!} = 6$ 通り.

AAAB のタイプは, A が赤で, ${}_4C_1 \times \dfrac{4!}{3!1!} = 16$ 通り.

以上をあわせて, 求める場合の数は $120 + 144 + 6 + 16 = 286$ 通り.

問題 415 ● aaabbbccdef の 11 文字を考える.

(1) 4 文字を取り出すとき, 取り出し方は何通りあるか.

(2) 4 文字を取り出して一列に並べるとき, 並べ方は何通りあるか.

第17章 確率

▶ 降水確率，野球の打率，トランプ，サイコロ等，確率に関係することは日常にあふれている．ここでは，それをどのように数学的に扱うか，ということについて学ぶ．これを機に様々な確率を計算できるようにし，普段の生活に生かしてもらいたい．

要点のまとめ

☐ 標本空間 U の部分集合である事象 A に対して，A の起こる確率（古典的確率）は
$$P(A) = \frac{\#A}{\#U}.$$

☐ 標本空間 U に対して，全事象 U の確率は $P(U) = 1$．

☐ $P(\emptyset) = 0$．

☐ $P(A \cup B) = P(A) + P(B) - P(A \cap B)$．

☐ A と B が互いに排反な事象ならば，$P(A \cup B) = P(A) + P(B)$．

☐ $P(\overline{A}) = 1 - P(A)$．

☐ 事象 B が起こるという条件の下での事象 A の条件付き確率は
$$P_B(A) = P(A|B) = \frac{P(A \cap B)}{P(B)}.$$

☐ $P(A \cap B) = P(A|B)P(B)$．

☐ 標本空間 U が事象 B_1, B_2, B_3 によって $U = B_1 \amalg B_2 \amalg B_3 \amalg \cdots$ と分割されているとする．このとき，事象 A に対して
$$P(A) = P(A|B_1)P(B_1) + P(A|B_2)P(B_2) + P(A|B_3)P(B_3) + \cdots.$$

☐ 標本空間 U が事象 B_1, B_2, B_3 によって $U = B_1 \amalg B_2 \amalg B_3 \amalg \cdots$ と分割されているとする．このとき，事象 A に対して
$$P(B_1|A) = \frac{P(A|B_1)P(B_1)}{P(A|B_1)P(B_1) + P(A|B_2)P(B_2) + P(A|B_3)P(B_3) + \cdots}.$$

☐ 確率 p で A が起こり，確率 $q = 1-p$ で B が起こるような試行を n 回繰り返したとき，A が r 回，B が $n-r$ 回起こる確率は ${}_nC_r p^r q^{n-r}$ である（$0 \leqq r \leqq n$）．

☐ 確率変数 X のとる値が $a_1, a_2, a_3, \cdots$ であり，その確率分布が
$P(X = a_1) = p_1, P(X = a_2) = p_2, P(X = a_3) = p_3, \ldots$ で与えられているとき，X の期待値，平均は $E(X) = a_1 p_1 + a_2 p_2 + a_3 p_3 + \cdots$．

☐ 確率変数 X, Y に対して，$E(X+Y) = E(X) + E(Y)$．

☐ 実数定数 α, β と確率変数 X に対して，$E(\alpha X + \beta) = \alpha E(X) + \beta$．

☐ 確率変数 X の分散は $V(X) = E((X-M)^2) = E((X-E(X))^2)$．

☐ 確率変数 X に対して，$V(X) = E(X^2) - E(X)^2$．

☐ 確率変数 X の標準偏差は $D(X) = \sqrt{V(X)}$．

- ☐ 実数定数 α, β と確率変数 X に対して,
$$V(\alpha X + \beta) = \alpha^2 V(X), D(\alpha X + \beta) = |\alpha| D(X).$$
- ☐ 確率変数 X, Y の共分散は $\text{Cov}(X, Y) = E((X - E(X))(Y - E(Y)))$.
- ☐ 確率変数 X, Y に対して,
$$V(X + Y) = V(X) + V(Y) + 2\text{Cov}(X, Y),$$
$$E(XY) = E(X)E(Y) + \text{Cov}(X, Y).$$
- ☐ 確率変数 X, Y の相関係数は $\rho(X, Y) = \dfrac{\text{Cov}(X, Y)}{D(X)D(Y)}$.
- ☐ X と Y が無相関(すなわち,$\rho(X, Y) = 0$)ならば,
$$V(X + Y) = V(X) + V(Y), E(XY) = E(X)E(Y).$$

第1節 古典的確率

1 事象とその確率

例

サイコロを1個振って出る目を予想したいとする.

"偶数と奇数のどちらが出やすいか"と聞かれれば,同じくらいだと考えて,"偶数の出る確率は50%だ"と答えるだろう.出る可能性のある6つの目のうち,偶数は 2, 4, 6 の3つで,奇数は 1, 3, 5 の3つだからだ.分母を100にすることにそれほどメリットがあるわけではないので,数学では確率は $\dfrac{1}{2}$(あるいは 0.5)だと答える.

次に,"3の倍数とそうでない数のどちらが出やすいか"と聞かれればどうだろう.少し考えると,3の倍数の出やすさはそうでない数の半分だとわかり,3の倍数の出る確率は $\dfrac{1}{3}$ だと考えるのが合理的に思える.これは,出る可能性のある目が 1, 2, 3, 4, 5, 6 の6つであるのに対し,3の倍数が 3, 6 の2つであることから,$\dfrac{2}{6}$ すなわち $\dfrac{1}{3}$ を確率として答えていることになる.

では,"偶数または3の倍数となる確率はどれほどか"と聞かれればどうだろう.6つの目のそれぞれについて,"この数は偶数だろうか,あるいは3の倍数だろうか"と判定していってもよいのだが,"偶数は 2, 4, 6 で3の倍数は 3, 6 だ"という情報を統合して,当てはまるのは 2, 3, 4, 6 の4つだと数えた方が,簡単な判断の積み重ねで済む.求める確率は $\dfrac{4}{6}$,すなわち $\dfrac{2}{3}$ である.ここでの情報の統合を数学的に表現すると,2つの集合 $\{2, 4, 6\}$ と $\{3, 6\}$ の和集合が $\{2, 3, 4, 6\}$ だ,ということになる.

確率を扱うときに集合を利用すると便利だという立場で振り返ってみると,サイコロの目としてありうる数全体の集合は $\{1, 2, 3, 4, 5, 6\}$ であり,その部分集合である $\{3, 6\}$ や $\{2, 3, 4, 6\}$ などがそのうちのどれくらいの割合を占めているか,を考えるのが確率だといえる.

サイコロを振ったり袋から玉を取り出したりすることを **試行**, trial といい, その結果起こることがらを **事象**, event という. 確率とは, ある事象がどれくらい起こりやすいか, というのを表すものである.

1個のサイコロを振る例では, "3の倍数が出る" という事象は "3が出る" という事象と "6が出る" という事象に分割できる. それに対して, "3が出る" という事象はこれ以上分割できない. このように, これ以上分割できない事象を **根元事象**, elementary event という.

これらを (現代の) 数学で扱うため, 集合の言葉で表現してみよう.

根元事象全体の集合を **標本空間**, sample space という. このとき, 根元事象を **標本点**, sample point ということがある. この節では, 標本空間は有限集合, すなわち, 根元事象は有限個しかないとする. 試行の結果である事象は, 標本空間の部分集合に対応するので, 今後はこれら (日常用語で表現される "事象" と数学的対象である "部分集合") を同一視して, 標本空間の部分集合を **事象** ということにする. この同一視にしたがうと, 根元事象は標本空間の要素であって部分集合ではないので, "根元事象は事象ではない", ということに注意しよう. (標本空間の要素を "標本点" といい, 標本点1つからなる集合を "根元事象" という流儀もある. この立場では, 根元事象は事象である.)

標本空間 U の部分集合である事象 A に対して, A の起こる **確率** を $P(A)$ と表記し, 次のように定義する.

$$P(A) = \frac{\#A}{\#U}. \quad (ただし, \#U, \#A はそれぞれ U, A の要素の個数.)$$

ここでは, どの根元事象も平等に扱われており, 同じくらい起こりやすいとみなされている. (このことを "すべての根元事象が同様に確からしい" という. 実際の問題では, "無作為に", "ランダムに" などと表現することもあるが, くじ引きやサイコロ投げのように, このことが暗黙のうちに仮定されていることも多い.) このような確率の考え方は, 17世紀のガリレオ, パスカル, フェルマーらによって本格的に始まり, 19世紀のラプラスの本で集大成されたもので, "古典的確率", "ラプラス流の確率", "組合せ確率", "combinatorial probability" などといわれる. この節で "確率" といえばこの意味で用いることにする.

次節以降の確率では, 標本空間の部分集合には確率の考えられるものと考えられないものとがあり, 前者のみが "事象" とよばれる. しかし, この節の確率 (すなわち古典的確率) では, 標本空間のどの部分集合も事象とみなせて, その確率を考えることができる.

例 サイコロを1個振って出た目を記録する，という試行を考える．

標本空間 U は $U = \{1, 2, 3, 4, 5, 6\}$ で，根元事象は $1, 2, 3, 4, 5, 6$ の6個である．

□ "偶数が出る"という事象を A とすると，$A = \{2, 4, 6\}$ だから，

$$P(A) = \frac{\#A}{\#U} = \frac{3}{6} = \frac{1}{2}.$$

□ "3の倍数が出る"という事象を B とすると，$B = \{3, 6\}$ だから，

$$P(B) = \frac{\#B}{\#U} = \frac{2}{6} = \frac{1}{3}.$$

例 袋の中に赤玉2個と白玉3個が入っており，無作為に（つまり，どの玉も等確率で）1個を取り出す，という試行を考える．取り出した玉の色が赤である確率を求めたいとする．

（古典的確率で）標本空間として $\{\text{赤}, \text{白}\}$ を採用すると，赤の確率は $\frac{1}{2}$ となって感覚に合わない．（白玉99個と赤玉1個の場合でも確率が同じように $\frac{1}{2}$ になってしまう．）

同様に確からしいのは玉の取り出し方だということを反映させた標本空間を採用すべきである．そこで，玉に（仮想的に）1から5までの番号が割り当ててあり，赤玉は玉1, 玉2 であり，白玉は玉3, 玉4, 玉5 であると考えよう．標本空間 U を $U = \{\text{玉}1, \text{玉}2, \text{玉}3, \text{玉}4, \text{玉}5\}$ とすると，取り出した玉の色が赤であるという事象 A は $A = \{\text{玉}1, \text{玉}2\}$ である．赤の確率は $P(A) = \frac{\#A}{\#U} = \frac{2}{5}$ であり，納得できる．もちろん，本来は白玉どうしや赤玉どうしは区別できないはずだ．（5個の玉は大きさや触り心地が同じで色以外の区別はない，という状況を想定して "無作為" とみなしているように思われる．）それにもかかわらず，実験の準備のために玉を袋に入れるとき，個数を数えているはずなので，その作業の過程で自然に番号が割り当てられてしまう，というわけだ．

例 1個のサイコロを2回振って出た目の和を記録する，という試行を考える．

和は2以上12以下の自然数だが，この11通りに同じ確率を割り当てるのはなんとなく問題の設定の趣旨に反すると思われるので，標本空間として $\{n | n \text{ は 2 以上 12 以下の自然数}\}$ を採用するのは（古典的確率を考えるかぎりは）不適切である．

そこで，和を計算する前の "出た目そのもの" を記録して，1回目の目が x, 2回目の目が y のときに (x, y) と表記することにする．例えば，1回目が2で2回目が4ならば $(2, 4)$ とし，1回目が4で2回目が2ならば $(4, 2)$ とする．標本空間 U として

$$U = \{(x, y) \mid x, y \text{ は1以上6以下の自然数}\}$$
$$= \{1, 2, 3, 4, 5, 6\} \times \{1, 2, 3, 4, 5, 6\} = \{1, 2, 3, 4, 5, 6\}^2$$

を採用すれば，これら36通りの目の出方は同様に確からしいとみなせるだろう．

"和が6である"という事象を A とすると，
$$A = \{(1, 5), (2, 4), (3, 3), (4, 2), (5, 1)\}$$
より，確率は $P(A) = \dfrac{\#A}{\#U} = \dfrac{5}{36}$ である．

この例では，$V = \{1, 2, 3, 4, 5, 6\}$ とするとき，$U = V \times V = V^2$ となっている．直積集合について思い出しておくこと⑩③⑥．

問題 416 ● サイコロを1個振ったとき，素数が出る確率を求めよ．
答 p.50

問題 417 ● 袋の中に赤玉4個と白玉7個が入っている．
(1) 玉を1個取り出したとき，それが白玉である確率を求めよ．
答 p.50 (2) 玉を1個取り出したとき，それが赤玉である確率を求めよ．

問題 418 ● 1個のサイコロを2回振ったとき，和が10である確率を求めよ．
答 p.50

2 ● 全事象，空事象

"事象"は標本空間 U の部分集合だが，特に全体集合 U および空集合 $\emptyset$ も U の部分集合であり，これらに対応する事象を考えることができる．

全体集合 U に対応する事象を **全事象**，**certain event** という．
空集合 $\emptyset$ に対応する事象を **空事象**，**impossible event** という．

> 標本空間 U に対して，全事象 U の確率は $P(U) = 1$ であり，
> 空事象 $\emptyset$ の確率は $P(\emptyset) = 0$ である．

【証明】
$$P(U) = \frac{\#U}{\#U} = 1.$$
$$P(\emptyset) = \frac{\#\emptyset}{\#U} = \frac{0}{\#U} = 0. \blacksquare$$

この節の確率（すなわち古典的確率）では，すべての根元事象に正の等しい確率が割り当てられているので，逆が成り立つ．すなわち，事象 A について，$P(A)=1$ ならば $A=U$ であり，$P(A)=0$ ならば $A=\emptyset$ である．

しかし，次節以降の確率では，逆は必ずしも成り立たないことに注意する．例えば，0以上1以下の実数を相手に想像してもらい，それをこちらが言い当てるというゲームを考える．選択肢が無数にあるから，（どの数も当たる確率が等しいとみなして，）当たる確率は0で当たらない確率は1と考えるのが適当だが，当たりの可能性はある．

問題 419 ●袋の中に赤玉4個と白玉7個が入っている．
答 p.50
(1) 玉を1個取り出したとき，それが黒玉である確率を求めよ．
(2) 玉を1個取り出したとき，それが白玉または赤玉である確率を求めよ．

3 和の法則

事象 A, B を集合とみなしたとき，和集合 $A \cup B$ に対応する事象を A, B の **和事象** という．これは，"事象 A が起きる，または事象 B が起きる" という事象である．もちろん，A と B が同時に起きる場合も含まれる．

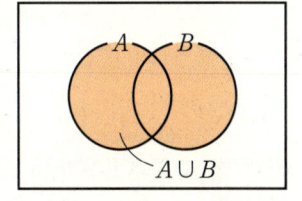

事象 A, B を集合とみなしたとき，共通部分（積集合）$A \cap B$ に対応する事象を A, B の **積事象** という．これは，"事象 A が起きる，かつ事象 B が起きる" という事象である．

集合の要素数について，$\#(A \cup B) = \#A + \#B - \#(A \cap B)$ であった．

$$P(A \cup B) = P(A) + P(B) - P(A \cap B).$$

【証明】
標本空間を U として，$\#(A \cup B) = \#A + \#B - \#(A \cap B)$ の両辺を $\#U$ でわると，

$$\frac{\#(A \cup B)}{\#U} = \frac{\#A}{\#U} + \frac{\#B}{\#U} - \frac{\#(A \cap B)}{\#U}.$$

$$\therefore P(A \cup B) = P(A) + P(B) - P(A \cap B). \blacksquare$$

例
サイコロを1個振って出た目を記録する，という試行を考える．
標本空間 U は $U = \{1, 2, 3, 4, 5, 6\}$ である．
"偶数が出る" という事象を A とすると，$A = \{2, 4, 6\}$ だから，

$$P(A) = \frac{\#A}{\#U} = \frac{3}{6} = \frac{1}{2}.$$

"3 の倍数が出る" という事象を B とすると，$B = \{3, 6\}$ だから，

$$P(B) = \frac{\#B}{\#U} = \frac{2}{6} = \frac{1}{3}.$$

$A \cap B$ は "偶数が出る，かつ 3 の倍数が出る" という事象だから，"6 の倍数が出る" という事象になる．$A \cap B = \{6\}$ だから，

$$P(A \cap B) = \frac{\#(A \cap B)}{\#U} = \frac{1}{6}.$$

したがって，"偶数が出る，または 3 の倍数が出る" という事象 $A \cup B$ の確率は，

$$P(A \cup B) = P(A) + P(B) - P(A \cap B) = \frac{1}{2} + \frac{1}{3} - \frac{1}{6} = \frac{2}{3}.$$

これはもちろん，$A \cup B = \{2, 3, 4, 6\}$ を利用して

$$P(A \cup B) = \frac{\#(A \cup B)}{\#U} = \frac{4}{6} = \frac{2}{3}$$

のように直接求めたのと同じ結果になっている．

問題 420 ● 1 以上 200 以下の整数を無作為に 1 つ選ぶ．
答 p.50
(1) 選んだ整数が 5 の倍数である確率を求めよ．
(2) 選んだ整数が 3 の倍数である確率を求めよ．
(3) 選んだ整数が 5 の倍数かつ 3 の倍数である確率を求めよ．
(4) 選んだ整数が 5 の倍数または 3 の倍数である確率を求めよ．

4 排反事象

事象 A, B に対して，$A \cap B = \emptyset$ のとき，A と B は互いに排反 という．これは，A と B が同時に起こることがない，ということを表している．

> A と B が互いに排反な事象ならば，
> $$P(A \cup B) = P(A) + P(B).$$

【証明】
$A \cap B = \emptyset$ より，$P(A \cap B) = P(\emptyset) = 0$.
$P(A \cup B) = P(A) + P(B) - P(A \cap B)$ に代入して，$P(A \cup B) = P(A) + P(B)$ を得る．

$A \cap B = \emptyset$ のとき，$A \cup B$ を $A \amalg B$ と表記し，A と B の直和，disjoint union などとよんだ⑩③②．

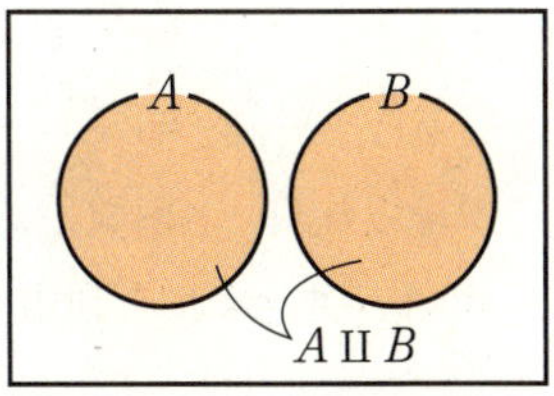

このとき，$\#(A \amalg B) = \#A + \#B$ が成り立つ⑩④②．

標本空間を U として，この式の両辺を $\#U$ でわると

$\dfrac{\#(A \amalg B)}{\#U} = \dfrac{\#A}{\#U} + \dfrac{\#B}{\#U}$ であり，こうすることによって

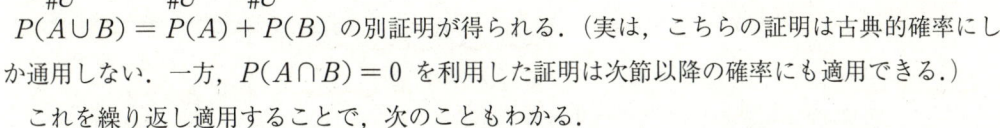

$P(A \cup B) = P(A) + P(B)$ の別証明が得られる．（実は，こちらの証明は古典的確率にしか通用しない．一方，$P(A \cap B) = 0$ を利用した証明は次節以降の確率にも適用できる．）

これを繰り返し適用することで，次のこともわかる．

有限加法性

N 個の事象 $A_1, A_2, A_3, \ldots, A_N$ について，どの2つも互いに排反ならば，
$$P(A_1 \cup A_2 \cup A_3 \cup \cdots \cup A_N) = P(A_1) + P(A_2) + P(A_3) + \cdots + P(A_N).$$

$N = 3$ の場合を証明する．
$(A_1 \cup A_2) \cap A_3 = (A_1 \cap A_3) \cup (A_2 \cap A_3) = \emptyset \cup \emptyset = \emptyset$ より，$A_1 \cup A_2$ と A_3 は互いに排反であるから，
$$P((A_1 \cup A_2) \cup A_3) = P(A_1 \cup A_2) + P(A_3).$$
これに $P(A_1 \cup A_2) = P(A_1) + P(A_2)$ を代入し，$(A_1 \cup A_2) \cup A_3 = A_1 \cup A_2 \cup A_3$ に注意すれば与式を得る．■

5　余事象

標本空間（全事象）U を固定して考える．事象 A を集合とみなしたとき，補集合 $\overline{A}$ に対応する事象を A の **余事象** という．これは，"事象 A が起きない" という事象である．

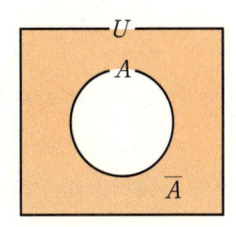

$$P(\overline{A}) = 1 - P(A).$$

【証明】
$A \cap \overline{A} = \emptyset$，すなわち，$A$ と $\overline{A}$ は互いに排反であるから，
$$P(A \cup \overline{A}) = P(A) + P(\overline{A}).$$
また，$A \cup \overline{A} = U$ であるから，
$$P(U) = P(A) + P(\overline{A}).$$
全事象 U の確率は $P(U) = 1$ だから，
$$1 = P(A) + P(\overline{A}), \quad \text{すなわち，} \quad P(\overline{A}) = 1 - P(A). \blacksquare$$

要素数について，$\#(\overline{A}) = \#U - \#A$ が成り立つのであった 10 4 2．この式の両辺を $\#U$ でわると $\dfrac{\#(\overline{A})}{\#U} = \dfrac{\#U}{\#U} - \dfrac{\#A}{\#U}$ であり，こうすることによって $P(\overline{A}) = 1 - P(A)$ の別証明が得られる．（実は，こちらの証明は古典的確率にしか通用しない．一方，$P(A \cap \overline{A}) = 0$ と $P(A \cup \overline{A}) = 1$ を利用した証明は次節以降の確率にも適用できる．）

事象 A, B を集合とみなしたとき，差集合 $A \setminus B (= A \cap \overline{B})$ に対応する事象を A, B の **差事象** という．これは，"事象 A は起きるが，事象 B は起きない" という事象である．
$A = (A \setminus B) \amalg (A \cap B)$ より，$P(A \setminus B) = P(A) - P(A \cap B)$ が成り立つ．$\overline{A} = U \setminus A$ だから，A の余事象とは，U, A の差事象のことである．

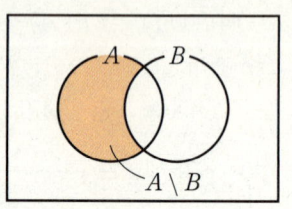

例 サイコロを 1 個振って出た目を記録する，という試行を考える．
標本空間 U は $U = \{1, 2, 3, 4, 5, 6\}$ である．
"偶数が出る" という事象を A とすると，$A = \{2, 4, 6\}$ だから，
$$P(A) = \frac{\#A}{\#U} = \frac{3}{6} = \frac{1}{2}.$$
その余事象 $\overline{A}$ は "偶数が出ない" という事象で，
$$P(\overline{A}) = 1 - P(A) = 1 - \frac{1}{2} = \frac{1}{2}.$$
これはもちろん，$\overline{A} = \{1, 3, 5\}$ を利用して
$$P(\overline{A}) = \frac{\#\overline{A}}{\#U} = \frac{3}{6} = \frac{1}{2}$$
のように直接求めたのと同じ結果になっている．
"3 の倍数が出る" という事象を B とする．
$A \cap B$ は "6 の倍数が出る" という事象で，$A \cap B = \{6\}$ だから，
$$P(A \cap B) = \frac{\#(A \cap B)}{\#U} = \frac{1}{6}.$$
A と B の差事象 $A \setminus B$ は "偶数が出るが 3 の倍数は出ない" という事象で，
$$P(A \setminus B) = P(A) - P(A \cap B) = \frac{1}{2} - \frac{1}{6} = \frac{1}{3}.$$
これはもちろん，$A \setminus B = \{2, 4\}$ を利用して
$$P(A \setminus B) = \frac{\#(A \setminus B)}{\#U} = \frac{2}{6} = \frac{1}{3}$$
のように直接求めたのと同じ結果になっている．

問題 421
答 p.50

● 1個のサイコロを2回振る．
(1) 出た目の和が 2 または 3 である確率を求めよ．
(2) 出た目の和が 4 以上である確率を求めよ．

6 ● 計算例：ジャンケン

身近な例としてジャンケンを考える．プレイヤーがグー，チョキ，パーを等確率で選ぶものとして確率を計算する．

例題
A，B の 2 人がジャンケンをする．
(1) A が勝つ確率を求めよ．
(2) あいこである確率を求めよ．

解
グー，チョキ，パーをそれぞれグ，チ，パと略記する．A の手が x で，B の手が y のとき，(x, y) と表記することにすると，標本空間は

$$\{(x, y) | x = グ, チ, パ かつ y = グ, チ, パ\} = \{グ, チ, パ\} \times \{グ, チ, パ\}$$
$$= \{グ, チ, パ\}^2$$

で，その要素数は $3^2 = 9$．
(1) A が勝つ事象は $\{(グ, チ), (チ, パ), (パ, グ)\}$ で，その要素数は 3．
求める確率は $\dfrac{3}{9} = \dfrac{1}{3}$．
(2) あいこである事象は $\{(グ, グ), (チ, チ), (パ, パ)\}$ で，その要素数は 3．
求める確率は $\dfrac{3}{9} = \dfrac{1}{3}$．

B が勝つ確率は A が勝つ確率と等しく，$\dfrac{1}{3}$ である．"A 勝ち"，"B 勝ち"，"あいこ" の確率の和は $\dfrac{1}{3} + \dfrac{1}{3} + \dfrac{1}{3} = 1$ で，確かに全事象の確率になっている．

3 人でジャンケンするときの標本空間は

$$\{(x, y, z) | x = グ, チ, パ かつ y = グ, チ, パ かつ z = グ, チ, パ\}$$
$$= \{グ, チ, パ\} \times \{グ, チ, パ\} \times \{グ, チ, パ\} = \{グ, チ, パ\}^3$$

とし，4 人でジャンケンをするときの標本空間は

$$\{グ, チ, パ\} \times \{グ, チ, パ\} \times \{グ, チ, パ\} \times \{グ, チ, パ\} = \{グ, チ, パ\}^4$$

とするのが適切である．

問題 422
答 p.51

● A，B，C の 3 人がジャンケンをする．
(1) A のみが勝つ確率を求めよ．
(2) あいこである確率を求めよ．

問題 423 ● A, B, C, Dの4人がいて，2人ずつのグループ2つに分けたい．

(1) 各プレイヤーはグーまたはパーを選ぶことにする．グー2人とパー2人になればグループ分け成功である．1回の勝負で成功する確率を求めよ．

(2) 各プレイヤーはグーまたはチョキまたはパーを選ぶことにする．2人が同じ手を出せばグループ分け成功である．1回の勝負で成功する確率を求めよ．
((2) の確率は $\frac{1}{2}$ より大きいが (1) の確率は $\frac{1}{2}$ より小さい．今後，グループ分けの必要が生じたときは，ぜひ (2) の方法で決めてもらいたい．)

問題 424 ● n 人がジャンケンをする．あいこである確率を求めよ．

あいこの確率を q とすると，勝負の決まる確率 p は $p = 1 - q$ である．平均的には，$\frac{1}{p}$ 回くらいジャンケンをするごとに，そのうちの1回で勝負がつく（残りはすべてあいこ），と解釈できる．$n = 4$ ならば $\frac{1}{p}$ は約 1.9 で，$n = 5$ ならば $\frac{1}{p} = 2.7$ である．$n = 6$ ならば $\frac{1}{p}$ は約 3.9 で，$n = 10$ ならば $\frac{1}{p}$ は約 19.2 である．20人がジャンケンをするときは，1000回以上ジャンケンをしてようやく勝負が1回つくかどうかといったところだ．

7 根元事象の選び方

例

大きなサイコロと小さなサイコロを1個ずつ，同時に振って出た目を記録する，という試行を考える．

大きなサイコロの目が x，小さなサイコロの目が y のときに (x, y) と表記することにする．標本空間 U として

$$U = \{(x, y) \mid x, y \text{ は 1 以上 6 以下の自然数}\} = \{1, 2, 3, 4, 5, 6\} \times \{1, 2, 3, 4, 5, 6\}$$
$$= \{1, 2, 3, 4, 5, 6\}^2$$

を採用すれば，これら36通りの目の出方は同様に確からしいとみなせるだろう．（重複順列で $_6\Pi_2 = 6^2$ 通りを考えていることになる．）

出た目の和が3以下になるという事象を A とすると，
$$A = \{(1, 1), (1, 2), (2, 1)\}$$
より，その確率は $P(A) = \frac{3}{36} = \frac{1}{12}$ である．

この標本空間は，1個のサイコロを2回振って出た目を記録する，という試行において1回目の目が x，2回目の目が y のときに (x, y) と表記したときと同じになっている．それは，このいずれの試行も "区別のできる2個のサイコロを振っている" とみなせるためで，その区別がサイコロの大きさであろうと振る順序であろうと関係がないからだ．1回

目に大きなサイコロを振り，2回目に小さなサイコロを振る試行を考えて，サイコロを振るタイミングを近づけていくと"大小のサイコロを同時"になり，サイコロの大きさを近づけていくと"1個のサイコロを2回"になるが，出た目の和が3以下の確率がいずれの場合でも $\frac{1}{12}$ になるのは納得できるだろう．

例
　　まったく同じサイコロを2個，同時に振って出た目を記録する，という試行を考える．
　　重複組合せで $_6H_2 = 21$ 通りの結果が考えられる（同じ目が出る場合が6通りで，異なる目が出る場合が $_6C_2 = 15$ 通りなので，合計で21通り）．しかし，これらの21通りが同様に確からしいとは考えにくい．実際に何度かサイコロを振ってみれば，例えば"1と2が同時に出る"という結果が"1が2個同時に出る"という結果よりも起こりやすいことがわかる．標本空間 U として採用すべきなのは，前の例題と同じく
$$U = \{1, 2, 3, 4, 5, 6\}^2$$
である．したがって，出た目の和が3以下になるという事象の確率は $\frac{2}{21}$ ではなく，前の例題と同じように $\frac{1}{12}$ とすべきなのである．
　　その理由を考えてみると，"まったく同じサイコロを2個同時に振ってから，その目を（同時ではなく）順番に読み取る"，という作業をすることで，1個のサイコロを2回振ったのと実質的に同じ試行になるからだと解釈できる．あるいは，"人間がまったく同じと判断するようなサイコロでも，精密に測定すれば大きさに少しだけ違いがある"という状況を想像すれば，大小のサイコロを同時に振ったのと実質的に同じ試行になる．

　この例からわかるように，何を標本空間として採用するか，言い換えると，何を"同様に確からしい"と判断して根元事象とすべきなのか，というのは難しい．しかし，その難しさの原因は，"その試行がどのような実験として実現されているか"，ということが問題となるからであり，その判断は数学とは直接関係のない"常識"に属するものである．次節で紹介するように，現代数学における確率論ではこのような常識問題は数学から切り離し，数学の理論を利用する者が（理論を適用する前の段階として）確率を設定する段階で考えなさい，ということになっている．（どのように確率を設定しようと自由であり，そこから先だけを数学の理論は議論の対象とする．）
　では，確率を数学の問題として出題したり解答したりする立場の我々はどうすればよいか，というと，ある程度"常識"を使わなければならない．"サイコロ"，"トランプ"，"玉の取り出し"等，いくつかのパターンで何を"同様に確からしい"とみなすかの暗黙の約束事があり，それにしたがって議論を進めていくことになる．（頻出のパターンに合わない設定で確率を求める問題では，何を同様に確からしいとみなすべきかが明言されていることが多い．）

例

袋の中に赤玉 2 個と白玉 3 個が入っている.

袋から玉を 1 個取り出して色を確認し,その玉を袋に戻した後で,再び袋から玉を 1 個取り出す,という試行を考える.標本空間として {"赤玉 2 個", "赤玉 1 個と白玉 1 個", "白玉 2 個"} を採用してこの 3 つの結果に確率 $\frac{1}{3}$ を割り当てるのは不適当だと感じるだろう.前の例で扱ったように,玉どうしを区別できるとみなすべきで,赤玉は玉 1,玉 2 であり,白玉は玉 3,玉 4,玉 5 であると考えよう.1 回目が玉 x,2 回目が玉 y のときに (x, y) と表記することにする.標本空間 U として

$$U = \{(x, y) \mid x, y \text{ は 1 以上 5 以下の自然数}\} = \{1, 2, 3, 4, 5\} \times \{1, 2, 3, 4, 5\}$$
$$= \{1, 2, 3, 4, 5\}^2$$

を採用すれば,これら 25 通りの結果は同様に確からしいとみなせるだろう.(重複順列で $_5\Pi_2 = 5^2$ 通りを考えていることになる.)

赤玉が 2 個取り出されるという事象を A とすると,

$$A = \{(1, 1), (1, 2), (2, 1), (2, 2)\}$$

より,その確率は $P(A) = \frac{4}{25}$.(どの赤玉が取り出されるかを考えて,$\#A = {}_2C_1 \times {}_2C_1 = 4$.)

赤玉 1 個と白玉 1 個が取り出されるという事象を B とすると,

$$B = \{(x, y) \mid x = 1, 2 \text{ かつ } y = 3, 4, 5\} \cup \{(x, y) \mid x = 3, 4, 5 \text{ かつ } y = 1, 2\}$$
$$= \{1, 2\} \times \{3, 4, 5\} \cup \{3, 4, 5\} \times \{1, 2\}$$

より,その確率は $P(B) = \frac{12}{25}$.(どの赤玉と白玉が取り出されるか,赤白のどちらが先かを考えて,$\#B = {}_2C_1 \times {}_3C_1 \times 2 = 12$.)

この例の取り出し方を"復元抽出"といい,次の例の取り出し方を"非復元抽出"ということがある.

例

袋の中に赤玉 2 個と白玉 3 個が入っている.

袋から玉を 1 個取り出して色を確認し,その玉を袋に戻さずに,さらに続けて袋から別の玉を 1 個取り出す,という試行を考える.玉どうしを区別して,赤玉は玉 1,玉 2 であり,白玉は玉 3,玉 4,玉 5 であると考えよう.1 回目が玉 x,2 回目が玉 y のときに (x, y) と表記することにする.標本空間 U として

$$U = \{(x, y) \mid x, y \text{ は 1 以上 5 以下の自然数で},\ x \neq y\}$$
$$= \{1, 2, 3, 4, 5\}^2 \setminus \{(1, 1), (2, 2), (3, 3), (4, 4), (5, 5)\}$$

を採用すれば,これら 20 通りの結果は同様に確からしいとみなせるだろう.(順列で

$_5P_2 = 5 \times 4$ 通りを考えていることになる.)

赤玉が 2 個取り出されるという事象を A とすると,
$$A = \{(1, 2), (2, 1)\}$$
より,その確率は $P(A) = \dfrac{2}{20} = \dfrac{1}{10}$.(どの赤玉がどの順序で取り出されるかを考えて,$\#A = {}_2P_2 = 2$.)

赤玉 1 個と白玉 1 個が取り出されるという事象を B とすると,
$$B = \{(x, y) | x = 1, 2 \text{ かつ } y = 3, 4, 5\} \cup \{(x, y) | x = 3, 4, 5 \text{ かつ } y = 1, 2\}$$
より,その確率は $P(B) = \dfrac{12}{20} = \dfrac{3}{5}$.(どの赤玉と白玉が取り出されるか,赤白のどちらが先かを考えて,$\#B = {}_2C_1 \times {}_3C_1 \times 2 = 12$.)

例 袋の中に赤玉 2 個と白玉 3 個が入っている.

袋から玉を 2 個同時に取り出す,という試行を考える.玉どうしを区別して,赤玉は玉 1,玉 2 であり,白玉は玉 3,玉 4,玉 5 であると考えよう.標本空間 U として
$$U = \{X | X \subset \{1, 2, 3, 4, 5\}, \#X = 2\}$$
$$= \{\{x, y\} | x, y \text{ は 1 以上 5 以下の自然数で},\ x \neq y\}$$
を採用すれば,これら 10 通りの結果は同様に確からしいとみなせるだろう.(組合せで $_5C_2 = \dfrac{5 \times 4}{2 \times 1}$ 通りを考えていることになる.)

赤玉が 2 個取り出されるという事象を A とすると,
$$A = \{\{1, 2\}\}$$
より,その確率は $P(A) = \dfrac{1}{10}$.(どの赤玉が取り出されるかを考えて,$\#A = {}_2C_2 = 1$.)

赤玉 1 個と白玉 1 個が取り出されるという事象を B とすると,
$$B = \{X_1 \cup X_2 | X_1 \subset \{1, 2\}, \#X = 1,\ X_2 \subset \{3, 4, 5\}, \#X_2 = 1\}$$
$$= \{\{x, y\} | x = 1, 2 \text{ かつ } y = 3, 4, 5\}$$
より,その確率は $P(B) = \dfrac{6}{10} = \dfrac{3}{5}$.(どの赤玉と白玉が取り出されるかを考えて,$\#B = {}_2C_1 \times {}_3C_1 = 6$.)

この試行は,前の例と本質的に同じことになっている.玉を袋に戻さずに 2 個続けて取り出すというのは,両手に 1 個ずつ同時に玉を取り出してから片手ずつ色を確認するというのと同じだからである.確率の計算においては,順列とみなすか組合せとみなすかという違いがあるものの,取り出す順序を考慮している $_2P_2 = 2$ で分子と分母をわるかどうかという違いになるので,約分した結果同じ確率が得られる.

問題 425 答 p.51

- (1) 袋の中に，1から8までの数字が記入されたカードが1枚ずつ入っている．袋から順に3枚を無作為に取り出して3桁の整数を作る（ただし，一度取り出したカードは袋に戻さない）．整数は何通りできるか．また，作った整数が6以下の数字しか使っていない確率を求めよ．
- (2) 袋の中に，1から8までの数字が記入されたカードが1枚ずつ入っている．袋から同時に3枚を無作為に取り出す．選び方は何通りあるか．また，取り出した数字がすべて6以下である確率を求めよ．
- (3) 箱の中に，赤玉6個と白玉2個が入っている．箱から同時に3個を無作為に取り出す．取り出した玉がすべて赤玉である確率を求めよ．

問題 426 答 p.51

- 袋の中に，赤玉5個，青玉3個，白玉2個が入っている．
- (1) 袋から順に5個を取り出す．取り出した順に"赤玉，青玉，白玉，赤玉，青玉"となる確率を求めよ．
- (2) 袋から順に5個を取り出す．赤玉2個，青玉2個，白玉1個となる確率を求めよ．
- (3) 袋から同時に5個を取り出す．赤玉2個，青玉2個，白玉1個となる確率を求めよ．

問題 427 答 p.52

- 袋の中に，1から6までの数字が記入されたカードが1枚ずつ入っている．この袋から1枚を取り出してまた袋に戻すということを4回繰り返し，取り出した数字を順に a, b, c, d とする．
- (1) a, b, c, d がすべて異なる確率を求めよ．
- (2) a, b, c, d のうち少なくとも1つが6である確率を求めよ．
- (3) $a < b < c < d$ となる確率を求めよ．
- (4) $a \leqq b \leqq c \leqq d$ となる確率を求めよ．

問題 428 答 p.52

- サイコロを4回投げて，出た目を小さい順に a, b, c, d とする．
- (1) $a < b < c < d$ となる確率を求めよ．
- (2) $c = 6$ となる確率を求めよ．

第2節　確率とは何か

1　古典的確率の問題点

前節で扱った"古典的確率"は，集合の要素の個数の比で確率を表そうというものであった．個数が数えられるにはこの集合は有限集合でなければならないので，この理論が適用できる場面はかなり限定される．（標本空間 U に対して，根元事象1つだけからなる事象の確率を p とすると，全事象の確率は $p \times \#U$ である．したがって，もしも U が無限集合ならば p をどのような正の実数として定めても全事象の確率が1にならない．）

これはまた，確率が整数の比，すなわち有理数でなければならない，ということも意味する．（例えば，どのように標本空間を設定しようとも，確率が $\frac{1}{\sqrt{2}}$ の事象は構成できない．）現実に確率を使うときには，降水確率や故障の確率など，有理数とは限らない実数を使いたいので，少々具合が悪い．例えば，的がアタリとハズレに色分けされていて，命中する確率はアタリとハズレの面積比で決まる，という単純な場合ですら，確率が有理数である保証はまったくないはずだ．

もう少し根本的な問題として，標本空間のすべての要素に等確率を当てはめる根拠，すなわち，"同様に確からしい"という表現に何が隠されているのか，ということがある．例えばサイコロ投げでは，どの目も同様に確からしいのは立方体のもつ対称性のおかげである．コイン投げやくじ引き等，いずれも共通しているのは"特定の結果を優遇する理由はないから同じ確率だとみなそう"という思想である．古典的確率が定着した19世紀前半は，決定論的な科学万能主義の時代であり，原理にしたがってあらゆることがらの結果がすでに決まっている，という考え方が支配的であった．未知なものがあるのは我々の知識が不足しているからで，あらゆることがらを把握し解析する能力をもつ知性，知力（"ラプラスの悪魔"，"ラプラスの魔物"とよばれる）をもってすれば未来もすべてお見通しというわけだ．（ラプラスにとっては，確率は未知の度合いを測定する尺度のようなものであったらしい．）こうして，未知で同質なものには同じ確率を割り当てるという原則がその単純さゆえに"合理的"だ，として定着したのだろう．しかし，どのようなときなら同質だとみなせるのだろうか．例えば，袋から玉を出すとき，赤玉かどうかは未知であるから，"赤玉の確率は $\frac{1}{2}$，赤玉でない確率は $\frac{1}{2}$"とするのが（袋についての予備知識のない状態では）合理的である．一方，"赤玉の確率は $\frac{1}{3}$，白玉の確率は $\frac{1}{3}$，赤玉でも白玉でもない確率は $\frac{1}{3}$"とするのも同じくらい合理的に感じられる．しかし，袋の中の玉の個数が色ごとにわかっていなければ"意味のある確率"が計算できないことは前節で見たとおりである．これは"赤玉"という事象がいくつかの根元事象からなるからだと説明したが，どこまで分割したら根元事象とみなせるのかも不明確である．（そもそも，確率に"正しい値"などあるのだろうか．もしもないのならば，"この値の方が確率としては合理的だ"という議論は意味を失う．

2 ● 頻度と確率

　確率の直観的な意味として，その事象の起こる回数（頻度）と関連づけて説明されることも多い．ある試行を N 回繰り返したときに x 回だけ事象 A が起こるとすると，<u>N を大きくしたときに"相対頻度" $\frac{x}{N}$ がある値に近づくはずで，その値が事象 A の確率だ</u>，というわけだ．例えば，"サイコロで 3 の目が出る確率が $\frac{1}{6}$" というのはサイコロを 6 億回投げたらそのうちの 1 億回くらいが 3 の目になるという意味だ，と言われる．しかし，実験してみてちょうど 1 億回にならなければ誤差があるからだといわれ，結果が $\frac{1}{6}$ からずれていればサイコロが正確な立方体でないから悪いといわれて，結局サイコロ投げの結果は $\frac{1}{6}$ だという信念を押し付けられるだけに終わりそうだ．そもそも出る目がすべて $\frac{1}{6}$ というのは理想的なサイコロにすぎないのだから，実際に投げてみる話をもち出すこと自体がおかしい．このように，$\frac{x}{N}$ の極限を数学的な定義として採用して確率の理論を構築するのは不可能である．実験結果は毎回異なるだろうし，N をどこまで大きくしたときの $\frac{x}{N}$ を信じていいのかも不明である．

　そもそも，確率は人間がいなくても存在するものなのだろうか．放射性物質の原子核は一定の割合で崩壊し，半数が崩壊するまでの時間が半減期として測定されている．これは自然現象の一環であり，人間とは無関係な確率の話だ．しかし，すべての出る目が等しく $\frac{1}{6}$ であるようなサイコロは人間の空想の産物だし，"成功確率は 80 パーセントくらいかな" という発言や未知の度合いを測定する尺度としての確率は人間と切り離しては存在できない．（このように，各個人によって異なる値を許す確率を "主観確率" ということがある．）

　1 回だけ起こるようなことがら（一発勝負での成功確率や今日の降水確率など）では頻度の比の極限としての確率は考えられない．そこで，このようなケースは確率の理論では扱わないと宣言することがある．<u>確率とは，同じことがらが何度も繰り返されるときに生じる規則性を研究する分野である</u>，というわけだ．現代数学では，（確率を公理でしっかり意味づけした後，）繰り返し実行するとどうなるかということに関して "大数の法則"，"中心極限定理" といった定理が証明されている．これは，試行回数を増やすと相対頻度が一定値に近づくという経験則に対する理論的背景となっている．

3 ● 公理的確率

　ここまで説明してきた "確率" に関する困難はユークリッド幾何学に似ている．ユークリッド幾何学においては，"直線" や "点" のもつ様々な性質を整理し，用語の意味を定めるために公理が導入され，あらゆる数学的事実は公理から証明することによって得られた．確率についても，おのおのが "確率" にもつイメージが異なり，何を前提とすべきかがハッキリしない状況であり，サイコロ投げにも降水確率にも通用するような根本原理を探して行き詰まっていた．これを打開するため，<u>"確率" が満たすべきと思われる性質から基本的なものを抜き出して公理として定式化し，その公理から何が導かれるかだけを論じることになった</u>．現実の確率の問題にこの理論をどのように応用するかは数学の関知するところではない．等確率を割り当

てることの是非をはじめとする哲学的な問題からも解放され，繰り返し実行したときの測定誤差の問題は統計学にまかせて，純粋な理論として仮定からどのような結論が得られるかを論じることだけが数学の役割となる．この解決法は 1933 年にコルモゴロフによって提示されたものであり，確率論が数学の一分野として発展する基礎となった．以下，本書での"確率"は公理的確率をさすことにする．これについて説明しよう．

標本空間 U の部分集合である事象 A に確率 $P(A)$ を割り当てるという点は古典的確率と変わらない．しかし，U や A は有限集合でなくてもいいし，$P(A)$ は #U や #A と無関係に設定してよいことにする．全事象については，$P(U) = 1$ と定める．しかし，U 以外の事象について，何の脈絡もなく 0 以上 1 以下の値を確率として設定すると，"確率は A が U に占める割合だ"という意味がなくなって使いものにならなくなる．これを是正するため，"互いに排反な事象については，和事象の確率は確率の和だ"という事実が成り立つように注意しながら確率を定めることにする．この事実について，次の 2 つの条件を考えよう．

有限加法性

N 個の事象 $A_1, A_2, A_3, \ldots, A_N$ について，どの 2 つも互いに排反ならば，
$$P(A_1 \cup A_2 \cup A_3 \cup \cdots \cup A_N) = P(A_1) + P(A_2) + P(A_3) + \cdots + P(A_N).$$

完全加法性，可算加法性

事象 $A_1, A_2, A_3, \ldots$ について，どの 2 つも互いに排反ならば，
$$P(A_1 \cup A_2 \cup A_3 \cup \cdots) = P(A_1) + P(A_2) + P(A_3) + \cdots.$$

ここでの事象 A_i について，"i は 1 以上 N 以下の自然数"という場合が有限加法性で，"i は自然数"という場合が完全加法性である．（例えば "i は正の実数" などというのは許されない．）古典的確率では，集合の要素数の議論に還元することで有限加法性が証明できた 17 1 4．（U が有限集合ならば完全加法性を考える場面は生じない．）ここで新しく導入しようとしている公理的確率では，U に無限集合を許すのにあわせて，完全加法性が成り立つように要請する．なお，完全加法性が成り立てば有限加法性も成り立つ．

これまでのことをまとめると，確率とは事象に対して実数を割り当てるもの（つまり関数）のうち，値が 0 以上 1 以下で，U に対しては 1 が割り当てられ，完全加法性を満たすものである．しかし，U が有限集合でないときには，その部分集合は想像を絶するほど多様で，それらすべてにうまく確率を割り当てることができないことがある．したがって，U の部分集合のうちの一部だけを事象と認めて，それらだけに確率を割り当てることにする．どのような U の部分集合を事象とみなすべきかは設定によるが，少なくとも全事象 U と空事象 $\varnothing$ はあるべきだし，事象 A に対してその余事象 $\overline{A}$ も考えたい．あとは，完全加法性と関連して，和事象を考えることができるのが望ましい．このような条件を満たすのが次の"完全加法族"であ

る．（なお，集合を要素とする集合のことを"族"ということがある．）

U の部分集合を要素とする集合 $\mathcal{F}$（つまり，$\mathcal{F} \subset \mathfrak{P}(U)$）に対して，$\mathcal{F}$ が **完全加法族**, **可算加法族**, **σ-加法族** であるとは，次の条件 (i), (ii), (iii) を満たすことである：

  (i) $U \in \mathcal{F}$.
  (ii) $A \in \mathcal{F}$ ならば，$\overline{A} \in \mathcal{F}$.
  (iii) $A_1, A_2, A_3, \ldots \in \mathcal{F}$ ならば，$A_1 \cup A_2 \cup A_3 \cup \cdots \in \mathcal{F}$.

$\mathcal{F}$ が完全加法族であれば，次の (iv) と (v) も成り立つことが証明できる．
  (iv) $\emptyset \in \mathcal{F}$.
  (v) $A_1, A_2, A_3, \ldots \in \mathcal{F}$ ならば，$A_1 \cap A_2 \cap A_3 \cap \cdots \in \mathcal{F}$.
((iv) には (i) と (ii) を使う．(v) には (ii) と (iii) とド・モルガンの法則を使う．)
ここで，(iii) と (v) の A_i において，i は自然数を動くことに注意する．

これで公理的確率の定義を述べる準備が整った．
$(U, \mathcal{F}, P)$ が **確率空間** であるとは，次の条件 (P0)–(P3) が成り立つことをいう．
  (P0) U は集合で，$\mathcal{F}$ は U の部分集合からなる完全加法族であり，P は $\mathcal{F}$ から $\mathbb{R}$ への関数である．
  (P1) $A \in \mathcal{F}$ に対して，$P(A) \geqq 0$ が成り立つ．
  (P2) $P(U) = 1$ が成り立つ．
  (P3) $A_1, A_2, A_3, \ldots \in \mathcal{F}$ であり，そのうちのどの2つを選んでも共通部分が空集合ならば，
  $$P(A_1 \cup A_2 \cup A_3 \cup \cdots) = P(A_1) + P(A_2) + P(A_3) + \cdots. \text{(完全加法性)}$$
このとき，U を **標本空間** といい，$\mathcal{F}$ の要素を **事象** といい，$P(A)$ を A の **確率** という．（U を"確率空間"ということもある．確率の記号は P を使うことが多い．）

$(U, \mathcal{F}, P)$ が確率空間であれば，次の (P4)–(P10) が成り立つことが証明できる．
  (P4) $P(\emptyset) = 0$ が成り立つ．
  (P5) $A \in \mathcal{F}$ に対して，$0 \leqq P(A) \leqq 1$ が成り立つ．
  (P6) $A \in \mathcal{F}$ に対して，$P(\overline{A}) = 1 - P(A)$ が成り立つ．
  (P7) $A_1, A_2 \in \mathcal{F}$ に対して，$P(A_1 \cup A_2) = P(A_1) + P(A_2) - P(A_1 \cap A_2)$ が成り立つ．
  (P8) $A_1, A_2 \in \mathcal{F}$ に対して，$A_1 \subset A_2$ ならば，$P(A_1) \leqq P(A_2)$ が成り立つ．
  (P9) $A_1, A_2, \ldots \in \mathcal{F}$ に対して，$A_1 \subset A_2 \subset \cdots$ ならば，$P(A_n)$ で n を限りなく大きくすると $P(A_1 \cup A_2 \cup \cdots)$ に近づく．
  (P10) $A_1, A_2, \ldots \in \mathcal{F}$ に対して，$A_1 \supset A_2 \supset \cdots$ ならば，$P(A_n)$ で n を限りなく大きくすると $P(A_1 \cap A_2 \cap \cdots)$ に近づく．

前節の古典的確率で成り立っていた公式は，（要素数の比を確率とするという部分を除いて）公理的確率でもそのまま成り立つことに注意する．

> **例**
> U が有限集合のとき，$\mathcal{F} = \mathfrak{P}(U)$（すなわち，$\mathcal{F} = \{A | A \subset U\}$）とすると，$\mathcal{F}$ は明らかに完全加法族である．
> $A \in \mathcal{F}$（すなわち，$A \subset U$）に対して，$P(A) = \dfrac{\#A}{\#U}$ と定義すると，$(U, \mathcal{F}, P)$ は確率空間であることが証明できる．
> これが古典的確率である．
> $\#A = 1$ ならば $P(A) = \dfrac{1}{\#U}$ である．要素数が 1 の事象はすべて同じ確率となるが，これは "根元事象はすべて同様に確からしい" という要請を表現したものになっている．

今後，古典的確率とみなせるときは，$\mathcal{F}$ や P の指定を省略することがある．

試行を 1 つ考えるということは，"その試行の結果としてどのような事象があるか"，"その事象が起きる確率はいくらか" を指定することだから，確率空間を 1 つ考えるというのと同じことである．

> **例**
> コインを投げるという試行において，表の出る確率が p であり，裏の出る確率が q であるとする．（ただし，$p + q = 1$, $0 \leqq p \leqq 1$．）
> $U = \{$ 表, 裏 $\}$ とし，$\mathcal{F} = \mathfrak{P}(U)$（すなわち，$\mathcal{F} = \{\varnothing, \{$ 表 $\}, \{$ 裏 $\}, U\}$）とすると，$\mathcal{F}$ は完全加法族である．
> $P(\varnothing) = 0$, $P(\{$ 表 $\}) = p$, $P(\{$ 裏 $\}) = q$, $P(U) = 1$ として P を定義すると，$(U, \mathcal{F}, P)$ は確率空間であることが証明できる．
> $p = \dfrac{1}{2}$ の場合が古典的確率でよく出てくる．p が無理数のときには古典的確率で扱うことができない．

> **例**
> 袋の中に x 個の赤玉と y 個の白玉が入っている．袋から玉を 1 個取り出すという試行を考える．$U = \{$ 赤, 白 $\}$ とし，$\mathcal{F} = \mathfrak{P}(U)$（すなわち，$\mathcal{F} = \{\varnothing, \{$ 赤 $\}, \{$ 白 $\}, U\}$）とすると，$\mathcal{F}$ は完全加法族である．
> $P(\varnothing) = 0$, $P(\{$ 赤 $\}) = \dfrac{x}{x+y}$, $P(\{$ 白 $\}) = \dfrac{y}{x+y}$, $P(U) = 1$ として P を定義すると，$(U, \mathcal{F}, P)$ は確率空間であることが証明できる．
> 古典的確率では玉どうしを区別して $x + y$ 個の要素をもつ集合を標本空間としていたが，$U = \{$ 赤, 白 $\}$ を標本空間とする方が直接的で自然ではなかろうか．

標本空間 U が（例えば整数のように）"とびとび"であるような確率空間を"離散型確率空間"という．標本空間 U が（例えば実数のように）"ベッタリ"しているような確率空間を"連続型確率空間"という．U が有限集合ならば離散型確率空間であり，連続型確率空間では U は無限集合である．（したがって，古典的確率から作られた確率空間は離散型確率空間である．）離散型と連続型の混じり合ったものも考えられるが，実用的に使う確率空間はたいがいどちらかに分類できる．しかも，両者の理論はかなり見かけが異なる．（例えば，離散型で"和"を使うところには連続型では"積分"というものを使うことが多い．）

> **例**
> $U = \{x \in \mathbb{R} \mid 0 \leqq x \leqq 1\}$ とする．
> $0 \leqq a < b \leqq 1$ を満たす実数 a, b に対して，$\{x \mid a < x < b\}$，$\{x \mid a \leqq x < b\}$，$\{x \mid a < x \leqq b\}$，$\{x \mid a \leqq x \leqq b\}$ を U の **区間** という．U の区間をすべて含むような完全加法族のうち，最小のものを $\mathcal{F}$ とする．（すなわち，$\mathcal{F}$ は U の区間をすべて含む完全加法族であり，U の区間をすべて含む完全加法族 $\mathcal{F}'$ があれば $\mathcal{F} \subset \mathcal{F}'$ となっている．）
>
> $$P(\{x \mid a < x < b\}) = P(\{x \mid a \leqq x < b\}) = P(\{x \mid a < x \leqq b\})$$
> $$= P(\{x \mid a \leqq x \leqq b\}) = b - a$$
>
> とし，P の定義域を $\mathcal{F}$ に"自然に"拡張すると，確率空間 $(U, \mathcal{F}, P)$ が得られる．
> これは，0 以上 1 以下の実数をランダムに 1 つ取り出す，という試行の確率空間である．（定規の 0 cm と 1 cm の間の 1 点をでたらめに指定してその目盛りを読むことだ，といってもよい．）0 以上 1 以下のすべての実数に"同じ確率を割り当てた"ことになっており，この確率空間を"一様確率空間"という．
> 取り出した数が 0.3 以上 0.5 未満である確率は $P(\{x \mid 0.3 \leqq x < 0.5\}) = 0.5 - 0.3 = 0.2$ である．取り出した数が 0.3 以上 0.5 以下である確率も $P(\{x \mid 0.3 \leqq x \leqq 0.5\}) = 0.5 - 0.3 = 0.2$ であるから，取り出した数がちょうど 0.5 である確率は $P(\{x \mid 0.3 \leqq x \leqq 0.5\}) - P(\{x \mid 0.3 \leqq x < 0.5\}) = 0$ である．この結末は，"ランダムに取り出したものがちょうど 0.5 などというのはありえないくらいの偶然だ"として納得しよう．ただし，少しでも誤差を許して区間に幅をつければ，それは正の確率になる（例えば，0.499 以上 0.501 以下である確率は 0.002）．
> 確率の有限加法性により，自然数 k に対して，取り出した数が $\dfrac{0}{k}, \dfrac{1}{k}, \dfrac{2}{k}, \ldots, \dfrac{k}{k}$ のいずれかである確率は 0 である（分子は $k+1$ 通り）．さらに k を動かすと，確率の完全加法性により，取り出した数が有理数である確率は 0 である．余事象の確率により，取り出した数が無理数である確率は 1 である．実数に占める"割合"は，無理数が有理数よりもはるかに大きいといえる．

数直線上の"長さ"を厳密に扱うと，この例のような議論をすることになる．平面上の"面積"や空間内の"体積"についても，（区間の代わりに長方形や直方体を使うことで）これと同じような議論をする．

離散型確率空間では各点における確率に注意を払うだけでよかったが，連続型確率空間では1点における確率は0で，考えたい点の周辺に少し幅をもたせたものにしか正の確率が割り当てられていない．（いわば，各点における確率の"密度"が割り当てられているようなものといえる．）

完全加法族 $\mathcal{F}$ の指定はやや難しいので，本書では今後は省略することにする．（標本空間 U が有限集合ならば $\mathcal{F} = \mathfrak{P}(U)$ と考えてよい.）

また，特に断らない限り，確率には P という記号を使い続けることにする．

この節の内容はやや難しかったかもしれない．最低限わかっておいてほしいことは，古典的確率では不十分なので公理的確率を導入し，そのおかげで"根元事象どうしが必ずしも等確率ではない"，"根元事象が無数にある"，"根元事象の確率が無理数"という場合も許されるようになった，という点である．公理的確率の枠組内でも古典的確率は実現できるので，古典的確率で済む問題は今後も従来通りの方法（つまり古典的確率のまま）で扱ってよい．

放課後の談話

生徒「確率について，いろいろな考え方があるんですね.」
先生「17世紀初めにガリレオが"3つのサイコロを投げたとき，目の和は10が9よりも出やすい"と論じている．可能性 6^3 通りを等確率とみなして古典的確率で考えたようだ.」
生徒「サイコロの目の問題は古典的確率で考えるのが自然な気がします.」
先生「17世紀半ばにパスカルとフェルマーが書簡で確率の議論をしている．その中に，有名な賭けの話がある．A, B, C の3人があるゲームを続けて行って，初めに一定の回数を勝った者が優勝として賭け金をすべてもらえるとしよう．このゲームで3人が勝つ可能性は等しいとする．さて，この賭けを途中で中断したとき，A はあと1回，B と C はあと2回で優勝する状態だった．賭け金をどのように分配すべきだろうか.」
生徒「A が有利なところまで進んだのだから，A の取り分を増やすべきでしょう.」
先生「難しいのは，ゲームに誰が勝つかによってゲーム数が異なることだ．A が勝てば1ゲームですむが，B や C が勝てば最大で3ゲーム必要になる.」
生徒「誰が勝つかにかかわらず，3ゲームやってみて，$3^3 = 27$ 通りが同様に確からしいとみなせばいいでしょう．1ゲーム目で A が勝てば残るゲームの結果を無視すればいいだけです.」
先生「そのようにして A, B, C の取り分を 17 : 5 : 5 にすればいい，というのが彼らの結論だ．しかし，やらないゲームをやってみたことにしていいのだろうか.」
生徒「場合の数を数えるための思考実験として，3ゲームやったことにして問題ないでしょう.」
先生「例えば2人が勝負をするとき，コインを投げて表が出たら将棋を指し，裏が出たら囲碁を打つことで決着しよう，と決めたとする．将棋の勝率と囲碁の勝率が異なるならば，思考実験としてはコイン投げの結果にかかわらず囲碁と将棋の両方をやってみたことにしなければならない.」
生徒「場合分けが増えれば，実際にはやっていないのにやったことにするゲームがどんどん増えますね.」
先生「この問題を合理的に扱うには，次節の条件付き確率を使いながら確率空間を設定する必要がある．古典的確率ではどうしても全事象が不自然になってしまう.」
生徒「公理的確率は，なんだかごちゃごちゃしていてわかりにくいです.」
先生「公理的確率は，分母を気にせずに，総和が1という条件さえ満たせば自由に確率を割り当てられる．ごちゃごちゃした部分は，それに付随して生じる難点をクリアする仕掛けにすぎない.」

第3節 条件付き確率

1 条件付き確率とは何か

複雑な操作を考えるとき，簡単な操作を続けて行う，という形に分解することがある．各ステップの確率をどのように統合して全体の確率を求めればよいのだろうか．

> **例**
>
> ある工場で生産される製品のうち，2パーセントは不良品で出荷不可能である．また，出荷可能な製品のうち，3割は特上品である．生産される製品のうちどれほどが特上品だろうか．
>
> 答えは，98パーセントのうちの3割だから，$0.98 \times 0.3 = 0.294$，すなわち，29.4パーセントということになるだろう．
>
> 算数の問題としては，この工場で製品を1000個生産したらそのうちの294個が特上品だということだが，もちろん，現実では "2パーセント" や "3割" は誤差を含むだろうし，生産個数が1000の倍数でないときにも0.294という数の意味を考えたいはずだ．そのような観点から，"2パーセント" や "3割" や "0.294" を確率とみなすのが自然である．
>
> まずは出荷可能かどうかを判定し，さらに出荷可能な製品の中で特上品かどうかを判定する，というように，2つの段階に分解して考えていることに注意しよう．
>
> $U_1 = \{$出荷可能, 出荷不可能$\}$ を標本空間として，$\{$出荷可能$\}$ の確率は0.98であり，$\{$出荷不可能$\}$ の確率は0.02であるとして確率を定める．（$0.98 + 0.02 = 1$ に注意．）さらに，出荷可能な製品に限定して考えて，$U_2 = \{$(出荷可能かつ) 特上品, (出荷可能かつ) 非特上品$\}$ を標本空間として，$\{$(出荷可能かつ) 特上品$\}$ の確率は0.3であり，$\{$(出荷可能かつ) 非特上品$\}$ の確率は0.7であるとして確率を定める．（$0.3 + 0.7 = 1$ に注意．）
>
> U_1 と U_2 を統合した新しい標本空間として $U = \{$出荷可能かつ特上品, 出荷可能かつ非特上品, 出荷不可能$\}$ を考えたとき，どのように確率を割り当てるべきか，というのがここでの問題である．その答えとしては，$\{$出荷可能かつ特上品$\}$ の確率は $0.98 \times 0.3 (= 0.294)$ であり，$\{$出荷可能かつ非特上品$\}$ の確率は $0.98 \times 0.7 (= 0.686)$ であり，$\{$出荷不可能$\}$ の確率は0.02であるとして確率を定めると，$0.294 + 0.686 + 0.02 = 1$ となって都合が良い．U から U_2 を復元するには，$\dfrac{0.294}{0.294 + 0.686} = 0.3$，$\dfrac{0.686}{0.294 + 0.686} = 0.7$ と計算すればよい．このことを，"出荷可能という条件の下での特上品の条件付き確率は0.3" であり，"出荷可能という条件の下での非特上品の条件付き確率は0.7" である，という．

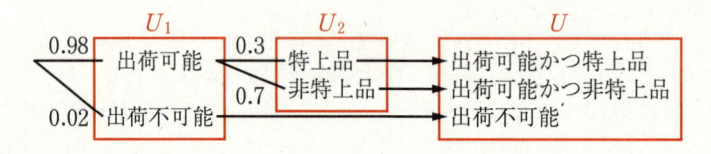

例 袋の中に4個の赤玉と96個の白玉が入っている．

太郎君が袋から玉を1個取り出すとき，それが赤玉である確率は $\frac{4}{100} = \frac{1}{25}$ である．しかし，太郎君が取り出した玉の色を確認してしまったあとは，太郎君の赤玉の確率はもはや $\frac{1}{25}$ ではない．取り出したのが赤玉ならば赤玉である確率は1だし，取り出したのが白玉ならば赤玉である確率は0である．

太郎君が取り出した玉を袋に戻さずに，続けて次郎君が袋から玉を1個取り出す．もしも太郎君が赤玉を取り出したならば，袋には3個の赤玉と96個の白玉が残っているから，その条件の下では，次郎君が赤玉を取り出す確率は $\frac{3}{99} = \frac{1}{33}$ である．もしも太郎君が白玉を取り出したならば，袋には4個の赤玉と95個の白玉が残っているから，その条件の下では，次郎君が赤玉を取り出す確率は $\frac{4}{99}$ である．

このように，条件（すなわち，知識，情報）が加わると確率が変化することがある．ここでの $1, 0, \frac{1}{33}, \frac{4}{99}$ は"条件付き確率"の例になっている．

例 サイコロを1個振って出た目を記録する，という試行を考える．標本空間 U は $U = \{1, 2, 3, 4, 5, 6\}$ であり，$P(\{1\}) = P(\{2\}) = P(\{3\}) = P(\{4\}) = P(\{5\}) = P(\{6\}) = \frac{1}{6}$ である．

"偶数が出る"という事象を A とすると，$A = \{2, 4, 6\}$ だから，

$$P(A) = P(\{2\}) + P(\{4\}) + P(\{6\}) = \frac{1}{2}.$$

"4以上が出る"という事象を B とすると，$B = \{4, 5, 6\}$ だから，

$$P(B) = P(\{4\}) + P(\{5\}) + P(\{6\}) = \frac{1}{2}.$$

$A \cap B$ は"4以上の偶数が出る"という事象で，$A \cap B = \{4, 6\}$ だから，

$$P(A \cap B) = P(\{4\}) + P(\{6\}) = \frac{1}{3}.$$

相手がサイコロを振った後，出た目の偶奇を自分が当てるというゲームを考えると，何も予備知識のない状態では当たる確率は $\frac{1}{2}$ である．しかし，相手が"4以上が出た"というヒントをくれたならば，出た目は4または5または6なのだから，偶数である確率は $\frac{2}{3}$ に上がったと考えるべきである．ヒントのおかげで全事象が U から B に縮まったわけで，古典的確率で考えれば $\frac{\#(A \cap B)}{\#B} = \frac{2}{3}$ が（ヒント後に）偶数である確率になる．分母と分子を $\#U$ でわって，

$$\frac{\#(A \cap B)}{\#B} = \frac{\frac{\#(A \cap B)}{\#U}}{\frac{\#B}{\#U}} = \frac{P(A \cap B)}{P(B)}$$

である．$\dfrac{P(A\cap B)}{P(B)}$ という表現には集合の要素数（# という記号）が登場しないので，公理的確率でも扱える．$\dfrac{P(A\cap B)}{P(B)} = \dfrac{\frac{1}{3}}{\frac{1}{2}} = \dfrac{2}{3}$ を "4 以上が出るという条件の下での，偶数が出る（条件付き）確率" といって，（条件なしの）"偶数が出る確率" である $\dfrac{1}{2}$ と区別する．

事象 A, B に対して，$P(B) \neq 0$ のとき，$\dfrac{P(A\cap B)}{P(B)}$ を B が起こるという条件の下での A の **条件付き確率** といい，$P_B(A)$ あるいは $P(A|B)$ と表記する．

$P(B) = 0$ のとき，$\dfrac{P(A\cap B)}{P(B)}$ という表現は意味をもたないので，$P(A|B)$ は定義されないことにする．

事象 A の確率 $P(A)$ は，全事象 U に対して A の占める割合を表したものと考えられる．今，B が起こるという条件の下で考えると，U のうち B の外側（つまり $\overline{B}$ の部分）は考えないでよいということだから，B のうちさらに A も満たすもの（つまり $A\cap B$ の部分）が B に対してどれくらいの割合を占めるか，ということに興味がうつる．これが等式 $P(A|B) = \dfrac{P(A\cap B)}{P(B)}$ の意味である．

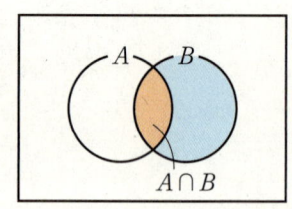

例

1 個のサイコロを 2 回振る試行について，1 回目の目が x，2 回目の目が y のときに (x, y) と表記することにする．標本空間 U として
$$U = \{(x, y) | x, y \text{ は } 1 \text{ 以上 } 6 \text{ 以下の自然数}\} = \{1, 2, 3, 4, 5, 6\}^2$$
を採用し，これら 36 通りの目の出方は同様に確からしいとみなしてそれぞれに確率 $\dfrac{1}{36}$ を割り当てる．

目の和が 6 だとわかったとき，1 回目に 2 が出ていた（条件付き）確率を求めよう．"目の和が 6 である" という事象を B とすると，$B = \{(1, 5), (2, 4), (3, 3), (4, 2), (5, 1)\}$ より，$P(B) = \dfrac{5}{36}$ である．

一方，"1 回目の目が 2 である" という事象を A とすると，$A\cap B = \{(2, 4)\}$ より，$P(A\cap B) = \dfrac{1}{36}$．

したがって，目の和が 6 という条件の下で，1 回目に 2 が出ていた条件付き確率は
$$P(A|B) = \dfrac{P(A\cap B)}{P(B)} = \dfrac{1}{5}.$$

問題 429 ●1 2 3 4 5 6 7 の7枚のカードが入った袋がある．この袋から無作為に1枚引いたとき，次の問いに答えよ．

答 p.53

(1) 3の倍数を引いた確率を求めよ．

(2) 偶数を引いたと分かったとき，それが3の倍数である確率を求めよ．

2 条件付き確率に関係する公式

> **乗法公式，積の法則**
> $$P(A \cap B) = P(A|B)P(B).$$

これは等式 $P(A|B) = \dfrac{P(A \cap B)}{P(B)}$ の両辺を $P(B)$ 倍して得られる．$P(B) = 0$ のとき，$P(A|B)$ は定義されないが，($A \cap B \subset B$ より) $P(A \cap B) = 0$ が自動的に成り立つので，この等式は "$0 = 0$" という形で成り立つ，と解釈することにする．($P(B)$ が 0 かどうかで生ずる場合分けがわずらわしいため．)

例

袋の中に4個の赤玉と96個の白玉が入っている．

太郎君が袋から玉を1個取り出す．太郎君が取り出した玉を袋に戻さずに，続けて次郎君が袋から玉を1個取り出す．太郎君が赤玉を取り出すという事象を T とすると，その確率は $P(T) = \dfrac{4}{100} = \dfrac{1}{25}$ である．

次郎君が赤玉を取り出すという事象を J とする．

太郎君が赤玉を取り出したという条件の下では，次郎君が赤玉を取り出す（条件付き）確率は $P(J|T) = \dfrac{3}{99}$ である．

したがって，太郎君と次郎君の両方が赤玉を取り出す確率は

$$P(T \cap J) = P(T)P(J|T) = \frac{4}{100} \times \frac{3}{99} = \frac{1}{825}. \quad \cdots\cdots ①$$

古典的確率の考え方で，条件付き確率を使わずに同じ問題を考えてみよう．玉どうしを区別するとき，二人の玉の取り出し方は $_{100}P_2 = 100 \times 99$ 通りあり，これらは同様に確からしいとみなせる．このうち，太郎君と次郎君の両方が赤玉であるような取り出し方は $_4P_2 = 4 \times 3$ 通り．したがって，太郎君と次郎君の両方が赤玉を取り出す確率は

$$P(T \cap J) = \frac{4 \times 3}{100 \times 99} = \frac{1}{825}. \quad \cdots\cdots ②$$

条件付き確率を使う方法（①）と使わない方法（②）を比較すると，かけ算とわり算の順序が逆になっている点が興味深い．両者の違いは，個数を数えるという現実の問題から確率という数学的対象物に移行するタイミングの違いであり，同じ計算結果が得られるのは，そのような整合性をもつように "条件付き確率" が定義されたからに他ならない．

> **全確率の公式，law of total probability**
>
> 標本空間 U が事象 B_1, B_2, B_3 によって $U = B_1 \amalg B_2 \amalg B_3 \amalg \cdots$ と分割されているとする.
> (すなわち，$B_1, B_2, B_3, \ldots$ はどの2つも互いに排反で，$U = B_1 \cup B_2 \cup B_3 \cup \cdots$.)
> このとき，事象 A の確率は
> $$P(A) = P(A|B_1)P(B_1) + P(A|B_2)P(B_2) + P(A|B_3)P(B_3) + \cdots.$$

これは，可算加法性 $P(A) = P(A \cap B_1) + P(A \cap B_2) + P(A \cap B_3) + \cdots$ に $P(A \cap B_1) = P(A|B_1)P(B_1), P(A \cap B_2) = P(A|B_2)P(B_2), \ldots$ を代入したものである.

例

袋の中に4個の赤玉と96個の白玉が入っている.

太郎君が袋から玉を1個取り出す．太郎君が取り出した玉を袋に戻さずに，続けて次郎君が袋から玉を1個取り出す．太郎君が赤玉を取り出すという事象を T とし，次郎君が赤玉を取り出すという事象を J とする.

太郎君が赤玉を取り出す確率は $P(T) = \dfrac{4}{100} = \dfrac{1}{25}$ であり，太郎君が赤玉を取り出したという条件の下では，次郎君が赤玉を取り出す（条件付き）確率は $P(J|T) = \dfrac{3}{99}$ である.

太郎君が白玉を取り出す確率は $P(\overline{T}) = \dfrac{96}{100} = \dfrac{24}{25}$ であり，太郎君が白玉を取り出したという条件の下では，次郎君が赤玉を取り出す（条件付き）確率は $P(J|\overline{T}) = \dfrac{4}{99}$ である.

標本空間 U に対して $U = T \amalg \overline{T}$ だから，次郎君が赤玉を取り出す確率は

$$P(J) = P(T)P(J|T) + P(\overline{T})P(J|\overline{T}) = \frac{4}{100} \times \frac{3}{99} + \frac{96}{100} \times \frac{4}{99} = \frac{1}{25}.$$

さて，ここでの標本空間 U とはどのようなものであろうか.

もちろん，古典的確率の立場によれば，区別できる100個の玉から2個が順に取り出されるから，その（${}_{100}P_2$ 通りの）取り出し方全体の集合を U にすることができる．（そのような立場では，$P(T) = P(J)$ となることは対称性より明らかな事実として，場合の数を数えるときに暗黙のうちに認めて使ってしまうに違いない.)

玉の区別を導入せずに結果を素直に標本空間に翻訳する立場では，$U = \{$太郎赤かつ次郎赤，太郎赤かつ次郎白，太郎白かつ次郎赤，太郎白かつ次郎白$\}$ とするのが自然である．これにどのように確率を割り当てるべきだろうか．$T = \{$太郎赤かつ次郎赤，太郎赤かつ次郎白$\}$ であり，$J = \{$太郎赤かつ次郎赤，太郎白かつ次郎赤$\}$ である．袋に残っている玉の個数によれば，$P(T) = \dfrac{4}{100}, P(J|T) = \dfrac{3}{99}, P(J|\overline{T}) = \dfrac{4}{99}$ と定めるのが適切と考えられる．そのためには，

$$P(\{\text{太郎赤かつ次郎赤}\}) = P(J \cap T) = P(T)P(J|T) = \frac{4}{100} \times \frac{3}{99}$$

とし，$P(\overline{T}) = 1 - P(T) = 1 - \frac{4}{100} = \frac{96}{100}$ に注意して，

$$P(\{\text{太郎白かつ次郎赤}\}) = P(J \cap \overline{T}) = P(\overline{T})P(J|\overline{T}) = \frac{96}{100} \times \frac{4}{99}$$

としなければならない．$P(\{\text{太郎赤かつ次郎白}\}) = P(T) - P(\{\text{太郎赤かつ次郎赤}\})$ および $P(\{\text{太郎白かつ次郎白}\}) = P(\overline{T}) - P(\{\text{太郎白かつ次郎赤}\})$ により，確率の割り当てが完了する．

標本空間が先にわかっていて条件付き確率を定義にしたがって計算することもあるのだが，この例における考察からわかるように，条件付き確率が先にわかっていて（それを実現するように）後から標本空間を構成することもある．2つ以上の操作を続けて行うときには条件付き確率が頻繁に登場するが，現実の問題で確率を考えるときは標本空間を意識しないで済むことも多い．

問題 430 答 p.53
● 太郎君がクイズに答えることになった．このクイズでは知識問題と計算問題のうちの一方が出題されるが，確率 $\frac{2}{3}$ で知識問題が出題され，確率 $\frac{1}{3}$ で計算問題が出題される．太郎君は，知識問題ならば確率 $\frac{2}{5}$ で正答できるし，計算問題ならば確率 $\frac{6}{7}$ で正答できる．太郎君がこのクイズで正答できる確率を求めよ．

ベイズの定理，ベイズの公式，Bayes' formula, Bayes' theorem

標本空間 U が事象 B_1, B_2, B_3 によって $U = B_1 \amalg B_2 \amalg B_3 \amalg \cdots$ と分割されているとする．
（すなわち，$B_1, B_2, B_3, \ldots$ はどの 2 つも互いに排反で，$U = B_1 \cup B_2 \cup B_3 \cup \cdots$．）
このとき，事象 A が起きたという条件の下での事象 B_1 の条件付き確率は

$$P(B_1|A) = \frac{P(A|B_1)P(B_1)}{P(A|B_1)P(B_1) + P(A|B_2)P(B_2) + P(A|B_3)P(B_3) + \cdots}.$$

これは，$P(B_1|A) = \frac{P(B_1 \cap A)}{P(A)}$ に $P(B_1 \cap A) = P(A|B_1)P(B_1)$ および全確率の公式を代入したものである．もちろん，$P(B_2|A)$ や $P(B_3|A)$ などについても同様の公式が得られる．$P(B_1), P(B_2), \ldots$ を **事前確率** といい，$P(B_1|A)$ を **事後確率** ということがある．（予備知識として $P(B_1), P(B_2), \ldots$ を知っている状態で実験を行い，その結果として A が得られたとき，B_1 の起こる確率を $P(B_1|A)$ という値に修正すべきではないか，という考え方による．）

> **例**
>
> 国民の0.1パーセントが病気Xに感染している．検査薬Yは，感染者の99パーセントに対して陽性反応を示すが，残る1パーセントに対して陰性反応を示す．また，この検査薬Yは，非感染者の4パーセントに対して陽性反応を示すが，残る96パーセントに対して陰性反応を示す．太郎さんが検査薬Yで陽性という結果が得られた．太郎さんが病気Xに感染している確率はいくらだろうか．
>
> 感染しているという事象をAとし，陽性反応を示すという事象をBとする．$P(A) = 0.001$, $P(\overline{A}) = 0.999$, $P(B|A) = 0.99$, $P(B|\overline{A}) = 0.04$ である．
> したがって，
>
> $$P(A|B) = \frac{P(A \cap B)}{P(B)} = \frac{P(A)P(B|A)}{P(A)P(B|A) + P(\overline{A})P(B|\overline{A})}$$
> $$= \frac{0.001 \times 0.99}{0.001 \times 0.99 + 0.999 \times 0.04} = \frac{11}{455} = 0.0241758\cdots.$$
>
> 陽性反応ではあるが，感染の確率は約2.4パーセントであり，非感染の可能性の方がずっと高いことがわかる．

問題 431 答 p.53

● 有権者のうち，3割がX党の支持者で，1割がY党の支持者で，6割がその他の党の支持者である．ある政策への賛否を調査したところ，X党の支持者のうち90パーセントが賛成し，Y党の支持者のうち5パーセントが賛成し，その他の党の支持者のうち50パーセントが賛成した．賛成者のうち何パーセントがX党の支持者と考えられるか．

3 独立な事象

> **例**
>
> 袋の中に4個の赤玉と96個の白玉が入っている．
>
> 太郎君が袋から玉を1個取り出す．太郎君が取り出した玉を袋に戻してから，続けて次郎君が袋から玉を1個取り出す．
>
> 太郎君が赤玉を取り出すという事象をTとすると，その確率は $P(T) = \frac{4}{100} = \frac{1}{25}$.
> 次郎君が赤玉を取り出すという事象をJとすると，その確率は $P(J) = \frac{4}{100} = \frac{1}{25}$.
> 太郎君が取り出した玉が赤玉だとわかったとしても，それは次郎君の結果に影響を与えることはなく，$P(J|T) = \frac{1}{25}$ である．したがって，太郎君と次郎君の両方が赤玉を取り出す確率は
>
> $$P(T \cap J) = P(T)P(J|T) = \frac{1}{25} \times \frac{1}{25} = \frac{1}{625}.$$
>
> $P(J) = P(J|T)$ であるから，$P(T \cap J) = P(T)P(J)$ となっていることに注意する．

古典的確率の考え方で，条件付き確率を使わずに同じ問題を考えてみよう．玉どうしを区別するとき，二人の玉の取り出し方は ${}_{100}\Pi_2 = 100^2$ 通りあり，これらは同様に確からしいとみなせる．このうち，太郎君と次郎君の両方が赤玉であるような取り出し方は ${}_4\Pi_2 = 4^2$ 通り．したがって，太郎君と次郎君の両方が赤玉を取り出す確率は

$$P(T \cap J) = \frac{4^2}{100^2} = \frac{1}{625}.$$

一方，$P(T) = \frac{4 \times 100}{100^2} = \frac{1}{25}$ であり，$P(J) = \frac{100 \times 4}{100^2} = \frac{1}{25}$ であるから，やはり $P(T \cap J) = P(T)P(J)$ が成り立っている．

事象 A, B に対して，$P(A \cap B) = P(A)P(B)$ が成り立つとき，A と B は **独立** である，という．独立でないとき，**従属** である，という．

$P(A \cap B) = P(A|B)P(B)$ であるから，次のことが成立する．

> $P(B) \neq 0$ とすると，"A と B が独立" $\iff$ "$P(A|B) = P(A)$".

これは，"標本空間 U に対して A の占める割合" と "B に対して A の占める割合" とが同じだということであり，B の中だろうが外だろうが A の起こる確率には関係がない，ということを表している．

式の対称性から明らかに，"A と B が独立" ならば，"B と A も独立" である．したがって，A が起こったかどうかが B に影響を与えないならば，B が起こったかどうかが A に影響を与えない．

全事象 U と事象 A に対して，$A \cap U = A$ より，A と U は独立であり，$A \cap \emptyset = \emptyset$ より，A と $\emptyset$ は独立である．

例

サイコロを 1 個振って出た目を記録する，という試行を考える．標本空間 U は $U = \{1, 2, 3, 4, 5, 6\}$ であり，$P(\{1\}) = P(\{2\}) = P(\{3\}) = P(\{4\}) = P(\{5\}) = P(\{6\}) = \frac{1}{6}$ である．

"偶数が出る" という事象を A とすると，$A = \{2, 4, 6\}$ だから，

$$P(A) = P(\{2\}) + P(\{4\}) + P(\{6\}) = \frac{1}{2}.$$

"3 以上が出る" という事象を B とすると，$B = \{3, 4, 5, 6\}$ だから，

$$P(B) = P(\{3\}) + P(\{4\}) + P(\{5\}) + P(\{6\}) = \frac{2}{3}.$$

$A \cap B$ は "3以上の偶数が出る" という事象で, $A \cap B = \{4, 6\}$ だから,

$$P(A \cap B) = P(\{4\}) + P(\{6\}) = \frac{1}{3}.$$

$P(A \cap B) = P(A)P(B)$ が成り立っており, A と B は独立である.

　相手がサイコロを振った後, 出た目の偶奇を自分が当てるというゲームを考えると, 何も予備知識のない状態では当たる確率は $\frac{1}{2}$ である. ここで, 相手が "3以上が出た" というヒントをくれたならば, 出た目は3または4または5または6なのだから, 偶数である確率は $\frac{2}{4}$ であり, ヒントの前後で変わらない. ヒントのおかげで全事象が U から B に縮まったとしても, 偶数かどうかを判断するのには影響がないわけだ. これが $P(A) = P(A|B)$ という等式の意味である.

注意 事象 A と事象 B が "互いに干渉しあわない", "無関係だ" というようなことを表現するのに "互いに排反" と "独立" があるが, 混同しないこと.

　"互いに排反" とは $A \cap B = \emptyset$ ということであるが, これは (確率を導入するより前の段階の) 集合としての性質であり, このとき $P(A \cup B) = P(A) + P(B)$ ("和事象の確率は確率の和") が成り立つ. 一方, "独立" とは $P(A \cap B) = P(A)P(B)$ ("積事象の確率は確率の積") ということで, 標本空間にどのように確率を割り当てるか, ということに依存している.

　$P(A \cup B) = P(A) + P(B)$ は場合の数の和の法則に対応していて, 樹形図で分岐する (つまり樹形図を並列につなげる) 状況でどのように確率を計算すべきかを表している. $P(A \cap B) = P(A)P(B)$ は場合の数の積の法則に対応していて, 樹形図の枝をのばす (つまり樹形図を直列につなげる) 状況でどのように確率を計算すべきかを表している.

> 事象 A, B に対して, A と B が独立ならば, $\overline{A}$ と B も独立である.

【証明】
A と B が独立だから, $P(A \cap B) = P(A)P(B)$.
また, 余事象の確率の公式より, $P(\overline{A}) = 1 - P(A)$.
$B = (A \cap B) \amalg (\overline{A} \cap B)$ より, $P(B) = P(A \cap B) + P(\overline{A} \cap B)$.
以上より,

$$P(\overline{A} \cap B) = P(B) - P(A \cap B) = P(B) - P(A)P(B) = (1 - P(A))P(B)$$
$$= P(\overline{A})P(B).$$

したがって, $P(\overline{A} \cap B) = P(\overline{A})P(B)$ が成り立つので, $\overline{A}$ と B は独立. ∎

A と B が独立ならば，$\overline{A}$ と B が独立で，A と $\overline{B}$ が独立で，$\overline{A}$ と $\overline{B}$ が独立であることがわかる．

問題 432 ● 1 2 3 4 5 6 7 8 の8枚のカードが入った袋がある．この袋から無作為に1枚引いたとき，"引いた数が偶数"という事象を A，"引いた数が5以下"という事象を B，"引いた数が6以下"という事象を C とする．
(答 p.53)

(1) 偶数を引いた確率を求めよ．

(2) 引いた数が5以下だとわかったとする．このとき，それがさらに偶数である確率を求めよ．

(3) 引いた数が6以下だとわかったとする．このとき，それがさらに偶数である確率を求めよ．

(4) A と B は独立か，従属か．

(5) A と C は独立か，従属か．

(6) B と C は独立か，従属か．

複数個の事象の独立については，次のように定める．

事象 $A_1, A_2, A_3, \ldots, A_n$ が **独立** とは，これら n 個の事象のうちの相異なる k 個をどのように選んで $B_1, B_2, \ldots, B_k$ としても $P(B_1 \cap B_2 \cap \cdots \cap B_k) = P(B_1)P(B_2)\cdots P(B_k)$ が成り立つことである．（ただし，k は2以上 n 以下のすべての自然数について考える）．

例えば，A_1, A_2, A_3 が独立とは，

$$\begin{cases} P(A_1 \cap A_2) = P(A_1)P(A_2) \\ P(A_1 \cap A_3) = P(A_1)P(A_3) \\ P(A_2 \cap A_3) = P(A_2)P(A_3) \\ P(A_1 \cap A_2 \cap A_3) = P(A_1)P(A_2)P(A_3) \end{cases}$$

が成り立つことである．

例

袋の中に4個の赤玉と96個の白玉が入っている．

太郎君が袋から玉を1個取り出す．太郎君が取り出した玉を袋に戻してから，続けて次郎君が袋から玉を1個取り出す．次郎君が取り出した玉を袋に戻してから，続けて三郎君が袋から玉を1個取り出す．

太郎君，次郎君，三郎君が赤玉を取り出すという事象をそれぞれ T, J, S とすると，$P(T) = \dfrac{1}{25}$，$P(J) = \dfrac{1}{25}$，$P(S) = \dfrac{1}{25}$，$P(T \cap J) = \dfrac{1}{625}$，$P(T \cap S) = \dfrac{1}{625}$，$P(J \cap S) = \dfrac{1}{625}$，$P(T \cap J \cap S) = \dfrac{1}{15625}$．

よって，上の4つの関係式は満たされるので，T, J, S は独立である．

> **例** 箱の中に 4 枚のカード $\boxed{1}$, $\boxed{2}$, $\boxed{3}$, $\boxed{4}$ が入っている.
>
> この中から無作為にカードを 1 枚取り出す. 取り出したカードが $\boxed{1}$ または $\boxed{2}$ であるという事象を A_2 とし, 取り出したカードが $\boxed{1}$ または $\boxed{3}$ であるという事象を A_3 とし, 取り出したカードが $\boxed{1}$ または $\boxed{4}$ であるという事象を A_4 とする.
>
> $P(A_2) = P(A_3) = P(A_4) = \dfrac{1}{2}$, $P(A_2 \cap A_3) = P(A_2 \cap A_4) = P(A_3 \cap A_4) = \dfrac{1}{4}$
>
> であるから, A_2, A_3 は独立であり, A_2, A_4 は独立であり, A_3, A_4 は独立である. しかし, $P(A_2 \cap A_3 \cap A_4) = \dfrac{1}{4}$ であるから, A_2, A_3, A_4 は独立ではない.

4 独立な試行

> **例** 袋の中に 4 個の赤玉と 96 個の白玉が入っている.
>
> 太郎君が袋から玉を 1 個取り出す. 太郎君が取り出した玉を袋に戻してから, 続けて次郎君が袋から玉を 1 個取り出す.
>
> この試行 T の標本空間 U は
>
> $U = \{$ 太郎赤かつ次郎赤, 太郎赤かつ次郎白, 太郎白かつ次郎赤, 太郎白かつ次郎白 $\}$
>
> であり, その確率 P は
>
> $$P(\{\text{太郎赤かつ次郎赤}\}) = \dfrac{1}{625},\ P(\{\text{太郎赤かつ次郎白}\}) = \dfrac{24}{625},$$
> $$P(\{\text{太郎白かつ次郎赤}\}) = \dfrac{24}{625},\ P(\{\text{太郎白かつ次郎白}\}) = \dfrac{576}{625}$$
>
> と設定するのが理にかなっている.
>
> まず, 太郎君が袋から玉を 1 個取り出すという試行 T_1 に注目しよう. 標本空間 U_1 は $U_1 = \{$ 太郎赤, 太郎白 $\}$ である. その確率 P_1 は
>
> $P_1(\{\text{太郎赤}\}) = P(\{\text{太郎赤かつ次郎赤, 太郎赤かつ次郎白}\}) = \dfrac{1}{625} + \dfrac{24}{625} = \dfrac{1}{25}$,
> $P_1(\{\text{太郎白}\}) = P(\{\text{太郎白かつ次郎赤, 太郎白かつ次郎白}\}) = \dfrac{24}{625} + \dfrac{576}{625} = \dfrac{24}{25}$.
>
> 次に, 次郎君が袋から玉を 1 個取り出すという試行 T_2 に注目しよう. 標本空間 U_2 は $U_2 = \{$ 次郎赤, 次郎白 $\}$ である. その確率 P_2 は
>
> $P_2(\{\text{次郎赤}\}) = P(\{\text{太郎赤かつ次郎赤, 太郎白かつ次郎赤}\}) = \dfrac{1}{625} + \dfrac{24}{625} = \dfrac{1}{25}$,
> $P_2(\{\text{次郎白}\}) = P(\{\text{太郎赤かつ次郎白, 太郎白かつ次郎白}\}) = \dfrac{24}{625} + \dfrac{576}{625} = \dfrac{24}{25}$.
>
> 例えば, T_1 の事象 $\{$ 太郎赤 $\}$ に対応する T の事象 $\{$ 太郎赤かつ次郎赤, 太郎赤かつ次郎白 $\}$ を A_1 とし, T_2 の事象 $\{$ 次郎白 $\}$ に対応する T の事象 $\{$ 太郎赤かつ次郎白, 太郎白かつ次郎白 $\}$ を A_2 とすると, T の事象として A_1 と A_2 は独立である

($P(A_1 \cap A_2) = P(A_1)P(A_2)$ が成り立つため).

T_1 や T_2 の事象として他のものを選んだときでも,対応する T の事象どうしは必ず独立になっている.

試行 T_1, T_2 に対して,<u>T_1 の任意の事象 A_1 と T_2 の任意の事象 A_2 が独立</u>のとき,T_1 と T_2 は **独立** である,という.独立でないとき,**従属** である,という.

試行の個数が増えても同様で,試行 $T_1, T_2, \ldots, T_n$ に対して,T_1 の任意の事象 A_1 と T_2 の任意の事象 A_2 と … と T_n の任意の事象 A_n が独立のとき,$T_1, T_2, \ldots, T_n$ は **独立** である,という.独立でないとき,**従属** である,という.

例
袋の中に 4 個の赤玉と 96 個の白玉が入っている.
□ 太郎君が袋から玉を 1 個取り出し,その玉を袋に戻してから続けて次郎君が袋から玉を 1 個取り出すならば,太郎君が取り出す試行と次郎君が取り出す試行は独立である.
□ 太郎君が袋から玉を 1 個取り出し,その玉を袋に戻さずに続けて次郎君が袋から玉を 1 個取り出すならば,太郎君が取り出す試行と次郎君が取り出す試行は従属である.

参考 どんな試行 T_1, T_2 に対しても独立性は判定できるのだろうか.注意すべきは,事象の独立を考えるときには 1 つの確率空間の中だけで考えているのに対し,T_1 と T_2 の確率空間は一般には異なるということだ.すなわち,T_1 の事象 A_1 と T_2 の事象 A_2 は別の標本空間の部分集合だから,"$A_1 \cap A_2$" は本来意味をもたない.これが意味をもつ状況,すなわち,T_1 と T_2 の確率空間がある共通の確率空間の一部とみなせるときだけ T_1 と T_2 の独立性を判定する.実際には,次に述べるように,T_1 と T_2 の独立性を要請することによって逆に共通の確率空間をつくる,ということが多い.

試行 T_1 の標本空間を U_1 としてその確率を P_1 と表記し,試行 T_2 の標本空間を U_2 としてその確率を P_2 と表記することにする.このとき,<u>T_1 と T_2 をまとめた新しい試行 T を次のように構成して,T_1 と T_2 が独立な試行になるようにできる</u>.T の標本空間を U としてその確率を P と表記することにする.まず,標本空間は $U = U_1 \times U_2$(直積集合)として定める.T_1 の任意の事象 $A_1 (\subset U_1)$ と T_2 の任意の事象 $A_2 (\subset U_2)$ に対して,$A_1 \times A_2$ は U の部分集合であるが,これを U の事象とみなし,$P(A_1 \times A_2) = P_1(A_1)P_2(A_2)$ として確率を定める.T_1 の事象 A_1 を T の事象 $\tilde{A}_1 = A_1 \times U_2$ とみなし,T_2 の事象 A_2 を T の事象 $\tilde{A}_2 = U_1 \times A_2$ とみなすと,$\tilde{A}_1 \cap \tilde{A}_2 = A_1 \times A_2$ であり,$P(\tilde{A}_1) = P_1(A_1)$ かつ $P(\tilde{A}_2) = P_2(A_2)$ であるから,$P(\tilde{A}_1 \cap \tilde{A}_2) = P(\tilde{A}_1)P(\tilde{A}_2)$ が成り立つ.したがって,事象 $\tilde{A}_1$ と事象 $\tilde{A}_2$ は(T の事象として)独立である.A_1, A_2 は任意であったから,試行 T_1 と試行 T_2 は独立である.

> **例** 太郎君がコインを投げて表と裏のどちらであるかを記録する．次郎君がサイコロを投げてその目を記録する．この2つの試行を連続して行うことにより新しい試行 T を構成しよう．
> コイン投げの標本空間は $\{表, 裏\}$ で，各要素の確率は $\frac{1}{2}$ ずつである．
> サイコロ投げの標本空間は $\{1, 2, 3, 4, 5, 6\}$ で，各要素の確率は $\frac{1}{6}$ ずつである．
> これらが独立になるように T を構成すると，T の標本空間 U は
> $U = \{表, 裏\} \times \{1, 2, 3, 4, 5, 6\} = \{(x, y) | x は表または裏, 1 \leqq y \leqq 6, y は整数\}$.
> U の各要素には $\frac{1}{2} \times \frac{1}{6} = \frac{1}{12}$ という確率を割り当てると，太郎君の試行と次郎君の試行は独立になる．

5 反復試行の確率

> **例** 1個のサイコロを2回振る試行を考える．サイコロを1回振るときの標本空間は $\{1, 2, 3, 4, 5, 6\}$ で，各要素の確率は $\frac{1}{6}$ ずつである．
> 1回目と2回目が独立の試行となるように，2回を組み合わせた試行を構成すると，標本空間 U は
> $$U = \{(x, y) | x, y は 1 以上 6 以下の自然数\} = \{1, 2, 3, 4, 5, 6\}^2$$
> となり，U の各要素には $\frac{1}{6} \times \frac{1}{6}$ という確率を割り当てることになる．"サイコロを2回振るときは，その2回は（常識的に考えて）独立でなければならない"，と要請することが，第1節で "これら36通りの目の出方は同様に確からしいとみなせる" と判断した根拠になっている 17 1 1.

この例のように，"同じ試行を独立に何度か繰り返す"，という状況を考えることが多い．これを **反復試行** とよぶ．繰り返して得られる試行の標本空間はもとの試行の標本空間の直積集合になっており，その確率は各成分の確率の積になっている．

> **例** 1個のサイコロを振って，5以上なら勝ち，4以下なら負けというゲームを繰り返す．1回のゲームでは，標本空間を $U = \{勝, 負\}$ とすると，その確率は $P(\{勝\}) = \frac{1}{3}$ であり，$P(\{負\}) = \frac{2}{3}$ である．
> □ このゲームを2回繰り返すと，標本空間は $U \times U = \{(x, y) | x, y は勝または負\}$ で，その確率は

$$\begin{cases} P(\{(勝, 勝)\}) = \dfrac{1}{3} \times \dfrac{1}{3} = \dfrac{1}{9} \\ P(\{(勝, 負)\}) = \dfrac{1}{3} \times \dfrac{2}{3} = \dfrac{2}{9} \\ P(\{(負, 勝)\}) = \dfrac{2}{3} \times \dfrac{1}{3} = \dfrac{2}{9} \\ P(\{(負, 負)\}) = \dfrac{2}{3} \times \dfrac{2}{3} = \dfrac{4}{9}. \end{cases}$$

したがって, 2 勝の確率は $\dfrac{1}{9}$ であり, 1 勝 1 敗の確率は $\dfrac{4}{9}$ であり, 2 敗の確率は $\dfrac{4}{9}$ である.

□ このゲームを 3 回繰り返すと, 標本空間は $U \times U \times U = \{(x, y, z) | x, y, z$ は勝または負$\}$ で, その確率は

$$\begin{cases} P(\{(勝, 勝, 勝)\}) = \dfrac{1}{3} \times \dfrac{1}{3} \times \dfrac{1}{3} = \dfrac{1}{27} \\ P(\{(勝, 勝, 負)\}) = \dfrac{1}{3} \times \dfrac{1}{3} \times \dfrac{2}{3} = \dfrac{2}{27} \\ P(\{(勝, 負, 勝)\}) = \dfrac{1}{3} \times \dfrac{2}{3} \times \dfrac{1}{3} = \dfrac{2}{27} \\ P(\{(勝, 負, 負)\}) = \dfrac{1}{3} \times \dfrac{2}{3} \times \dfrac{2}{3} = \dfrac{4}{27} \\ P(\{(負, 勝, 勝)\}) = \dfrac{2}{3} \times \dfrac{1}{3} \times \dfrac{1}{3} = \dfrac{2}{27} \\ P(\{(負, 勝, 負)\}) = \dfrac{2}{3} \times \dfrac{1}{3} \times \dfrac{2}{3} = \dfrac{4}{27} \\ P(\{(負, 負, 勝)\}) = \dfrac{2}{3} \times \dfrac{2}{3} \times \dfrac{1}{3} = \dfrac{4}{27} \\ P(\{(負, 負, 負)\}) = \dfrac{2}{3} \times \dfrac{2}{3} \times \dfrac{2}{3} = \dfrac{8}{27}. \end{cases}$$

したがって, 3 勝の確率は $\dfrac{1}{27}$ であり, 2 勝 1 敗の確率は $\dfrac{6}{27} = \dfrac{2}{9}$ であり, 1 勝 2 敗の確率は $\dfrac{12}{27} = \dfrac{4}{9}$ であり, 3 敗の確率は $\dfrac{8}{27}$ である.

結果が A, B の 2 つであるような試行 T を考える. A の確率を p とし, B の確率を q とする ($p + q = 1$). T を n 回繰り返すことにする.

$0 \leqq r \leqq n$ とする. A が r 回続いた後, B が $n - r$ 回続く確率は $p^r q^{n-r}$ である. A, B の順番に関係なく, A が合計 r 回, B が合計 $n - r$ 回である確率は
$_nC_r p^r q^{n-r} = \dfrac{n!}{r!(n-r)!} p^r q^{n-r}$ になる. (r 個の A と $n - r$ 個の B を一列に並べる方法が $_nC_r$ 通りであるため.)

─ 反復試行の確率 ─

確率 p で A が起こり, 確率 $q = 1 - p$ で B が起こるような試行を n 回繰り返したとき, A が r 回, B が $n - r$ 回起こる確率は $_nC_r p^r q^{n-r}$ である ($0 \leqq r \leqq n$).

> **例**
>
> 確率 $p = \dfrac{1}{3}$ で勝ち，確率 $q = \dfrac{2}{3}$ で負けというゲーム T を繰り返すとする．
>
> □ T を2回繰り返すとき，2勝の確率は ${}_2C_2 p^2 q^0 = p^2 = \dfrac{1}{9}$ であり，1勝1敗の確率は ${}_2C_1 p^1 q^1 = 2pq = \dfrac{4}{9}$ であり，2敗の確率は ${}_2C_0 p^0 q^2 = q^2 = \dfrac{4}{9}$ である．
>
> □ T を3回繰り返すとき，3勝の確率は ${}_3C_3 p^3 q^0 = p^3 = \dfrac{1}{27}$ であり，2勝1敗の確率は ${}_3C_2 p^2 q^1 = 3p^2 q = \dfrac{2}{9}$ であり，1勝2敗の確率は ${}_3C_1 p^1 q^2 = 3pq^2 = \dfrac{4}{9}$ であり，3敗の確率は ${}_3C_0 p^0 q^3 = q^3 = \dfrac{8}{27}$ である．
>
> 少なくとも1回勝ちとなる確率は $p^3 + 3p^2 q + 3pq^2 = 1 - q^3 = \dfrac{19}{27}$ である．
>
> □ 勝ちとなるまで T を何度でも繰り返すとき，5回目で初めて勝ちとなる確率は $q^4 p = \dfrac{16}{243}$ である．（厳密には，これは T の標本空間の無限個の直積集合を考えていることになる．）

問題 433 ●あるチームの試合の勝率が6割だという．このチームが5試合戦う．
(1) 全勝する確率を求めよ．　　(2) 4勝1敗である確率を求めよ．
(3) 3勝2敗である確率を求めよ．
(4) 勝ちの数が負けの数を上回る確率を求めよ．
(5) 少なくとも1回負ける確率を求めよ．

問題 434 ●袋の中に赤玉4個，白玉6個が入っている．
(1) 3個の玉を同時に取り出した．赤玉2個と白玉1個である確率を求めよ．
(2) 1個の玉を取り出してまた袋に戻す，というのを3回繰り返した．赤玉2個と白玉1個である確率を求めよ．
(3) 1個の玉を取り出してまた袋に戻した後，2個の玉を同時に取り出した．赤玉2個と白玉1個である確率を求めよ．

結果が3つ以上あるような試行を繰り返すときにも，同じように考えることができて，多項係数が出てくる 16 2 5．

問題 435 ●袋の中に赤玉3個，白玉3個，青玉4個が入っている．
(1) 5個の玉を同時に取り出すとき，赤玉1個，白玉2個，青玉2個である確率を求めよ．
(2) 1個取り出してはもとに戻すという操作を5回繰り返したとき，赤玉1個，白玉2個，青玉2個である確率を求めよ．

問題 436 ●袋の中に $\boxed{1}$ というカードが4枚，$\boxed{2}$ というカードが3枚，$\boxed{3}$ というカードが3枚入っている．1枚引いてもとに戻す，という操作を5回繰り返した．
(1) 数字の和が6である確率を求めよ．　　(2) 数字の和が10である確率を求めよ．

第4節 確率変数と確率分布

1 確率変数

標本空間の要素に対して実数値を対応させると便利なことが多い.

> **例** コイン投げを考える. $U = \{\,\text{表},\text{裏}\,\}$ に対して, $X(\text{表}) = 1, X(\text{裏}) = 0$ として関数 $X : U \to \mathbb{R}$ を定義すると, コイン投げの結果を数量的に分析することができる.
>
> 例えば, この試行を何度も繰り返したとき, X の値の合計は表の回数になるし, X の値の平均は表と裏のどちらがどれだけ多いかを表すことになる.
>
> このコインで表の出る確率が p で裏の出る確率が q $(0 < p < 1, p + q = 1)$ とすると, X の値が 1 となる確率が p であり, X の値が 0 となる確率が q である.
>
> $P(\{x\,|\,X(x) = 1\})$ を $P(X = 1)$ と略記し, $P(\{x\,|\,X(x) = 0\})$ を $P(X = 0)$ と略記すると, $P(X = 1) = P(\{x\,|\,x = \text{表}\,\}) = P(\{\,\text{表}\,\}) = p$ であり, $P(X = 0) = P(\{x\,|\,x = \text{裏}\,\}) = P(\{\,\text{裏}\,\}) = q$ である.
>
> X のとりうる値が 2 つしかないので, これは次の表のようにまとめられる.
>
> | X | 1 | 0 |
> |---|---|---|
> | 確率 | p | q |

$(U, \mathcal{F}, P)$ を確率空間とする. U の要素に対して実数を対応させる, すなわち, U から $\mathbb{R}$ への関数を考えたいのだが, 本当に考えたいのはこの関数の各々の値がどのような確率をもつかということなので, "像がその値になるような U の要素全体の集合" が確率をもつ, すなわち事象になっていなければならない. そこで, 次のように定義する.

$(U, \mathcal{F}, P)$ を確率空間とし, 関数 $X : U \to \mathbb{R}$ を考える. 任意の実数 a に対して $\{x\,|\,x \in U, X(x) \leqq a\}$ が $\mathcal{F}$ の要素であるとき, X を **確率変数**, **random variable** であるという.

> **注意** ここでは, "確率変数" は関数であることに注意する. 関数は "変数に着目する立場" と "集合に着目する立場" があったが, ここでもその両者の立場が入り混じっている. 本書では原則的に後者の立場を中心にしているので, U の要素 x に対して, 関数 X による x の像が $X(x)$ である. 一方, 前者の立場では, X は値域の要素を表す変数であり, "$X(x) \leqq a$" ではなく "$X \leqq a$" にした方がしっくりくる. ($y = f(x)$ のときに "$f(x) \leqq a$" とするか "$y \leqq a$" とするかという違いなのだが, ややこしいことにここでは y と f のどちらにも X という記号が使われているわけだ.)

X が確率変数であれば, 実数 a, b $(a < b)$ に対して, $\{x\,|\,x \in U, X(x) < a\}$ や $\{x\,|\,x \in U, X(x) \geqq a\}$ や $\{x\,|\,x \in U, X(x) > a\}$ や $\{x\,|\,x \in U, X(x) = a\}$ や

$\{x | x \in U, a < X(x) < b\}$ や $\{x | x \in U, a \leqq X(x) < b\}$ や
$\{x | x \in U, a < X(x) \leqq b\}$ や $\{x | x \in U, a \leqq X(x) \leqq b\}$ も $\mathcal{F}$ の要素（すなわち，事象）であることが証明される．

$P(\{x | x \in U, X(x) \leqq a\})$ を $P(X \leqq a)$ と略記する．$P(\{x | x \in U, a \leqq X(x) \leqq b\})$ を $P(a \leqq X \leqq b)$ と略記する．以下，"$\leqq$" が "$<$" や "$=$" になっても同様に略記する．

要するに，P は $\mathcal{F}$ の要素に対してしか意味をもたないのだから，$P(X \leqq a)$ や $P(X < a)$ などを考えるという目的のためには，$X(x) \leqq a$ や $X(x) < a$ を実現するような x をすべて集めてできた集合は $\mathcal{F}$ の要素でなくては困る，ということである．

もしも考えているのが離散型確率空間ならば，X の値域も $\mathbb{R}$ の "とびとび" の部分集合になるので，"任意の実数 a に対して $\{x | x \in U, X(x) = a\}$ が $\mathcal{F}$ の要素であるとき，X を確率変数とよぶ" と述べることができる．しかし，もしも考えているのが連続型確率空間であれば，1点のみを考えても確率が 0 であり，少し幅をもたせて考えないとうまく確率が表現できない．この性質は X の行き先である $\mathbb{R}$ にも遺伝するので，$\mathbb{R}$ においても，1点ではなく区間を基準として考えなければならないのだ．

確率変数 X のとる値に対して，その確率を考えたいというのが目標であった．この対応を X の **確率分布** という．

確率変数 X の値域が（例えば整数のように）"とびとび" であるとき，この確率分布を "離散型確率分布" という．確率変数 X の値域が（例えば実数のように）"ベッタリ" しているとき，この確率分布を "連続型確率分布" という．

確率変数 X の確率分布が離散型確率分布ならば，X の値域に属する実数 a に対して $P(X = a)$ を指定するだけで確率分布は完全に記述される．a と $P(X = a)$ を並べて表にしたものを "確率分布表" ということがある．すべての a について $P(X = a)$ を加えると，その和が 1（全事象の確率）になることに注意する．

> **例**
> サイコロを 1 個振って出た目を 3 でわった余りを X とする．
> この表現は確率変数 X を "変数" という意味をこめて使っているが，数学的には次のように考えることになる．
> 標本空間は $U = \{1, 2, 3, 4, 5, 6\}$ であり，$\mathcal{F} = \mathfrak{P}(U)$ とし，$P(\{1\}) = P(\{2\}) = P(\{3\}) = P(\{4\}) = P(\{5\}) = P(\{6\}) = \frac{1}{6}$ と確率を割り当てて確率空間 $(U, \mathcal{F}, P)$ を構成する．関数 $X : U \to \mathbb{R}$ を $X(1) = 1, X(2) = 2, X(3) = 0$, $X(4) = 1, X(5) = 2, X(6) = 0$ として定めると，これは確率変数になる．
> $P(X = 0) = P(\{3, 6\}) = \frac{1}{3}$ であり，$P(X = 1) = P(\{1, 4\}) = \frac{1}{3}$ であり，$P(X = 2) = P(\{2, 5\}) = \frac{1}{3}$ である．

したがって，確率分布表は右のとおり．
(2 段目の和は $\frac{1}{3} + \frac{1}{3} + \frac{1}{3} = 1$ となっている．)

X	0	1	2
確率	$\frac{1}{3}$	$\frac{1}{3}$	$\frac{1}{3}$

U が有限集合だから $(U, \mathcal{F}, P)$ は離散型確率空間であり，X の値域 $\{0, 1, 2\}$ が有限集合だから X の分布は離散型確率分布である．

例 $U = \{x \in \mathbb{R} \mid 0 \leqq x \leqq 1\}$ として，一様確率空間 $(U, \mathcal{F}, P)$ を考える⑰❷❸．すなわち，$\mathcal{F}$ は U の区間をすべて含むような完全加法族のうち最小のものであり，
$P(\{x \mid a < x < b\}) = P(\{x \mid a \leqq x < b\}) = P(\{x \mid a < x \leqq b\})$
$= P(\{x \mid a \leqq x \leqq b\}) = b - a$ としてから P の定義域を $\mathcal{F}$ に"自然に"拡張する．
U が $\mathbb{R}$ の区間だから $(U, \mathcal{F}, P)$ は連続型確率空間である．

□ 関数 $X : U \to \mathbb{R}$ を $X(x) = x$ として定めると，これは確率変数になる．
$0 \leqq a < b \leqq 1$ を満たす実数 a, b に対して，$P(a < X < b) = P(a \leqq X < b)$
$= P(a < X \leqq b) = P(a \leqq X \leqq b) = b - a$ となっている．
X の値域は U だから，X の分布は連続型確率分布である．この分布は"U 上の一様分布"とよばれる．

□ 関数 $Y : U \to \mathbb{R}$ を $Y(x) = \begin{cases} 0 & (0 \leqq x < \frac{1}{3}) \\ 1 & (\frac{1}{3} \leqq x \leqq 1) \end{cases}$ として定めると，これは確率変数になる．$P(Y = 0) = P(\{x \mid 0 \leqq x < \frac{1}{3}\}) = \frac{1}{3} - 0 = \frac{1}{3}$ であり，
$P(Y = 1) = P(\{x \mid \frac{1}{3} \leqq x \leqq 1\}) = 1 - \frac{1}{3} = \frac{2}{3}$ である．
したがって，確率分布表は右のとおり．
(2 段目の和は $\frac{1}{3} + \frac{2}{3} = 1$ となっている．)

Y	0	1
確率	$\frac{1}{3}$	$\frac{2}{3}$

Y の値域 $\{0, 1\}$ が有限集合だから Y の分布は離散型確率分布である．

参考 確率空間 $(U, \mathcal{F}, P)$ は"全測度が 1 の測度空間"とよばれるものであり，確率変数 X は"U 上の可測関数"というものになっている．

$\mathbb{R}$ の区間をすべて含むような完全加法族のうち最小のものを $\mathcal{B}$ とする．($\mathcal{B}$ の要素は"ボレル集合"とよばれる．) $A \in \mathcal{B}$ に対して，$P_X(A) = P(\{x \mid x \in U, X(x) \in A\})$ と定義すると，$(\mathbb{R}, \mathcal{B}, P_X)$ は確率空間になっており，この確率空間が"X の確率分布"の正体である．

これ以降，考える確率分布は原則として離散型確率分布に限ることにする．

問題 437 ●サイコロを 1 個振って，出た目が 3 以下なら 0 点，4 か 5 なら 1 点，6 なら 3 点もらえるというゲームがある．
(1) このゲームを 1 回行ったときの得点を X とする．X の確率分布表を求めよ．
(2) このゲームを 2 回行ったときの合計得点を Y とする．Y の確率分布表を求めよ．

2 様々な確率分布

例 ①②③④の4枚のカードから無作為に1枚を引き，それに記入されている数を X とする．

$P(X=1) = P(X=2) = P(X=3) = P(X=4) = \frac{1}{4}$ である．

(正確には次のとおり．カードを引くという試行は，標本空間 $U = \{①, ②, ③, ④\}$ に対して $P(\{①\}) = P(\{②\}) = P(\{③\}) = P(\{④\}) = \frac{1}{4}$ となっている．そして，$X: U \to \mathbb{R}$, $X(①) = 1$, $X(②) = 2$, $X(③) = 3$, $X(④) = 4$ として確率変数 X が定まっている．よって，$P(X=1) = P(\{x | X(x) = 1\}) = P(\{①\}) = \frac{1}{4}$. $X = 2, 3, 4$ も同様．)

したがって，確率分布表は次のとおり．

X	1	2	3	4
確率	$\frac{1}{4}$	$\frac{1}{4}$	$\frac{1}{4}$	$\frac{1}{4}$

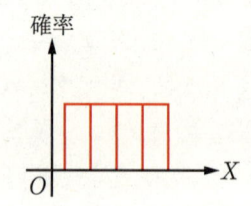

N を自然数とする．次の確率変数 X の確率分布を（**離散**）**一様確率分布**, (**discrete**) **uniform distribution** という．

$$P(X = k) = \frac{1}{N} \ (k = 1, 2, 3, \cdots, N).$$

例 サイコロを1個振り，出た目が3の倍数ならば1点，そうでないならば0点を得る，というゲームを考える．このゲームを1回行ったときの得点を X とする．

サイコロを振る試行は，標本空間 $U = \{1, 2, 3, 4, 5, 6\}$ に対して $P(\{1\}) = P(\{2\}) = P(\{3\}) = P(\{4\}) = P(\{5\}) = P(\{6\}) = \frac{1}{6}$ となっている．そして，$X: U \to \mathbb{R}$, $X(1) = X(2) = X(4) = X(5) = 0$, $X(3) = X(6) = 1$ として確率変数 X が定まっている．よって，

$$P(X = 0) = P(\{1, 2, 4, 5\}) = \frac{4}{6} = \frac{2}{3}.$$
$$P(X = 1) = P(\{3, 6\}) = \frac{2}{6} = \frac{1}{3}.$$

したがって，確率分布表は次のとおり．

X	0	1
確率	$\frac{2}{3}$	$\frac{1}{3}$

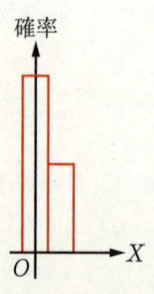

p, q を 0 以上 1 以下の実数とし，$p + q = 1$ とする．次の確率変数 X の確率分布を **ベルヌーイ分布**，**Bernoulli distribution** という．
$$P(X = 0) = q, P(X = 1) = p.$$

例

サイコロを 1 個振り，出た目が 3 の倍数ならば 1 点，そうでないならば 0 点を得る，というゲームを考える．このゲームを 4 回行ったときの合計得点を X とする．

X の確率分布を求めるには，反復試行の確率の考え方が使える．

このゲームを 1 回行ったときは，確率 $\frac{2}{3}$ で 0 点であり，確率 $\frac{1}{3}$ で 1 点である．

合計得点が 0 となるのは，4 回とも 0 点のときだから，
$$P(X = 0) = \left(\frac{2}{3}\right)^4 = \frac{16}{81}.$$

合計得点が 1 となるのは，3 回が 0 点で 1 回が 1 点のときだから，1 点が 4 回のうちどれであるかを考えて，
$$P(X = 1) = {}_4C_1 \left(\frac{1}{3}\right)\left(\frac{2}{3}\right)^3 = \frac{32}{81}.$$

合計得点が 2 となるのは，2 回が 0 点で 2 回が 1 点のときだから，1 点が 4 回のうちどの 2 回であるかを考えて，
$$P(X = 2) = {}_4C_2 \left(\frac{1}{3}\right)^2 \left(\frac{2}{3}\right)^2 = \frac{8}{27}.$$

同様に，
$$P(X = 3) = {}_4C_3 \left(\frac{1}{3}\right)^3 \left(\frac{2}{3}\right) = \frac{8}{81}.$$
$$P(X = 4) = \left(\frac{1}{3}\right)^4 = \frac{1}{81}.$$

したがって，確率分布表は次のとおり．

X	0	1	2	3	4
確率	$\frac{16}{81}$	$\frac{32}{81}$	$\frac{8}{27}$	$\frac{8}{81}$	$\frac{1}{81}$

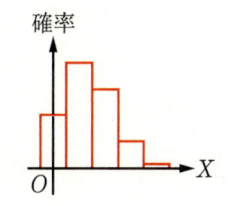

p, q を 0 以上 1 以下の実数とし，$p + q = 1$ とする．r を自然数とする．次の確率変数 X の確率分布を **二項分布**，**binomial distribution** という．
$$P(X = k) = {}_rC_k p^k q^{r-k} \ (k = 0, 1, 2, \cdots, r).$$

確率の和が 1 であることを確認すると，二項定理を使って，
$${}_rC_0 p^0 q^{r-0} + {}_rC_1 p^1 q^{r-1} + {}_rC_2 p^2 q^{r-2} + \cdots + {}_rC_r p^r q^{r-r} = (p + q)^r = 1^r = 1.$$

例 袋の中に4個の赤玉と8個の白玉が入っており，この中から4個を同時に取り出す．取り出した赤玉の個数を X とする．

12個から4個を取り出す方法が $_{12}C_4$ 通りあり，これらを等確率とみなす．

赤玉0個，白玉4個を取り出す確率は，

$$P(X=0) = \frac{_4C_0 \cdot _8C_4}{_{12}C_4} = \frac{1 \times \frac{8 \cdot 7 \cdot 6 \cdot 5}{4 \cdot 3 \cdot 2 \cdot 1}}{\frac{12 \cdot 11 \cdot 10 \cdot 9}{4 \cdot 3 \cdot 2 \cdot 1}} = \frac{14}{99}.$$

赤玉1個，白玉3個を取り出す確率は，

$$P(X=1) = \frac{_4C_1 \cdot _8C_3}{_{12}C_4} = \frac{4 \times \frac{8 \cdot 7 \cdot 6}{3 \cdot 2 \cdot 1}}{\frac{12 \cdot 11 \cdot 10 \cdot 9}{4 \cdot 3 \cdot 2 \cdot 1}} = \frac{224}{495}.$$

赤玉2個，白玉2個を取り出す確率は，

$$P(X=2) = \frac{_4C_2 \cdot _8C_2}{_{12}C_4} = \frac{\frac{4 \cdot 3}{2 \cdot 1} \times \frac{8 \cdot 7}{2 \cdot 1}}{\frac{12 \cdot 11 \cdot 10 \cdot 9}{4 \cdot 3 \cdot 2 \cdot 1}} = \frac{56}{165}.$$

赤玉3個，白玉1個を取り出す確率は，

$$P(X=3) = \frac{_4C_3 \cdot _8C_1}{_{12}C_4} = \frac{\frac{4 \cdot 3 \cdot 2}{3 \cdot 2 \cdot 1} \times 8}{\frac{12 \cdot 11 \cdot 10 \cdot 9}{4 \cdot 3 \cdot 2 \cdot 1}} = \frac{32}{495}.$$

赤玉4個，白玉0個を取り出す確率は，

$$P(X=4) = \frac{_4C_4 \cdot _8C_0}{_{12}C_4} = \frac{\frac{4 \cdot 3 \cdot 2 \cdot 1}{4 \cdot 3 \cdot 2 \cdot 1} \times 1}{\frac{12 \cdot 11 \cdot 10 \cdot 9}{4 \cdot 3 \cdot 2 \cdot 1}} = \frac{1}{495}.$$

したがって，確率分布表は次のとおり．

X	0	1	2	3	4
確率	$\frac{14}{99}$	$\frac{224}{495}$	$\frac{56}{165}$	$\frac{32}{495}$	$\frac{1}{495}$

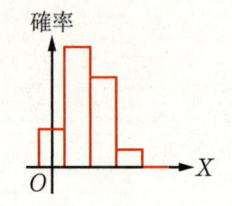

M, N, r を自然数とし，$r \leq M$ かつ $r \leq N$ とする．次の確率変数 X の確率分布を**超幾何分布**，**hypergeometric distribution** という．

$$P(X=k) = \frac{_MC_k \cdot _NC_{r-k}}{_{M+N}C_r} \quad (k=0, 1, 2, \cdots, r).$$

参考 袋の中に M 個の赤玉と N 個の白玉があり,ここから1個ずつ,r 回だけ玉を取り出したとき,赤玉を取り出した回数を X とする.玉を毎回袋に戻してから取り出すと("復元抽出")X の分布は二項分布になり,玉を袋に戻さずに取り出し続けると("非復元抽出")X の分布は超幾何分布になる.玉が大量にあるときには戻しても戻さなくてもそれほど影響がないと考えられるが,確かに,$\dfrac{M}{M+N}$ を一定値 p に保ちながら(r に比べて)M, N を大きくすると,超幾何分布は二項分布に近づくことが知られている.例えば,$M = 4000, N = 8000, r = 4$ の超幾何分布では $P(X=0) = \dfrac{127936006}{647838009} = 0.19748147565\cdots, P(X=3) = \dfrac{63968000}{647838009} = 0.09874073319\cdots$ であり,$p = \dfrac{1}{3}, r = 4$ の二項分布では $P(X=0) = \dfrac{16}{81} = 0.\dot{1}9753086\dot{4}, P(X=3) = \dfrac{8}{81} = 0.\dot{0}9876543\dot{2}$ である.

例

ある窓口に,客が1時間あたり平均2人来るとする.客どうしは互いに相談せず,各自が"勝手に"来るとすると,1時間の間に実際に来る人数は2人とは限らず,1人のこともあれば4人のこともあるだろう.そこで,1時間の間に来る客の人数を X として,X の確率分布を考えよう.

まず,"1時間あたり平均2人"という設定は,"十分に大きな自然数 N に対して,$\dfrac{1}{N}$ 時間の間に客が1人来る確率が $\dfrac{2}{N}$ である"と解釈する.(N は大きいので,$\dfrac{1}{N}$ 時間の間に客が2人以上来ることはないとしてよい.)客が $\dfrac{1}{N}$ 時間の間に来る確率は $p = \dfrac{2}{N}$,来ない確率は $q = 1 - \dfrac{2}{N}$ であり,この独立な試行が N 回繰り返されるので,二項分布により,1時間の間に k 人来る確率は ${}_NC_k p^k q^{N-k}$ である(ただし,k は0以上 N 以下の整数).この値の N を(k を固定したまま)限りなく大きくした結果が $P(X=k)$ である.

$$\begin{aligned}{}_NC_k p^k q^{N-k} &= \frac{N(N-1)\cdots(N-k+1)}{k!}\left(\frac{2}{N}\right)^k\left(1-\frac{2}{N}\right)^{N-k} \\ &= \frac{2^k}{k!} \times \left(1-\frac{2}{N}\right)^N \times \frac{N}{N}\cdot\frac{N-1}{N}\cdots\frac{N-k+1}{N} \div \left(1-\frac{2}{N}\right)^k.\end{aligned}$$

N が k よりも十分に大きければ,$\dfrac{N}{N}, \dfrac{N-1}{N}, \cdots, \dfrac{N-k+1}{N}, \left(1-\dfrac{2}{N}\right)^k$ は1に近づく.N を限りなく大きくすると,実は $\left(1-\dfrac{2}{N}\right)^N$ はある正の実数に近づくことが知られているが,その数をいまは $\dfrac{1}{\beta}$ と表記しよう.結局,${}_NC_k p^k q^{N-k}$ は $\dfrac{2^k}{k!\beta}$ に近づき,$P(X=k) = \dfrac{2^k}{k!\beta}$ となる.

したがって,確率分布表は次のとおり.

X	0	1	2	3	4	5	$\cdots$
確率	$\dfrac{1}{\beta}$	$\dfrac{2}{\beta}$	$\dfrac{2}{\beta}$	$\dfrac{4}{3\beta}$	$\dfrac{2}{3\beta}$	$\dfrac{4}{15\beta}$	$\cdots$

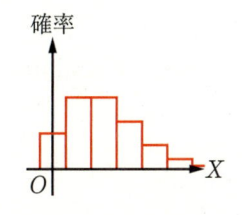

なお,全事象の確率は1だから,$P(X=0) + P(X=1) + P(X=2) + \cdots = 1$ であり,

$$\frac{2^0}{0!\beta} + \frac{2^1}{1!\beta} + \frac{2^2}{2!\beta} + \frac{2^3}{3!\beta} + \cdots = 1.$$

$$\therefore \beta = 1 + 2 + \frac{2^2}{2!} + \frac{2^3}{3!} + \cdots = 7.389056\cdots.$$

α を正の実数とし，$\beta = 1 + \alpha + \dfrac{\alpha^2}{2!} + \dfrac{\alpha^3}{3!} + \dfrac{\alpha^4}{4!} + \cdots$ とする．次の確率変数 X の確率分布を **ポアソン分布**，**Poisson distribution** という．

$$P(X = k) = \dfrac{\alpha^k}{k!\beta} \quad (k = 0, 1, 2, \ldots).$$

参考　実は，α が整数のときは，e とよばれる定数を使って $\beta = e^\alpha$ と表すことができる．ここで，$e = 2.718281828459045\cdots$ は数学で非常に大切な定数である．

二項分布において，"1 回ずつの起こる確率が低くてもたくさん繰り返せば何度かは起こる" という状況にしたのがポアソン分布である（ポアソンの小数の法則，Poisson's law of small numbers）．例えば "プロシア陸軍で馬に蹴られて死んだ兵士の数" は有名だが，他にも放射性物質から発せられる放射線の数，顕微鏡で視野に入る微生物の数，システムの故障数，交通事故の件数など，ポアソン分布の確率変数が背景にあるとみなせる現象はあちこちに見られる．

例

サイコロを 1 個振り，出た目が 3 の倍数ならば 1 点，そうでないならば 0 点を得る，というゲームを考える．このゲームを繰り返し行ったとき，初めて 1 点が得られるまでの回数を X とする．

このゲームを 1 回行ったときは，確率 $\dfrac{2}{3}$ で 0 点であり，確率 $\dfrac{1}{3}$ で 1 点である．

k 回目に初めて 1 点を得るのは，始めてから $(k-1)$ 回が 0 点でその次に 1 点を得るときだから，

$$P(X = k) = \left(\dfrac{2}{3}\right)^{k-1} \times \dfrac{1}{3}.$$

したがって，確率分布表は次のとおり．

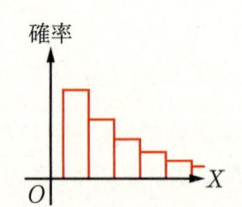

X	1	2	3	4	5	$\cdots$
確率	$\dfrac{1}{3}$	$\dfrac{2}{9}$	$\dfrac{4}{27}$	$\dfrac{8}{81}$	$\dfrac{16}{243}$	$\cdots$

p, q を 0 以上 1 以下の実数とし，$p + q = 1$ とする．次の確率変数 X の確率分布を **幾何分布**，**geometric distribution** という．

$$P(X = k) = pq^{k-1} \quad (k = 1, 2, 3, \ldots).$$

> **例**
>
> サイコロを1個振り，出た目が3の倍数ならば1点，そうでないならば0点を得る，というゲームを考える．このゲームを繰り返し行ったとき，初めて合計得点が3点になるまでの回数を X とする．
>
> このゲームを1回行ったときは，確率 $\frac{2}{3}$ で0点であり，確率 $\frac{1}{3}$ で1点である．
>
> 3回目に初めて合計得点が3点となるのは，始めてから3回がすべて1点を得るときだから，
>
> $$P(X=3) = \left(\frac{1}{3}\right)^3 = \frac{1}{27}.$$
>
> 4回目に初めて合計得点が3点となるのは，始めてから3回の合計得点が2点で4回目が1点を得るときだから，
>
> $$P(X=4) = {}_3C_2 \left(\frac{1}{3}\right)^2 \left(\frac{2}{3}\right)^1 \times \frac{1}{3} = \frac{2}{27}.$$
>
> 5回目に初めて合計得点が3点となるのは，始めてから4回の合計得点が2点で5回目が1点を得るときだから，
>
> $$P(X=5) = {}_4C_2 \left(\frac{1}{3}\right)^2 \left(\frac{2}{3}\right)^2 \times \frac{1}{3} = \frac{8}{81}.$$
>
> 同様に，3以上の整数 k に対して k 回目に初めて合計得点が3点となるのは，始めてから $(k-1)$ 回の合計得点が2点で k 回目が1点を得るときだから，
>
> $$P(X=k) = {}_{k-1}C_2 \left(\frac{1}{3}\right)^2 \left(\frac{2}{3}\right)^{k-3} \times \frac{1}{3}.$$
>
> したがって，確率分布表は次のとおり．
>
> | X | 3 | 4 | 5 | 6 | 7 | … |
> |---|---|---|---|---|---|---|
> | 確率 | $\frac{1}{27}$ | $\frac{2}{27}$ | $\frac{8}{81}$ | $\frac{80}{729}$ | $\frac{80}{729}$ | … |

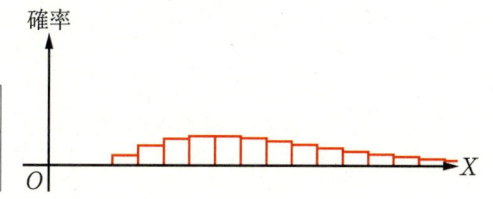

p, q を0以上1以下の実数とし，$p+q=1$ とする．r を自然数とする．次の確率変数 X の確率分布を **負の二項分布**，**パスカル分布**，**negative binomial distribution**，**Pascal distribution** という．

$$P(X=k) = {}_{k-1}C_{r-1} p^r q^{k-r} \quad (k=r, r+1, r+2, \ldots).$$

これらの例で，確率分布の図は同じ寸法で描かれている．
赤い柱の高い部分は確率が大きい．また，赤い柱の面積の和は1になっている．

3 確率変数の期待値

> **例**
>
> サイコロを1個振り，出た目が3以下ならば1点，出た目が4または5ならば5点，出た目が6ならば8点が得られる，というゲームを繰り返す．平均して1回あたり何点くらい得られることが期待されるだろうか．
>
> このゲームを1回行うときの得点を X とすると，X の確率分布表は次のとおり．
>
> | X | 1 | 5 | 8 |
> |---|---|---|---|
> | 確率 | $\frac{1}{2}$ | $\frac{1}{3}$ | $\frac{1}{6}$ |
>
> 仮にこのゲームを 6000 回繰り返すと，1点が 3000 回，5点が 2000 回，8点が 1000 回くらい出ると想定される．すると，合計点数は
>
> $$1点 \times 3000 + 5点 \times 2000 + 8点 \times 1000 = 21000点$$
>
> であるので，1回あたりの平均得点は $\dfrac{21000点}{6000} = 3.5点$ と考えられる．
>
> 同様に，仮にこのゲームを N 回繰り返すと，1点が $\frac{1}{2}N$ 回，5点が $\frac{1}{3}N$ 回，8点が $\frac{1}{6}N$ 回くらい出ると想定される．（ただし，N は十分に大きな自然数で，6の倍数．）よって，1回あたりの平均得点は
>
> $$\frac{1点 \times \frac{1}{2}N + 5点 \times \frac{1}{3}N + 8点 \times \frac{1}{6}N}{N} = 1点 \times \frac{1}{2} + 5点 \times \frac{1}{3} + 8点 \times \frac{1}{6} = 3.5点.$$
>
> この結果は，このゲームを1回行うとき，1点が $\frac{1}{2}$ 回，5点が $\frac{1}{3}$ 回，8点が $\frac{1}{6}$ 回出ると想定して計算したことになっている．もちろん，実際には "$\frac{1}{2}$ 回" はありえない回数だし，サイコロの目がどうであろうと 3.5 点という得点は実現しない．

この例の計算で，回数を表す N は約分によって消えてしまったということに注目しよう．N を経由せずに議論することで，"N はどれくらい大きくすればいいのか"，"N が6の倍数でないときは考えないでよいのか"，ということを気にせずに済む．そもそも，この例の確率が有理数であり，6を共通の分母にできたおかげで $\frac{1}{2}N$ と $\frac{1}{3}N$ と $\frac{1}{6}N$ を整数にするような N が存在する．確率が無理数の場合にも適用できるためには，いつまでも "回数" にこだわるわけにはいかないのだ．そこで，次のように（回数を経由せずに直接確率を使って）定義する．

確率変数 X のとる値が $a_1, a_2, a_3, \cdots$ であり，その確率分布が $P(X=a_1)=p_1$, $P(X=a_2)=p_2$, $P(X=a_3)=p_3, \ldots$ で与えられているとする．このとき，$a_1 p_1 + a_2 p_2 + a_3 p_3 + \cdots$ を X の **期待値**，**平均（値）**，**expectation**, **mean (value)** といい，$E(X)$ と表記する．

例

サイコロを 1 個振り，出た目を X とする．

X の確率分布表は次のとおり．

X	1	2	3	4	5	6
確率	$\frac{1}{6}$	$\frac{1}{6}$	$\frac{1}{6}$	$\frac{1}{6}$	$\frac{1}{6}$	$\frac{1}{6}$

よって，X の期待値は

$$E(X) = 1 \cdot \frac{1}{6} + 2 \cdot \frac{1}{6} + 3 \cdot \frac{1}{6} + 4 \cdot \frac{1}{6} + 5 \cdot \frac{1}{6} + 6 \cdot \frac{1}{6} = \frac{7}{2} (= 3.5).$$

例

サイコロを 1 個振り，出た目が 3 の倍数ならば 1 点，そうでないならば 0 点を得る，というゲームを考える．このゲームを 1 回行ったときの得点を X とする．

確率分布表は次のとおり．

X	0	1
確率	$\frac{2}{3}$	$\frac{1}{3}$

よって，X の期待値は

$$0 \cdot \frac{2}{3} + 1 \cdot \frac{1}{3} = \frac{1}{3}.$$

例

サイコロを 1 個振り，出た目が 3 の倍数ならば 1 点，そうでないならば 0 点を得る，というゲームを考える．このゲームを 4 回行ったときの合計得点を X とする．

$$P(X = k) = {}_4C_k \left(\frac{1}{3}\right)^k \left(\frac{2}{3}\right)^{4-k} \quad (k = 0, 1, 2, 3, 4).$$

したがって，確率分布表は次のとおり．

X	0	1	2	3	4
確率	$\frac{16}{81}$	$\frac{32}{81}$	$\frac{8}{27}$	$\frac{8}{81}$	$\frac{1}{81}$

よって，X の期待値は

$$0 \cdot \frac{16}{81} + 1 \cdot \frac{32}{81} + 2 \cdot \frac{8}{27} + 3 \cdot \frac{8}{81} + 4 \cdot \frac{1}{81} = \frac{4}{3}.$$

この例からわかるように，あるゲームを 1 回行ったときの得点の期待値が $\frac{1}{3}$ だとすると，

このゲームを4回行ったときの合計得点の期待値は $4 \times \dfrac{1}{3} = \dfrac{4}{3}$ である．

ある確率空間に対し，2つの確率変数 X, Y があるとすると，$X+Y$ も確率変数になる．（正確には，この確率空間の標本空間を U とするとき，$x \in U$ に対して $(X+Y)(x) = X(x)+Y(x)$ として関数 $X+Y : U \to \mathbb{R}$ を定義する．）このとき，次が成り立つ．

> **期待値の加法性**
> $$E(X+Y) = E(X) + E(Y).$$

要するに，"和の期待値は期待値の和"．

α, β を実数定数とする．ある確率空間に対し，確率変数 X があるとすると，$\alpha X + \beta$ も確率変数になる．（正確には，この確率空間の標本空間を U とするとき，$x \in U$ に対して $(\alpha X + \beta)(x) = \alpha X(x) + \beta$ として関数 $\alpha X + \beta : U \to \mathbb{R}$ を定義する．）このとき，次が成り立つ．

> $$E(\alpha X + \beta) = \alpha E(X) + \beta.$$

要するに，"定数倍の期待値は期待値の定数倍"，"定数を加えたものの期待値は期待値に定数を加えたもの"．

例
サイコロを1個振り，出た目を X とすると，$E(X) = 3.5$ である．
コインを振り，表が出たら 80 点，裏が出たら 60 点がもらえるとして，得点を Y とすると，$E(Y) = 70$ である．
$X+Y$ の期待値は，$E(X+Y) = E(X) + E(Y) = 73.5$．
サイコロを1個振り，出た目の 100 倍に 50 を加えたものを Z とすると，
$Z = 100X + 50$ であり，$E(Z) = 100E(X) + 50 = 400$．

問題 438 ●毎週 1000 本発売されるある宝くじは，1等賞 1万円が 1本，2等賞 1000 円が 2本，3等賞 100 円が 100 本含まれており，残りはハズレである．毎週 1本ずつ買い続けるとして，毎週得られる当選金の期待値を求めよ．

問題 439 ●袋の中に赤玉 2個，白玉 4個が入っている．この中から 3個の玉を同時に取り出したときの白玉の個数を X とする．
(1) X の確率分布表を求めよ．
(2) X の期待値 $E(X)$ を求めよ．

問題 440 ● 大小2つのサイコロを投げたときに出た目をそれぞれ X, Y とし,$Z = 10X + Y$ とするとき,Z の期待値 $E(Z)$ を求めよ.
答 p.55

問題 441 ● 表と裏が等確率で出るようなコインがある.このコインを5回投げたとき,表の出る回数を X とする.X の期待値 $E(X)$ を求めよ.
答 p.55

4 ● 確率変数の分散,標準偏差

期待値(平均)を知れば確率変数のおよその値がわかる.しかし,せっかく分布を考えているのだから,その広がり具合,すなわち,平均から離れた値はどれほど実現しやすいのか,ということにも興味がある.

確率変数 X の期待値を $M = E(X)$ とする.$X - M$ は(符号つきで)平均からどれほど離れているかを表している.しかし,$X - M$ の平均は $E(X - M) = E(X) - M = 0$ より,いつでも0になってしまう.M より大きい部分と小さい部分が打ち消し合ってしまうためだ.そこで,$X - M$ を0以上のものに変換してからその平均を考えることにしよう.

$|X - M|$ の平均は数学的な扱いがやや難しいので,$(X - M)^2$ の平均を考えることにする.

確率変数 X のとる値が $a_1, a_2, a_3, \cdots$,であり,その確率分布が $P(X = a_1) = p_1$,$P(X = a_2) = p_2, P(X = a_3) = p_3, \ldots$ で与えられているとする.X の期待値を M とする ($M = a_1 p_1 + a_2 p_2 + a_3 p_3 + \cdots$).このとき,$(a_1 - M)^2 p_1 + (a_2 - M)^2 p_2 + (a_3 - M)^2 p_3 + \cdots$ を X の **分散**, variance といい,$V(X)$ と表記する.

要するに,
$$V(X) = E((X - M)^2) = E((X - E(X))^2).$$

分散の計算では2乗が使われているので,X と $V(X)$ は単位が異なり,比較がしにくい.そこで,分散の(正の)平方根を用いることが多い.これを X の **標準偏差**, standard deviation といい,$D(X)$ と表記する.

要するに,
$$D(X) = \sqrt{V(X)}.$$

例 サイコロを1個振り,出た目を X とする.
確率分布表は右のとおり.
X の期待値は $E(X) = \dfrac{7}{2} (= 3.5)$.
X の分散は

X	1	2	3	4	5	6
確率	$\dfrac{1}{6}$	$\dfrac{1}{6}$	$\dfrac{1}{6}$	$\dfrac{1}{6}$	$\dfrac{1}{6}$	$\dfrac{1}{6}$

$$V(X) = \left(1-\dfrac{7}{2}\right)^2 \cdot \dfrac{1}{6} + \left(2-\dfrac{7}{2}\right)^2 \cdot \dfrac{1}{6} + \left(3-\dfrac{7}{2}\right)^2 \cdot \dfrac{1}{6} + \left(4-\dfrac{7}{2}\right)^2 \cdot \dfrac{1}{6}$$
$$+ \left(5-\dfrac{7}{2}\right)^2 \cdot \dfrac{1}{6} + \left(6-\dfrac{7}{2}\right)^2 \cdot \dfrac{1}{6}$$
$$= \dfrac{35}{12}.$$

X の標準偏差は $D(X) = \sqrt{\dfrac{35}{12}} = \dfrac{\sqrt{35}}{2\sqrt{3}}$.
$M = E(X), s = D(X)$ とおくと,
$$P(M-s \leqq X \leqq M+s) = \dfrac{2}{3},\ P(M-1.5s \leqq X \leqq M+1.5s) = 1$$
となっている.

例 サイコロを1個振り,出た目が3の倍数ならば1点,そうでないならば0点を得る,というゲームを考える.このゲームを1回行ったときの得点を X とする.
確率分布表は右のとおり.
X の期待値は $E(X) = \dfrac{1}{3}$.
X の分散は

X	0	1
確率	$\dfrac{2}{3}$	$\dfrac{1}{3}$

$$V(X) = \left(0-\dfrac{1}{3}\right)^2 \cdot \dfrac{2}{3} + \left(1-\dfrac{1}{3}\right)^2 \cdot \dfrac{1}{3} = \dfrac{2}{9}.$$

X の標準偏差は $D(X) = \sqrt{\dfrac{2}{9}} = \dfrac{\sqrt{2}}{3}$.
$M = E(X), s = D(X)$ とおくと,
$$P(M-s \leqq X \leqq M+s) = \dfrac{2}{3},\ P(M-\sqrt{2}s \leqq X \leqq M+\sqrt{2}s) = 1$$
となっている.

例 サイコロを1個振り,出た目が3の倍数ならば1点,そうでないならば0点を得る,というゲームを考える.このゲームを4回行ったときの合計得点を X とする.

確率分布表は右のとおり．
X の期待値は $E(X) = \frac{4}{3}$．
X の分散は

X	0	1	2	3	4
確率	$\frac{16}{81}$	$\frac{32}{81}$	$\frac{8}{27}$	$\frac{8}{81}$	$\frac{1}{81}$

$$V(X) = \left(0 - \frac{4}{3}\right)^2 \cdot \frac{16}{81} + \left(1 - \frac{4}{3}\right)^2 \cdot \frac{32}{81} + \left(2 - \frac{4}{3}\right)^2 \cdot \frac{8}{27} + \left(3 - \frac{4}{3}\right)^2 \cdot \frac{8}{81}$$
$$+ \left(4 - \frac{4}{3}\right)^2 \cdot \frac{1}{81}$$
$$= \frac{8}{9}.$$

X の標準偏差は $D(X) = \sqrt{\frac{8}{9}} = \frac{2\sqrt{2}}{3}$．
$M = E(X), s = D(X)$ とおくと，
$$P(M - s \leqq X \leqq M + s) = \frac{56}{81}, P(M - 2\sqrt{2}s \leqq X \leqq M + 2\sqrt{2}s) = 1$$

となっている．

実際に分散を計算するときには，次の公式が便利だ．

$$V(X) = E(X^2) - E(X)^2.$$

【証明】
$M = E(X)$ とおく．
$(a_1 - M)^2 p_1 = a_1^2 p_1 - 2M a_1 p_1 + M^2 p_1$ であり，$a_2, a_3, \ldots$ についても同様の式が成り立つ．これらを加えると，
$$(a_1 - M)^2 p_1 + (a_2 - M)^2 p_2 + \cdots$$
$$= (a_1^2 p_1 + a_2^2 p_1 + \cdots) - 2M(a_1 p_1 + a_2 p_2 + \cdots) + M^2(p_1 + p_2 + \cdots).$$
$p_1 + p_2 + \cdots = 1$ と $a_1 p_1 + a_2 p_2 + \cdots = E(X)$ に注意して，
$$V(X) = E(X^2) - 2M E(X) + M^2 \cdot 1.$$
$$\therefore V(X) = E(X^2) - M^2. \blacksquare$$

要するに，"分散は，2乗の期待値と期待値の2乗との差"．

例
サイコロを1個振り，出た目が3の倍数ならば1点，そうでないならば0点を得る，というゲームを考える．このゲームを4回行ったときの合計得点を X とする．

確率分布表は右のとおり．
X の期待値は $E(X) = \frac{4}{3}$．
また，

X	0	1	2	3	4
確率	$\frac{16}{81}$	$\frac{32}{81}$	$\frac{8}{27}$	$\frac{8}{81}$	$\frac{1}{81}$

$$E(X^2) = 0^2 \cdot \frac{16}{81} + 1^2 \cdot \frac{32}{81} + 2^2 \cdot \frac{8}{27} + 3^2 \cdot \frac{8}{81} + 4^2 \cdot \frac{1}{81} = \frac{8}{3}.$$

よって，X の分散は

$$V(X) = E(X^2) - E(X)^2 = \frac{8}{3} - \left(\frac{4}{3}\right)^2 = \frac{8}{9}.$$

問題 442 ● "4つの選択肢のうちの3つが正解で1つが不正解"という問題が3題出題された．でたらめにそれぞれ1つだけ選択して解答するときに正解する数を X とする．

答 p.55
(1) X の確率分布表を求めよ．
(2) X の期待値 $E(X)$ を求めよ．
(3) X の分散 $V(X)$ を求めよ．
(4) 標準偏差 $D(X)$ を求めよ．

α, β を実数定数とする．ある確率空間に対し，確率変数 X があるとすると，$\alpha X + \beta$ も確率変数になる．このとき，次が成り立つ．

$$V(\alpha X + \beta) = \alpha^2 V(X). \quad D(\alpha X + \beta) = |\alpha| D(X).$$

要するに，"正定数倍の標準偏差は標準偏差の正定数倍"，"定数を加えたり -1 倍したりしても分散や標準偏差は変わらない"．

確率変数 X に対して，$Z = \dfrac{X - E(X)}{D(X)}$ を X に対応する **標準化変数**, **standardized random variable** という．

$E(X)$ をひくことによって平均を調整し，$D(X)$ でわることによって分散を調整した結果，Z は平均が0，分散が1の確率変数になる．

参考 平均からどれくらい離れているかを表現するとき，標準偏差の何倍であるか，という形を用いることが多い．これに関連して，次の **チェビシェフの不等式** が知られている．
確率変数 X に対して，$M = E(X), s = D(X)$ とすると，正定数 k に対して，$P(M - ks \leq X \leq M + ks) > 1 - \dfrac{1}{k^2}$ が成り立つ．標準化変数 $Z = \dfrac{X - M}{s}$ を使って言い換えると，$P(-k \leq Z \leq k) > 1 - \dfrac{1}{k^2}$ が成り立つ．
例えば，平均との差が標準偏差の5倍より大きい確率は4パーセント未満であることがわかる．

参考 確率変数 X に対して，$M = E(X), s = D(X), Z = \dfrac{X - M}{s}$ とする．$E(Z^3)$ は X の確率分布の"歪度"とよばれ，平均に関する非対称性を表す．$E(Z^4)$ は X の確率分布の"尖度"とよばれ，平均の周囲の部分の尖り具合を表す．このように，$E(X^r)$ $(r = 0, 1, 2, \ldots)$（これらは"モーメント"とよばれる）を調べると確率分布の様子がわかる．平均（$r = 0$）や分散（$r = 1$）はその手始めといえる．

5 ● 2つの確率変数の関係

ある確率空間に対し，2つの確率変数 X, Y があるとすると，$X+Y$ も確率変数になり，$E(X+Y)=E(X)+E(Y)$ が成り立つ．しかし，$V(X+Y)$ と $V(X)+V(Y)$ は必ずしも等しくはないので，もう少し深く議論しなければならない．

例 赤いサイコロと白いサイコロを同時に振る．赤いサイコロの目を X とし，2個のサイコロの目の和を Y とする．

赤いサイコロの目が r で白いサイコロの目が w のときに (r, w) と表記することにすると，標本空間は

$U = \{(r, w) | r = 1, 2, 3, 4, 5, 6 \text{ かつ } w = 1, 2, 3, 4, 5, 6\} = \{1, 2, 3, 4, 5, 6\}^2$.

$P(\{(1,1)\}) = P(\{(1,2)\}) = \cdots = P(\{(6,6)\}) = \dfrac{1}{36}$ として確率が割り当てられていると考えられる．

$X((r, w)) = r$ であり，$Y((r, w)) = r + w$ である．

例えば，

$$P(X = 2) = P(\{(r, w) | r = 2\})$$
$$= P(\{(2,1), (2,2), (2,3), (2,4), (2,5), (2,6)\}) = \dfrac{6}{36} = \dfrac{1}{6}.$$
$$P(Y = 3) = P(\{(r, w) | r + w = 3\}) = P(\{(1,2), (2,1)\}) = \dfrac{2}{36} = \dfrac{1}{18}.$$

X と Y を同時に考えて，$X = 2$ かつ $Y = 3$ となる確率を $P(X = 2, Y = 3)$ と表記すると，

$$P(X = 2, Y = 3) = P(\{(r, w) | r = 2 \text{ かつ } r + w = 3\}) = P(\{(2, 1)\}) = \dfrac{1}{36}.$$

とりうる値すべてについて確率を求めて表にすると，次のようになる．

$X \backslash Y$	2	3	4	5	6	7	8	9	10	11	12	計
1	$\frac{1}{36}$	$\frac{1}{36}$	$\frac{1}{36}$	$\frac{1}{36}$	$\frac{1}{36}$	$\frac{1}{36}$	0	0	0	0	0	$\frac{6}{36}$
2	0	$\frac{1}{36}$	$\frac{1}{36}$	$\frac{1}{36}$	$\frac{1}{36}$	$\frac{1}{36}$	$\frac{1}{36}$	0	0	0	0	$\frac{6}{36}$
3	0	0	$\frac{1}{36}$	$\frac{1}{36}$	$\frac{1}{36}$	$\frac{1}{36}$	$\frac{1}{36}$	$\frac{1}{36}$	0	0	0	$\frac{6}{36}$
4	0	0	0	$\frac{1}{36}$	$\frac{1}{36}$	$\frac{1}{36}$	$\frac{1}{36}$	$\frac{1}{36}$	$\frac{1}{36}$	0	0	$\frac{6}{36}$
5	0	0	0	0	$\frac{1}{36}$	$\frac{1}{36}$	$\frac{1}{36}$	$\frac{1}{36}$	$\frac{1}{36}$	$\frac{1}{36}$	0	$\frac{6}{36}$
6	0	0	0	0	0	$\frac{1}{36}$	$\frac{1}{36}$	$\frac{1}{36}$	$\frac{1}{36}$	$\frac{1}{36}$	$\frac{1}{36}$	$\frac{6}{36}$
計	$\frac{1}{36}$	$\frac{2}{36}$	$\frac{3}{36}$	$\frac{4}{36}$	$\frac{5}{36}$	$\frac{6}{36}$	$\frac{5}{36}$	$\frac{4}{36}$	$\frac{3}{36}$	$\frac{2}{36}$	$\frac{1}{36}$	$\frac{36}{36}$

> この表は X, Y の同時確率分布表という．右端の1列が X の確率分布であり，下端の1行が Y の確率分布である．

確率空間 $(U, \mathcal{F}, P)$ に対し，（離散型）確率変数 X, Y があるとする．

実数 a, b に対して，$P(\{x \in U | X(x) = a \text{ かつ } Y(x) = b\})$ を $P(X = a, Y = b)$ と表記する．(a, b) から $P(X = a, Y = b)$ への対応を X, Y の **同時確率分布**, **joint probability distribution** という．このとき，a から $P(X = a)$ への対応を X の **周辺確率分布**, **marginal probability distribution** という．（b から $P(Y = b)$ への対応は Y の周辺確率分布という．）

X のとる値が $a_1, a_2, a_3, \ldots$ であり，Y のとる値が $b_1, b_2, b_3, \ldots$ であるとする．X, Y の同時確率分布が $P(X = a_1, Y = b_1) = p_{(1,1)}$, $P(X = a_1, Y = b_2) = p_{(1,2)}$, $P(X = a_1, Y = b_3) = p_{(1,3)}, \ldots, P(X = a_2, Y = b_1) = p_{(2,1)}$, $P(X = a_2, Y = b_2) = p_{(2,2)}, \ldots$ とする．すると，X の周辺確率分布は $P(X = a_1) = p_{(1,1)} + p_{(1,2)} + \cdots$, $P(X = a_2) = p_{(2,1)} + p_{(2,2)} + \cdots, \ldots$ となっており，Y の周辺確率分布は
$P(Y = b_1) = p_{(1,1)} + p_{(2,1)} + \cdots$, $P(Y = b_2) = p_{(1,2)} + p_{(2,2)} + \cdots, \ldots$ となっている．（証明は排反事象の和の確率によるが，要するに，同時確率分布表の"計"の欄が周辺確率分布だ，といっているにすぎない．）

X の期待値を $M_X = E(X)$ とし，Y の期待値を $M_Y = E(Y)$ とするとき，
$$(a_1 - M_X)(b_1 - M_Y)p_{(1,1)} + (a_1 - M_X)(b_2 - M_Y)p_{(1,2)} + \cdots$$
$$+ (a_2 - M_X)(b_1 - M_Y)p_{(2,1)} + (a_2 - M_X)(b_2 - M_Y)p_{(2,2)} + \cdots$$
$$+ \cdots$$

を X と Y の **共分散**, **covariance** といい，$\mathrm{Cov}(X, Y)$ と表記する．

要するに，
$$\mathrm{Cov}(X, Y) = E((X - M_X)(Y - M_Y)).$$

X の分散は $V(X) = E((X - M_X)^2)$ であり，Y の分散は $V(Y) = E((Y - M_Y)^2)$ であったので，共分散はこれらに似せながら混ぜたようなものになっている．

次のような公式がある．

$$V(X + Y) = V(X) + V(Y) + 2\mathrm{Cov}(X, Y).$$
$$E(XY) = E(X)E(Y) + \mathrm{Cov}(X, Y).$$

参考 $V(X+Y)$ の証明は，$((a_1-M_X)+(b_1-M_Y))^2 p_{(1,1)} = (a_1-M_X)^2 p_{(1,1)} + (b_1-M_Y)^2 p_{(1,1)}$
$+ 2(a_1-M_X)(b_1-M_Y)p_{(1,1)}$ のような式を加えて得られる．

$E(XY)$ の証明は，$a_1 b_1 p_{(1,1)} = a_1 p_{(1,1)} M_Y + b_1 p_{(1,1)} M_X - M_X M_Y p_{(1,1)} + (a_1-M_X)(b_1-M_Y)p_{(1,1)}$
のような式を加えて得られる．

共分散の意味をもう少し考えてみよう．$(a_1-M_X)(b_1-M_Y) > 0$ となるのは，a_1 と b_1 が共に（それぞれの）平均より大きいか小さいときであり，$(a_1-M_X)(b_1-M_Y) < 0$ となるのは，a_1 と b_1 の一方が平均より大きく他方が平均より小さいときである．これに確率 $p_{(1,1)}$ をかけたものが $\mathrm{Cov}(X,Y)$ に登場している．(a_1, b_1) 以外にも (a_1, b_2) や (a_2, b_1) 等でも同様だから，結局，平均と比べた大小が $(X, Y$ で) 一致する部分の確率が大きければ $\mathrm{Cov}(X,Y)$ は大きくなるし，平均と比べた大小が $(X, Y$ で) 逆になっている部分の確率が大きければ $\mathrm{Cov}(X,Y)$ は小さくなる．

しかし，$\mathrm{Cov}(X,Y)$ には "X と Y の間の関係" の他に "X, Y の（それぞれの）ばらつき具合" も情報として含んでいるため，例えば X の標準偏差が 3 倍になれば $\mathrm{Cov}(X,Y)$ も 3 倍になってしまう．そこで，"X, Y の（それぞれの）ばらつき具合" の情報を取り除くため，X と Y の標準偏差でわることにする．

X の標準偏差を $s_X = D(X)$ とし，Y の標準偏差を $s_Y = D(Y)$ とするとき，$\dfrac{\mathrm{Cov}(X,Y)}{s_X s_Y}$ を X と Y の **相関係数**，**correlation coefficient** といい，$\rho(X,Y)$ と表記する．(ρ はアルファベットの r に対応するギリシア文字．) なお，$s_X = 0$ または $s_Y = 0$ のときは相関係数は定義されない．

$$\rho(X,Y) = \frac{\mathrm{Cov}(X,Y)}{s_X s_Y} = \frac{E((X-E(X))(Y-E(Y)))}{\sqrt{E((X-E(X))^2) E((Y-E(Y))^2)}}.$$

標準化変数 $Z_X = \dfrac{X-M_X}{s_X}, Z_Y = \dfrac{Y-M_Y}{s_Y}$ を使えば，$\rho(X,Y) = E(Z_X Z_Y)$ である．

$\rho(X,Y)$ は -1 以上 1 以下の実数であり，$\rho(X,Y)$ が 1 に近いときは X と Y の平均に対する大小が一致する確率が高く，$\rho(X,Y)$ が -1 に近いときは X と Y の平均に対する大小が逆になる確率が高い．

$\rho(X,Y)$ が ± 1 のときは $Y = \alpha X + \beta$ という実数定数 α, β が存在する．

$\rho(X,Y) = 0$ のとき，X と Y は **無相関**，**uncorrelated** という．

したがって，次が成り立つ．

> X と Y が無相関（すなわち，$\rho(X,Y) = 0$）ならば，
> $$V(X+Y) = V(X) + V(Y), \qquad E(XY) = E(X)E(Y).$$

例 赤いサイコロと白いサイコロを同時に振る．赤いサイコロの目を X とし，2 個のサイコロの目の和を Y とする．

同時確率分布表は次のとおり．

$X \backslash Y$	2	3	4	5	6	7	8	9	10	11	12	計
1	$\frac{1}{36}$	$\frac{1}{36}$	$\frac{1}{36}$	$\frac{1}{36}$	$\frac{1}{36}$	$\frac{1}{36}$	0	0	0	0	0	$\frac{6}{36}$
2	0	$\frac{1}{36}$	$\frac{1}{36}$	$\frac{1}{36}$	$\frac{1}{36}$	$\frac{1}{36}$	$\frac{1}{36}$	0	0	0	0	$\frac{6}{36}$
3	0	0	$\frac{1}{36}$	$\frac{1}{36}$	$\frac{1}{36}$	$\frac{1}{36}$	$\frac{1}{36}$	$\frac{1}{36}$	0	0	0	$\frac{6}{36}$
4	0	0	0	$\frac{1}{36}$	$\frac{1}{36}$	$\frac{1}{36}$	$\frac{1}{36}$	$\frac{1}{36}$	$\frac{1}{36}$	0	0	$\frac{6}{36}$
5	0	0	0	0	$\frac{1}{36}$	$\frac{1}{36}$	$\frac{1}{36}$	$\frac{1}{36}$	$\frac{1}{36}$	$\frac{1}{36}$	0	$\frac{6}{36}$
6	0	0	0	0	0	$\frac{1}{36}$	$\frac{1}{36}$	$\frac{1}{36}$	$\frac{1}{36}$	$\frac{1}{36}$	$\frac{1}{36}$	$\frac{6}{36}$
計	$\frac{1}{36}$	$\frac{2}{36}$	$\frac{3}{36}$	$\frac{4}{36}$	$\frac{5}{36}$	$\frac{6}{36}$	$\frac{5}{36}$	$\frac{4}{36}$	$\frac{3}{36}$	$\frac{2}{36}$	$\frac{1}{36}$	$\frac{36}{36}$

$$E(X) = 1 \cdot \frac{6}{36} + 2 \cdot \frac{6}{36} + 3 \cdot \frac{6}{36} + 4 \cdot \frac{6}{36} + 5 \cdot \frac{6}{36} + 6 \cdot \frac{6}{36} = \frac{7}{2}.$$

$$E(X^2) = 1^2 \cdot \frac{6}{36} + 2^2 \cdot \frac{6}{36} + \cdots + 6^2 \cdot \frac{6}{36} = \frac{91}{6}.$$

$$V(X) = E(X^2) - E(X)^2 = \frac{35}{12}. \quad \therefore \quad D(X) = \sqrt{V(X)} = \frac{\sqrt{35}}{2\sqrt{3}}.$$

$$E(Y) = 2 \cdot \frac{1}{36} + 3 \cdot \frac{2}{36} + \cdots + 12 \cdot \frac{1}{36} = 7.$$

$$E(Y^2) = 2^2 \cdot \frac{1}{36} + 3^2 \cdot \frac{2}{36} + \cdots + 12^2 \cdot \frac{1}{36} = \frac{329}{6}.$$

$$V(Y) = E(Y^2) - E(Y)^2 = \frac{35}{6}. \quad \therefore \quad D(Y) = \sqrt{V(Y)} = \frac{\sqrt{35}}{\sqrt{6}}.$$

$$E(XY) = 1 \cdot 2 \cdot \frac{1}{36} + 1 \cdot 3 \cdot \frac{1}{36} + \cdots + 6 \cdot 12 \cdot \frac{1}{36} = \frac{329}{12}.$$

$$\mathrm{Cov}(X, Y) = E(XY) - E(X)E(Y) = \frac{35}{12}.$$

$$\rho(X, Y) = \frac{\mathrm{Cov}(X, Y)}{D(X)D(Y)} = \frac{1}{\sqrt{2}}.$$

すべての実数 a, b に対して $P(X = a, Y = b) = P(X = a)P(Y = b)$ が成り立つとき，確率変数 X, Y は **独立**，**independent** という．

別の表現を使うと，すべての実数 a, b に対して事象 $\{x \in U \mid X(x) = a\}$ と事象 $\{x \in U \mid Y(x) = b\}$ が独立のとき，X, Y は独立という．("すべての実数 a, b に対して事象 $\{x \in U \mid X(x) \leqq a\}$ と事象 $\{x \in U \mid Y(x) \leqq b\}$ が独立のとき，X, Y は独立という" とすれば，X, Y が離散型確率変数でないときにも使える定義になる．)

X, Y が独立ならば，$E(XY) = E(X)E(Y)$ が証明できるので，X と Y は無相関になる．

（逆に，無相関だからといって独立とは限らない．）

問題 443 ❶ 赤いサイコロと白いサイコロを同時に振る．サイコロの目のうち大きい方を X とし，2個のサイコロの目の差を Y とする．X の期待値 $E(X)$，X の分散 $V(X)$，X の標準偏差 $D(X)$，Y の期待値 $E(Y)$，Y の分散 $V(Y)$，Y の標準偏差 $D(Y)$，X と Y の共分散 $\mathrm{Cov}(X, Y)$，X と Y の相関係数 $\rho(X, Y)$ をそれぞれ求めよ．

答 p.56

参考 ここでは2つの確率変数の場合しか扱わなかったが，実用上はもっとたくさんの確率変数を同時に扱う必要がある．

　同じ実験を何度も繰り返して，得られるデータの平均を計算することは，独立で同一の確率分布をもつような確率変数の和を考えてから実験回数でわっていることになる．このとき，実験回数が増えれば計算結果はもとの確率分布の期待値に近づくことが証明されている（"大数の法則"）．また，もとの確率分布がどのようなものであったとしても，実験回数が増えれば和の確率分布は"正規分布"とよばれる確率分布に近づくという驚くべき結果も証明されている（"中心極限定理"）．これらが統計的処理の正当性を保証する理論的背景になっているわけだが，これ以上立ち入るのは本書の程度を超えるのでやめておこう．

放課後の談話

生徒「確率は難しいですね．」
先生「確率空間の設定や様々な確率分布は，慣れないと確かに難しい．時間をかけて少しずつ理解していけばいいさ．」
生徒「でも，ようやく読み終わりました．」
先生「中学生でこの本の内容を100パーセント理解するのはなかなか大変だと思う．」
生徒「この本全体を振り返ってみると，よくわかったところとあやふやなところがあるような気がします．」
先生「もう一度最初から読み直してみよう．きっとこれまで見落としていた点が見つかるだろう．」
生徒「ありがとうございました．」
先生「こちらこそ．」

付録

実数とは何か

集合 $\mathbb{R}$ が次の (I), (II), (III) を満たすとき, $\mathbb{R}$ の要素を **実数** という.

(I) 四則演算について. "体の公理"

$a \in \mathbb{R}$, $b \in \mathbb{R}$ に対して, $a+b$ と表記される $\mathbb{R}$ の要素および ab と表記される $\mathbb{R}$ の要素が存在して, 次を満たす.

- 加法の結合法則：$a \in \mathbb{R}$, $b \in \mathbb{R}$, $c \in \mathbb{R}$ に対して, $(a+b)+c = a+(b+c)$.
- 加法の交換法則：$a \in \mathbb{R}$, $b \in \mathbb{R}$ に対して, $a+b = b+a$.
- 加法の単位元の存在：0 と表記される $\mathbb{R}$ の要素が存在して, $a \in \mathbb{R}$ に対して $a+0 = a$ が成立する.
- 加法の逆元の存在：$a \in \mathbb{R}$ に対して $-a$ と表記される $\mathbb{R}$ の要素が存在して, $a+(-a)=0$ が成立する.
- 乗法の結合法則：$a \in \mathbb{R}$, $b \in \mathbb{R}$, $c \in \mathbb{R}$ に対して, $(ab)c = a(bc)$.
- 乗法の交換法則：$a \in \mathbb{R}$, $b \in \mathbb{R}$ に対して, $ab = ba$.
- 乗法の単位元の存在：1 と表記される $\mathbb{R}$ の要素が存在して, $a \in \mathbb{R}$ に対して $a1 = a$ が成立する.
- 乗法の逆元の存在：$a \in \mathbb{R}$ に対して, a が 0 と異なるならば, a^{-1} と表記される $\mathbb{R}$ の要素が存在して, $aa^{-1}=1$ が成立する.
- 分配法則：$a \in \mathbb{R}$, $b \in \mathbb{R}$, $c \in \mathbb{R}$ に対して, $a(b+c) = ab + ac$.
- 0 と 1 は異なる.

$a \in \mathbb{R}$, $b \in \mathbb{R}$ に対して, $a+(-b)$ を $a-b$ と表記する.
$a \in \mathbb{R}$, $b \in \mathbb{R}$ (ただし, b は 0 とは異なる) に対して, ab^{-1} を $\dfrac{a}{b}$ や $a \div b$ と表記する.

(II) 順序について. (I) とあわせて "順序体の公理"

$\mathbb{R} \times \mathbb{R}$ のある部分集合が存在して, 次を満たす. ((a,b) がこの部分集合の要素のとき, $a \leqq b$ や $b \geqq a$ と表記する. $a \leqq b$ かつ $a \neq b$ のとき, $a < b$ や $b > a$ と表記する.)

- 反射律：$a \in \mathbb{R}$ に対して, $a \leqq a$.
- 反対称律：$a \in \mathbb{R}$, $b \in \mathbb{R}$ に対して, $a \leqq b$ かつ $b \leqq a$ が成り立つならば, $a = b$.
- 推移律：$a \in \mathbb{R}$, $b \in \mathbb{R}$, $c \in \mathbb{R}$ に対して, $a \leqq b$ かつ $b \leqq c$ が成り立つならば, $a \leqq c$.
- 全順序性：$a \in \mathbb{R}$, $b \in \mathbb{R}$ に対して, $a \leqq b$ または $b \leqq a$ が成り立つ.
- 積と順序の関係：$a \in \mathbb{R}$, $b \in \mathbb{R}$ に対して, $0 \leqq a$ かつ $0 \leqq b$ が成り立つならば, $0 \leqq ab$.

(I) と (II) から次のことが証明できる．($a \in \mathbb{R}$, $b \in \mathbb{R}$, $c \in \mathbb{R}$ とする．)

$a \in \mathbb{R}$, $b \in \mathbb{R}$ に対して，$a < b$ と $a = b$ と $b < a$ のうちの 1 つ（だけ）が成り立つ．

$a \leqq b \iff (a = b$ または $a < b)$．

$a < b$ かつ $b < c$ が成り立つならば，$a < c$．

$a < b$ ならば，$a + c < b + c$．

$a < b$ かつ $c > 0$ ならば，$ca < cb$．

> **(III) "連続の公理"**
>
> $\mathbb{R}$ の部分集合 X が空集合でなく，"X の任意の要素 x に対して $x \leqq M$ が成り立つ"という M が（$\mathbb{R}$ の要素として）存在するならば，そのような M のうちで最小のものが存在する．言い換えると，$\mathbb{R}$ の空でない部分集合 X が上界をもてば，X は上限をもつ．

(I)，(II) の下で，(III) は次の "アルキメデスの公理" と "区間縮小法の原理" をあわせたものと同値である．

> - **"アルキメデスの公理"**: $a > 0$, $b > 0$ とすると，$a < b + b + \cdots + b$（右辺は n 個の b の和）となるような自然数 n が存在する．
> - **"区間縮小法の原理"**: $a_1 \leqq a_2 \leqq a_3 \leqq \cdots \leqq b_3 \leqq b_2 \leqq b_1$ とする．すべての自然数 n に対して $a_n \leqq b_n$ であり，n が大きくなると $b_n - a_n$ が限りなく 0 に近づくならば，
> $$a_1 \leqq a_2 \leqq a_3 \leqq \cdots \leqq x \leqq \cdots \leqq b_3 \leqq b_2 \leqq b_1$$
> を満たす実数 x がただ 1 つ存在する．

連続の公理の主張はわかりにくいが，例えば $\sqrt{2}$ を表現するのに（有限）小数で近似する様子を想像してもらいたい．$X = \{1, 1.4, 1.41, 1.414, 1.4142, \cdots\}$ としたとき，X の要素は 2 以下であり，1.5 以下であり，1.42 以下であり，1.415 以下であり，…といえるが，この極限状態では "X の要素は M 以下だが，M より少しでも小さい数に対してはそれを超える X の要素が見つかってしまう" という M が存在する．この M が $\sqrt{2}$ に他ならない．したがって，連続の公理のおかげで，1, 1.4, 1.41, … という数の列の極限である $\sqrt{2}$ の存在が保証されるわけだ．なお，$\sqrt{2}$ は無理数なので，有理数全体の集合 $\mathbb{Q}$ では連続の公理が成り立たないことに注意しよう．（この例の X は $\mathbb{Q}$ の部分集合でもあるが，X の上限は $\mathbb{Q}$ に存在しないため．）

索引

あ

- 余り……………………………48
- 1次関数………………………155
- 一般形……………………165, 201
- 上に凸………………………189
- 円順列………………………256
- 延長……………………………44
- 同じものを含む順列…………261

か

- 外延的記法……………………10
- 回帰直線………………………238
- 階級……………………………132
- 階級値…………………………132
- 階乗……………………………250
- ガウス記号……………………51
- 確率………………………278, 294
- 確率空間………………………294
- 確率分布………………………314
- 確率変数………………………313
- 下限……………………………210
- 可算加法族……………………294
- 数え上げの基本原理…………247
- 傾き………………………139, 163
- 関数………………………42, 45
- 完全加法族……………………294
- 幾何分布………………………320
- 奇関数…………………………125
- 基数……………………………57
- 期待値…………………………322
- 逆関数…………………………61
- 共通部分………………………25
- 共分散……………………238, 330
- 共有点…………………………176
- 偶関数…………………………125
- 空事象…………………………280
- 空集合…………………………13
- 区間……………………………296
- 組合せ…………………………262
- グラフ……………………102, 106
- 下界……………………………210
- 決定係数………………………238
- 元………………………………9
- 合成関数………………………59
- 交点………………………200, 213
- 恒等関数………………………51
- 恒等写像……………………51, 63
- 勾配……………………………139
- 根元事象………………………278

さ

- 最小……………………………210
- 最小（値）……………………210
- 最小値…………………………210
- 最大……………………………210
- 最大（値）……………………210
- 最大値…………………………210
- 最頻値…………………………87
- 差事象…………………………284
- 差集合…………………………28
- 差商……………………………130
- 座標………………………90, 96
- 座標系…………………………99
- 座標軸…………………………96
- 散布図…………………………238
- 散布度…………………………87
- 三平方の定理…………………100
- 試行……………………………278
- 事後確率………………………303
- 始集合…………………………45
- 事象………………………278, 294
- 辞書式順序……………………241
- 事前確率………………………303
- 下に凸…………………………189
- 実数……………………………334
- 四分位点………………………87
- 四分位偏差……………………87
- 写像……………………………45
- 集合……………………………9
- （集合として）等しい………20
- 終集合…………………………45
- 重心……………………………99
- 従属………………………305, 309
- 従属変数………………………42
- 重複組合せ……………………273
- 重複順列………………………258
- 周辺確率分布…………………330
- 樹形図…………………………242
- 数珠順列………………………257
- 順列……………………………253
- 商………………………………48
- 上界……………………………210
- 上限……………………………210
- 条件付き確率…………………300
- 真部分集合……………………17
- 垂直である……………………174
- （正規）直交座標系…………99
- 制限……………………………44
- 正の相関関係がある…………238
- （正）比例関数………………135

- （正）比例する………………135
- 積事象…………………………281
- 積の法則………………………247
- （積率）相関係数……………238
- 接線……………………………213
- 絶対値記号……………………51
- 接点………………………200, 213
- 切片形……………………166, 201
- 漸近線…………………………146
- 線型性…………………………136
- 線形性…………………………136
- 全事象…………………………280
- 全射……………………………53
- 全数調査………………………153
- 全体集合………………………10
- 全単射…………………………56
- 像………………………………46
- 相関係数………………………331
- 双曲線…………………………147
- 相対度数………………………132
- 増分……………………………128
- 属さない………………………9
- 属する…………………………9

た

- （対称）軸……………………188
- 代表値…………………………87
- 互いに素………………………50
- 互いに素な和集合……………25
- 互いに排反……………………282
- 多項係数………………………261
- 単射……………………………54
- 単調減少である………………187
- 単調増加である………………187
- 値域………………………43, 45
- チェビシェフの不等式………328
- 中位数…………………………87
- 中央値…………………………87
- 抽出……………………………153
- 中心的傾向……………………87
- 超幾何分布……………………318
- 頂点……………………………188
- 直積集合………………………31
- 直和……………………………25
- 直角双曲線……………………147
- 直交する………………………174
- 強い相関関係がある…………238
- 定義域……………………43, 45
- 定数関数……………………48, 155
- 同時確率分布…………………330
- 独立……305, 307, 309, 332

- □独立変数·················· 42
- □度数······················ 132
- □度数分布多角形·········· 132
- □度数分布表················ 132

な

- □内包的記法················· 11
- □二項係数··················· 262
- □二項分布··················· 317
- □2次関数···················· 185
- □2次不等式················· 217
- □ニュートン商··············· 130
- □濃度························ 57

は

- □箱ひげ図···················· 87
- □柱状グラフ················· 132
- □パスカル分布··············· 321
- □範囲························ 87
- □反比例関数················· 144
- □反比例する················· 144
- □反復試行··················· 310
- □判別式····················· 200
- □反例························ 54
- □非交和······················ 25
- □ヒストグラム··············· 132
- □ピタゴラスの定理··········· 100
- □微分······················· 130
- □微分係数··················· 130
- □標準化変数················· 328
- □標準形················ 164, 201
- □標準偏差·············· 87, 325
- □標本······················· 153
- □標本空間············· 278, 294
- □標本調査··················· 153
- □標本点····················· 278
- □標本の大きさ··············· 153
- □標本（不偏）分散··········· 153
- □標本分布··················· 153
- □標本平均··················· 153
- □比例定数·············· 135, 144
- □含まれる···················· 16
- □含む······················· 16
- □負の相関関係がある········· 238
- □負の二項分布··············· 321
- □部分集合···················· 16
- □分散·················· 87, 325
- □平均························ 87
- □平均（値）················· 322
- □（平均の）変化の割合······· 128
- □平均変化率················· 128
- □平均偏差···················· 87
- □冪集合······················ 33
- □ベルヌーイ分布············· 317
- □変域························ 43
- □変化率····················· 130
- □変換······················· 112
- □偏差値······················ 87
- □ポアソン分布··············· 320
- □包含関数···················· 51
- □包含写像···················· 51
- □補集合······················ 29
- □母集団····················· 153
- □母集団分布················· 153
- □母比率の推定··············· 153
- □母分散····················· 153
- □母平均····················· 153

ま

- □交わり······················ 25
- □無限集合·············· 11, 35
- □結び························ 25
- □無相関····················· 331
- □メディアン·················· 87
- □モード······················ 87

や

- □有限集合·············· 11, 35
- □要素························· 9
- □余事象····················· 283

ら

- □（離散）一様確率分布······· 316
- □累積相対度数··············· 132
- □累積相対度数グラフ········· 132
- □累積度数··················· 132

わ

- □和事象····················· 281
- □和集合······················ 25
- □和の法則··················· 243

英字・記号

- □$f(x)$の増加量············· 128
- □n変数関数················· 64
- □σ-加法族··············· 294
- □T得点······················ 87
- □x座標······················ 96
- □x軸······················· 96
- □x軸に関して対称移動する
  113
- □x軸方向にp, y軸方向にq
  だけ平行移動する········· 113
- □x切片·············· 163, 197
- □xの増加量················· 128
- □y座標······················ 96
- □y軸······················· 96
- □y切片·············· 163, 197
- □yの増加量················· 128
- □Z得点······················ 87

MEMO

【著者紹介】

藤村 崇 (ふじむら たかし)

東京大学理学部数学科卒業。東京大学大学院数理科学研究科を卒業後、母校である開成中学校・開成高等学校の教諭となり現在に至る。大学での専門は（主に実半単純リー群の）表現論。

伝統的な中高の数学にとらわれず、大学における数学の考え方や世界に通用する数学を念頭に置き、それらをできるだけ授業に反映させようと思っている。

幼少期をフランスで過ごしたためか語学への関心も高い。趣味は大学のオーケストラで始めたヴィオラ。数学と音楽は人類の文化活動の産物という意味で共通するところがあるが、どちらも過去の偉人の業績を鑑賞できることで満足している。

中高一貫 ハイステージ数学【代数】下

2013年2月26日 初版発行
2023年8月22日 第2版発行

著者	藤村 崇
発行者	永瀬 昭幸
編集担当	柏木 恵未・和久田 希
発行所	株式会社ナガセ

〒180-0003 東京都武蔵野市吉祥寺南町 1-29-2
出版事業部（東進ブックス）
TEL：0422-70-7456 ／ FAX：0422-70-7457
URL：www.toshin.com/books（東進 WEB 書店）
本書を含む東進ブックスの最新情報は，東進 WEB 書店をご覧ください。

校閲協力	株式会社 U-Tee
カバーデザイン	スギヤマデザイン
DTP・印刷・製本	大日本法令印刷株式会社

© Takashi Fujimura 2013
Printed in Japan　ISBN978-4-89085-559-9　C6341

※落丁・乱丁本は着払いにて小社出版事業部宛にお送りください。新本におとりかえいたします。
※本書を無断で複写・複製・転載することを禁じます。

東進ハイスクール中学部　東進中学NET

難関大学受験と、その先の未来を見据えた
東進式中学生専用プログラム

中学の学習範囲を2年で修了！

『究極の先取り個別指導』の4つの特長

特長1　ITを活用した革新的学習システム

東進ではすべての学習をオンラインで実施します。蓄積されたデータをもとに、一人ひとりの学習履歴を客観的に把握できます。学習の成果は年4回の「中学学力判定テスト」で確認！

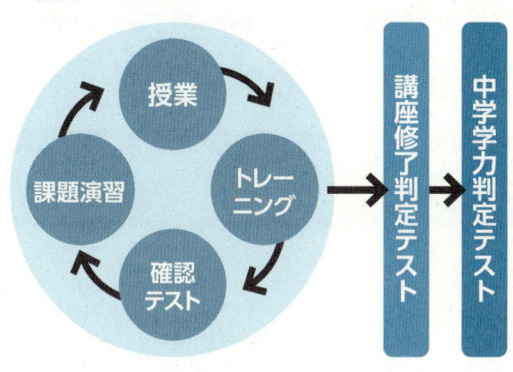

授業 → トレーニング → 確認テスト → 課題演習 → 講座修了判定テスト → 中学学力判定テスト

特長2　学年の壁を超えて、得意科目を一気に伸ばす高速学習

東進の中学生カリキュラムは2年で中学範囲の修了を目指します。映像の授業は週に複数コマ受講でき、学年の壁を超えた先取り学習ができます。さらには、集中力が高まる1.5倍速で授業を受ければ、90分の授業が60分で修了。時間を効率よく使えます。もちろん授業内容の定着を図るトレーニングは欠かしません。

例えば…
1年分の授業内容を3カ月で修了することもできる！

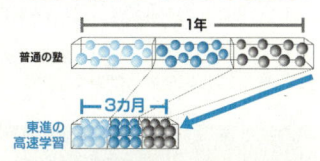

普通の塾：1年
東進の高速学習：3カ月

特長3　選りすぐられた実力講師の授業

日本全国から選りすぐった実力講師の授業を、近くの校舎からいつでも受けられます。時間割は自分のスケジュールに合わせて自由自在！部活動とも両立できます。

日本全国どこにいても受講可能！

特長4　君を力強くリードする担任の熱誠指導

一人ひとりに担任がつき、将来の夢に向かう君を力強くリードします。学習状況を細かく把握し、学習スケジュールを一緒に考えていきます。やる気を持続して頑張り続けられる環境づくりに努めています。

ご父母の皆様には、定期的な父母会、面談、電話などで、学習状況・個人成績をお知らせいたします。面談はご希望がございましたら、いつでも実施可能です。

■お問い合わせ・資料請求は、東進ドットコム（www.toshin.com）か下記の電話番号へ！

東進ハイスクール中学部
トーシン　ゴーゴーゴー
0120-104-555

東進中学NET
トーシン　ゴーサイン
0120-104-531

東進ハイスクール中学部　東進中学NET

講座紹介

中高一貫校講座
中学の学習範囲を最短で修得する

中学の学習範囲を中1～中2までに修了することを目指します。各科目の本質を最短距離でつかむカリキュラム。だから、いち早く中学範囲を修了して、高校の範囲へと移行することが可能です。

中1生	中2生	中3生
中高一貫講座		高校範囲
中1から中2までに中学の学習範囲を修了！		いち早く高校の範囲を学習！

- 知力向上
- 思考力向上
- 学ぶ姿勢

未来のリーダーの要素が身につく！

中学対応講座 難関
受験対策を超えて、飛躍的に学力を伸ばす

国立・公立生を対象とした3学年制のカリキュラムです。教科書レベル以上の発展的な内容を勉強したい、学習意欲の高い生徒に受講をおすすめします。

中学対応講座 上級
入試基礎力を身につけ、定期テストの点数アップを目指す

学年別・単元別に中学の学習内容を基礎からしっかりと学習したいという生徒におすすめの講座です。レベルは公立高校入試に対応しています。

高速マスター基礎力養成講座
効率的かつ徹底的に、基礎学力を身につける！

英単語や英文法・計算演習など重要な基礎学習を、短期間で修得する講座です。英単語は1週間で1200語をマスターすることも。スマートフォンやタブレットを使えば、いつでもどこでも学習できます。

【英語】
- はじめからの基礎単語1200
- 共通テスト対応英単語1800
- 中学英熟語400
- 中学基本例文400
- 音読トレーニング
- 中学英文法ドリル

【数学】
- 単元別数学演習

【国語】
- 漢字2500
- 百人一首
- 今日のコラム

【理科】
- 分野別一問一答

【社会】
- 分野別一問一答

中学生対象の東進模試

中学学力判定テスト
先取りカリキュラムに対応したハイレベル模試

- 対象学年：中2生・中1生
- **年4回実施**

特長1 中学課程を2年で修了する速習カリキュラムに完全対応した年4回のハイレベル模試

特長2 試験実施後中6日で成績表をスピード返却

全国統一中学生テスト
今やるべきことがはっきり分かる

- 対象学年：中3生・中2生・中1生
- **年2回実施**　**無料招待**

全国統一中学生テスト

大学受験と教育情報のメガサイト
東進ドットコム www.toshin.com

大学受験情報だけでなく、未来を考えるコンテンツが満載！日々の情報源としてぜひご覧ください。

東進ハイスクール中学部 東進中学NET
中学生の君へ。
難関大学受験と、その先の未来を見据えた東進式中学生専用プログラム

- 合格へのロードマップ
- おススメイベント
- 中学生のための大学入試情報
- 合格への秘訣
- 講座紹介
- 先輩の声
- 入学方法

大学・学部選びの情報サイト
東進TV

気になる職業を探してみよう！
未来の職業研究

未来につながる答えが、ここにある
悩み相談Q&A

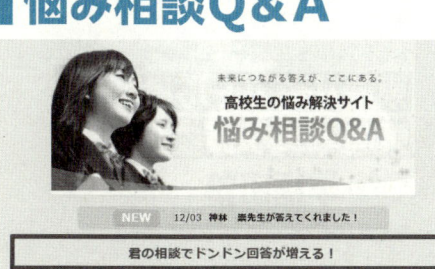

君の相談でドンドン回答が増える！
悩み相談Q&Aは、高校生に悩みを乗り越えてもらうためのサイトです。
悩みが投稿されたら、大学生の先輩たちや専門家や著名人の方々を取材し、いただいたアドバイスを掲載していきます。
君の悩みをお聞かせください。

毎月最新の情報をお届け！
東進タイムズ on WEB

「独立自尊の社会・世界に貢献する人財を育成する」
ナガセのネットワーク

日本最大規模の民間教育機関として
幼児から社会人までの一貫教育によるリーダー育成に取り組んでいます。

心知体を鍛え、未来のリーダーへ

　日本最大のナガセの民間教育ネットワークは
「独立自尊の社会・世界に貢献する人財」の育成に取り組んでいます。
　シェアNo.1の『予習シリーズ』と最新のAI学習で中学受験界をリードする
「四谷大塚」、有名講師陣と最先端の志望校対策で東大現役合格実績日本一の
「東進ハイスクール」「東進衛星予備校」、早期先取り学習で難関大合格を実現する
「東進ハイスクール中学部」「東進中学NET」、AO・推薦合格日本一の「早稲田塾」、
幼児から英語で学ぶ力を育む「東進こども英語塾」、
メガバンク等の多くの企業研修を担う「東進ビジネススクール」など、
幼・小・中・高・大・社会人一貫教育体系を構築しています。
　また、他の追随を許さない歴代28名のオリンピアンを
輩出する「イトマンスイミングスクール」は、
日本初の五輪仕様公認競技用プール「AQIT（アキット）」を
活用し、悲願の金メダル獲得を目指します。
　学力だけではなく心知体のバランスのとれた
「独立自尊の社会・世界に貢献する人財を育成する」ために
ナガセの教育ネットワークは、これからも進化を続けます。

これ全部が東進です
● は東進ハイスクール
○ は東進衛星予備校

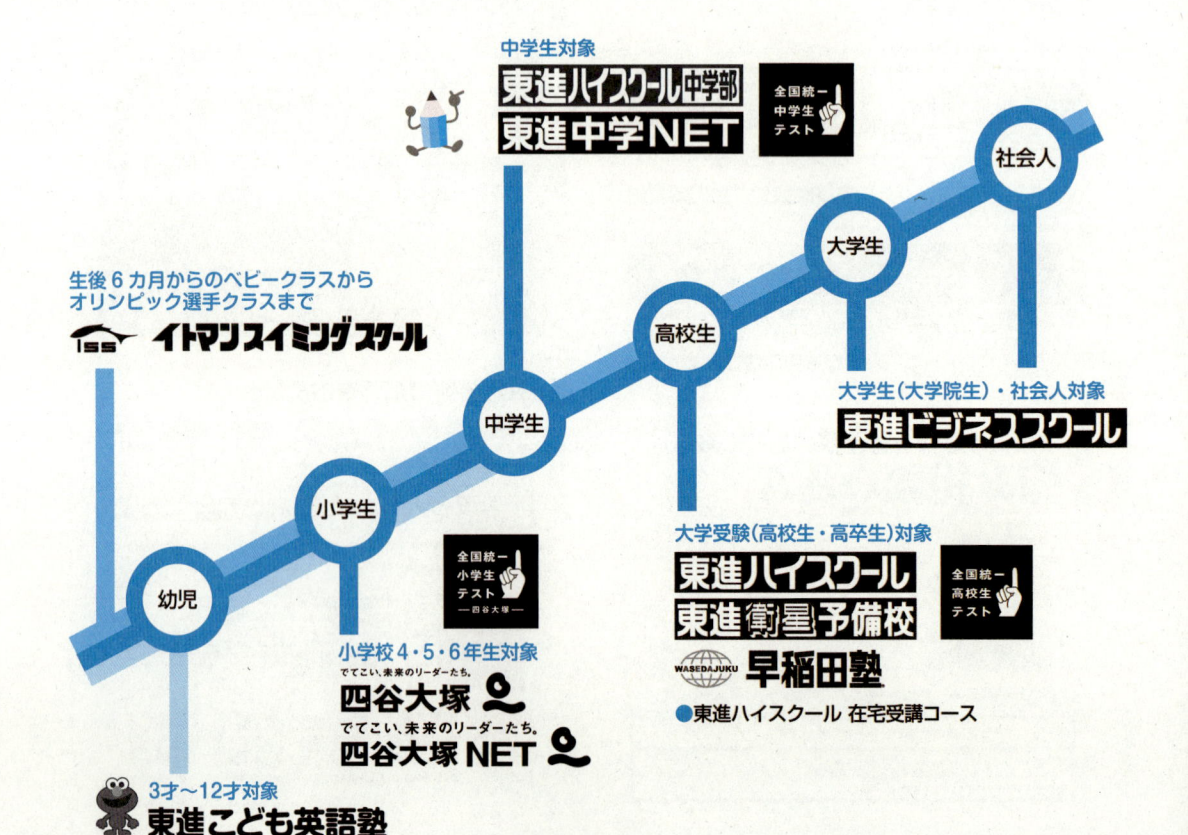

中学生対象
東進ハイスクール中学部
東進中学NET
全国統一中学生テスト

**生後6カ月からのベビークラスから
オリンピック選手クラスまで**
イトマンスイミングスクール

大学生（大学院生）・社会人対象
東進ビジネススクール

幼児 → 小学生 → 中学生 → 高校生 → 大学生 → 社会人

小学校4・5・6年生対象
でてこい、未来のリーダーたち。
四谷大塚
でてこい、未来のリーダーたち。
四谷大塚NET
全国統一小学生テスト ―四谷大塚―

大学受験（高校生・高卒生）対象
東進ハイスクール
東進衛星予備校
早稲田塾
全国統一高校生テスト
● 東進ハイスクール 在宅受講コース

3才〜12才対象
東進こども英語塾

中高一貫 ハイステージ数学 代数 下

【解答編】

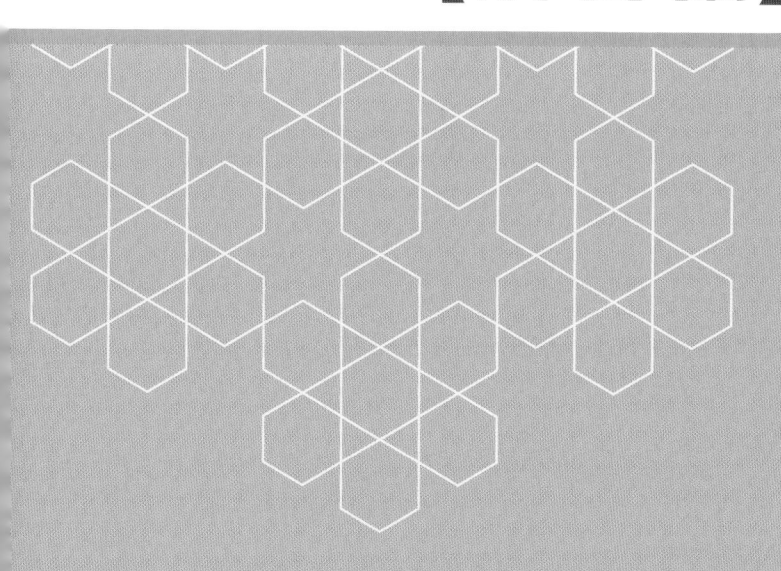

目次

第①部
第10章　集合　　2
第11章　関数　　10
第12章　グラフ　　15

第②部
第13章　比例と反比例　　22
第14章　1次関数　　24
第15章　2次関数　　29

第③部
第16章　場合の数　　43
第17章　確率　　50

第10章 ▶ 集合

問題 224
◀ p.9

集合は (1), (3), (5), (6), (7).

《解説》
(1) 湯川秀樹（ゆかわひでき）や川端康成（かわばたやすなり）などを要素にもつ集合.
(2) 成績の良さをどのように判定するかが不明.
(3) $\sqrt{2}$ と $-\sqrt{2}$ を要素にもつ集合.
(4) どれくらいなら"大きい"のかが不明.
(5), (6), (7) 実際に列挙するのは不可能に近いが, 属するか属さないかの判定は可能.

問題 225
◀ p.10

(1) $\in$
(2) $\notin$
(3) $\notin$
(4) $\in$

問題 226
◀ p.13

(1) $\{1, 2, 3, 4, 6, 12,$
$-1, -2, -3, -4, -6, -12\}$.
要素は12個.
(2) $\left\{-\dfrac{1}{2}\right\}$. 要素は1個.
(3) $\{5, 10, 15\}$. 要素は3個.
(4) $\{6, 3, 2\}$. 要素は3個.
(5) $\{0, 12, 24, 36, 48, 60, 72, 84, 96\}$.
要素は9個.

問題 227
◀ p.13

(1) $\{2, 3, 5, 7, 11, 13\}$.
(2) $\{-1, 1\}$.
(3) $\{0, 1, 4, 9, 16, 25\}$.
(4) $\{5\}$.
(5) $\{5, 9\}$.
(6) $\{-7, -4\}$.

問題 228
◀ p.15

(1) $8 = \dfrac{3}{2} \cdot 4 + 2$ である.
$4 \in \mathbb{Z}$ だから, $8 \in A$. ■
(2) $3k - 1 = \dfrac{3}{2}(2k-2) + 2$ である.
$k \in \mathbb{Z}$ より $2k - 2 \in \mathbb{Z}$ だから,
$3k - 1 \in A$. ■
(3) 7 は $\dfrac{3}{2}n + 2$ (ただし, $n \in \mathbb{Z}$) の形に表せない. なぜならば, $7 = \dfrac{3}{2}n + 2 \iff n = \dfrac{10}{3}$ だが, $\dfrac{10}{3} \notin \mathbb{Z}$ であるから. ■

《解説》
(1) は, $8 = \dfrac{3}{2}n + 2 \iff n = 4$ のうち, $\impliedby$ を使っている. $8 = \dfrac{3}{2}n + 2$ を満たすような n を 1つでもいいから見つけたいのだが, 例えば $n = 4$ とすればよい, と主張する.
(3) は, $7 = \dfrac{3}{2}n + 2 \iff n = \dfrac{10}{3}$ のうち, $\implies$ を使っている. $7 = \dfrac{3}{2}n + 2$ を満たすような n の可能性をすべて考えた末にたどり着いた $n = \dfrac{10}{3}$ ですらダメだ, と主張する.

問題 229
◀ p.17

部分集合は $\emptyset$, $\{1\}$, $\{3\}$, $\{7\}$, $\{1, 3\}$, $\{1, 7\}$, $\{3, 7\}$, $\{1, 3, 7\}$.
このうち $\{1, 3, 7\}$ 以外が真部分集合で, 7個.

問題 230
◀ p.17

$\emptyset$, $\{す\}$, $\{う\}$, $\{が\}$, $\{く\}$, $\{す, う\}$, $\{す, が\}$, $\{す, く\}$, $\{う, が\}$, $\{う, く\}$, $\{が, く\}$, $\{す, う, が\}$, $\{す, う, く\}$, $\{す, が, く\}$, $\{う, が, く\}$, $\{す, う, が, く\}$.

問題 231
◀ p.18

(1) $\subset$
(2) $\supset$
(3) $\supset$
(4) $\supset$

問題 232
◀p.19

$x \in A$ とすると，$(x = 6n - 10$ かつ $n \in \mathbb{Z})$ となるような n が存在する．
$$x = 6n - 10 = 3(2n - 4) + 2.$$
$m = 2n - 4$ とおくと，
$$x = 3m + 2 \text{ かつ } m \in \mathbb{Z}.$$
よって，$x \in B$.
以上より，$x \in A \Longrightarrow x \in B$.
$$\therefore \ A \subset B. \ \blacksquare$$

《解説》
$6n - 10$ をどのように $3m + 2$ の形にするかが最大のポイントだが，$6n - 10 = 3m + 2$ を満たす m を探すわけだから，これを m についての方程式とみなして解けば $m = 2n - 4$ が得られる．もちろん，表示できることさえ主張できればよいので，この変形を思いついたいきさつを答案に残す必要はない．
また，$m \in \mathbb{Z}$ の証明には $n \in \mathbb{Z}$ を使っている．($n \in \mathbb{Z}$ かつ $2 \in \mathbb{Z}$ で，整数どうしの積は整数だから，$2n \in \mathbb{Z}$. さらに，$2n \in \mathbb{Z}$ かつ $-4 \in \mathbb{Z}$ で，整数どうしの和は整数だから，$2n - 4 \in \mathbb{Z}$. $m = 2n - 4$ だから，$m \in \mathbb{Z}$.)

問題 233
◀p.19

$x \in A$ とすると，$(x = 15k$ かつ $k \in \mathbb{N})$ となるような k が存在する．
$$x = 15k = 3(5k - 7) + 21.$$
$t = 5k - 7$ とおくと，
$$x = 3t + 21 \text{ かつ } t \in \mathbb{Z}.$$
よって，$x \in B$.
以上より，$x \in A \Longrightarrow x \in B$.
$$\therefore \ A \subset B. \ \blacksquare$$

《解説》
A にも B にも集合の表記に "n" が使われるので，あえて関係のない文字 (k と t) を使ってみた．k が与えられているときに $15k = 3t + 21$ を満たす t を見つけるには，この式を t についての方程式とみなして $t = \dfrac{15k - 21}{3}$ と変形すればよい．$k \in \mathbb{N}$ を利用すると，自然数の 5 倍から 7 をひいた数は（もはや自然数とは限らないが）整数なので，$5k - 7 \in \mathbb{Z}$ がわかる．

問題 234
◀p.19

$x \in B$ とすると，$x - 4$ は 15 の倍数なので，$(x - 4 = 15k$ かつ $k \in \mathbb{Z})$ となるような k が存在する．
$$x = 15k + 4 = 3(5k + 1) + 1.$$
$n = 5k + 1$ とおくと，
$$x = 3n + 1 \text{ かつ } n \in \mathbb{Z}.$$
よって，$x \in A$.
以上より，$x \in B \Longrightarrow x \in A$.
$$\therefore \ A \supset B. \ \blacksquare$$

《解説》
k が与えられているときに $15k + 4 = 3n + 1$ を満たす n を見つけるには，この式を n についての方程式とみなして $n = \dfrac{(15k + 4) - 1}{3}$ と変形すればよい．$k \in \mathbb{Z}$ を利用すると $5k + 1 \in \mathbb{Z}$ がわかる．

問題 235
◀p.20

$a + 3$ と $2b - 1$ は，一方が 5 で他方が 7 である．
$$\begin{cases} a + 3 = 5 \\ 2b - 1 = 7 \end{cases} \iff \begin{cases} a = 2 \\ b = 4. \end{cases}$$
$$\begin{cases} a + 3 = 7 \\ 2b - 1 = 5 \end{cases} \iff \begin{cases} a = 4 \\ b = 3. \end{cases}$$

以上より，$(a, b) = (2, 4), (4, 3)$.

問題 236
◀p.20

$t^2 = 1 \iff t = \pm 1$ だから，$\{at + b \mid t^2 = 1\}$ の要素は $a \cdot 1 + b$ と $a \cdot (-1) + b$. どちらも 3 に等しいはずなので，
$$\begin{cases} a \cdot 1 + b = 3 \\ a \cdot (-1) + b = 3 \end{cases} \iff \begin{cases} a = 0 \\ b = 3. \end{cases}$$

以上より，$(a, b) = (0, 3)$.

問題 237
◀p.22

$A \subset B$ と $B \subset A$ を証明すればよい．

(I) $A \subset B$ を証明する.
$x \in A$ とすると, $(x = \frac{5}{3}m - 4$ かつ $m \in \mathbb{Z})$ となるような m が存在する.
$$x = 5\left(\frac{1}{3}m - 1\right) + 1$$
であるから, $n = \frac{1}{3}m - 1$ とおくと,
$$x = 5n + 1 \text{ かつ } 3n \in \mathbb{Z}.$$
$$(\because 3n = m - 3 \text{ かつ } m \in \mathbb{Z}.)$$
よって, $x \in B$.
以上より, $A \subset B$.

(II) $B \subset A$ を証明する.
$x \in B$ とすると, $(x = 5n + 1$ かつ $3n \in \mathbb{Z})$ となるような n が存在する.
$$x = \frac{5}{3}(3n + 3) - 4$$
であるから, $m = 3n + 3$ とおくと,
$$x = \frac{5}{3}m - 4 \text{ かつ } m \in \mathbb{Z}. \,(\because 3n \in \mathbb{Z}.)$$
よって, $x \in A$.
以上より, $B \subset A$.
(I), (II) をあわせて, $A = B$. ∎

《解説》
(I) $\frac{5}{3}m - 4 = 5n + 1 \iff n = \frac{1}{3}m - 1$. ($m$ がわかっているときに n を探すため, n についての方程式とみなして変形.) $m \in \mathbb{Z}$ と $-3 \in \mathbb{Z}$ より, その和は $3n \in \mathbb{Z}$.
(II) $\frac{5}{3}m - 4 = 5n + 1 \iff m = 3n + 3$. ($n$ がわかっているときに m を探すため, m についての方程式とみなして変形.) $3n \in \mathbb{Z}$ と $3 \in \mathbb{Z}$ より, その和は $m \in \mathbb{Z}$.

問題 238
◀p.22

$A = \{5n + 15 \mid n \in \mathbb{Z}\}$, $B = \{5n \mid n \in \mathbb{Z}\}$ とおいて, $A = B$ を証明する. $A \subset B$ と $B \subset A$ を証明すればよい.

(I) $A \subset B$ を証明する.
$x \in A$ とすると, $(x = 5k + 15$ かつ $k \in \mathbb{Z})$ となるような k が存在する.
$$x = 5(k + 3)$$
であるから, $n = k + 3$ とおくと,
$$x = 5n \text{ かつ } n \in \mathbb{Z}.$$
よって, $x \in B$.
以上より, $A \subset B$.

(II) $B \subset A$ を証明する.
$x \in B$ とすると, $(x = 5m$ かつ $m \in \mathbb{Z})$ となるような m が存在する.
$$x = 5(m - 3) + 15$$
であるから, $n = m - 3$ とおくと,
$$x = 5n + 15 \text{ かつ } n \in \mathbb{Z}.$$
よって, $x \in A$.
以上より, $B \subset A$.
(I), (II) をあわせて, $A = B$. ∎

《解説》
(I) $5k + 15 = 5n \iff n = k + 3$. ($k$ がわかっているときに n を探すため, n についての方程式とみなして変形.) $k \in \mathbb{Z}$ と $3 \in \mathbb{Z}$ より, その和は $n \in \mathbb{Z}$.
(II) $5m = 5n + 15 \iff n = m - 3$. ($m$ がわかっているときに n を探すため, n についての方程式とみなして変形.) $m \in \mathbb{Z}$ と $-3 \in \mathbb{Z}$ より, その和は $n \in \mathbb{Z}$.

問題 239
◀p.24

$A \subset B$ と $B \subset A$ を証明すればよい.
(I) $A \subset B$ を証明する.
$x \in A$ とすると, $(x = 10s + 4t$ かつ $s \in \mathbb{Z}$ かつ $t \in \mathbb{Z})$ となるような s, t が存在する.
$$x = 2(5s + 2t)$$
であるから, $n = 5s + 2t$ とおくと,
$$x = 2n \text{ かつ } n \in \mathbb{Z}.$$
よって, $x \in B$.
以上より, $A \subset B$.

(II) $B \subset A$ を証明する.
$x \in B$ とすると, $(x = 2n$ かつ $n \in \mathbb{Z})$ となるような n が存在する.
$$x = 10n + 4(-2n)$$
であるから, $s = n, t = -2n$ とおくと,
$$x = 10s + 4t \text{ かつ } s \in \mathbb{Z} \text{ かつ } t \in \mathbb{Z}.$$
よって, $x \in A$.
以上より, $B \subset A$.
(I), (II) をあわせて, $A = B$. ∎

《解説》
(I) $5, s, 2, t$ は整数なので, それらの和・積である n は整数になる.
(II) 10 を 4 でわると商は 2 で余りは 2 だから, $2 = 10 - 2 \cdot 4$ が成り立つ. この式の両辺を n 倍し

て $2n = 10n + 4(-2n)$ を得る．$10, n, -2$ は整数なので，それらの積である s や t は整数になる．他にも $(s, t) = (-3n, 8n), (5n, -12n)$ など．

問題 240
◀p.24

$A = \{15a + 13b \mid a, b \in \mathbb{Z}\}$ として，$A = \mathbb{Z}$ を証明する．

$A \subset \mathbb{Z}$ と $\mathbb{Z} \subset A$ を証明すればよい．

(I) $A \subset \mathbb{Z}$ を証明する．

$x \in A$ とすると，$(x = 15a + 13b$ かつ $a \in \mathbb{Z}$ かつ $b \in \mathbb{Z})$ となるような a, b が存在する．

明らかに $x \in \mathbb{Z}$．

以上より，$A \subset \mathbb{Z}$．

(II) $\mathbb{Z} \subset A$ を証明する．

$x \in \mathbb{Z}$ とする．
$$x = 15 \cdot (-6x) + 13 \cdot (7x)$$
であるから，$a = -6x, b = 7x$ とおくと，
$$x = 15a + 13b \text{ かつ } a \in \mathbb{Z} \text{ かつ } b \in \mathbb{Z}.$$
よって，$x \in A$．

以上より，$\mathbb{Z} \subset A$．

(I), (II) をあわせて，$A = \mathbb{Z}$．∎

《解説》

(I) "整数どうしの積・和は整数" という事実を当たり前として使った．

(II) 15 を 13 でわると商が 1，余りが 2 なので，$2 = 15 - 1 \cdot 13$．13 を 2 でわると商が 6，余りが 1 なので，$1 = 13 - 6 \cdot 2$．代入すると，
$1 = 13 - 6(15 - 1 \cdot 13) = -6 \cdot 15 + 7 \cdot 13$．$x$ 倍して，$x = (-6x) \cdot 15 + (7x) \cdot 13$．他にも $(a, b) = (7x, -8x), (20x, -23x)$ など．

問題 241
◀p.27

(1) $R \cap D = \{\text{Beethoven, Schumann, Brahms, Mendelssohn}\}$.

(2) $(R \cap D) \cup B = \{\text{Bach, Beethoven, Berlioz, Schumann, Brahms, Mendelssohn, Bartok}\}$.

(3) $R \cup B = \{\text{Bach, Beethoven, Schubert, Berlioz, Chopin, Schumann, Brahms, Mendelssohn, Bartok}\}$.

(4) $D \cup B = \{\text{Bach, Beethoven, Berlioz, Schumann, Brahms, Mendelssohn, Bartok, Hindemith}\}$.

(5) $(R \cup B) \cap (D \cup B) = \{\text{Bach, Beethoven, Berlioz, Schumann, Brahms, Mendelssohn, Bartok}\}$.

(6) $R \cap (D \cup B) = \{\text{Beethoven, Berlioz, Schumann, Brahms, Mendelssohn}\}$.

(7) $R \cap D \cap B = \{\text{Beethoven, Brahms}\}$.

(8) $R \cup D \cup B = \{\text{Bach, Beethoven, Schubert, Berlioz, Chopin, Schumann, Brahms, Mendelssohn, Bartok, Hindemith}\}$.

《解説》

次のヴェン図が参考になるかもしれない．

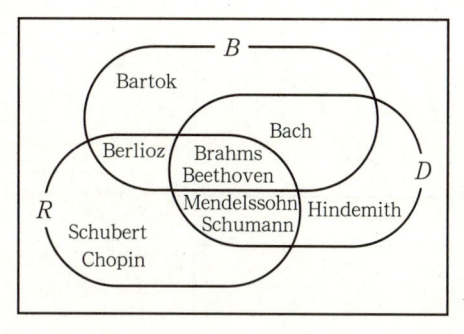

(1) を利用して (2) を求め，(3) と (4) を利用して (5) を求めるが，(2) と (5) が同じになるというのが分配法則である．(5) と (6) が異なるので (2) と (6) は異なり，このカッコを "$R \cap D \cup B$" のように省略できないことがわかる．

問題 242
◀p.28

(1) (与式) $= \{x \mid x < 3 \text{ かつ } 1 \leqq x < 6\}$
    $= \{x \mid 1 \leqq x < 3\}$.

(2) (与式) $= \{x \mid x < 3 \text{ または } 1 \leqq x < 6\}$
    $= \{x \mid x < 6\}$.

(3) (与式) $= \{x \mid x < 3\} \cup \{x \mid 1 \leqq x < 6\}$
    $= \{x \mid x < 6\}$.

《解説》

内包的記法で使う変数は何でもよいので，(2) と (3) は同じ問題である．"3 未満または 1 以上 6 未満" という性質を満たす実数全体の集合を答えたいので，この集合を表記するには，$\{x \mid x < 6\}$ 以外にも $\{a \mid a < 6\}$ や $\{t \mid t < 6\}$ などでもよい．

問題 243
◀ p.28

$A \cup B$ と

C より,

$(A \cup B) \cap C$ となる.

$A \cap C$ と

$B \cap C$ より,

となる.

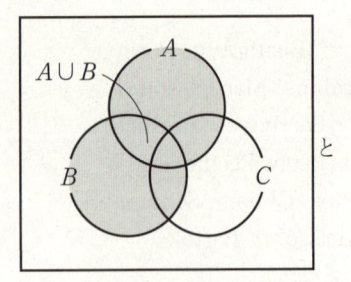

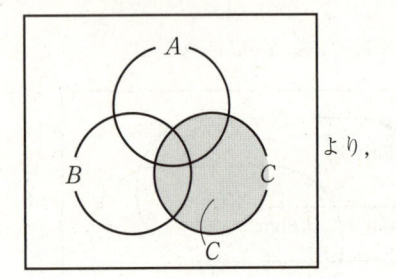

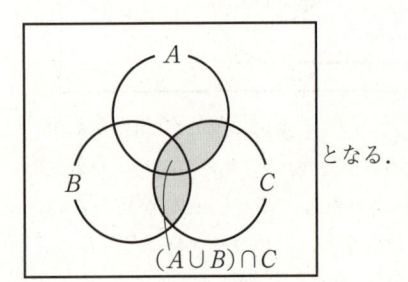

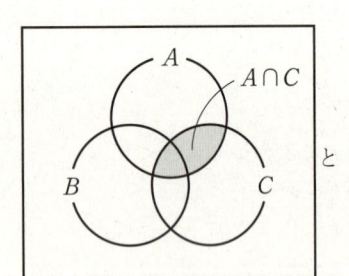

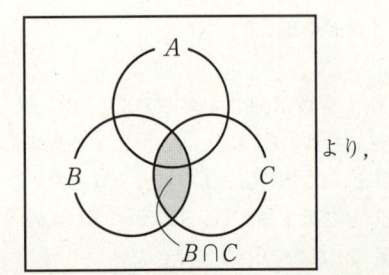

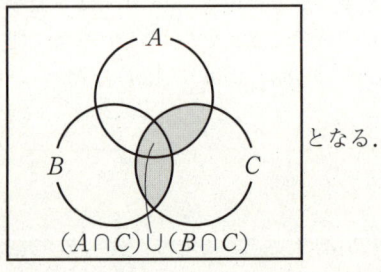

$A \cup B$ と C のどちらでも塗られている部分が $(A \cup B) \cap C$ であり，$A \cap C$ と $B \cap C$ の少なくとも一方で塗られている部分が $(A \cap C) \cup (B \cap C)$ である．塗られている部分が同じなので，$(A \cup B) \cap C$ と $(A \cap C) \cup (B \cap C)$ は同じ集合である．

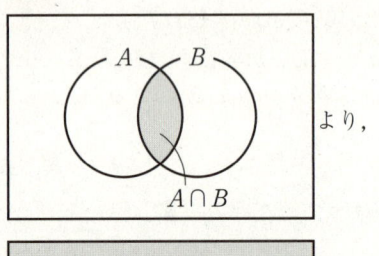

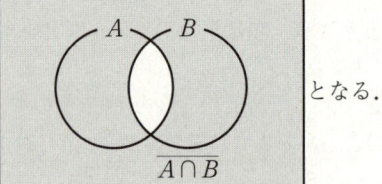

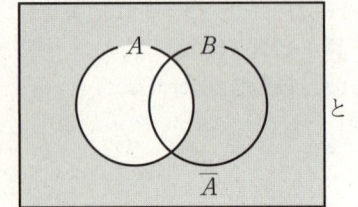

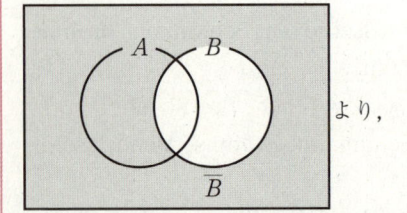

問題 244
◀ p.30

$A \cap B$ より,

$\overline{A \cap B}$ となる.

$\overline{A}$ と

$\overline{B}$ より,

となる．

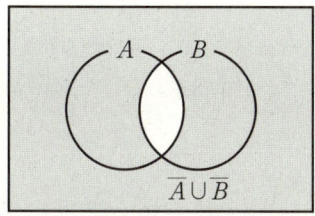

$A \cap B$ で塗られていない部分が $\overline{A \cap B}$ であり，$\overline{A}$ と $\overline{B}$ の少なくとも一方で塗られている部分が $\overline{A} \cup \overline{B}$ である．塗られている部分が同じなので，$\overline{A \cap B}$ と $\overline{A} \cup \overline{B}$ は同じ集合である．

問題 245
◀ p.30

(1) $A = \{1, 3, 5, 7, 9\}$.
(2) $B = \{2, 3, 5, 7\}$.
(3) $A \cup B = \{1, 2, 3, 5, 7, 9\}$.
(4) $\overline{A} = \{2, 4, 6, 8, 10\}$.
(5) $\overline{B} = \{1, 4, 6, 8, 9, 10\}$.
(6) $\overline{A} \cap \overline{B} = \{4, 6, 8, 10\}$.

《解説》
(4) と (5) から (6) が得られる．これが (3) の補集合になる，というのがド・モルガンの法則．

問題 246
◀ p.31

(1) $A \setminus B = \{x \mid x < 1\}$.
(2) $\overline{B} = \{x \mid x < 1 \text{ または } 6 \leqq x\}$.
(3) $A \cap \overline{B} = \{x \mid x < 1\}$.
(4) $\overline{A} \cup B = \{x \mid 1 \leqq x\}$.

《解説》
$\overline{A \cap \overline{B}} = \overline{A} \cup \overline{\overline{B}}$ より，(4) は (3) の補集合．

問題 247
◀ p.31

(1) $\overline{A \cup B \cup C} = \overline{(A \cup B) \cup C}$
 $= \overline{A \cup B} \cap \overline{C}$（ド・モルガンの法則）
 $= (\overline{A} \cap \overline{B}) \cap \overline{C}$
 $= \overline{A} \cap \overline{B} \cap \overline{C}$. ∎

(2) $\overline{A \cap B \cap C \cap D}$
 $= \overline{(A \cap B) \cap (C \cap D)}$
 $= \overline{A \cap B} \cup \overline{C \cap D}$（ド・モルガンの法則）
 $= (\overline{A} \cup \overline{B}) \cup (\overline{C} \cup \overline{D})$（ド・モルガンの法則）
 $= \overline{A} \cup \overline{B} \cup \overline{C} \cup \overline{D}$. ∎

問題 248
◀ p.33

(1) $S \times C = \{(♠, J), (♠, Q), (♠, K),$
 $(♡, J), (♡, Q), (♡, K),$
 $(♢, J), (♢, Q), (♢, K),$
 $(♣, J), (♣, Q), (♣, K)\}$.

(2) $C \times S = \{(J, ♠), (Q, ♠), (K, ♠),$
 $(J, ♡), (Q, ♡), (K, ♡),$
 $(J, ♢), (Q, ♢), (K, ♢),$
 $(J, ♣), (Q, ♣), (K, ♣)\}$.

問題 249
◀ p.33

{(英検, 1 級, 合格), (英検, 1 級, 不合格),
(英検, 2 級, 合格), (英検, 2 級, 不合格),
(英検, 3 級, 合格), (英検, 3 級, 不合格),
(数検, 1 級, 合格), (数検, 1 級, 不合格),
(数検, 2 級, 合格), (数検, 2 級, 不合格),
(数検, 3 級, 合格), (数検, 3 級, 不合格)}.

問題 250
◀ p.34

$\mathfrak{P}(A) = \{\varnothing, \{0\}, \{1\}, \{0, 1\}\}$.

問題 251
◀ p.37

(1) $\#U = 26$.
(2) $\#C = \#U - \#V = 26 - 5 = 21$.
(3) $L \subset C$ に注意して，
 $\#(C \setminus L) = \#C - \#L = 21 - 4 = 17$.
(4) $\#(V \amalg L) = \#V + \#L = 5 + 4 = 9$.
(5) $\#(L \times V) = \#L \times \#V = 4 \times 5 = 20$.
(6) $\#\mathfrak{P}(V) = 2^5 = 32$.

問題 252
◀ p.37

全体集合 U を 200 以下の自然数全体の集合とする．3, 4, 5 でわり切れるもの全体の集合をそれぞれ A, B, C とする．
$200 = 66 \times 3 + 2$ より，$\#A = 66$.
$200 = 50 \times 4$ より，$\#B = 50$.
$200 = 40 \times 5$ より，$\#C = 40$.

$A \cap B$ は 12 の倍数全体の集合で,
$200 = 16 \times 12 + 8$ より, $\#(A \cap B) = 16$.
$A \cap C$ は 15 の倍数全体の集合で,
$200 = 13 \times 15 + 5$ より, $\#(A \cap C) = 13$.
$B \cap C$ は 20 の倍数全体の集合で,
$200 = 10 \times 20$ より, $\#(B \cap C) = 10$.
$A \cap B \cap C$ は 60 の倍数全体の集合で,
$200 = 3 \times 60 + 20$ より, $\#(A \cap B \cap C) = 3$.
$\quad \#(A \cup B \cup C)$
$\quad = \#A + \#B + \#C - \#(A \cap B)$
$\qquad - \#(A \cap C) - \#(B \cap C) + \#(A \cap B \cap C)$
$\quad = 66 + 50 + 40 - 16 - 13 - 10 + 3 = 120$.

ド・モルガンの法則より, $\overline{A} \cap \overline{B} \cap \overline{C} = \overline{A \cup B \cup C}$.
$\quad \#(\overline{A} \cap \overline{B} \cap \overline{C}) = \#(\overline{A \cup B \cup C})$
$\qquad\qquad\qquad\quad = \#U - \#(A \cup B \cup C)$
$\qquad\qquad\qquad\quad = 200 - 120 = 80$.

以上より, 求める個数は 80 個.

問題 253

◀ p.37

(1) $\#(A \cup B) = \#A + \#B - \#(A \cap B)$ より,
$\qquad 300 = 200 + 120 - \#(A \cap B)$.
$\qquad \therefore \#(A \cap B) = 20$.

(2) $A \cap C = \emptyset$ に注意して,
$\qquad \#(A \amalg C) = \#A + \#C = 200 + 140 = 340$.

(3) $\#(A \times B) = \#A \times \#B = 200 \cdot 120 = 24000$.

問題 254

◀ p.37

$\#(A \cup B \cup C \cup D) = \#((A \cup B) \cup (C \cup D))$
$\qquad\qquad\qquad\quad = \#(A \cup B) + \#(C \cup D)$
$\qquad\qquad\qquad\quad\ \ - \#((A \cup B) \cap (C \cup D))$.

各項ごとに変形する.
$\quad \#(A \cup B) = \#A + \#B - \#(A \cap B)$.
$\quad \#(C \cup D) = \#C + \#D - \#(C \cap D)$.
$\quad \#((A \cup B) \cap (C \cup D))$
$\qquad = \#(((A \cup B) \cap C) \cup ((A \cup B) \cap D))$
$\qquad = \#((A \cup B) \cap C) + \#((A \cup B) \cap D)$
$\qquad\ \ - \#(((A \cup B) \cap C) \cap ((A \cup B) \cap D))$.

ここで,
$\quad \#((A \cup B) \cap C) = \#((A \cap C) \cup (B \cap C))$
$\qquad\qquad\qquad\ \ = \#(A \cap C) + \#(B \cap C)$
$\qquad\qquad\qquad\ \ \ \ - \#((A \cap C) \cap (B \cap C))$
$\qquad\qquad\qquad\ \ = \#(A \cap C) + \#(B \cap C) - \#(A \cap B \cap C)$.

同様に,
$\quad \#((A \cup B) \cap D) = \#(A \cap D) + \#(B \cap D)$
$\qquad\qquad\qquad\qquad - \#(A \cap B \cap D)$.

また,
$\quad \#(((A \cup B) \cap C) \cap ((A \cup B) \cap D))$
$\qquad = \#((A \cup B) \cap C \cap (A \cup B) \cap D)$
$\qquad = \#((A \cup B) \cap C \cap D)$
$\qquad = \#((A \cap C \cap D) \cup (B \cap C \cap D))$
$\qquad = \#(A \cap C \cap D) + \#(B \cap C \cap D)$
$\qquad\ \ - \#((A \cap C \cap D) \cap (B \cap C \cap D))$
$\qquad = \#(A \cap C \cap D) + \#(B \cap C \cap D)$
$\qquad\ \ - \#(A \cap B \cap C \cap D)$.

以上をあわせると,
$\#(A \cup B \cup C \cup D)$
$\quad = (\#A + \#B - \#(A \cap B))$
$\quad\ \ + (\#C + \#D - \#(C \cap D))$
$\quad\ \ - (\#((A \cup B) \cap C) + \#((A \cup B) \cap D)$
$\quad\qquad - \#(((A \cup B) \cap C) \cap ((A \cup B) \cap D)))$
$\quad = (\#A + \#B - \#(A \cap B))$
$\quad\ \ + (\#C + \#D - \#(C \cap D))$
$\quad\ \ - ((\#(A \cap C) + \#(B \cap C) - \#(A \cap B \cap C))$
$\quad\qquad + (\#(A \cap D) + \#(B \cap D)$
$\quad\qquad\ \ - \#(A \cap B \cap D))$
$\quad\qquad - (\#(A \cap C \cap D) + \#(B \cap C \cap D)$
$\quad\qquad\ \ - \#(A \cap B \cap C \cap D)))$
$\quad = \#A + \#B - \#(A \cap B) + \#C + \#D$
$\quad\ \ - \#(C \cap D) - \#(A \cap C) - \#(B \cap C)$
$\quad\ \ + \#(A \cap B \cap C) - \#(A \cap D) - \#(B \cap D)$
$\quad\ \ + \#(A \cap B \cap D) + \#(A \cap C \cap D)$
$\quad\ \ + \#(B \cap C \cap D) - \#(A \cap B \cap C \cap D)$
$\quad = \#A + \#B + \#C + \#D$
$\quad\ \ - \#(A \cap B) - \#(A \cap C) - \#(A \cap D)$
$\quad\ \ - \#(B \cap C) - \#(B \cap D) - \#(C \cap D)$
$\quad\ \ + \#(A \cap B \cap C) + \#(A \cap B \cap D)$
$\quad\ \ + \#(A \cap C \cap D) + \#(B \cap C \cap D)$
$\quad\ \ - \#(A \cap B \cap C \cap D)$.

《解説》
あえてヴェン図にすると次のようになるが, このような問題では図を参考にしても混乱するだけなので, ただの数式変形とみなした方が良い.

第10章

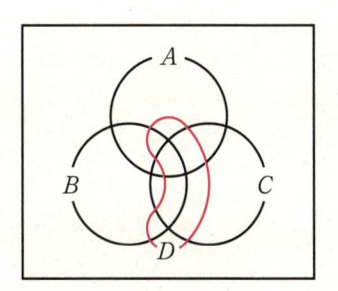

集合

第11章 ▶ 関数

問題 255
◀ p.47

(1) $f(1) =$ (江戸幕府第1代将軍) $=$ (徳川家康).
(2) 徳川吉宗は江戸幕府第8代将軍なので、
$f(n) =$ (徳川吉宗) $\iff n = 8$.

問題 256
◀ p.47

(1) $F(6) = 6^2 - 4 \cdot 6 = 12$.
(2) $F(2k+1) = (2k+1)^2 - 4(2k+1)$
$= 4k^2 - 4k - 3$.
(3) $F(x) = 5 \iff x^2 - 4x = 5$
$\iff (x-5)(x+1) = 0$
$\iff x = 5, -1$.
(4) $F(F(6)) = F(12) = 12^2 - 4 \cdot 12 = 96$.
(5) $F(F(x)) = F(x^2 - 4x)$
$= (x^2 - 4x)^2 - 4(x^2 - 4x)$
$= x^4 - 8x^3 + 12x^2 + 16x$.

問題 257
◀ p.57

(1) $\mathbb{N}$ には31以上の自然数も属しているから、全射ではない.
複数の生徒が同じ出席番号になることがないはずだから、単射.
以上より、ⓒ.

(2) "女"になることがないから、全射ではない.
"男"になる生徒が複数いるから、単射ではない.
以上より、ⓓ.

(3) 負の面積をもつ三角形は存在しないから、全射ではない.
異なる三角形が同じ面積をもつことがあるから、単射ではない.
以上より、ⓓ.

(4) 2でわった余りは0か1しかありえないから、全射ではない.
例えば $f(3) = f(5)$ だから、単射ではない.
以上より、ⓓ.

(5) $\{x \in \mathbb{Z} \mid x \geq 0\}$ には偶数も奇数もあるから、全射.
例えば $f(3) = f(5)$ だから、単射ではない.

以上より、ⓑ.

(6) $f(3) = 1$, $f(8) = 0$. とりうる値は0と1のみだから、全射ではない.
像が0なのは8のみで、像が1なのは3のみだから、単射.
以上より、ⓒ.

(7) $f(3) = 1$, $f(8) = 0$. 0と1のどちらの値もとりうるので、全射.
像が0なのは8のみで、像が1なのは3のみだから、単射.
以上より、ⓐ.

(8) 実数 b に対し、$a = \frac{1}{3}b$ とおくと $b = P(a)$ だから、全射.
実数 a_1, a_2 が $P(a_1) = P(a_2)$ を満たすとすると、$3a_1 = 3a_2$ より $a_1 = a_2$ だから、単射.
以上より、ⓐ.

(9) 例えば $F(t) = (5, -6)$ となる実数 t は存在しないので、全射ではない.
実数 a_1, a_2 が $F(a_1) = F(a_2)$ を満たすとすると、$(a_1 + 3, a_1^2) = (a_2 + 3, a_2^2)$, すなわち, $(a_1 + 3 = a_2 + 3$ かつ $a_1^2 = a_2^2)$. すると, $a_1 = a_2$ となるので, F は単射.
以上より、ⓒ.

(10) 実数 b に対して、$a = (b, 0)$ とおくと $Add(a) = b$ だから、全射.
例えば $Add((3, 7)) = Add((2, 8))$ だから、単射ではない.
以上より、ⓑ.

(11) 実数 b に対して、$a = b$ とおくと $G(a) = b$ だから、全射.
例えば $G(3.4) = G(3.1)$ だから、単射ではない.
以上より、ⓑ.

(12) $\{x \in \mathbb{R} \mid x \geq 0\}$ の要素 b に対して、$a = b$ とおくと $Abs(a) = b$ だから、全射.
例えば $Abs(4) = Abs(-4)$ だから、単射ではない.
以上より、ⓑ.

(13) 実数 b に対して、$a = b$ とおくと $Id(a) = b$ だから、全射.
実数 a_1, a_2 が $Id(a_1) = Id(a_2)$ を満たすとすると、$a_1 = a_2$ だから、単射.
以上より、ⓐ.

(14) 例えば $\sqrt{2}$ という実数は無理数であり，$j(a) = \sqrt{2}$ となる有理数 a が存在しないから，全射ではない．
有理数 a_1, a_2 が $j(a_1) = j(a_2)$ を満たすとすると，$a_1 = a_2$ だから，単射．
以上より，ⓒ．

問題 258
◀p.61

(1) $f(37) = 3.7$．
(2) $g(4.8) = 5$．
(3) $(g \circ f)(74) = g(f(74)) = g(7.4) = 7$．
(4) $(g \circ f)(x) = 5 \iff g(f(x)) = 5$
$\iff 4.5 \leqq f(x) < 5.5$
$\iff 4.5 \leqq \frac{x}{10} < 5.5$
$\iff 45 \leqq x < 55$．

したがって，最大値は 54，最小値は 45．

問題 259
◀p.61

(1) $(g \circ f)(5) = g(f(5)) = g(5^2) = g(25)$
$= 4 \cdot 25 = 100$．
(2) $(f \circ g)(5) = f(g(5)) = f(4 \cdot 5) = f(20)$
$= 20^2 = 400$．
(3) $(g \circ h)(x) = g(h(x)) = g(x+3)$
$= 4(x+3) = 4x + 12$．
(4) $(f \circ (g \circ h))(x) = f((g \circ h)(x))$
$= f(4x+12) = (4x+12)^2$．
(5) $(f \circ g)(x) = f(g(x)) = f(4x) = (4x)^2$
$= 16x^2$．
(6) $((f \circ g) \circ h)(x) = (f \circ g)(h(x))$
$= (f \circ g)(x+3)$
$= 16(x+3)^2$．

《解説》
(1) と (2) の結果は異なるが，(4) と (6) の結果は同じであることに注意．

問題 260
◀p.63

F：太郎 ↦ 参加賞，次郎 ↦ 銀賞，三郎 ↦ ブービー賞，四郎 ↦ 金賞，五郎 ↦ 銅賞 である．

(1) $F($次郎$) = $ 銀賞．
(2) $F(x) = $ 金賞 $\iff x = $ 四郎 だから，
$F^{-1}($金賞$) = $ 四郎．
(3) $(F^{-1} \circ F)($太郎$) = F^{-1}(F($太郎$))$
$= F^{-1}($参加賞$) = $ 太郎．
(4) $(F \circ F^{-1})($参加賞$) = F(F^{-1}($参加賞$))$
$= F($太郎$) = $ 参加賞．

《解説》
F^{-1} はあみだくじを下から上へ逆にたどることに相当する．

問題 261
◀p.63

(1) $y = f^{-1}(7) \iff f(y) = 7 \iff 3y = 7$
$\iff y = \frac{7}{3}$．
∴ $f^{-1}(7) = \frac{7}{3}$．
(2) $y = f^{-1}(x) \iff f(y) = x \iff 3y = x$
$\iff y = \frac{x}{3}$．
∴ $f^{-1}(x) = \frac{x}{3}$．
(3) $y = g^{-1}(x) \iff g(y) = x \iff y + 5 = x$
$\iff y = x - 5$．
∴ $g^{-1}(x) = x - 5$．
(4) $y = h^{-1}(x) \iff h(y) = x \iff \frac{1}{y} = x$
$\iff y = \frac{1}{x}$．
∴ $h^{-1}(x) = \frac{1}{x}$．
(5) $(g \circ g^{-1})(x) = g(g^{-1}(x)) = g(x - 5)$
$= (x - 5) + 5 = x$．
(6) $(f \circ g)(x) = f(g(x)) = f(x+5) = 3(x+5)$．
(7) $y = (f \circ g)^{-1}(x) \iff (f \circ g)(y) = x$
$\iff 3(y+5) = x \iff y = \frac{x}{3} - 5$．

《解説》
$(f \circ g)^{-1}(x) = g^{-1}(f^{-1}(x))$ がすべての x について成り立っていることがわかる．つまり，
$$(f \circ g)^{-1} = g^{-1} \circ f^{-1}.$$

問題 262
◀p.65

(1) $F(1, 2, 5) = 1^2 + 2 \cdot 5 = 11$．
(2) $F(k, k, 3k) = k^2 + k \cdot 3k = 4k^2$．
(3) どんな実数 t が与えられたとしても，
$F(0, t, 1) = t$ だから，全射である．
例えば $(1, 2, 5) \neq (0, 1, 11)$ だが
$F(1, 2, 5) = F(0, 1, 11)$ だから，単射ではない．

問題 263
◀ p.65

$$\begin{cases} f(x,y) = 7 \\ g(x,y) = h(x,y) \end{cases}$$

$$\iff \begin{cases} x - 2y + 1 = 7 \\ 3x + 2y = x - y + 5 \end{cases}$$

$$\iff \begin{cases} x - 2y = 6 \\ 2x + 3y = 5 \end{cases} \iff \begin{cases} x = 4 \\ y = -1. \end{cases}$$

問題 264
◀ p.65

(1) $f(4, 0.73) = 4 + 0.73 = 4.73.$

(2) $f^{-1}(3.42) = (a, b)$ とする。$a + b = 3.42$, $a \in \mathbb{Z}$, $b \in \mathbb{R}$, $0 \leq b < 1$ となる a, b を探すので, a は整数部分の 3, b は小数部分の 0.42 となる. したがって, $f^{-1}(3.42) = (3, 0.42).$

(3) $f^{-1}(x) = (a, b)$ とすると, a は x を超えない最大の整数で, $a = [x]$ (ガウス記号).
$a + b = x$ より, $b = x - a = x - [x]$.
したがって, $f^{-1}(x) = ([x], x - [x]).$

問題 265
◀ p.80

求める値域を V とする. 実数 y に対して,

$y \in V$

$\iff \exists x \in \mathbb{R}$ s.t. $\begin{cases} y = -3x + 1 \\ -2 \leq x < 4 \end{cases}$

$\quad\quad\quad\quad\quad (\because\ 値域の定義)$

$\iff \exists x \in \mathbb{R}$ s.t. $\begin{cases} x = -\frac{1}{3}(y - 1) \\ -2 \leq x < 4 \end{cases}$

$\iff \exists x \in \mathbb{R}$

s.t. $\begin{cases} x = -\frac{1}{3}(y - 1) \\ -2 \leq -\frac{1}{3}(y - 1) < 4 \end{cases} \quad (\because\ 代入)$

$\iff \exists x \in \mathbb{R}$ s.t. $\begin{cases} x = -\frac{1}{3}(y - 1) \\ -11 < y \leq 7 \end{cases}$

$\iff \begin{cases} \exists x \in \mathbb{R}\ \text{s.t.}\ x = -\frac{1}{3}(y-1) \\ -11 < y \leq 7 \end{cases}$

$\quad\quad\quad (\because\ -11 < y \leq 7\ は\ x\ と無関係)$

$\iff -11 < y \leq 7.$

$(\because\ \exists x \in \mathbb{R}\ \text{s.t.}\ x = -\frac{1}{3}(y-1)\ は常に成立)$

以上より, $V = \{y \in \mathbb{R} \mid -11 < y \leq 7\}.$

問題 266
◀ p.80

求める値域を V とする. 実数 y に対して,

$y \in V$

$\iff \exists x \in \mathbb{R}$ s.t. $\begin{cases} y = \frac{1}{x} \\ x \leq -2 \end{cases} \quad (\because\ 値域の定義)$

$\iff \exists x \in \mathbb{R}$ s.t. $\begin{cases} y = \frac{1}{x} \\ x \neq 0 \\ x \leq -2 \end{cases}$

$\quad\quad (\because\ x \leq -2\ が成り立てば\ x \neq 0$
$\quad\quad\quad\quad も自動的に成り立つ)$

$\iff \exists x \in \mathbb{R}$ s.t. $\begin{cases} xy = 1 \\ x \leq -2 \end{cases}$

$\quad\quad (\because\ xy = 1 \iff (x \neq 0\ かつ\ y = \frac{1}{x}))$

$\iff \exists x \in \mathbb{R}$ s.t. $\begin{cases} x = \frac{1}{y} \\ y \neq 0 \\ x \leq -2 \end{cases}$

$\quad\quad (\because\ xy = 1 \iff (y \neq 0\ かつ\ x = \frac{1}{y}))$

$\iff \exists x \in \mathbb{R}$ s.t. $\begin{cases} x = \frac{1}{y} \\ y \neq 0 \quad (\because\ 代入) \\ \frac{1}{y} \leq -2 \end{cases}$

$\iff \begin{cases} \exists x \in \mathbb{R}\ \text{s.t.}\ x = \frac{1}{y} \\ y \neq 0 \\ \frac{1}{y} \leq -2 \end{cases}$

$\quad\quad (\because\ y \neq 0\ と\ \frac{1}{y} \leq -2\ は\ x\ と無関係)$

$\iff \begin{cases} y \neq 0 \\ \dfrac{1}{y} \leq -2 \end{cases}$

($\because$ $y \neq 0$ の下では $\exists x \in \mathbb{R}$ s.t. $x = \dfrac{1}{y}$ は
いつでも成立)

$\iff \begin{cases} y \neq 0 \\ \dfrac{1}{y} < 0 \\ \dfrac{1}{y} \leq -2 \end{cases}$

($\because$ $\dfrac{1}{y} \leq -2$ が成り立てば $\dfrac{1}{y} < 0$ も
自動的に成り立つ)

$\iff \begin{cases} y \neq 0 \\ y < 0 \\ \dfrac{1}{y} \leq -2 \end{cases}$

($\because$ $y \neq 0$ の下では $\dfrac{1}{y} < 0 \iff y < 0$)

$\iff \begin{cases} y < 0 \\ 1 \geq -2y \end{cases}$

($\because$ $y < 0$ が成り立てば $y \neq 0$ も
自動的に成り立つ)

$\iff \begin{cases} y < 0 \\ y \geq -\dfrac{1}{2} \end{cases}$

$\iff -\dfrac{1}{2} \leq y < 0.$

以上より, $V = \left\{ y \in \mathbb{R} \mid -\dfrac{1}{2} \leq y < 0 \right\}$.

問題 267
◀ p.80

求める値域を V とする. 実数 y に対して,
$y \in V$

$\iff \exists x \in \mathbb{R}$ s.t. $\begin{cases} y = \dfrac{x-1}{x+1} \\ x \neq -1 \end{cases}$

($\because$ 値域の定義)

$\iff \exists x \in \mathbb{R}$ s.t. $\begin{cases} (x+1)y = x-1 \\ x \neq -1 \end{cases}$

$\iff \exists x \in \mathbb{R}$ s.t. $(x+1)y = x-1$

($\because$ $(x+1)y = x-1$ が成り立てば
$x \neq -1$ も自動的に成り立つ)

$\iff \exists x \in \mathbb{R}$ s.t. $(y-1)x = -y-1$

$\iff \exists x \in \mathbb{R}$ s.t. $\begin{cases} (y-1)x = -y-1 \\ y \neq 1 \end{cases}$

($\because$ $(y-1)x = -y-1$ が成り立てば
$y \neq 1$ も自動的に成り立つ)

$\iff \exists x \in \mathbb{R}$ s.t. $\begin{cases} x = \dfrac{-y-1}{y-1} \\ y \neq 1 \end{cases}$

$\iff \begin{cases} \exists x \in \mathbb{R} \text{ s.t. } x = \dfrac{-y-1}{y-1} \\ y \neq 1 \end{cases}$

($\because$ $y \neq 1$ は x と無関係)

$\iff y \neq 1.$

($\because$ $y \neq 1$ の下では $\exists x \in \mathbb{R}$ s.t. $x = \dfrac{-y-1}{y-1}$ は
いつでも成立)

以上より, $V = \{ y \in \mathbb{R} \mid y \neq 1 \}$.

問題 268
◀ p.82

求める値域を V とする. $\mathbb{R}^2$ の要素 (x, y) に対して,
$(x, y) \in V$

$\iff \exists t \in \mathbb{R}$ s.t. $\begin{cases} x = t+3 \\ y = t^2 \end{cases}$ ($\because$ 値域の定義)

$\iff \exists t \in \mathbb{R}$ s.t. $\begin{cases} t = x-3 \\ y = t^2 \end{cases}$

$\iff \exists t \in \mathbb{R}$ s.t. $\begin{cases} t = x-3 \\ y = (x-3)^2 \end{cases}$ ($\because$ 代入)

$\iff \begin{cases} \exists t \in \mathbb{R} \text{ s.t. } t = x-3 \\ y = (x-3)^2 \end{cases}$

($\because$ $y = (x-3)^2$ は t と無関係)

$\iff y = (x-3)^2.$

($\because$ $\exists t \in \mathbb{R}$ s.t. $t = x-3$ は
いつでも成立)

以上より, $V = \{ (x, y) \in \mathbb{R}^2 \mid y = (x-3)^2 \}$.

問題 269

◀ p.84

求める値域を V とする．実数 z に対して，

$z \in V$

$\iff \exists x \in \mathbb{R}, \exists y \in \mathbb{R}$

$\quad \text{s.t.} \begin{cases} z = 2x - 3y \\ -10 \leqq x \leqq 15 \\ 3 < y \leqq 7 \end{cases}$ （∵ 値域の定義）

$\iff \exists x \in \mathbb{R}, \exists y \in \mathbb{R}$

$\quad \text{s.t.} \begin{cases} y = \dfrac{2x - z}{3} \\ -10 \leqq x \leqq 15 \\ 3 < \dfrac{2x - z}{3} \leqq 7 \end{cases}$ （∵ 代入）

$\iff \exists x \in \mathbb{R}$

$\quad \text{s.t.} \begin{cases} \exists y \in \mathbb{R} \text{ s.t. } y = \dfrac{2x - z}{3} \\ -10 \leqq x \leqq 15 \\ 3 < \dfrac{2x - z}{3} \leqq 7 \end{cases}$

$\quad$ (∵ $-10 \leqq x \leqq 15$ と $3 < \dfrac{2x-z}{3} \leqq 7$ は y と無関係)

$\iff \exists x \in \mathbb{R} \text{ s.t. } \begin{cases} -10 \leqq x \leqq 15 \\ 3 < \dfrac{2x - z}{3} \leqq 7 \end{cases}$

$\quad$ (∵ $\exists y \in \mathbb{R} \text{ s.t. } y = \dfrac{2x-z}{3}$ は いつでも成立)

$\iff \exists x \in \mathbb{R} \text{ s.t. } \begin{cases} -10 \leqq x \leqq 15 \\ \dfrac{z+9}{2} < x \leqq \dfrac{z+21}{2} \end{cases}$

$\iff \begin{cases} -10 \leqq 15 \\ -10 \leqq \dfrac{z+21}{2} \\ \dfrac{z+9}{2} < 15 \\ \dfrac{z+9}{2} < \dfrac{z+21}{2} \end{cases}$

$\quad$ (∵ x についての連立不等式が 解をもつ条件)

$\iff -41 \leqq z < 21.$

以上より，$V = \{z \in \mathbb{R} \mid -41 \leqq z < 21\}$.

問題 270

◀ p.85

求める値域を V とする．実数 z に対して，

$z \in V$

$\iff \exists x \in \mathbb{R}, \exists y \in \mathbb{R} \text{ s.t. } \begin{cases} z = x^2 + y^2 \\ 2x + y = 1 \end{cases}$

$\quad$ (∵ 値域の定義)

$\iff \exists x \in \mathbb{R}, \exists y \in \mathbb{R}$

$\quad \text{s.t.} \begin{cases} y = 1 - 2x \\ z = x^2 + (1 - 2x)^2 \end{cases}$ （∵ 代入）

$\iff \exists x \in \mathbb{R} \text{ s.t. } \begin{cases} \exists y \in \mathbb{R} \text{ s.t. } y = 1 - 2x \\ z = x^2 + (1 - 2x)^2 \end{cases}$

$\quad$ (∵ $z = x^2 + (1-2x)^2$ は y と無関係)

$\iff \exists x \in \mathbb{R} \text{ s.t. } z = x^2 + (1-2x)^2$

$\quad$ (∵ $\exists y \in \mathbb{R} \text{ s.t. } y = 1 - 2x$ は いつでも成立)

$\iff \exists x \in \mathbb{R} \text{ s.t. } 5x^2 - 4x + (1 - z) = 0$

$\iff x$ についての方程式

$\quad 5x^2 - 4x + (1-z) = 0$ の判別式が 0 以上

$\iff (-4)^2 - 4 \cdot 5 \cdot (1 - z) \geqq 0$

$\iff z \geqq \dfrac{1}{5}.$

以上より，$V = \left\{ z \in \mathbb{R} \mid z \geqq \dfrac{1}{5} \right\}$.

第12章　▶グラフ

問題 271
◀p.90

$AB = |16-(-8)| = 24.$
$AP = 24 \times \dfrac{5}{5+3} = 15$ より，
P の座標は $-8+15 = 7.$
$AQ = 24 \times \dfrac{5}{5-3} = 60$ より，
Q の座標は $-8+60 = 52.$

問題 272
◀p.95

(1) $AB = |(-4)-5| = 9.$
(2) $M\left(\dfrac{5+(-4)}{2}\right)$ すなわち，$M\left(\dfrac{1}{2}\right).$
(3) $C\left(\dfrac{2\cdot 5 + 3\cdot(-4)}{3+2}\right)$ すなわち，$C\left(-\dfrac{2}{5}\right).$
(4) $D\left(\dfrac{-2\cdot 5 + 3\cdot(-4)}{3-2}\right)$ すなわち，$D(-22).$
(5) $E\left(\dfrac{-4\cdot 5 + 1\cdot(-4)}{1-4}\right)$ すなわち，$E(8).$
(6) $F(2\cdot 0 - (-4))$ すなわち，$F(4).$
(7) $G(2\cdot(-4)-0)$ すなわち，$G(-8).$
(8) $H(2\cdot 5 - (-4))$ すなわち，$H(14).$

問題 273
◀p.98

(1) $M\left(\dfrac{5+(-4)}{2}, \dfrac{6+1}{2}\right)$
すなわち，$M\left(\dfrac{1}{2}, \dfrac{7}{2}\right).$
(2) $C\left(\dfrac{2\cdot 5 + 3\cdot(-4)}{3+2}, \dfrac{2\cdot 6 + 3\cdot 1}{3+2}\right)$
すなわち，$C\left(-\dfrac{2}{5}, 3\right).$
(3) $D\left(\dfrac{-2\cdot 5 + 3\cdot(-4)}{3-2}, \dfrac{-2\cdot 6 + 3\cdot 1}{3-2}\right)$
すなわち，$D(-22, -9).$
(4) $E\left(\dfrac{-4\cdot 5 + 1\cdot(-4)}{1-4}, \dfrac{-4\cdot 6 + 1\cdot 1}{1-4}\right)$
すなわち，$E\left(8, \dfrac{23}{3}\right).$
(5) $F(2\cdot 0 - (-4), 2\cdot 0 - 1)$ すなわち，$F(4, -1).$
(6) $G(2\cdot(-4) - 0, 2\cdot 1 - 0)$ すなわち，$G(-8, 2).$
(7) $H(2\cdot 5 - (-4), 2\cdot 6 - 1)$ すなわち，$H(14, 11).$

問題 274
◀p.98

(1) B から E への x 座標の増加量は $3-1 = 2.$
これは A から F への x 座標の増加量でもあるから，$X = 4+2 = 6.$
E から C への y 座標の増加量は $(-2)-(-1) = -1.$ これは F から D への y 座標の増加量でもあるから，$Y = 2 + (-1) = 1.$
したがって，$(X, Y) = (6, 1).$

(2) AC の中点は $\left(\dfrac{4+3}{2}, \dfrac{2+(-2)}{2}\right)$
すなわち，$\left(\dfrac{7}{2}, 0\right).$
BD の中点は $\left(\dfrac{1+X}{2}, \dfrac{(-1)+Y}{2}\right).$

$\begin{cases} \dfrac{7}{2} = \dfrac{1+X}{2} \\ 0 = \dfrac{(-1)+Y}{2} \end{cases} \iff \begin{cases} X = 6 \\ Y = 1. \end{cases}$

したがって，$(X, Y) = (6, 1).$

問題 275
◀p.98

$D(X, Y)$ とする．AC の中点と BD の中点は一致するので，

$\begin{cases} \dfrac{a_x + c_x}{2} = \dfrac{b_x + X}{2} \\ \dfrac{a_y + c_y}{2} = \dfrac{b_y + Y}{2} \end{cases}$
$\iff \begin{cases} X = a_x - b_x + c_x \\ Y = a_y - b_y + c_y. \end{cases}$

よって，$D(a_x - b_x + c_x, a_y - b_y + c_y).$
〔別解〕$D(X, Y)$ とする．B から C への移動は，x 座標を $c_x - b_x$，y 座標を $c_y - b_y$ だけ増加することになる．
A を同じように移動すると D になるから，
$X = a_x + (c_x - b_x)$，$Y = a_y + (c_y - b_y).$
よって，$D(a_x - b_x + c_x, a_y - b_y + c_y).$

問題 276
◀p.99

G の座標は $\left(\dfrac{7+3+(-1)}{3}, \dfrac{1+6+5}{3}\right)$
すなわち，$(3, 4).$

問題 277
(1) $AC = |5-1| = 4$.
   $BC = |(-1)-2| = 3$.
(2) $AB^2 = AC^2 + BC^2 = 4^2 + 3^2 = 25$.
   よって $AB = 5$.

問題 278
$AB = \sqrt{((-4)-5)^2 + (1-6)^2} = \sqrt{106}$.

問題 279
(1) $P(-6, 3)$, $Q(5, 3)$, $R(-6, -3)$ である.
   $CQ = |3-(-3)| = 6$,
   $CR = |5-(-6)| = 11$.
   $\therefore$ (長方形 $PQCR$) $= CQ \cdot CR = 6 \cdot 11 = 66$.
(2) $PA = |3-1| = 2$,
   $PB = |2-(-6)| = 8$.
   $\therefore \triangle PAB = \frac{1}{2} \cdot PA \cdot PB = 8$.
(3) $QB = |5-2| = 3$, $QC = 6$.
   $\therefore \triangle QBC = \frac{1}{2} \cdot QB \cdot QC = 9$.
(4) $RA = |1-(-3)| = 4$, $RC = 11$.
   $\therefore \triangle RCA = \frac{1}{2} \cdot RA \cdot RC = 22$.
(5) $\triangle ABC =$ (長方形 $PQCR$) $- \triangle PAB$
   $\qquad - \triangle QBC - \triangle RCA$
   $= 66 - 8 - 9 - 22 = 27$.

問題 280

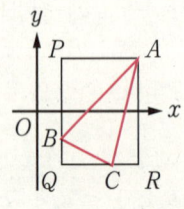

$P(1, 2)$, $Q(1, -2)$, $R(4, -2)$ とする.
(長方形 $APQR$) $= AP \cdot AR = 3 \cdot 4 = 12$.
$\triangle APB = \frac{1}{2} \cdot AP \cdot PB = \frac{1}{2} \cdot 3 \cdot 3 = \frac{9}{2}$.
$\triangle BQC = \frac{1}{2} \cdot BQ \cdot QC = \frac{1}{2} \cdot 1 \cdot 2 = 1$.
$\triangle CRA = \frac{1}{2} \cdot CR \cdot RA = \frac{1}{2} \cdot 1 \cdot 4 = 2$.
$\therefore \triangle ABC =$ (長方形 $APQR$) $- \triangle APB$
$\qquad - \triangle BQC - \triangle CRA$
$= 12 - \frac{9}{2} - 1 - 2 = \frac{9}{2}$.

〔別解〕(上の記号を使って)
C を通り y 軸に平行な直線と直線 AP, AB との交点をそれぞれ S, T とする.

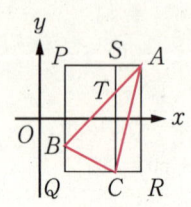

$PB : ST = AP : AS = 3 : 1$, $PB = 3$ より,
$ST = 1$.
$CT = 3$ となるから,
$\triangle ABC = \frac{1}{2} \cdot CT \cdot (AS + SP) = \frac{1}{2} \cdot CT \cdot AP$
$\qquad = \frac{1}{2} \cdot 3 \cdot 3 = \frac{9}{2}$.

問題 281
(1) "(X, Y) が f のグラフ上 $\iff Y = |X|$"
   であることに注意する.
   $4 \neq |3|$ より, 点 $(3, 4)$ はグラフ上ではない.
   $2 = |-2|$ より, 点 $(-2, 2)$ はグラフ上.
   $-3 \neq |3|$ より, 点 $(3, -3)$ はグラフ上ではない.
   $0 = |0|$ より, 点 $(0, 0)$ はグラフ上.
   以上より, f のグラフ上の点は $(-2, 2)$ と $(0, 0)$.
(2) $(t, 5)$ が f のグラフ上 $\iff 5 = |t|$
   $\iff t = 5$ または $t = -5$.
   以上より, $t = \pm 5$.

問題 282
(1)

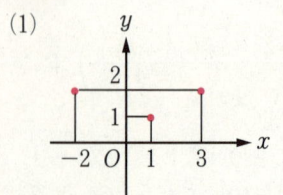

(2) 〔グラフ〕

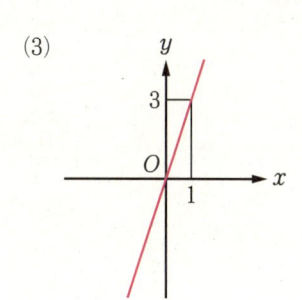

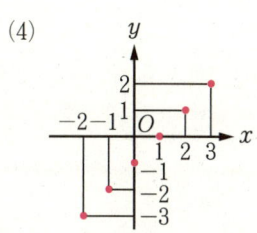

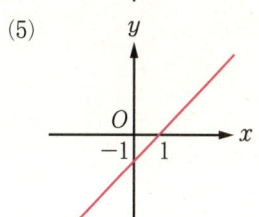

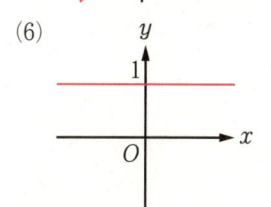

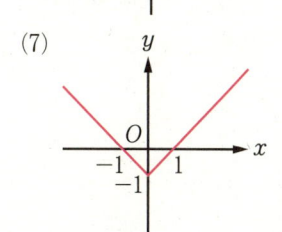

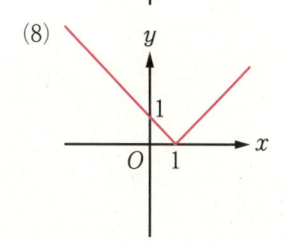

(3) 〔グラフ〕

(4) 〔グラフ〕

(5) 〔グラフ〕

(6) 〔グラフ〕

(7) 〔グラフ〕

(8) 〔グラフ〕

(9) 〔グラフ〕

($\pm 2, 2$) にある丸印は，この点がグラフに属することを強調するためのもので，べつになくても構わない．

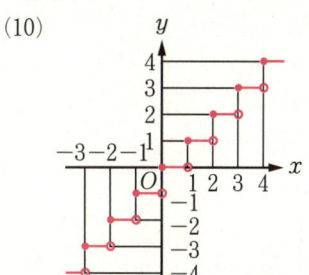

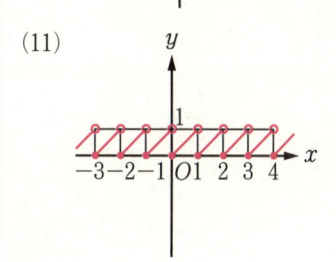

(10) 〔グラフ〕

(11) 〔グラフ〕

問題 283

◀ p.109

(1) "(X, Y) がグラフ上 $\iff |X| + |Y| = 1$" であることに注意する．

$\left|\dfrac{1}{2}\right| + \left|-\dfrac{1}{2}\right| = 1$ より，点 $\left(\dfrac{1}{2}, -\dfrac{1}{2}\right)$ はグラフ上．

$|-1| + |1| \neq 1$ より，点 $(-1, 1)$ はグラフ上にない．

$|-0.4| + |0.6| = 1$ より，点 $(-0.4, 0.6)$ はグラフ上．

以上より，このグラフ上の点は $\left(\dfrac{1}{2}, -\dfrac{1}{2}\right)$ と $(-0.4, 0.6)$．

(2) $(t, 0.7)$ がグラフ上 $\iff |t| + |0.7| = 1$

$\iff |t| = 0.3$

$\iff t = 0.3$ または $t = -0.3$．

以上より，$t = \pm 0.3$．

問題 284

(1) グラフは
$\{(x,y) \in \mathbb{R}^2 \mid x = y\} = \{(t,t) \mid t \in \mathbb{R}\}.$

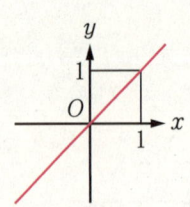

(2) グラフは
$\{(x,y) \in \mathbb{R}^2 \mid x = \frac{5}{2}\} = \{(\frac{5}{2}, y) \mid y \in \mathbb{R}\}.$

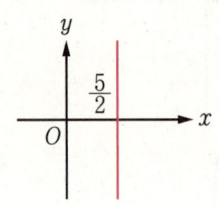

(3) $y^2 - 2y - 3 = 0 \iff (y-3)(y+1) = 0$
$\iff y = 3$ または $y = -1$.
グラフは
$\{(x,y) \in \mathbb{R}^2 \mid y = 3, -1\}$
$= \{(x, 3) \mid x \in \mathbb{R}\} \cup \{(x, -1) \mid x \in \mathbb{R}\}.$

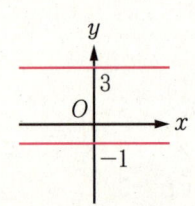

(4) $xy = 0 \iff x = 0$ または $y = 0$.
グラフは
$\{(x,y) \in \mathbb{R}^2 \mid x = 0$ または $y = 0\}$
$= \{(0, y) \mid y \in \mathbb{R}\} \cup \{(x, 0) \mid x \in \mathbb{R}\}.$

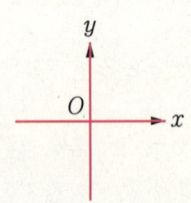

(5) (i) $(x \geqq 0$ かつ $y \geqq 0)$ または $(x \leqq 0$ かつ $y \leqq 0)$ のとき,
$|x| = |y| \iff x = y.$
(ii) $(x \geqq 0$ かつ $y \leqq 0)$ または $(x \leqq 0$ かつ $y \geqq 0)$ のとき,
$|x| = |y| \iff x = -y.$
グラフを図示すると下図.

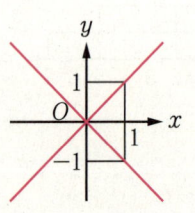

($|x| = |y| \iff |x|^2 = |y|^2 \iff x^2 - y^2 = 0 \iff (x+y)(x-y) = 0 \iff (x+y = 0$ または $x - y = 0)$ と考えてもよい.)

(6) $x^2 + y^2 = 2 \iff \sqrt{x^2 + y^2} = \sqrt{2}$
$\iff$ 点 (x, y) と原点の距離が $\sqrt{2}$.
グラフを図示すると下図.

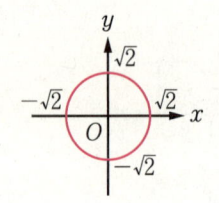

(7) $(x-1)^2 + (y-2)^2 = 0$
$\iff (x - 1 = 0$ かつ $y - 2 = 0)$
$\iff (x = 1$ かつ $y = 2)$.

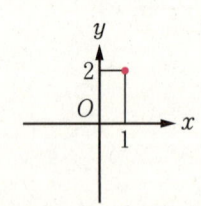

(8) $x^4 \geqq 0$, $y^2 \geqq 0$ だから, $x^4 + 3y^2 = -2$ になることはない.
グラフは $\emptyset$ (空集合) で, あえて図示すると下図.

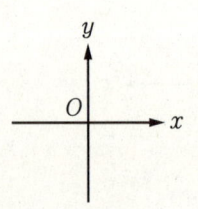

(9) $3x-4y+10 = x+2(x-2y+5) \iff 0=0$.
これはいつでも成り立つ．
グラフは $\mathbb{R}^2$ で，あえて図示すると下図．

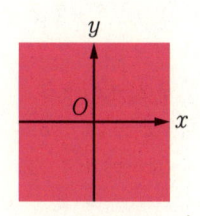

問題 285
◀p.115

(1) $(2+3, 4+2)$ すなわち，$(5, 6)$．
(2) $(2, -4)$．
(3) $(-2, 4)$．
(4) $(-2, -4)$．
(5) $(2\cdot 3-2, 2\cdot(-1)-4)$ すなわち，$(4, -6)$．
(6) $(2, 2\cdot(-1)-4)$ すなわち，$(2, -6)$．
(7) $(2\cdot 3-2, 4)$ すなわち，$(4, 4)$．
(8) $(4, 2)$．
(9) $(3\cdot 2, 2\cdot 4)$ すなわち，$(6, 8)$．
(10) $(-4, 2)$．
(11) $(4, -2)$．

問題 286
◀p.115

(1) $(2+3, 2+1)$ すなわち，$(5, 3)$．
(2) 点 $(5, 3)$ を対称移動するから，$(-5, 3)$．
(3) 対称移動すると点 $(-2, 2)$．これを平行移動すると，$(-2+3, 2+1)$ すなわち，$(1, 3)$．

問題 287
◀p.118

(1) この回転移動を $T: \mathbb{R}^2 \to \mathbb{R}^2$ とすると，
$T(X, Y) = \left(\frac{1}{\sqrt{2}}(X-Y), \frac{1}{\sqrt{2}}(X+Y)\right)$ であり，$F(x, y) = 0$ のグラフは $F(T^{-1}(x, y)) = 0$ のグラフに移る．
T^{-1} を求めればよい．

$(X, Y) = T(X_1, Y_1)$
$\iff \begin{cases} X = \frac{1}{\sqrt{2}}(X_1 - Y_1) \\ Y = \frac{1}{\sqrt{2}}(X_1 + Y_1) \end{cases}$

$\iff \begin{cases} X_1 - Y_1 = \sqrt{2}X \\ X_1 + Y_1 = \sqrt{2}Y \end{cases}$

$\iff \begin{cases} X_1 = \frac{X+Y}{\sqrt{2}} \\ Y_1 = \frac{-X+Y}{\sqrt{2}} \end{cases}$.

よって，
$T^{-1}(X, Y) = \left(\frac{X+Y}{\sqrt{2}}, \frac{-X+Y}{\sqrt{2}}\right)$.

以上より，移動後は $F\left(\frac{x+y}{\sqrt{2}}, \frac{-x+y}{\sqrt{2}}\right) = 0$ のグラフになる．

(2) $F(x, y) = x^2 - y^2 - 1$ として (1) の結果を使えばよい．

$\left(\frac{x+y}{\sqrt{2}}\right)^2 - \left(\frac{-x+y}{\sqrt{2}}\right)^2 = 1$
$\iff \frac{(x+y)^2}{2} - \frac{(-x+y)^2}{2} = 1$
$\iff (x+y)^2 - (-x+y)^2 = 2$
$\iff xy = \frac{1}{2}$.

したがって，移動後は $xy = \frac{1}{2}$ のグラフになる．

問題 288
◀p.121

(1) $3(x-2) - (y-(-1)) = 1$
すなわち，$3x - y = 8$．
(2) $3(-x) - (-y) = 1$ すなわち，$3x - y = -1$．
(3) $3(-x) - y = 1$ すなわち，$3x + y = -1$．
(4) $3 \cdot \frac{x}{2} - \frac{y}{3} = 1$ すなわち，$9x - 2y = 6$．
(5) $3(2\cdot 2 - x) - (2\cdot(-1) - y) = 1$ すなわち，$3x - y = 13$．
(6) $3x - (2\cdot 2 - y) = 1$ すなわち，$3x + y = 5$．
(7) $3y - x = 1$ すなわち，$x - 3y = -1$．

問題 289
◀p.121

(1) $|x-3| + |y-1| = 1$ のグラフ．
(2) $|x-3| + |y-1| = 1$ のグラフを対称移動するから，
$|(-x)-3| + |y-1| = 1$ すなわち，
$|x+3| + |y-1| = 1$ のグラフ．

(3) $|-x|+|y|=1$ すなわち, $|x|+|y|=1$ のグラフを平行移動するから,
$|x-3|+|y-1|=1$ のグラフ.

問題 290
◀p.121

拡大すると方程式 $\frac{x}{a}+\frac{y}{b}=1$ のグラフになる. この方程式が $\frac{x}{3}+\frac{y}{5}=1$ と同じ方程式になる条件は, $a=3$ かつ $b=5$.

《解説》
最後の部分は, 本当は次のような議論が背景にある. $\frac{x}{3}+\frac{y}{5}=1$ の解として例えば $(x,y)=(3,0)$ や $(x,y)=(0,5)$ があり, これらが $\frac{x}{a}+\frac{y}{b}=1$ の解にもなるよう, 代入すると, $a=3$ と $b=5$ が得られる. 逆に, $a=3$ かつ $b=5$ ならば, 明らかに $\frac{x}{a}+\frac{y}{b}=1$ と $\frac{x}{3}+\frac{y}{5}=1$ は同じ方程式である.

問題 291
◀p.122

(1) 拡大すると方程式 $x^2-\frac{y}{b}=0$ のグラフ.
これを平行移動すると方程式 $x^2-\frac{y-q}{b}=0$ すなわち, $x^2-\frac{1}{b}y+\frac{q}{b}=0$ のグラフになる.
この方程式が $x^2-2y+3=0$ と同じ方程式になる条件は,
$\frac{1}{b}=2$ かつ $\frac{q}{b}=3$,
すなわち, $b=\frac{1}{2}$ かつ $q=\frac{3}{2}$.

(2) 平行移動すると方程式 $x^2-(y-q)=0$ すなわち, $x^2-y+q=0$ のグラフ.
これを拡大すると方程式 $x^2-\frac{y}{b}+q=0$ のグラフになる.
この方程式が $x^2-2y+3=0$ と同じ方程式になる条件は,
$\frac{1}{b}=2$ かつ $q=3$,
すなわち, $b=\frac{1}{2}$ かつ $q=3$.

《解説》
本当は次のような議論が背景にある. (1) について, $x^2-2y+3=0$ の解として例えば $(x,y)=\left(0,\frac{3}{2}\right)$ や $(x,y)=(1,2)$ があり, これらが $x^2-\frac{1}{b}y+\frac{q}{b}=0$ の解にもなるよう, 代入すると, $b=\frac{1}{2}$ と $q=3$ が得られる. 逆に, $b=\frac{1}{2}$ かつ $q=3$ ならば, 明らかに $x^2-\frac{1}{b}y+\frac{q}{b}=0$ と $x^2-2y+3=0$ は同じ方程式である. (2) についても同様.

問題 292
◀p.126

(1) $y-(-1)=(x-2)^2+2(x-2)+3$
すなわち, $y=x^2-2x+2$.

(2) $-y=(-x)^2+2(-x)+3$
すなわち, $y=-x^2+2x-3$.

(3) $y=(-x)^2+2(-x)+3$
すなわち, $y=x^2-2x+3$.

(4) $-y=x^2+2x+3$
すなわち, $y=-x^2-2x-3$.

(5) $2\cdot(-1)-y=(2\cdot 2-x)^2+2(2\cdot 2-x)+3$
すなわち, $y=-x^2+10x-29$.

(6) $2\cdot 2-y=x^2+2x+3$
すなわち, $y=-x^2-2x+1$.

(7) $\frac{y}{3}=\left(\frac{x}{2}\right)^2+2\cdot\left(\frac{x}{2}\right)+3$
すなわち, $y=\frac{3}{4}x^2+3x+9$.

問題 293
◀p.127

(1) $y-1=3(x-3)$ すなわち, $y=3x-8$.

(2) 関数 $y=3x-8$ のグラフを対称移動するから,
$y=3(-x)-8$ すなわち, $y=-3x-8$ のグラフ.

(3) 対称移動すると,
$y=3(-x)$ すなわち, $y=-3x$ のグラフ.
これを平行移動するから,
$y-1=-3(x-3)$ すなわち, $y=-3x+10$ のグラフ.

問題 294
◀p.127

(1) 関数 $y=3x+q$ が関数 $y=3x+6$ と同じ関数になる条件は, $q=6$.

(2) 関数 $y=3(x-p)$ が関数 $y=3x+6$ と同じ関数になる条件は, $p=-2$.

問題 295
◀p.127

(1) $y-1=\frac{2}{x-3}$ すなわち, $y=\frac{2}{x-3}+1$.
ただし, 定義域は $\{x\,|\,x\neq 3\}$.

(2) $y = \dfrac{2}{x}$（定義域は $\{x|x \neq 0\}$）のグラフを x 軸方向に p, y 軸方向に q だけ平行移動すると，$y = \dfrac{2}{x-p} + q$（定義域は $\{x|x \neq p\}$）のグラフになる．

したがって，$p = -1$, $q = 3$.

∴ x 軸方向に -1, y 軸方向に 3 だけ平行移動したもの．

問題 296
◀ p.127

(1) $y - 1 = \sqrt{2(x-3)}$

すなわち，$y = \sqrt{2x-6} + 1$.

（ただし，定義域は $\{x|x \geq 3\}$）．

(2) $y = \sqrt{2x}$（定義域は $\{x|x \geq 0\}$）のグラフを x 軸方向に p, y 軸方向に q だけ平行移動すると，$y = \sqrt{2(x-p)} + q$（定義域は $\{x|x \geq p\}$）のグラフになる．

したがって，$p = -3$, $q = 1$.

∴ x 軸方向に -3, y 軸方向に 1 だけ平行移動したもの．

問題 297
◀ p.129

(1) $\Delta x = 3 - 1 = 2$.
(2) $\Delta y = f(3) - f(1) = 3^2 - 1^2 = 8$.
(3) $\dfrac{\Delta y}{\Delta x} = \dfrac{8}{2} = 4$.
(4) $\dfrac{f(4) - f(2)}{4-2} = \dfrac{4^2 - 2^2}{2} = 6$.
(5) $\dfrac{f(1) - f(3)}{1-3} = \dfrac{1^2 - 3^2}{-2} = 4$.

問題 298
◀ p.129

(1) $\dfrac{5-2}{10-5} = \dfrac{3}{5}$.
(2) $\dfrac{5}{10} = \dfrac{1}{2}$.

問題 299
◀ p.129

(1) $x = 1$ のとき $y = 2 \cdot 1 + 1 = 3$.

$x = 3$ のとき $y = 2 \cdot 3 + 1 = 7$.

変化の割合は $\dfrac{7-3}{3-1} = 2$.

(2) $x = x_1$ のとき $y = 2x_1 + 1$.

$x = x_2$ のとき $y = 2x_2 + 1$.

変化の割合は
$$\dfrac{(2x_2+1) - (2x_1+1)}{x_2 - x_1} = \dfrac{2(x_2 - x_1)}{x_2 - x_1} = 2.$$

問題 300
◀ p.129

$$\begin{aligned}\dfrac{f(x_2) - f(x_1)}{x_2 - x_1} &= \dfrac{x_2^3 - x_1^3}{x_2 - x_1} \\ &= \dfrac{(x_2 - x_1)(x_2^2 + x_2 x_1 + x_1^2)}{x_2 - x_1} \\ &= x_1^2 + x_1 x_2 + x_2^2.\end{aligned}$$

問題 301
◀ p.130

$$\begin{aligned}\dfrac{f(x_2) - f(x_1)}{x_2 - x_1} &= \dfrac{\dfrac{1}{x_2} - \dfrac{1}{x_1}}{x_2 - x_1} \\ &= \dfrac{\dfrac{x_1}{x_1 x_2} - \dfrac{x_2}{x_1 x_2}}{x_2 - x_1} \\ &= \dfrac{\dfrac{x_1 - x_2}{x_1 x_2}}{x_2 - x_1} = -\dfrac{1}{x_1 x_2}.\end{aligned}$$

問題 302
◀ p.131

(1) $x_1 \neq x_2$ とする．

x が x_1 から x_2 まで変化するときの変化の割合は
$$\dfrac{(2x_2+1) - (2x_1+1)}{x_2 - x_1} = 2.$$

この値は，（x_1, x_2 によらず一定なので，）x_1, x_2 を a に近づけても変わらずに 2 のまま．

したがって，$x = a$ における変化率は 2.

(2) $x_1 \neq x_2$ とする．

x が x_1 から x_2 まで変化するときの変化の割合は
$$\dfrac{x_2^3 - x_1^3}{x_2 - x_1} = x_1^2 + x_1 x_2 + x_2^2.$$

この値は，x_1, x_2 を a に近づけると $a^2 + a \cdot a + a^2 = 3a^2$ に近づく．

したがって，$x = a$ における変化率は $3a^2$.

(3) $x_1 > 0$, $x_2 > 0$, $x_1 \neq x_2$ とする．

x が x_1 から x_2 まで変化するときの変化の割合は
$$\dfrac{\dfrac{1}{x_2} - \dfrac{1}{x_1}}{x_2 - x_1} = -\dfrac{1}{x_1 x_2}.$$

この値は，x_1, x_2 を a に近づけると $-\dfrac{1}{a \cdot a} = -\dfrac{1}{a^2}$ に近づく．

したがって，$x = a$ における変化率は $-\dfrac{1}{a^2}$.

第13章　▶比例と反比例

問題 303
◀p.135

(1) $f(x) = 6x.$
(2) $f(7) = 6 \cdot 7 = 42.$
(3) $f(t) = 7 \iff 6t = 7 \iff t = \dfrac{7}{6}.$

問題 304
◀p.136

(1) 比例定数を a とおくと, $y = ax.$
$(x = 4 \text{ のとき } y = -5) \iff -5 = a \cdot 4$
$\iff a = -\dfrac{5}{4}.$
よって, $y = -\dfrac{5}{4}x.$
(2) $y = -\dfrac{5}{4} \cdot 5 = -\dfrac{25}{4}.$
(3) $y = 10 \iff -\dfrac{5}{4}x = 10 \iff x = -8.$

問題 305
◀p.137

$f(x) = ax, \ g(x) = bx$ である.
$(f \circ g)(x) = f(g(x))$
$= f(bx)$
$= a(bx)$
$= (ab)x.$
したがって, $f \circ g$ は比例定数 ab の比例関数である. ($a \neq 0$ かつ $b \neq 0$ より, $ab \neq 0$.) ∎

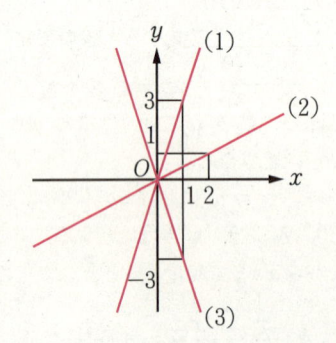

問題 306
◀p.140

問題 307
◀p.140

比例定数を a とすると, $y = ax.$

グラフが点 $(3, 5)$ を通る $\iff 5 = a \cdot 3$
$\iff a = \dfrac{5}{3}.$
$\therefore \ y = \dfrac{5}{3}x.$

問題 308
◀p.143

$y = -5x$ である.
(1) $x > 4 \iff -5x < -20 \iff y < -20.$
よって, y の変域は $y < -20.$
(2) $-2 < y \leqq 3 \iff -2 < -5x \leqq 3$
$\iff -\dfrac{3}{5} \leqq x < \dfrac{2}{5}.$
よって, x の変域は $-\dfrac{3}{5} \leqq x < \dfrac{2}{5}.$

問題 309
◀p.144

(1) $f(x) = \dfrac{6}{x}.$
(2) $f(7) = \dfrac{6}{7}.$
(3) $f(t) = 7 \iff \dfrac{6}{t} = 7$
$\iff 6 = 7t$
$\iff t = \dfrac{6}{7}.$

問題 310
◀p.144

(1) 比例定数を a とすると, $y = \dfrac{a}{x}.$
$(x = 4 \text{ のとき } y = -5) \iff -5 = \dfrac{a}{4}$
$\iff a = -20.$
よって, $y = -\dfrac{20}{x}.$
(2) $y = -\dfrac{20}{5} = -4.$
(3) $y = 10 \iff -\dfrac{20}{x} = 10 \iff x = -2.$

問題 311
◀p.146

$f(x) = \dfrac{a}{x}, \ g(x) = \dfrac{b}{x}$ である.
$(f \circ g)(x) = f(g(x))$
$= f\left(\dfrac{b}{x}\right)$
$= \dfrac{a}{\dfrac{b}{x}}$
$= \dfrac{a}{b}x.$

したがって，$f \circ g$ は比例定数 $\dfrac{a}{b}$ の比例関数である．（$a \neq 0$ かつ $b \neq 0$ より，$\dfrac{a}{b} \neq 0$.）■

問題 312 ◀p.148

(1)

(2)

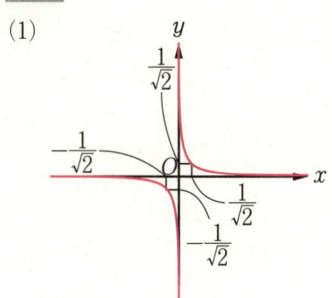

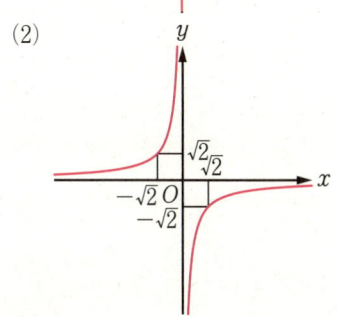

問題 313 ◀p.148

比例定数を a とすると，$y = \dfrac{a}{x}$.
グラフが点 $(3, 5)$ を通る $\iff 5 = \dfrac{a}{3}$
$\iff a = 15$.
$\therefore y = \dfrac{15}{x}$.

問題 314 ◀p.151

$x = -2$ のとき $\dfrac{1}{x} = -\dfrac{1}{2}$.
よって，値域は $\left\{ y \,\middle|\, -\dfrac{1}{2} \leqq y < 0 \right\}$.

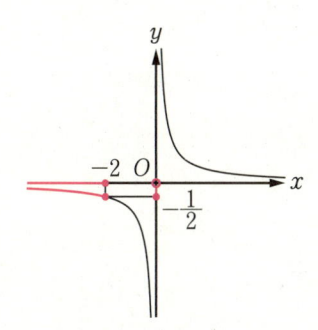

問題 315 ◀p.151

$y = -\dfrac{5}{x}$ である．
(1) $x = 4$ のとき $-\dfrac{5}{x} = -\dfrac{5}{4}$ より，
y の変域は $-\dfrac{5}{4} < y < 0$.
(2) $-\dfrac{5}{x} = -2 \iff x = \dfrac{5}{2}$.
$-\dfrac{5}{x} = 3 \iff x = -\dfrac{5}{3}$.
よって，x の変域は
$\left(x \leqq -\dfrac{5}{3} \text{ または } \dfrac{5}{2} < x \right)$.

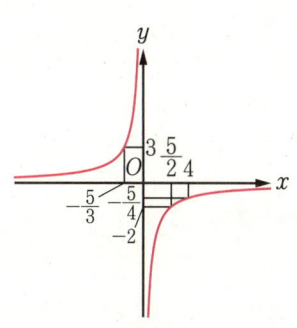

問題 316 ◀p.152

$f(x) = \dfrac{x-1}{x+1} = \dfrac{(x+1)-2}{x+1} = \dfrac{-2}{x+1} + 1$.
よって，f のグラフは，反比例関数 $x \mapsto \dfrac{-2}{x}$ のグラフを x 軸方向に -1，y 軸方向に 1 だけ平行移動したもの．
漸近線は直線 $x = -1$ と直線 $y = 1$.
値域は $\{ y \in \mathbb{R} \mid y \neq 1 \}$.

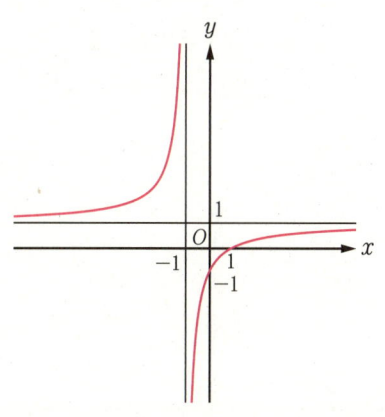

第14章　▶1次関数

問題 317
◀p.156

(1) $f(x) = 6x + 1.$
(2) $f(7) = 6 \cdot 7 + 1 = 43.$
(3) $f(t) = 7 \iff 6t + 1 = 7 \iff t = 1.$

問題 318
◀p.156

(1) $y = ax + b$ とする．
(a, b は実数定数で $a \neq 0$.)
($x = 4$ のとき $y = -5$) $\iff -5 = 4a + b.$
　　　　　　　　　　　……①
($x = 1$ のとき $y = 7$) $\iff 7 = 1 \cdot a + b.$
　　　　　　　　　　　……②

$$\begin{cases} ① \\ ② \end{cases} \iff \begin{cases} a = -4 \\ b = 11. \end{cases}$$

$\therefore\ y = -4x + 11.$
(2) $y = -4 \cdot 5 + 11 = -9.$
(3) $y = 10 \iff -4x + 11 = 10 \iff x = \dfrac{1}{4}.$

問題 319
◀p.156

$(f \circ g)(x) = f(g(x)) = f(cx + d)$
　　　　　　　$= a(cx + d) + b = (ac)x + (ad + b).$
$ac \neq 0$ より，$f \circ g$ は1次関数．■

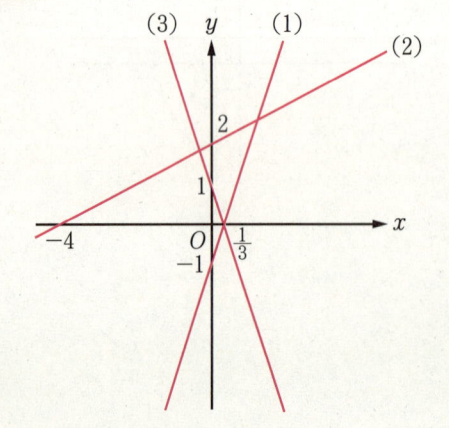

問題 320
◀p.158

問題 321
◀p.161

(1) $x > 4 \iff -5x < -20$
　　　　$\iff -5x + 3 < -17$
　　　　$\iff y < -17.$
したがって，y の変域は $y < -17$.
(2) $-2 < y \leqq 3 \iff -2 < -5x + 3 \leqq 3$
　　　　　　$\iff -5 < -5x \leqq 0$
　　　　　　$\iff 0 \leqq x < 1.$
したがって，x の変域は $0 \leqq x < 1$.

問題 322
◀p.162

変化の割合が -3 なので，$y = -3x + b$ となる実数定数 b が存在する．

グラフが点 $(2, -4)$ を通る
$\iff -4 = -3 \cdot 2 + b \iff b = 2.$

したがって，$y = -3x + 2.$

問題 323
◀p.162

$f(x) = ax + b$ となる実数定数 a, b が存在する．
(ただし，$a \neq 0$.)

$f(-1) = 1 \iff a \cdot (-1) + b = 1$
　　　　　$\iff -a + b = 1.$ ……①

$f(2) = 3 \iff a \cdot 2 + b = 3$
　　　　$\iff 2a + b = 3.$ ……②

$$\begin{cases} ① \\ ② \end{cases} \iff \begin{cases} a = \dfrac{2}{3} \\ b = \dfrac{5}{3}. \end{cases}$$

これは $a \neq 0$ を満たす．
したがって，$f(x) = \dfrac{2}{3}x + \dfrac{5}{3}.$

問題 324
◀p.162

(ⅰ) $a > 0$ のとき，
　定義域が $\{x \mid -3 \leqq x \leqq 2\}$ だから，

値域は $\{y|-3a+b \leqq y \leqq 2a+b\}$ である.
$$\begin{cases} -3a+b=-4 \\ 2a+b=6 \end{cases} \iff \begin{cases} a=2 \\ b=2. \end{cases}$$
これは $a>0$ を満たし,適する.

(ii) $a<0$ のとき,
定義域が $\{x|-3 \leqq x \leqq 2\}$ だから,
値域は $\{y|2a+b \leqq y \leqq -3a+b\}$ である.
$$\begin{cases} 2a+b=-4 \\ -3a+b=6 \end{cases} \iff \begin{cases} a=-2 \\ b=0. \end{cases}$$
これは $a<0$ を満たし,適する.

(i), (ii) をあわせて,
$$(a,b)=(2,2), (-2,0).$$

問題 325 ◂ p.164

(1) $y=0 \iff 0=-x+4 \iff x=4$
より,x 切片は 4.
y 切片は 4,傾きは -1.

(2) $y=0 \iff 0=\dfrac{1}{3}x-2 \iff x=6$
より,x 切片は 6.
y 切片は -2,傾きは $\dfrac{1}{3}$.

(3) x 切片はなし,y 切片は 2,傾きは 0.

(4) x 切片は -3,y 切片はなし,傾きはなし.

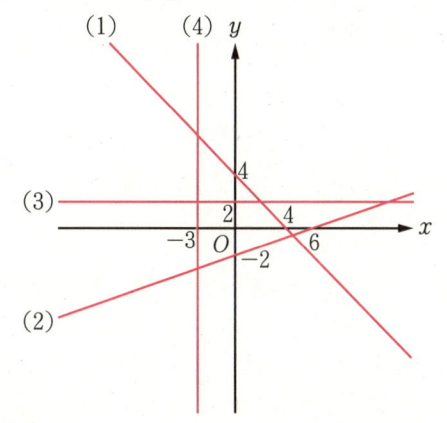

問題 326 ◂ p.166

(1) $y=0$ のとき $x=2$ だから,x 切片は 2.
$x=0$ のとき $y=2$ だから,y 切片は 2.
傾きは $-\dfrac{1}{1}=-1$.

(2) $y=0$ のとき $x=3$ だから,x 切片は 3.
$x=0$ のとき $y=-1$ だから,y 切片は -1.

傾きは $-\dfrac{1}{-3}=\dfrac{1}{3}$.

(3) $y-1=0 \iff y=1$ だから,
この直線は x 軸に平行.
x 切片はなし,y 切片は 1,傾きは 0.

(4) $2x+3=0 \iff x=-\dfrac{3}{2}$ だから,
この直線は y 軸に平行.
x 切片は $-\dfrac{3}{2}$,y 切片はなし,傾きはなし.

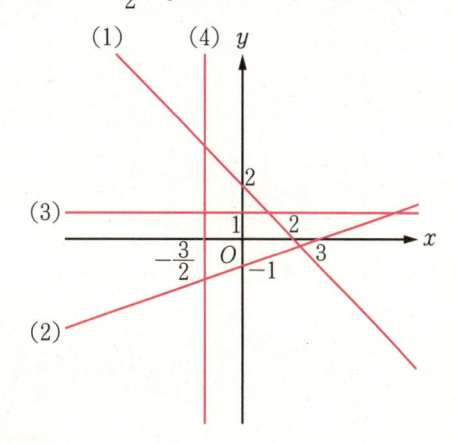

問題 327 ◂ p.166

(1) x 切片は 4,y 切片は 4.
傾きは $-\dfrac{4}{4}=-1$.

(2) x 切片は 3,y 切片は -1.
傾きは $-\dfrac{-1}{3}=\dfrac{1}{3}$.

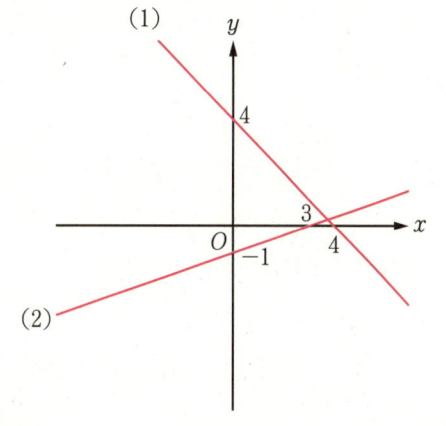

問題 328 ◂ p.167

傾きが -3 なので,この直線の方程式が $y=-3x+n$ となるような実数定数 n が存在する.

この直線が $(1,2)$ を通る
$\iff 2=-3\cdot 1+n \iff n=5.$

したがって，求める直線の方程式は $y = -3x + 5$.

問題 329
◀p.170

(1) P と Q の x 座標が異なるので，l は y 軸に平行ではない．
よって，$l: y = mx + n$ となるような実数定数 m, n が存在する．
l が P を通る $\iff 5 = m \cdot (-2) + n$. ……①
l が Q を通る $\iff -4 = m \cdot 4 + n$. ……②

$$\begin{cases} ① \\ ② \end{cases} \iff \begin{cases} m = -\dfrac{3}{2} \\ n = 2. \end{cases}$$

したがって，l の方程式は $y = -\dfrac{3}{2}x + 2$.

(2) l の傾きは $\dfrac{(-4)-5}{4-(-2)} = -\dfrac{3}{2}$ だから，
$l: y = -\dfrac{3}{2}x + n$ となるような実数定数 n が存在する．

l が P を通る $\iff 5 = -\dfrac{3}{2} \cdot (-2) + n$
$\iff n = 2$.

したがって，l の方程式は $y = -\dfrac{3}{2}x + 2$.

(3) $l: ax + by + c = 0$ となるような実数定数 a, b, c が存在する．（ただし，$(a, b) \neq (0, 0)$.）
l が P を通る $\iff a \cdot (-2) + b \cdot 5 + c = 0$.
……①
l が Q を通る $\iff a \cdot 4 + b \cdot (-4) + c = 0$.
……②

$$\begin{cases} ① \\ ② \end{cases} \iff \begin{cases} c = 2a - 5b \\ 4a - 4b + (2a - 5b) = 0 \end{cases}$$

$$\iff \begin{cases} c = 2a - 5b \\ 2a = 3b \end{cases}$$

$$\iff a : b : c = 3 : 2 : (-4).$$

したがって，l の方程式は $3x + 2y - 4 = 0$.

問題 330
◀p.170

P と Q の x 座標が等しいので，l は y 軸に平行である．
よって，$l: x = c$ となるような実数定数 c が存在する．
l が P を通る $\iff -2 = c$.
したがって，l の方程式は $x = -2$.

〔別解〕$l: ax + by + c = 0$ となるような実数定数 a, b, c が存在する．（ただし，$(a, b) \neq (0, 0)$.）

l が P を通る
$\iff a \cdot (-2) + b \cdot 5 + c = 0$. ……①

l が Q を通る
$\iff a \cdot (-2) + b \cdot (-4) + c = 0$. ……②

$$\begin{cases} ① \\ ② \end{cases} \iff \begin{cases} -2a + c = 0 \\ b = 0 \end{cases}$$

$$\iff \begin{cases} c = 2a \\ b = 0. \end{cases}$$

したがって，l の方程式は
$ax + 2a = 0$ すなわち，$x + 2 = 0$.

問題 331
◀p.172

直線 PQ の方程式は，
$$y = \dfrac{(2a-5)-4}{5-3}(x-3) + 4$$
$$\iff y = \dfrac{2a-9}{2}(x-3) + 4.$$

点 R がこの直線上にあるための条件は，
$7 = \dfrac{2a-9}{2}((a-2)-3) + 4$
$\iff 6 = (2a-9)(a-5)$
$\iff 2a^2 - 19a + 39 = 0$
$\iff (a-3)(2a-13) = 0 \iff a = 3, \dfrac{13}{2}$.

〔注意〕
問題文で "3 点" とあるので，P, Q, R が相異なるのだ，とする考え方もある．その場合は，これらの中に一致するものがないことを確認する必要がある．（この問題では，どちらの a でも適する．）

問題 332
◀p.174

(1) の傾きは 3. (2) の傾きは $-\dfrac{1}{3}$.

(3) の傾きは 3. (4) の傾きは $-\dfrac{1}{3}$.

(5) の傾きは 3. (6) の傾きは -3.

(7) の傾きは -3. (8) の傾きは $-\dfrac{1}{3}$.

したがって, (1) と (3) と (5) が平行,
(2) と (4) と (8) が平行,
(6) と (7) が平行.
さらに y 切片も比べて, (1) と (3) が一致,
(4) と (8) が一致.

問題 333 ◀p.174

求める直線の方程式を $2x+5y+c=0$ とする.

これが $(3,1)$ を通る

$\iff 2\cdot 3+5\cdot 1+c=0 \iff c=-11$.

よって, 求める直線の方程式は $2x+5y-11=0$.

問題 334 ◀p.176

傾きを求めると,
(1) $\dfrac{7}{5}$, (2) $-\dfrac{5}{3}$, (3) なし, (4) $\dfrac{3}{5}$,
(5) $\dfrac{5}{7}$, (6) $-\dfrac{7}{3}$, (7) 0.

したがって, (軸に平行でないときは積が -1 になるものを探して,) (2) と (4), (3) と (7).

〔別解〕一般形 (つまり, $(x, y \text{ の式}) = 0$ の形) にしたときの x, y の係数の比を求めると,
(1) $7:(-5)$, (2) $5:3$, (3) $1:0$,
(4) $3:(-5)$, (5) $5:(-7)$, (6) $7:3$,
(7) $0:1$.

したがって, (入れ替えて片方にマイナスをつけているものを探して,) (2) と (4), (3) と (7).

問題 335 ◀p.176

求める直線の傾きを m とすると,
垂直な条件は, $\dfrac{2}{5}\cdot m=-1 \iff m=-\dfrac{5}{2}$.
y 切片が 3 のものは, 直線 $y=-\dfrac{5}{2}x+3$.

問題 336 ◀p.176

求める直線は直線 $7x-2y=0$ に平行.
点 $(3,1)$ を通るものの方程式は,
$7(x-3)-2(y-1)=0$
すなわち, $7x-2y-19=0$.

問題 337 ◀p.178

(1) 共有点は次の方程式の解:
$$\begin{cases} y=5x+2 \\ y=7x-5 \end{cases} \iff \begin{cases} x=\dfrac{7}{2} \\ y=\dfrac{39}{2} \end{cases}.$$
よって, 共有点は $\left(\dfrac{7}{2}, \dfrac{39}{2}\right)$.

(2) 共有点は次の方程式の解:
$$\begin{cases} y=9x-2 \\ x=7 \end{cases} \iff \begin{cases} x=7 \\ y=61 \end{cases}.$$
よって, 共有点は $(7, 61)$.

(3) 共有点は次の方程式の解:
$$\begin{cases} y=11x+7 \\ y=3 \end{cases} \iff \begin{cases} x=-\dfrac{4}{11} \\ y=3 \end{cases}.$$
よって, 共有点は $\left(-\dfrac{4}{11}, 3\right)$.

(4) 共有点は次の方程式の解:
$$\begin{cases} 2x+7y-3=0 \\ 3x+10y-1=0 \end{cases} \iff \begin{cases} x=-23 \\ y=7 \end{cases}.$$
よって, 共有点は $(-23, 7)$.

(5) 共有点は次の方程式の解:
$$\begin{cases} 4x+2y+7=0 \\ y=-2x+7 \end{cases}$$
$$\iff \begin{cases} y=-2x-\dfrac{7}{2} \\ y=-2x+7 \end{cases}.$$
この方程式は解なしなので, 共有点はない.

(6) 共有点は次の方程式の解:
$$\begin{cases} 3x-7y-1=0 \\ y=0 \end{cases} \iff \begin{cases} x=\dfrac{1}{3} \\ y=0 \end{cases}.$$
よって, 共有点は $\left(\dfrac{1}{3}, 0\right)$.

(7) 共有点は次の方程式の解:
$$\begin{cases} x=3y+2 \\ 2x-6y=4 \end{cases} \iff x-3y-2=0.$$

よって, 共有点は直線 $x-3y-2=0$ 上の任意の点.

問題 338
◂ p.179

3直線が共有点をもつのだから，次の x, y について の方程式が解をもつような k の値を求める：

$$\begin{cases} 3x - y + 1 = 0 \\ kx + y - 6 = 0 \\ x - 2y + 3k + 1 = 0 \end{cases}$$

$$\iff \begin{cases} y = 3x + 1 \\ kx + (3x+1) - 6 = 0 \\ x - 2(3x+1) + 3k + 1 = 0 \end{cases}$$

$$\iff \begin{cases} y = 3x + 1 \\ (k+3)x = 5 \\ x = \dfrac{3k-1}{5} \end{cases}$$

$$\iff \begin{cases} y = 3x + 1 \\ (k+3) \cdot \dfrac{3k-1}{5} = 5 \\ x = \dfrac{3k-1}{5} \end{cases}$$

$$\iff \begin{cases} x = \dfrac{3k-1}{5} \\ y = 3x + 1 \\ 3k^2 + 8k - 28 = 0 \end{cases}$$

$$\iff \begin{cases} x = \dfrac{3k-1}{5} \\ y = 3x + 1 \\ k = 2, -\dfrac{14}{3} \end{cases}$$

$k=2$ のとき $(x, y) = (1, 4)$ で共有点が 1 つ．
$k=-\dfrac{14}{3}$ のとき，$(x, y) = (-3, -8)$ で共有点が 1 つ．
以上より，$k = 2, -\dfrac{14}{3}$．

〔注意〕
問題文で "3直線" とあるので，L_1, L_2, L_3 が相異なるのだ，とする考え方もある．その場合は，これらの中に一致するものがないことを確認する必要がある．（この問題では，どちらの k も適する．）

問題 339
◂ p.181

直線 BC を x 軸，直線 l_A を y 軸にするような直交座標を入れると，$A(0, a), B(b, 0), C(c, 0)$ となるような a, b, c が存在する．三角形 ABC が存在するから，$a \neq 0, b \neq c$ である．

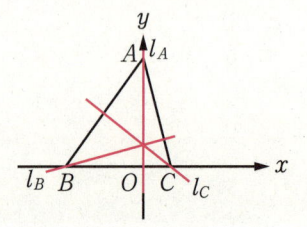

直線 l_A は y 軸，すなわち，直線 $x = 0$ である．
直線 CA の方程式は
$(a - 0)(x - c) - (0 - c)(y - 0) = 0$ なので，
これに垂直な直線は直線 $-cx + ay = 0$ に平行である．

よって，直線 l_B の方程式は $-c(x - b) + ay = 0$．
同様に，（B と C および b と c を入れ替えて）直線 l_C の方程式は $-b(x - c) + ay = 0$．
l_A の方程式と l_B の方程式を連立させると，

$$(x, y) = \left(0, -\dfrac{bc}{a}\right).$$

l_A の方程式と l_C の方程式を連立させると，

$$(x, y) = \left(0, -\dfrac{bc}{a}\right).$$

したがって，l_A, l_B, l_C はいずれも点 $\left(0, -\dfrac{bc}{a}\right)$ を通るので，この点で交わる．■

《解説》
この問題で求めた点は，三角形 ABC の "垂心" とよばれる．

第15章　▶2次関数

問題 340
◀ p.185

(1) $f(x) = 2x^2 + 4x + 1$.
(2) $f(7) = 2 \cdot 7^2 + 4 \cdot 7 + 1 = 127$.
(3) $f(t) = 7 \iff 2t^2 + 4t + 1 = 7$
$\iff 2(t+3)(t-1) = 0$
$\iff t = -3, 1$.

問題 341
◀ p.185

$y = a(x-1)^2 + k$ となる実数定数 a, k が存在する．（ただし，$a \neq 0$．）

$x = 3$ のとき $y = -10 \iff -10 = a(3-1)^2 + k$
$\iff 4a + k = -10$.
……①

$x = 1$ のとき $y = 2 \iff 2 = a(1-1)^2 + k$
$\iff k = 2$. ……②

$\begin{cases} ① \\ ② \end{cases} \iff \begin{cases} a = -3 \\ k = 2 \end{cases}$.

これは $a \neq 0$ を満たすので，適する．よって，$y = -3(x-1)^2 + 2$ すなわち，$y = -3x^2 + 6x - 1$.

問題 342
◀ p.190

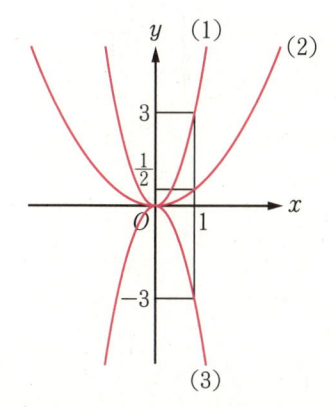

問題 343
◀ p.190

$y = ax^2$ とする．（a は実数定数．）
x が 3 から 5 まで変化するときの変化の割合は，

$\dfrac{a \cdot 5^2 - a \cdot 3^2}{5 - 3} = 6 \iff a = \dfrac{3}{4}$.

よって，$y = \dfrac{3}{4}x^2$.

《解説》
変化の割合の公式を使って，

$a(3 + 5) = 6 \iff a = \dfrac{3}{4}$

としてもよい．

問題 344
◀ p.195

(1) グラフは下に凸で，頂点は点 $(0, 0)$ である．
$4 > 0$ より，y の変域は $y \geq \dfrac{1}{2} \cdot 4^2 \iff y \geq 8$.

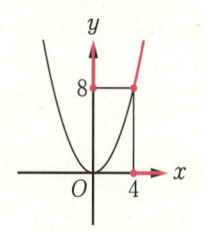

(2) $-3 < 0 \leq 2$ かつ $|-3| > |2|$ より，y の変域は $0 \leq y < \dfrac{1}{2} \cdot (-3)^2 \iff 0 \leq y < \dfrac{9}{2}$.

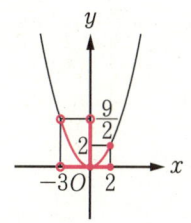

問題 345
◀ p.197

(1) 頂点の座標は $(3, 1)$．軸の方程式は $x = 3$．
グラフは，$y = x^2$ のグラフを x 軸方向に 3，y 軸方向に 1 だけ平行移動したもの．

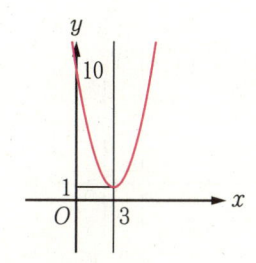

(2) 頂点の座標は $(-1, 2)$. 軸の方程式は $x = -1$. グラフは, $y = -2x^2$ のグラフを x 軸方向に -1, y 軸方向に 2 だけ平行移動したもの.

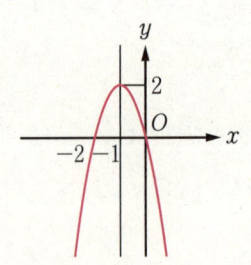

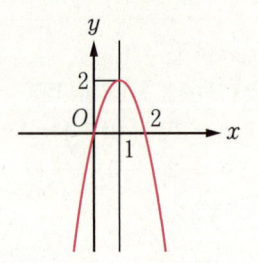

(3) 頂点の座標は $(1, 0)$. 軸の方程式は $x = 1$. グラフは, $y = 3x^2$ のグラフを x 軸方向に 1 だけ平行移動したもの.

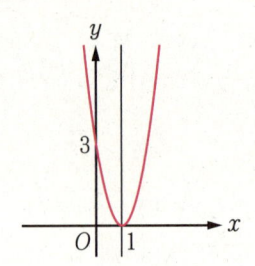

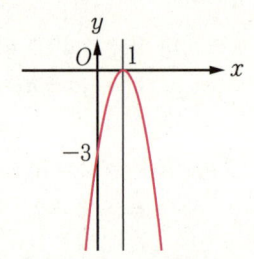

(4) 頂点の座標は $(0, 1)$. 軸の方程式は $x = 0$. グラフは, $y = -2x^2$ のグラフを y 軸方向に 1 だけ平行移動したもの.

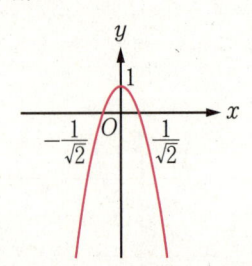

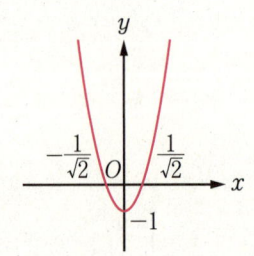

問題 346 ◀ p.199

(1) $y = (x+3)^2 + 1$.
頂点の座標は $(-3, 1)$. 軸の方程式は $x = -3$. グラフは, $y = x^2$ のグラフを x 軸方向に -3, y 軸方向に 1 だけ平行移動したもの.

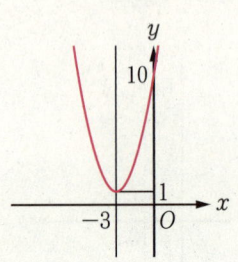

(2) $y = -2(x-1)^2 + 2$.
頂点の座標は $(1, 2)$. 軸の方程式は $x = 1$. グラフは, $y = -2x^2$ のグラフを x 軸方向に 1, y 軸方向に 2 だけ平行移動したもの.

(3) $y = -3(x-1)^2$.
頂点の座標は $(1, 0)$. 軸の方程式は $x = 1$. グラフは, $y = -3x^2$ のグラフを x 軸方向に 1 だけ平行移動したもの.

(4) 頂点の座標は $(0, -1)$. 軸の方程式は $x = 0$. グラフは, $y = 2x^2$ のグラフを y 軸方向に -1 だけ平行移動したもの.

問題 347 ◀ p.199

(1) グラフが下に凸だから, $a > 0$.
頂点の x 座標が正だから, $-\dfrac{b}{2a} > 0$,
したがって, $b < 0$.
y 切片が正だから, $c > 0$.
頂点の y 座標が負だから, $-\dfrac{D}{4a} < 0$,
したがって, $D > 0$.

(2) グラフが上に凸だから, $a < 0$.
頂点の x 座標が負だから, $-\dfrac{b}{2a} < 0$,
したがって, $b < 0$.

y 切片が負だから, $c<0$.
頂点の y 座標が正だから, $-\dfrac{D}{4a}>0$,
したがって, $D>0$.

(3) グラフが下に凸だから, $a>0$.
頂点の x 座標が負だから, $-\dfrac{b}{2a}<0$,
したがって, $b>0$.
y 切片が正だから, $c>0$.
頂点の y 座標が正だから, $-\dfrac{D}{4a}>0$,
したがって, $D<0$.

(4) グラフが上に凸だから, $a<0$.
頂点の x 座標が 0 だから, $-\dfrac{b}{2a}=0$,
したがって, $b=0$.
y 切片が負だから, $c<0$.
頂点の y 座標が負だから, $-\dfrac{D}{4a}<0$,
したがって, $D<0$.

問題 348
◀p.202

(1) $f(x)=2x^2-14x+20$.
(2) $f(x)=2\left(x-\dfrac{7}{2}\right)^2-\dfrac{9}{2}$.
(3) $f(x)=2(x-5)(x-2)$.
(4) 頂点の座標は $\left(\dfrac{7}{2},-\dfrac{9}{2}\right)$.

軸の方程式は $x=\dfrac{7}{2}$.
x 切片は 2, 5. y 切片は 20.

問題 349
◀p.202

$$f(x)=0 \iff (x-2)^2=\dfrac{5}{3}$$
$$\iff x=2\pm\sqrt{\dfrac{5}{3}}.$$

したがって, 共有点は
点 $\left(2+\sqrt{\dfrac{5}{3}},0\right)$ と点 $\left(2-\sqrt{\dfrac{5}{3}},0\right)$.

《解説》
$$f(x)=0 \iff 3x^2-12x+7=0$$
$$\iff x=\dfrac{6\pm\sqrt{15}}{3}$$

としてもよいが, せっかく平方完成してあるのだから, その延長で 2 次方程式を解きたい.

問題 350
◀p.202

方程式 $f(x)=0$ の判別式を D とすると,
$$D=k^2-4(k+3)=k^2-4k-12$$
$$=(k-6)(k+2).$$

f のグラフが x 軸に接する条件は,
$$D=0 \iff (k-6)(k+2)=0$$
$$\iff k=6,-2.$$

k は実数であり, 適する.
$$\therefore\ k=6,-2.$$

〔別解〕$f(x)=\left(x+\dfrac{k}{2}\right)^2-\dfrac{1}{4}k^2+k+3$.

f のグラフの頂点は $\left(-\dfrac{k}{2},-\dfrac{1}{4}k^2+k+3\right)$ である.

f のグラフが x 軸に接する条件は,
$$-\dfrac{1}{4}k^2+k+3=0$$
$$\iff (k-6)(k+2)=0 \iff k=6,-2.$$

k は実数であり, 適する.
$$\therefore\ k=6,-2.$$

問題 351
◀p.205

頂点が $(1,2)$ だから, $y=a(x-1)^2+2$ を満たす実数定数 a が存在する. (ただし, $a\neq 0$.)

点 $(3,8)$ を通る $\iff 8=a(3-1)^2+2$
$$\iff a=\dfrac{3}{2}.$$

これは $a\neq 0$ を満たすので, 適する.
$$\therefore\ y=\dfrac{3}{2}(x-1)^2+2$$
すなわち, $y=\dfrac{3}{2}x^2-3x+\dfrac{7}{2}$.

問題 352
◀p.206

$f(x)=ax^2+bx+c$ を満たす実数定数 a,b,c が存在する. (ただし, $a\neq 0$.)

$f(1) = 1 \iff a+b+c = 1.$ ……①
$f(2) = 2 \iff 4a+2b+c = 2.$ ……②
$f(3) = 4 \iff 9a+3b+c = 4.$ ……③

$\begin{cases} ① \\ ② \\ ③ \end{cases} \iff \begin{cases} c = -a-b+1 \\ 3a+b = 1 \\ 8a+2b = 3 \end{cases}$

$\iff \begin{cases} a = \dfrac{1}{2} \\ b = -\dfrac{1}{2} \\ c = 1. \end{cases}$

これは $a \neq 0$ を満たすので，適する．
$\therefore f(x) = \dfrac{1}{2}x^2 - \dfrac{1}{2}x + 1.$

問題 353
◀p.206

x 切片が 3 と 7 なので，$f(x) = a(x-3)(x-7)$ を満たす実数定数 a が存在する．（ただし，$a \neq 0$.）

$f(4) = 6 \iff a(4-3)(4-7) = 6$
$\iff a = -2.$

これは $a \neq 0$ を満たすので，適する．
$\therefore f(x) = -2(x-3)(x-7).$

問題 354
◀p.209

グラフは下に凸で，頂点は点 $(5, -6)$.

(1) $9 > 5$ より，y の変域は
$y \geq \dfrac{1}{2} \cdot (9-5)^2 - 6 \iff y \geq 2.$

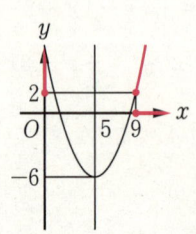

(2) $2 < 5 \leq 7$ かつ $|2-5| > |7-5|$ より，y の変域は
$-6 \leq y < \dfrac{1}{2} \cdot (2-5)^2 - 6$
$\iff -6 \leq y < -\dfrac{3}{2}.$

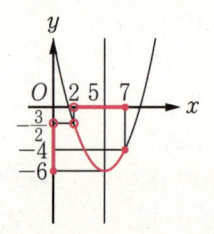

問題 355
◀p.211

(1) $f(x) = -2(x-3)^2 + 4$ だから，f のグラフは上に凸で，頂点は点 $(3, 4)$. よって，値域は $\{y \mid y \leq 4\}$.

(2) $3 < 4$ より，値域は
$\{y \mid y \leq f(4)\} = \{y \mid y \leq 2\}$.

(3) $1 < 3 \leq 4$ および $|1-3| > |4-3|$ より，値域は $\{y \mid -2 \cdot 1^2 + 12 \cdot 1 - 14 < y \leq f(3)\}$
$= \{y \mid -4 < y \leq 4\}$.

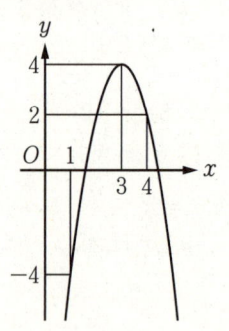

問題 356
◀p.211

(1) $f(x) = (x+4)^2 - 19$ より，f のグラフは下に凸で，頂点は点 $(-4, -19)$. よって，値域は $\{y \mid y \geq -19\}$.

最大値はなし，最小値は -19.

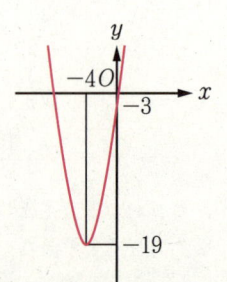

(2) $y = -10\left(x - \dfrac{7}{20}\right)^2 + \dfrac{49}{40}$ より，グラフは上に凸で，頂点は点 $\left(\dfrac{7}{20}, \dfrac{49}{40}\right)$. よって，値域は

$\{y \mid y \leqq \frac{49}{40}\}$.

最大値は $\frac{49}{40}$,最小値はなし.

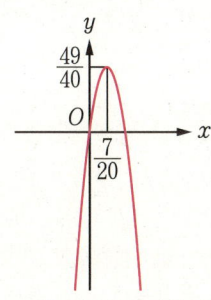

(3) グラフは下に凸で,頂点は点 $(0, 3)$.
$-2 \leqq 0 < 1$ と $|-2-0| > |1-0|$ より,値域は
$\{y \mid 3 \leqq y \leqq 2 \cdot (-2)^2 + 3\} = \{y \mid 3 \leqq y \leqq 11\}$.
最大値は 11,最小値は 3.

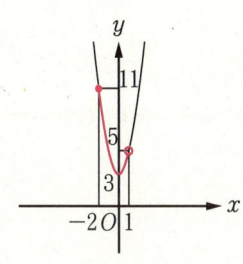

(4) グラフは上に凸で,頂点は点 $(0, 1)$. $-1 < 0$ より,値域は $\{y \mid y \leqq 1\}$.
最大値は 1,最小値はなし.

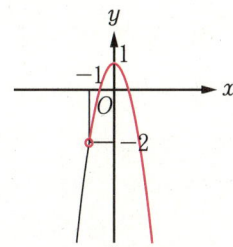

(5) $f(x) = 2\left(x - \frac{5}{4}\right)^2 - \frac{9}{8}$ より,グラフは下に凸で,頂点は点 $\left(\frac{5}{4}, -\frac{9}{8}\right)$.
$-1 \leqq \frac{5}{4} \leqq 3$ と $\left|-1 - \frac{5}{4}\right| > \left|3 - \frac{5}{4}\right|$ より,
値域は $\left\{y \mid -\frac{9}{8} \leqq y \leqq f(-1)\right\}$
$= \left\{y \mid -\frac{9}{8} \leqq y \leqq 9\right\}$.
最大値は 9,最小値は $-\frac{9}{8}$.

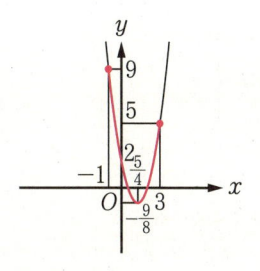

(6) $y = -(x-4)^2 + 8$ より,グラフは上に凸で,頂点は点 $(4, 8)$.
$2 < 4$ より,値域は
$\{y \mid -1^2 + 8 \cdot 1 - 8 < y \leqq -2^2 + 8 \cdot 2 - 8\}$
$= \{y \mid -1 < y \leqq 4\}$.
最大値は 4,最小値はなし.

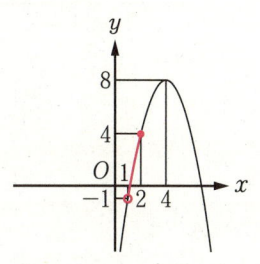

問題 357 ◀ p.211

$f(x) = (x + 2k)^2 - 4k^2 + 3k$. グラフは下に凸で,頂点は点 $(-2k, -4k^2 + 3k)$. したがって,最小値は $-4k^2 + 3k$ である.

最小値が $-1 \iff -4k^2 + 3k = -1$
$\iff (4k + 1)(k - 1) = 0$
$\iff k = 1, -\frac{1}{4}$.

よって,$k = 1$ または $k = -\frac{1}{4}$.

問題 358 ◀ p.214

共有点は次の方程式の解:
$\begin{cases} y = x^2 - 2x + 3 \\ y = 2x - 1 \end{cases}$
$\iff \begin{cases} x^2 - 2x + 3 = 2x - 1 \\ y = 2x - 1 \end{cases}$

$$\iff \begin{cases} (x-2)^2 = 0 \\ y = 2x-1 \end{cases}$$
$$\iff (x, y) = (2, 3).$$

よって，共有点は点 $(2, 3)$.
また，$x^2 - 2x + 3 = (x-1)^2 + 2$ より，グラフを図示すると次のとおり．

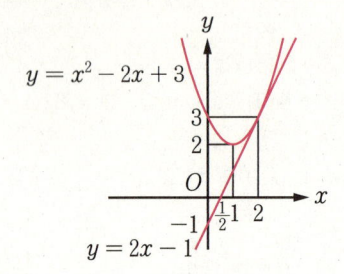

問題 359
◀p.214

共有点は次の方程式の解：

$$\begin{cases} y = f_1(x) \\ y = f_2(x) \end{cases}$$
$$\iff \begin{cases} x^2 - x + 2 = -x^2 + 2x + 1 \\ y = f_1(x) \end{cases}$$
$$\iff \begin{cases} (x-1)(2x-1) = 0 \\ y = f_1(x) \end{cases}$$
$$\iff (x, y) = (1, 2), \left(\frac{1}{2}, \frac{7}{4}\right).$$

よって，共有点は点 $(1, 2)$ と点 $\left(\frac{1}{2}, \frac{7}{4}\right)$．

問題 360
◀p.214

共有点は次の方程式の解：

$$\begin{cases} y = f(x) \\ 2x + y - 2 = 0 \end{cases}$$
$$\iff \begin{cases} -2x + 2 = x^2 + x + k \\ y = -2x + 2 \end{cases}$$
$$\iff \begin{cases} x^2 + 3x + (k-2) = 0 & \cdots\cdots ① \\ y = -2x + 2. \end{cases}$$

共有点の個数は①の実数解の個数．

①の判別式を D とすると，
$$D = 3^2 - 4 \cdot 1 \cdot (k-2) = -4k + 17$$
$$= -4\left(k - \frac{17}{4}\right).$$

(i) $D > 0$ すなわち，$k < \frac{17}{4}$ のとき，
実数解は 2 個なので，共有点は 2 個．

(ii) $D = 0$ すなわち，$k = \frac{17}{4}$ のとき，
実数解は 1 個なので，共有点は 1 個．

(iii) $D < 0$ すなわち，$k > \frac{17}{4}$ のとき，
実数解はないので，共有点はない．

(i), (ii), (iii) をあわせて，共有点の個数は，
$k < \frac{17}{4}$ のとき 2 個，$k = \frac{17}{4}$ のとき 1 個，
$k > \frac{17}{4}$ のとき 0 個．

問題 361
◀p.216

(1) 求める接線は y 軸に平行ではないので，その y 切片を n とすると，方程式は $y = 10x + n$．f のグラフとの共有点は次の方程式の解：

$$\begin{cases} y = f(x) \\ y = 10x + n \end{cases}$$
$$\iff \begin{cases} x^2 + 4x + 6 = 10x + n \\ y = 10x + n \end{cases}$$
$$\iff \begin{cases} x^2 - 6x + (-n+6) = 0 & \cdots\cdots ① \\ y = 10x + n. \end{cases}$$

接するのは，共有点の個数すなわち①の実数解の個数が 1 のときである．①の判別式を D_1 とすると，

$$D_1 = 0 \iff (-6)^2 - 4 \cdot 1 \cdot (-n+6) = 0$$
$$\iff n = -3.$$

よって，求める接線の方程式は $y = 10x - 3$．このとき，
$$① \iff (x-3)^2 = 0 \iff x = 3$$
だから，接点は点 $(3, 27)$．

(2) 求める接線は y 軸に平行ではないので，その傾きを m とすると，方程式は $y = m(x-1) + 7$．f のグラフとの共有点は次の方程式の解：

$$\begin{cases} y = f(x) \\ y = m(x-1) + 7 \end{cases}$$

$$\iff \begin{cases} x^2 + 4x + 6 = m(x-1) + 7 \\ y = m(x-1) + 7 \end{cases}$$

$$\iff \begin{cases} x^2 + (-m+4)x \\ \quad + (m-1) = 0 \quad \cdots\cdots ② \\ y = m(x-1) + 7. \end{cases}$$

接するのは,共有点の個数すなわち②の実数解の個数が 1 のときである.②の判別式を D_2 とすると,

$$D_2 = 0 \iff (-m+4)^2 - 4 \cdot 1 \cdot (m-1) = 0$$
$$\iff m^2 - 12m + 20 = 0$$
$$\iff m = 2, 10.$$

(i) $m = 10$ のとき,
 接線の方程式は $y = 10x - 3$.
 ② $\iff (x-3)^2 = 0 \iff x = 3$.
 接点は点 $(3, 27)$.

(ii) $m = 2$ のとき,
 接線の方程式は $y = 2x + 5$.
 ② $\iff (x+1)^2 = 0 \iff x = -1$.
 接点は点 $(-1, 3)$.

(i), (ii) をあわせて,
 接線の方程式が $y = 10x - 3$ で接点が $(3, 27)$,
または,
 接線の方程式が $y = 2x + 5$ で接点が $(-1, 3)$.

問題 362

◀ p.216

l は y 軸に平行ではないので,
その方程式を $y = mx + n$ とする.
$y = x^2 - x$ のグラフと l の共有点は次の方程式の解:

$$\begin{cases} y = x^2 - x \\ y = mx + n \end{cases}$$

$$\iff \begin{cases} x^2 - x = mx + n \\ y = mx + n \end{cases}$$

$$\iff \begin{cases} x^2 + (-m-1)x - n = 0 \quad \cdots\cdots ① \\ y = mx + n. \end{cases}$$

接するのは,共有点の個数すなわち①の実数解の個数が 1 のときである.①の判別式を D_1 とすると,

$D_1 = 0$
 $\iff (-m-1)^2 - 4 \cdot 1 \cdot (-n) = 0$
 $\iff (m+1)^2 + 4n = 0. \quad \cdots\cdots ②$

$y = 2x^2 - 9x + 14$ のグラフと l の共有点は次の方程式の解:

$$\begin{cases} y = 2x^2 - 9x + 14 \\ y = mx + n \end{cases}$$

$$\iff \begin{cases} 2x^2 - 9x + 14 = mx + n \\ y = mx + n \end{cases}$$

$$\iff \begin{cases} 2x^2 + (-m-9)x \\ \quad + (-n+14) = 0 \quad \cdots\cdots ③ \\ y = mx + n. \end{cases}$$

接するのは,共有点の個数すなわち③の実数解の個数が 1 のときである.③の判別式を D_2 とすると,

$D_2 = 0$
 $\iff (-m-9)^2 - 4 \cdot 2 \cdot (-n+14) = 0$
 $\iff (m+9)^2 + 8n - 112 = 0. \quad \cdots\cdots ④$

l が両方の放物線に接する条件は,

$$\begin{cases} ② \\ ④ \end{cases}$$

$$\iff \begin{cases} 4n = -(m+1)^2 \\ (m+9)^2 - 2(m+1)^2 - 112 = 0 \end{cases}$$

$$\iff \begin{cases} 4n = -(m+1)^2 \\ m^2 - 14m + 33 = 0 \end{cases}$$

$$\iff (m, n) = (3, -4), (11, -36).$$

よって,l の方程式は,
$y = 3x - 4$ または $y = 11x - 36$.

問題 363

◀ p.219

(1) (与式) $\iff x < -5, 2 < x$.
(2) (与式) $\iff x = -5, 2$.
(3) (与式) $\iff -5 < x < 2$.
(4) (与式) $\iff x \leqq -5, 2 \leqq x$.
(5) (与式) $\iff -5 \leqq x \leqq 2$.
(6) (与式) $\iff (x+5)(x-1) \leqq 0$

$\iff -5 \leqq x \leqq 1.$

問題 364
◀p.220

(1) （与式）$\iff x \neq -3.$
(2) （与式）$\iff x = -3.$
(3) 与式を満たす実数 x は存在しない，すなわち，解なし．
(4) すべての実数 x が与式を満たす．
(5) （与式）$\iff x = -3.$
(6) （与式）$\iff (x-5)^2 \leqq 0 \iff x = 5.$

問題 365
◀p.222

(1) すべての実数 x が与式を満たす．
(2) 与式を満たす実数 x は存在しない，すなわち，解なし．
(3) 与式を満たす実数 x は存在しない，すなわち，解なし．
(4) すべての実数 x が与式を満たす．
(5) 与式を満たす実数 x は存在しない，すなわち，解なし．
(6) （与式）$\iff (x+2)^2 + 96 \leqq 0$ より，与式を満たす実数 x は存在しない，すなわち，解なし．

問題 366
◀p.223

(1) （与式）$\iff x(x-4) > 0$
   $\iff x < 0, 4 < x.$
(2) （与式）$\iff (x+2)(x-5) < 0$
   $\iff -2 < x < 5.$
(3) （与式）
   $\iff (x-(-2-\sqrt{14}))(x-(-2+\sqrt{14})) \geqq 0$
   $\iff x \leqq -2-\sqrt{14}, -2+\sqrt{14} \leqq x.$
(4) （与式）$\iff 5x^2 + 3x - 1 < 0$
   $\iff 5\left(x - \dfrac{-3-\sqrt{29}}{10}\right)\left(x - \dfrac{-3+\sqrt{29}}{10}\right) < 0$
   $\iff \dfrac{-3-\sqrt{29}}{10} < x < \dfrac{-3+\sqrt{29}}{10}.$
(5) （与式）$\iff (x-3)^2 > 0 \iff x \neq 3.$
(6) （与式）$\iff (3x+2)^2 \leqq 0 \iff x = -\dfrac{2}{3}.$
(7) （与式）$\iff \left(x - \dfrac{1}{2}\right)^2 + \dfrac{3}{4} > 0.$
   任意の実数 x がこの不等式の解．
(8) （与式）$\iff 2(x-1)^2 + 1 \leqq 0.$

$(x-1)^2 \geqq 0$ であるから，この不等式は解なし．
(9) （与式）$\iff x^2 - 9 > 0$
   $\iff (x+3)(x-3) > 0$
   $\iff x < -3, 3 < x.$

問題 367
◀p.223

x についての 2 次方程式 $x^2 + 2kx + 6k + 7 = 0$ の判別式を D とする．x についての二次不等式 $x^2 + 2kx + 6k + 7 > 0$ の解がすべての実数となる条件は，

$D < 0 \iff (2k)^2 - 4 \cdot 1 \cdot (6k+7) < 0$
$\iff k^2 - 6k - 7 < 0$
$\iff (k-7)(k+1) < 0$
$\iff -1 < k < 7.$

∴ $-1 < k < 7.$

〔別解〕 $y = x^2 + 2kx + 6k + 7$ とおくと，
$y = (x+k)^2 + (-k^2 + 6k + 7).$
x がすべての実数を動くとき，最小値は（$x = -k$ のときの）$y = -k^2 + 6k + 7.$
求める条件は，この値が正であること，すなわち，

$-k^2 + 6k + 7 > 0 \iff k^2 - 6k - 7 < 0$
$\iff (k-7)(k+1) < 0$
$\iff -1 < k < 7.$

∴ $-1 < k < 7.$

問題 368
◀p.226

(1) $\sqrt{x+2}$ を考えているので，
$x + 2 \geqq 0 \iff x \geqq -2.$

$x - 1 = \sqrt{x+2} \iff \begin{cases} x - 1 \geqq 0 \\ (x-1)^2 = x + 2 \end{cases}$

$\iff \begin{cases} x \geqq 1 \\ x^2 - 3x - 1 = 0 \end{cases}$

$\iff \begin{cases} x \geqq 1 \\ x = \dfrac{3 \pm \sqrt{13}}{2} \end{cases}$

$\iff x = \dfrac{3 + \sqrt{13}}{2}.$

これは $x \geqq -2$ を満たすので，適する．
$$\therefore \text{（与式）} \iff x = \frac{3+\sqrt{13}}{2}.$$

(2) $\sqrt{x+2}$ を考えているので，
$$x+2 \geqq 0 \iff x \geqq -2.$$
$x - 1 > \sqrt{x+2}$
$$\iff \begin{cases} x-1 > 0 \\ (x-1)^2 > x+2 \end{cases}$$
$$\iff \begin{cases} x > 1 \\ x^2 - 3x - 1 > 0 \end{cases}$$
$$\iff \begin{cases} x > 1 \\ x < \frac{3-\sqrt{13}}{2} \text{ または } \frac{3+\sqrt{13}}{2} < x \end{cases}$$
$$\iff \frac{3+\sqrt{13}}{2} < x.$$

$x \geqq -2$ とあわせて，
$$\text{（与式）} \iff \frac{3+\sqrt{13}}{2} < x.$$

(3) $\sqrt{x+2}$ を考えているので，
$$x+2 \geqq 0 \iff x \geqq -2.$$
$x - 1 < \sqrt{x+2}$
$$\iff x - 1 < 0 \text{ または } (x-1)^2 < x+2$$
$$\iff x < 1 \text{ または } x^2 - 3x - 1 < 0$$
$$\iff x < 1 \text{ または } \frac{3-\sqrt{13}}{2} < x < \frac{3+\sqrt{13}}{2}$$
$$\iff x < \frac{3+\sqrt{13}}{2}.$$

$x \geqq -2$ とあわせて，
$$\text{（与式）} \iff -2 \leqq x < \frac{3+\sqrt{13}}{2}.$$

問題 369 ◀p.229

$f(x) = x^2 - 2ax + 3a + 4$ とすると，
$f(x) = (x-a)^2 + (-a^2 + 3a + 4)$.
このグラフは下に凸の放物線だから，求める条件は，
$$\begin{cases} \text{（グラフの頂点の } y \text{ 座標）} < 0 \\ \text{（グラフの頂点の } x \text{ 座標）} > 2 \\ f(2) > 0 \end{cases}$$

$$\iff \begin{cases} -a^2 + 3a + 4 < 0 \\ a > 2 \\ 4 - 4a + 3a + 4 > 0 \end{cases}$$
$$\iff \begin{cases} a < -1, 4 < a \\ a > 2 \\ a < 8 \end{cases}$$
$$\iff 4 < a < 8.$$

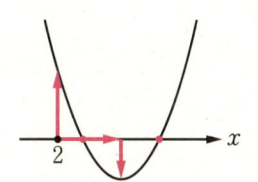

問題 370 ◀p.229

判別式を D とすると，相異なる 2 つの実数解をもつ条件は，
$$D/4 > 0 \iff a^2 - 1 \cdot (3a+4) > 0$$
$$\iff a < -1, 4 < a. \quad \cdots\cdots ①$$

2 解を α, β とすると，解と係数の関係より，
$$\begin{cases} \alpha + \beta = 2a \\ \alpha\beta = 3a + 4. \end{cases}$$

①の下で，解が 2 つとも 2 より大きい条件は，
$$\begin{cases} \alpha > 2 \\ \beta > 2 \end{cases} \iff \begin{cases} \alpha - 2 > 0 \\ \beta - 2 > 0 \end{cases}$$
$$\iff \begin{cases} (\alpha - 2) + (\beta - 2) > 0 \\ (\alpha - 2)(\beta - 2) > 0 \end{cases}$$
$$\iff \begin{cases} (\alpha + \beta) - 4 > 0 \\ \alpha\beta - 2(\alpha + \beta) + 4 > 0 \end{cases}$$
$$\iff \begin{cases} 2a - 4 > 0 \\ (3a+4) - 2 \cdot 2a + 4 > 0 \end{cases}$$
$$\iff 2 < a < 8.$$

①とあわせて，求める条件は $4 < a < 8$.

問題 371
◀ p.230

判別式を D とすると，相異なる2つの実数解をもつ条件は，

$$D/4 > 0 \iff a^2 - 1 \cdot (3a+4) > 0$$
$$\iff a < -1, 4 < a. \quad \cdots\cdots ①$$

このとき，2解は $x = a \pm \sqrt{a^2-(3a+4)}$.
①の下で，解が2つとも2より大きい条件は，

$$\begin{cases} a - \sqrt{a^2-(3a+4)} > 2 \\ a + \sqrt{a^2-(3a+4)} > 2 \end{cases}$$
$$\iff a - 2 > \sqrt{a^2-(3a+4)}$$
$$\iff \begin{cases} a - 2 > 0 \\ (a-2)^2 > a^2-(3a+4) \end{cases}$$
$$\iff 2 < a < 8.$$

①とあわせて，求める条件は $4 < a < 8$.

問題 372
◀ p.231

$f(x) = x^2 - 2ax + 3a + 4$ とする．
このグラフは下に凸の放物線だから，求める条件は，

$$f(2) < 0 \iff 4 - 2 \cdot 2a + 3a + 4 < 0$$
$$\iff a > 8.$$

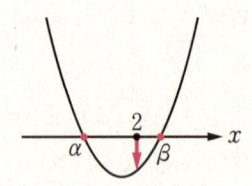

問題 373
◀ p.232

判別式を D とすると，相異なる2つの実数解をもつ条件は，

$$D/4 > 0 \iff a^2 - 1 \cdot (3a+4) > 0$$
$$\iff a < -1, 4 < a. \quad \cdots\cdots ①$$

2解を α, β とすると，解と係数の関係より，

$$\begin{cases} \alpha + \beta = 2a \\ \alpha\beta = 3a + 4. \end{cases}$$

①の下で，2より大きい解と2より小さい解をもつ条件は，

$$(\alpha-2)(\beta-2) < 0$$
$$\iff \alpha\beta - 2(\alpha+\beta) + 4 < 0$$
$$\iff (3a+4) - 2 \cdot 2a + 4 < 0 \iff a > 8.$$

①とあわせて，求める条件は $a > 8$.

問題 374
◀ p.232

判別式を D とすると，相異なる2つの実数解をもつ条件は，

$$D/4 > 0 \iff a^2 - 1 \cdot (3a+4) > 0$$
$$\iff a < -1, 4 < a. \quad \cdots\cdots ①$$

このとき，2解は $x = a \pm \sqrt{a^2-(3a+4)}$.
①の下で，2より大きい解と2より小さい解をもつ条件は，

$$\begin{cases} a - \sqrt{a^2-(3a+4)} < 2 \\ a + \sqrt{a^2-(3a+4)} > 2 \end{cases}$$
$$\iff \begin{cases} a - 2 < \sqrt{a^2-(3a+4)} \\ \sqrt{a^2-(3a+4)} > -(a-2) \end{cases}$$
$$\iff \sqrt{a^2-(3a+4)} > |a-2|$$
$$\iff a^2 - (3a+4) > (a-2)^2 \iff a > 8.$$

①とあわせて，求める条件は $a > 8$.

問題 375
◀ p.235

$f(x) = x^2 + ax + a - 3$ とする．
このグラフは下に凸の放物線だから，求める条件は，

$$\begin{cases} f(-2) > 0 \\ f(0) < 0 \\ f(1) < 0 \\ f(3) > 0 \end{cases}$$

$$\iff \begin{cases} 4-2a+a-3>0 \\ a-3<0 \\ 1+a+a-3<0 \\ 9+3a+a-3>0 \end{cases}$$

$$\iff \begin{cases} a<1 \\ a<3 \\ a<1 \\ a>-\frac{3}{2} \end{cases}$$

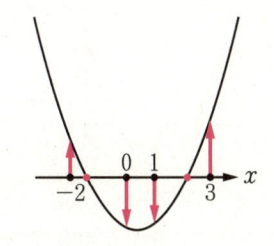

$$\iff -\frac{3}{2}<a<1.$$

問題 376
◀p.235

判別式を D とすると，相異なる 2 つの実数解をもつ条件は，

$$D>0 \iff a^2-4(a-3)>0$$
$$\iff (a-2)^2+8>0.$$

これは任意の実数 a で成り立つので，与方程式は常に相異なる 2 実数解をもつ．
2 解を α, β とすると，解と係数の関係より，

$$\begin{cases} \alpha+\beta=-a \\ \alpha\beta=a-3. \end{cases}$$

求める条件は，

$$\begin{cases} \alpha>-2 \\ \beta>-2 \\ \alpha<3 \\ \beta<3 \\ (\alpha-0)(\beta-0)<0 \\ (\alpha-1)(\beta-1)<0 \end{cases}$$

$$\iff \begin{cases} (\alpha+2)+(\beta+2)>0 \\ (\alpha+2)(\beta+2)>0 \\ (\alpha-3)+(\beta-3)<0 \\ (\alpha-3)(\beta-3)>0 \\ \alpha\beta<0 \\ (\alpha-1)(\beta-1)<0 \end{cases}$$

$$\iff \begin{cases} (\alpha+\beta)+4>0 \\ \alpha\beta+2(\alpha+\beta)+4>0 \\ (\alpha+\beta)-6<0 \\ \alpha\beta-3(\alpha+\beta)+9>0 \\ \alpha\beta<0 \\ \alpha\beta-(\alpha+\beta)+1<0 \end{cases}$$

$$\iff \begin{cases} -a+4>0 \\ (a-3)+2(-a)+4>0 \\ -a-6<0 \\ (a-3)-3(-a)+9>0 \\ a-3<0 \\ (a-3)-(-a)+1<0 \end{cases}$$

$$\iff \begin{cases} a<4 \\ a<1 \\ a>-6 \\ a>-\frac{3}{2} \\ a<3 \\ a<1 \end{cases} \iff -\frac{3}{2}<a<1.$$

問題 377
◀p.235

判別式を D とすると，相異なる 2 つの実数解をもつ条件は，

$$D>0 \iff a^2-4(a-3)>0$$
$$\iff (a-2)^2+8>0.$$

これは任意の実数 a で成り立つので，与方程式は常に相異なる 2 実数解をもつ．
このとき，2 解は $x=\dfrac{-a\pm\sqrt{a^2-4a+12}}{2}$.
求める条件は，

$$\begin{cases} -2<\dfrac{-a-\sqrt{a^2-4a+12}}{2}<0 \\ 1<\dfrac{-a+\sqrt{a^2-4a+12}}{2}<3 \end{cases}$$

$$\iff \begin{cases} \sqrt{a^2-4a+12} < -a+4 \\ \sqrt{a^2-4a+12} > -a \\ \sqrt{a^2-4a+12} > a+2 \\ \sqrt{a^2-4a+12} < a+6 \end{cases}$$

$$\iff \begin{cases} a^2-4a+12 < (-a+4)^2 \\ -a+4 > 0 \\ (a^2-4a+12 > (-a)^2 \\ \quad \text{または} -a < 0) \\ (a^2-4a+12 > (a+2)^2 \\ \quad \text{または} a+2 < 0) \\ a^2-4a+12 < (a+6)^2 \\ a+6 > 0 \end{cases}$$

$$\iff \begin{cases} a < 1 \\ a < 4 \\ a < 3 \text{ または } a > 0 \\ a < 1 \text{ または } a < -2 \\ a > -\dfrac{3}{2} \\ a > -6 \end{cases}$$

$$\iff -\dfrac{3}{2} < a < 1.$$

問題 378 ◀ p.236

〔グラフを使った解法〕
$f(x) = x^2 - 4ax + 2a + 6$ とすると，
$f(x) = (x-2a)^2 + (-4a^2 + 2a + 6)$．
f のグラフは下に凸の放物線だから，求める条件は，

$$\begin{cases} (\text{グラフの頂点の } y \text{ 座標}) < 0 \\ 1 < (\text{グラフの頂点の } x \text{ 座標}) < 4 \\ f(1) > 0 \\ f(4) > 0 \end{cases}$$

$$\iff \begin{cases} -4a^2 + 2a + 6 < 0 \\ 1 < 2a < 4 \\ 1^2 - 4a \cdot 1 + 2a + 6 > 0 \\ 4^2 - 4a \cdot 4 + 2a + 6 > 0 \end{cases}$$

$$\iff \begin{cases} (a+1)(2a-3) > 0 \\ \dfrac{1}{2} < a < 2 \\ -2a + 7 > 0 \\ -14a + 22 > 0 \end{cases}$$

$$\iff \begin{cases} a < -1, \ \dfrac{3}{2} < a \\ \dfrac{1}{2} < a < 2 \\ a < \dfrac{7}{2} \\ a < \dfrac{11}{7} \end{cases}$$

$$\iff \dfrac{3}{2} < a < \dfrac{11}{7}.$$

〔別解〕〔解と係数の関係を使った解法〕
判別式を D とすると，相異なる 2 個の実数解をもつ条件は，

$$D/4 > 0 \iff (-2a)^2 - 1 \cdot (2a+6) > 0$$
$$\iff 2(a+1)(2a-3) > 0$$
$$\iff a < -1, \ \dfrac{3}{2} < a. \quad \cdots\cdots ①$$

2 解を α, β とすると，解と係数の関係より，

$$\begin{cases} \alpha + \beta = 4a \\ \alpha\beta = 2a + 6. \end{cases}$$

①の下で，解がともに 1 と 4 の間にある条件は，

$$\begin{cases} \alpha > 1 \\ \beta > 1 \\ \alpha < 4 \\ \beta < 4 \end{cases} \iff \begin{cases} \alpha - 1 > 0 \\ \beta - 1 > 0 \\ 4 - \alpha > 0 \\ 4 - \beta > 0 \end{cases}$$

$$\iff \begin{cases} (\alpha-1) + (\beta-1) > 0 \\ (\alpha-1)(\beta-1) > 0 \\ (4-\alpha) + (4-\beta) > 0 \\ (4-\alpha)(4-\beta) > 0 \end{cases}$$

$$\iff \begin{cases} (\alpha+\beta)-2>0 \\ \alpha\beta-(\alpha+\beta)+1>0 \\ 8-(\alpha+\beta)>0 \\ 16-4(\alpha+\beta)+\alpha\beta>0 \end{cases}$$

$$\iff \begin{cases} 4a-2>0 \\ (2a+6)-(4a)+1>0 \\ 8-4a>0 \\ 16-4(4a)+(2a+6)>0 \end{cases}$$

$$\iff \begin{cases} a>\frac{1}{2} \\ a<\frac{7}{2} \\ a<2 \\ a<\frac{11}{7} \end{cases} \iff \frac{1}{2}<a<\frac{11}{7}.$$

①とあわせて,求める条件は, $\frac{3}{2}<a<\frac{11}{7}$.

〔別解〕〔解の公式を使った解法〕
判別式を D とすると,相異なる 2 個の実数解をもつ条件は,

$$D/4>0 \iff (-2a)^2-1\cdot(2a+6)>0$$
$$\iff 2(a+1)(2a-3)>0$$
$$\iff a<-1, \frac{3}{2}<a. \quad \cdots\cdots ①$$

このとき,2 解は $x=2a\pm\sqrt{4a^2-2a-6}$.
①の下で,求める条件は,

$$\begin{cases} 1<2a-\sqrt{4a^2-2a-6} \\ 2a+\sqrt{4a^2-2a-6}<4 \end{cases}$$

$$\iff \begin{cases} \sqrt{4a^2-2a-6}<2a-1 \\ \sqrt{4a^2-2a-6}<-2a+4 \end{cases}$$

$$\iff \begin{cases} 4a^2-2a-6<(2a-1)^2 \\ 2a-1>0 \\ 4a^2-2a-6<(-2a+4)^2 \\ -2a+4>0 \end{cases}$$

$$\iff \begin{cases} a<\frac{7}{2} \\ a>\frac{1}{2} \\ a<\frac{11}{7} \\ a<2 \end{cases} \iff \frac{1}{2}<a<\frac{11}{7}.$$

①とあわせて,求める条件は, $\frac{3}{2}<a<\frac{11}{7}$.

問題 379 ◀p.236

〔グラフを使った解法〕
$f(x)=2x^2+ax+a-7$ とすると,f のグラフは下に凸の放物線だから,求める条件は,

$$\begin{cases} f(-2)<0 \\ f(1)<0 \end{cases}$$

$$\iff \begin{cases} 2(-2)^2+a(-2)+a-7<0 \\ 2\cdot 1^2+a\cdot 1+a-7<0 \end{cases}$$

$$\iff \begin{cases} a>1 \\ a<\frac{5}{2} \end{cases} \iff 1<a<\frac{5}{2}.$$

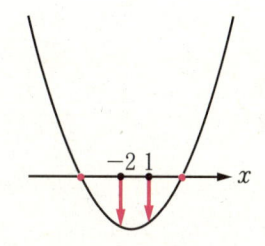

〔別解〕〔解と係数の関係を使った解法〕
判別式を D とすると,相異なる 2 個の実数解をもつ条件は,

$$D>0 \iff a^2-4\cdot 2(a-7)>0$$
$$\iff a^2-8a+56>0$$
$$\iff (a-4)^2+40>0.$$

これはいつでも成り立つので,任意の a に対して与方程式は相異なる 2 個の実数解をもつ.
2 解を α, β とすると,解と係数の関係より,

$$\begin{cases} \alpha+\beta=-\frac{a}{2} \\ \alpha\beta=\frac{a-7}{2}. \end{cases}$$

1 つの解が -2 より小さく,他の解が 1 より大きい条件は,

$$\left(\begin{cases} \alpha<-2 \\ \beta>-2 \end{cases} \text{または} \begin{cases} \beta<-2 \\ \alpha>-2 \end{cases} \right)$$

かつ $\left(\begin{cases} \alpha<1 \\ \beta>1 \end{cases} \text{または} \begin{cases} \beta<1 \\ \alpha>1 \end{cases} \right)$

$$\iff \begin{cases} \alpha+2 \text{ と } \beta+2 \text{ が異符号} \\ \alpha-1 \text{ と } \beta-1 \text{ が異符号} \end{cases}$$

$$\iff \begin{cases} (\alpha+2)(\beta+2) < 0 \\ (\alpha-1)(\beta-1) < 0 \end{cases}$$

$$\iff \begin{cases} \alpha\beta + 2(\alpha+\beta) + 4 < 0 \\ \alpha\beta - (\alpha+\beta) + 1 < 0 \end{cases}$$

$$\iff \begin{cases} \dfrac{a-7}{2} + 2\cdot\left(-\dfrac{a}{2}\right) + 4 < 0 \\ \dfrac{a-7}{2} - \left(-\dfrac{a}{2}\right) + 1 < 0 \end{cases}$$

$$\iff \begin{cases} a > 1 \\ a < \dfrac{5}{2} \end{cases} \iff 1 < a < \dfrac{5}{2}.$$

〔別解〕〔解の公式を使った解法〕
判別式を D とすると，相異なる 2 個の実数解をもつ条件は，

$$D > 0 \iff a^2 - 4\cdot 2(a-7) > 0$$
$$\iff a^2 - 8a + 56 > 0$$
$$\iff (a-4)^2 + 40 > 0.$$

これはいつでも成り立つので，任意の a に対して与方程式は相異なる 2 個の実数解をもつ．
このとき，2 解は $x = \dfrac{-a \pm \sqrt{a^2-8a+56}}{4}$．
1 つの解が -2 より小さく，他の解が 1 より大きい条件は，

$$\begin{cases} \dfrac{-a - \sqrt{a^2-8a+56}}{4} < -2 \\ \dfrac{-a + \sqrt{a^2-8a+56}}{4} > 1 \end{cases}$$

$$\iff \begin{cases} \sqrt{a^2-8a+56} > -a + 8 \\ \sqrt{a^2-8a+56} > a + 4 \end{cases}$$

$$\iff \begin{cases} a^2 - 8a + 56 > (-a+8)^2 \\ \qquad\qquad\qquad \text{または } -a + 8 < 0 \\ a^2 - 8a + 56 > (a+4)^2 \\ \qquad\qquad\qquad \text{または } a + 4 < 0 \end{cases}$$

$$\iff \begin{cases} a > 1 \text{ または } a > 8 \\ a < \dfrac{5}{2} \text{ または } a < -4 \end{cases}$$

$$\iff \begin{cases} a > 1 \\ a < \dfrac{5}{2} \end{cases} \iff 1 < a < \dfrac{5}{2}.$$

第16章 ▶ 場合の数

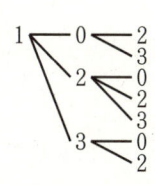

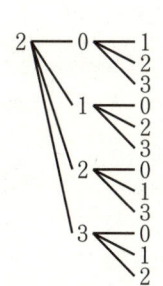

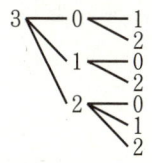

問題 380
◀ p.242

```
1 ─ 0 ─ 2
      3
  ─ 2 ─ 0
      3
  ─ 3 ─ 0
      2

2 ─ 0 ─ 1
      3
  ─ 1 ─ 0
      2
      3
  ─ 2 ─ 0
      1
      3
  ─ 3 ─ 0
      1
      2

3 ─ 0 ─ 1
      2
  ─ 1 ─ 0
      2
  ─ 2 ─ 0
      1
      2
```

よって 26 通り．

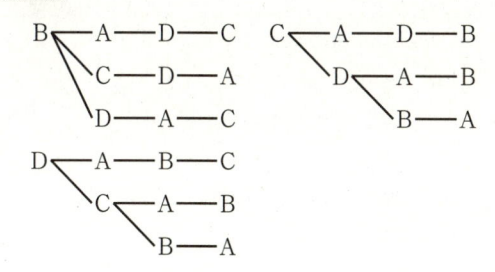

問題 381
◀ p.242

```
B ─ A ─ D ─ C
  ─ C ─ D ─ A
  ─ D ─ A ─ C

D ─ A ─ B ─ C
  ─ C ─ A ─ B
      B ─ A

C ─ A ─ D ─ B
  ─ D ─ A ─ B
      B ─ A
```

よって 9 通り．

問題 382
◀ p.245

大・小のサイコロの目をそれぞれ x, y とする．

(1) (i) $x + y = 2$ のとき
    $x = 1$ で1通り．
(ii) $x + y = 4$ のとき
    $x = 1, 2, 3$ で3通り．
(iii) $x + y = 6$ のとき
    $x = 1, 2, 3, 4, 5$ で5通り．
(iv) $x + y = 8$ のとき
    $x = 2, 3, 4, 5, 6$ で5通り．
(v) $x + y = 10$ のとき
    $x = 4, 5, 6$ で3通り．
(vi) $x + y = 12$ のとき
    $x = 6$ で1通り．

(i)-(vi) をあわせて，
$1 + 3 + 5 + 5 + 3 + 1 = 18$ 通り．

(2) (i) $x + y = 3$ のとき
    $x = 1, 2$ で2通り．
(ii) $x + y = 6$ のとき
    $x = 1, 2, 3, 4, 5$ で5通り．
(iii) $x + y = 9$ のとき
    $x = 3, 4, 5, 6$ で4通り．
(iv) $x + y = 12$ のとき
    $x = 6$ で1通り．

(i)-(iv) をあわせて，$2 + 5 + 4 + 1 = 12$ 通り．

(3) $x + y = 6$ のとき5通り，$x + y = 12$ のとき1通りだから，あわせて $5 + 1 = 6$ 通り．

(4) "2の倍数かつ3の倍数"は"6の倍数"と同じことだから，
((1)の答え) + ((2)の答え) − ((3)の答え)
$= 18 + 12 − 6 = 24$ 通り．

問題 383
◀ p.246

分母が2のとき分子は1で1通り．
分母が3のとき分子は1, 2で2通り．
分母が4のとき分子は1, 3で2通り．
分母が5のとき分子は1, 2, 3, 4で4通り．
分母が6のとき分子は1, 5で2通り．
分母が7のとき分子は1, 2, 3, 4, 5で5通り．
分母が8のとき分子は1, 3の2通り．
分母が9のとき分子は1, 2の2通り．
分母が10のとき分子は1の1通り．
分母が11のとき分子は1の1通り．
あわせて，(和の法則より)
$1 + 2 + 2 + 4 + 2 + 5 + 2 + 2 + 1 + 1 = 22$ 通り．

問題 384
◀ p.246

10円硬貨と5円硬貨の枚数を決めれば1円硬貨の枚数は決まる．
10円硬貨が10枚のとき，5円硬貨は0枚で1通り．
10円硬貨が9枚のとき，5円硬貨は2枚，1枚，0枚で3通り．
10円硬貨が8枚のとき，5円硬貨は4枚，3枚，2枚，1枚，0枚で5通り．

以下同様で，10 円硬貨が 0 枚のとき，5 円硬貨は 20 枚以下で 21 通り．
あわせて，(和の法則より)

$1+3+5+7+\cdots+21 = \dfrac{1}{2}(1+21)\cdot 11 = 121.$

よって，121 通り．

問題 385
◀p.248

(i) 十の位と一の位が共に奇数のとき，十の位は 1, 3, 5, 7, 9 の 5 通り，一の位は 1, 3, 5, 7, 9 の 5 通り．積の法則より $5\times 5 = 25$ 通り．

(ii) 十の位と一の位が共に偶数のとき，十の位は 2, 4, 6, 8 の 4 通り，一の位は 0, 2, 4, 6, 8 の 5 通り．積の法則より $4\times 5 = 20$ 通り．

(i), (ii) をあわせて，(和の法則より)
$25+20 = 45$ 通り．

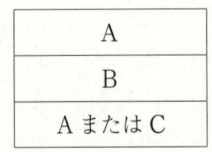

問題 386
◀p.249

| A |
| B |
| A または C |

色の塗り分け方は図のように AB の 2 色または ABC の 3 色である．

(1) ABC の 3 色で塗る．A の色は 3 通り，そのそれぞれに対して B の色は 2 通り，そのそれぞれに対して C の色は 1 通り．
求める場合の数は，(積の法則より)
$3\times 2\times 1 = 6$ 通り．

(2) (i) AB の 2 色で塗るとき，A の色は 3 通り，そのそれぞれに対して B の色は 2 通り．塗り分け方は，(積の法則より) $3\times 2 = 6$ 通り．

(ii) ABC の 3 色で塗るとき，(1) より 6 通り．

(i), (ii) をあわせて，求める場合の数は (和の法則より) $6+6 = 12$ 通り．

(3) (i) AB の 2 色で塗るとき，A の色は 6 通り，そのそれぞれに対して B の色は 5 通り．塗り分け方は，(積の法則より) $6\times 5 = 30$ 通り．

(ii) ABC の 3 色で塗るとき，A の色は 6 通り，

そのそれぞれに対して B の色は 5 通り，そのそれぞれに対して C の色は 4 通り．塗り分け方は，(積の法則より) $6\times 5\times 4 = 120$ 通り．

(i), (ii) をあわせて，求める場合の数は (和の法則より) $30+120 = 150$ 通り．

問題 387
◀p.251

(1) $5! = 5\cdot 4\cdot 3\cdot 2\cdot 1 = 120$ 個．
(2) $6! = 6\cdot 5\cdot 4\cdot 3\cdot 2\cdot 1 = 720$ 通り．
(3) $7! = 7\cdot 6\cdot 5\cdot 4\cdot 3\cdot 2\cdot 1 = 5040$ 通り．

問題 388
◀p.253

(1) $_6P_4 = 6\cdot 5\cdot 4\cdot 3 = 360$ 個．

(2) 一の位は 2, 4, 6 の 3 通り．
そのそれぞれに対して，残る桁の並べ方が $_5P_3 = 5\cdot 4\cdot 3 = 60$ 通り．
(積の法則より) 求める個数は $3\cdot 60 = 180$ 個．

(3) 下 2 桁が 4 の倍数ということである．下 2 桁は 12, 16, 24, 32, 36, 52, 56, 64 の 8 通り．そのそれぞれに対して，残る桁の並べ方が $_4P_2 = 4\cdot 3 = 12$ 通り．
(積の法則より) 求める個数は $8\cdot 12 = 96$ 個．

(4) 一の位は 5 の 1 通り．
残る桁の並べ方が $_5P_3 = 60$ 通り．
(積の法則より) 求める個数は $1\cdot 60 = 60$ 個．

(5) 千の位が 1 のものの個数は $_5P_3 = 60$ 個．
同様に，千の位が 2 のものの個数も 60 個，3 のものの個数も 60 個，4 のものの個数も 60 個．
$200 = 60\times 3 + 20$ だから，200 番目の整数は千の位が 4 のものの中で 20 番目．
上 2 桁が 41 のものの個数は $_4P_2 = 12$ 個．
同様に，上 2 桁が 42 のものの個数も 12 個．
$20 = 12+8$ だから，求める整数は上 2 桁が 42 のものの中で 8 番目．
上 3 桁が 421 のものの個数は 3 個で，上 3 桁が 423 のものの個数も 3 個．上 3 桁が 425 のものは小さい順に 4251, 4253, 4256．
したがって，求める整数は 4253．

問題 389
◀ p.255

(1) $_9P_9 = 9! = 9\cdot 8\cdot 7\cdot 6\cdot 5\cdot 4\cdot 3\cdot 2\cdot 1 = 362880$ 通り.

(2) 偶数を o で表し, 奇数を x で表すと, 並べ方は xoxoxoxox.

o どうしの並べ方が $_4P_4$ 通り. x どうしの並べ方が $_5P_5$ 通り.

よって, 求める場合の数は,
$_4P_4 \cdot {}_5P_5 = 4! \cdot 5! = 2880$ 通り.

(3) 3, 6, 9 が続くから, この 3 枚をひとまとめにして考える.

残り 6 枚とあわせて, 合計 7 つのものを一列に並べるのは $_7P_7$ 通り.

ひとまとめにした 3, 6, 9 どうしの並べ方が $_3P_3$ 通り.

よって, 求める場合の数は,
$_7P_7 \cdot {}_3P_3 = 7! \cdot 3! = 30240$ 通り.

(4) 3, 6, 9 以外の 6 枚をまず並べると $_6P_6$ 通り.

隙間は (両端を含めて) 7 個あるが, その中から 3 個を選んで 3, 6, 9 の 3 枚を入れていくと, その場合の数は $_7P_3$ 通り.

よって, 求める場合の数は,
$_6P_6 \cdot {}_7P_3 = 6! \times 7\cdot 6\cdot 5 = 151200$ 通り.

問題 390
◀ p.255

$_nP_n = \dfrac{n!}{(n-n)!} = \dfrac{n!}{0!} = n!.$

$_nP_{n-1} = \dfrac{n!}{(n-(n-1))!} = \dfrac{n!}{1!} = n!.$

よって両者は等しい. ∎

問題 391
◀ p.257

(1) 6 人の円順列で, $(6-1)! = 5! = 120$ 通り.

(2) 女子 2 人を固定すると, 残る 4 つの場所に男子 4 人を配置するから, $_4P_4 = 4! = 24$ 通り.

〔別解〕女子 2 人の並べ方は $_2P_2 = 2!$ 通り.
男子 4 人の並べ方は $_4P_4 = 4!$ 通り.
回転して同じになる並び方が 2 通りずつあるから,

求める場合の数は $\dfrac{2! \, 4!}{2} = \dfrac{2\cdot 24}{2} = 24$ 通り.

(3) 女子 1 人を固定すると, もう 1 人の女子の場所は (隣り以外の) 3 通り.

男子 4 人の並べ方は $_4P_4 = 4!$ 通り.

求める場合の数は $3 \times 4! = 72$ 通り.

〔別解〕まず, 女子 2 人が隣り合う並び方を求める.
女子 2 人をひとまとめにすると, 女子グループと男子 4 人の合計 5 つのものの円順列で $(5-1)! = 4!$ 通り.

女子 2 人どうしの入れ替えが 2 通り.

したがって, 女子 2 人が隣り合う並び方は $4! \times 2 = 48$ 通り.

(1) より全部で 120 通りあるから, 求める場合の数は $120 - 48 = 72$ 通り.

問題 392
◀ p.257

(1) 6 個のものの数珠順列で, $\dfrac{6!}{6\cdot 2} = 60$ 種類.

(2) 1 の玉と 2 の玉のあるところを基準に考える. (例えば 1 の玉が 2 の玉の左側にあるように数珠を地面においた, と考える.)

数珠の残り 4 ヶ所に残る 4 個の玉を入れるから, $_4P_4 = 4! = 24$ 種類.

問題 393
◀ p.257

9 人を 9 つの場所に座らせるのが $_9P_9 = 9!$ 通り.
回転して重なるものは 3 パターンずつあるから, 求める場合の数は $\dfrac{9!}{3} = 120960$ 通り.

問題 394
◀ p.258

最高位は 2, 4, 6, 8 の 4 通り.
下 4 桁はそれぞれ 0, 2, 4, 6, 8 の 5 通りずつ.
よって, 求める個数は $4 \times 5^4 = 2500$ 個.

問題 395

(1) $_6\Pi_3 = 6^3 = 216$ 通り.

(2) $_3\Pi_3 = 3^3 = 27$ 通り.

(3) $216 - 27 = 189$ 通り.

(4) 目の最大値が 4 以下の場合から目の最大値が 3 以下の場合を除けばよいから,
$_4\Pi_3 - _3\Pi_3 = 4^3 - 3^3 = 37$ 通り.

問題 396

(1) $_4\Pi_4 = 4^4 = 256$ 通り.

(2) a 以外の文字を x で表すことにする.
 (i) a を使わないとき, xxxx で, $3^4 = 81$ 通り.
 (ii) a を 1 つ使うとき, axxx と xaxx と xxax と xxxa で, それぞれ $3^3 = 27$ 通りずつ.
 (iii) a を 2 つ使うとき, axax と axxa と xaxa で, それぞれ $3^2 = 9$ 通りずつ.
 (i)-(iii) をあわせて, $81 + 27 \times 4 + 9 \times 3 = 216$ 通り.

(2) 〔別解〕256 通りから a が連続しているものを除けばよい.
 (i) aa□□ は $3 \times 4 = 12$ 通り.
 (ii) □aa□ は $3 \times 3 = 9$ 通り.
 (iii) □□aa は $4 \times 3 = 12$ 通り.
 (iv) aaa□ は 3 通り.
 (v) □aaa は 3 通り.
 (vi) aaaa は 1 通り.
 よって, 求める場合の数は
 $256 - (12 + 9 + 12 + 3 + 3 + 1) = 216$ 通り.

問題 397

空き部屋も許すと $_3\Pi_5 = 3^5 = 243$ 通り.
A・B が空き部屋のときは 1 通り.
B・C が空き部屋, C・A が空き部屋のときも 1 通りずつ.
A のみが空き部屋のときは B・C に (空き部屋なしで) 入れるから, $2^5 - 2 = 30$ 通り.
B のみが空き部屋, C のみが空き部屋のときも同様に 30 通りずつ.
よって求める場合の数は
$243 - 3 \cdot 1 - 3 \cdot 30 = 150$ 通り.

問題 398

(1) 同じものを含む順列により, 並べ方の総数は
$$\frac{9!}{3!2!3!1!} = \frac{9 \cdot 8 \cdot 7 \cdot 6 \cdot 5 \cdot 4 \cdot 3 \cdot 2 \cdot 1}{3 \cdot 2 \cdot 1 \cdot 2 \cdot 1 \cdot 3 \cdot 2 \cdot 1 \cdot 1} = 5040.$$
よって, 5040 通り.

(2) b 以外の 7 文字について, 同じものを含む順列により, 並べ方の総数は
$$\frac{7!}{3!3!1!} = \frac{7 \cdot 6 \cdot 5 \cdot 4 \cdot 3 \cdot 2 \cdot 1}{3 \cdot 2 \cdot 1 \cdot 3 \cdot 2 \cdot 1 \cdot 1} = 140.$$
よって, 140 通り.

(3) a 以外の 6 文字について, 同じものを含む順列により, 並べ方の総数は
$$\frac{6!}{2!3!1!} = \frac{6 \cdot 5 \cdot 4 \cdot 3 \cdot 2 \cdot 1}{2 \cdot 1 \cdot 3 \cdot 2 \cdot 1 \cdot 1} = 60.$$
これら 6 文字の隙間 (両端を含む) 7 つから 2 つを選び, 1 つ目に a, 2 つ目に aa を入れると, その入れ方は $_7P_2 = 7 \cdot 6 = 42$ 通り.
よって, 求める並べ方は $60 \cdot 42 = 2520$ 通り.

問題 399

(1) 赤玉を固定して残り 8 個を並べると, 同じものを含む順列により, 並べ方の総数は
$$\frac{8!}{2!2!4!} = 420.$$
よって, 420 通り.

(2) 赤玉を通る直径に関して両側にそれぞれ白玉 1 個, 青玉 1 個, 黒玉 2 個を並べる. 片側でこの 4 個の位置を決めれば, 反対側の 4 個の位置も決まってしまう. 同じものを含む順列により, この 4 個の並べ方の総数は
$$\frac{4!}{1!1!2!} = 12.$$
よって, 12 通り.

(3) 線対称なものは 12 通り.
線対称でないものは $\frac{420 - 12}{2} = 204$ 通り.
合計で $12 + 204 = 216$ 通り.

問題 400
◀ p.263

20 人から 4 人を選ぶのは
$_{20}C_4 = \dfrac{20 \cdot 19 \cdot 18 \cdot 17}{4 \cdot 3 \cdot 2 \cdot 1} = 4845$ 通り.
A さんと B さんが委員になると決まっているとき,残り 18 人から 2 人を選ぶことになるから,
$_{18}C_2 = \dfrac{18 \cdot 17}{2 \cdot 1} = 153$ 通り.

問題 401
◀ p.263

(1) 9 個の場所から 3 個を選んで a を入れるから,
$_9C_3 = \dfrac{9 \cdot 8 \cdot 7}{3 \cdot 2 \cdot 1} = 84$ 通り.

(2) 6 つの b を先に並べて,その隙間(両端を含む)に a を入れればよい.7 個の隙間から 3 個を選んで a を入れるから,
$_7C_3 = \dfrac{7 \cdot 6 \cdot 5}{3 \cdot 2 \cdot 1} = 35$ 通り.

問題 402
◀ p.264

$r \cdot {}_nC_r = r \cdot \dfrac{n!}{(n-r)!r!} = \dfrac{n!}{(n-r)!(r-1)!}$.

$n \cdot {}_{n-1}C_{r-1} = n \cdot \dfrac{(n-1)!}{((n-1)-(r-1))!(r-1)!}$
$= \dfrac{n \cdot (n-1)!}{(n-r)!(r-1)!}$
$= \dfrac{n!}{(n-r)!(r-1)!}$.

よって与式は成り立つ. ∎

問題 403
◀ p.267

$(a+b)^7$
$= {}_7C_0 a^7 + {}_7C_1 a^6 b + {}_7C_2 a^5 b^2 + {}_7C_3 a^4 b^3 + {}_7C_4 a^3 b^4$
$\quad + {}_7C_5 a^2 b^5 + {}_7C_6 a b^6 + {}_7C_7 b^7$
$= a^7 + 7a^6 b + 21 a^5 b^2 + 35 a^4 b^3 + 35 a^3 b^4 + 21 a^2 b^5$
$\quad + 7 a b^6 + b^7$.

問題 404
◀ p.267

$i + j + k = 4$ となるのは
$(i, j, k) = (4, 0, 0), (3, 1, 0), (3, 0, 1),$
$(2, 2, 0), (2, 1, 1), (2, 0, 2), (1, 3, 0),$
$(1, 2, 1), (1, 1, 2), (1, 0, 3), (0, 4, 0),$
$(0, 3, 1), (0, 2, 2), (0, 1, 3), (0, 0, 4)$
だから,

$(a+b+c)^4$
$= \dfrac{4!}{4!0!0!} a^4 b^0 c^0 + \dfrac{4!}{3!1!0!} a^3 b^1 c^0$
$\quad + \dfrac{4!}{3!0!1!} a^3 b^0 c^1 + \dfrac{4!}{2!2!0!} a^2 b^2 c^0$
$\quad + \dfrac{4!}{2!1!1!} a^2 b^1 c^1 + \dfrac{4!}{2!0!2!} a^2 b^0 c^2$
$\quad + \dfrac{4!}{1!3!0!} a^1 b^3 c^0 + \dfrac{4!}{1!2!1!} a^1 b^2 c^1$
$\quad + \dfrac{4!}{1!1!2!} a^1 b^1 c^2 + \dfrac{4!}{1!0!3!} a^1 b^0 c^3$
$\quad + \dfrac{4!}{0!4!0!} a^0 b^4 c^0 + \dfrac{4!}{0!3!1!} a^0 b^3 c^1$
$\quad + \dfrac{4!}{0!2!2!} a^0 b^2 c^2 + \dfrac{4!}{0!1!3!} a^0 b^1 c^3$
$\quad + \dfrac{4!}{0!0!4!} a^0 b^0 c^4$
$= a^4 + 4 a^3 b + 4 a^3 c + 6 a^2 b^2 + 12 a^2 bc + 6 a^2 c^2$
$\quad + 4 ab^3 + 12 ab^2 c + 12 abc^2 + 4 ac^3 + b^4 + 4 b^3 c$
$\quad + 6 b^2 c^2 + 4 bc^3 + c^4$.

問題 405
◀ p.269

北進 3 回,東進 99 回をどの順で行うかによって経路が 1 つずつ定まる.
102 区間のうちの 3 区間が北進だから,求める場合の数は
$_{102}C_3 = \dfrac{102 \cdot 101 \cdot 100}{3 \cdot 2 \cdot 1} = 171700$ 通り.

問題 406
◀ p.269

(1) 12 回進むうちの 5 回で上に進むから,
$_{12}C_5 = \dfrac{12 \cdot 11 \cdot 10 \cdot 9 \cdot 8}{5 \cdot 4 \cdot 3 \cdot 2 \cdot 1} = 792$ 通り.

(2) 地点 S から地点 A までの行き方は,5 回進むうちの 2 回で上に進むから,$_5C_2 = \dfrac{5 \cdot 4}{2 \cdot 1} = 10$ 通り.
地点 A から地点 B までの行き方は明らかに 1 通り.
地点 B から地点 G までの行き方は,6 回進むうちの 3 回で上に進むから,$_6C_3 = \dfrac{6 \cdot 5 \cdot 4}{3 \cdot 2 \cdot 1} = 20$ 通り.
よって,求める場合の数は $10 \times 1 \times 20 = 200$ 通り.

(3) すべての行き方から地点 A と地点 B の両方を

通る行き方を除くから，$792 - 200 = 592$ 通り．

問題 407
◀p.270

(1) $_{25}C_3 = \dfrac{25 \cdot 24 \cdot 23}{3 \cdot 2 \cdot 1} = 2300$ 通り．

(2) 偶数は 12 個あり，奇数は 13 個ある．
13 個の奇数から 3 個を選ぶので，
$_{13}C_3 = \dfrac{13 \cdot 12 \cdot 11}{3 \cdot 2 \cdot 1} = 286$ 通り．

(3) (i) 偶数 2 個と奇数 1 個のとき，
$_{12}C_2 \times _{13}C_1 = \dfrac{12 \cdot 11}{2 \cdot 1} \times 13 = 858$ 通り．

(ii) 奇数 3 個のとき，
(2) より，286 通り．

(i)，(ii) をあわせて，求める場合の数は，
$858 + 286 = 1144$ 通り．

問題 408
◀p.270

縦 2 本，横 2 本を選べば長方形が一つ出来る．
縦は 6 本中 2 本を選ぶから $_6C_2$ 通り．
横は 5 本中 2 本を選ぶから $_5C_2$ 通り．
よって全部で $_6C_2 \times _5C_2 = 15 \times 10 = 150$ 個．

問題 409
◀p.272

(1) 1 人目への分け方が $_{12}C_4$ 通り．
そのそれぞれに対して，2 人目への分け方が $_8C_4$ 通り．
3 人目へは残りすべてを分けるから，$_4C_4 (= 1)$ 通り．
したがって，求める場合の数は
$_{12}C_4 \times _8C_4 \times _4C_4$
$= \dfrac{12 \cdot 11 \cdot 10 \cdot 9}{4 \cdot 3 \cdot 2 \cdot 1} \times \dfrac{8 \cdot 7 \cdot 6 \cdot 5}{4 \cdot 3 \cdot 2 \cdot 1} \times \dfrac{4 \cdot 3 \cdot 2 \cdot 1}{4 \cdot 3 \cdot 2 \cdot 1}$
$= 34650$．

よって，34650 通り．

(2) 前問から人どうしの区別をなくすので，
$\dfrac{34650}{3!} = 5775$ 通り．

問題 410
◀p.272

(1) まず，11 個から 5 個を選んで箱に入れる方法が $_{11}C_5$ 通り．

そのそれぞれに対して，残る 6 個から 3 個を選んで次の箱に入れる方法が $_6C_3$ 通り．
そのそれぞれに対して，残る 3 個から 2 個を選んで次の箱に入れる方法が $_3C_2$ 通り．
残る 1 個を最後の箱に入れる方法が $_1C_1 (= 1)$ 通り．
したがって，求める場合の数は
$_{11}C_5 \times _6C_3 \times _3C_2 \times _1C_1$
$= \dfrac{11 \cdot 10 \cdot 9 \cdot 8 \cdot 7}{5 \cdot 4 \cdot 3 \cdot 2 \cdot 1} \times \dfrac{6 \cdot 5 \cdot 4}{3 \cdot 2 \cdot 1} \times \dfrac{3 \cdot 2}{2 \cdot 1} \times \dfrac{1}{1}$
$= 27720$．

よって，27720 通り．

(2) 前問のように 4 つに分けてから，区別のできる箱に入れ直すと考えると，その入れ直し方は $_4P_4 = 4!$ 通りある．したがって，求める場合の数は $27720 \times 4! = 665280$ 通り．

問題 411
◀p.274

6 個から 4 個を選ぶ重複組合せで，その総数は
$$_6H_4 = _9C_4 = \dfrac{9 \cdot 8 \cdot 7 \cdot 6}{4 \cdot 3 \cdot 2 \cdot 1} = 126.$$

よって，126 通り．

問題 412
◀p.274

20 個のものを x, y, z, w に分けるとき，あらかじめ y に 3 個，z に 4 個，w に 2 個を配分しておき，残る 11 個を分けると考える．
x, y, z, w から重複を許して 11 個を選ぶから，4 個から 11 個を選ぶ重複組合せで，その総数は
$$_4H_{11} = _{14}C_{11} = _{14}C_3 = \dfrac{14 \cdot 13 \cdot 12}{3 \cdot 2 \cdot 1} = 364.$$

よって，解は 364 個．

問題 413
◀p.274

8 人の生徒の中から，ジュースをもらえる生徒として (のべ) 5 人を選ぶことになる．

(1) $_8P_5 = 8 \cdot 7 \cdot 6 \cdot 5 \cdot 4 = 6720$ 通り．

(2) $_8\Pi_5 = 8^5 = 32768$ 通り．

(3) $_8C_5 = _8C_3 = \dfrac{8 \cdot 7 \cdot 6}{3 \cdot 2 \cdot 1} = 56$ 通り．

(4) $_8H_5 = _{12}C_5 = \dfrac{12 \cdot 11 \cdot 10 \cdot 9 \cdot 8}{5 \cdot 4 \cdot 3 \cdot 2 \cdot 1} = 792$ 通り．

問題 414
◀p.275

(1) 関数 $f: A \to B$ は，$f(a), f(b), f(c)$ という3つの B の要素を指定することにより決まる．

その選び方は，${}_5\Pi_3 = 5^3 = 125$ 通り．

よって，求める個数は 125 個．

(2) 単射 $f: A \to B$ は，$f(a), f(b), f(c)$ という3つの相異なる B の要素を指定することにより決まる．

その選び方は，${}_5P_3 = 5 \cdot 4 \cdot 3 = 60$ 通り．

よって，求める個数は 60 個．

(3) ${}_3\Pi_5 = 3^5 = 243$．

よって，求める個数は 243 個．

(4) 全射 $g: B \to A$ は $g(1), g(2), g(3), g(4), g(5)$ を指定することにより決まるが，このとき，a, b, c のすべてが使われなければならない．

a のみを使うもの，b のみを使うもの，c のみを使うものはそれぞれ1通りずつ．

a と b のみを使うもの，a と c のみを使うもの，b と c のみを使うものはそれぞれ $2^5 - 2 = 30$ 通りずつ．

よって，求める個数は $3^5 - 3 \cdot 1 - 3 \cdot 30 = 150$ 個．

(5) ${}_3P_3 = 3! = 6$．

よって，求める個数は 6 個．

(6) B から相異なる3つの要素を選ぶ選び方は
${}_5C_3 = \dfrac{5 \cdot 4 \cdot 3}{3 \cdot 2 \cdot 1} = 10$ 通り．

選んだ3つの要素を小さい順に $f(a), f(b), f(c)$ とすればよいから，求める個数は 10 個．

(7) B から重複を許して3つの要素を選ぶ選び方は ${}_5H_3 = {}_7C_3 = \dfrac{7 \cdot 6 \cdot 5}{3 \cdot 2 \cdot 1} = 35$ 通り．

選んだ3つの要素を小さい順に $f(a), f(b), f(c)$ とすればよいから，求める個数は 35 個．

《解説》

A から B への関数全体の集合を A^B と表記することがある．

(すなわち，$A^B = \{f \mid f$ は A から B への関数 $\}$．)

この解答と同じ考え方で，その要素の個数は $\#(A^B) = (\#A)^{\#B}$ である．

問題 415
◀p.275

(1) ABCD のタイプは ${}_6C_4 = 15$ 通り．

AABC のタイプは，A が a か b か c で，
${}_3C_1 \times {}_5C_2 = 30$ 通り．

AABB のタイプは，A と B が a か b か c で，
${}_3C_2 = 3$ 通り．

AAAB のタイプは，A が a か b で，
${}_2C_1 \times {}_5C_1 = 10$ 通り．

以上をあわせて，求める場合の数は
$15 + 30 + 3 + 10 = 58$ 通り．

(2) ABCD のタイプは ${}_6C_4 \times 4! = 360$ 通り．

AABC のタイプは，A が a か b か c で，
${}_3C_1 \times {}_5C_2 \times \dfrac{4!}{2!1!1!} = 360$ 通り．

AABB のタイプは，A と B が a か b か c で，
${}_3C_2 \times \dfrac{4!}{2!2!} = 18$ 通り．

AAAB のタイプは，A が a か b で，
${}_2C_1 \times {}_5C_1 \times \dfrac{4!}{3!1!} = 40$ 通り．

以上をあわせて，求める場合の数は
$360 + 360 + 18 + 40 = 778$ 通り．

第 17 章 ▶ 確率

問題 416
◀ p.280

標本空間を $U = \{1, 2, 3, 4, 5, 6\}$ とする．
素数が出る，という事象を A とすると，
$A = \{2, 3, 5\}$ だから，求める確率は
$$P(A) = \frac{\#A}{\#U} = \frac{3}{6} = \frac{1}{2}.$$

問題 417
◀ p.280

玉に番号を割り当てて，玉 1 から玉 4 を赤玉とし，玉 5 から玉 11 を白玉とする．標本空間を $U = \{1, 2, \ldots, 11\}$ とする．

(1) 白玉を取り出すという事象を A とすると，
$A = \{5, 6, 7, 8, 9, 10, 11\}$ だから，求める確率は
$$P(A) = \frac{\#A}{\#U} = \frac{7}{11}.$$

(2) 赤玉を取り出すという事象を B とすると，
$B = \{1, 2, 3, 4\}$ だから，求める確率は
$$P(B) = \frac{\#B}{\#U} = \frac{4}{11}.$$

問題 418
◀ p.280

標本空間を $U = \{1, 2, 3, 4, 5, 6\}^2$ とする．
和が 10 であるという事象を A とすると，
$A = \{(4, 6), (5, 5), (6, 4)\}$ だから，求める確率は
$$P(A) = \frac{\#A}{\#U} = \frac{3}{36} = \frac{1}{12}.$$

問題 419
◀ p.281

(1) 黒玉を取り出すことはないので，確率は 0．
(2) 取り出す玉は必ず白玉または赤玉なので，確率は 1．

問題 420
◀ p.282

標本空間を $U = \{n \in \mathbb{Z} \mid 1 \leqq n \leqq 200\}$ とする．

(1) 選んだ整数が 5 の倍数である，という事象を A とする．
$200 = 5 \times 40$ より，$\#A = 40$．
したがって，求める確率は
$$P(A) = \frac{\#A}{\#U} = \frac{40}{200} = \frac{1}{5}.$$

(2) 選んだ整数が 3 の倍数である，という事象を B とする．
$200 = 3 \times 66 + 2$ より，$\#B = 66$．
したがって，求める確率は
$$P(B) = \frac{\#B}{\#U} = \frac{66}{200} = \frac{33}{100}.$$

(3) 選んだ整数が 3 の倍数かつ 5 の倍数である，という事象 $A \cap B$ は，選んだ整数が 15 の倍数である，という事象である．
$200 = 15 \times 13 + 5$ より，$\#(A \cap B) = 13$．
したがって，求める確率は
$$P(A \cap B) = \frac{\#(A \cap B)}{\#U} = \frac{13}{200}.$$

(4) 選んだ整数が 5 の倍数または 3 の倍数である，という事象 $A \cup B$ の確率は，
$$P(A \cup B) = P(A) + P(B) - P(A \cap B)$$
$$= \frac{1}{5} + \frac{33}{100} - \frac{13}{200} = \frac{93}{200}.$$

問題 421
◀ p.285

(1) 標本空間を $U = \{1, 2, 3, 4, 5, 6\}^2$ とする．
和が 2 または 3 である事象を A とすると，
$A = \{(1, 1), (1, 2), (2, 1)\}$ だから，求める確率は
$$P(A) = \frac{\#A}{\#U} = \frac{3}{36} = \frac{1}{12}.$$

(2) 和が 4 以上である事象は $\overline{A}$ だから，求める確率は
$$P(\overline{A}) = 1 - P(A) = 1 - \frac{1}{12} = \frac{11}{12}.$$

問題 422
◀p.285

グー，チョキ，パーをそれぞれグ，チ，パと略記する．Aの手がxで，Bの手がyで，Cの手がzのとき，(x, y, z)と表記することにすると，標本空間は$\{グ, チ, パ\}^3$で，その要素数は$3^3 = 27$．

(1) Aのみが勝つ事象は
$$\{(グ, チ, チ), (チ, パ, パ), (パ, グ, グ)\}$$
で，その要素数は3．
求める確率は $\dfrac{3}{27} = \dfrac{1}{9}$．

(2) Bのみが勝つ確率は $\dfrac{1}{9}$ で，Cのみが勝つ確率は $\dfrac{1}{9}$ である．
したがって，1人が勝って2人が負ける確率は
$$\dfrac{1}{9} + \dfrac{1}{9} + \dfrac{1}{9} = \dfrac{1}{3}.$$
同様に，2人が勝って1人が負ける確率も $\dfrac{1}{3}$．
あいこである確率は $1 - \dfrac{1}{3} - \dfrac{1}{3} = \dfrac{1}{3}$．

(2) 〔別解〕手が1種類という事象の要素数は
$_3C_1 = 3$．
手が2種類という事象の要素数は
$_3C_2 \times (2^3 - 2) = 18$．
したがって，手が3種類という事象の要素数は
$27 - 3 - 18 = 6$．
あいこという事象の要素数は $3 + 6 = 9$ だから，求める確率は $\dfrac{9}{27} = \dfrac{1}{3}$．

問題 423
◀p.286

(1) 標本空間は$\{グー, パー\}^4$で，その要素数は$2^4 = 16$．
成功する事象は，どの2人がグーでどの2人がパーかを考えて，要素数は $_4C_2 \times {}_2C_2 = 6$．
求める確率は $\dfrac{6}{16} = \dfrac{3}{8}$．

(2) 標本空間は$\{グー, チョキ, パー\}^4$で，その要素数は$3^4 = 81$．
グーグーチョキパーとなる事象は，誰がどれを出すかを考えて，要素数は $\dfrac{4!}{2!1!1!} = 12$．
チョキチョキパーグーとなる事象とパーパーグーチョキとなる事象もそれぞれ要素数は12．
グーグーパーパーとなる事象は，どの2人がグーでどの2人がパーかを考えて，
要素数は $_4C_2 \times {}_2C_2 = 6$．
チョキチョキグーグーとなる事象とパーパーチョキチョキとなる事象もそれぞれ要素数は6．

したがって，成功する事象の要素数は
$12 \times 3 + 6 \times 3 = 54$．求める確率は $\dfrac{54}{81} = \dfrac{2}{3}$．

問題 424
◀p.286

標本空間は$\{グー, チョキ, パー\}^n$で，その要素数は3^n．
手が1種類という事象の要素数は $_3C_1 = 3$．
手が2種類という事象の要素数は
$_3C_2 \times (2^n - 2) = 3 \cdot 2^n - 6$．
したがって，手が3種類という事象の要素数は
$3^n - 3 - (3 \cdot 2^n - 6) = 3^n - 3 \cdot 2^n + 3$．
以上より，あいこという事象の要素数は
$3 + (3^n - 3 \cdot 2^n + 3) = 3^n - 3 \cdot 2^n + 6$．
求める確率は $\dfrac{3^n - 3 \cdot 2^n + 6}{3^n} = \dfrac{3^{n-1} - 2^n + 2}{3^{n-1}}$．

問題 425
◀p.290

(1) 整数は $_8P_3 = 8 \cdot 7 \cdot 6 = 336$ 通り．これらが同様に確からしいとみなす．
6以下の数字しか使わない整数は
$_6P_3 = 6 \cdot 5 \cdot 4 = 120$ 通り．
求める確率は $\dfrac{120}{336} = \dfrac{5}{14}$．

(2) 選び方は $_8C_3 = \dfrac{8 \cdot 7 \cdot 6}{3 \cdot 2 \cdot 1} = 56$ 通り．これらが同様に確からしいとみなす．
6以下の数字しかないような取り出し方は
$_6C_3 = \dfrac{6 \cdot 5 \cdot 4}{3 \cdot 2 \cdot 1} = 20$ 通り．
求める確率は $\dfrac{20}{56} = \dfrac{5}{14}$．

(3) 玉に1から8までの数字が記入されており，そのうち1から6が赤玉と考えると，(2)と同じ状況になる．したがって，求める確率は
$$\dfrac{_6C_3}{_8C_3} = \dfrac{5}{14}.$$

問題 426
◀p.290

(1) 玉どうしを区別して，取り出し方は $_{10}P_5$ 通り．これらが同様に確からしいとみなす．
赤玉，青玉，白玉，赤玉，青玉となるのは
$5 \times 3 \times 2 \times 4 \times 2 (= {}_5P_2 \times {}_3P_2 \times {}_2P_1)$ 通り．
求める確率は

$$\frac{{}_5P_2 \times {}_3P_2 \times {}_2P_1}{{}_{10}P_5}$$
$$= \frac{5 \cdot 4 \cdot 3 \cdot 2 \cdot 2}{10 \cdot 9 \cdot 8 \cdot 7 \cdot 6} = \frac{1}{126}.$$

(2) "赤玉","赤玉","青玉","青玉","白玉"を一列に並べる並べ方は $\frac{5!}{2!2!1!} = 30$ 通り.
そのそれぞれに対して,(1)と同様に取り出し方は ${}_5P_2 \times {}_3P_2 \times {}_2P_1$ 通り.
求める確率は $\frac{{}_5P_2 \times {}_3P_2 \times {}_2P_1 \times 30}{{}_{10}P_5} = \frac{5}{21}.$

(3) 玉どうしを区別して,取り出し方は ${}_{10}C_5$ 通り.
これらが同様に確からしいとみなす.
赤玉2個,青玉2個,白玉1個となる取り出し方は ${}_5C_2 \times {}_3C_2 \times {}_2C_1$ 通り.
求める確率は
$$\frac{{}_5C_2 \times {}_3C_2 \times {}_2C_1}{{}_{10}C_5}$$
$$= \frac{\frac{5 \cdot 4}{2 \cdot 1} \times \frac{3 \cdot 2}{2 \cdot 1} \times \frac{2}{1}}{\frac{10 \cdot 9 \cdot 8 \cdot 7 \cdot 6}{5 \cdot 4 \cdot 3 \cdot 2 \cdot 1}} = \frac{5}{21}.$$

問題 427
◀ p.290

根元事象の個数は ${}_6\Pi_4 = 6^4 = 1296.$

(1) 6種類から相異なる4個を選ぶ順列で,
${}_6P_4 = 6 \cdot 5 \cdot 4 \cdot 3 = 360$ 通り.
求める確率は $\frac{360}{1296} = \frac{5}{18}.$

(2) 6を含まない取り出し方は ${}_5\Pi_4 = 5^4 = 625$ 通り.したがって,6を含む取り出し方は $1296 - 625 = 671$ 通り.
求める確率は $\frac{671}{1296}.$

(3) 相異なる4個の数字の取り出し方は
${}_6C_4 = \frac{6 \cdot 5 \cdot 4 \cdot 3}{4 \cdot 3 \cdot 2 \cdot 1} = 15$ 通り.
そのそれぞれに対して,$a < b < c < d$ となるように a, b, c, d へ割り当てる方法は,小さい順にするしかないので,1通りずつ.したがって,$a < b < c < d$ となる取り出し方は15通り.
求める確率は $\frac{15}{1296} = \frac{5}{432}.$

(4) (重複も許して) 4個の数字の取り出し方は
${}_6H_4 = {}_9C_4 = \frac{9 \cdot 8 \cdot 7 \cdot 6}{4 \cdot 3 \cdot 2 \cdot 1} = 126$ 通り.
そのそれぞれに対して,$a \leqq b \leqq c \leqq d$ となるように a, b, c, d へ割り当てる方法は,小さい順にするしかないので,1通りずつ.したがって,$a \leqq b \leqq c \leqq d$ となる取り出し方は126通り.
求める確率は $\frac{126}{1296} = \frac{7}{72}.$

問題 428
◀ p.290

(出た目を小さい順にする前の) サイコロ投げの結果を根元事象とみなして,その個数は
${}_6\Pi_4 = 6^4 = 1296.$

(1) 相異なる4個の目の出方 (すなわち,$a < b < c < d$ となる組 (a, b, c, d) の個数) は ${}_6C_4 = \frac{6 \cdot 5 \cdot 4 \cdot 3}{4 \cdot 3 \cdot 2 \cdot 1} = 15$ 通り.
そのそれぞれに対して,a, b, c, d が何回目のサイコロかを割り当てる方法は,${}_4P_4 = 4!$ 通りずつ.したがって,$a < b < c < d$ となるサイコロ投げの結果の個数は $15 \times 4! = 360.$
求める確率は $\frac{360}{1296} = \frac{5}{18}.$

(2) (i) $a < b < c = d = 6$ のとき
a, b の出方は ${}_5C_2 = 10$ 通り.
そのそれぞれに対して,a, b, c, d が何回目のサイコロかを割り当てる方法は,$\frac{4!}{1!1!2!} = 12$ 通りずつ.したがって,$a < b < c = d = 6$ となるサイコロ投げの結果の個数は $10 \times 12 = 120.$

(ii) $a = b < c = d = 6$ のとき
a, b の出方は ${}_5C_1 = 5$ 通り.そのそれぞれに対して,a, b, c, d が何回目のサイコロかを割り当てる方法は,$\frac{4!}{2!2!} = 6$ 通りずつ.したがって,$a = b < c = d = 6$ となるサイコロ投げの結果の個数は $5 \times 6 = 30.$

(iii) $a < b = c = d = 6$ のとき
a の出方は ${}_5C_1 = 5$ 通り.そのそれぞれに対して,a, b, c, d が何回目のサイコロかを割り当てる方法は,$\frac{4!}{1!3!} = 4$ 通りずつ.したがって,$a < b = c = d = 6$ となるサイコロ投げの結果の個数は $5 \times 4 = 20.$

(iv) $a = b = c = d = 6$ のとき
サイコロ投げの結果の個数は 1.

(i)-(iv) をあわせて,$c = 6$ となるサイコロ投げの結果の個数は $120 + 30 + 20 + 1 = 171.$
求める確率は $\frac{171}{1296} = \frac{19}{144}.$

(2) [別解] $c = 6$ ということは,6が2回以上出るということである.
6が0回となるサイコロ投げの結果の個数は $5^4 = 625.$
6が1回となるサイコロ投げの結果の個数は $5^3 \times 4 = 500.$
したがって,6が2回以上出るサイコロ投げの結

果の個数は $1296 - 625 - 500 = 171$.
求める確率は $\dfrac{171}{1296} = \dfrac{19}{144}$.

問題 429
◀ p.301

(1) 7 枚のうち, 3 の倍数は 3 と 6 だから, 確率は $\dfrac{2}{7}$.

(2) 偶数は 2, 4, 6 であり, そのうち 3 の倍数は 6 だけだから, 確率は $\dfrac{1}{3}$.

(2) 〔別解〕偶数であって 3 の倍数であるのは 6 だけだから, それを引く確率は $\dfrac{1}{7}$.
偶数を引く確率は $\dfrac{3}{7}$.
よって, 求める確率は $\dfrac{\frac{1}{7}}{\frac{3}{7}} = \dfrac{1}{3}$.

問題 430
◀ p.303

知識問題が出題されるという事象を C, 計算問題が出題されるという事象を K とすると,
$$P(C) = \dfrac{2}{3},\ P(K) = \dfrac{1}{3}.$$
正答できるという事象を S とすると,
$$P(S|C) = \dfrac{2}{5},\ P(S|K) = \dfrac{6}{7}.$$
したがって, 正答できる確率は
$$\begin{aligned}P(S) &= P(C)P(S|C) + P(K)P(S|K)\\ &= \dfrac{2}{3} \times \dfrac{2}{5} + \dfrac{1}{3} \times \dfrac{6}{7}\\ &= \dfrac{58}{105}.\end{aligned}$$

問題 431
◀ p.304

X 党の支持者であるという事象を X とし,
Y 党の支持者であるという事象を Y とし,
その他の党の支持者であるという事象を Z とする.
賛成するという事象を S とすると,
$P(X) = 0.3,\ P(Y) = 0.1,\ P(Z) = 0.6,$
$P(S|X) = 0.9,\ P(S|Y) = 0.05,\ P(S|Z) = 0.5.$

$$\begin{aligned}P(X|S) &= \dfrac{P(X \cap S)}{P(S)}\\ &= \dfrac{P(S|X)P(X)}{P(S|X)P(X) + P(S|Y)P(Y) + P(S|Z)P(Z)}\\ &= \dfrac{0.9 \times 0.3}{0.9 \times 0.3 + 0.05 \times 0.1 + 0.5 \times 0.6}\\ &= \dfrac{54}{115} = \dfrac{1080}{23} \times \dfrac{1}{100}.\end{aligned}$$
したがって, $\dfrac{1080}{23}\ (= 46.9565\cdots)$ パーセント.

問題 432
◀ p.307

標本空間を $U = \{1, 2, 3, 4, 5, 6, 7, 8\}$ とし, すべての根元事象に確率 $\dfrac{1}{8}$ を割り当てる.

(1) $A = \{2, 4, 6, 8\}$ より, $P(A) = \dfrac{4}{8} = \dfrac{1}{2}$.

(2) $A \cap B = \{2, 4\}$ より, $P(A|B) = \dfrac{2}{5}$.

(3) $A \cap C = \{2, 4, 6\}$ より, $P(A|C) = \dfrac{3}{6} = \dfrac{1}{2}$.

(4) $P(A) \neq P(A|B)$ より, A と B は従属.

(5) $P(A) = P(A|C)$ より, A と C は独立.

(6) $B \cap C = B$ より, $P(B \cap C) = P(B)$ であり, $P(C|B) = 1$.
$P(C) = \dfrac{6}{8} = \dfrac{3}{4}$ より, $P(C) \neq P(C|B)$.
したがって, B と C は従属.

問題 433
◀ p.312

試合で勝つ確率は $\dfrac{3}{5}$ で, 負ける確率は $\dfrac{2}{5}$ である.

(1) ${}_5C_5 \left(\dfrac{3}{5}\right)^5 = \dfrac{243}{3125}$.

(2) ${}_5C_4 \left(\dfrac{3}{5}\right)^4 \left(\dfrac{2}{5}\right)^1 = \dfrac{162}{625}$.

(3) ${}_5C_3 \left(\dfrac{3}{5}\right)^3 \left(\dfrac{2}{5}\right)^2 = \dfrac{216}{625}$.

(4) $\dfrac{243}{3125} + \dfrac{162}{625} + \dfrac{216}{625} = \dfrac{2133}{3125}$.

(5) $1 - \dfrac{243}{3125} = \dfrac{2882}{3125}$.

問題 434
◀ p.312

(1) 玉どうしを区別して考えて, ${}_{10}C_3$ 通りの取り出し方が同様に確からしいとみなす. 求める確率は
$$\dfrac{{}_4C_2 \times {}_6C_1}{{}_{10}C_3} = \dfrac{6 \cdot 6}{120} = \dfrac{3}{10}.$$

(2) 1 回取り出すとき, 赤玉の確率は $\dfrac{2}{5}$ で白玉の確率は $\dfrac{3}{5}$ である. 求める確率は
$${}_3C_2 \left(\dfrac{2}{5}\right)^2 \left(\dfrac{3}{5}\right)^1 = \dfrac{36}{125}.$$

(3) （白, 赤赤）の場合と（赤, 白赤）の場合の和だから，求める確率は

$$\frac{3}{5} \times \frac{{}_4C_2}{{}_{10}C_2} + \frac{2}{5} \times \frac{{}_6C_1 \times {}_4C_1}{{}_{10}C_2}$$
$$= \frac{3}{5} \times \frac{6}{45} + \frac{2}{5} \times \frac{24}{45} = \frac{22}{75}.$$

問題 435 ◁ p.312

(1) 玉どうしを区別して考えて，${}_{10}C_5$ 通りの取り出し方が同様に確からしいとみなす．求める確率は

$$\frac{{}_3C_1 \times {}_3C_2 \times {}_4C_2}{{}_{10}C_5} = \frac{3 \times 3 \times 6}{252} = \frac{3}{14}.$$

(2) 取り出す順に赤白白青青となる確率は
$$\frac{3}{10} \cdot \left(\frac{3}{10}\right)^2 \cdot \left(\frac{4}{10}\right)^2 = \frac{27}{6250}.$$

赤1個，白2個，青2個を一列に並べる並べ方は
$$\frac{5!}{1!\,2!\,2!} = 30 \text{ 通り．}$$

よって，求める確率は $\frac{27}{6250} \times 30 = \frac{81}{625}$．

問題 436 ◁ p.312

(1) $\boxed{1}\boxed{1}\boxed{1}\boxed{1}\boxed{2}$ を引く確率だから，

$$\frac{5!}{4!\,1!}\left(\frac{4}{10}\right)^4\left(\frac{3}{10}\right)^1 = \frac{24}{625}.$$

(2) $\boxed{1}\boxed{1}\boxed{2}\boxed{3}\boxed{3}$ を引く確率は

$$\frac{5!}{2!\,1!\,2!}\left(\frac{4}{10}\right)^2\left(\frac{3}{10}\right)^1\left(\frac{3}{10}\right)^2 = \frac{81}{625}.$$

$\boxed{1}\boxed{2}\boxed{2}\boxed{2}\boxed{3}$ を引く確率は

$$\frac{5!}{1!\,3!\,1!}\left(\frac{4}{10}\right)^1\left(\frac{3}{10}\right)^3\left(\frac{3}{10}\right)^1 = \frac{81}{1250}.$$

求める確率は $\frac{81}{625} + \frac{81}{1250} = \frac{243}{1250}$．

問題 437 ◁ p.315

(1) 標本空間を $U_1 = \{1, 2, 3, 4, 5, 6\}$ とし，すべての根元事象に確率 $\frac{1}{6}$ を割り当てる．

$$P(X = 0) = P(\{1, 2, 3\}) = \frac{3}{6} = \frac{1}{2}.$$
$$P(X = 1) = P(\{4, 5\}) = \frac{2}{6} = \frac{1}{3}.$$
$$P(X = 3) = P(\{6\}) = \frac{1}{6}.$$

したがって，確率分布表は次のとおり．

X	0	1	3
確率	$\frac{1}{2}$	$\frac{1}{3}$	$\frac{1}{6}$

(2) 標本空間を $U_2 = U_1 \times U_1$ とし，すべての根元事象に確率 $\frac{1}{36}$ を割り当てる．

$P(Y = 0)$
$= P(\{(x, y) | x = 1, 2, 3 \text{ かつ } y = 1, 2, 3\})$
$= \frac{3^2}{36} = \frac{1}{4}.$

$P(Y = 1)$
$= P(\{(x, y) | x = 1, 2, 3 \text{ かつ } y = 4, 5\}$
$\qquad \cup \{(x, y) | x = 4, 5 \text{ かつ } y = 1, 2, 3\})$
$= \frac{3 \times 2 + 2 \times 3}{36} = \frac{1}{3}.$

$P(Y = 2)$
$= P(\{(x, y) | x = 4, 5 \text{ かつ } y = 4, 5\})$
$= \frac{2^2}{36} = \frac{1}{9}.$

$P(Y = 3)$
$= P(\{(x, 6) | x = 1, 2, 3\}$
$\qquad \cup \{(6, y) | y = 1, 2, 3\})$
$= \frac{3 + 3}{36} = \frac{1}{6}.$

$P(Y = 4)$
$= P(\{(x, 6) | x = 4, 5\} \cup \{(6, y) | y = 4, 5\})$
$= \frac{2 + 2}{36} = \frac{1}{9}.$

$P(Y = 6) = P(\{(6, 6)\}) = \frac{1}{36}.$

したがって，確率分布表は次のとおり．

Y	0	1	2	3	4	6
確率	$\frac{1}{4}$	$\frac{1}{3}$	$\frac{1}{9}$	$\frac{1}{6}$	$\frac{1}{9}$	$\frac{1}{36}$

問題 438 ◁ p.324

得られる当選金を X とする．

$P(X = 0) = 1 - P(X = 100) - P(X = 1000)$
$\qquad\qquad - P(X = 10000)$
$= 1 - \frac{100}{1000} - \frac{2}{1000} - \frac{1}{1000} = \frac{897}{1000}.$

したがって，X の確率分布表は次のとおり．

X	0	100	1000	10000
確率	$\frac{897}{1000}$	$\frac{100}{1000}$	$\frac{2}{1000}$	$\frac{1}{1000}$

よって，X の期待値は

$$E(X) = 0 \cdot \frac{897}{1000} + 100 \cdot \frac{100}{1000} + 1000 \cdot \frac{2}{1000}$$
$$+ 10000 \cdot \frac{1}{1000}$$
$$= 22.$$

当選金の期待値は22円である．

問題 439 ◀ p.324

(1) $P(X=1) = \frac{{}_4C_1 \cdot {}_2C_2}{{}_6C_3} = \frac{4 \times 1}{20} = \frac{1}{5}$.

$P(X=2) = \frac{{}_4C_2 \cdot {}_2C_1}{{}_6C_3} = \frac{6 \times 2}{20} = \frac{3}{5}$.

$P(X=3) = \frac{{}_4C_3 \cdot {}_2C_0}{{}_6C_3} = \frac{4 \times 1}{20} = \frac{1}{5}$.

したがって，X の確率分布表は次のとおり．

X	1	2	3
確率	$\frac{1}{5}$	$\frac{3}{5}$	$\frac{1}{5}$

(2) X の期待値は

$$E(X) = 1 \cdot \frac{1}{5} + 2 \cdot \frac{3}{5} + 3 \cdot \frac{1}{5} = 2.$$

問題 440 ◀ p.325

$E(X) = \frac{7}{2}$, $E(Y) = \frac{7}{2}$ より，

$$E(Z) = E(10X + Y) = E(10X) + E(Y)$$
$$= 10E(X) + E(Y) = 10 \cdot \frac{7}{2} + \frac{7}{2} = \frac{77}{2}.$$

〔別解〕$a, b \in \{1,2,3,4,5,6\}$ に対して，
$X=a$ かつ $Y=b$ となる確率は $\frac{1}{36}$ である．
したがって，Z の確率分布表は次のとおり．

Z	11	12	13	$\cdots$	66
確率	$\frac{1}{36}$	$\frac{1}{36}$	$\frac{1}{36}$	$\cdots$	$\frac{1}{36}$

よって，Z の期待値は

$$E(Z) = 11 \cdot \frac{1}{36} + 12 \cdot \frac{1}{36} + 13 \cdot \frac{1}{36} + \cdots$$
$$+ 66 \cdot \frac{1}{36}$$
$$= \frac{1386}{36} = \frac{77}{2}.$$

問題 441 ◀ p.325

1回目，2回目，3回目，4回目，5回目のコイン投げの表の出る回数をそれぞれ X_1, X_2, X_3, X_4, X_5

とする．

$$E(X_1) = 0 \cdot \frac{1}{2} + 1 \cdot \frac{1}{2} = \frac{1}{2}.$$

同様に，

$$E(X_2) = E(X_3) = E(X_4) = E(X_5) = \frac{1}{2}.$$

よって，

$$E(X) = E(X_1 + X_2 + X_3 + X_4 + X_5)$$
$$= E(X_1) + E(X_2) + E(X_3) + E(X_4)$$
$$+ E(X_5)$$
$$= \frac{1}{2} + \frac{1}{2} + \frac{1}{2} + \frac{1}{2} + \frac{1}{2} = \frac{5}{2}.$$

〔別解〕$k = 0, 1, 2, 3, 4, 5$ に対して，

$$P(X=k) = {}_5C_k \left(\frac{1}{2}\right)^k \left(\frac{1}{2}\right)^{5-k} = \frac{{}_5C_k}{2^5}.$$

したがって，確率分布表は次のとおり．

X	0	1	2	3	4	5
確率	$\frac{1}{32}$	$\frac{5}{32}$	$\frac{10}{32}$	$\frac{10}{32}$	$\frac{5}{32}$	$\frac{1}{32}$

よって，X の期待値は

$$0 \cdot \frac{1}{32} + 1 \cdot \frac{5}{32} + 2 \cdot \frac{10}{32} + 3 \cdot \frac{10}{32} + 4 \cdot \frac{5}{32}$$
$$+ 5 \cdot \frac{1}{32} = \frac{80}{32} = \frac{5}{2}.$$

問題 442 ◀ p.328

(1) 1題あたり，正解の確率は $\frac{3}{4}$ であり，不正解の確率は $\frac{1}{4}$ である．

$$P(X=0) = \left(\frac{1}{4}\right)^3 = \frac{1}{64}.$$

$$P(X=1) = {}_3C_1 \left(\frac{1}{4}\right)^2 \cdot \frac{3}{4} = \frac{9}{64}.$$

$$P(X=2) = {}_3C_2 \cdot \frac{1}{4} \cdot \left(\frac{3}{4}\right)^2 = \frac{27}{64}.$$

$$P(X=3) = \left(\frac{3}{4}\right)^3 = \frac{27}{64}.$$

したがって，確率分布表は次のとおり．

X	0	1	2	3
確率	$\frac{1}{64}$	$\frac{9}{64}$	$\frac{27}{64}$	$\frac{27}{64}$

(2) $E(X) = 0 \cdot \frac{1}{64} + 1 \cdot \frac{9}{64} + 2 \cdot \frac{27}{64} + 3 \cdot \frac{27}{64} = \frac{9}{4}$.

(3) $E(X^2) = 0^2 \cdot \frac{1}{64} + 1^2 \cdot \frac{9}{64} + 2^2 \cdot \frac{27}{64} + 3^2 \cdot \frac{27}{64}$
$$= \frac{45}{8}.$$

よって，
$$V(X) = E(X^2) - E(X)^2 = \frac{45}{8} - \left(\frac{9}{4}\right)^2$$
$$= \frac{9}{16}.$$

(4) $D(X) = \sqrt{V(X)} = \sqrt{\frac{9}{16}} = \frac{3}{4}.$

問題 443 ◀ p.333

(X, Y) は次の表のようになる．

白\赤	1	2	3	4	5	6
1	(1, 0)	(2, 1)	(3, 2)	(4, 3)	(5, 4)	(6, 5)
2	(2, 1)	(2, 0)	(3, 1)	(4, 2)	(5, 3)	(6, 4)
3	(3, 2)	(3, 1)	(3, 0)	(4, 1)	(5, 2)	(6, 3)
4	(4, 3)	(4, 2)	(4, 1)	(4, 0)	(5, 1)	(6, 2)
5	(5, 4)	(5, 3)	(5, 2)	(5, 1)	(5, 0)	(6, 1)
6	(6, 5)	(6, 4)	(6, 3)	(6, 2)	(6, 1)	(6, 0)

各々に確率 $\frac{1}{36}$ を割り当てる．
よって，同時確率分布表は次のとおり．

X\Y	0	1	2	3	4	5	計
1	$\frac{1}{36}$	0	0	0	0	0	$\frac{1}{36}$
2	$\frac{1}{36}$	$\frac{1}{18}$	0	0	0	0	$\frac{1}{12}$
3	$\frac{1}{36}$	$\frac{1}{18}$	$\frac{1}{18}$	0	0	0	$\frac{5}{36}$
4	$\frac{1}{36}$	$\frac{1}{18}$	$\frac{1}{18}$	$\frac{1}{18}$	0	0	$\frac{7}{36}$
5	$\frac{1}{36}$	$\frac{1}{18}$	$\frac{1}{18}$	$\frac{1}{18}$	$\frac{1}{18}$	0	$\frac{1}{4}$
6	$\frac{1}{36}$	$\frac{1}{18}$	$\frac{1}{18}$	$\frac{1}{18}$	$\frac{1}{18}$	$\frac{1}{18}$	$\frac{11}{36}$
計	$\frac{1}{6}$	$\frac{5}{18}$	$\frac{2}{9}$	$\frac{1}{6}$	$\frac{1}{9}$	$\frac{1}{18}$	1

$E(X) = 1 \cdot \frac{1}{36} + 2 \cdot \frac{1}{12} + 3 \cdot \frac{5}{36} + 4 \cdot \frac{7}{36}$
$\qquad + 5 \cdot \frac{1}{4} + 6 \cdot \frac{11}{36}$
$\quad = \frac{161}{36}.$

$E(X^2) = 1^2 \cdot \frac{1}{36} + 2^2 \cdot \frac{1}{12} + 3^2 \cdot \frac{5}{36} + 4^2 \cdot \frac{7}{36}$
$\qquad + 5^2 \cdot \frac{1}{4} + 6^2 \cdot \frac{11}{36}$
$\quad = \frac{791}{36}.$

$V(X) = E(X^2) - E(X)^2 = \frac{2555}{1296}.$
$D(X) = \sqrt{V(X)} = \frac{\sqrt{2555}}{36}.$

$E(Y) = 0 \cdot \frac{1}{6} + 1 \cdot \frac{5}{18} + 2 \cdot \frac{2}{9} + 3 \cdot \frac{1}{6}$
$\qquad + 4 \cdot \frac{1}{9} + 5 \cdot \frac{1}{18}$
$\quad = \frac{35}{18}.$

$E(Y^2) = 0^2 \cdot \frac{1}{6} + 1^2 \cdot \frac{5}{18} + 2^2 \cdot \frac{2}{9} + 3^2 \cdot \frac{1}{6}$
$\qquad + 4^2 \cdot \frac{1}{9} + 5^2 \cdot \frac{1}{18} = \frac{35}{6}.$

$V(Y) = E(Y^2) - E(Y)^2 = \frac{665}{324}.$
$D(Y) = \sqrt{V(Y)} = \frac{\sqrt{665}}{18}.$

$E(XY) = 1 \cdot 0 \cdot \frac{1}{36} + 2 \cdot 0 \cdot \frac{1}{36} + 3 \cdot 0 \cdot \frac{1}{36}$
$\qquad + 4 \cdot 0 \cdot \frac{1}{36} + 5 \cdot 0 \cdot \frac{1}{36} + 6 \cdot 0 \cdot \frac{1}{36}$
$\qquad + 2 \cdot 1 \cdot \frac{1}{18} + 3 \cdot 1 \cdot \frac{1}{18} + 4 \cdot 1 \cdot \frac{1}{18}$
$\qquad + 5 \cdot 1 \cdot \frac{1}{18} + 6 \cdot 1 \cdot \frac{1}{18} + 3 \cdot 2 \cdot \frac{1}{18}$
$\qquad + 4 \cdot 2 \cdot \frac{1}{18} + 5 \cdot 2 \cdot \frac{1}{18} + 6 \cdot 2 \cdot \frac{1}{18}$
$\qquad + 4 \cdot 3 \cdot \frac{1}{18} + 5 \cdot 3 \cdot \frac{1}{18} + 6 \cdot 3 \cdot \frac{1}{18}$
$\qquad + 5 \cdot 4 \cdot \frac{1}{18} + 6 \cdot 4 \cdot \frac{1}{18} + 6 \cdot 5 \cdot \frac{1}{18}$
$\quad = \frac{175}{18}.$

$\mathrm{Cov}(X, Y) = E(XY) - E(X)E(Y) = \frac{665}{648}.$
$\rho(X, Y) = \frac{\mathrm{Cov}(X, Y)}{D(X)D(Y)} = \frac{\sqrt{19}}{\sqrt{73}}.$

東進ブックス